MATHÉMATIQUE OU LOGIQUE

ESSAI D'UN COURS PHILOSOPHIQUE

DE

CALCUL ARITHMÉTIQUE

D'APRÈS

AUGUSTE COMTE

PAR LE

Major du Génie M. de Almeida CAVALCANTI
ANCIEN PROFESSEUR A L'ÉCOLE MILITAIRE DU BRÉSIL

Ouvrage spécialement destiné à l'éducation de la Femme

Nihil, hoc in libro, nisi animus veritatem diffundendi, tribuendum mihi : omnia parentum ope simul ac magistrorum, nostri a majoribus accepi.

Traduction française, par Augusto de Araujo Gonçalves

PARIS
LIBRAIRIE SCIENTIFIQUE ÉMILE BLANCHARD
10, RUE DE LA SORBONNE, 10
—
1916
128e Année de la Révolution Française

ESSAI D'UN COURS PHILOSOPHIQUE

DE

CALCUL ARITHMÉTIQUE

D'APRÈS

AUGUSTE COMTE

PYTHAGORE

582 av. J.C.

MATHÉMATIQUE OU LOGIQUE

ESSAI D'UN COURS PHILOSOPHIQUE

DE

ALCUL ARITHMÉTIQUE

D'APRÈS

AUGUSTE COMTE

PAR LE

Major du Génie M. de Almeida CAVALCANTI

ANCIEN PROFESSEUR A L'ÉCOLE MILITAIRE DU BRÉSIL

---

vrage spécialement destiné à l'éducation de la Femme

Nihil, hoc in libro, nisi animus veritatem diffundendi, tribuendum mihi ; omnia parentum ope simulac magistrorum, nostri a majoribus accepi.

---

raduction française, par Augusto de Araujo Gonçalves.

PARIS

BRAIRIE SCIENTIFIQUE EMILE BLANCHARD

10, RUE DE LA SORBONNE, 10

1916

128e Année de la Révolution Française.

A ma tendre et dévouée épouse

Anna Olinda do Rego CAVALCANTI

dont la prépondérance morale m'a porté à publier et à faire la revision de cet ouvrage, qui doit beaucoup à son assistance.

M. DE ALMEIDA CAVALCANTI.

RIO DE JANEIRO, Villa Olinda.

AVIS AU LECTEUR

Voyez à propos du nom de *Logique* donné à la *Mathématique*, la note y relative à la fin de l'ouvrage.

ERRATA

Pages.	Lignes.	Au lieu de :	Il faut lire :
98	6e	là toute autre	à toute autre.
109 à 145	—	lire les chiffres comme s'ils étaient écrits en langage vulgaire	
276	1re	hiffres	chiffres
281	3e	7, 0, 7	0, 7
325	4e	1	I
349	note 6	5EB ;	5 EB
400	avant-dern.	par $6\frac{6}{5}$	par $\frac{6}{5}$
406	13e	des trois	des trois autres opérations
408	18e	toutes les fractions	toutes les fractions à ces fractions
436	27e	2 hm³, 4367891	2 dm³ 4367891
497	13e	la radiation	l'extraction de la racine carrée
562	11e	e nombre	et le nombre
585	avant-dern.	9999 demis	9999 moyens arithmétiques
592	2e note	111	1, 1, 1,
741	avant-dern.	indéalement	idéalement
777	12e	Phalès	Thalès
818	33e	n'est passé fortement exciter	n'est pas fortement excitée
821	15e	ou alors	on a alors

Du reste, on demande au lecteur de remplacer aux pages 163 à 179 les signes algébriques par les termes correspondants du langage vulgaire. Contraires à l'esprit de cet ouvrage, ces signes s'y trouvent parce que, malheureusement, en le dictant, l'auteur se trouvait déjà privé du sens de la vision.

PRÉFACE

> L'éducation positive doit développer la tendresse, la pureté et l'énergie. La première de ces trois qualités est principalement propre au sexe affectif, la troisième au sexe actif, et la deuxième convient également aux deux. Mais, pour guider chaque existence — individuelle ou collective — il faut encore lui donner des convictions inébranlables, c'est-à-dire supérieures à toutes les fluctuations intellectuelles, qui forment notre conscience ; parce qu'elle seule permet d'assurer notre bonheur, par conséquent, le bonheur universel.
>
> Benjamin CONSTANT (extrait d'un discours à l'ancien Institut des Aveugles).

C'est de l'éducation de la femme que dépend évidemment la régénération de la Société. Sans sa bienfaisante influence, comme mère, comme épouse et comme fille, on ne saurait obtenir une parfaite communion de sentiments, de pensées ni d'actes, condition indispensable de la fraternité humaine.

On peut donc comprendre combien son instruction devient un des principaux problèmes de la Société ; et, en même temps, se rendre compte de l'importance de sa mission d'éducatrice, ainsi que de sa responsabilité et de la gloire qui s'attache à la réussite de cette mission.

« Destinées à former des hommes, les femmes doivent être, comme tous les auteurs, jugées d'après leurs œuvres. Cependant il serait injuste de les rendre responsables des insuccès, et même de ne pas honorer l'arbre indépendamment du fruit, si sa propre vertu peut être vérifiée sans cela. »

Comme le principal office des femmes consiste à élever et à perfectionner les hommes, il serait absurde autant qu'injuste de glorifier un bon citoyen, si on négligeait d'honorer la mère, l'épouse, etc., à laquelle il est redevable de son succès. Donc, sous quelconque de ces trois aspects, moral, intellectuel et pratique de l'éducation individuelle, c'est à la femme que revient toujours l'influence décisive.

Quoique sa prépondérance soit principalement manifeste dans l'éducation morale, il n'en est pas moins avéré qu'elle se fait aussi sentir dans les deux autres. Car l'éducation intellectuelle dont elle a le soin ne consiste que dans l'*instruction primaire* proprement dite ; et l'éducation pratique, d'abord purement physique, est généralement continuée par un office industriel auquel elle peut aussi prêter son assistance esthétique.

Cependant, il faut reconnaître que les résultats de l'éducation morale l'emportent sur tous les autres, parce qu'ils se prolongent pendant toute la vie. Afin de pourvoir au maintien de celle-ci, il ne suffit pas d'avoir acquis les lumières, et d'avoir accumulé des énergies, puisque le problème n'est pas que de vivre, mais de *vivre dignement*, c'est-à-dire sous l'ascendant des plus nobles sentiments.

Ce sont ceux-ci qui ont donné à notre espèce la prépondérance sur le monde, et qui l'ont élevée au plus haut degré de sociabilité. Et cette sociabilité devra l'unifier d'une manière complète et stable au moyen d'une *croyance com-*

mune. Pour bâtir ce bel édifice, chacun de nous devrait y apporter sa pierre, si petite soit-elle, et c'est uniquement dans cette intention que j'ai résolu de synthétiser ici mes « Notes d'arithmétique », publiées en 1907, et que j'ai alors offertes à la Femme brésilienne, dignement personnifiée dans ma tendre et dévouée épouse.

M. DE ALMEIDA CAVALCANTI.
(Né le 11 décembre 1865 à Alagaas).

(Villa Olinda-Leme).
Rio de Janeiro, le 20 octobre 1911.

AVERTISSEMENT

L'enseignement dogmatique n'ayant d'autre but que de systématiser les principes inculqués pendant la première et la seconde enfance, il y aurait tout avantage à ce que le cours philosophique fût précédé de l'instruction de l'enfant. On apprend alors par la *foi*, et, normalement, la *raison* ne sert ensuite qu'à en développer les conséquences d'après le suivant :

PROGRAMME SCOLAIRE

Proposé par M. Raimundo TEIXEIRA MENDÈS et présenté au Conseil municipal par les conseillers municipaux TASSO FRAGOSO et BARROS FIGUEIREDO (le 30 mars 1892).

Instruction de la seconde enfance. — De 7 à 14 ans.
Chant, Sculpture et Dessin avant toute lecture et toute écriture.

1re PHASE. — DE 7 A 8 ANS

L'ESPACE

La Poésie, le Chant, la Sculpture et le Calcul.

POÉSIE

Culture passive. — Lecture d'hymnes domestiques et patriotiques, nationaux et étrangers ; des chants humanitaires ; des poésies fétichiques et tout spécialement les

Americanas, de Gonçalves Dias, les *Fables* choisies de La Fontaine et de Florian ; les *Mille et une Nuits*.

Culture active. — Description orale des tableaux de la nature que l'enfant aurait contemplés ; des fêtes auxquelles il aurait assisté ; des lectures faites.

Le professeur ne devra en corriger l'exposition qu'après que l'élève l'aura tout à fait achevée.

CHANT

Par imitation, sans règles, sans lecture de musique, des hymnes et des poésies qui devront être le sujet de lecture.

SCULPTURE

Les formes géométriques : les polyèdres, la sphère, l'ellipsoïde de révolution, le cylindre et le cône.

CALCUL

La numération concrète : 1° Compter dans les divers systèmes de numération, en faisant remarquer que l'institution des unités composées permet de compter avec un petit nombre de chiffres.

2° Mesure de l'étendue :

a) Mesure de la longueur ;

b) Mesure de la surface ;

c) Mesure du volume.

Le professeur devra faire sentir l'impossibilité de la mesure directe dans la plupart des cas.

3° Mesure des poids : la balance usuelle.

2e PHASE. — DE 8 A 9 ANS

LE CIEL

La Poésie, le Chant, la Sculpture, le Dessin, le Calcul.

Culture passive. — Les *Métamorphoses* d'Ovide ; les

Bucoliques de Virgile ; des poésies fétichiques au Ciel, à la Lune, au Soleil, aux Fleurs, etc.

POÉSIE

Culture active. — Des descriptions orales : communication des impressions produites par les lectures de l'enfant.

Il faut tout d'abord respecter scrupuleusement la spontanéité de l'enfant dans ses manifestations de sympathie et d'antipathie, pour en affermir après les bonnes inspirations et en corriger les mauvaises. Autrement, l'enfant s'habituerait à ne pas être sincère dans ses expansions.

CHANT

Encore par imitation : des chœurs plus difficiles choisis dans les grands compositeurs, appliqués à des poésies choisies.

La musique doit toujours être chantée sur un texte, afin de subordonner l'expression à la conception.

SCULPTURE

Des ornements choisis de façon que l'enfant puisse être initié aux phases successives de l'humanité, depuis le fétichisme, en passant par la théocratie, par la civilisation gréco-romaine, par les régimes catholico-féodal et islamique jusqu'à parvenir à l'art moderne.

DESSIN

Dessin géométrique à la main libre et avec l'équerre et le compas.

Les polygones, le cercle, les sections coniques, la spirale d'Archimède, la conchoïde, la cissoïde et la cycloïde.

L'écriture hiéroglyphique : les chiffres romains et arabes.

CALCUL

Addition, soustraction et multiplication : pratique concrète de ces opérations dont l'*exécution abstraite* ne devra avoir lieu qu'ensuite.

Les calculs devront être exécutés avant que l'enfant ait appris la table dite de Pythagore, et dans les divers systèmes de numération. La table devra être faite exprès pour chaque calcul et par l'enfant lui-même, afin qu'il voie l'avantage de l'apprendre par cœur.

Des problèmes puisés dans la vie réelle.

L'Art d'apprendre à compter, de Condorcet.

Étude expérimentale des propriétés géométriques et des évaluations.

Subordination des mesures métriques à l'unité linéaire. (*Géométrie de Clairaut.*)

LE CIEL

Connaissance des principales constellations visibles sur place.

Les notions géométriques du mouvement : le mouvement journalier apparent de la sphère céleste ;

Le Soleil et la Lune : leurs mouvements apparents : l'année.

Les planètes visibles à l'œil nu ; les comètes.

La Terre, sa forme, sa grandeur ; les dimensions du monde.

Les conceptions antérieures : fétichiques et polythéiques ;

La conception d'Hipparque ; celles de Copernic, de Tycho-Brahé, de Galilée, de Képler, de Descartes.

Applications de la connaissance du ciel : explication du drapeau fédéral du Brésil. La détermination du mètre, le gnomon, la navigation.

3e PHASE. — DE 9 A 10 ANS

L'AIR ET L'EAU

La Poésie, le Chant, la Sculpture, le Dessin, le Calcul.

POÉSIE.

Culture passive. — L'*Iliade* et l'*Odyssée*, les Tragédies d'Eschyle, l'*Énéide*, le *Don Quichotte*, *Paul et Virginie*, le *Théâtre choisi* de Métastase, *le Dernier Abencérage*.

Culture active. — L'*Écriture*, composition en prose et en vers, sans règles, par imitation.

Pendant la correction des exercices, le professeur apprendra les règles aux élèves, en attirant leur attention sur la pratique des bons auteurs qu'ils se seront déjà rendus familiers.

CHANT

Encore par imitation : chants spontanés.

SCULPTURE

Des ornements : des copies et des compositions.

DESSIN

Des exercices de *perspective* et d'*ombres*, des corps réguliers. L'*Aquarelle*.

CALCUL

La division. — Le calcul devra toujours être fait dans les divers systèmes de numération. Chaque calcul devra être institué par l'enfant pour résoudre le problème qui lui aura été donné.

Ce problème devra combiner les opérations antérieures et les connaissances géométriques ou célestes déjà acquises.

Faire remarquer à l'enfant la différence entre cette opération et le calcul fétichique (numération, addition, soustraction et multiplication).

L'AIR ET L'EAU

La gravité. — Les lois générales du mouvement :

1. La loi de Képler ; 2. La loi de Galilée ; la loi de Huyghens et de Newton. Le choc des corps durs et élastiques. La chute et les projectiles.

Le pendule. Le baromètre. La machine pneumatique. La fluctuation.

Leurs réactions sur la connaissance du ciel. Loi de la *Gravitation planétaire*. Newton, Bradley, d'Alembert, Clairault et Lagrange.

Des effets généraux de la gravitation planétaire : les marées.

Des effets de la gravité terrestre : le cours des fleuves.

Modifications de la gravité dues à la rotation de la terre : les variations du pendule.

Modifications spéciales de la gravité : la capillarité.

Applications industrielles : l'horloge à pendule, les pompes, le vaisseau et l'aérostat.

La chaleur. — De la principale source de la chaleur atmosphérique : le soleil, les climats, les saisons.

Mesure de la chaleur : le thermomètre, le calorimètre.

Effets physiques de la variation de température.

Conception de Lavoisier sur le changement d'état des corps : la solidification, la fusion, l'évaporation ou gazéification.

Le manomètre : la glace, la neige, les nuages, la pluie.

Application industrielle : la machine de Watt.

La lumière. — De la vitesse de la lumière. De ses conséquences pour la connaissance astronomique de la terre.

Les glaces, les prismes et les loupes. La lunette, le microscope et le télescope. L'arc-en-ciel et les mirages.

Application industrielle : la photographie.

Le son. — De la vitesse du son : l'écho, le tonnerre.

Les instruments de musique, fétichiques, polythéiques, monothéiques et modernes. Le phonographe.

L'électricité. — La machine électrique, la pile, la foudre.

Application : le paratonnerre, le télégraphe, le téléphone, la lampe électrique, le moteur électrique.

Le magnétisme. — La boussole. Conception complète de la navigation.

4e PHASE. — DE 10 A 11 ANS

LA TERRE

La Poésie, le Chant, la Sculpture, le Dessin, le Calcul.

POÉSIE

Culture active. — Le Théâtre choisi de Caldéron, de Shakespeare, de Métastase, de Corneille, de Molière, de Racine, de Voltaire.

Robinson Crusoé.

Culture passive. — Des compositions en prose et en vers.

CHANT

Lecture de musique, l'expression des chants que l'enfant aura déjà appris et de ceux qu'il aura composés ou de ceux qu'on chantera devant lui.

SCULPTURE

Les formes animales et humaines en *bas-relief*.

DESSIN

Des ornements : architecture : des copies et des compositions.

CALCUL

Le calcul fractionnaire. — Le même avis précédent.

LA TERRE

Des anciennes conceptions sur la nature de l'air, de l'eau, de la terre, des plantes et des animaux, l'homme y compris.

Des conceptions alchimistes.

La conception de Lavoisier. Conception élémentaire de l'air, de l'eau, de la terre, des plantes et des animaux.

Explication générale de la combustion, de la fermentation et de la putréfaction.

Des conceptions anciennes : Boerhaave, Stahl et Lavoisier.

Des applications industrielles ; les arts qui se rapportent à l'alimentation ; les arts qui se rapportent aux vêtements ; les arts qui se rapportent à l'habitation.

5e PHASE. — DE 11 A 12 ANS

LES PLANTES

La Poésie, le Chant, la Sculpture, le Dessin, le Calcul.

POÉSIE

Culture passive. — Le Dante, l'Arioste, le Tasse.

Le théâtre choisi précédent.

Culture active. — Des compositions en prose et en vers.

CHANT

Des lectures plus difficiles.

Des compositions.

SCULPTURE

Des formes animales et humaines.

Des copies et des compositions.

DESSIN

Des paysages, des copies et des compositions.

La peinture à l'huile.

CALCUL

Extraction de la racine carrée.

La même observation antérieure. L'enfant sera invité à formuler des problèmes pour ceux qui seront moins avancés.

LES PLANTES

Des notions sur les caractères généraux et sur la culture des plantes actuellement employées comme nourriture, pour les vêtements et pour la construction.

6e PHASE. — DE 12 A 13 ANS

LES ANIMAUX

La Poésie, le Chant, la Sculpture, le Dessin, le Calcul.

POÉSIE

Culture passive. — *Le Paradis perdu* et les poésies lyriques de Milton; *les Lusiades, les Fiancés* de Manzoni, *les Martyrs* de Chateaubriand.

Culture active. — Des compositions en prose et en vers.

Ébauche d'une composition à sa mère.

CHANT

Des chants plus difficiles.

Un projet de musique pour l'hymne maternelle.

SCULPTURE

Projet d'un buste de la mère.

DESSIN

La forme humaine.

Des copies et des compositions.

Projet d'un tableau domestique sous la présidence de la grand'mère paternelle.

CALCUL

Progression arithmétique.

Des problèmes d'arrangements, de permutations, de combinations et de répartitions.

Des exemples de la vie journalière qui rendent nécessaires de telles numérations.

Des problèmes qui mettent en jeu l'ensemble des connaissances acquises.

LES ANIMAUX

Des indications générales sur les différents types de l'échelle zoologique.

Des indications générales sur la figure et les mœurs des animaux sociables, soit de ceux qui n'ont pas été incorporés à l'espèce humaine, soit de ceux qui font partie de l'humanité.

(Les *Lettres sur les Animaux* de Georges Leroy.)

7e PHASE. — DE 13 A 14 ANS

L'HUMANITÉ

La Poésie, le Chant, la Sculpture, le Dessin, le Calcul.

POÉSIE

Culture passive. — *La Jolie Fille de Perth*, *l'Antiquaire*, *Ivanhoë* de Walter Scott.

Le Vicaire de Wakefield.

L'Imitation de Jésus-Christ, traduction de Corneille.

Les *Œuvres choisies* de Gœthe et de Byron.

Culture active. — L'hymne maternelle.

CHANT

Des chants plus difficiles.

La musique de l'hymne maternelle.

SCULPTURE

Le buste maternel.

DESSIN

Le tableau domestique sous la présidence de la grand'-mère paternelle.

CALCUL

Conception du calcul algébrique.

Proportions et équations.

La progression géométrique. Les logarithmes. Emploi des tables.

L'HUMANITÉ

Les populations humaines, anciennes et modernes.

Les peuplades au fétichisme spontané, et tout particulièrement les peuplades américaines et africaines.

Les fétichocraties, et tout particulièrement celles du Mexique, du Pérou et de la Chine.

Les théocraties : l'Égypte, la Chaldée, la Perse, la Judée, l'Inde.

Les populations catholico-féodales.

Les populations islamiques.

Les peuples modernes.

TABLEAU GÉNÉRAL DE LA TERRE

Cette étude doit être accompagnée d'une lecture convenable de la Bible et du Coran ; des livres sacrés de l'Inde et de la Chine.

On y devra donner un aperçu de l'organisation du capital et du travail, de la guerre, de la famille, du langage, du gouvernement, du sacerdoce, de l'art, de la science et de la médecine parmi ces populations.

La biographie des hommes illustres et l'ensemble de l'évolution sans détail.

L'esquisse des *Progrès de l'Esprit Humain*, de Condorcet.

Les *Vies* de Plutarque, le *Voyage du jeune Anacharsis*.

Le *Discours sur l'Histoire* de Bossuet.

Des notions spéciales sur l'*Histoire du Brésil*, en caractérisant ses quatre phases :

Le Brésil colonial, le Brésil royaume, le Brésil sous l'Empire, le Brésil sous la République.

PLAN DU COURS

16 Séances

INTRODUCTION : Discours préliminaire ou Réflexions sur l'introduction dogmatique à la Synthèse subjective des pensées humaines. Les premiers principes ou la Philosophie Première comme base de la Philosophie Seconde, dont le double but est la Philosophie Troisième.

PARTIE GÉNÉRALE : 1re *section.* — Appréciation générale des diverses branches de la Philosophie Seconde. Importance qu'y a la Mathématique, et position encyclopédique du calcul arithmétique.

2e *section.* — Conception des nombres ; leur origine et leur destination subjectives ; transformation objective de ces notions et leurs divers emplois.

PARTIE FONDAMENTALE : 3e *section.* — Institution fondamentale de la numération systématique ; conception et expression de l'échelle numérique.

4e *section.* — Théorie numérique de l'ordre ; solution spontanée des problèmes des permutations, des arrangements et des combinaisons.

PARTIE SPÉCIALE : 5e *section.* — Évaluation des nombres entiers par addition, soustraction et multiplication (Calcul fétichique).

6e *section.* — Division des nombres entiers (Calcul théocratique).

7e *section.* — Divisibilité des nombres entiers. Preuves des opérations par les diviseurs.

8e *section.* — Institution des fractions ordinaires ; leur nécessité pour donner à l'échelle des nombres entiers la continuité indispensable aux calculs et leur assistance à la numération concrète. (Réaction du calcul théocratique sur les conceptions numériques.)

9e *section.* — Réduction des fractions à leur plus simple expression ; double procès pour l'effectuer ; procès basés sur la décomposition en facteurs premiers et sur la détermination du plus grand diviseur commun.

10e *section.* — Extension du calcul fondamental aux fractions ordinaires. Isomérie des fractions ; addition, soustraction, multiplication et division des fractions.

11e *section.* — Simplification du calcul fractionnaire dans le cas des fractions basiques (perfectionnement monothéique du calcul fractionnaire). Conversion des fractions ordinaires en fractions basiques.

12e *section.* — Complément de la théorie de la division. Extraction de la racine carrée (complément théocratique du calcul fondamental). Réaction de ce complément sur les conceptions numériques ; nombres incommensurables.

Partie complémentaire : 13e *section.* — Complément à la théorie de la numération. Solution systématique des trois problèmes des permutations, des arrangements et des combinaisons. Conséquence de la théorie numérique de l'ordre : théorie des répartitions. Appréciation des calculs nécessaires pour changer le système où les nombres sont représentés.

14e *section.* — Complément à la théorie des évaluations ; leur simplification, en utilisant les relations entre les nombres combinés. Théorie des progressions arithmétiques.

Développement décisif de cette théorie, moyennant l'examen des séries des nombres figurés.

Conclusion. — Discours final. Résumé, jugement et résultats de l'étude du calcul arithmétique.

Afin de ne pas fatiguer les jeunes élèves, il conviendrait d'exposer en deux séances chacune de ces sections, sauf la 5e, la 11e et la 12e, lesquelles, à cause de leur plus grande longueur, exigeraient trois séances. Même dans de telles conditions, ce cours n'exige pas plus de trois mois, de trois séances par semaine.

INTRODUCTION PHILOSOPHIQUE

Discours préliminaire sur l'introduction à la synthèse subjective des connaissances humaines

Les quinze premiers principes ou la PHILOSOPHIE PREMIÈRE, comme base de la PHILOSOPHIE SECONDE, ayant toutes deux pour objet la PHILOSOPHIE TROISIÈME. Nécessité de les unifier.

Omnis ratio, et naturalis investigatio fidem sequi debet, non præcedere nec infringere.

(THOMAS A KEMPIS, *Imitation*.)

I

Les facultés d'*aimer*, de *penser* et d'*agir*, tels sont les trois attributs de notre nature, d'où résultent les trois parties de l'éducation individuelle, ainsi que les trois grandes constructions de l'espèce humaine : la *Poésie* ou les beaux-arts, domaine du *beau*; la *Philosophie* ou l'ensemble des sciences, domaine du *vrai*; et la *Politique* ou l'industrie, domaine du *bon*.

Toutes les trois apprécient la réalité, mais chacune selon sa nature propre ; car la première l'*idéalise*, la deuxième l'*explique*, et la troisième la *perfectionne*. Pourtant, aucune ne parvient à la connaître d'une manière absolue, et ne peut la connaître qu'autant que l'exigent nos nécessités morales, intellectuelles et physiques.

Ainsi donc, nos conceptions théoriques ou pratiques ne représentent que des approximations de la réalité, et, vu la faiblesse de notre puissance mentale, nous ne pouvons jamais que *former l'hypothèse la plus simple suivant l'ensemble des documents à représenter.*

Tel est le principe qui fournit la base essentielle de toutes les explications qu'on a jusqu'à présent essayé de donner de l'Homme et du Monde. Celui-ci fournit toujours les matériaux nécessaires à nos constructions mentales, qui s'approcheront d'autant plus de la réalité que les renseignements acquis seront plus précis. Nous sommes ainsi forcés à *subordonner nos constructions subjectives aux matériaux objectifs.*

L'appréciation de la forme de la *Terre* fournit un exemple caractéristique de ce deuxième principe. La contemplation immédiate du spectacle terrestre a naturellement porté l'esprit humain à la supposer plate et de dimensions fort restreintes. Les philosophes grecs l'ont d'abord considérée telle. Ce n'est que fort longtemps après que de nouvelles observations, principalement dues aux progrès de la navigation, conduisirent à la supposer sphérique. Mais, après le XVIe siècle, de nouvelles données sont venues montrer que la configuration terrestre est bien plus proche d'un ellipsoïde de révolution, dont les caractères sont devenus plus précis à mesure qu'on a fait de nouvelles observations.

Remarquons que, des deux principes cités, le premier établit le caractère hypothétique de toutes nos conceptions, tandis que le deuxième les subordonne au monde extérieur. Mais l'un et l'autre supposent évidemment l'existence d'un *ordre immuable et fatal qui domine tous les êtres à travers les événements*. Car, si le monde extérieur n'offrait nulle constance au milieu de la variété de ses événements, notre intelligence n'en saurait formuler aucune hypothèse. L'ordre universel fut de bonne heure révélé à l'esprit humain, en observant la reproduction des êtres, et, plus tard, la succession de certains phénomènes, comme, par exemple, la naissance et la mort, la régularité du spectacle céleste, les diverses saisons, etc.

Il importe cependant de reconnaître que cet ordre n'a été bien apprécié qu'après que l'esprit humain a pu séparer ou abstraire des êtres les événements ou phénomènes qu'ils nous présentent. En découvrant parmi ces attributs des règles invariables, l'Humanité tâcha de les combiner de façon à reproduire dans son esprit des systèmes composés, assimilables aux divers modes d'existence que nous présente le Monde.

C'est ainsi que l'Humanité a construit les *types*, ou *modèles abstraits*, destinés à représenter à tout instant les êtres qui l'entourent et elle-même, ou à correspondre à ses besoins, tels que les créations industrielles, etc. Et cela devait être, car, si les phénomènes nous manifestent des *règles sans exceptions*, il n'en est pas de même pour les êtres.

Ainsi donc, la démonstration de l'*ordre universel* n'a été faite d'une manière positive qu'après avoir réussi à décomposer l'étude de tous les êtres dans celui des divers événements aux phénomènes qui les caractérisent. Alors seulement on est parvenu à reconnaître que l'*ordre universel* n'est que l'ensemble des lois naturelles qui régissent les différentes catégories de phénomènes, c'est-à-dire *les relations constantes de similitude ou de succession qui existent entre eux*. En sorte que l'esprit humain fut ainsi conduit à *concevoir comme immuables les lois quelconques qui régissent les êtres au moyen des événements, quoique l'ordre abstrait permette seul de les apprécier.*

Remarquons cependant que l'existence de cet ordre a toujours été admise d'après l'hypothèse la plus simple. Il était d'abord naturel qu'on eût cherché son *auteur*, c'est-à-dire l'*investigation de la cause,* puisqu'on ne pouvait la connaître elle-même (découverte de la loi).

L'explication et la prévision des phénomènes ne comportent, en effet, que ces deux modes (*causes et lois*). Or, quand il s'agit des phénomènes humains, la cause ne peut être que la *volonté.* Et, comme il est naturel de supposer que les volontés se rapportent à notre propre destinée, en bien comme en mal, le cerveau humain fut porté à chercher en lui-même l'explication du *monde*, dont les notions réelles lui étaient presque totalement inconnues. Ceci nous montre, d'ailleurs, la prépondérance logique initiale de la *méthode subjective*, c'est-à-dire l'explication du Monde par l'Homme, aux débuts de la grande évolution sociale, ainsi que le caractère fictif des conceptions de ces époques reculées.

C'est ce qui arriva, en effet, pendant l'enfance de notre espèce (*Fétichisme*), où l'on suppose que tous les êtres sont doués de vie et, par conséquent, de volonté propre. Les *astres*, la *Terre*, ainsi que tout ce qui existe, sont assimilés à l'homme lui-même. On voit donc que, dans son acception primitive, la notion d'ordre coïncide avec celle d'*arrangement volontaire.* L'*ordre* paraît alors arbitraire quant à sa source. Mais la fixité de la constitution de notre nature fit acquérir de bonne heure à cette notion un caractère *absolu.* L'arrangement cesse d'être volontaire pour les êtres, et devient, pour ceux-ci comme pour les événements, l'ordre émané des dieux. C'est surtout la constance du spectacle céleste qui tendit à confirmer ce premier aperçu de l'ordre immuable.

Pour un tel motif, on suppose que l'ordre universel émanait de la volonté de différents dieux, dont chacun dominait une classe déterminée de phénomènes. C'est la période du *polythéisme*, à laquelle succéda celle du *monothéisme*, où la volonté divine se concentra en un seul Dieu, tout-puissant sur la hiérarchie surnaturelle. L'ensemble de ces deux phases de l'esprit humain fut donc nommée, d'après cela, *théologique*, car elle est caractérisée, comme nous venons de le voir, par la soumission à un *ordre surnaturel*, c'est-à-dire émané des dieux.

Tous les événements se seraient alors réalisés suivant la volonté divine, qui ainsi commande partout : au ciel le cours du soleil, ainsi que sur la terre la chute des corps, etc. C'est donc la période des *fictions ;* mais il est incontestable que l'esprit humain formulait alors l'hypothèse la plus simple qui lui était possible, en expliquant la *création* suivant les ordres du *Créateur*.

A cette phase des conceptions fictives a succédé une autre nommée *métaphysique* ou *ontologique*. Pendant cette phase, l'esprit humain suppose, au lieu d'agents surnaturels, des forces abstraites, de vraies entités ou abstractions personnifiées, inhérentes aux différents êtres et en état de produire tous les phénomènes observés. L'esprit humain cherche alors à se délivrer de la volonté divine en essayant d'expliquer d'une autre manière le Monde et l'Homme. Dans l'impuissance mentale (car il ne possédait pas encore une connaissance assez grande des relations qui lient les phénomènes), il remplace les volontés des dieux par de pures entités, abstractions incompréhensibles qui n'expliquent rien. Toutefois, il faut reconnaître que ces conceptions ont rendu un service réel. En cherchant ainsi les causes premières des phénomènes introuvables, les métaphysiciens en sont parfois arrivés à découvrir les *relations constantes* entre beaucoup d'entre eux, c'est-à-dire leurs *lois*.

Les conceptions métaphysiques marquèrent, en effet, un progrès réel de l'esprit humain parce qu'elles diminuent considérablement ce qu'il y avait d'arbitraire dans les combinaisons théologiques. Le mot *nature* y représente un rôle prépondérant : il remplace le dieu conçu par Aristote, ce simulacre divin, sorte de *dieu constitutionnel* qui ne pouvait rien contre les lois qu'il avait créées lui-même. La *nature* est alors l'ensemble de ces lois inconnues, et sert à expliquer tous les phénomènes qui embarrassent l'esprit humain et se prête, avec une complaisance parfaite, à toutes les fantaisies qu'on en exige. Pourtant, au milieu des pires extravagances, elle est toujours supposée immuable, comme l'était autrefois le *destin*, et incapable d'avoir elle-même nulle volonté. La *nature* domine alors toutes nos conceptions scientifiques, ce qui n'empêche point que chaque science ait ses hypothèses métaphysiques propres, afin d'expliquer les phénomènes dont elle s'occupe : *la Physique* possède ses *éthers* et ses *fluides ; la Chimie*, ses *affinités vagues ; la Biologie*, ses *esprits vitaux et animaux*. Toutefois, ces conceptions ont indubitablement servi la science en préparant les conceptions positives. Et c'est ainsi que la raison humaine fut insensiblement conduite à remplacer les recherches sur les causes par la découverte des lois naturelles, qui caractérise sa phase vraiment *positive*.

Cette dernière phase se décompose logiquement en deux modes successifs, l'un scientifique ou analytique, l'autre philosophique ou synthétique : le premier n'est que préliminaire, et l'autre le seul vraiment définitif, car la pleine positivité ne consiste pas seulement dans la réalité des spéculations, mais aussi dans sa continuelle combinaison avec l'utilité.

Comme une conséquence de ce qui précède, nous sommes conduits à reconnaître que nos conceptions sont successivement arrivées à leur maturité, en passant par trois états : *fictif*, *abstrait* et *positif*. Et, comme on peut démontrer que l'*évolution de l'individu reproduit celle de l'espèce*, nous en arrivons à la conclusion que ce principe, nommé des *trois états*, s'applique aujourd'hui à chacun de nous, comme il s'est vérifié dans les générations passées.

On pourrait poser une objection en observant que certains individus qui sont émancipés dans les spéculations *cosmologiques* (mathématiques, astronomiques, physiques et chimiques) se conservent imbus de théologie dans les conceptions *sociologiques* ; tandis que d'autres, émancipés quant aux recherches de la *science de l'Espace* (mathématico-astronomiques), sont pourtant des métaphysiciens quant à l'appréciation de la *science de la Terre* (physico-chimique), et restent attachés au théologisme quand il s'agit de la *science de l'Humanité* (biologie, sociologie et morale). Une pareille objection est profondément vraie et nous en allons tirer des enseignements profitables. Il suffit donc d'observer que nul ne saurait être émancipé en *sociologie* sans qu'il le soit aussi en *cosmologie*, et que tous le sont quant à la *science de l'Espace*. Les dieux auraient beau vouloir, personne, en effet, n'oserait dire que 2 et 2 cesseront de faire 4. Cet exemple simple montre clairement que l'émancipation de l'esprit humain s'effectue suivant la moindre généralité des phénomènes sur lesquels il spécule, et qui est d'autant plus petite que les phénomènes deviennent plus complexes ou moins généraux.

On doit donc compléter le principe ci-dessus en l'énonçant de cette manière : *Nos conceptions passent par trois états, fictif, abstrait et positif, avec une vitesse proportionnelle à la généralité des phénomènes correspondants* [1].

1. MM. Buchez, E. Littré et Renouvier ont prétendu nier à Auguste Comte la paternité de la *loi des trois états*, qui est du reste la base de son système philosophique et religieux, en s'appuyant sur le morceau suivant de l'éminent Turgot : « Avant de connaître la liaison des *effets physiques* entre eux, il n'y eut rien de plus naturel que de supposer qu'ils étaient produits par des êtres intelligents, invisibles et semblables à nous, car à quoi auraient-ils ressemblé ? Tout ce qui arrivait sans que les hommes y eussent part eut son Dieu, auquel la crainte ou l'espérance fit bientôt rendre un culte, et ce culte fut encore imaginé d'après les égards qu'on pouvait avoir pour les hommes puissants. Car les dieux n'étaient que des hommes plus puissants et plus ou moins parfaits, selon qu'ils étaient l'ouvrage d'un siècle plus ou moins éclairé sur les vraies perfections de l'Humanité.

« Quand les philosophes eurent reconnu l'absurdité de ces fables, sans avoir acquis néanmoins les vraies lumières sur l'histoire naturelle, ils imaginèrent d'expliquer les causes des phénomènes par des expressions abstraites, comme *essence* et *faculté*, expressions qui, cependant, n'expliquaient rien, et dont on raisonnait comme si elles eussent été des êtres, de nouvelles divinités substituées aux anciennes. On suivit ces analogies et on multiplia les facultés pour rendre raison de chaque effet.

« Ce ne fut que bien tard, en observant *l'action mécanique* que les corps ont les uns sur les autres, qu'on tira de cette mécanique d'autres hypothèses, que les mathématiques purent développer et l'expérience vérifier. Voilà pourquoi la physique n'a cessé de dégénérer en *mauvaise métaphysique*, qu'après qu'un long progrès dans les arts et dans la chimie eut multiplié les combinaisons des corps, et que la communication entre les sociétés étant devenue plus intime, les connaissances géographiques ont été plus étendues, que les faits ont été plus certains, et que la pratique même des arts a été mise sous les yeux des philosophes » (Turgot, *Œuvres complètes*, nouvelle édition, t. II, p. 656). Comme le dit fort bien M. G. Audiffrent, dans son ouvrage *Du cerveau et de l'inner-*

La comparaison de ce quatrième principe avec les trois précédents fait apercevoir qu'il est *dynamique*, tandis que les autres sont *statiques*. Celui-là se rapporte, en effet, aux mutations de l'entendement humain, tandis que ceux-ci ne concernent que son existence, sans qu'ils fassent allusion à son évolution. On voit, en outre, que deux d'entre les principes cités (le deuxième et le quatrième) sont essentiellement *subjectifs*, car ils sont plutôt relatifs au sujet contemplateur qu'aux objets contemplés, tandis que les deux autres (le premier et le troisième) sont autant *objectifs* que *subjectifs*, vu qu'ils se rapportent en même temps au *monde* et à l'*homme*.

Le premier principe montre le caractère relatif de nos conceptions, en faisant dépendre leur destination de la plus ou moins grande aptitude à nous permettre d'adapter notre conduite, *active* ou *passive*, à notre situation. Le deuxième principe a précisé la hiérarchie fondamentale de telles conceptions, en définissant le caractère des concep-

vation (p. 63), ce passage prouverait tout au plus que l'immortel Turgot a eu un pressentiment de cette grande loi. « Il entrevit nettement pour les phénomènes physiques la succession des trois états : théologique, métaphysique et positif, *sans, toutefois, les désigner par aucuns signes spéciaux.* » Ainsi qu'on le voit, Turgot ne se rapporte qu'aux phénomènes de la physique, et non pas à l'universalité des connaissances humaines. Mais, entre le pressentiment philosophique de ce grand homme et la formule abstraite d'Auguste Comte, il y a une grande distance. Turgot n'était pas complètement émancipé et ne pouvait point, par conséquent, affirmer que les vérités de l'ordre social et moral pouvaient également passer de l'état théologique où elles se trouvaient à l'état pleinement positif. Dans cette affaire, il n'y a rien qui ne soit à l'honneur du positivisme, car on y voit combien, au XVIIIe siècle, l'École des encyclopédistes s'est approchée de toutes les manières possibles de la solution du problème final, donnée ensuite par Auguste Comte, ce qui en augmente encore d'autant la gloire de Turgot.

tions *réelles* et leur relation avec les conceptions *fictives*. Nous voyons alors que ces conceptions réelles constituent, au point de vue abstrait, les *lois naturelles*, c'est-à-dire les *relations constantes que les phénomènes conservent entre eux*.

Nous sommes ainsi portés à concevoir les conditions générales de notre existence comme reposant sur un *arrangement immuable* constitué par l'ensemble des *lois naturelles*. Mais il est aussi aisé de reconnaître que cet *arrangement involontaire* doit être complété par des *volontés, réelles* ou *fictives*, afin que l'*ordre* soit complet. Pour cela, le troisième des principes cités caratérise spécialement la distinction entre la *réalité* et l'*idéalité*, en séparant le *domaine de la fatalité* du *domaine de la volonté*. Ainsi conçu, l'*ordre* se présente à nos yeux comme conciliant l'*immuabilité* sous certains aspects, avec la *variabilité* sous d'autres.

En effet, d'un côté, les lois expriment la constance au milieu de la variabilité ; et, d'un autre côté, les volontés présupposent que tout n'est point *fatal*. Il s'ensuit donc que le principe de l'immuabilité exige un complément pour préciser la relation générale entre ce qu'il y a de *constant* et ce qu'il y a de *variable* dans l'*ordre*. Sans ce complément, la prévision deviendrait *vague*, et l'action par trop indécise.

Afin de le reconnaître, il suffit de remarquer que le principe de l'*immuabilité* pourrait se réduire à proclamer la constance de la nature des phénomènes quoique leur succession eût changé. Par exemple, le principe des trois états perdrait sa portée, si on se bornait à affirmer que les opinions humaines ne pouvaient être que théologiques ou métaphysiques ou positives, sans déterminer la manière par laquelle se fait le passage d'un état à un autre.

C'est un cinquième principe, d'ailleurs autant objectif que subjectif, qui vient satisfaire ce besoin, en déterminant la *relation* où se trouvent l'*immuabilité* et la *variabilité* dans l'ordre universel. Il spécifie la dépendance de la *réalité* envers l'*idéalité*, en indiquant avec exactitude le champ de la *volonté*. Il peut être énoncé ainsi : *les modifications quelconques de l'ordre universel se bornent toujours à l'intensité des phénomènes, dont l'arrangement demeure inaltérable.*

La propre conception de cet *ordre* nous en donne un exemple ; car il a toujours été admis, le mode seul plus ou moins absolu d'en concevoir la *source* ayant varié. Celle-ci fut d'abord plus ou moins capricieuse ou absolue, suivant la volonté plus ou moins divine d'où elle émanait ; et quand elle est devenue relative, l'*arrangement* primitif n'en subsista pas moins. Ce qui revient à dire que la conception de l'ordre immuable a varié ainsi que le prouve le double sens de ce substantif, qui signifiait *commandement*, et en vint ensuite à signifier *arrangement ;* mais un pareil arrangement est toujours resté inaltérable dans une telle hypothèse.

Ce principe de la modificabilité, aperçu par Broussais pour les cas pathologiques, et généralisé par Auguste Comte envers toutes les catégories de phénomènes, indique la relation entre l'*immuabilité* et la *variabilité :* immuabilité d'arrangement, et variabilité de degré, c'est-à-dire de l'*intensité* des attributs *statiques*, et de la *vitesse* dans les cas *dynamiques*. Du reste, de la variabilité il résulte la *modificabilité*, d'abord spontanée, ensuite systématique ; et les phénomènes sont d'autant plus modificables qu'ils sont plus spéciaux, c'est-à-dire d'autant plus dignes, ce qui a aussi lieu pour les êtres.

La réaction théorique de ce dernier principe tend à réduire toutes les questions réelles à de simples spéculations de quantité, quoiqu'une telle transformation ne puisse se réaliser assez qu'envers les phénomènes inférieurs. Cela n'a lieu que lorsqu'il s'agit de la quantité des phénomènes ou des êtres coexistants (*nombre*), de l'*étendue*, de la *forme*, du *mouvement*, du *poids*, de la *température*, du *son*, de la *lumière*, de l'*électricité*, du *magnétisme*, etc. Dès lors, l'état du phénomène peut être défini au moyen d'un des états antérieurs ou par un des phénomènes analogues, sans différence, c'est-à-dire sans augmentation ou diminution. C'est là ce qu'on appelle *mesurer* le phénomène, et le résultat de la mesure est un *nombre*.

« L'influence pratique d'un tel principe institue la subordination rationnelle de l'action à la contemplation, en restreignant notre intervention, même subjective, à altérer le degré sans en troubler l'arrangement : elle nous délivre du fatalisme et de l'optimisme. »

Des cinq principes que nous avons cités, le premier est, sans doute, le plus important. Il institue, en effet, le passage du *concret* à l'*abstrait*, en définissant l'attribut général des conceptions normales (*relativisme*), et devient, par conséquent, le principe fondamental de la *philosophie positive*. Il peut être encore énoncé de la manière suivante : *la tendance de notre intelligence est de former les hypothèses les plus simples d'après l'ensemble des renseignements à représenter.*

Il nous est donc présenté comme ayant une double destination :

1° Construire les conceptions ;

2° Reconnaître leur convenance, c'est-à-dire leur conformité avec l'ensemble de nos nécessités morales, intellectuelles et physiques [1]. Mais dans un cas comme dans l'autre, il laisse apercevoir que nos conceptions ne sont que de pures hypothèses.

En général, on donne le nom spécial d'*hypothèse* à une conception dont l'objectivité n'est pas suffisamment vérifiée, ou bien aux conceptions purement idéales. D'où le besoin d'examiner les caractères des hypothèses positives, c'est-à-dire de celles qui comportent une objectivation, et des hypothèses idéales qui sont utiles.

Nous pouvons classer les hypothèses qui ne comportent point d'objectivation en théoriques (logiques) et en affectives (esthétiques) ; celles qui comportent une objectivation peuvent être théoriques (scientifiques), ou pratiques, celles-ci étant susceptibles d'une objectivité immédiate (projets), ou dans un avenir indéfini (utopies).

Les hypothèses logiques servent à instituer l'étude des phénomènes, en permettant leur meilleure représentation mentale et leur coordination, comme, par exemple, l'*espace* en *géométrie*, la *force* et l'*inertie* en *mécanique*, et la *théorie corpusculaire* en *physique*.

Les hypothèses affectives ou esthétiques sont les conceptions purement idéales qui ont pour objet notre perfectionnement moral [2]. Les hypothèses scientifiques ont pour but

1. Nous sentons le besoin de faire l'hypothèse la plus simple parce que notre intelligence est faible. Mais si le monde n'était pas réellement simple, la loi n'aurait point de valeur, car l'hypothèse ne correspondrait pas à la réalité. D'où cet autre énoncé de la loi, qui en montre aussi le caractère objectif : *L'arrangement du monde est tellement simple qu'il permet toujours la formation de l'hypothèse la plus simple, etc.*

2. Prenons un exemple. Dans l'exposition du quatrième principe, nous montrons que la tendance à faire l'hypothèse la plus simple donne

l'investigation des lois des phénomènes. Elles doivent donc présenter ces deux caractères :

1° Elles doivent *s'occuper* exclusivement de la liaison des phénomènes, et renoncer à pénétrer leur nature intime, leur mode essentiel, leur cause première, ou leur fin dernière :

2° Elles doivent être vérifiables.

En résumant ce qui précède, on voit que le premier prin-

immédiatement origine aux conceptions fétichiques, où l'esprit humain, assimilant l'inconnu au connu, et, ne connaissant que l'homme, attribue au monde les volontés et les passions humaines. L'hypothèse fétichique ou spontanée ne se distingue donc de l'hypothèse positive ou systématique que par ce que l'une considère les corps comme doués de vie, tandis que l'autre ne les conçoit que comme actifs, n'attribuant la vie qu'à un petit nombre. Mais comme on ne saurait prouver qu'un corps quelconque ne sent point les impressions qu'il reçoit et ne veut pas les actions qu'il exerce, quoiqu'il se montre dépourvu de la faculté de modifier sa conduite d'après sa situation (principale caractéristique de l'intelligence), rien n'empêchait que la conception fétichique du monde eût donné lieu à une autre non moins esthétique et affective. C'est ce qui eut lieu en effet. En systématisant les dispositions spontanées de notre enfance, individuelle ou collective, Auguste Comte idéalisa la Terre sous le nom de Grand Fétiche, en la concevant, non seulement comme active, mais aussi comme douée de sentiment, c'est-à-dire comme le siège bienveillant du développement de l'espèce humaine. Selon cette hypothèse affective, l'homme doit une véritable gratitude à sa bienfaisante planète, et rien de plus juste que de rendre un culte à cette terre féconde qui a fourni à nos aïeux la triple nourriture solide, liquide et gazeuse qui garde en son sein leurs dépouilles sacrées, qui leur a donné les éléments de toutes leurs constructions scientifiques, esthétiques et industrielles, et par la résistance même qu'elle a opposée à leurs efforts, fut le principal instrument de leur moralisation. Autour de la planète humaine, pourvue de sa double enveloppe fluide, doivent être groupés les astres qui s'y lient le mieux par les services qu'ils nous rendent, tels que le Soleil et la Lune qui sont, de la sorte, aussi dignes de nos hommages. Aucun peuple, dans son enfance, n'a été dépourvu du culte au Soleil, à la Lune et à la Terre, notre mère com-

cipe institue la *logique* humaine. Il régit le travail mental, et préside à l'évolution de nos pensées. Mais ce principe-ci et d'autres que nous avons énoncés nous permettent déjà de voir que l'équilibre mental n'est possible qu'en subordonnant l'esprit à l'altruisme ; en sorte que le rôle de l'intelligence consiste essentiellement à chercher les moyens de réaliser cette digne soumission.

Remarquons, en outre, que l'esprit ne saurait rencontrer

mune ; certains, comme les Chinois, l'adorent encore, et ceux qui ne leur érigent point de temples conservent encore sous des formes diverses la passion fétichique de leur premier âge. Le culte du Foyer, véritable siège des affections domestiques, le culte de la Patrie, siège de sentiments généreux qui portent l'homme jusqu'au sacrifice de sa vie, ne sont rien de plus qu'un autre mode, plus restreint peut-être, mais non moins énergique, d'adorer la Terre. Et ce sentiment augmente à mesure que les peuples s'émancipent. La vénération pour les cendres de nos aïeux et pour les moindres objets qui leur ont appartenu se lie à cet amour du sol d'où procède également le respect à ces chers symboles qui, comme le Drapeau, synthétisent la Patrie. Ainsi donc, le culte de la Terre n'est que l'expansion de dispositions qui nous sont spontanées, ou plutôt d'un sentiment qui est au fond de toutes les natures.

Sous le point de vue dogmatique, rien ne s'oppose à cette assimilation du régime primitif par le régime final de l'Humanité. Du reste, elle correspond à une tendance générale de tous les hommes qui se sont toujours conservés plus ou moins fétichistes. L'inertie de la matière n'est qu'une hypothèse logique. Jamais on n'est parvenu à faire croire à la masse humaine qu'une pierre ne possède pas d'activité, et il n'est pas rare de voir un enfant se révolter contre les objets inanimés qui lui causent quelque mal. « Il est remarquable que, du jour où a commencé la décomposition théologique, s'est ébauché un mouvement de retour au fétichisme avec une énergie croissante chez la classe théorique, la seule qui s'en fût, autrefois, en quelque sorte détachée. » En sortant ainsi de la prison théologique, il semblerait que l'Humanité retourne consciemment et avec un charme inexprimable aux conceptions qu'elle a eues pendant son enfance : ce n'est pas une rétrogradation, mais bien plutôt un vrai progrès de l'esprit humain. Il commence au XVIIIe siècle, principalement sous l'influence des penseurs encyclopédiques : Fontenelle, Mon-

ailleurs nul autre point d'appui, et c'est ce que nous verrons ensuite en examinant la manière par laquelle se forment nos conceptions.

« Aristote formula l'axiome primordial que *rien n'existe dans notre intelligence qui ne nous vienne par l'entremise des sens*. Les vicieuses applications de cet énoncé rendirent nécessaire le complément introduit par Leibnitz, *excèpté*

tesquieu, Diderot, Turgot, Hume, George Leroy, Adam Smith, Cabanis, d'Alembert, Condorcet et d'autres. L'homme détaché de toute préoccupation céleste semble vouloir redescendre vers la Terre et se trouve de nouveau face à face avec la nature. Tout se fétichise aussitôt et un langage qui semble nouveau surgit de la rénovation de l'intelligence et du sentiment. Diderot fut l'initiateur de ce style brillant d'images, qui nous semble aujourd'hui une chose très naturelle, mais qui était alors si nouveau que quelques-uns de ses contemporains qualifièrent de ridicules ses pages ardentes. Peu après lui, le métaphysicien Rousseau, aussi grossier et méchant qu'habile observateur, découvre et décrit avec une brillante passion la poésie des bois, des champs et des lacs, comme on peut le voir dans ses *Rêveries d'un promeneur solitaire*. Le langage de son temps ne nous révèle pas encore la poésie des montagnes, qui ne paraît qu'au siècle suivant avec Lamartine dans son *Jocelyn*, comme l'observe avec une grande pénétration M. John Morley. A partir d'une telle époque, l'amour des champs, le charme des choses naturelles et simples prend tellement possession de toutes les classes que la reine de France elle-même veut devenir paysanne et s'installe au Trianon. Et, chose admirable, la terrible Révolution, bien loin d'enrayer un tel mouvement, lui imprime une nouvelle énergie : des pensées et des images dignes d'un Théocrite dans ses *Idylles* apparaissent dans les catilinaires les plus féroces — les églogues à côté de la guillotine !

Avec Lowell, Wordsworth, Coleridge, Southney et Byron, en Angleterre, et Mme de Staël et Chateaubriand, en France, cette ardeur s'accentue encore. Le purisme littéraire du vieil abbé Morellet forme un contraste avec des expressions telles que celles-ci dans *Attala* : *pleurer la patrie absente, le désert qui se déroule, la grande voix du fleuve*.

Ses contemporains dont l'auteur a merveilleusement traduit les sentiments se prirent pour lui d'un grand enthousiasme, et montrent à ses

l'intelligence elle-même, — afin de représenter la spontanéité mentale. Kant a donné à cet axiome sa forme systématique au moyen de la distinction entre l'*objectif*, c'est-à-dire les matériaux fournis par le monde, et le *subjectif*, qui sont les liaisons introduites par le *sujet*, c'est-à-dire par l'*homme*. Locke, Hume, Diderot et d'autres ont concouru à mettre cette vérité hors toute conteste, en l'examinant sous divers aspects. »

successeurs, tels que Bernardin de Saint-Pierre, Lamartine, Alfred de Musset, Alfred de Vigny, Victor Hugo, Pierre Loti, Maurice Barrès, et d'autres, le chemin à suivre. Ce qu'on a nommé le *romantisme* en France, et le *lakisme* en Angleterre, n'a pas d'autre source. Le succès du romantisme a sans doute été dû à cette tendance fétichique ; il fit revivre la nature et a ainsi ranimé le style poétique, en faisant pénétrer dans la poésie ce nouvel ordre de sentiments et d'idées. Rien que cela lui vaudra l'approbation de la postérité. Et cela est tellement ainsi, que dans une autre branche de l'art, dans la *peinture*, la seule école vraiment grande que cette renaissance ait fait surgir en France, c'est l'école des *paysagistes*. Th. Rousseau, Daubigny, Dupré et Diaz en furent les plus puissants et admirés parce qu'ils imitèrent plus passionnément la nature dans ses aspects les plus simples — l'arbre, la pierre, le ruisseau, etc. — qui auraient autrefois passé pour vulgaires. Nous nous réjouissons aujourd'hui devant un paysage, devant l'aspect d'une montagne ; en présence de la mer, en contemplant le coucher du soleil, sans penser pourtant que tous ces sentiments sont relativement nouveaux. Ils n'étaient pas seulement connus il y a deux siècles, et nous ne les devons qu'à certaines dispositions naturelles, contenues pendant longtemps, mais qui ont fait explosion avec force aussitôt que la compression théologique s'est affaiblie dans l'esprit humain.

Cependant, les philosophes ne seraient pas dignes de leur fonction s'ils n'apercevaient pas ce qu'il y a de nouveau dans de pareils phénomènes et s'ils se montraient impuissants à remonter à leur origine. C'est le positivisme qui a constaté cette renaissance du sentiment fétichique dans le cerveau cultivé des Occidentaux. C'est Auguste Comte qui a concilié cette nouvelle tendance avec les besoins affectifs surgis dans les âges antérieurs, la systématisant sous le nom caractéristique d'*incorporation du Fétichisme au Positivisme*. (V. Pierre Laffitte.)

Vu que le positivisme empêche radicalement toute divagation objec-

Nous sommes forcés de reconnaître comme résultat de tous ces travaux que les conceptions humaines, les normales comme les anormales, les lois scientifiques ainsi que les idéalisations esthétiques, les fantaisies métaphysiques, les délires des fous, etc., ont toujours une partie *objective* et une partie *subjective*. La partie objective correspond aux éléments fournis à l'intelligence par l'extérieur ; la partie subjective est la liaison intérieure de ces éléments. Et cela est tout aussi fatal que la gravité.

« Or, le nombre des sens étant limité (huit en tout : le toucher, la musculation, le goût, la calorition, l'odorat, l'ouïe, la vue, et l'électrition), on comprend que dans le monde une infinité de phénomènes peuvent avoir lieu qui sont pour nous comme s'ils n'existaient pas. En outre, les sens dont nous disposons sont imparfaits, et jamais nous ne réussirons à remplir leurs lacunes. Donc, quand même les liaisons introduites par nous pour grouper les éléments fournis par la contemplation du monde pourraient être la fidèle reproduction des relations réelles, l'insuffisance inévitable des matériaux rendrait impossible la représentation absolue de la réalité.

« Et si nous réfléchissons encore que tout le développe-

tive concernant les causes, il permet de développer sans scrupule la vitalité subjective que nous attribuons spontanément à des êtres quelconques. Au lieu de comprimer cette disposition, il la consacre et la systématise, en tant que pouvant donner une grande assistance, non seulement au langage et à l'art, mais aussi à la pensée, surtout abstraite, en fortifiant l'image par le sentiment. Dans ces conditions, nous pouvons aujourd'hui développer la fétichité encore plus que les fétichistes eux-mêmes, vu qu'il nous est permis d'étendre aux phénomènes la tendance qu'ils limitèrent aux seuls corps. Il suffit pour cela que les émotions idéales aient toujours un siège réel, abstrait ou concret, du reste, sans qu'on doive jamais les attribuer à des êtres imaginaires.

ment scientifique est là qui prouve assez combien notre puissance mentale est inférieure à la complexité des renseignements fournis par l'observation, saurions-nous raisonnablement aspirer à découvrir dans le monde le principe coordinateur des pensées ?

« Que l'on se rende compte de cette situation précaire de l'intelligence, et que l'on voie s'il nous reste autre chose à faire que d'appliquer le peu de forces que nous possédons à la solution des questions que pose l'amour social. En un mot : quelle mission plus digne donnée à l'intelligence que celle de la consacrer à indiquer les moyens capables de nous mettre à même de satisfaire les aspirations généreuses ?

« Basé sur des considérations d'une telle nature, l'enseignement *positif* condamne la culture de *la science pour la science*, et de *l'art pour l'art*, en rendant ce qualificatif de positif synonyme de sympathique ou altruiste. Car, en effet, la pensée qui ne vise pas le bien général sera une divagation, elle ne sera pas une conception à la fois *réelle*, *utile*, *claire*, *certaine*, *précise*, *organique et relative* [1]. »

Des réflexions de cet ordre portèrent Auguste Comte à donner au principe vraiment fondamental sur la formation de l'hypothèse la plus simple que comporte l'ensemble des renseignements à représenter, un complément affectif à sa constitution primitivement spéculative. Il prescrit de *former, non seulement l'hypothèse la plus simple, mais aussi la plus sympathique et la plus esthétique suivant les renseignements à représenter.*

En effet, remarquons en premier lieu que cette seule

1. Notes du cours public au siège de l'Apostolat positiviste du Brésil, par l'éminent M. Teixeira Mendès.

base de la vraie rationalité peut être également appréciée comme objective ou subjective, puisqu'elle règle directement la subordination de l'homme au monde, en satisfaisant à la fois nos penchants et nos devoirs.

Or, sans son complément affectif, ce précepte ne serait pas applicable à nos devoirs sociaux, parce que la complication est aussi vicieuse pour la pensée quand elle provient de l'esprit comme pour le cœur lorsqu'elle émane du sentiment (malveillance). Dans ces conditions, nos hypothèses doivent être autant purgées de malveillance que de surcharge. « Si la seconde épuration facilite directement l'élaboration mentale, la première l'assiste indirectement, en y perfectionnant le concours nécessaire des impulsions morales, plus perturbatrices, quoique plus intenses, dès que l'égoïsme y préside au lieu de l'altruisme. Un tel complément n'importe pas moins à la destination extérieure des efforts intellectuels qu'à leur accomplissement intérieur ; puisque l'excès de subjectivité trouble autant la représentation lorsqu'il provient du cœur qu'en émanant de l'esprit. »

« L'admiration préliminaire, reconnue indispensable à l'appréciation du beau, n'est pas moins convenable à l'étude du vrai qu'à l'élaboration du bon. Nos saines théories ne pouvant et ne devant offrir que des approximations constamment imparfaites du spectacle extérieur, leur nature et leur destination permettent à notre intelligence une certaine liberté qu'il convient d'appliquer à mieux satisfaire nos bonnes inclinations.

« Il faut avant tout employer cette faculté de simplifier nos hypothèses, afin de faciliter leur usage spéculatif. Nous sommes ensuite autorisés et même invités à les embellir autant que le permet l'indétermination qu'on y rencontre encore, car ainsi elles deviennent plus favorables à nos méditations.

« Enfin, nous devons aussi perfectionner leur caractère moral, en tant que pouvant beaucoup influer sur les réactions affectives qui se lient toujours à tout exercice intellectuel. Tel est le triple complément, scientifique, esthétique et sympathique, exigé par le principe fondamental de la saine logique sur la construction des hypothèses quelconques, conçues d'abord objectivement et puis subjectivement.

« Leur digne emploi peut seul régulariser le concours spontané des signes, des images et des sentiments, pour seconder l'élaboration mentale. Ainsi conçu, le précepte fondamental systématise à la fois la constitution et le développement de la logique positive, en instituant la combinaison des sentiments avec les images et les signes pour assister et même régler l'intelligence [1]. »

C'est ce que nous montrerons ensuite, en examinant le mode de la formation des conceptions.

II

En passant maintenant à la manière par laquelle se forment les conceptions, il faut remarquer que, après avoir reçu du dehors les impressions qui lui sont transmises au moyen des sens, notre cerveau les élabore, en les transformant en images intérieures ou idées, qui doivent être le

1. Auguste Comte, *Politique positive.*

reflet plus ou moins fidèle des images extérieures. Et c'est par la combinaison de ces images intérieures et par l'établissement de leurs relations mutuelles que sont formées nos conceptions subjectives, qui peuvent être ensuite transmises à l'extérieur moyennant l'*expression*, phonétique ou visuelle.

Dans toute opération cérébrale, il y a donc deux parties essentielles, la *conception* et l'*expression ;* mais l'une et l'autre présupposent évidemment, au dedans, l'élaboration ou *méditation* sur les matériaux contemplés à l'extérieur. Cette contemplation peut être *concrète* ou relative aux êtres, et *abstraite* ou relative aux phénomènes. Par exemple, tous les hommes ne sont pas égaux, mais tous présentent certaines propriétés communes, telles que le sentiment, l'intelligence, l'activité, une certaine organisation, qui, appréciées et considérées en elles-mêmes et combinées dans notre cerveau, nous fournissent le type abstrait de l'homme.

Entre les hommes, les animaux et les végétaux, il y a des propriétés communes, telles que la nutrition, la croissance, etc., qui concourent à différencier ces êtres, et nous fournissent la notion abstraite que nous rendons par le mot *vie*, et le type que nous appelons *être vivant*.

Nous sommes donc portés à distinguer la *contemplation concrète*, la *contemplation abstraite* et la *méditation*. Mais, comme la méditation peut être *inductive* ou par comparaison, et *déductive* ou par coordination, il en résulte cinq phases essentielles pour le travail cérébral, dans les cas plus complexes : *contemplation concrète*, *contemplation abstraite*, *méditation inductive*, *méditation déductive* et *expression* [1].

1. Suivant la démonstration originale de Gall, ces fonctions sont exer-

Grâce à ces facultés, notre cerveau peut être considéré comme un miroir du monde extérieur, pouvant effectuer, dans chaque cas observé, la construction d'une image capable de satisfaire nos besoins. Mais il faut remarquer que la fidélité de ces images est très relative, puisqu'elle dépend de la plus ou moins grande perfection des sens, etc. Elles ne sauraient jamais avoir la même intensité ni la même netteté que les impressions reçues, n'en étant

cées par l'appareil cérébral, c'est-à-dire par un ensemble d'organes du fonctionnement desquels résultent toutes les manifestations de l'âme. Celles-ci sont toujours complexes, car elles supposent le concours de tous les organes cérébraux, et, à la rigueur, devrions-nous dire, de l'organisme tout entier, car le cerveau sans le corps ne saurait fonctionner. Mais cette complexité n'a point empêché que, complétant les travaux de Gall, Auguste Comte ne parvint à signaler les fonctions élémentaires du cerveau du concours desquelles résultent les fonctions plus ou moins complexes. Elles sont au nombre de 18, dont 10 *moteurs affectifs* (7 personnels, et 3 sociaux : — *attachement* — amour entre égaux ; *vénération* — amour pour les supérieurs ; — bonté — amour pour les inférieurs) ; 5 *fonctions intellectuelles*, dont : 2 pour la *conception passive* — (contemplation concrète, contemplation abstraite), 2 pour la *conception active* (méditation inductive et méditation déductive), 1 pour l'expression (mimique, orale et écrite) ; et 3 *qualités pratiques* — courage, prudence et fermeté.

De cette construction, il en résulte que le cerveau est divisé en deux régions inégales, dont la partie postérieure est consacrée à ce qu'on nomme vulgairement le *cœur* et la partie antérieure à l'*intelligence*. La première comprend les organes du *sentiment* proprement dit, et ceux du *caractère*, ceux-ci placés dans la partie moyenne de l'appareil cérébral. Les organes de l'intelligence communiquent avec l'extérieur au moyen de l'appareil sensitif, composé du ganglion récepteur, nerf transmisseur et surface périphérique de l'impression. Les organes du caractère communiquent aussi avec l'extérieur au moyen du système nervo-moteur. Mais ceux du sentiment n'ont de relations qu'avec les autres organes végétatifs et animaux. En outre, les organes cérébraux communiquent entre eux au moyen de certains nerfs dépourvus de névrilème.

Ils sont conjugués et disposés symétriquement, en sorte qu'une

que le reflet plus ou moins parfait : car l'*impression* est l'action qu'un corps exerce sur l'intelligence pendant qu'il se trouve présent, tandis que l'*image* n'est que le souvenir ou la remémoration qui nous est restée de l'impression. On découvre ainsi que *les images intérieures sont toujours moins vives et moins nettes que les impressions extérieures*.

Afin de reconnaître l'utilité de ce sixième principe, il faut nous rappeler que le deuxième de ceux que nous avons cités établit la subordination mentale de l'homme envers le milieu. Mais son énoncé lui-même rend évidente son insuffisance pour permettre l'institution de l'état normal de l'intelligence. Car il se borne à proclamer d'une manière géné-

moitié peut fonctionner pendant que l'autre repose, ainsi que cela a lieu pendant le sommeil. L'équilibre mental se fait spontanément par la prépondérance naturelle du sentiment sur le caractère et sur l'intelligence. Et cela est évident, même dans le cas où l'on affecte la prétention de subordonner le cœur à l'esprit. Il est facile de reconnaître que l'intelligence est alors subordonnée, en effet, aux mobiles égoïstes : la vanité (désir d'approbation), l'orgueil (besoin de domination), et presque toujours la cupidité, qui résulte des instincts de la conservation et du perfectionnement (instincts — nutritif, sexuel et maternel —, ainsi que le destructeur et le constructeur). On doit donc distinguer deux cas, suivant la prépondérance des mobiles altruistes — où l'on pense et agit par *amour*, ou celle des instincts égoïstes — où l'on pense et agit par *intérêt*.

Car, dans le premier cas, l'équilibre peut être stable, tandis que dans le second il est forcément instable. En effet, dans cette dernière hypothèse, la multiplicité des instincts égoïstes et leur énergie les font successivement aspirer à la présidence sur les instincts altruistes. Dans la première hypothèse au contraire, l'équilibre est stable, car la suprématie de l'altruisme n'exige que la subordination et non pas l'anéantissement des suggestions égoïstes. Il faut ajouter que cette suprématie donne à l'intelligence la plus vaste destination : puisque les sentiments généreux sont les promoteurs des pensées générales : *Les grandes pensées viennent du cœur*, disait Vauvenargues.

rale la subordination de nos constructions subjectives aux matériaux objectifs, sans spécifier les degrés où cette subordination est normale et là où elle devient pathologique.

Ainsi donc, tant les constructions mentales des fous et des idiots que les constructions provisoires de l'individu et de l'espèce, sont toutes, sans exception, autant de vérifications de ce principe. D'où la nécessité d'un autre principe qui vient nous signaler, au milieu de cette variété de manières de subordonner le dedans au dehors, quelles sont les manières normales. Sans ce sixième principe, qui commande la moindre intensité des images intérieures, le commerce mental de l'homme avec le monde ne saurait comporter aucune règle fixe. Car nos images intérieures viendraient troubler les impressions extérieures, au point d'empêcher souvent nos moindres appréciations. La confusion pourrait devenir d'autant plus insurmontable que le même objet (suivant la diversité des circonstances) suscite souvent beaucoup d'images différentes, dont chacune tendrait à dominer, si la commune prépondérance de l'extérieur ne comprimait l'anarchie intérieure.

Or, sans un tel principe, la contemplation serait impossible ; et c'est ce qu'on peut vérifier en examinant les résultats auxquels elle nous conduit. Pour cela, il importe de distinguer les *images* ou *idées* des *connaissances* ou *notions*. Les images peuvent être *simples*, telles que les sensations spéciales de la *forme*, de la *couleur*, de la *dureté*, de la *mollesse*, de la *position*, de la *chute*, etc. ; ou *complexes*, telles que les *groupes de phénomènes*, *d'êtres*, *de systèmes d'êtres*, etc.

La contemplation nous donne ainsi, soit des sensations isolées, la *couleur*, le *son*, la *chute*, etc., fournies par nos huit sens [1], soit des groupes de phénomènes relationnés, c'est-à-dire dépendants les uns des autres, qui nous donnent des *connaissances* ou des *notions*.

Ainsi, par exemple, en contemplant des groupes d'hommes qui courent vers un endroit, qui se réunissent

1. Les diverses particularités que présente le phénomène de la sensation résultent, d'après la judicieuse observation de Gall, des deux états, actif et passif, propres à chacun de nos sens. Dans toute sensation, il y a trois choses distinctes : d'abord, l'impression des agents physiques dont nous subissons l'influence ; ensuite, la transmission de cette influence ; enfin, sa perception proprement dite. A ces trois sortes de fonctions correspondent nécessairement trois sortes d'agents, qui sont les organes des sens, les nerfs conducteurs des impressions et les ganglions sensitifs qui les reçoivent. Ceux-ci sont les seuls sièges des sensations, comme l'a démontré Auguste Comte, et il importe de ne pas les confondre avec les organes multiples des opérations spéculatives, comme le font encore les physiologistes modernes, avec la vague expression *sensorium commune*, empruntée à la vieille métaphysique. En effet, il est indispensable de distinguer ces organes complexes des sièges des perceptions sensitives, afin de différencier leurs opérations des mobiles affectifs qui les suscitent.

Si les sens nous transmettent les matériaux fournis par le monde à nos conceptions, celles-ci sont, d'un autre côté, toujours provoquées et entretenues par un *intérêt* quelconque. Une pareille considération, qui montre la dépendance de nos opinions envers nos sentiments, nous indique ainsi que toute sensation nous trouve d'abord dans un état purement passif, jusqu'à ce qu'ils aient éveillé en nous un *désir* et déterminé une *volonté*, qui en est son dernier état. Ce n'est qu'alors que nous devenons aptes à profiter des renseignements, spéciaux ou généraux, fournis par l'appareil de la sensation. Telle est la considération qui justifie la distinction introduite par Gall entre les deux états, *passif* et *actif*, propres à chacun de nos sens.

Il en résulte que, quoiqu'une impression soit toujours reçue par le ganglion sensitif qui y correspond, elle n'éveillera en nous de *notion* proprement dite que quand nous aurons un intérêt quelconque à l'utiliser. D'heureuses expressions nous rappellent ces deux états, passif et actif, de la sensation : aussi ne dit-on pas indifféremment : *regarder* et *voir*, *écouter* et *entendre*. Quoique les autres sens soient moins féconds

pour un certain but, nous avons la notion de *somme*. Le retranchement d'une partie de ceux qui composent ce groupe, et par conséquent leur diminution, nous présente la notion de *soustraction* ; les phénomènes qui se reproduisent, celui de la *multiplication* ; des objets qui se cassent,

en idées que ceux de la vue et de l'ouïe, ils peuvent aussi donner lieu à des distinctions analogues.

On peut encore aisément vérifier que chacun des organes des sens peut être affecté à la fois par des agents divers, quoiqu'une seule impression soit nettement sentie. Ainsi, au milieu de conversations variées une seule éveille notre attention, tandis que toutes les autres deviennent confuses. Lorsque nous contemplons un tableau, nous en saisissons l'ensemble d'un coup d'œil, mais quand nous en observons les détails, nous ne pouvons les apprécier que l'un après l'autre, quoiqu'ils soient tous suffisamment aperçus.

Lorsqu'un de nos sens est en grande activité, ce qui arrive toutes les fois que notre attention est vivement excitée, les autres ne nous fournissent que des impressions passives. Ainsi, d'après l'observation de Diderot, on écoute mieux la musique les yeux fermés. Une expérience facile suffit à la rigueur pour éloigner tous les doutes à ce sujet. Quand nous entendons avec un grand intérêt un passage musical et si nous laissons, par distraction, les yeux se diriger sur une page quelconque d'un livre, nous verrons les caractères en double : la faute de convergence des axes visuels, cause unique de la diplopie, est ici causée par la prépondérance de l'impression auditive.

Lorsqu'un sens est en activité, les autres se conservent dans un état plus ou moins passif, un laps de temps très appréciable, qui n'est pas égal ni pour tous les sens ni pour tous les observateurs, étant nécessaire, afin de passer de l'exercice actif d'un sens à celui d'un autre. C'est ce que prouve l'observation des astronomes, qui a donné lieu à une note curieuse de M. Faye, directeur de l'Observatoire de Paris, publiée dans le *Bulletin de l'Académie des Sciences* du 12 septembre 1864. Il dit que l'observation astronomique du passage des astres par le méridien exige beaucoup de pratique due au besoin de combiner et le sens de la vue et celui de l'ouïe : le premier afin de *voir* le passage de l'astre dans le champ de la lunette à travers les fils du réticule, et le second afin d'*entendre* les battements du pendule, afin de les compter et d'obtenir de la sorte pour chaque fil l'instant précis où disparaît le point lumineux.

En outre, chaque sens exige une éducation spéciale sans laquelle son

des arbres ou des fleuves qui se bifurquent, etc., la notion de la *division*. Dans tous ces cas, les combinaisons se font au moyen d'images, et le résultat final est encore une image.

L'intelligence se trouve ainsi placée entre deux nécessités opposées, dont l'une tend à la rendre trop passive, et l'autre trop active. Car elle doit s'efforcer de devenir le reflet fidèle du monde extérieur et de former le lien sans lequel les impressions qu'elle reçoit resteraient incohérentes. Or, cette conciliation indispensable serait souvent impossible, si les *souvenirs* pouvaient acquérir autant d'énergie et de netteté que les sensations. Dans ces conditions, la méditation deviendrait impossible, si la plus grande intensité et la plus grande netteté des *impressions* ne venait rappeler, à tout moment, la destination de l'élaboration mentale. Ce sixième principe, saisi par Hume et généralisé par Auguste Comte, préside donc à notre élaboration mentale.

« Voyons, à présent, le cas le plus complexe où les images sont construites par la *méditation*. Les images composées obtenues par la contemplation sont, ou purement empiriques, ou elles ne sauraient avoir la régularité nécessaire. » Car une telle association des idées ne provient que de la sponta-

exercice restera toujours très borné. Enfin, les sens ne peuvent nous renseigner que sur les *événements*, c'est-à-dire sur les particularités qui se manifestent dans l'observation des *êtres*. Aussi leur concours est-il toujours nécessaire pour établir distinctement l'existence totale de ceux-ci. Quoique les sens ne puissent être remplacés, la perte de l'un d'eux détermine chez les autres une plus grande activité et étend, pour ainsi dire, la sphère de leur action. Quoique chez les autres animaux il existe quelques sens plus parfaits que ceux de l'homme, celui-ci a sur eux le grand avantage de son organisation cérébrale, qui le rend plus apte à employer mieux les données fournies par l'extérieur.

néité contemplative, qui fait surgir des images quelconques obtenues antérieurement (souvenir) ou (ce qui est plus commun) des suggestions du sentiment qui évoque les souvenirs les plus chers (le regret) ou ceux qu'on craint le plus, etc. (la peur).

La méditation se distingue donc de la contemplation parce qu'elle est exclusivement apte à coordonner graduellement toutes les images qui surgissent dans le cerveau. C'est elle qui transforme l'agitation cérébrale en un véritable raisonnement et qui produit ce que nous nommons *jugement, mémoire* et *imagination.*

L'*imagination* ainsi que la *mémoire*, de même que le *jugement* et la *notion* ou connaissance, sont des résultats composés dus au concours des véritables fonctions élémentaires de l'esprit. Un *souvenir intérieur* (mémoire) exige souvent la même élaboration intellectuelle qu'une découverte extérieure, en employant une suite d'*inductions* et de *déductions*, fondées sur les relations mutuelles des objets contemplés. La seule reproduction immédiate de chaque impression peut être vraiment spontanée ; mais elle diffère de la mémoire proprement dite qui constitue toujours une opération intellectuelle.

Bien plus forcément encore, le concours habituel de toutes les fonctions spéculatives existe-t-il toujours dans l'opération encore plus difficile que nous appelons *imagination ;* celle-ci exige fréquemment des combinaisons aussi profondes, quoique moins abstraites que les méditations scientifiques. Il n'y a de vraiment spécial, soit pour la mémoire, soit pour l'imagination, que la faculté d'expression. L'imagination peut donner à celle-ci les nuances les plus brillantes, comme cela a lieu dans la poésie ou dans les beaux-arts en général.

L'association des idées s'opère donc de deux manières générales : soit en instituant une relation constante compatible avec la variation des éléments combinés — phénomènes ou lois — et établissant alors les principes (*induction*) ; soit en instituant des types qui contiennent les images et les lois, c'est-à-dire en établissant comme *conséquence* une liaison entre elles (déduction). Une fonction compare et généralise, en formant des groupes ; l'autre coordonne et systématise, en instituant la hiérarchie.

« La méditation consiste donc dans la double tendance de notre esprit, soit à former des groupes partiels, soit à instituer des coordinations plus ou moins générales. Mais cette tendance est faible, en sorte qu'abandonnée à elle-même elle produirait peu de fruits. Afin d'instituer des liaisons partielles ou générales, il faut que la méditation ait recours à d'autres sources plus énergiques de combinaisons des idées. Ces sources sont constituées par les *moyens logiques*. »

Guidés par les considérations précédentes, voyons comment on utilise les *moyens logiques*. Observons, en premier lieu, que les images tendent à se grouper suivant les sentiments auxquels elles sont liées. Une image quelconque, qui surgit ainsi dans le cerveau, évoque un certain sentiment, et celui-ci provoque aussitôt la résurrection de toutes les idées qui s'y rattachent. Mais à chaque idée sont liés des sentiments divers, chacun plus actif que l'autre. L'idée provoque donc l'apparition de tous les groupes liés aux sentiments qu'elle a éveillés. De nouvelles idées déterminent, à leur tour, l'évocation de groupes nouveaux. Le sentiment prépondérant en un certain moment domine ce trouble, et met les images en relief, et, par conséquent, les lois qui se relationnent le plus avec lui. Comme le sentiment est la partie la plus énergique de notre constitution, on comprend que la liaison des images par le sentiment est la plus puissante et la plus spontanée. Ainsi donc, la logique des *sentiments* occupe la première place dans le raisonnement.

« Il convient de distinguer les sentiments égoïstes des sentiments altruistes. Quoique ceux-là soient les plus énergiques, il est évident que ceux-ci sont les plus favorables à la méditation ; car leur destination est extérieure comme celle de la méditation, et tend à nous lier à tout ce qui nous entoure, en facilitant ainsi la coordination des images. Mais il est évident que la vie sociale permet seule de développer les sentiments altruistes et de comprimer les sentiments égoïstes ; et pour cela aussi, seule peut-elle développer nos facultés méditatives. »

Quant à la *logique des images*, à côté de ses aptitudes, on aperçoit tout de suite son insuffisance, puisqu'elle donne toujours des notions vagues et confuses, et qu'en outre elle n'est pas volontaire. Son efficacité consiste surtout à évoquer d'autres images qui, pour une cause quelconque, y sont liées. Ainsi donc, par exemple, l'image d'une pierre rappelle souvent celle des objets et des phénomènes qui ont eu lieu au moment où elle a été vue. L'image excitée éveille aussi les sentiments. L'exaltation de l'image d'un être chéri, par exemple, éveille en nous les sentiments affectueux qui y sont liés.

Au contraire, l'*image diminuée* est souvent réduite à un *signe*. On conçoit donc aisément, par exemple, que le point, signe employé en géométrie pour indiquer la position, peut être envisagé comme l'image réduite d'une figure géométrique quelconque, parce que celle-ci se compose des trois attributs de *forme*, de *grandeur* et de *position*.

On passe de l'image au signe, ou de la figure au point, au moyen d'une véritable réduction, où l'on fait abstraction des attributs alors imperceptibles de forme et de grandeur, pour n'en considérer que la position.

« Relativement à la logique des signes, commençons en remarquant que, primitivement, le signe n'est que la reproduction des actes déterminés par nos sentiments [1]. Apprécié d'une manière générale, il n'est plus que la *liaison constante entre une influence objective et une impression subjective*. Les signes peuvent être considérés comme les images des idées abstraites (ce sont des idées incomplètes). D'où, l'importance des symboles, en tant que destinés à donner aux idées abstraites l'intensité des impressions concrètes. On peut ainsi évoquer des sentiments, en réagissant sur l'association des idées. »

Il en est ainsi pour notre drapeau qui symbolise notre

1. Les signes proviennent, à leur origine, d'une certaine liaison habituelle, d'ailleurs volontaire ou involontaire, entre un mouvement et une sensation. C'est ce qu'on vérifie, en observant la corrélation mutuelle entre certains mouvements ou attitudes et des sensations déterminées. Ces corrélations nous sont, du reste, familières, telles que : être à genoux, qui est l'attitude de la vénération ; le baiser, qui est le signe de l'amitié ; la poignée de main, signe de la courtoisie ; l'accolade, signe de la fraternité, etc... C'est sur cette origine naturelle des signes, en tant que servant de liaison entre une sensation nerveuse et une contraction musculaire, que sont généralement basées toutes les institutions religieuses ou politiques des symboles, des devises, des cérémonies rituelles, des modes de courtoisie, de tous ces usages, en somme, qui pourraient assez bien être nommés *le code des signes de la sociabilité*. La *Qeblah* et le *Croissant* des musulmans, par exemple, traduisant, par de simples signes, la communion spirituelle du monothéisme islamique ; la *Croix* catholique, symbolisant le martyre de Jésus-Christ, le Rédempteur — Homme-Dieu, du monothéisme catholique, fondé par saint Paul ; le Drapeau national, qui consubstantie les sentiments patriotiques de chaque peuple, etc., en sont une preuve capitale.

Patrie. Les signes permettent, en outre, la combinaison d'idées qui ne sauraient souvent être liées autrement, comme c'est le cas, par exemple, en *Algèbre* pour les *symboles imaginaires*.

Quant à la considération des signes en tant qu'images réduites, on aperçoit que cette réduction s'est naturellement perfectionnée au cours de l'évolution historique. Et cela, tellement, que nous pouvons aujourd'hui les distinguer en *naturels* et en *artificiels*. Ainsi donc, le langage visuel fut d'abord mimique et a employé la danse, ensuite la sculpture, puis la peinture, et finalement l'écriture. Celle-ci, d'abord *hiéroglyphique*, s'est peu à peu tellement simplifiée qu'elle s'est transformée en *syllabique*, et enfin en *alphabétique*. C'est ainsi que le développement parallèle de ce langage visuel avec le langage phonétique conduisit à la fin à cette admirable fusion logique que l'écriture alphabétique condense dans ses signes, à la fois visuels et phoniques. Le langage naturel par le cri ou par le chant et par la mimique s'est ainsi graduellement transformé, par les exigences pratiques, dans le langage artificiel de la prose et de la calligraphie, toutes les deux foudues dans cet admirable alphabétisme graphonique qui condense la sagesse de tous les siècles.

« Ce qui précède nous fait voir, en résumé, que la méditation part d'images et finit en images relationnées entre elles. Le sentiment la pousse et la soutient ; les signes l'assistent presque toujours, et les images peuvent servir de lien entre les sentiments et les signes [1]. »

En sorte que le sentiment fournit la source et la desti-

1. Notes du cours public par l'éminent M. R. Teixeira Mendes au siège de l'Apostolat positiviste du Brésil.

nation de la pensée ; l'image lui donne la forme et la consistance ; et le signe, son expression et la communication. Les *sentiments*, les *images* et les *signes*, tels sont donc les trois moyens : fondamental, auxiliaire et complémentaire, propres à l'élaboration des pensées quelconques, et qui résultent de notre propre organisation. *Leur concours normal sert à inspirer les conceptions qui conviennent à nos besoins, moraux, intellectuels et physiques.* Ils permettent ainsi la conception de la vraie *logique*, soit théoriquement envisagée comme l'ensemble du vrai raisonnement, soit pratiquement, comme l'exercice réel de ce raisonnement.

Dans un tel concert de moyens logiques, qui se conjuguent mutuellement, les sentiments impriment à l'ensemble l'énergie et la consistance ; les images, la clarté et la netteté ; et les signes, de la précision et de la concision ; en sorte que la logique présente ainsi ses trois caractères normaux de *clarté*, de *précision* et de *consistance*. Mais on voit aussi qu'elle se dédouble, pour ainsi dire, en *logique de sentiments*, *logique d'images et logique de signes*. La première est la logique affective, la logique par excellence, qui mène à la *persuasion* par l'amour, plus propre au sexe féminin ; la deuxième est la logique théorique; esthétique, philosophique ; et la troisième est la logique pratique, technique ; des deux dernières, émane à son tour la *conviction*.

Ainsi donc, la logique *morale*, la logique *intellectuelle* et la logique *pratique* distinguent respectivement le génie *constructeur* féminin des génies de *généralisation* du poète et du philosophe, et de celui de la *coordination* du praticien. En sorte que la vraie capacité logique suppose la réunion intime de la tendresse féminine à l'imagination poétique et à la concision pratique.

L'importance des moyens logiques une fois connue, il importe d'apprécier encore un principe régulateur du travail mental. Car l'appareil contemplatif livré à sa spontanéité propre, ou surtout provoqué par l'exaltation sentimentale, peut déterminer des combinaisons entre les images intérieures, en formant des types plus ou moins fantastiques. Du reste, l'imagination poétique y rencontre ses plus puissants recours, puisqu'il n'y a rien de plus esthétique que les émotions profondément senties et spontanément partagées. Cela montre encore une fois la prépondérance des fonctions affectives sur toute sorte de conceptions esthétiques, scientifiques, etc. A un sentiment qui domine l'ensemble correspond, forcément, une image prépondérante sur toutes les autres qui surgissent en même temps dans le cerveau. Ainsi, par exemple, le sentiment de l'amour évoque naturellement l'image la plus chère, qui prépondère alors sur toutes les autres, en devenant ce qu'on nomme l'*image normale*. D'où il suit que l'*image normale prédomine sur toutes celles que l'agitation cérébrale fait simultanément surgir*.

Afin de reconnaître l'importance de ce septième principe, il suffit de remarquer que, si les images avaient toutes la même intensité, l'activité cérébrale ne serait qu'une agitation désordonnée, incapable de produire des combinaisons destinées à reproduire le spectacle extérieur. En effet, l'esprit n'étant pas purement passif dans la contemplation, il est évident que l'indécision intérieure causée par la multiplicité d'images avec la même intensité rendrait impossible l'appréciation du spectacle extérieur, malgré la plus grande intensité de l'impression.

Afin d'harmoniser l'état extérieur avec la situation intérieure, il suffit de remarquer que toutes nos conceptions étant à la fois objectives et subjectives, il ne saurait y avoir d'équilibre mental sans le concours de la pondération du monde avec la pondération du sujet. D'où la prépondérance d'une image sur toutes les autres que l'agitation cérébrale fait simultanément surgir; et cette image est pour cela appelée *normale*. Ce septième principe est confirmé par l'évolution humaine qui fait de plus en plus prévaloir les images positives sur les images théologiques, et sur les entités métaphysiques et même scientifiques.

A propos des images, il ne nous reste plus à parler que de leurs relations avec le monde extérieur qui les fait surgir et qu'elles peuvent représenter et souvent modifier. Lorsque nous évoquons une image complète, il n'y a pas que la reproduction de l'impression sentie primitivement, mais aussi une relation de cette impression avec l'objet extérieur qui l'a provoquée. S'il n'y avait qu'un simple retour de l'impression et rien de plus, notre vie se passerait à accumuler des images sur lesquelles notre intelligence pourrait s'exercer à la rigueur, mais qui n'auraient nulle utilité pratique.

« Celle-ci repose, en effet, sur l'expérience, qui, à son tour, est fondée sur la possibilité, non seulement de comparer entre elles les images diverses que l'observation a recueillies, mais aussi de rapporter ces images aux objets qui les ont reproduites, c'est-à-dire de leur rendre la position dans l'*espace* et dans le *temps*. De ces deux éléments, *espace* et *temps*, dont dépend l'objectivation de l'image, le premier représente les conditions matérielles, les caractères extérieurs et distinctifs de l'objet producteur de l'image, et qui permettent que cet objet ne puisse se confondre avec nul autre ; le deuxième représente la succession des images, leur enchaînement et la relation qui existe entre une de ces images quelconques et l'une parmi elles prise comme terme de comparaison ou point de départ. Cela veut dire que le *souvenir* est une opération cérébrale double, qui consiste, d'un côté, à reproduire l'objet, et d'un autre, à se rapporter au moment où il a impressionné notre esprit. Ces deux parties de l'opération cérébrale, quoique indispensables pour qu'il y ait *souvenir*, ne sont pourtant pas absolument connexes, en sorte qu'on peut garder une image très vive d'un phénomène sans qu'on ait pour cela conservé le moment précis où il a été produit » (Pierre Laffitte, *Philosophie première*, tome I).

Avec le principe précédent et les deux autres cités ci-dessus, sur la subordination du subjectif à l'objectif et, principalement, celui qui commande la prépondérance de la sensation (impressions extérieures), l'harmonie mentale est suffisamment expliquée sous le double point de vue statique et dynamique (unité et continuité). En effet, sans la prépondérance des sensations, le *dehors* ne saurait jamais régler le *dedans*, quoiqu'il eût continué à l'alimenter et à le stimuler.

Ainsi, par exemple, dans les rêves et dans les délires les plus prononcés, le trouble ne consiste qu'en ce que les souvenirs se conservent plus vifs et plus nets que les sensations à cause de la surexcitation intérieure. Toutefois une telle prépondérance serait insuffisante pour instituer l'état normal de l'entendement, si toutes les images coexistantes offraient, comme dans les prodromes de la folie, une intensité égale, du reste inférieure à celle des impressions correspondantes. En premier lieu, l'appréciation de l'extérieur se trouverait radicalement troublée par cette énergique concurrence de l'intérieur ; en outre, la perturbation s'aggraverait en même temps par la coexistence de beaucoup d'images indépendantes dont la force égale empêcherait toute harmonie mutuelle.

« Somme toute, quand l'agitation cérébrale rend les souvenirs plus intenses que les sensations correspondantes, notre entendement tombe dans un état pathologique. Cependant, l'appareil méditatif peut encore rectifier ces aberrations intérieures, si elles sont bornées à l'appareil contemplatif. Dans le cas contraire, une pareille prépondérance du subjectif constitue le principal caractère de l'hallucination complète. » Ainsi donc, la subordination constante de l'intérieur à l'extérieur fournit la base nécessaire de l'harmonie mentale et, par conséquent, de toute l'économie cérébrale.

Quoiqu'une telle prépondérance ne puisse immédiatement dominer que la contemplation, elle affecte indirectement la méditation, vu leur connexité naturelle, surtout quand la pensée se réalise dans un milieu assez fixe et sous l'assistance des signes. Les principes précédents, en complétant et en systématisant l'aperçu fondamental d'Aristote, représentent donc l'homme comme n'étant pas moins soumis au monde par l'esprit que par le corps. Ils montrent aussi, non seulement le relativisme de l'état de la raison individuelle, mais celui de la vérité sociale ou *foi*. Et, par conséquent, ils permettent de distinguer les *vérités* des *fictions*, ainsi que la *folie* de l'*idiotisme*. En effet, nous avons vu ci-dessus que nos conceptions ont une partie objective et une partie subjective. Pour qu'une conception soit *normale*, c'est-à-dire pour qu'elle corresponde à l'état de *raison*, il est indispensable qu'elle représente le *monde* avec le *degré* d'approximation exigé par nos besoins moraux, intellectuels et physiques.

Mais, afin de mieux apercevoir la distinction entre les

conceptions *normales* et les conceptions *anormales*, il importe de distinguer les deux parties essentielles du travail mental : la *construction* des conceptions et leur *objectivation*, c'est-à-dire la reconnaissance de leur conformité avec le monde extérieur. C'est cette deuxième partie (objectivation) qui caractérise la *vérité* [1] et ce qui la distingue des *fictions*. *La fiction est une réalité subjective*, ou — en d'autres mots — c'est tout ce qu'on ne peut prouver. La *réalité* peut être définie comme étant tout ce qui nous affecte ; elle est *objective* ou *subjective*, selon qu'elle se trouve en nous ou hors de nous.

« En résumé, ce qui caractérise l'*état de raison*, c'est un véritable équilibre entre l'intérieur et l'extérieur, et ce qui distingue l'état de *folie* de l'*idiotisme*, c'est la prépondérance d'images plus subjectives ou plus objectives, suivant ce que l'on déduit des principes antérieurs. Toutes les fois qu'il n'y a pas d'équilibre entre le dedans et le dehors, la conception est morbide ; la prépondérance du premier marquant l'état de folie et celle du second signalant l'état d'idiotisme. D'où l'on conclut que la raison est le milieu dont la folie et l'idiotisme sont les extrêmes. Les mêmes principes montrent aussi que l'état de raison n'a rien d'absolu : ainsi que toutes les conceptions scientifiques, il est relatif. Telle manière de penser qui, en certaines époques et pour certains individus, constitue une preuve de folie, dans d'autres époques et pour d'autres individus est pleinement normale. »

1. Mais il faut remarquer que la *vérité* n'est rien de plus qu'une *idéalisation*, de même que celle-ci peut être une *vérité*. Dans les deux cas, nous n'avons qu'une représentation abstraite de la réalité, le seul procédé ayant changé, en nous obligeant à de plus ou moins grandes abstractions.

Dans la manière de juger les conceptions, il importe de remarquer que, parmi les principes intellectuels, les uns sont *statiques*, c'est-à-dire qu'ils se vérifient partout et toujours ; et les autres sont *dynamiques*, c'est-à-dire ne sauraient se vérifier que dans des civilisations qui présupposent une longue évolution. Les premiers sont toujours respectés à l'état de raison. Dans ces conditions, la conception normale est toujours la plus simple, la plus sympathique et la plus esthétique, suivant les renseignements acquis ; les impressions sont toujours plus vives et plus nettes que les images subjectives, ce qui nous préserve des hallucinations habituelles ; et, enfin, l'image normale est prépondérante, ce qui nous préserve de l'incohérence. Dans la folie, au contraire, il y a toujours la complication des hypothèses [1]. Les images intérieures deviennent si intenses que les impressions extérieures peuvent même passer inaperçues, au même phénomène pouvant correspondre les images les plus extravagantes dans le cerveau du fou ; et l'inverse a lieu dans l'idiotisme.

Il faut encore ajouter comme une conséquence des principes dynamiques, que l'équilibre mental, régi par les précédents, est susceptible d'états différents. En effet, la règle logique suprême consistant dans la formation de l'hypothèse, la plus simple, la plus sympathique et la plus esthétique

1. Cervantès, dans son roman *Don Quixote de la Manche*, démontre la supériorité de la poésie sur la science, lorsqu'elle est servie par des organes éminents : mieux qu'aucun biologiste, il a tracé, avec une main de maître, les vrais types de l'idiot et du fou dans Sancho Pansa et Don Quixote. Celui-ci en présence d'un moulin à vent pense qu'il voit un géant ; en s'approchant et en reconnaissant un moulin, il ne se convainc pas du contraire, car il complique son hypothèse primitive, en admettant que le *géant a été transformé en un moulin au moyen d'un charme.*

d'accord avec les renseignements acquis, on comprend que, ceux-ci variant à mesure que la vie individuelle ou collective se prolonge, la conception normale doit changer sans cesse. Et ce changement est toujours réglé d'après le même principe, car la conception normale est invariablement destinée à représenter l'ensemble des renseignements obtenus, de la manière la plus simple, la plus sympathique et la plus esthétique.

D'après ce qui a été dit, il résulte que les états pathologiques de la raison, que nous appelons folie ou idiotisme, ne sauraient être jugés qu'en prenant pour point de comparaison la phase mentale de l'Humanité contemporaine de l'individu. Une subjectivité ou une objectivité plus grande marque la tendance vers la folie ou vers l'idiotie. « La phase mentale dont il s'agit ne doit cependant être appréciée qu'en considérant l'ensemble des principes qui règlent l'existence ou le développement de notre espèce. Faute de cette connaissance, l'empirisme porte à remplacer l'Humanité par le public et à décider de l'état mental d'après ceux des contemporains presque toujours non émancipés. Heureusement, ce spectacle n'est que transitoire, car l'évolution tend à élever tous les hommes à la connaissance des résultats scientifiques. Cette transformation une fois réalisée dans un certain degré, la discordance entre les jugements du bon sens vulgaire et les indications des vrais théoriciens cessera. » D'où l'on conclut à la nécessité de *subordonner la raison individuelle à la foi collective*.

Avant d'aller plus loin, nous éclaircirons un des principes précédents, en montrant comment il s'est vérifié dans la manière de concevoir la *fatalité* ou le *destin*, et comment cette notion se lie spontanément à celle d'*espace*, c'est-à-dire à la substance fluide qui remplit les intervalles célestes ainsi que l'atmosphère terrestre pénètre les vides laissés entre les corps.

Sous le *fétichisme*, ce que nous appelons *espace* n'est rien de plus que cette immensité qui s'étend de la terre en tous sens et qu'on se figure alors bornée par la voûte céleste. L'adoration des astres, qui caractérise ce régime initial, fait de l'espace l'empire de la *fatalité*, ou *destin*, qui ne saurait alors embrasser que l'ordre matériel, principal objet de la religion primitive. Le *théologisme* vient ensuite altérer ce culte, en représentant la matière comme passive, et en dissimulant l'ordre moral sous les caprices de la divinité. L'*espace* est alors peuplé de génies, de fées, d'esprits, de fantômes, d'anges et de dieux, qui, en se condensant successivement, en sont arrivés à déterminer les trois monothéismes : judaïque, catholique et islamique. A la conception théologique a succédé une autre *métaphysique*, qui suppose le milieu universel constitué par une substance impalpable, intangible et impondérable, nommée *éther* ; elle est alors peuplée d'atomes, de tourbillons, de fluides, etc., au moyen desquels on prétend expliquer certains phénomènes.

Enfin, vient la conception *positive*, qui, généralisant une notion utilisée dès le début de la science géométrique, considère l'*espace* comme une institution subjective destinée à représenter les attributs matériaux indépendamment de leurs sièges. On voit donc, d'une manière générale, que le principe des *trois états* se vérifie pleinement dans la conception de l'*espace*.

Toutefois, les dispositions spontanées qui nous ont portés à fétichiser les notions les plus abstraites ont fait surgir, sous le positivisme, une autre conception plus esthétique et plus systématique : l'*espace*, possédant exclusivement la faculté de concrétiser les abstractions contenues dans notre cerveau, a été considéré comme le siège des fatalités ou des lois naturelles qui dominent notre existence. C'est l'ensemble de ces lois qui nous sont connues qui constitue le *destin*, en réservant le mot *hasard* pour représenter les lois qui nous sont inconnues.

Enfin, l'*espace* a été considéré comme le siège du *destin* ou de la *fatalité*. Mais l'inaccessibilité de toute exploration objective de ses propriétés, à peine susceptibles d'être instituées par l'*esprit*, manifeste en même temps ce qu'il y a d'idéal dans la notion systématique de la *fatalité*. Conçu comme son siège, l'*espace* nous signale aussitôt le double attribut du domaine théorique qui ne saurait être général sans qu'il devienne en même temps et jusqu'à un certain degré aussi fictif [1].

1. Le fétichisme a quelque chose d'aussi propre à notre nature que nous fétichisons non seulement les choses concrètes, nous animons l'inanimé, en attribuant nos passions et nos volontés à la matière, mais nous fétichisons encore les choses abstraites et jusqu'aux mots qui les représentent, tels que religion, devoir, propriété, famille, etc. Cette tendance est si prononcée que ces mots sont devenus de vraies institutions sociales, en sorte que l'abstraction qu'ils représentent peut aussi participer des effets de nos dispositions fétichistes. Aussi, le mot *destin*, au moyen duquel l'antiquité a désigné l'Être supérieur aux dieux dont le seul rôle consistait à imposer une limite à la puissance divine, peut-il encore être utilisé afin d'exprimer l'ensemble des fatalités constituées par les lois naturelles, concrètes ou abstraites, de façon à susciter une image capable de réagir sur nos sentiments. Dans ces conditions, le *destin*, création de la période fétichiste, qui n'est de nos jours qu'une conception subjective, a pourtant sa raison d'être, à la fois mentale et morale. Si, dans le monde polythéique, on ne lui a pas rendu le même culte du régime antérieur, c'est parce que la soumission qu'il représentait ne pouvait avoir lieu dans un *Olympe* où dominait le caprice des dieux. Le monothéisme qui vint ensuite s'est efforcé de faire aimer la soumission. Mais comment faire chérir convenablement la fatalité, avec son Dieu encore plus capricieux que les dieux anciens, qui, au moins, connaissaient une borne à leur volonté ? La science seule,

III

Les principes énoncés antérieurement sont au nombre de sept ; six parmi eux établissent l'harmonie qui existe entre notre intelligence et le monde extérieur, et l'autre fixe les

après sa constitution, a pu y parvenir, car elle seule saurait ennoblir la soumission en la fondant sur l'amour universel.

Elle nous montre, en effet, qu'on ne saurait être déshonoré en vénérant une fatalité inflexible ; elle nous fait encore voir que le libre arbitre ne saurait profiter qu'à l'égoïsme, puisque la vertu consistant dans un perpétuel effort sur nous-mêmes en faveur d'autrui, il n'y aurait point de morale possible aussitôt qu'on n'impose pas une limite aux désirs de l'homme. Celui-ci, livré à lui-même et ne connaissant que ses caprices, tomberait aussitôt dans une véritable dégradation. Voilà pourquoi le destin, conçu comme le siège des fatalités, est digne d'amour et doit mériter un véritable *culte* de notre part.

Le culte du destin, ainsi systématisé par le Positivisme, correspond à une idéalisation de l'ordre abstrait dont le besoin se comprend aisément. Au moyen du culte de l'Humanité et de la Terre le Positivisme correspond aux deux plus grandes préoccupations humaines : l'Homme et le Monde. Mais cette idéalisation de l'ordre concrète, qui suffirait peut-être à satisfaire le *sentiment* et l'*activité*, met de côté le troisième aspect de la nature humaine, c'est-à-dire l'*intelligence*, en laissant privé d'assistance le difficile travail de la méditation abstraite. Si rien ne venait suppléer cette lacune, on devrait craindre de voir s'interposer un abîme entre l'ordre abstrait et l'ordre concret et que l'harmonie mentale n'en fût compromise. D'où la nécessité de donner un siège aux lois abstraites en les liant à une image concrète qui nous soit assez familière.

L'institution systématique de l'*espace* satisfait ce besoin. Conçu sous le fétichisme, comme le siège *du destin*, rien ne saurait empêcher que nous ne le considérions aujourd'hui comme le siège du *fatum* ou des *fatalités* qui nous dominent. Et les mêmes dispositions qui portèrent l'enfance de notre espèce à l'adorer comme le *milieu* où se trouvait le *destin*, permet aujourd'hui que nous lui rendions un culte comme le grand milieu où nous faisons résider subjectivement *les fatalités*, soit générales, soit partielles, qui dominent le Monde et l'Homme. Pour

conditions normales de son fonctionnement. Suivant les vues de Bacon, ils doivent constituer les *premiers principes*, l'intelligence étant l'instrument indispensable à l'acquisition de toutes les autres. En réalisant les vœux confus du philosophe anglais, Auguste Comte ne les a pas seulement formulés définitivement, il leur en a encore additionné d'autres, en systématisant ainsi les conceptions de ses prédécesseurs sur un tel sujet [1].

parvenir à une pareille idéalisation, il a suffi qu'Auguste Comte eût systématisé une notion subjective qui avait été créée en *mathématique*, afin de méditer sur la *forme* et le *mouvement* indépendamment des corps extérieurs, mais qu'il nous est permis d'utiliser pour une plus vaste fin. De même que l'on a conçu, en *géométrie* et en *mécanique*, l'*espace* comme étant capable de garder les *formes* et *mouvements* des corps, rien ne saurait empêcher d'appliquer ce siège à d'autres lois que les lois mathématiques, et, par conséquent, de le faire servir non pas seulement à l'ensemble des lois de la nature morte, mais aussi à celles de la nature vivante qui pourraient utilement y être introduites.

Ainsi donc, il nous est permis de concevoir l'*espace* comme un *grand milieu*, en état de garder, du moins, toutes les images particulières, c'est-à-dire celles qui correspondent aux attributs matériaux que nous pouvons abstraitement séparer des êtres. Voilà comment le Positivisme, systématisant cette institution qui nous a été léguée par le passé, a idéalisé un siège pour l'*ordre abstrait ;* en lui attribuant ainsi les caractères d'une chose réelle, il la rend susceptible d'éveiller à la fois l'*imagination* et le *sentiment*. Ainsi fut institué le *culte du destin*, normalement identifié avec celui de l'*Espace* ou du *Grand Milieu*.

L'assimilation du *destin* aux lois abstraites, à peine représentée communément par des *formules*, ne permettrait point sa glorification sans leur donner un siège concret dont l'image eût éveillé en nous des sentiments convenables. Ainsi posé le problème de l'adoration du *destin*, le choix de son siège ne saurait retomber que sur l'*espace* où la régularité du spectacle intra-céleste, accessible à notre contemplation, rappelle spontanément l'ensemble des lois qui dominent la Terre et l'Humanité, et dont la partie extra-céleste, qui nous est inconnue, symbolise naturellement ce que nous appelons *hasard*.

1. Aristote, Galilée, Kepler, Huyghens, Locke, Newton, Leibnitz,

Les principes précédents ont été, en effet, complétés par d'autres que nous apprécierons ci-dessous. Ces principes, au nombre de huit, n'en sont pas moins intellectuels parce qu'ils se rapportent principalement à l'ordre extérieur, vu que celui-ci est une partie nécessaire de notre propre exercice mental, dont les premiers matériaux sont fournis par lui. Outre cette alimentation élémentaire, nous savons qu'elle influe aussi comme un stimulant, et même en tant que régulateur, ainsi que cela a aussi lieu pour toutes les autres fonctions, vitales, végétatives ou animales.

Trois d'entre eux résultèrent de la généralisation de trois lois spéciales respectivement découvertes par Kepler, Galilée et Newton, ou plutôt par Huyghens. Le premier de ces principes consiste en ce que : *tout état, statique ou dynamique, tend à persister spontanément sans aucune altération, en résistant aux perturbations extérieures.* Il explique la persistance de la culture théorique de notre espèce, depuis l'évolution grecque jusqu'à nos jours, malgré l'interrègne qui lui a succédé et les perturbations causées par la dissolution du régime catholico-féodal. Il montre aussi comment cet héritage théorique, qui se perpétue ainsi, tend à persister dans

Hume, Diderot, Kant, Broussais, Blainville et Dunoyer; l'influence sur le maître des maîtres exercée par Descartes, l'éminent auteur du *Discours sur la Méthode* et fondateur de la *philosophie mathématique*, ne pouvant non plus être contestée, ce furent en tout quinze, ceux qui collaborèrent à la fondation de la *philosophie première*. Mais celle-ci ne pouvait surgir qu'après la constitution de la *philosophie seconde*; depuis la fondation de la *philosophie naturelle* proprement dite par Thalès, jusqu'à la constitution définitive de la philosophie sociale par Auguste Comte, sous l'entremise d'une série plus nombreuse de penseurs parmi lesquels il importe de citer Pythagore quant à la philosophie ancienne, Bichat et Condorcet pour la philosophie moderne, vu que l'Humanité ne saurait apprendre à raisonner qu'en raisonnant au moyen de ses organes théoriques les plus éminents.

chacun de nous moyennant un suffisant exercice de nos fonctions intellectuelles. La célèbre *loi de l'habitude* n'est qu'une conséquence de ce principe universel.

Le deuxième principe, qui généralise une loi cosmologique découverte par Galilée, assure la coexistence de nos constructions mentales, et peut être énoncé ainsi : *Un système quelconque maintient sa constitution active ou passive, quand ses éléments subissent des mutations simultanées, pourvu qu'elles leur soient exactement communes.* Il nous explique la conciliation de la culture de l'*esprit* avec celle du *cœur ;* c'est-à-dire des fonctions inhérentes aux organes de l'intelligence avec celles des organes du sentiment et du caractère, ceux-ci localisés dans la partie postérieure et moyenne de l'appareil cérébral, et ceux-là dans la partie antérieure.

Le troisième principe résulte aussi de la généralisation d'une loi cosmologique, ordinairement nommée loi de l'action et de la réaction (Newton-Huyghens). Il peut être formulé ainsi : *Il existe partout une équivalence nécessaire entre la réaction et l'action, si l'intensité des deux est mesurée d'après la nature de chaque conflit.* Il explique les influences réciproques entre notre organisme et le milieu où nous vivons, et, comme une conséquence, les influences de celui-ci sur l'intelligence.

Pour la conception générale de l'homme, ainsi que pour celle d'un être vivant quelconque, il est indispensable de considérer son *organisme* et le *milieu* sous l'influence duquel cet organisme surgit, se développe et périt. Afin de comprendre l'organisme humain, il convient de maintenir, en la rendant positive, l'ancienne distinction entre le *corps* et l'*âme*. Le premier se compose de trois parties : l'une végétative — les viscères ; — deux autres animales, active et passive — les muscles (y inclus les os) et les sens. L'âme correspond au cerveau, suivant la démonstration catégorique de Gall.

« Entre le corps et l'âme, il existe des rapports, plus ou moins aperçus dès la théocratie, quoique à Cabanis [1] seul soit échue la gloire de les ébaucher dignement dans la dernière phase de l'âge révolutionnaire. Le corps agit sur le cerveau sous l'entremise du système nerveux sensitif et du système vasculaire ; le cerveau réagit sur le corps au moyen des nerfs moteurs et nutritifs. Ces actions et ces réactions sont réglées par le grand principe de la mutualité » (Notes du cours de M. R. Teixeira Mendès). Ce principe et les deux précédents n'avaient été appréciés que quant aux phénomènes mathématiques avant leur systématisation définitive qu'ils ont concouru à préparer, et qui seule leur a donné une véritable généralité.

A ces principes cités, Auguste Comte en a ajouté cinq autres. Deux parmi eux sont venus compléter celui qui se rapporte à l'évolution intellectuelle, en nous faisant apprécier respectivement l'évolution de l'activité et celle du sentiment proprement dit. Quoique ces deux principes ne se rapportent pas directement à l'intelligence, ils lui sont réellement indispensables afin d'en caractériser le mouvement. Le premier a été saisi par Hume et éclairci par Dunoyer, moyennant un judicieux examen de l'évolution sociale ; mais il n'a été formulé définitivement que par Auguste Comte, qui a découvert le deuxième, au moyen d'une profonde observation de la nature humaine. En sorte que tous les deux se rapportent aux conditions de notre unité morale sous les points de vue affectif et pratique.

Celui-là assure à nos descendants la pleine jouissance

1. Cabanis, *Rapports du physique et du moral de l'homme*, 4e édition, 2 vol. in-8°, Paris, 1884.

d'une activité pacifique et peut être exprimé ainsi : *L'activité est d'abord conquérante, puis défensive, et enfin, industrielle.* L'autre nous porte à espérer une sociabilité plus vaste et plus digne dont voilà l'énoncé : *La sociabilité est d'abord domestique, puis civique, enfin universelle, suivant la nature propre à chacun des trois instincts altruistes : attachement, vénération et bonté.*

Il ne nous faut plus connaître que trois autres principes généraux institués par Auguste COMTE pour compléter les précédents. L'un d'eux, qui est résulté de la comparaison des divers termes de la philosophie seconde pour instituer leur hiérarchie, consiste en ce que : *tout classement procède suivant la généralité décroissante ou croissante autant objective que subjective.* Ce principe général permet de classer les constructions mentales qui offrent des attributs assez variés pour cela.

Mais un autre vient le compléter, en indiquant la continuité des termes de la hiérarchie, puisqu'il montre que *tout intermédiaire est subordonné aux deux extrêmes dont il opère la liaison.* Il explique, par exemple, pourquoi, dans le domaine mathématique, l'*algèbre* est subordonnée à l'*arithmétique* et à la *géométrie* et, plus généralement, que la *Physique* se subordonne à la *Mathématique* et à la *Morale*. Appliqué au domaine de celle-ci, il porte à subordonner le *Présent* au *Passé* et à l'*Avenir*, puisque le *Public* constitue l'intermédiaire destiné à lier la *Priorité* à la *Postérité.*

Enfin, le troisième principe, confusément entrevu par Blainville et systématisé par Auguste Comte, vient préciser la marche évolutive de nos pensées quelconques, en fixant la notion de progrès et en montrant à la fois que celui-ci n'est qu'une conversion de l'ordre développé. D'où le nom qu'on lui a d'abord donné : *principe de la conversion*, qui peut être énoncé ainsi : *La théorie du mouvement se subordonne partout à celle de l'existence, permettant de concevoir tout progrès comme le développement de l'ordre correspondant dont les conditions quelconques règlent les mutations qui constituent l'évolution.*

Ces trois derniers principes sont trop mêlés de subjectivité pour qu'ils aient pu surgir avant que l'esprit humain eût atteint son état positif. Ils se rattachent aux trois précédents par l'entremise du *principe de la conversion*, qui a eu aussi un germe mathématique, quoique moins appréciable, dans le principe formulé par d'Alembert, lorsqu'il a généralisé une observation capitale de Jacques Bernouilli sur les fondements de la *mécanique générale.*

Les principes que nous avons exposés sont donc au nombre de quinze ; ils peuvent tous être considérés comme des *règles mentales* de la plus parfaite généralité. Ils s'appliquent, en effet, à toutes les pensées humaines, embrassant par conséquent la totalité des catégories des phénomènes susceptibles d'observation. « Bases subjectives de toutes les notions, ces règles synthétiques doivent donc être étudiées avant que l'on aborde les autres investigations. » Auguste Comte les a résumées dans le tableau ci-dessous, et a donné à leur ensemble le nom caractéristique de *philosophie première*, afin de les distinguer de la *philosophie seconde*, qui est constituée par les principes qui se rapportent plus particulièrement à chacune des sept catégories de phénomènes que le Monde et l'Homme nous présentent : *mathématiques, astronomiques, physiques, chimiques, biologiques, sociologiques* et *moraux*, classés par lui suivant la généralité décroissante et la complication croissante. La *philosophie première* est vraiment rationnelle, ce qui n'a pas lieu avec la *philosophie seconde*, dont les lois n'ont point, pour la plupart, de connexité entre elles. La rationalité n'est que l'aptitude à lier chaque nouvelle connaissance à celles que nous avons déjà dans notre cerveau.

Dans un domaine (philosophie première) comme dans l'autre (philosophie seconde), le mot *philosophie* signifie tout simplement la connaissance systématique de la vérité ; en sorte que l'ensemble des sciences se trouve suffisamment désigné par cette expression universelle. Mais elle embrasse aussi les connaissances concrètes, c'est-à-dire celles qui se rapportent spécialement aux êtres qui sont, en somme, le siège des phénomènes. Voilà pourquoi l'ensemble des connaissances acquises, dans ce cas, par l'Humanité, a reçu le nom de *philosophie troisième*, dont l'appréciation doit succéder à celle de la *philosophie seconde*, ainsi que celle-ci à la *philosophie première* : « Telle est l'économie finale de l'entendement humain quand il renonce à l'absolu afin de construire une synthèse en état d'assister partout la sympathie et de guider notre synergie. »

Le passage de la seconde philosophie théorique à la *Philosophie pratique* ou *Philosophie troisième* a lieu naturellement dans le domaine de la Morale, qui concrétise dans l'appréciation de l'*homme* tous les matériaux émanés de l'analyse théorique.

La connaissance synthétique de l'*homme* embrasse, en effet, la connaissance du *monde*. En sorte que la *Philosophie troisième* comprend, non seulement les arts humains, mais aussi les arts cosmologiques. Parmi les premiers, la place prépondérante est occupée par l'art du langage, le plus général de tous, évidemment synthétisé dans la *poésie*, et développé dans la *prose*. Outre cet art esthétique plus général (poésie), la *philosophie troisième* a encore des liaisons avec les arts spéciaux, appelés *beaux-arts* : celui du son, *musique* ; ceux de la forme *peinte*, *sculptée*, et *construite* (*peinture*, *sculpture* et *architecture*) [1].

1. La notion d'*art* est liée aux lois élémentaires de la vie animale, et ce n'est que par là que peut s'expliquer le degré de développement que l'art manifeste chez les animaux, au moins les mammifères et aussi chez les oiseaux. La première loi de la vie animale, qui s'applique aux systèmes musculaire et nerveux, nommée loi de l'*exercice*, consiste en ce que ceux-ci doivent nécessairement être exercés indépendamment de toute utilité pratique. Cet exercice est à son tour soumis à la loi de l'*intermittence*. Le degré le plus élémentaire créé par cette loi est soumis à une modification pathologique qui est le phénomène de l'*ennui*. Celui-ci résulte de la faute d'exercice de nos facultés animales, musculaires et nerveuses. Mais l'évolution sociale en produisant le *loisir*, que Hume nommait avec raison l'une des plus nobles créations de notre espèce, a donné lieu à une situation intermédiaire entre l'exercice directement pratique et le repos, pour ainsi dire absolu, qui caractérise le sommeil. C'est cette situation intermédiaire que, sous l'impulsion plus ou moins vive du sentiment, l'art vient satisfaire. Il institue l'exercice de nos facultés animales musculaires ou nerveuses, sans autre but que celui de son propre exercice. Celui-ci peut être, en un pareil cas, individuel ou collectif, et ce dernier prévaut de plus en plus. Les amusements ayant pour objet la distraction, constituent l'art proprement dit, envisagé dans son ensemble, et lié aux lois les plus élémentaires de la vie animale. Ces manifestations de l'exercice remplissent plus ou moins heureusement les lacunes qui résultent de l'intermittence de l'activité pratique proprement dite, intermittence qui est nécessaire surtout pour les cas où celle-ci a une grande intensité. L'évolution sociale systématise bientôt et graduellement ces manifestations musculaires et nerveuses, en sorte que nous nous perfectionnons même pendant notre repos. Le *culte* est la plus haute expression de cette forme supérieure de l'art. Les promenades, les voyages de récréation et les pèlerinages paraissent avoir constitué un intermédiaire entre les simples distractions et l'art proprement dit.

Deux autres lois de la vie animale ont permis le développement de l'art, à savoir : *la loi de l'habitude* et celle du *perfectionnement*. La première consiste en ce que tout appareil animal qui s'est exercé, tend, après l'intermittence, à reproduire spontanément un pareil exercice ; elle s'applique au système musculaire et au système nerveux. La seconde

Les arts moraux, les précédents y compris, succèdent naturellement aux arts sociologiques, biologiques, chimiques, physiques, astronomiques et mathématiques, ainsi que leurs combinaisons différentes (physico-chimiques, mathématico-

loi établit que, grâce à cette *habitude*, les exercices de la vie animale se réalisent chaque fois mieux, et qu'il y a désormais un *perfectionnement*. Celui-ci, transmis à travers les générations, constitue des races chaque fois plus aptes aux divers exercices, non seulement pratiques, mais aussi esthétiques : ce qui donne lieu, en vertu de lois que nous ne connaissons pas encore, à ces individualités extraordinaires qui semblent si supérieures au reste de l'espèce humaine et auxquelles nous devons les plus grandes créations de l'*art*.

Après avoir rattaché l'*art* aux lois fondamentales de notre organisation, examinons sommairement sa nature et sa destination. La nature de l'*art* consiste à produire une construction au moyen de laquelle notre cerveau vit, plus ou moins artificiellement, pendant un certain temps, où s'exercent, d'une manière plus ou moins complète, toutes nos fonctions cérébrales. La construction esthétique est soumise aux mêmes lois que les autres constructions mentales, et il n'y a d'autres différences que celles de degré. L'utilité des œuvres esthétiques ainsi conçues consiste à multiplier, d'une manière presque indéfinie, sous certains aspects, la vie cérébrale, de façon à nous proportionner ainsi une série d'exercices de nos fonctions les plus élevées, intellectuelles et morales. La loi animale de l'*exercice* étant ainsi satisfaite, l'évolution de notre espèce en perfectionne chaque fois davantage les procédés, en sorte que, au moyen d'une culture systématique, nous devenons de plus en plus aptes à jouir de telles conceptions. Les constructions esthétiques ne mettent pas seulement l'*intelligence* et le *cœur* en jeu, mais aussi le *caractère* lui-même. C'est ce qui devient évident, si l'on observe que toute opération de ce genre suppose, à l'état actif, assez d'énergie, de prudence et de persévérance. Mais cela se vérifie aussi envers tous ceux qui, plus passivement, ne font qu'apprécier l'œuvre d'art, car celle-ci les place dans une situation où les fonctions du caractère sont exercées. Voilà la grande destination de l'art : il rend possible un immense développement de notre vie cérébrale.

L'utilité de l'*art* résulte donc de ce que nous pouvons faire vivre notre cerveau sous la peinture plus ou moins puissante des réalités artificiellement traduites et construites. D'après cela, il semblerait que le

astronomiques, etc.). Par exemple, la *botanique* et la *zoologie* sont des arts biologiques, tandis que la *minéralogie* est un art physico-chimique. La *politique*, temporelle ou spirituelle, constitue l'art sociologique par excellence, tandis que l'*industrie* forme l'art cosmologique le plus éminent.

but de l'art serait atteint, quel que soit l'objet que la construction esthétique représente. Mais, même sans avoir la prétention de faire de l'art une morale en action, où il n'y ait que des vertus à récompenser et des vices à punir, nous devons forcément reconnaître que, en produisant la réalité au moyen d'une construction artificielle, on doit habituellement s'abstenir de certains sujets. La science a besoin de tout enquérir, puisqu'elle sert de fondement à la modificabilité effective des choses ; mais l'art ne doit point tout exprimer, et il lui faut s'en tenir à ce qui peut produire en nous d'heureuses modifications cérébrales, ayant d'ailleurs, pour cela, des limites fort étendues. *L'objet de l'art est, en effet, de charmer la vie humaine, en développant chez nous le sentiment de la perfection.*

La place de l'*art* entre la *philosophie* et la *politique* doit servir de base à la théorie de son évolution : car, évidemment, les constructions esthétiques doivent varier suivant la nature de la philosophie qui prévoit et de l'activité sociale dominante. L'action modificatrice de l'art se trouve ainsi soumise à une réglementation spontanée. Les constructions esthétiques n'ont donc pas un caractère absolu ; mais cela ne signifie point qu'elles sont arbitraires. En précisant mieux la nature de la construction esthétique, on voit aisément qu'elle se compose, au fond, de trois éléments distincts : *l'imitation, l'idéalisation et l'expression.*

Ces trois opérations deviennent aussi connexes qu'elles sont, le plus souvent, simultanément employées. L'*imitation* est l'ensemble des opérations au moyen desquelles nous réunissons les observations et les matériaux indispensables à la construction esthétique sur le sujet choisi. Au moyen de ces observations de la réalité effective des choses, on opère une première construction cérébrale. Toutes les opérations intellectuelles concourent, du reste, à cette *imitation*. Mais le but de l'art conduit nécessairement à l'*idéalisation* ; c'est elle-même une conséquence de la liberté propre aux constructions esthétiques et de sa destination à nous faire vivre cérébralement une vie artificielle. L'*idéalisation* consiste, au fond, à placer les événements ou les êtres dans des conditions hypothétiques, ou, du moins, différentes de celles de la vie réelle. Le choix de

L'*industrie* se décompose en *générale* (la banque) et en *spéciales*, qui sont le *commerce*, la *manufacture* et l'*agriculture*, respectivement destinées à nous procurer les *provisions*, les *instruments* et les *échanges*.

Il est évident que la *Philosophie troisième* comprend aussi les arts techniques ou professionnels et les métiers

ces conditions hypothétiques peut consister à exagérer ou à diminuer certaines propriétés, et à suivre, plus ou moins, les conséquences de cette exagération, tout en respectant, pourtant, les lois effectives de la variation des phénomènes.

L'on peut encore idéaliser d'une autre manière, en plaçant les événements dans des circonstances imaginées. On voit donc combien le champ des œuvres d'art est vaste et varié. Enfin, la dernière partie de toute construction esthétique est l'*expression*, c'est-à-dire la série d'opérations au moyen desquelles on choisit et on coordonne les signes qui reproduisent cette construction. Toute œuvre d'art avorte, lorsqu'on n'atteint pas une expression convenable ; et celle-ci a, de par elle-même, un charme qui lui est propre. Outre l'aptitude individuelle, elle exige une grande culture. On a alors une architectonique complète. La nature des signes au moyen desquels on exprime la construction esthétique caractérise les divers arts dont nous venons d'indiquer sommairement la hiérarchie.

Enfin, on peut observer, à propos de l'*art*, que la nature de la doctrine théologico-fétichique, d'abord dominante, a donné une sorte de prépondérance à l'*idéalisation* sur l'*imitation*. La *raison* et l'*imagination* n'étaient pas encore aussi bien séparées qu'elles le sont devenues ensuite en vertu de l'évolution scientifique. Dorénavant, les constructions de la plus grande idéalisation doivent prendre, chaque fois davantage, comme base, la connaissance effective des lois des phénomènes. Mais cela n'amoindrira nullement la fécondité de l'art, car la connaissance de ces lois effectives lui ouvrira, au fond, un champ plus vaste et aussi plus sûr que la plus vaste imagination. Par conséquent soit la *science*, soit l'*art* considèrent tous deux la *réalité*, que l'une *apprécie* et que l'autre *perfectionne ;* le deuxième est plus synthétique que la première, et pour cela même lui est supérieur, vu qu'il peut embrasser tous les aspects de l'indivisible nature humaine, puisqu'il s'adresse directement au sentiment. La science est, au contraire, plus analytique, et ce n'est qu'après une série de préparations graduelles, qu'elle peut conce-

industriels, puisqu'ils se rapportent tous à l'action sur le Monde et sur l'Homme. Sa principale difficulté consiste donc dans l'application des connaissances théoriques acquises, c'est-à-dire dans le passage de l'*abstrait* au *concret*. C'est afin de la rendre plus aisée que furent inventés les *arts abstraits*, tels que, par exemple, la *géométrie descriptive* dans le domaine cosmologique et l'*art politique* dans le domaine sociologique.

Vu que la réussite de l'art dépend, en grande partie, de l'habileté de celui qui l'exerce, Auguste Comte disait qu'aucun art, pas même les arts mathématiques, ne pourrait cesser d'être empirique.

Comme l'on voit, dans les trois domaines de la *philosophie positive* on cherche toujours la *raison d'être* des choses. Leur connaissance a exigé cependant que l'on fît des abstractions successives des propriétés ou phénomènes que les êtres nous présentent. La raison d'être des choses doit donc être appréciée d'une manière abstraite, c'est-à-

voir le triple aspect de notre nature et lui formuler une synthèse dans la morale. (V. Pierre-Laffitte.)

Ayant alors atteint les spéculations sociales qui en constituent la véritable destination finale, la réalité caractéristique de l'esprit positif le porta aussi à embrasser les conceptions esthétiques, ainsi que les considérations affectives, afin de représenter le véritable ensemble des phénomènes humains, même individuels, et surtout collectifs. Il importe cependant de reconnaître que le rôle des *beaux-arts* consiste surtout à charmer la vie humaine, mais jamais à la diriger. La suprématie intellectuelle ne saurait jamais appartenir à l'imagination. Une pareille opinion équivaudrait, au fond, à ériger la folie en type mental, en faisant prévaloir les inspirations subjectives sur les notions objectives. Nos facultés de représentation et d'expression sont nécessairement subordonnées à nos fonctions de conception et de combinaison. L'état normal de la nature humaine subordonne autant l'imagination à la raison que celle-ci au sentiment.

dire indépendamment d'elles-mêmes, afin qu'elle puisse ensuite être jugée concrètement, c'est-à-dire dans leurs sièges propres. En sorte que l'esprit humain procède d'abord par *analyse*, pour en arriver ensuite à la *synthèse*.

Nous devons donc distinguer la *raison concrète* de la *raison abstraite* : celle-là, essentiellement destinée à l'ensemble des êtres, et celle-ci, à l'ensemble des phénomènes. La première fut exclusivement propre à l'enfance de l'individu ainsi qu'elle le fut aussi à celle de l'espèce. Et c'est en vertu de la prépondérance de la *raison concrète* que les peuples fétichistes, ainsi que les enfants, croient à la réalité objective de tout ce qui surgit dans leur cerveau. Pendant cette phase, le défaut d'essor de la *raison abstraite* ne permet dans le cerveau que l'existence d'images des êtres qui nous entourent. En sorte que l'*objectivation* des images ne suscite point de déceptions. Celles-ci ne commencent qu'après que la raison abstraite se développe en faisant surgir des types abstraits, qui peuvent, du reste, être susceptibles d'être réalisables ou non. Après l'essor de la raison abstraite, l'existence réelle exige que la raison concrète intervienne alors, soit afin de rapporter les êtres aux types, soit afin de réaliser, au moyen de l'art, les types construits par le cerveau.

La raison n'est point un privilège de notre espèce, vu que les autres animaux la possèdent aussi ; elle peut être définie, d'une manière générale, comme la faculté qu'ont les animaux de saisir, au moyen de leurs sens, les rapports où ils se trouvent vis-à-vis du *monde*; en rattachant chaque notion nouvelle à d'autres antérieurement acquises. C'est pour cela que le mot *raison* est synonyme de *relation*, et les anciens Grecs avaient déjà nommé raison tout rapport géométrique. Chez les espèces les plus éminentes, au moins à partir des oiseaux, cette faculté se présente sous deux aspects :

1° Saisir les *rapports des êtres* qui l'entourent vis-à-vis de soi et entre eux ;

2° Saisir les relations par rapport à soi et celles des *phénomènes* qui l'affectent entre eux.

Le premier aspect c'est la *raison concrète*, et le second c'est la *raison abstraite*. L'animal, ainsi que l'espèce humaine, débute par le développement de la raison concrète, et l'essor de la raison abstraite vient ensuite ; mais, bientôt les deux se combinent, de cette combinaison résultant justement ce qu'on appelle *harmonie mentale* ou *équilibre intellectuel*. La *Philosophie première* et la *Philosophie seconde* constituent le domaine de la *raison abstraite* tandis que la *Philosophie troisième* forme le domaine de la *raison concrète*.

En vertu de leur hiérarchie, la *Philosophie première* et la *Philosophie troisième* constituent respectivement les types les plus complets de l'*abstraction* et de la *concrétion*. La *Philosophie seconde*, essentiellement destinée à les lier, offre un type intermédiaire, où le point de vue abstrait tend de plus en plus à se confondre avec le point de vue concret. C'est ce qui a enfin lieu dans le domaine de la *morale pratique*, puisque l'*étude de l'homme* synthétise évidemment toutes les autres appréciations.

De ce qui précède, on voit, en résumé, que l'*ordre* universel est décomposé en deux domaines : l'un *abstrait*, et l'autre *concret* ; le domaine abstrait est constitué par un arrangement idéal, qui représente les dispositions immuables (lois naturelles) que gardent les phénomènes entre eux, abstraction faite des êtres, et avec le degré exigé par l'ensemble de nos besoins. Le domaine concret est formé par la systématisation de l'ensemble des êtres *naturels* et *artificiels* qui sont le siège de ces phénomènes et qui intéressent notre existence.

L'ordre concret est donc dominé par l'ordre abstrait; mais il est évident que la connaissance de celui-ci doit être instituée ayant en vue celui-là, ce qui veut dire que la théorie doit toujours être subordonnée à la pratique. Car toute théorie devant être générale est forcément abstraite ; et toute pratique devant être spéciale est nécessairement concrète. En effet, nous faisons des abstractions afin de généraliser, nous généralisons afin de prévoir, et nous prévoyons afin de pourvoir. Mais, aussitôt que nous passons de la spéculation à l'action, nous devons passer de la théorie à la pratique, du dogmatisme à l'empirisme, de l'abstrait au concret, du général au spécial ; car là nous n'étudions les phénomènes que d'une manière générale, en tâchant de *savoir pour prévoir*, tandis qu'ici nous essayons de modifier les êtres spéciaux, en agissant sur leurs phénomènes particuliers.

Concluons-en donc que toute théorie doit envisager des phénomènes séparément des êtres et que toute pratique doit considérer des groupes de phénomènes dans les êtres actuels. D'où, la nécessité du concours des deux, puisque nous n'agissons sur les êtres qu'afin de modifier les phénomènes. Ce concours est alors indispensable pour que la raison abstraite puisse borner les tentatives de notre empirisme. La valeur de la conception abstraite est donc de borner nos tâtonnements, notre empirisme, et ce n'est qu'ainsi que celui-ci se combine avec le dogmatisme, en évitant que nous ne restions tantôt en deçà, tantôt au delà de la réalité. C'est afin de concilier le dogmatisme avec l'empirisme que devient parfois nécessaire l'institution de doctrines intermédiaires entre la théorie et la pratique, doctrines qui forment ce qu'on nomme la *théorie abstraite des arts*, comme par exemple l'*art politique* pour le domaine de la sociologie, la *grapho-statique* pour le domaine de la *géométrie* et de la *mécanique*, etc.

Ainsi donc, la seule différence qui soit entre les théoriciens et les praticiens, c'est que les uns agissent sur la nature humaine, et par des moyens propres à cette nature ; et que les autres agissent sur le monde ainsi que sur l'homme, mais par des moyens matériels. Tous les deux doivent avoir un caractère synthétique : les théoriciens en concevant l'ensemble des existences, et les praticiens l'ensemble des phénomènes qui définissent chaque être.

Jusqu'à présent nous avons montré que l'ordre abstrait se présente comme étant constitué par deux catégories de lois : les unes communes à tous les phénomènes, les autres propres à leurs groupes divers. Les premières sont les quinze principes que nous avons cités et qui se trouvent coordonnés dans le tableau suivant :

TABLEAU DES QUINZE PRINCIPES DE PHILOSOPHIE PREMIÈRE

SECTION PLUS SUBJECTIVE

PREMIER GROUPE
(Autant objectif que subjectif)

1° Principe du relativisme.

Notre intelligence tend à former l'hypothèse la plus simple, la plus sympathique et la plus esthétique que comporte l'ensemble des renseignements à représenter (*Aug. Comte*) I.

2° Principe de l'immuabilité.

Concevoir comme immuables les lois quelconques qui régissent les êtres d'après les événements, quoique seul l'ordre abstrait permette de les apprécier (*Aug. Comte*) II.

3° Principe de la modificabilité.

Les modifications quelconques de l'ordre universel sont toujours bornées à l'intensité des phénomènes dont l'arrangement demeure inaltérable (*Broussais, Aug. Comte*) III.

SECTION PLUS SUBJECTIVE

DEUXIÈME GROUPE (Essentiellement subjectif)

PREMIÈRE SÉRIE

PRINCIPES STATIQUES DE L'ENTENDEMENT

1° Principe de la prépondérance du milieu.

Nos constructions subjectives sont subordonnées aux matériaux objectifs (*Aristote*, *Leibnitz*, *Kant*) IV.

2° Principe de la prépondérance de la sensation.

Les images intérieures sont toujours moins vives et moins nettes que les impressions extérieures (*Hume*, *Aug. Comte*) V.

3° Principe de l'image normale.

L'image normale doit être prépondérante sur celles que l'agitation cérébrale fait simultanément surgir (*Aug. Comte*) VI.

DEUXIÈME SÉRIE

PRINCIPES DYNAMIQUES DE L'ENTENDEMENT

1° Principe de l'évolution intellectuelle ou des trois états.

Toutes nos conceptions passent par trois états, fictif, abstrait et positif, mais avec une vitesse proportionnelle à la généralité, tant objective que subjective, des phénomènes correspondants (*Aug. Comte*) VII.

2° Principe de l'évolution active.

L'activité pratique est d'abord conquérante, puis défensive, et enfin industrielle ou pacifique (*Hume*, *Dunoyer*, *Aug. Comte*) VIII.

3° Principe de l'évolution affective.

La sociabilité est d'abord domestique, puis civique, et enfin universelle, suivant la nature propre à chacun des trois instincts sympathiques (*Aug. Comte*) IX.

SECTION PLUS OBJECTIVE

TROISIÈME GROUPE
(Surtout objectif)

PREMIÈRE SÉRIE

LA PLUS OBJECTIVE DE LA PHILOSOPHIE PREMIÈRE

1° Principe de la persistance.

Tout état, statique ou dynamique, tend à persister spontanément sans aucune altération, en résistant aux perturbations extérieures (*Kepler*) X.

2° Principe de la comptabilité ou de la coexistence.

Un système quelconque maintient sa constitution, active ou passive, quand ses éléments éprouvent des mutations simultanées, pourvu qu'elles soient exactement communes (*Galilée*) XI.

3° Principe de la mutualité ou de l'équivalence.

Il y a partout une équivalence nécessaire entre la réaction et l'action, si leur intensité est mesurée conformément à la nature de chaque conflit (*Newton*, ou mieux *Huyghens*) XII.

DEUXIÈME SÉRIE

PLUS SUBJECTIVE QUE LA PRÉCÉDENTE

1° Principe de la conversion ou de la conciliation.

Subordonner partout la théorie du mouvement à celle de l'existence, en concevant tout progrès comme le développement de l'ordre correspondant, dont les conditions quelconques régissent les mutations qui constituent l'évolution (*Aug. Comte*) XIII.

2° Principe des hiérarchies.

Tout classement positif procède d'après la généralité croissante ou décroissante, tant subjective qu'objective (*Aug. Comte*) XIV.

3° Principe de l'intermédiaire ou de la continuité.

Tout intermédiaire est subordonné aux deux extrêmes, dont il opère la liaison (*Aug. Comte*) XV.

Envisagé en lui-même, ce système de principes se décompose spontanément en deux sections : la première en est *subjective*, ou mieux, plus subjective qu'objective, car elle n'existerait point sans l'Humanité ou un *être* équivalent, en état de contempler le Monde. La seconde est objective, ou plutôt *surtout objective*, car elle pourrait subsister indépendamment de l'Humanité. Mais, envisagé par rapport à celle-ci, le système tout entier est constitué par des *principes universels*, c'est-à-dire communs, sous des formes diverses, à toutes les classes de phénomènes. La seule différence en est que les uns ne le sont qu'à travers l'homme, et les autres régissent directement tout.

Les deux séries de *principes* du deuxième groupe peuvent être considérés comme étant mentaux : ceux de la première, en ce qu'ils se rapportent directement et exclusivement à l'intelligence ; ceux de la seconde sont mentaux aussi, car ils permettent de définir les réactions du sentiment et de l'activité sur l'intelligence, et, par l'intermédiaire de celle-ci, les influences de la vie végétative sur celle de relation.

Il importe de remarquer que les deux sections où sont divisés les six principes de la seconde nous donnent la *théorie générale* de l'ordre extérieur, en instituant relativement au *Monde* une construction analogue à celle que les neuf premiers établissent quant à l'Humanité. Les trois premiers (1re série) instituent l'étude des phénomènes, des êtres ou des systèmes partiels, quant à leur existence instantanée ; les trois derniers (2e série) en complètent l'étude en fondant la théorie du développement de chaque phénomène, de chaque être, ou de chaque système, et de leur hiérarchie. La première série ne permet qu'une *étude ana-*

lytique de l'ordre universel, tandis que la seconde nous conduit à sa *conception synthétique*.

En outre, les principes du second groupe essentiellement subjectif sont divisés en *statiques* et *dynamiques*. Les *principes statiques* définissent les conditions de l'*unité mentale* de chacun de nous, et nous avons déjà vu que cette *unité partielle* est inséparable de l'*unité générale*. Cette unité constitue pour l'*individu* ainsi que pour l'*espèce* ce qu'on appelle une *limite* en *cosmologie* ou un *type* en *morale*.

Les *principes dynamiques* expliquent comment l'individu et l'espèce s'approchent graduellement d'un pareil *type* ou *limite*. Quoique la série sociale constitue un prolongement de l'échelle biologique, celle-ci présente une série de types *simultanés* de l'unité, tandis que l'évolution sociale offre une série de types *successifs*. Ainsi donc, notre espèce est caractérisée par la *solidarité* et la *continuité sociale* qui y développent de plus en plus l'unité individuelle.

Mais ces principes ne sauraient être compris sans que l'on apprécie la nature *abstraite* de nos connaissances théoriques. Car, devant être universels, on ne saurait les étendre aux êtres, si l'étude de ceux-ci n'était décomposée dans celle des phénomènes ou événements divers qui caractérisent l'existence de chacun d'eux. La connaissance des êtres est, en effet, si complexe qu'elle ne saurait dispenser de cette abstraction.

Nous savons que l'*abstraction* est l'opération de notre cerveau au moyen de laquelle nous séparons des êtres ou des objets observés les phénomènes qui les caractérisent. Elle consiste donc à saisir les propriétés communes aux corps ou êtres différents, afin de raisonner sur celles-là, comme si elles étaient indépendantes de ceux-ci. Les propriétés abstraites auxquelles on arrive ainsi, constituent les matériaux, enfin employés dans la construction des *relations abstraites*, c'est-à-dire des *rapports* entre des phénomènes de même nature ou de nature différente.

De telles *lois* ou *relations*, bien plus difficiles à trouver que les propriétés abstraites, sont aussi beaucoup plus importantes que celles-ci ; il suffit de dire qu'elles rendent possible la prévision des phénomènes qu'elles lient. C'est ainsi, par exemple, que la connaissance du rapport abstrait entre la circonférence et le diamètre permet de prévoir celui-ci lorsque celle-là est connue et inversement, et par conséquent de faire varier un des phénomènes (circonférence ou diamètre) de façon à adapter l'autre à nos convenances.

Envisagée d'une manière générale, l'abstraction est donc destinée à créer des types idéaux qui correspondent aux nécessités de la vie humaine, morales, intellectuelles et physiques. D'où, les trois espèces d'abstractions : l'abstraction affective, esthétique ; l'abstraction intellectuelle, scientifique ; et l'abstraction pratique, technique ou industrielle, religieuse ou morale. Toutes les trois sont inséparables, car l'abstraction théorique, ayant pour objet d'établir des règles générales afin de diriger notre conduite, active ou passive (action ou résignation), nous porte à instituer une systématisation générale moyennant la combinaison permanente de la poésie avec la science [1].

1. La raison ne doit pas seulement se subordonner au sentiment pour le seconder dans la direction de l'activité ; il faut aussi que, sans se laisser dominer par l'imagination, celle-ci la stimule en la réglant. Mais il est indispensable que l'imagination soit toujours subordonnée à l'ordre extérieur de même que le sentiment, moteur suprême de notre existence. Il faut donc que l'idéalité soit toujours subordonnée à la réalité, au risque de devenir impuissante ou de tomber en des abstractions. La poésie, par exemple, qui se propose d'imaginer des perfectionnements à

C'est la théorie de l'abstraction qui a conduit l'Humanité à ce système de principes universels, et ce n'est qu'au moyen des deux qu'elle a pu parvenir à l'institution de la hiérarchie théorique. Tel est l'ensemble qui a été appelé *Philosophie première* par Auguste Comte, et qui doit servir de fondement à la *Philosophie seconde*, laquelle permet de coordonner toutes les conceptions autour de l'Humanité. La *Philosophie première* est l'étude synthétique de l'ordre universel, qui serait elle-même suffisante, n'eussent été nos besoins pratiques. Ceux-ci exigent l'étude analytique de l'ordre universel, et tel est objet de la *Philosophie seconde* qui fournit les bases de la *Philosophie troisième*.

l'ordre universel, quoique sans jamais prétendre à les réaliser, a un besoin évident de le connaître. Pourtant, la subordination nécessaire de l'*idéal* au *réel* n'empêche point que l'art exerce sur la science une heureuse réaction systématique. Même envers les plus simples phénomènes, lorsqu'on a atteint le degré de vérité indispensable à nos besoins, il nous reste toujours une certaine liberté théorique dont on peut user sans scrupule pour embellir les conceptions scientifiques, afin d'en accroître l'utilité. L'idéalité doit améliorer la réalité, sous peine d'insuffisance morale. C'est la compensation normale de sa netteté et sa vivacité bien moindres. Et cette réaction du *beau* sur le *vrai* convient surtout aux études les plus éminentes, directement relatives à l'Humanité.

La principale fonction de l'art consiste donc dans la construction de types idéaux dont les bases doivent être fournies par la science. Lorsque le domaine de l'imagination se borne ainsi à développer et à vivifier celui de la raison, les plus austères penseurs expérimentent volontairement un charme qui, loin d'en altérer la réalité, fait mieux ressortir son principal caractère, trop peu déterminé par la science. Lié à la culture directe du sentiment, l'art seul est capable de nous rendre à la fois plus tendres et plus nobles. Il n'existe, au fond, aucune incompatibilité organique entre le génie esthétique et le génie scientifique, qui ne se distinguent réellement que d'après la diversité de leurs combinaisons, concrètes et idéales chez l'un, abstraites et réelles chez l'autre. Toutes deux emploient le régime analytique pour leurs élaborations préliminaires, et

« Voilà comment la systématisation finale du dogme positif doit reposer sur le concours de quinze lois universelles, naturellement réparties entre trois groupes, dont les deux derniers, doubles chacun du premier, se décomposent respectivement en deux séries égales. Les divers rapprochements ci-dessus indiqués, suffisent pour faire ici sentir la connexité normale d'un tel ensemble, quoique son usage ultérieur doive les multiplier beaucoup. Sans insister maintenant à cet égard, il faut seulement remarquer la coordination décisive que présentent spontanément ces quinze lois, dont aucune ne pourrait être rationnellement transposée. Quant à leur plénitude, elle résulte de ce que leur ensemble permet déjà de régler suffisamment toutes les saines spéculations. On peut maintenant regarder comme accompli le noble vœu de Bacon sur la construction d'une philosophie première, susceptible de guider partout la méditation théorique, et même d'assister la raison pratique.

« Son aptitude systématique va directement ressortir en

poursuivent également une synthèse définitive. La science put, pendant longtemps, préférer le *régime analytique* ; tandis que, au milieu de son anarchie actuelle, l'art aspire toujours à la *synthèse*, but nécessaire de toutes nos cogitations.

« Tous les savants qui ont plus induit que déduit offrent des signes évidents de l'aptitude poétique : Diderot eût été, sans doute, un grand poète, en un temps plus esthétique, comme Gœthe un éminent philosophe sous une autre impulsion publique. Que l'invention soit abstraite ou concrète, qu'elle s'applique à saisir la réalité ou à l'idéaliser, c'est toujours, au fond, la même fonction cérébrale avec des destinations différentes, dont les principaux cas ne peuvent jamais coexister. » Les fonctions scientifiques sont indispensables pour construire la base extérieure de toutes nos conceptions, les fonctions esthétiques conviennent mieux à notre intelligence dès que leur exercice respecte toujours ce fondement nécessaire, d'ailleurs, le seul propre à prévenir ses déviations. (Extr. Auguste Comte, *Discours sur l'ensemble du Positivisme.*)

instituant la hiérarchie positive des phénomènes et des conceptions, d'après l'appréciation relative de l'ordre universel.

« Cette hiérarchie, principal résultat de l'élaboration objective qui prépara la synthèse finale, est normalement destinée à compléter la constitution synthétique et diriger la constitution analytique du dogme positif. » (Auguste Comte, *Politique positive*, t. IV, p. 180-181.)

La hiérarchie théorique, que nous devons étudier, fixe la marche que suit la Philosophie seconde afin de constituer des convictions inébranlables. Elles permettent de délivrer nos sentiments de l'inconstance, notre intelligence du scepticisme, et notre caractère de l'irrésolution. En effet, nous avons vu que, pour réaliser l'harmonie cérébrale, il faut un sentiment prépondérant. Mais le sentiment ne peut faire surgir que des désirs dont il échoit à l'intelligence d'indiquer les moyens de le satisfaire et que l'activité doit réaliser. Il en résulte que, une fois que la prépondérance affective est acceptée comme base, c'est à l'esprit qu'il importe de dissiper les fluctuations sentimentales, par la stabilité de l'ordre qu'il découvre. Et dès lors, l'activité peut s'appliquer à réaliser les projets que l'amour social inspire à l'intelligence. C'est ce qui a été résumé par Auguste Comte dans le verset suivant : *Agir par affection, et penser pour agir*.

« En résumé, notre équilibre organique suppose un sentiment prépondérant, combiné avec une image coordinatrice, afin de conduire à une pratique continue. Mais ces conditions-là ne peuvent être réalisées sans le concours de notre espèce, c'est-à-dire de l'Humanité. Non seulement parce qu'elle est le seul être capable de déterminer la commune aspiration définitive, sinon d'instituer l'idée fondamentale et de signaler la pratique qui doit être invariablement suivie, mais aussi parce qu'elle constitue le milieu où vit l'individu, et si le milieu n'a pas de stabilité, l'individu ne saurait l'avoir non plus. »

Eh bien, la réussite et le maintien de l'unité morale et sociale a été l'invariable objet des *religions*. Elles constituent toutes des solutions plus ou moins rapprochées suivant le temps et les lieux de ce problème suprême dont la solution échut à Auguste Comte [1]. En prenant pour *principe* l'*amour* universel, pour *base* la connaissance scientifique de l'*ordre* qui nous domine, et pour *but* le *perfectionnement* continu de l'homme, le Fondateur du Positivisme ferma l'ère des tâtonnements, et inaugura la conciliation systématique de l'*ordre* avec le *progrès*. (R. Teixeira Mendès.)

Toutes les religions théologiques ont été constituées par trois parties distinctes — le *culte*, le *dogme* et le *régime* — qui concernent respectivement nos sentiments, nos pensées et nos actes. Le *dogme* donne l'explication du Monde et de l'Homme, le *régime* institue des règles générales pour la conduite humaine, et le *culte* a pour objet d'idéaliser l'*Être suprême* tout en consolidant et en développant l'amour envers lui.

Lorsqu'on apprécie l'évolution historique, on en arrive à la conclusion que ce furent ces trois parties de la religion qui ont déterminé les trois grandes constructions de notre espèce, c'est-à-dire l'ensemble des sciences ou la *philosophie*, leur application au Monde et à l'Homme, c'est-à-dire la *politique*, ainsi que les arts esthétiques condensés dans la *poésie*. Pour la religion positive elle aussi, la philosophie en est le véritable dogme, la politique la base du régime, et

1. Voyez Auguste Comte, *Catéchisme positiviste*.

la poésie l'âme du culte. Mais celui-ci qui était rendu à des entités théologiques, a été remplacé par un autre plus d'accord avec le degré de civilisation auquel nous avons atteint : *le culte de l'Humanité.*

De l'étude de l'ordre humain, individuel et collectif, il résulte, en effet, la conception de l'Humanité, être immense et éternel, dont l'existence embrasse le passé, l'avenir et le présent, et qui personnifie l'ensemble continu des êtres convergents, c'est-à-dire de ceux qui coopèrent à l'existence commune. C'est à elle que nous devons tout, car ce que nous sentons, ce que nous savons, ce que nous faisons nous a été légué par nos prédécesseurs. Ce n'est pas seulement de nos jours que chaque homme, s'efforçant d'apprécier ce qu'il doit aux autres, reconnaît une participation bien plus grande à l'ensemble de ses prédécesseurs qu'à l'ensemble de ses contemporains. Une pareille supériorité se manifestait déjà, quoique en des proportions bien plus petites, dès les âges les plus reculés, comme l'indique le culte touchant que l'on a toujours rendu, dans ces temps-là, aux morts, suivant la belle observation de Vico, qui en a fait un des caractères fondamentaux de l'espèce humaine. La véritable sociabilité consiste donc plutôt dans la *continuité successive* que dans la *solidarité actuelle.* Notre culte aux morts n'est jamais de trop, car nous leur devons chaque jour davantage.

Autour de l'Humanité, vrai Grand-Être et moteur immédiat de chaque existence individuelle ou collective, nos affections se concentrent aussi spontanément que nos pensées et nos actes. La véritable éducation doit donc se destiner à la connaissance de l'Humanité afin de mieux pouvoir l'aimer et la servir. Voilà comment la religion embrasse à la fois les trois grandes constructions continuelles de notre espèce, et les trois aspects de notre nature, le *sentiment*, l'*intelligence* et l'*activité*.

La prépondérance que le culte a dans toute religion, tellement grande qu'il est envisagé comme la constituant exclusivement, s'explique ainsi par l'incontestable prépondérance du sentiment sur les autres aspects de notre nature : elle équivaut à l'ascendant de la Poésie sur la Philosophie et sur la Politique, et à celui du cœur sur l'esprit, car l'amour lui-même nous conduit plus vite aux convictions démontrables, c'est-à-dire à la *foi positive*. Cette prépondérance correspond, en somme, à la supériorité de la Femme sur l'Homme, ce qui nous porte à voir en elle, comme Fille, comme Épouse et comme Mère, les images de la Famille, de la Patrie et de l'Humanité, triple et juste motif pour que, dans le culte intime, nous lui dressions un autel dans notre cœur.

« Bientôt le genou de l'homme ne fléchira plus que devant la Femme, » disait Auguste Comte.

Religion ne signifie donc pas seulement une croyance surnaturelle ; ce mot a, au contraire, une acception générale radicalement indépendante de toute foi spéciale. Elle n'offre, en effet, d'après son étymologie, aucune solidarité nécessaire avec les opinions quelconques qu'on peut employer pour atteindre le but qu'il désigne. En lui-même ce mot parfait indique à peine l'état de complète *unité* qui distingue notre existence, à la fois personnelle et sociale, quand toutes ses parties, tant morales que physiques, convergent habituellement vers une destination commune. La religion consiste donc à *régler* chaque nature individuelle, et à *rallier* toutes les individualités ; ce qui constitue seulement deux cas distincts d'un problème unique. Car, suivant une profonde sentence d'Auguste Comte, « tout homme diffère successivement de lui-même autant qu'il diffère simultanément des autres ; en sorte que la fixité et la communauté suivent des lois identiques ».

« Une telle harmonie, individuelle ou collective, ne pouvant jamais être pleinement réalisée dans une existence aussi compliquée que la nôtre, cette définition de la religion caractérise donc le type immuable vers lequel tend de plus en plus l'ensemble des efforts humains. Notre bonheur et notre mérite consistent surtout à nous approcher autant que possible de cette unité, dont l'essor graduel constitue la meilleure mesure du vrai perfectionnement, personnel et social[1]. » Mais pour obtenir cette unité, il devient nécessaire que les trois parties de l'éducation individuelle soient intimement liées entre elles, toutes tendant vers cette destination commune. Ainsi donc, ses trois composantes, respectivement représentées par l'éducation morale, par l'éducation intellectuelle et par l'éducation pratique, doivent donner comme résultante cette indispensable unité, qui constitue la *religion*.

1. « Le prix qu'on attacha toujours à cet état synthétique dut concentrer l'attention sur la manière de l'instituer. On fut ainsi conduit, en prenant le moyen pour le but, à transporter le nom de *religion* au système quelconque des opinions correspondantes. Mais quelque inconciliables que semblent d'abord ces nombreuses croyances, le positivisme les combine essentiellement, en rapportant chacune à sa destination temporaire et locale. Il n'existe, au fond, qu'une seule religion, à la fois universelle et définitive, vers laquelle tendirent de plus en plus les synthèses partielles et provisoires, autant que le comportaient les situations correspondantes. » (Auguste Comte, *Catéchisme positiviste*, p. 40-41, édition Lagarrigue).

CALCUL ARITHMÉTIQUE

PARTIE GÉNÉRALE

PREMIÈRE SECTION

Appréciation générale des divers échelons de la Philosophie seconde. Importance qu'y a la Mathématique ; position encyclopédique du calcul arithmétique.

> Les phénomènes les plus nobles, et, par conséquent, les plus complexes sont partout subordonnés aux plus grossiers, naturellement les plus simples et les plus réguliers ; en sorte que *la connaissance de ceux-là exige que l'on commence par l'appréciation de ceux-ci.*

I

1. — L'Arithmétique ne doit point être appréciée isolément, c'est-à-dire sans aucune liaison avec les autres branches de nos connaissances théoriques. Elle n'est que le commencement de la Mathématique ou Logique, qui est à son tour le premier terme de la hiérarchie systématique que l'Humanité établit entre les différentes sciences. Chacune s'occupe d'une catégorie spéciale de phénomènes entre lesquels elle établit des *relations constantes de similitude ou de succession en permettant de prévoir les uns au moyen des autres.* De tels rapports constituent ce qu'on nomme *loi*

naturelle, et *l'étude des lois des phénomènes est l'objet des sciences.*

2. — Dans l'enseignement scientifique encyclopédique, on suppose que les sciences ont déjà été coordonnées, les unes par rapport aux autres, et chacune relativement à son ensemble. Et cette coordination permet d'éliminer comme inutiles, ou comme détournées du but général, un grand nombre de spéculations, qui encombrent de nos jours les sciences spéciales, et qui devront être abandonnées, soit aux esprits oiseux, soit aux purs praticiens.

3. — La multiplicité des destinations pratiques ne permet pas que l'on coordonne de telles spéculations par rapport à nulle autre qu'à la *morale pratique*, qui s'occupe du perfectionnement de l'Humanité, objet définitif de toutes nos investigations. C'est dans ce domaine suprême que la pratique parvient à se combiner avec la théorie. Car là sont synthétisés tous les résultats fournis par une analyse théorique, qui en partant des phénomènes les plus simples, ou les plus généraux, apprécie successivement les plus complexes, ou les plus particuliers.

4. — Ainsi donc, l'étude de l'homme exige qu'on parcoure l'échelle scientifique constituée successivement par *la mathématique, l'astronomie, la physique, la chimie, la biologie, la sociologie et la morale.*

Au sommet de cette échelle, se trouve la *morale*, dont le nom rappelle aussitôt sa destination pratique. C'est la science qui étudie l'Humanité, but final de toutes nos spéculations. Mais, en observant que la fonction sociale de l'individu est essentiellement subordonnée à la société où il vit, on conclura aussitôt que l'étude de la *morale* dépend de celle de la société, c'est-à-dire de la *sociologie*, qui occupe pour ce motif la deuxième place dans l'échelle.

Mais, l'ordre social étant à son tour dominé par l'ordre vital, puisque les peuples sont des êtres éminemment vivants, il est intuitif que l'étude de la *sociologie* doit être à son tour subordonnée à celle des phénomènes vitaux, c'est-à-dire à la *biologie*, qui figure donc en troisième lieu dans la série. Mais, si on considère que les êtres vivants présentent les mêmes phénomènes de *composition* et de *décomposition* que les corps inorganiques, et que, d'un autre côté, de tels phénomènes ne peuvent être directement appréciés chez les animaux ou dans les végétaux à cause de l'instabilité qu'ils y présentent, on en devra conclure qu'il est indispensable de les apprécier dans les corps inorganiques.

5. — Or, une telle appréciation appartenant au domaine de la *chimie*, on voit que cette étude est indispensable à la *biologie*, et voilà pourquoi cette science se trouve placée en quatrième lieu dans l'échelle. Mais, si l'on considère que les phénomènes physiques, tels que la lumière, la chaleur, l'électricité, etc., exigent souvent, afin de pouvoir se manifester, l'intervention humaine, on voit que l'étude de la chimie dépend immédiatement de celle de la physique, qui, pour cela, occupe le cinquième degré de l'échelle.

Et ainsi que la *chimie* dépend de la *physique*, il est évident que cette dernière se trouve, à son tour, subordonnée à l'*astronomie*, c'est-à-dire à l'étude des astres, parce que ceux-ci peuvent modifier l'état de la Terre, et avoir donc une influence sur les propriétés générales des substances qui se trouvent à sa surface. C'est pourquoi l'*astronomie* occupe le sixième degré de l'échelle. Mais les astres sont des êtres qui ne peuvent être appréciés que sous le triple aspect du nombre, de l'étendue et du mouvement, c'est-à-dire sous le point de vue mathématique.

6. — L'*astronomie* exige donc nécessairement l'étude de la *mathématique*. Et cela doit être, car, si les phénomènes *numériques*, *géométriques* et *mécaniques* n'étaient appréciés séparément par la *mathématique*, leur concours dans les êtres célestes rendrait inaccessible l'appréciation des relations qui leur sont propres. Au contraire, celles-ci peuvent être découvertes en *mathématique*, au moyen de cas plus accessibles, après avoir éloigné par des abstractions successives l'ensemble des autres attributs matériels qui en compliquent l'étude.

7.— Ainsi instituée, la série encyclopédique nous présente chacun de ses termes comme reposant immédiatement sur le précédent et subissant la réaction du suivant. En sorte que cette classification marque, non seulement l'ordre de complexité croissante des phénomènes, mais aussi celle de la modificabilité correspondante ; car l'altération de chaque classe de phénomènes se compose des variations qui leur sont propres, additionnées à celles qui résultent des altérations des phénomènes inférieurs et des réactions dues aux supérieurs [1].

Tous les phénomènes appréciables sont ainsi groupés suivant leur dépendance mutuelle, en sorte que *les plus nobles se trouvent partout subordonnés aux plus grossiers, toujours plus simples et plus réguliers*. Cette propriété est, du reste, l'expression du seul lien objectif de l'ordre universel, dont la conception systématique est constituée par cette série.

1. La coordination ainsi établie entre les phénomènes nécessaires de toutes nos conceptions réelles, constitue une véritable unité spéculative formulée par Auguste Comte, qui réalisa ainsi le vœu obscur de Bacon sur la constitution d'une *scala intellectui*, en permettant à nos pensées habituelles de passer, sans effort, des plus simples sujets aux plus éminents, ou en sens contraire, avec le sentiment intime de sa solidarité naturelle.

8. — Il faut remarquer que, outre cette propriété scientifique, l'échelle encyclopédique possède une importante propriété logique. Elle indique à son tour la marche nécessaire de l'éducation théorique et l'essor graduel du vrai raisonnement. Car on n'apprend à raisonner qu'en raisonnant, et la *méthode positive* ne peut donc être pleinement appréciée que si l'on étudie l'ensemble des sept sciences.

Quoique nous raisonnions toujours suivant une méthode uniforme, nous en développons mieux les procédés logiques correspondants, à mesure que la complexité des phénomènes augmente. Ces procédés logiques sont l'*induction*, la *déduction* et la *construction*, dont la succession nécessaire constitue la marche régulière du vrai raisonnement, suivant la formule d'Auguste Comte :

Induire pour déduire, afin de construire.

Cette marche logique résulte d'un phénomène naturel, à savoir que, dans toutes ses élaborations quelconques, l'esprit humain établit ou *induit*, en premier lieu, les principes, pour en tirer ou *déduire* ensuite les conséquences, et enfin formuler ou *construire* les types de la réalité théorique, du modèle technique, ou de l'idéal esthétique.

L'*induction*, principal artifice logique, porte à *généraliser* par *comparaison*, la déduction à *systématiser* par *coordination*, et la *construction* conduit aux deux résultats par ces deux voies.

Nous ne pouvons déduire immédiatement que lorsque les spéculations sont assez simples pour que *leurs principes soient spontanément appréciés*. C'est ce qui a lieu en *mathématique* où les inductions sont presque toujours spontanées. Au contraire, l'*induction* prévaut là où l'institution des points de départ a plus d'importance et présente plus d'embarras que le développement des conséquences. C'est ce qui arrive à partir de l'*astronomie*, où l'on sent aussitôt la nécessité d'une base inductive, qui devient chaque fois plus difficile à saisir au milieu de nos observations concrètes. C'est justement pour cela que la complication croissante des phénomènes nous fait développer successivement plusieurs modes d'induction.

9. — Après une suite de préparations, les deux parties analytiques de la méthode positive (*induction* et *déduction*) en font surgir une troisième, représentée par la *construction*, qui vient ainsi la compléter dans le domaine de la *morale*. « Surtout déductive dans son origine mathématique, la méthode positive devient chaque fois plus inductive à mesure qu'elle atteint les spéculations les plus éminentes. Dans cette longue élaboration, il importe de distinguer divers degrés essentiels, où la complication croissante des phénomènes nous fait développer successivement l'*observation* en astronomie, l'*expérimentation* en physique, et la *nomenclature* ou *classement* en chimie. Toutefois, c'est dans la *biologie* et dans la *sociologie* que la méthode inductive devient complète, car c'est alors qu'elle développe ses modes les plus transcendants, représentés par la *comparaison biologique* et par la *filiation sociologique*[1]. »

1. L'*observation* consiste dans le simple art logique de méditer sur les phénomènes contemplés, tels qu'ils se présentent extérieurement à nous; l'*expérimentation* consiste à atténuer un ou plusieurs aspects de ces phénomènes afin de mettre bien en relief ceux que nous voulons étudier; la *nomenclature* est une liaison générale et terminologique entre les composés et les composants ; la *comparaison taxonomique*, une confrontation de caractères semblables ; et la *filiation historique* consiste dans l'enchaînement d'états sociaux successifs. De tels procédés logiques servent même à désigner les sciences qui les développent le plus. On dit, par exemple, que l'astronomie est la science de l'observation ; que la physique est la science de l'expérimentation, etc.

C'est après avoir passé par cette série de préparations objectives que les deux éléments de la méthode positive (*la déduction* et *l'induction*) font surgir le troisième, essentiellement subjectif, représenté par la *construction*, qui devient le suprême régulateur de l'entendement humain, en permettant de coordonner dans la synthèse morale tous les matériaux émanés de l'analyse théorique. En distinguant, comme nous l'avons fait, les différents modes de l'induction, on vérifie aussitôt que la succession des sept degrés logiques devient exactement analogue à celle des sept degrés scientifiques. C'est ainsi que chacune de ces sept phases logiques absorbe spontanément toutes celles qui précèdent, en vertu de la subordination naturelle des phénomènes respectifs.

Voilà comment l'étude de la méthode et celle de la doctrine se sérient et s'enchaînent admirablement en une intéressante échelle de gradation, de difficultés, de dépendances, de noblesses et de généralités. Et cela s'opère avec tant de précision que chaque science peut être justement désignée par le nom de la méthode qui lui est propre, ainsi que chaque méthode par celui de la science qui la cultive spécialement.

Ainsi a lieu une espèce de réversion entre la série scientifique et la série logique : mathématique ou *science de la déduction*, *déduction* ou *méthode mathématique* ; astronomie ou *science de l'observation*, *observation* ou *méthode astronomique* ; physique ou *science de l'expérimentation*, *expérimentation* ou *méthode physique* ; chimie ou *science de la nomenclature*, *nomenclature* ou *méthode chimique* ; biologie ou *science de la comparaison taxonomique*, *comparaison taxonomique* ou *méthode biologique* ; sociologie ou science de *la filiation historique*, *filiation historique* ou *méthode sociologique* ; morale ou *science de la construction subjective*, *construction* ou *morale*.

Telle est cette intéressante espèce de pénétration mutuelle et réciproque entre la hiérarchie des doctrines et celle des méthodes. Du Monde à l'Homme à travers la Société, l'esprit humain obtient ainsi des acquisitions logiques et scientifiques, de vraies lumières qui l'élèvent à la plénitude des convictions positives inébranlables.

10. — A ces trois degrés essentiels de l'élaboration mentale, représentés par l'*induction*, la *déduction* et la *construction*, se lient en parfaite harmonie ses trois moyens généraux respectifs : *images*, *signes* et *sentiments*. Pendant que prévaut la *déduction*, l'assistance logique doit directement émaner des *signes*, car l'expression facilite la conception. Une *induction* difficile a surtout besoin d'*image*, les *signes* n'étant que de simples auxiliaires. Mais, aussitôt que la *construction* succède à la double préparation des matériaux, le *sentiment* doit ouvertement développer sa suprématie latente, car lui seul peut coordonner. *Sentiments*, *images*, *signes*, tels sont donc les trois moyens généraux qui, dans l'exercice normal de notre intelligence, concourent toujours pour nous inspirer les conceptions qui conviennent le mieux à nos besoins, moraux, intellectuels et physiques.

II

CONCEPTION DE LA MATHÉMATIQUE : SON RANG DANS L'ÉCHELLE ENCYCLOPÉDIQUE.

11. — D'accord avec les anciens, on peut aujourd'hui comprendre toutes les connaissances scientifiques, sous les noms de *Logique*, *Physique* et *Morale*.

En donnant à ces mots une acception conformément au degré de développement auquel est arrivé le savoir théorique de l'Humanité, on nomme Logique la *seule science* que les Grecs aient connue au début, raison pour laquelle ils l'ont qualifiée par le mot *Mathématique*, qui offre directement une telle signification [1].

Ayant été la plus ancienne des sciences, elle fut, pour cela même, la première qui ait initié l'appréciation abstraite de l'ordre universel, qui n'y était considéré que dans ses attributs les plus simples, c'est-à-dire le *nombre*, l'*étendue* et le *mouvement*, les seuls qui se rencontrent partout, depuis l'ordre matériel jusqu'à l'ordre humain.

Mais, en vertu même de l'entière simplicité de ce domaine, la mathématique acquit une destination bien plus élevée, pour manifester aussitôt la marche régulière du vrai raisonnement, comme le rappellera toujours le nom caractéristique de Logique, qui lui a été rendu par Auguste Comte, d'après le vœu de Hobbes [2].

12. — Le nom *Physique* est donné, en général, à la science qui étudie directement l'ensemble de l'ordre ma-

1. Du grec μαθεματός, science, ou la science par excellence.

2. En nommant *logique* la science de l'Espace, notre Maître a *reproduit* la dénomination par laquelle les Grecs caractérisaient le *calcul*. En effet λόγος et ses dérivés ont la signification de *calcul*, et ses précédents désignaient ἀριθμητική, la *théorie* du calcul ; λογιστική, la *pratique* du calcul.

Pendant longtemps, les modernes ont appelé *logistica numerosa* le calcul arithmétique, et *logistica speciosa* le calcul algébrique. En portugais, raison, et d'autres significations de *logos* (λόγος), est aussi l'équivalent de *proportion*, *relation numérique* ; et *calculer* est employé ordinairement dans le sens de *méditer*, *raisonner*. Le mot *logarithmique* conservé dans le langage algébrique annonça et prépara la réforme de notre Maître. (Teixeira Mendes, *Enseignement positiviste au Brésil.*)

tériel. Il embrasse la *physique céleste*, ou *Astronomie*, ainsi que la *physique terrestre*, qui, à son tour, se compose aussi de la *physique générale* ou physique proprement dite, et de la *physique spéciale* ou *Chimie*. La mathématique, l'astronomie, la physique et la chimie, s'occupant, comme nous l'avons vu, de l'étude du Monde, en reçurent donc dans leur ensemble le nom général de *Cosmologie*. Celle-ci devient ainsi une base indispensable de la science qui étudie l'Homme.

13. — Ensuite vient, sous le nom de *Morale*, la science qui étudie l'ordre humain. Elle comprend un préambule général représenté par la *Biologie*, et un champ propre formé par la *Sociologie* ; celle-ci embrassant, à son tour, la *Sociologie* et la *Morale* proprement dites, suivant que l'on considère la Société dans son ensemble, ou dans ses éléments.

On revient donc, de nouveau, à l'échelle encyclopédique établie par Auguste Comte, où les sept sciences, depuis la Logique jusqu'à la Morale, se trouvent classées d'après la simplicité décroissante et la complication croissante des phénomènes correspondants. La dernière embrasse ainsi toutes les autres, qui peuvent donc être considérées comme des branches de la Morale, c'est-à-dire de la science de l'Humanité.

14. — Le rang assigné au domaine de la mathématique dans l'échelle encyclopédique ci-dessus, montre clairement qu'elle constitue, après la Philosophie Première, la base spontanée de toutes les autres sciences. Elle est en effet la seule qui, n'exigeant nulle autre, peut être vraiment érigée, après le préambule philosophique, en un simple prolongement de la sagesse populaire. En étudiant les attributs universels des êtres, abstraction faite des autres phénomènes

qui les accompagnent, elle nous initie à l'étude du Monde, base indispensable à l'étude de l'Homme. Mais c'est surtout en disciplinant notre esprit par son incomparable efficacité logique qu'elle le rend apte à aborder successivement les autres études préparatoires, éléments indispensables à l'étude finale, qui synthétise dans l'appréciation de l'Homme tous les attributs antérieurement considérés dans l'analyse théorique. C'est ce qui justifie assez sa dénomination finale de Logique.

15. — En liant la Mathématique, ou Logique, à la hiérarchie des sciences, les considérations qui ont été faites nous montrent déjà assez les conditions où doit être conçue cette base logique et scientifique de toutes nos connaissances abstraites. La Mathématique étudie directement l'existence universelle réduite à ses propriétés les plus simples, sur lesquelles reposent nécessairement tous les autres attributs réels. Ces propriétés fondamentales d'un être quelconque sont, comme nous l'avons vu, le *nombre*, l'*étendue* et le *mouvement*.

16. — Conçue sous cette définition systématique, la science fondamentale se compose nécessairement de trois parties qui, sous les noms de *Calcul*, *Géométrie* et *Mécanique*, s'occupent respectivement de ces trois attributs ; le Calcul étant la science du *nombre*, la Géométrie, la science de l'*étendue*, et la Mécanique, la science du *mouvement*.

17. — La constitution de la Mathématique nous fait encore voir que le principe hiérarchique d'Auguste Comte préside non seulement à la coordination générale de toutes les sciences, mais encore à la distribution intérieure de chacune d'elles. En effet, ces trois éléments irréductibles de la Mathématique constituent une progression, à la fois historique et dogmatique, essentiellement analogue à celle que

nous présente l'ensemble de la hiérarchie encyclopédique, comme nous allons le montrer.

18. — L'idée de *nombre* a certainement plus de généralité et de simplicité que celle d'*étendue*, laquelle à son tour précède, pour des motifs semblables, l'idée de *mouvement*. C'est ainsi que, relativement à la plupart des astres, nos connaissances réelles se réduisent, au fond, à des dénombrements exacts, sans que nous puissions au moins en vérifier l'étendue, qui d'ailleurs ne nous intéresse point.

En outre, les notions numériques sont les seules applicables, non seulement aux êtres quelconques, mais aussi à leurs divers phénomènes, depuis les plus grossiers jusqu'aux plus sublimes. Ainsi donc les nombres s'appliquent à nos propres pensées, en permettant de les fixer, sans susciter cependant de sérieuses illusions quant à la précision qu'ils semblent indiquer. Ils permettent ainsi d'instituer des rapprochements quelconques, parmi lesquels on peut aisément discerner ceux qui sont arbitraires ou vagues, de ceux qui méritent notre confiance.

Notre enfance, et même notre adolescence, utilise souvent cette aptitude pour fixer et harmoniser ce que nous apercevons, quand il ne nous est pas possible d'apprécier les relations directes entre les objets correspondants [1]. Voilà pourquoi nous voyons les enfants initier leurs connaissances abstraites par de simples notions numériques, bien longtemps avant qu'ils soient à même de méditer sur des attributs géométriques.

19. — Enfin, quand il s'agit du *mouvement*, on aperçoit sans difficulté l'accroissement de complication et le décroissement de généralité qui placent son étude au sommet du

1. Auguste Comte, *Catéchisme positiviste*.

domaine mathématique. Voilà pourquoi la Mécanique ne s'est constituée que dans les temps modernes. Ce n'est qu'alors que la découverte du mouvement terrestre par Galilée, qui érigeait notre planète en un astre essentiellement actif, a fait reconnaître que les existences quelconques qui se manifestent en un tel siège, ne peuvent jamais être tout à fait inertes, et ne comportent qu'un repos relatif.

20. — Ainsi instituée, on voit que la Mathématique étudie : dans le *Calcul*, les propriétés purement numériques, qui sont les plus générales et les plus simples, en tant que concernant, non seulement les êtres, mais encore tous les phénomènes ; et, dans la *Géométrie*, les propriétés de l'étendue, qui constituent la condition fondamentale de l'existence matérielle. Mais la Mathématique resterait incomplète, si l'étude de l'*étendue*, en absorbant celle du *nombre*, n'était complétée par l'étude du *mouvement*.

En appréciant ainsi l'existence la plus simple et la plus universelle, la Mathématique nous permet d'aborder de suite l'étude de l'Astronomie, où nous rencontrons cette existence concrétisée dans des êtres dans lesquels nul autre attribut essentiel ne devient appréciable.

III

COMPARAISON DES TROIS ÉLÉMENTS DE LA MATHÉMATIQUE ; DÉCOMPOSITION DU CALCUL ; IMPORTANCE DU CALCUL DES VALEURS.

21. — En comparant les trois parties essentielles de la Mathématique, on reconnaît que le *Calcul* a surtout une destination logique, outre son utilité propre et directe. Son

aptitude essentielle consiste, en effet, à développer autant que possible notre pouvoir déductif. Réduit à ce rôle important, le calcul introduit en *Géométrie* et en *Mécanique* une généralité systématique, qui développe sa liaison mutuelle, sans altérer la doctrine respective ni sa succession nécessaire.

22. — La partie relative au calcul ne peut remplir sa mission, qui devient enfin son plus important attribut, qu'en se décomposant à son tour en deux parties, l'une relative aux *valeurs* (*calcul des valeurs*), et l'autre destinée aux *relations* (*calcul des relations*). De ces deux branches du *Calcul*, la dernière est celle qui a une plus grande importance logique. Car, en toute question mathématique, soit géométrique, soit mécanique, la détermination de nombres inconnus, qu'on a toujours en vue, exige nécessairement que l'on commence par élaborer ses *relations* avec les nombres connus, afin de mettre en évidence sa manière de formation, sans considérer d'autres *valeurs* que celles qui modifient de telles *relations*. Ce n'est qu'après ce préambule qu'a lieu le calcul des valeurs ou l'évaluation, qui constitue donc le complément du travail de la Logique.

23. — Rarement on peut instituer une séparation complète entre ces deux phases propres à toute question de nombres, sauf quand il s'agit de cas très simples. Néanmoins, on doit distinguer, dans tous les cas, le point de vue des valeurs ou point de vue arithmétique du point de vue des relations, ou algébrique.

Ces considérations nous font déjà apercevoir que le *Calcul algébrique*, en subordonnant l'élaboration des relations abstraites à sa destination concrète, géométrique ou mécanique, perfectionne la méthode sans altérer la doctrine, en donnant aux éléments mathématiques un degré de liaison qu'on ne concevrait pas sans lui.

domaine mathématique. Voilà pourquoi la Mécanique ne s'est constituée que dans les temps modernes. Ce n'est qu'alors que la découverte du mouvement terrestre par Galilée, qui érigeait notre planète en un astre essentiellement actif, a fait reconnaître que les existences quelconques qui se manifestent en un tel siège, ne peuvent jamais être tout à fait inertes, et ne comportent qu'un repos relatif.

20. — Ainsi instituée, on voit que la Mathématique étudie : dans le *Calcul*, les propriétés purement numériques, qui sont les plus générales et les plus simples, en tant que concernant, non seulement les êtres, mais encore tous les phénomènes ; et, dans la *Géométrie*, les propriétés de l'étendue, qui constituent la condition fondamentale de l'existence matérielle. Mais la Mathématique resterait incomplète, si l'étude de l'*étendue*, en absorbant celle du *nombre*, n'était complétée par l'étude du *mouvement*.

En appréciant ainsi l'existence la plus simple et la plus universelle, la Mathématique nous permet d'aborder de suite l'étude de l'Astronomie, où nous rencontrons cette existence concrétisée dans des êtres dans lesquels nul autre attribut essentiel ne devient appréciable.

III

COMPARAISON DES TROIS ÉLÉMENTS DE LA MATHÉMATIQUE ; DÉCOMPOSITION DU CALCUL ; IMPORTANCE DU CALCUL DES VALEURS.

21. — En comparant les trois parties essentielles de la Mathématique, on reconnaît que le *Calcul* a surtout une destination logique, outre son utilité propre et directe. Son

résulte surtout d'une complète combinaison entre le *Calcul algébrique* et la *Géométrie*. Cette dernière qui, au début, n'étudie d'une manière spéciale que les formes immédiatement émanées de l'observation, ou celles qui résultent de celles-ci en vertu de considérations fort simples, peut enfin embrasser dans son domaine des formes quelconques, et cela ne s'obtient que moyennant l'application des relations du *calcul algébrique*. En effet, c'est celui-ci qui a permis de remplacer l'étude de la diversité des figures géométriques par l'étude des rapports correspondants entre les grandeurs uniformes, qui en définissent une parmi elles.

Désormais les différentes questions géométriques ont été soumises à autant d'autres méthodes uniformes, nécessairement applicables à toutes les figures convenablement définies. En sorte que l'Algèbre, bornée au début à faciliter les déductions de la *Géométrie ancienne* ou *spéciale*, est devenue la base de la coordination qui caractérise la *Géométrie moderne*, ou *générale*, en développant une aptitude autant inductive que déductive.

27. — Par une réaction inverse, la nouvelle Géométrie a développé à son tour le Calcul algébrique, en le poussant vers une forme transcendantale qui devait logiquement la lier à la Mécanique. Cette Algèbre transcendante a surgi, en effet, dans les spéculations sur la mesure de l'étendue, quand l'esprit humain, ne pouvant résoudre directement les questions relatives aux figures curvilignes, essaya de les réduire au cas le plus simple des figures rectilignes.

28. —Or, quoique cette *Algèbre indirecte* se soit démontrée impuissante pour résoudre en *Mécanique* les problèmes spéciaux, elle a manifesté aussitôt une précieuse aptitude pour développer et coordonner les questions générales qui constituent le principal objet de la *Mécanique rationnelle* ; en sorte

que toute science mathématique devint ainsi parfaitement coordonnée.

Mathématique ou Logique { 1. Calcul { des valeurs. / des relations. ; 2. Géométrie. ; 3. Mécanique. }

29. — Nous sommes donc portés à reconnaître que le *Calcul arithmétique* constitue la base nécessaire de toutes nos connaissances théoriques : son étude n'exigeant nulle autre, il peut être considéré comme un simple prolongement du bon sens vulgaire. Mais il est aisé de reconnaître que le développement immense auquel il a conduit le génie de l'Humanité, a encore contribué à rendre plus frappant le rôle qui échoit à un tel calcul dans l'ensemble de l'existence humaine. En effet, tandis que les conceptions numériques ont provoqué l'appréciation abstraite de l'ordre extérieur, l'étude de celui-ci révélait peu à peu l'impossibilité de toute explication numérique au delà des phénomènes géométriques et mécaniques, et, par conséquent, aussi des phénomènes astronomiques.

30. — La modificabilité croissante des phénomènes offrait, d'un autre côté, un nouveau champ aux applications subjectives des nombres. Impuissants à représenter l'ordre objectif, ils devinrent des symboles logiques, qui rendaient facile cette représentation, en permettant à la fois que la pratique acquît la précision que la théorie ne comportait pas.

Les phénomènes politiques et moraux spécialement (où le point de vue de la spéculation tend à se confondre avec celui de l'action), en rendant possible le perfectionnement de l'ordre spontané, devinrent le domaine favori des spéculations numériques. Mais une pareille aptitude n'est partagée par nul autre terme de la hiérarchie cosmologique, en sorte que l'*Arithmétique* nous apparaît comme le plus digne de ces termes. Elle est, en effet, le seul terme qui se rattache immédiatement à la *Philosophie troisième,* en y permettant la substitution nécessaire de *l'ordre naturel,* impossible d'être connu au moyen d'un *ordre artificiel.*

DEUXIÈME SECTION

De la conception des nombres ; de leur origine et de leur destination subjectives ; transformation objective de telles notions et de leurs divers emplois.

I

AVÈNEMENT SUBJECTIF DES CONCEPTIONS NUMÉRIQUES. EXAMEN DU LANGAGE SOUS L'ASPECT NUMÉRIQUE.

31. — Nous avons montré à la section précédente quel est le caractère du *calcul arithmétique* au moyen du contraste qu'il offre avec le *calcul algébrique*. Le *calcul arithmétique*, y avions-nous dit, est le *calcul des valeurs*, et le *calcul algébrique* celui des *relations*. Mais, comme une telle comparaison ne se rapporte qu'à la *destination objective* du *calcul arithmétique*, sans nulle indication quant à son *emploi subjectif*, il nous faut déterminer avec plus de précision le domaine qui lui est propre.

On sent mieux une pareille nécessité, en remarquant que la distinction entre les deux aspects du calcul ne se présente historiquement qu'après un essor considérable des conceptions numériques. Avant tout calcul, c'est-à-dire même avant que le développement social eût donné lieu à des évaluations au moyen des combinaisons des nombres, ceux-ci avaient déjà surgi *subjectivement*, et dominaient l'ensemble des pensées humaines.

32. — ORIGINE SUBJECTIVE DES CONCEPTIONS NUMÉRIQUES.

Comme toutes les conceptions humaines, les conceptions numériques ont une origine subjective. Et cela devait être ; car aucun être ne pouvant attirer plus fortement l'attention humaine que l'Homme lui-même, les premières connaissances devaient nécessairement résulter de la contemplation de notre propre nature. Du reste, c'est sur l'Homme, être sur lequel il importe le plus d'agir, que s'est d'abord vérifiée l'efficacité des méditations humaines. C'est après avoir longtemps exercé ses conceptions sur elle-même que l'Humanité essaya de les appliquer au Monde. Telle est, en effet, la marche qu'on vérifie pendant tout le cours de notre évolution théorique et que nous pourrons constater plus particulièrement quant aux conceptions numériques.

L'observation précédente doit paraître contradictoire avec la prépondérance habituelle du point de vue objectif dans l'appréciation des nombres. Lorsqu'on parle des nombres, la pensée se dirige, en effet, vers l'ensemble des notions abstraites, spéciales, au moyen desquelles l'Humanité a fixé la conception des diverses grandeurs. Le mot *calcul*, lui aussi, nous rappelle aussitôt les spéculations sur ces notions, quoiqu'il soit souvent employé comme synonyme de *raisonnement*.

Une pareille habitude, qui ne nous permet pas de saisir toute la portée des conceptions numériques, et qui ne nous permet pas non plus d'apercevoir comment de telles conceptions ont pu surgir, n'est que le résultat des applications surprenantes que les nombres ont eues dans l'étude de l'ordre extérieur, surtout quant à ce qui se rapporte aux phénomènes de l'*étendue* et du *mouvement*, ainsi qu'à son application à la théorie des astres. Une pareille expansion objective a fait oublier le caractère initial des conceptions numériques ; et la conséquence en est que l'esprit humain est porté à ne regarder les notions le plus universellement employées que comme des conceptions très spéciales.

33. — Tâchons de corriger un pareil penchant en montrant directement l'universalité des conceptions numériques. On y parvient avec facilité au moyen d'un examen sommaire du langage humain, sous l'aspect numérique, non d'après l'appréciation spéciale de la langue de tel ou tel peuple, mais en considérant sous ce rapport toutes les langues dans leur ensemble.

En effet, afin de reconnaître le domaine des nombres dans le langage humain, il suffit de remarquer que toutes les langues se composent de mots *variables* et *invariables*, les conceptions numériques étant incontestablement une des sources de pareilles variations.

En effet, la variation des *substantifs*, des *adjectifs* et des *verbes* est attachée à la distinction entre *l'unité* ou *singularité*, et la *collectivité* ou *pluralité*. Et cette distinction domine même celle qui résulte de la séparation des sexes, car elle se trouve, non seulement dans les mots *masculins* et *féminins*, mais encore dans ceux où une semblable séparation n'est pas exprimée.

En passant de la considération de l'ensemble des langues à la considération plus spéciale de certains mots de chaque langue, nous serons forcés à reconnaître une prépondérance plus grande encore des conceptions numériques. Ainsi donc, tous les mots qu'on nomme, dans les langues modernes, *pronoms*, *adjectifs possessifs* et *verbes* sont, non seulement dominés par les notions de *singularité* ou de *pluralité*, de *un* ou de *beaucoup*, mais ils portent aussi en eux l'empreinte particulière des trois premiers nombres. La formule *tu* et ses dérivés, par exemple, contient implicitement l'idée de *deux*, ainsi que le pronom *il* et ses dérivés contiennent celle de *trois*.

34. — En examinant les phases antérieures (théologique et fétichique), que traversèrent certaines langues connues, la prépondérance des nombres est encore plus évidente. En effet, tandis que dans les idiomes modernes chaque mot variable ne représente, en général, que la distinction de *un* et de *beaucoup*, dans les langues anciennes, comme le *grec* et les langues sémitiques, par exemple, nous trouvons une variation intermédiaire, qu'on nomme le *duel*.

Aujourd'hui, nous disons homme ou hommes [1], selon que nous voulons exprimer qu'il s'agit *d'un homme* ou *de beaucoup d'hommes*, sans que nous ayons pour ce mot nulle autre variation spéciale pour *deux hommes*. Mais le grec ancien possédait non seulement une variation pour le mot afin de faire sentir la distinction entre un homme et beaucoup d'hommes, mais il avait encore une autre variation pour rendre l'idée de *deux hommes*. En résumé, outre le *singulier* et le *pluriel*, cette langue a aussi le *duel* ; en sorte que deux a autant de représentations qu'il y a de mots variables dans cette langue.

On affirme même que certaines langues anciennes avaient aussi le *triel* ; mais, en général, *trois* et *beaucoup* se confondaient. Quoi qu'il en soit, l'existence du *triel*, ainsi que sa confusion avec le *pluriel*, s'accorde avec le fait que *trois* est

1. En français la distinction ne se fait sentir dans la prononciation que quand il y a une voyelle après le mot *homme*, *l'homme*, *les hommes ont*. Mais on aperçoit nettement la distinction en italien, *uomo*, *uomini* ; en espagnol, *hombre*, *hombres* (l' *s* est prononcé distinctement), et en portugais, *homem*, *homens* distinctement prononcé aussi. (Note du traducteur.)

la limite du dénombrement abstrait et spontané, comme le démontre l'observation des animaux, confirmée chez notre espèce. Celle-ci a ignoré pendant un grand nombre de siècles le nombre abstrait, tel que nous le concevons aujourd'hui.

Mais ce n'est pas l'opportunité d'insister sur ce point, car nous devons continuer l'examen de la constitution du langage commun sous l'aspect numérique. Parce que les langues modernes n'ont pas conservé le *duel* ni le *triel*, cela ne démontre point qu'elles sont moins dominées par des considérations numériques.

Si les formes apparentes de variation ont été réduites au singulier et au pluriel, c'est que, dans la période de formation des langues modernes, l'*échelle numérique* étant déjà constituée, il était possible d'exprimer aisément tous les degrés imaginables de la pluralité, en étendant là où on employait autrefois le *duel* et le *triel*, l'usage de cette échelle, qui, dans les langues anciennes, n'était indispensable qu'à partir de *quatre*.

35. — On reconnaît aussi, en descendant à un examen plus analytique des langues, les éléments qui ont servi à la construction d'une telle échelle, et qui préparèrent donc l'essor spécial des conceptions numériques. En effet, dans toutes les langues, nous rencontrons plusieurs mots pour exprimer les idées de *un* et de *deux* d'une manière concrète avant de devenir abstraits.

Dans l'échelle numérique, *un* nous donne l'idée d'un objet quel qu'il soit, et *deux* exprime la conception de deux objets quelconques aussi, sans qu'il nous explique rien quant à son mode de liaison. Le langage a, pourtant, une série de mots plus ou moins concrets qui ont préparé l'avènement de ces expressions abstraites.

Nous avons, par exemple, le mot *mariage*, qui indique la formation d'un groupe de deux individus de sexes différents ; nous avons *jumeaux*, qui indique le groupe de *deux* êtres nés ensemble ; le portugais a le mot *ambos*, l'italien le mot *ambi* [1], expression plus abstraite que les précédentes, car elle indique le groupe de *deux* êtres *quelconques* ; et bien d'autres encore.

36. — Remarquons, en outre, que si nous considérons les nombres, non pas afin de représenter les pluralités, mais pour désigner les degrés d'intensité d'un phénomène appréciable, tel que l'*étendue* et le *mouvement*, nous reconnaîtrons, dans beaucoup de mots, une série de variations qui ont préparé cette représentation.

Non seulement beaucoup d'adjectifs et d'adverbes, mais plusieurs substantifs aussi, nous manifestent, dans toutes les langues, une série de comparaisons générales qui préparent les comparaisons spéciales et plus précises, représentées par l'échelle numérique. C'est ce qu'on découvre, par exemple, dans la comparaison entre *grand* et *petit*, *peu* et *beaucoup* ; *petit*, *mineur* et *minimum* ; *grand*, *majeur*, et *maximum* ; *supérieur*, *moyen*, *inférieur* et *infime*, etc..

On le remarque encore dans les locutions comparatives des adjectifs et des adverbes, et dans les locutions augmentatives et diminutives des adjectifs et des substantifs. Pour ces derniers, nous citons, à titre d'exemple, les mots *salle* et *salon*, *maison* et *maisonnette*, qui expriment respectivement un degré normal, un degré inférieur et un degré supérieur de l'étendue d'une *maison* et d'une *salle*.

1. La langue française a le mot *couple*, qui pourtant ne correspond pas au mot portugais *ambos*, mot plus abstrait, mais au mot *casal*, et le mot *paire*, qu'on traduit en portugais par le mot *par*. (Note du traducteur.)

37. — Les considérations précédentes nous font voir clairement que l'institution systématique de la série numérique ne constitue qu'une spécification des pensées humaines déjà assez élaborées. Jusqu'alors, plus ou moins confondues avec les autres conceptions concrètes, les conceptions numériques se détachent peu à peu, et deviennent enfin l'objet de la méditation humaine, en initiant ainsi l'essor décisif de la raison théorique.

On voit, en même temps, que la culture arithmétique devient à peine le prolongement de l'éducation respective que le plus humble des citoyens reçoit dans la société où il vit ; car, en effet, cette culture ne fait que développer systématiquement les conceptions fournies par le langage vulgaire.

II

AVÈNEMENT ET PROPRIÉTÉS SUBJECTIVES DES PREMIERS NOMBRES.

38. — Les considérations émises au paragraphe précédent sur la prépondérance des conceptions numériques dans le langage humain nous montrent, en même temps, qu'une telle prépondérance résulte de la sociabilité propre à notre constitution. C'est ce qu'on déduit de la distinction abstraite entre la singularité et la collectivité qu'expriment les variations des mots dans toutes les langues.

Si l'homme n'était un être naturellement sociable, il n'aurait pu s'élever à la notion de collectivité, entièrement liée à celle de sociabilité. Afin de nous convaincre de la véracité de cette observation, il suffit de remarquer que nos *idées* ont toujours un caractère *concret*, avant de devenir *abstraites*.

De nos jours, la notion de pluralité est abstraite, puisqu'elle indique un groupement, sans qu'elle suppose même que les éléments groupés se trouvent aucunement liés. Mais l'idée primitive de pluralité est résultée de la contemplation d'êtres distincts, mais liés. Or, cette notion est irréductible là toute autre; nous l'acquérons parce que nous avons conscience de notre liaison avec les autres êtres, et cette conscience suppose en nous la sociabilité, à c'est-à-dire l'ensemble des attributs inhérents à notre nature affective [1]. Une espèce qui ne posséderait pas de tels attributs ne saurait évidemment être à même de concevoir la notion de *collectivité* ou de groupe ; tout lui semblerait dépourvu de connexité, il n'existerait pour elle que des individus. Ainsi donc, si les conceptions numériques sont liées à notre propre nature, ainsi que le démontre l'organisation du langage, il ne saurait subsister aucun doute sur l'origine subjective de pareilles notions.

39. — Mais cette filiation devient plus saillante, quand on examine la manière spéciale de l'avènement des nombres et la découverte de ses propriétés initiales. Mais, afin que nous soyons à même de faire cet examen, il importe, en premier lieu, de distinguer entre l'acquisition des notions et l'établissement des signes employés pour les exprimer, en un mot, entre la *conception* et l'*expression*, vu que les conceptions peuvent exister sans que l'individu ait des moyens de communiquer avec l'extérieur.

En second lieu, il importe d'observer que la difficulté de distinguer aussitôt les pluralités au delà de *trois* est seulement abstraite ; car, pour les cas concrets, la connaissance des êtres qui composent le groupe permet de conserver la

1. L'attachement, la vénération et la bonté.

notion de groupes assez considérables. Aussi, voyons-nous les oiseaux présider à l'élevage d'un grand nombre de petits, et qui s'aperçoivent quand on leur en ôte quelques-uns ou quand on leur en ajoute d'autres.

Ces considérations une fois faites, remarquons que la notion que nous offre d'abord le Monde, n'est certainement pas celle que nous obtenons et exprimons ensuite par le mot *ordre*. La notion directe que nous offre spontanément le spectacle extérieur est, au contraire, celle de pluralité sans distinction de degrés, en un mot, le chaos. Voilà l'impression que reçoit l'enfant la première fois qu'il aperçoit le jour. Etouffé sous la multitude et l'incohérence des impressions qu'il reçoit, plongé dans ce chaos, il essaie naturellement d'en sortir. Ce sont et les attributs affectifs qu'il hérite de ses aïeux et les conditions sentimentales indispensables, qui réagissent spontanément sur son intelligence et la portent à jeter les premières bases de la conception que nous appelons *ordre*, en remplaçant le chaos objectif par l'arrangement subjectif.

Cet arrangement commence par la fixation des êtres et des groupes d'êtres qui nous regardent de plus près, suivant les rapports que nous sentons exister entre eux et nous, afin de constater avec clarté et certitude leur présence ou leur absence. Or, la reconnaissance d'êtres isolés peut être faite par une simple intuition, au moyen d'une quelconque des impressions que nous recevons. Mais, quant aux groupes, la simple inspection ne suffit plus pour décider si nous contemplons le même ensemble ou non, pour peu que leurs éléments augmentent ou qu'ils ne nous soient pas assez familiers.

En effet, l'ensemble peut changer sans que nous puissions le vérifier tout de suite, soit qu'il en sorte quelques éléments et que de nouveaux éléments y entrent, soit que la disposition mutuelle des éléments constitutifs du groupe varie, soit enfin par le concours de ces deux circonstances. En sorte que le problème de savoir si nous avons devant nous le même groupe, en ne considérant que la coexistence des éléments respectifs, se décompose dans ces deux ordres de questions irréductibles :

1° Reconnaître s'il y a eu variation dans le groupe par addition ou soustraction d'un élément ;

2° Vérifier s'il y a eu altération par le changement de position des éléments.

La solution de la première question fit surgir l'institution de la *numération* ; et celle de la seconde forme l'objet de la *théorie numérique de l'ordre* (théorie des permutations, des arrangements, des combinaisons et des répartitions). Malgré la connexité des deux, la deuxième question est plus complexe que la première et repose entièrement sur elle. Les questions numériques n'ont pas surgi de cette deuxième question, mais de la première exclusivement (c'est-à-dire de la fixation des êtres et de groupes d'êtres qui est la seule dont il faut nous occuper actuellement).

Or, pour distinguer avec précision des groupes plus grands ou plus petits, il suffit de supposer les êtres rangés de façon que nous puissions former une échelle linéaire, dans laquelle chaque groupe ne diffère de l'antérieur et du suivant que par un seul objet et que cette différence puisse être facilement aperçue.

Dans ces conditions, nous pourrons, en effet, aussitôt reconnaître quand il s'agit d'un certain groupe ou d'un groupe différent, parce que la comparaison dans l'échelle se réduit à savoir si ce groupe d'objets existe, quand on sait que tous les autres en font partie.

40. — Idée abstraite de nombre. — L'idée abstraite de ces groupes, c'est-à-dire leur notion se détachant de la nature des éléments composants pour ne considérer que le fait de la coexistence, voilà ce qui constitue le *nombre*. Jusqu'à présent, nous avons supposé les groupes formés par des éléments existant hors de nous, ou existant objectivement. Mais il peut se faire que le groupe ne soit constitué que par la réunion, dans notre cerveau, d'images correspondantes à des êtres ou à des phénomènes qui se succèdent. Dans ce cas-là, le groupe est purement *subjectif*.

Lorsque nous disons, par exemple, *cinq hommes*, nous nous rapportons à un groupe qui a une existence objective; mais, quand nous parlons de *cinq générations*, nous concevons un groupe qui n'existe pas hors de nous, mais en nous-même, en vertu de la coexistence d'images dans notre cerveau. Quoi qu'il en soit, *le nombre est la conception d'un groupe, objectif ou subjectif, abstraction faite de la nature des éléments qui le composent*.

Quand nous disons, par exemple, *cinq hommes, cinq générations, cinq minutes*, quelque diverse qu'en soit la notion concrète, la notion abstraite en est la même, car il s'agit toujours d'un certain groupe d'objets qui coexistent, soit objectivement, comme c'est le cas de la coexistence proprement dite (cinq hommes); soit subjectivement, et c'est le cas de la succession (cinq générations, cinq minutes). En sorte que nous pouvons, en peu de mots, dire que *le nombre indique les divers degrés de coexistence ou de succession*.

41. — Ainsi donc, nous allons montrer comment l'esprit humain a été conduit à une pareille conception. Pour le découvrir, commençons par observer que pendant une période immémoriale de l'enfance de notre espèce, on ne comptait pas au delà de *trois*. Nous nous rapportons

au dénombrement abstrait, comme nous l'avons observé ci-dessus ; c'est-à-dire, à la conception des groupes, indépendamment de la connaissance des êtres qui les composent.

Quatre n'a surgi que fort tard, soit au moyen de *deux*, comme l'atteste la définition populaire *deux et deux font quatre*, soit au moyen de *cinq* et de *un*, ainsi que l'indique la notation romaine IV, qui signifie *cinq moins un*.

Cinq, étant le nombre des doigts ou des orteils, doit avoir été un des groupes notés d'abord, comme l'atteste encore son emploi dans la numération concrète. Par exemple le *cahier* est formé de cinq feuilles de papier, et la *main* de papier consiste en cinq cahiers. Il faut remarquer que le signe romain V paraît être une simplification du dessin d'une main ouverte avec le pouce éloigné, ce qui s'accorde avec l'ancienne habitude de compter avec les doigts.

Suivant cette origine, l'avènement de quatre, en tant que cinq moins un, constitue la première manifestation théorique de la *soustraction*, et confirme que « tout intermédiaire est subordonné aux extrêmes dont il opère la liaison » (15e principe de Philosophie Première), puisque quatre n'a surgi qu'après *trois* et après *cinq*. Ceci nous montre aussi que, avant de former l'échelle numérique, l'Humanité fut portée à fixer les groupes disconnexes suivant l'intérêt qu'ils éveillaient.

Nous avons déjà vu la fixation de *cinq : deux cinq*, ou *dix*, doit avoir été inspiré par la contemplation des deux mains ; celles-ci réunies aux pieds ont probablement suggéré *quatre cinq*, ou *vingt*, qui a été le germe du dénombrement par groupes de quatre, comme on le voit encore de nos jours en français, *quatre-vingts* ou *octante*.

Nous en avons une autre confirmation dans la manière

de compter de nos sauvages américains. « Pour exprimer le nombre dix, les sauvages américains, selon Figueira, se servaient de *apacombó* (toutes les mains), tandis que d'après Montoya, c'est *ace-po-mõcõim* (deux mains de gens) ; en désignant cinq par *ace-pó-petein* (une des mains de gens), *vingt* était exprimé par *ace-pó-ace-pi-até* (mains de gens, pieds de gens aussi) ; et *par mbo mbi obé,* mains et pieds [1]. »

Ainsi surgit aussi *deux trois* ou *trois deux*, c'est-à-dire *six*. Il est donc incontestable que toutes nos notions numériques sont résultées des abstractions caractérisées par les mots *un, deux* et *trois*.

Georges Leroy, dans ses *Lettres sur les animaux*, a démontré que ceux-ci, à partir des oiseaux, du moins, parviennent à instituer cette arithmétique rudimentaire [2]. Le début de toute évolution abstraite étant ainsi commun aux espèces supérieures, le sentiment habituel de cette conformité doit développer notre confraternité envers elles.

En résumé, ce qui précède montre comment l'ensemble de la philosophie arithmétique consiste à reconnaître la manière

1. *Annales de la Bibliothèque nationale de Rio de Janeiro*, vol. VI, fasc. nº 1, p. 7, 1878-1879 : Dr Baptista Caetano, *Esquisse grammaticale de la langue guarany* (*Esboço grammatical da lingua guarany*).

2. Georges Leroy, dans ses *Lettres sur les Animaux*, nous raconte que plusieurs chasseurs avaient résolu de tuer une pie. Dans ce but, l'*un* d'eux s'était caché en un endroit près du nid pour attendre l'oiseau, qui, ayant observé le piège, ne revint au nid qu'après que le chasseur fut sorti de sa cachette. Le lendemain matin, ils se cachèrent *deux* ; la pie qui observait cela ne revint au nid qu'après les avoir vus sortir l'un après l'autre. Le surlendemain matin, ils se cachèrent *trois*, et il en arriva de même ; elle n'y retourna qu'après le départ successif des trois. Enfin, il fallut que le matin suivant ils se cachassent *cinq* ou *six* pour dévoyer l'oiseau, qui, après avoir vu sortir successivement le premier, le deuxième et le troisième, rentra au nid et fut tué par un des chasseurs cachés. A ce propos, il disait : « Les bêtes comptent, cela est certain ».

de l'avènement et l'essor primordial des trois premiers nombres, qui constituent le point de départ spontané de toutes les conceptions numériques.

42. — L'explication de l'avènement de ces trois premiers nombres est simple, du reste. Nous pouvons dire que la notion de *un* est obtenue en détachant un être de l'ensemble des autres qui se trouvent avec lui en des conditions analogues. On sait qu'il y a des espèces d'animaux qui peuvent subsister aussitôt après leur naissance indépendamment de toute assistance, mais il en est d'autres qui ne peuvent subsister tout seuls que bien longtemps après. Ce sont les espèces supérieures, depuis les oiseaux jusqu'à l'homme, et c'est parmi eux que nous rencontrons les germes des premières conceptions numériques.

Chez de telles espèces, l'animal est porté par l'instinct nutritif à distinguer de tout ce qui l'entoure l'être d'où dépend son alimentation. En sorte que c'est d'abord l'instinct nutritif qui fait l'enfant reconnaître le type maternel, par l'ensemble des impressions qui sont attachées à cet instinct, c'est-à-dire par le toucher, par l'odeur, par le son, etc.

Dans ces conditions, lorsque tout est encore un chaos pour l'enfant, surgit la Mère, au milieu d'une telle situation, comme un véritable flambeau qui doit illuminer son existence. Le type maternel devient aussitôt, non seulement la source de toutes ses satisfactions, origine de toutes ses émotions amoureuses, mais aussi le sujet de toutes ses pensées.

Guidé par le sentiment, l'enfant acquiert, en effet, une première notion, celle de *un*, ou plutôt de *premier*, qui n'est rien autre que celle que nous exprimons par le mot *unité*, ou par celui de *synthèse*, car, au début, pour l'enfant, tout se résume vraiment dans le type maternel. Mais cette notion a alors un caractère absolu en vertu de la situation où se trouve la mère relativement à lui. Pourtant elle devient relative avec la notion de *deux*, qui surgit naturellement avec la considération du type paternel que l'enfant aperçoit bientôt.

Dans notre espèce, comme chez toutes les espèces supérieures, le type paternel devient l'annexe du type maternel par l'assistance qu'il lui donne pendant l'élevage des petits, et donne lieu à cette autre notion, qui, en effet, n'est que celle que nous exprimons par le mot *auxiliaire* ou *second*. Et il faut remarquer que cette idée-ci, relativement à celle-là, renferme, d'une manière implicite, l'idée *d'ordre*, ou *d'arrangement*, en vertu de la combinaison et de la fixité du groupe qui l'a suggérée, en sorte que la notion de *un* renferme celle de *synthèse* ou d'*amour*, et celle de *deux* exprime celle de *combinaison* ou d'*ordre*.

On obtient ainsi les notions de *un* et *deux*, qui, d'ailleurs, ne sont jamais complètement abstraites dans le langage vulgaire, puisqu'elles varient avec le sexe des éléments. Ainsi les Français disent *un, une* ; les Italiens, *uno, dui*, et *una, due* ; en portugais, *um, dois*, et *uma, duas*, ce qui n'a jamais lieu pour les autres nombres.

Il devient maintenant facile de comprendre comment l'enfant acquiert la notion de *trois*. En distinguant le type maternel du type paternel, il en vient naturellement à faire une distinction entre eux et lui-même, car, enfin, il comprend qu'il existe, qu'il est un être distinct de ces deux-là, mais entièrement lié à eux [1]. C'est ainsi qu'on obtient

1. Afin de sentir la véracité de cette observation, il suffit de remarquer que quand l'enfant commence à parler, il emploie le verbe à la troisième personne, qui renferme, comme nous l'avons vu, la notion de trois. Il ne dit pas : *J'ai fait cela*, mais, *Bébé a fait cela.*

l'idée de *trois* ou de *troisième*, qui renferme implicitement celle de *succession* ou de *progrès*.

43. — A partir de la notion de trois, l'essor des conceptions numériques dépend du développement collectif. La notion de *quatre*, par exemple, est fort tardive. Nous pouvons en avoir la preuve en observant que dans la langue de beaucoup des tribus sauvages du Brésil, le mot *quatre* est synonyme de *beaucoup*. C'est que, à partir de quatre, les considérations subjectives commencent à se mêler avec le point de vue objectif dans les appréciations numériques à cause de l'ascendant que l'ordre extérieur acquiert de plus en plus sur l'individu. Après *trois*, les applications objectives se confondent en effet avec les motifs subjectifs, qui, pourtant, continuent toujours à fournir la source des inspirations essentielles. Ordinairement, on pense et on apprend que les nombres *quatre*, *cinq*, *six*, *sept*, etc., sont résultés de l'adjonction d'une nouvelle unité à la pluralité antérieure. Mais une telle conjecture est manifestement inexacte. Les moindres nombres consécutifs à trois ont été obtenus, au début, par l'intuition immédiate de certains groupes, comme nous l'avons vu plus haut à propos de *cinq*, *dix* et *vingt* ; ou formés par la combinaison des antérieurs, *un*, *deux*, *trois*, entre eux et avec lui-même, suivant les types *deux deux* et *trois deux*.

Un tel procédé a été inspiré par le spectacle social qui attirait l'attention sur des groupes plus grands concrètement définis. Ainsi, *quatre* caractérise le groupe formé par deux couples sans enfants. Et cette origine subjective de quatre est d'accord avec sa définition la plus populaire : *deux et deux font quatre*.

Ce nombre a une grande importance :

1° Pour avoir établi la continuité de l'échelle jusqu'à

cinq en liant ce nombre à *trois*, ce qui est d'accord avec le quinzième principe de Philosophie Première ;

2° En tant que constituant la première manifestation de l'esprit algébrique. Car, en comparant les deux énoncés *deux et deux font quatre* et *trois et un font quatre*, on arrive à la relation de l'égalité, *deux et deux égal à trois et un* ; où, en comparant les parcelles du premier membre à celles du second, l'on voit que l'une de celles-ci (trois égal à deux plus un) a une unité de plus, et l'autre (un ou deux moins un) a une unité moins que celle-là. Nous y voyons le premier exemple de la persistance de la somme de deux parcelles, quand l'une s'accroît de la même quantité que l'autre en décroît simultanément [1].

3° Parce qu'il donne une idée des plus simples combinaisons numériques : de l'addition, deux et deux ; de la soustraction, cinq moins un ; et de la multiplication et de la potentiation, deux fois deux.

L'existence d'un chef commun à deux familles sans enfants, ou l'avènement d'un enfant à l'une d'entre elles a déterminé la conception de *cinq*, expression de *deux combinaisons* suivies *d'une synthèse* : deux plus deux plus un ; ou réunies par elle : deux plus deux plus un, ou deux plus un plus deux ; ou aussi de l'union d'une *combinaison* avec une *progression* : deux plus trois.

1. Par cette égalité, on voit que, en partant de la définition arithmétique de quatre (trois plus un), on en arrive à la définition populaire : *deux et deux font quatre*. Pierre Laffitte dit qu'Auguste Comte nommait cette proposition : *théorème de Don Juan*. Il explique ainsi la cause de cette dénomination, en citant le morceau suivant de Molière :

SGANARELLE. — Mais encore faut-il croire quelque chose dans le monde. Qu'est-ce donc que vous croyez ?

DON JUAN. — Je crois que *deux et deux font quatre*, Sganarelle, et que *quatre et quatre font huit*.

Six est résulté de l'adjonction de deux familles de trois membres (deux progressions); ou trois familles sans enfants (une progression de combinaisons) ; ou, enfin, de la réunion d'un couple avec un enfant avec un autre couple qui n'en aurait point, sous un chef commun (réunion d'une progression avec une combinaison suivie d'une synthèse). Le nombre *six* a eu une grande importance comme étant formé de la somme des nombres initiaux : *un*, *deux* et *trois*. Il eut aussitôt une constatation objective parce qu'il représentait le nombre des planètes connues alors pareillement à ce qui avait eu lieu avec les nombres antérieurs, qui furent fixés objectivement dans la représentation du Ciel, du Soleil et de la Lune ou des quatre phases de celle-ci, etc.

Ainsi, on atteint le taux *sept*, qui est le plus grand nombre qu'on peut former aisément, en ne combinant que les trois premiers ; réunion de deux familles avec des enfants sous un chef (*un* plus *trois* plus *trois*, ou *trois* plus *trois* plus *un*, ou *trois* plus *un* plus *trois*), ou la réunion de trois familles dont une seule aurait un enfant (*trois* plus *deux* plus *deux*, ou *deux* plus *deux* plus *trois*, ou encore *deux* plus *trois* plus *deux*).

De la comparaison de ces groupes ainsi précisés ont surgi les deux distinctions des nombres en *impairs* et *pairs* et puis en *premiers* et *non premiers*. Les nombres impairs doivent leur signalement à ce qu'ils représentent la *décision*, en dissipant les doutes et en empêchant l'irrésolution, car, dans les groupes qu'ils caractérisent, il ne saurait y avoir d'indécision (constitution des tribunaux). Ils sont considérés *célestes* chez les Chinois, tandis que quant aux *pairs* on les y tient pour *terrestres*. Virgile dit dans ses *Eglogues* que les Dieux aiment les nombres impairs.

La distinction entre les nombres premiers et non premiers résulta de leur comparaison avec les nombres initiaux *un, deux, trois* qui ne peuvent être décomposés en parties entières et égales qu'en les résolvant en unités. Le nombre *cinq* avait déjà révélé une aptitude équivalente jusqu'à un certain point, parce qu'il signalait un groupe qui ne saurait être résolu en groupes égaux, qu'en les décomposant en unités. Moyennant une telle distinction, il est intuitif que les propriétés des nombres peuvent être déduites des attributs inhérents à ceux qui sont premiers ou primitifs, considérés comme les racines de ceux qui ne le sont pas.

Jusqu'à Auguste Comte, cette conception des nombres premiers avait un caractère absolu qu'il fit disparaître, en instituant la même distinction quant au rang qui appartient aux nombres premiers dans l'échelle respective : 1, 2, 3, 5, 7, 11, 13, 17, 19, 23...

Il a nommé *simplement premiers* ceux qui composent la série naturelle des nombres premiers ; *doublement premiers*, ceux qui composent la série obtenue, en considérant uniquement ceux qui occupent des rangs premiers dans la série ; *triplement premiers*, ceux qui sont dans le même cas, par rapport à la deuxième série, et ainsi de suite [1].

Par là, on voit que les *séries premières* de divers ordres commencent toujours par les nombres *un, deux, trois*. *Sept* est le premier nombre *doublement premier* après ceux-ci ; et *treize* le premier *triplement premier* après eux, comme on le voit ensuite : 1, 2, 3, 7, 13, 29, 37, 53, 61, 79, 107... (doublement premiers) ; 1, 2, 3, 13, 37, 107, (triplement premiers).

Outre cette distinction entre *pairs*, *impairs* et *premiers*,

1. Teixeira Mendès, *As Ultimas concepções de Augusto Comte* (*Les Dernières Conceptions d'Auguste Comte*).

on peut voir dans les propriétés subjectives des nombres initiaux l'avènement des opérations arithmétiques, à savoir : celui de l'*addition* dans 2 et 2, 2 et 3, 3 et 3 ; celui de la *soustraction* dans 5 moins 1 ; celui de la *multiplication* dans 2 plus 2 plus 2, ou 3 fois 2, et 3 plus 3, ou 2 fois 3.

La *division* abstraite ne parut que bien longtemps après dans la période théocratique, et la *potentiation* n'a donné lieu à une opération distincte de la multiplication qu'avec l'essor algébrique propre aux temps modernes.

44. — Enfin, les propriétés subjectives des trois premiers nombres, qui sont le point de départ de toute l'évolution théorique, portèrent Auguste Comte à les nommer *sacrés*. Ils n'ont pas besoin de signes pour leur fixation, car, inspirés par le sentiment, ils se lient aux images les plus intenses que nous possédions. Mais les signes viennent se lier à cette double représentation (sentiments et images), aussitôt que la situation sociale exige l'essor des conceptions numériques.

III

TRANSFORMATION OBJECTIVE DES CONCEPTIONS NUMÉRIQUES.

45. — Nous avons vu que les conceptions numériques ont surgi subjectivement ; pourtant elles devinrent peu à peu objectives à mesure que l'Humanité sentait le besoin de connaître et d'agir sur l'ordre extérieur. Mais, pour comprendre comment s'est opérée une telle transformation définitive, il convient de rappeler l'emploi qu'ont actuellement les nombres après avoir réalisé toute l'expansion dont ils étaient susceptibles. Nous aurons ainsi la confirmation du

principe cité au paragraphe précédent. A présent, les nombres sont employés pour les trois buts suivants : *classifier*, *compter*, *calculer* et *mesurer*. De ces quatre fins, la première se distingue des autres en ce qu'elle est la plus subjective.

46. — Emploi des nombres pour classer. — Le langage vulgaire, en conservant la distinction entre les nombres *ordinaux* et les *cardinaux*, conserve le souvenir de l'origine subjective des nombres. En effet, le mode même suivant lequel ont surgi les conceptions numériques montre que les nombres servent à marquer la hiérarchie avant d'indiquer la *quantité*. *Mère*, *père* et *fils*, voilà la hiérarchie initiale.

Il y a une expérience facile afin de reconnaître ce caractère des conceptions numériques initiales. Les enfants n'attachent, au début, aux noms des nombres une idée de groupe, mais celle de chacun des objets considérés dans un certain ordre. Si l'on présente, par exemple, deux objets à un enfant de deux ou trois ans, ou à peu près, et que l'on compte *un* et *deux* : si on lui en demande deux, il ne nous les donnera pas tous deux, mais celui qu'il a reçu en deuxième lieu. Ce n'est que plus tard qu'il s'apercevra que *un* est quelconque, et que *deux* désigne leur groupe.

Du reste, le nom des deux nombres initiaux montre que la numération ordinale est distincte de la numération cardinale dans son origine, comme l'indiquent les mots *premier* et *second*. Par là on voit que c'est la contemplation de l'Humanité qui conduisit à fixer l'attention sur le rang que les êtres occupent. Mais les nombres ont pu être employés pour classer les objets quelconques, en sorte que c'est par là que s'est faite la transition de leur emploi subjectif à leur usage objectif.

47. — Nombres employés pour compter. — Tout classement équivaut à former une *pluralité* ou *groupe*, et dès lors, il était facile de comprendre que le nom du dernier objet classé a servi pour désigner le groupe. En effet, une pluralité reste caractérisée, quand on sait la dernière place à laquelle elle donne lieu, en supposant ses éléments disposés en une série linéaire.

Vu cette observation, il est naturel qu'on ait fait abstraction de la notion *d'ordre* pour ne considérer que le degré d'existence collective. Voilà comment les nombres se sont transformés d'ordinaux en cardinaux. Il faut remarquer que la notion d'ordinalité est essentiellement subjective. La distinction entre l'*ordinal* et le *cardinal* peut donc représenter, en arithmétique, la différence générale entre le *subjectif* et l'*objectif*. Cette transformation fut inspirée par une nouvelle manière d'apprécier la hiérarchie, qui s'est présentée quand il a fallu classifier les familles ou les tribus par leurs chefs, en classant ceux-ci d'après le nombre de leurs subordonnés. C'est ainsi que le classement conduisit au *dénombrement*.

Ainsi donc, *compter c'est distinguer un nombre de celui qui le précède et de celui qui le suit*. Et cette distinction s'opère en considérant le nombre comme marquant le dernier point auquel on arriverait si on disposait les éléments du groupe en série linéaire. Celui qui compte fait implicitement un classement.

L'échelle numérique permet de systématiser cette transformation de la pluralité en ordinalité. Mais, pour cela, il n'est pas besoin qu'elle soit d'avance indéfinie ; car, à mesure que de nouveaux groupes surgissent, pas encore désignés, on peut graduellement créer des signes pour les représenter, puisque, dans le dénombrement, un nombre ne paraît qu'après celui qui le précède immédiatement.

48. — Emploi des nombres pour calculer ou évaluer.

Calculer arithmétiquement ou évaluer, c'est trouver le résultat d'une combinaison donnée de plusieurs nombres connus. Au moyen de dénombrement, on détermine la place qu'un groupe défini d'une façon quelconque occupe dans l'échelle numérique, *en parcourant l'un après l'autre tous les termes de cette échelle.* Au moyen des évaluations proprement dites, il s'agit de déterminer cette place sans passer par tous les degrés qui le précèdent.

Proposons-nous, par exemple, de savoir combien c'est 65 hommes plus 12. Il est aisé de voir que le problème peut être résolu en comptant ou en calculant. Cependant, pour le résoudre nous devrions parcourir, à partir de 65, 12 degrés ascendants de l'échelle numérique ; nous dirions 65, 66, etc..., jusqu'à 77. Pour le résoudre en calculant, nous devrions trouver le groupe de l'échelle qui résulte de l'addition de ces deux groupes, c'est-à-dire de 65 et 12, sans que nous ayons besoin de considérer les groupes intermédiaires.

Si nous voulons savoir aussi le nombre de pierres qui resteraient si d'un groupe de 77 nous ôtions 12, le problème pourrait être aussi résolu de deux façons. Pour le résoudre en comptant, nous parcourrions, à partir de 77, douze degrés de l'échelle, mais en ordre *descendant,* parce que le groupe qui en résulterait, devrait évidemment être moindre que 77. Si on voulait le résoudre en calculant, la question se réduirait à examiner quel serait le groupe qui résulterait *de la soustraction de 12 du nombre 77.*

D'après le premier exemple, on voit que le *calcul,* ou l'évaluation, exige que les deux groupes soient combinés par *addition ;* d'après le second exemple, que l'on combine les deux groupes par *soustraction*. En général, *les évaluations* présupposent diverses *combinaisons*, dont les principales sont celles que nous appelons *addition* et *soustraction* ; d'où sont respectivement dérivées la *multiplication* et la *division*. L'Humanité dut les inventer, et instituer des procédés pour évaluer leurs résultats. Ci-dessous, nous indiquerons ces procédés ou *opérations arithmétiques*.

Quand on a une fois saisi la différence entre le *dénombrement*, le *calcul* ou *l'évaluation*, on comprend que le *calcul* exige la construction préalable de l'échelle numérique, qui n'est pas indispensable pour le *dénombrement*. Enfin, on voit que le *calcul* se réduit au *classement* moyennant le *dénombrement* qui est, d'ailleurs, rendu très facile par l'emploi de ladite échelle, quoiqu'il n'exige pas sa construction préalable.

49. — Relativement à l'emploi des nombres pour *mesurer*, dont nous allons nous occuper, une explication est d'abord indispensable. En effet, afin de comprendre cette explication extrême des nombres, il nous faut, en premier lieu, apprécier la distinction entre les grandeurs *continues* et les *discontinues*.

On nomme *grandeurs continues* celles qui se présentent à nous comme un tout sans parties distinctes ; comme, par exemple, une ligne, une surface, etc... Les *grandeurs discontinues* sont, au contraire, celles qui peuvent être regardées comme constituées par des parties déterminées. Par exemple : un troupeau, une forêt, etc...

Ici, comme partout ailleurs, il importe d'observer qu'une pareille distinction n'est pas absolue. Si nous considérons, par exemple, un troupeau sous l'aspect d'un ensemble d'animaux, nous aurons une grandeur discontinue, car elle nous apparaît comme formée par un nombre plus ou moins grand d'animaux ; mais si nous envisageons cette pluralité sous le point de vue du poids, comme un matériel d'alimentation, nous aurons une grandeur continue.

De la même sorte un certain groupe d'hommes, considéré quant à leur ensemble, forme une grandeur discontinue, car nous avons alors une pluralité dont les éléments sont parfaitement définis ; mais si, d'un autre côté, nous examinons un groupe d'hommes quant au volume occupé par eux, nous aurons une grandeur continue, parce qu'ils peuvent avoir des dimensions fort variables, les uns étant plus gros, les autres plus maigres, ceux-ci plus grands, ceux-là plus petits, etc... Ceci nous fait voir qu'une grandeur discontinue peut souvent être considérée continue.

50. — Afin de compléter ces considérations, voyons ce que signifie mesurer une grandeur. La mesure, comme l'indique son acception étymologique, consiste à rapporter la connaissance d'une grandeur à celle d'une autre déjà connue de la même espèce, ou d'une espèce différente. La mesure peut être *directe* ou *indirecte*.

La mesure est directe quand il s'agit d'une simple comparaison immédiate entre des grandeurs de la même espèce. Dans ce cas les grandeurs comparées peuvent être égales ou inégales ; si elles sont égales, la *mesure* se réduit immédiatement à un simple *dénombrement*. Une grandeur quelconque prise abstraitement pour terme de comparaison de toutes les autres, reçoit alors le nom d'*unité*.

Quand les grandeurs comparées sont inégales, il est toujours possible de les supposer constituées par des parties égales, et la question se réduit donc au cas précédent. Une de ces parties prend alors le nom de *module*, ou d'unité modulaire. Lorsqu'il s'agit, par exemple, de rapporter au *mètre* la longueur d'une route, on suppose, tout d'abord, que cette longueur est constituée de parties égales au mètre, et la question se résout aussitôt à la précédente, puisque tout se réduit à compter le nombre de mètres qui y sont contenus. Le mètre sera alors le module ou la mesure modulaire.

Et comme c'est cette marche que l'on suit toujours dans la marche directe, nous pouvons dire que *la mesure directe consiste à assimiler une grandeur qui n'est pas une pluralité, à une autre qui l'est, afin de compter ensuite les pluralités obtenues.* Ainsi donc, la mesure se réduit au *dénombrement*, et, par conséquent, au *classement.*

En même temps, on voit que cette opération, que nous appelons *mesure*, suppose une double condition :

1° La première condition est que la grandeur à mesurer soit assimilée à une grandeur discontinue, ou pluralité. Cette première condition montre l'ascendant de la subjectivité ou de l'abstraction ; une pareille assimilation est en effet, subjective et abstraite, car personne, en réalité, n'a l'idée de casser la grandeur continue que l'on voudrait mesurer. En même temps, cette première condition peut être considérée comme le début mathématique de la *méthode infinitésimale*, suivant laquelle la considération des grandeurs est remplacée par celle de leurs éléments subjectivement institués.

2° La deuxième condition est que tous les éléments de la pluralité soient égaux entre eux. Grâce à cette condition secondée par la précédente, le classement conduisit à la *mesure*, d'abord *directe*, et ensuite *indirecte*.

La mesure indirecte peut, en effet, être définie comme ayant pour but de réduire la connaissance d'une ou de plusieurs grandeurs à la connaissance d'autres, au moyen des relations existantes entre elles. La mesure indirecte peut être appliquée, soit à des grandeurs de la même espèce, soit à des grandeurs d'espèces différentes.

Lorsque nous mesurons, par exemple, une distance par les jours de marche, nous avons le cas d'une mesure indirecte entre grandeurs d'espèces différentes. Quand nous mesurons le côté d'une figure au moyen des deux autres, nous avons une mesure indirecte entre grandeurs de la même espèce. Mais l'institution des mesures indirectes dans un cas quelconque n'appartient pas à la mathématique, sauf quand il s'agit de phénomènes géométriques ou mécaniques.

Après cette application extrême des nombres à la mesure des grandeurs, la notion de nombre s'est généralisée, le nombre en venant à être considéré comme *le résultat de la mesure des grandeurs continues*. Les calculs ont été systématiquement institués dans cette supposition en laissant les modifications exigées en chaque cas particulier pour le moment où l'on devrait faire le passage de l'abstrait au concret.

51. — Par la transformation des conceptions numériques de subjectives en objectives, l'Humanité assura leur plein développement et l'essor de la raison abstraite. En appliquant les nombres au monde extérieur, d'abord, aux astres, qui furent l'objet d'une adoration spéciale, et puis aux groupes qui l'intéressaient de plus près, il est naturel que cette série de représentations concrètes, familières et continues, devait rendre enfin *abstraites* les conceptions numériques.

Rendues abstraites, elles se généralisèrent et se systématisèrent peu à peu, à mesure que les besoins sociaux l'exigeaient. C'est l'essor des conceptions numériques qui permit d'instituer les lois de l'étendue et du mouvement, et, de là, monter à la connaissance des astres. Cette impulsion une fois produite, l'esprit humain essaya de trouver des lois numériques partout, et, en cherchant cet impossible, elle obtint la Science.

Mais cet essor objectif s'étant réalisé empiriquement, il exposa l'évolution théorique à des détours qui devront être corrigés dans l'évolution individuelle. Il importe donc, avant tout, de rappeler, dès le début des études logiques, que cette extension des nombres à l'appréciation du Monde est une institution de l'Humanité. Ainsi donc, au lieu de recevoir le nombre de la contemplation du Monde, le *nombre* ne fut que le premier instrument abstrait que l'Humanité appliqua à l'étude de l'ordre extérieur. Tout l'essor objectif résulta donc d'une institution subjective.

52. — Ainsi considéré, l'essor initial des conceptions numériques fait déjà ressortir la vraie dignité du *calcul arithmétique*. Mais l'immense développement où elles conduisirent le génie de l'Humanité, rendit encore plus saillant le rôle qui échoit à un pareil *calcul* dans l'ensemble de l'existence humaine. En effet, tandis que les conceptions numériques provoquaient l'appréciation abstraite de l'ordre extérieur, son étude révélait l'impossibilité de toute explication numérique au delà des phénomènes géométriques et mécaniques et, par conséquent, astronomiques. La culture théorique détachait ainsi l'Humanité du point de vue *absolu*, et faisait prévaloir partout la *relativité*. La modificabilité croissante des phénomènes offrait, d'un autre côté, un nouveau champ aux applications subjectives des nombres. Incapables de représenter l'ordre objectif, ils devinrent des symboles logiques, qui facilitèrent cette représentation, et, en même temps, permirent que la pratique acquît la précision que la théorie ne comportait pas. Or, une pareille

aptitude n'est partagée par aucun des autres termes de la hiérarchie cosmologique, en sorte que l'*arithmétique* nous semble le plus digne de ces termes.

53. — Les anciens Grecs de l'école philosophique de Pythagore proclamaient déjà le célèbre principe que les nombres gouvernent tout. Auguste Comte a rendu relative cette proposition, prise d'abord dans un sens absolu, pour définir la saine et féconde aptitude logique du *calcul arithmétique*, par une judicieuse appréciation des propriétés mentales et même morales du nombre. C'est ainsi que l'usage universel, plutôt logique que scientifique, introduit partout la fixité, la régularité et la précision des idées dont dépend, évidemment, le succès de tous nos progrès, vu que *la soumission est la base du perfectionnement moral, intellectuel, et même physique*. Grâce à leurs propriétés subjectives, les nombres servent, en effet, à donner à l'existence humaine une régularité capable de rendre les phénomènes respectifs plus réguliers encore que les événements astronomiques.

Dans les phénomènes plus compliqués de l'existence humaine, où notre intelligence ferait de vains efforts pour saisir une loi numérique même approximative, il n'y a pas d'autre recours que d'appliquer aux faits les plus complexes les lois les plus simples, c'est-à-dire les lois numériques. D'où l'importance donnée à certains nombres dans la réglementation de l'existence individuelle ou collective, et le rôle prépondérant des nombres trois, sept et treize, surtout dans la vie sociale. Comme la précieuse institution de la *semaine*, beaucoup d'autres dérivent de la théorie subjective des nombres. C'est ainsi que les diverses phases de la vie humaine sont subjectivement instituées d'accord avec le nombre *sept*. La première et la seconde enfances, de *un à sept* et de *sept à quatorze* ans respectivement ; l'adolescence, de *14 à 21* ; la jeunesse, de *21 à 28* ; la virilité, de *28 à 42* ; l'âge mûr, de *42 à 63* ; et, enfin, la vieillesse ou la retraite, de *63 à 91*, qui est l'étape la plus longue, puisqu'elle comprend quatre périodes de sept ans, tandis que la précédente en contient trois et la période antérieure à celle-ci deux et les autres quatre en ayant une seule [1].

Un important rôle pareil à celui du nombre 7 est exercé par les nombres 13 et 3, employés dans la composition poétique, comme celle des tragédies, des romans, des sonnets, etc. De la même manière, les heures de travail, celles du repas, où tous les ouvriers d'une même fabrique commencent ou finissent leur tâche ordinaire ; les heures où le fonctionnarisme public comparaît au ministère ou s'en retire, sont autant d'applications des nombres qu'il importe tant de maintenir dans l'intérêt de la Société.

Emanée de la sagesse théocratique, une pareille institution doit être respectée, non seulement parce qu'elle a sanctionné une expérience plusieurs fois séculaire, comme aussi parce que la philosophie moderne est venue démontrer que les phénomènes les plus nobles sont aussi les plus modifiables, et que, s'il n'y en a pas d'autres aussi difficilement réductibles à des lois réelles, il n'y en a aucun non plus qui soit mieux en état de subir l'influence des lois fictives qui président aux besoins sociaux.

Ce n'est pourtant pas dans l'étude du *calcul arithmétique*

1. Sans adopter l'utopie de longévité proposée par Condorcet, Auguste Comte admet que, « dans l'état final, l'amélioration continue du régime physique et moral prolongera la durée de la vie humaine jusqu'à treize périodes septennales ». Auguste Comte, *Politique positive*, vol. IV, p. 300, 3e éd.

que cette appréciation peut être pleinement élucidée, parce qu'elle se résume dans la théorie des lois numériques de l'existence humaine dont la place est dans la Morale. Mais il fallait signaler dès à présent un pareil point de vue, afin qu'on pût juger de l'importance des conceptions numériques et de la dignité du *calcul arithmétique*.

PARTIE FONDAMENTALE

TROISIÈME SECTION

Institution fondamentale de la numération systématique; conception et expression de l'échelle numérique.

I

AVÈNEMENT DE L'ÉCHELLE NUMÉRIQUE ; SON OBJET ET DESTINATION DE SON ESSOR SYSTÉMATIQUE.

54. — La *numération* systématique forme le résultat extrême de l'essor propre à l'institution subjective des nombres et la base de tout son développement objectif. Ce développement constitue le point de départ de toute l'élaboration scientifique. Pour bien apprécier une telle institution, rappelons, d'abord, les problèmes numériques les plus généraux auxquels donne lieu l'examen de l'ordre universel.

1° A la dernière section nous avons vu que cet examen commence par la fixation des êtres et des groupes d'êtres. Lorsqu'il s'agit d'êtres isolés, la reconnaissance de leur présence ou de leur absence n'exige qu'une simple intuition. Quant aux groupes, nous avons vu, cependant, que le simple coup d'œil n'y suffit plus. Les groupes peuvent varier, soit qu'on réunisse de nouveaux éléments aux premiers, soit que d'autres en sortent, soit que la disposition mutuelle de ces mêmes éléments varie, soit par le concours de ces deux circonstances. En sorte que le problème de savoir si on a devant soi le même groupe, en ne considérant que la coexistence des éléments respectifs, se décompose en deux ordres de questions irréductibles :

1° Reconnaître s'il y a eu variation dans le groupe par l'addition ou la soustraction de quelque élément ;

2° Vérifier s'il y a eu altération par le changement dans la position des éléments.

Cette seconde question est complémentaire de la première, quand il s'agit d'évaluer tous les modes de coexistence des divers êtres. Car les deux problèmes se réduisent alors à :

1° Fixer les groupes distincts qui peuvent se former avec des éléments divers ;

2° Fixer les groupes *successivement* possibles avec un certain nombre d'éléments.

La première question fut résolue par l'institution de la numération, *spontanée* d'abord, et ensuite *systématique*. La deuxième question ne s'est présentée que plus tard et a déjà été résolue à l'aide de la solution de la première. En tout cas, la solution des deux ne doit point être dogmatiquement séparée. Voilà pourquoi Auguste Comte constitue la deuxième partie du calcul arithmétique avec les deux théories :

a) *Théorie de la numération ;*

b) *Théorie numérique de l'ordre*, c'est-à-dire *de la disposition.*

Mais la théorie de la numération consiste en deux appréciations successives :

1° Il faut considérer les attributs généraux de la numération systématique ;

2° Il faut examiner entre toutes les constitutions systématiques de l'échelle arithmétique, laquelle convient le plus, eu égard à l'ensemble de nos besoins moraux, intellectuels et pratiques. A présent, nous nous bornerons à la première de ces appréciations.

A cet effet, nous allons étudier :

1° L'avènement, l'objet et la destination de l'essor systématique de l'échelle numérique ;

2° Ensuite, la conception systématique de cette échelle ;

3° Enfin, son expression normale.

55. — *Constitution actuelle de l'échelle arithmétique.* — Mais il faut, tout d'abord, nous figurer la constitution actuelle de l'échelle arithmétique. Comme toutes nos constructions mentales, elle suppose, d'un côté, une série de conceptions, et, d'un autre côté, une série de signes destinés à permettre la communication collective de ces conceptions, servant, à leur tour, à aider la méditation individuelle.

Ces signes sont, à la fois, phoniques et visuels, et servent aussi au sens du toucher, quand ils sont sculptés au lieu d'être peints. Ils gardent entre eux une certaine harmonie qui devient d'autant plus grande que les conceptions numériques se développent mieux. Après avoir fait ces considérations, nous étudierons, à présent :

a) L'avènement des conceptions, qui ont permis la construction systématique de l'échelle numérique ;

b) L'objet de ces conceptions ;

c) La destination spéciale qui a le plus contribué à leur développement.

56. — *Avènement de la numération systématique.*

La numération systématique consiste à concevoir d'avance

tous les degrés de coexistence, c'est-à-dire toutes les pluralités. Ce seul énoncé suffit pour qu'on voie immédiatement qu'un tel problème ne pouvait surgir qu'après un très grand développement social. Au début, la vie collective ne fait remarquer que les objets et les phénomènes qui nous intéressent directement.

Ce sont les besoins pratiques, d'abord militaires, et ensuite industriels, qui stimulent peu à peu notre intelligence. Et avant un essor assez prononcé de la raison théorique, l'Humanité ne se propose point à connaître ce qui n'affecte pas sa vie quotidienne. D'un autre côté, les méditations ne peuvent se développer sans la stabilité sociale et sans l'aide du langage. En sorte que tout progrès théorique devait bientôt dépendre de l'établissement de l'existence sédentaire et du développement du langage.

Avant de satisfaire à cette double condition, il serait donc absurde de prétendre trouver l'institution systématique de la numération. Mais si ce problème ainsi considéré ne paraît avoir dépendu que de notre situation pratique et mentale, il n'en est pas moins vrai que nos besoins affectifs ont beaucoup contribué à ce double résultat ; parce que c'est justement le *culte des morts* [1], la coutume de les confier au sein de la Terre, dans l'impossibilité de les emporter avec soi, qui détermina l'existence sédentaire.

Et l'existence sédentaire, en développant à la fois toutes les affections humaines, fit l'individu se préoccuper de la vie collective, ce qui exigea le développement de l'activité pratique, ainsi que de celui de l'intelligence. Ainsi, ces deux développements, étant liés à nos besoins affectifs, ce

1. Comme l'observe très bien Vico, le culte des morts est le privilège essentiel de l'Humanité.

furent ceux-ci qui suscitèrent le problème dont il s'agit. En sorte que c'est le sentiment qui a fait surgir les conceptions numériques, et c'est encore lui qui a donné lieu à sa transformation objective.

Nous avions vu que, ayant surgi pour *classer*, les nombres manifestèrent leur aptitude pour caractériser les groupes, c'est-à-dire pour *compter*. Une telle extension a bientôt conduit à *calculer*, c'est-à-dire à *combiner les nombres*, en déterminant la place du nombre qui en résulte dans l'échelle numérique. La vie sédentaire détermina l'essor de la dernière des applications subjectives, des nombres, celle qui marque le point de départ décisif de son application objective, c'est-à-dire la *mesure*.

C'est-à-dire que, destinés jusqu'alors aux pluralités, les nombres commencèrent à être appliqués aux grandeurs continues. Pour comprendre comment ce passage s'est opéré, il convient de remarquer que les *pluralités* peuvent être appréciées, soit par le *dénombrement*, soit par la *mesure*. Une telle mesure a été de bonne heure jugée, soit d'après l'*extension*, soit d'après le *poids*. Le passage d'un mode à l'autre a été spontanément déterminé par la considération d'éléments suffisamment petits ou de groupes très nombreux.

Dans les deux cas, la numération ne permettant plus le dénombrement, l'idée la plus simple fut d'apprécier le groupe d'après l'espace qu'il occupait, ou d'après l'effort employé à le porter (poids). Ces mesures primitives de l'extension et des poids nous montrent spontanément la filiation qui existe entre le classement et la mesure, et, par suite, la manière par laquelle les nombres en vinrent à être employés à ce dernier but.

Tout classement produit une mesure. Quand il s'agit de

grandeurs discontinues, cette mesure est plus ou moins indéterminée quant à l'étendue, mais elle caractérise le groupe.

Si, par exemple, nous plaçons un certain nombre d'hommes les uns à côté des autres, l'appréciation du groupe peut évidemment être faite d'après l'espace occupé. Si l'on connaît la place occupée par cinq hommes, le groupe *cinq* devient, sans doute, caractérisé. Ainsi, on voit que de tout classement il résulte une mesure.

Mais, quand il s'agit de grandeurs continues, il faut que les intervalles dans lesquels nous les supposons divisées soient tous égaux entre eux. D'où le besoin des *modules*, ce qui n'a pas lieu avec la mesure des grandeurs discontinues, où l'unité est un être isolé.

Si ces considérations nous montrent que tout classement produit une mesure, il n'en est pas moins certain que, réciproquement, toute mesure suppose une classification. L'application des nombres ainsi étendue à la représentation des grandeurs, les *calculs* se sont aussi développés.

Mais, dans l'application des nombres à la mesure des grandeurs, deux hypothèses peuvent se présenter : ou bien il s'agit de mesurer une grandeur jusqu'alors non considérée, et, dans ce cas, on ne saurait procéder, en dernière analyse, que par le seul dénombrement ; ou bien il s'agirait de savoir le résultat de la combinaison de plusieurs grandeurs déjà évaluées, et, dans ce dernier cas, nous avons le calcul proprement dit. Quand il s'agissait par exemple de plusieurs expéditions, il se pourrait qu'on voulût connaître le nombre total des guerriers, quand on savait séparément ceux qui les avaient constitués; après le combat on pourrait vouloir savoir le nombre des survivants, etc...

Quoi qu'il en soit, les *calculs* se font d'abord au moyen

du seul dénombrement. Celui-ci peut être direct ou indirect ; ou bien on compte les objets eux-mêmes, ou alors on les remplace par d'autres qui les représentent, comme des cailloux [1], qui deviennent leurs signes concrets.

On dit que les espions indigènes du Brésil comptaient les ennemis en gardant une pierre pour indiquer chaque guerrier qu'ils voyaient. Et l'on comprend que cette substitution s'imposait tout naturellement, non seulement par la facilité, mais aussi par l'impossibilité de voir réunis tous les guerriers ennemis.

Cet exemple nous montre que, pour le *calcul*, on a longtemps pu dispenser les mots en n'employant que des signes concrets. Ce n'est que fort tard que les signes sont devenus purement abstraits dans la numération systématique, les signes *visuels* ou *tactiles* tendant alors à prédominer sur les signes *phonétiques* ou *auditifs*. Cela provient du besoin de fixer extérieurement du signe et du caractère plus synthétique de la vision.

57. — Nous avons démontré que tout calcul peut toujours être fait par le simple dénombrement. Cependant, ce dénombrement immédiat ne saurait être exécuté sans erreur, par omission ou par répétition, que lorsque les calculs sont restreints ; soit que les nombres à combiner soient petits, ou que les combinaisons soient très simples ; soit, enfin, par le concours de ces deux circonstances.

Alors n'importe quels signes suffisent pour représenter les nombres successifs, comme c'est encore le cas pour les premiers termes de l'échelle [2]. Mais, dès que les nombres

1. Du latin *calculus*, d'où l'origine du mot calcul.

2. C'est ce qui explique une certaine désharmonie, au commencement de l'échelle, entre le langage parlé et le langage écrit. Tandis que, dans le langage écrit usuel, dix caractères suffisent pour représenter tous les

deviennent considérables, la numération spontanée ne suffit plus pour calculer avec sûreté et facilité.

Le problème de systématiser l'échelle numérique dans le but de faciliter les *calculs* se pose alors, c'est-à-dire le problème de réduire les combinaisons numériques à un petit nombre de cas susceptibles d'une réalisation immédiate par le seul *dénombrement*. La première idée qu'on a eue c'est de rendre l'échelle assez étendue pour assister les calculs, et non pas, comme l'on croit généralement, celle de la rendre indéfinie. La possibilité d'en varier le module permit cette restriction. Mais la complication des calculs a démontré la nécessité de l'étendre indéfiniment, parce que les combinaisons pouvaient donner lieu à des nombres que l'*échelle* n'aurait pas. D'où la nécessité d'instituer d'avance toutes les pluralités imaginables, et *tel est l'objet de l'échelle numérique*.

58. — Occupons-nous, maintenant, de la destination principale de l'échelle numérique. Les considérations précédentes nous font voir ce qu'elle doit être. Aussitôt qu'elle devient systématique, l'échelle numérique facilite le dénombrement ; mais on comprend que sa principale importance est de faciliter les *calculs*.

Mais, pour cela, la constitution systématique de l'échelle numérique doit avoir en vue, non pas le langage parlé tout simplement, mais aussi le langage écrit. Car les *calculs*

nombres, dans le langage parlé, nous avons besoin d'un nombre bien plus grand ; et si le calcul mental n'offre pas plus de difficultés, c'est que nous nous habituons à confondre le signe visuel avec le signe auditif. Par exemple *dix-sept* rappelle la combinaison de *dix* et de *sept*, mais *onze* ne nous rappelle plus rien, comme cela arrive encore avec *vingt* ou *trente*.

C'est après le nombre *vingt et un*, que la racine des premiers nombres commence à paraître distinctement.

doivent remplacer la combinaison des nombres par celle de leurs signes. Et, si ceux-ci ne sont pas convenablement institués, leurs combinaisons offriront de considérables difficultés, comme nous aurons l'occasion de le vérifier.

59. — *Echelle instituée par les Théocrates.* — Entre les signes phoniques et les signes graphiques d'abord employés à la représentation de l'échelle, ces derniers sont supérieurs aux premiers. Car les signes phoniques n'ont pas une fixité extérieure, tandis que, au moyen de la gravure ou du dessin, nous avons devant nous des objets extérieurs, qui facilitent incontestablement les combinaisons numériques.

L'institution de notre échelle *notée* a été faite par les *Théocrates* et transmise par les *Arabes*. Les Occidentaux ne peuvent se faire une idée de la supériorité de leur numération *notée*, parce qu'ils ne connaissent généralement pas les autres systèmes. Mais une simple comparaison avec la notation grecque suffira pour rendre manifeste ses avantages dans la simplification des calculs. Ces avantages résultent surtout de la valeur de position attribuée aux chiffres, en sorte que, rien qu'avec dix signes, ils ont pu représenter tous les nombres. Dans chacun de ceux-ci, un chiffre quelconque exprime toujours des unités d'ordre indiqué par le rang qu'il occupe en commençant à droite.

Le sacerdoce théocratique fut spontanément porté à cette institution ; car dans les cérémonies publiques, surtout religieuses, il observait que le rang des fonctionnaires indiquait leur dignité ou leur valeur. La supériorité de la notation des Théocrates doit donc être attribuée au point de vue pratique ou social où ils se trouvaient placés. Ce fut cette circonstance qui les conduisit à une systématisation, qui ne fut tentée que plus tard chez les populations militaires, où la conquête avait avorté, c'est-à-dire chez les Grecs.

60. — Les Grecs' s'efforcèrent, en effet, d'obtenir un système de numération en état d'assister les calculs dont ils avaient besoin. Mais ni Archimède en rendant l'échelle grecque plus étendue, ni Apollonius, en perfectionnant les travaux d'Archimède, ne purent obtenir des résultats comparables à ceux qu'obtinrent les théocrates. C'est que, malgré la supériorité de ces deux organes, l'insuffisance des réactions mentales se manifestait dans le milieu grec, ce qui n'eut pas lieu parmi les Théocrates grâce à la supériorité des inspirations pratiques qui les dominaient.

II

CONCEPTION SYSTÉMATIQUE DE L'ÉCHELLE NUMÉRIQUE

61. — *Examen spécial de la constitution de l'échelle.* — Directement examinée dans sa constitution actuelle, l'échelle numérique nous offre l'aspect d'une hiérarchie de groupes constitués par deux types. Ces groupes sont représentés par un double système de signes phoniques et graphiques, comme les autres conceptions condensées par le langage. Le premier des types auxquels nous faisons allusion consiste dans la fixation immédiate de quelques-uns des degrés successifs et initiaux de la pluralité. Ce sont ces degrés qui forment les abstractions appelées *nombres simples*, et qui, dans le langage parlé ou écrit, sont représentés par des signes empiriques.

Le second type repose sur l'institution des *unités compo-*

sées. Les unités collectives ou composées sont des pluralités que l'on considère comme formant un seul tout. Les signes complexes qui les représentent résultent d'une combinaison qui traduit la constitution de ces unités.

La conception de l'échelle numérique repose donc :

1° Sur la notion d'unités simples ;

2° Sur la notion d'unités composées de plusieurs ordres.

Cette conception des unités composées, et, par conséquent, de la numération, qui y a son idée fondamentale, a été nécessairement concrète avant de devenir abstraite.

C'est ce qu'atteste, encore de nos jours, l'ancien *système de poids et de mesures*, où nous voyons, dans la mesure du temps, un certain nombre de jours constituer le mois, un autre nombre constituer l'année, etc. ; dans la mesure de la longueur, un certain nombre d'empans constituer une vare, un autre nombre de vares faire une brasse, et ainsi de suite. Les unités collectives permettent ainsi de nous faire une idée exacte des grandeurs considérées, en les supposant ainsi décomposées en éléments multiples et distincts.

Cependant, chaque unité composée ne se forme pas dès le début au moyen du *même* nombre d'unités simples, et ce défaut d'uniformité complique évidemment la numération. Voilà ce à quoi l'on doit attribuer la principale difficulté de la numération concrète et spontanée, où nous voyons, par exemple, la vare dériver de l'empan d'une manière différente de celle par laquelle la brasse est dérivée de la vare, et ainsi de suite [1].

Mais lorsque, grâce à l'ascendant de la vie pratique, la numération devient systématique, les unités composées sont

1. L'ancien *calcul des nombres complexes* offre l'avantage logique de nous faire apercevoir une telle difficulté.

formées les unes par les autres d'une manière régulière ; ce qu'on obtient en prenant toujours le *même nombre* d'unités simples ou composées pour former l'unité du degré supérieur. Ce nombre, pris d'abord empiriquement, c'est ce que nous appelons *la base du système de numération.* Il semble que l'habitude spontanée de compter par les doigts porta, au début, à employer le nombre *cinq*, et ensuite, instinctivement, le nombre *dix*, qui fut aussitôt adopté partout.

Mais on ne saurait attribuer essentiellement la préférence de cette base qu'à la nécessité d'augmenter le taux des groupements pendant que la numération se trouvait limitée à ses premiers degrés. En ordonnant les nombres par groupes égaux, cette systématisation rend finalement composés les noms primitivement simples, pour désigner le groupe où se trouve le nombre considéré, et le rang qu'il y occupe.

Toutefois, il faut reconnaître que cette institution était moins destinée à diminuer la quantité des noms employés qu'à compter plus loin sans en introduire d'autres. Les noms usités ne sont composés qu'avec des nombres inférieurs à la base, quand un tel système s'est pleinement développé.

62. — *Du premier degré de composition : son avènement.*

Au début, on n'allait point au delà du groupement immédiat ; il n'y avait donc que deux ordres d'unités. Ainsi nous devons donc regarder une telle institution comme ayant été spontanément suscitée par le spectacle social, où l'on voit les nations résulter, non point de l'aggrégation directe des individus, mais du concours des familles, ce qui exige une double désignation pour chacun de ceux-là.

63. — *Redoublement d'artifice. Avènement du deuxième degré de composition.*

Une observation analogue inspire aussi l'avènement du

deuxième degré de composition, quand beaucoup de tribus se réunissent pour des expéditions temporaires, en faisant ainsi sentir le besoin d'une triple dénomination pour chaque individu. En effet, la numération est longtemps limitée à deux degrés successifs de composition, n'ayant que trois ordres d'unités, à savoir : les unités simples, les unités de premier ordre et les unités de deuxième ordre.

Cela s'explique par ce que la vie pratique, militaire ou industrielle, n'a pas exigé, au début, des dénombrements ou des combinaisons fort considérables. Ayant surgi sous le Fétichisme, avant l'existence sédentaire, l'institution des unités composées ne fut développée que par le sacerdoce théocratique, aussitôt que les nécessités pratiques l'ont exigée. Les deux premiers degrés de composition une fois inventés, il devint facile d'en introduire d'autres successivement, sans qu'il fallût autre chose que de les régulariser au moyen d'un taux uniforme de groupement graduel. Spontanément suggérée par le spectacle social, où l'on trouve beaucoup de familles avec le même nombre de membres, l'uniformité des groupes, c'est-à-dire l'égalité des unités collectives et abstraites, fut enfin établie par la sagesse théocratique. Le taux du groupement adopté fut, comme nous l'avons déjà dit, le nombre dix.

Après avoir donné à chacun des neuf premiers nombres un nom distinct, on appela *dix* le nombre suivant. Ce nombre dix, choisi comme base du système, a formé la première unité composée, aussi nommée *dizaine*. Désormais, on compte par dizaines ou unités de deuxième ordre, comme par unités simples ; une dizaine, deux dizaines... neuf dizaines. Au lieu de ces mots, nous employons aujourd'hui leurs abréviations : *dix* ou *ente*, vingt (abréviation de viente), trente (abréviation de triente), quarante, cinquante... nonante. En France, on emploie toujours soixante-dix au lieu de septante comme en Belgique et certains auteurs anciens. La même remarque s'applique quant à quatre-vingts, au lieu de huitante, et de quatre-vingt-dix, au lieu de nonante.

Entre deux collections consécutives de dizaines, les neuf nombres intermédiaires furent désignés par les mots composés qui rappellent et le nom du groupe et celui des unités simples : dix et un (ou, par abréviation, onze), dix et deux (ou douze), dix et trois (ou treize)... dix et neuf (ou dix-neuf), vingt et un, vingt-deux... vingt-neuf ; trente et un, trente-deux... trente-neuf ;... nonante et un, nonante-deux... nonante-neuf.

La collection de dix dizaines fut considérée comme une unité de troisième ordre, et nommée *centaine* ou *cent*. Désormais, on compte par centaines comme on avait compté par unités et dizaines : une centaine ou (un) cent, deux centaines ou deux cents, trois centaines ou trois cents..., neuf cents. Par abréviation l'on dit cent.

Entre deux collections consécutives de centaines, les 99 nombres intermédiaires furent désignés par des mots composés qui indiquent le groupe des centaines, celui des dizaines et celui des unités simples : cent et un, cent deux..., cent dix, cent onze... cent dix-neuf, cent vingt, cent vingt et un ; cent trente, cent trente et un ; cent quarante... cent cinquante...; deux cents, deux cent un; trois cent un, quatre cents, cinq cents, cinq cent un, et ainsi de suite jusqu'à neuf cent nonante-neuf (ou quatre-vingt-dix-neuf).

Le nombre suivant, représentant une collection de dix centaines, dut, par la même raison, constituer une unité de quatrième ordre, qu'on a nommée *millier* ou *mille*. On les compte, dès lors, par milliers ou par mille, comme on avait compté par centaines, par dizaines, et par unités simples en donnant aux nombres intermédiaires des dénominations composées analogues à celles qui avaient déjà été établies.

La collection de dix milliers a formé une unité de cinquième ordre appelée dizaine de milliers (dix mille), en suivant, quant aux nombres intermédiaires, la marche adoptée antérieurement. *La collection de dix dizaines de milliers* a formé une *unité de sixième ordre*, qu'on a nommée *centaine de milliers* (cent mille), et on a compté par unités, par dizaines et par centaines de milliers jusqu'à *neuf cent nonante-neuf mille neuf cent nonante-neuf*, ou *neuf cent quatre-vingt-dix-neuf mille neuf cent quatre-vingt-dix-neuf*.

Quoique rien n'eût empêché de renouveler cet artifice, on n'alla pas plus loin pendant longtemps ; parce que les nécessités pratiques n'exigeaient point de nouveaux noms pour les nombres suivants. Ce n'est que dernièrement qu'on a inventé le mot *million* pour désigner mille milles, c'est-à-dire la collection de *mille milliers ;* le mot *billion* pour désigner la collection de *mille millions ;* le mot *trillion* pour désigner *mille billions*, et ainsi de suite.

Quoique *dix* soit le *taux* ou la *base* du système de numération inventée par les Théocrates, et qu'il soit aujourd'hui vulgarisé dans tout l'Occident, on comprend que les principes qui régissent une pareille institution puissent être exactement susceptibles d'application à un taux quelconque. Si nous voulions, par exemple, instituer l'échelle *septimale*, en suivant la même marche, le problème serait immédiatement résolu *en comptant par groupes de sept, au lieu de compter par groupes de dix.*

En généralisant les mots employés, nous dirions : un, deux, trois... *sept* ou une *septaine* (ou, en abrégé, une ente), sept, sept et un, sept et deux... sept et sept, ou deux septaines (ou en abrégé duente ou viente ou vingt), duente et deux ou vingt-deux... duente et six... triente ou trente, triente et un (ou trente et un), triente et deux (ou trente-deux)..., triente et six (ou trente-six)... quatriente ou quarante, quarante et un... *cinquante*, cinquante et un... *soixante*, soixante et un, soixante-deux... soixante-six... sept-ente (septante) (soixante-dix) ou *cent* ou sept septaines, une septaine de deuxième ordre, ou une unité de deuxième ordre ; cent et un, cent deux... cent six, cent sept, cent sept et un..., cent vingt, cent trente..., cent soixante, cent soixante et un, cent soixante-deux... cent soixante-six, *deux cents*, et ainsi de suite.

Si la base adoptée était le nombre douze, nous dirions un, deux... *douze*, douze et un..., douze et onze, douze et douze ou duente, ou vingt ; duente et un, duente et dix, duente et onze, *trente* ; quarante ; cinquante soixante, septante ; huitante, nonante, dizente, onzante ; onzante et un, onzante-deux.., onzante-dix, onzante-onze, onzante-douze ou *cent*, etc.

64. — *Examen de la constitution systématique d'un nombre quelconque.* — En vertu d'une pareille constitution de l'échelle numérique, *chaque nombre* est toujours considéré comme *une somme d'unités progressivement composées, unités qui, dans chaque ordre, sont répétées un certain nombre de fois sans jamais aller, cependant, au delà du taux adopté.*

Si nous considérons, par exemple, le nombre décimal six mille huit cent quatre-vingt-dix-sept, nous verrons qu'il se décompose en six unités de quatrième ordre, huit de troisième, neuf de deuxième, et sept de premier ordre ; c'est-à-dire en des collections composées progressivement décroissantes, que, suivant les noms employés, nous pourrons appeler *six milliers, huit centaines, neuf dizaines et sept unités.*

Nous verrons aussi que six milliers sont équivalents à un millier répété six fois ; que huit centaines équivalent à une centaine répétée huit fois ; que neuf dizaines sont égales à une dizaine répétée neuf fois, et sept unités à une unité répétée sept fois. En sorte que la répétition de chaque unité ne va pas au delà de la base adoptée, vu que *dix unités d'un ordre forment déjà une autre d'un ordre immédiatement supérieur.*

La même observation pourrait être vérifiée envers un autre nombre quelconque ; par exemple, dans *onze mille onzante et un*, pris dans le système de base douze, dans laquelle la répétition de chaque unité ne va pas au delà de douze, parce que, dans un tel système, *douze unités d'un ordre en forment une autre d'un ordre immédiatement supérieur.* Ainsi, de même, dans le système septimal, *sept unités d'un ordre forment une autre d'ordre immédiatement supérieur,* en sorte que le nombre deux mille six cent cinquante-quatre, par exemple, s'y décompose en deux fois l'unité de troisième ordre, plus six fois l'unité de deuxième ordre, plus six fois une unité de premier ordre, plus quatre.

65. — Guidés par cette observation, nous reconnaissons immédiatement que, dans la constitution d'un nombre quelconque, figure non seulement la notion de *somme*, mais aussi celle de *répétition* ou de multiplication. Mais l'idée de *puissance* s'y trouve aussi comprise, parce que, en effet, une unité d'un ordre quelconque n'est rien de plus que la puissance de l'ordre immédiatement inférieur de la base adoptée : une unité de troisième ordre n'est rien de plus

que la deuxième puissance de la base. Ainsi, une centaine, par exemple, n'étant rien de plus qu'une collection de dix dizaines, elle équivaut au produit de dix par dix, c'est-à-dire à la deuxième puissance de dix.

En général, si nous prenons un nombre quelconque, nous y rencontrerons les conceptions de *produit* et de *puissance* nécessairement combinés, pour indiquer, d'un côté, la valeur des unités correspondantes, et de l'autre, le résultat de leur collection. Nous voyons donc que toutes les évaluations directes se trouvent combinées dans la constitution de l'échelle numérique ; et, comme chacune de ces opérations comprend l'opération inverse, nous y avons implicitement les évaluations indirectes, c'est-à-dire la *soustraction*, la *division* et *l'extraction de la racine*.

66. — Il importe même de remarquer que la constitution systématique de l'échelle numérique généralise ces évaluations en les rendant indéfinies parce que l'échelle numérique nous fournit, dans la notion des nombres qui se succèdent, la notion de *série*. Les séries que nous y rencontrons sont les deux *progressions* numériques fondamentales : la *progression arithmétique* et la *progression géométrique*. En jetant un rapide coup d'œil sur un nombre quelconque, on reconnaît, en effet, que les unités de divers ordres se succèdent dans une *progression géométrique* : un, dix, cent, mille, dix mille..., et que l'ordre dans lequel se succèdent ces différentes puissances constitue à son tour une *progression arithmétique* : un, deux, trois, etc. Ainsi donc, dans la constitution de la numération se trouve, pour ainsi dire, résumée toute l'arithmétique.

67. — Après en avoir étudié les conséquences scientifiques, voyons, enfin, les conséquences logiques d'une semblable institution.

Tout d'abord, cette échelle nous offre un vrai type des constructions scientifiques, où, pour satisfaire à ses besoins, moraux, intellectuels et pratiques, l'Humanité choisit les matériaux que lui offre le Monde, et les combine suivant le précepte qui nous force à *subordonner toutes nos constructions subjectives aux matériaux objectifs*.

En outre, la construction de l'échelle numérique nous donne, en même temps, l'idée la plus simple des *hiérarchies* ou des *classifications*. On y vérifie, spontanément, *la tendance constante de l'entendement humain à procéder du général au particulier, quand il fait une classification quelconque*. On voit, en effet, que chaque unité d'un ordre embrasse toutes celles de l'ordre inférieur, et, en général, que chaque nombre condense, pour ainsi dire, tous les antérieurs.

Mais, outre ces préceptes logiques, la construction de l'échelle numérique en vérifie d'autres, tels que *la tendance de l'esprit humain à construire l'hypothèse la plus simple* ; *l'existence de lois intérieures et extérieures à nous* ; *la possibilité de modifier l'intensité des phénomènes sans en altérer l'arrangement* (la manière de grouper les nombres est, en effet, inaltérable, mais nous pouvons en varier le taux du groupement), etc.

Mais, dans la *classification* que nous offre l'échelle numérique, la *tendance à aller du général au particulier* devient surtout remarquable dans l'énoncé des nombres. Car une telle disposition fit spontanément surgir l'habitude *d'énoncer un nombre en commençant par les unités de l'ordre le plus élevé, en descendant successivement vers la plus faible*.

Une telle habitude est si naturelle qu'elle a toujours prévalu, malgré la constitution inversive des langues anciennes, telles que le grec et le latin ; tandis qu'on ne trouve aucun exemple de représentation invertie des nombres. Et cela devait nécessairement être ainsi, puisque la marche inverse serait contraire à celle de notre intelligence, qui a toujours besoin d'apprécier l'ensemble pour descendre ensuite aux détails.

Au contraire, quand nous énonçons un nombre, en partant du général au particulier, c'est-à-dire des unités de l'ordre le plus élevé vers ceux de l'ordre plus faible, nous avons l'avantage de fixer deux limites, supérieure et inférieure, entre lesquelles le même nombre est compris ; et ces limites s'approchent progressivement jusqu'à se confondre, au moment où, enfin, on énonce les unités simples. Quand nous énonçons, par exemple, le nombre *sept mille six cent trente-quatre*, nous voyons que ces limites sont d'abord *sept mille* et *huit mille*, ensuite *six cents* et *sept cents*, puis *trente* et *quarante*, et enfin... *quatre*. L'ensemble des considérations précédentes suffit pour caractériser la *conception* de l'échelle numérique. Nous devons à présent nous occuper spécialement de son *expression*.

III

EXPRESSION DE L'ÉCHELLE NUMÉRIQUE.

68. — On peut facilement observer que le perfectionnement de la conception n'est jamais accompagné de celui de l'expression. C'est ce qu'on vérifie relativement aux conceptions numériques, qui se trouvaient déjà constituées sans que leur représentation, tant parlée qu'écrite, et surtout

la dernière, pût assister convenablement les *calculs*, comme cela arrive aujourd'hui.

Pourtant, une telle assistance s'imposait nécessairement, afin que la combinaison des nombres pût être remplacée par la combinaison de leurs signes, venant ainsi en aide à la méditation, tant inductive que déductive. Pour bien apprécier comment s'est constituée une telle représentation ainsi que ses principales difficultés, il nous faut faire quelques considérations générales sur le langage humain.

« Le langage humain est né du besoin de communiquer nos sentiments, ce qui revient à dire qu'il fut affectif avant d'avoir une destination intellectuelle et un but pratique. Mais, en le concevant sous le premier aspect, le langage devait employer tous nos sens qui permettent une communication directe avec l'extérieur.

« Chez l'espèce humaine comme chez les espèces supérieures, il n'y a, en effet, que trois sortes de langages qui se rapportent aux trois sens susceptibles d'être affectés de loin, à savoir : la vue, l'ouïe, l'odorat. On peut même dire qu'elles se réduisent au langage phonétique et au langage visuel, à cause de l'extrême imperfection chez l'homme du dernier des sens cités ci-dessus. Mais, naturellement, l'un et l'autre, au début, sont presque réduits à la seule reproduction des actes relatifs aux émotions.

« Ce langage primitif (les gestes et les cris) ayant un caractère esthétique, vu son application caractéristique aux plus puissantes émotions, fait surgir les deux arts fondamentaux, la *mimique* et la *musique* (le chant), le premier art correspondant à la *vision* et le second à *l'ouïe*. La *mimique*, plus spontanée, devient le langage par excellence, et prévaut, pendant longtemps, sur le chant. Celui-ci ne pouvant, au début, être fixé, devient un langage occasionnel.

« Le contraire arrive à la mimique dont les résultats essentiels, étant fixés, produisirent les deux principaux arts de la forme, d'abord la *sculpture*, et ensuite le *dessin*, d'où dérive enfin toute la partie visuelle du langage humain. Mais le *chant*, d'où provient sa partie auditive, acquiert peu à peu, grâce au développement de l'esprit humain, une remarquable préférence sur l'expression mimique ; en sorte que le langage visuel en arrive à ne plus être qu'un simple auxiliaire du langage auditif.

« En vertu de la croissante réaction des signes vocaux, la musique se décompose en deux parties, l'une plus affective, la *musique* proprement dite, et l'autre plus intellectuelle, la *poésie*. Le langage poétique se décompose, par le même motif, en *poésie proprement dite* et en *prose*, celle-ci ayant seule permis le libre développement de la destination active et spéculative du langage humain.

« Nous avions dit que la mimique primitive avait engendré la *sculpture* et le *dessin* afin d'en fixer les expressions essentielles. Or le même besoin se fit aussi sentir pour le langage auditif, dont la fugacité est encore plus prononcée. Mais, comme un tel langage n'a point suscité d'art spécial susceptible de porter remède à un tel inconvénient, il ne put, malgré sa prépondérance définitive, dispenser l'assistance du langage visuel, qui devint ainsi son indispensable complément.

« Lorsque la mimique fit surgir la *peinture*, et même la *sculpture*, cette assistance normale s'est naturellement réalisée au moyen de *dessins* ou de *reliefs* destinés à conserver l'équivalent des formes principales. Il en est résulté la première écriture humaine constituant un système complet de signes visuels, parallèle à ceux des signes vocaux. C'est l'écriture *hiéroglyphique* adoptée par les Théocrates et alors vulgarisée partout.

« Le développement de ce langage, qui représentait des sons complets, a de bonne heure montré qu'il pouvait aussi représenter des *éléments de sons*, c'est-à-dire des *syllabes* qui se décomposent enfin en *voyelles* et en *consonnes*. On a ainsi passé du *langage hiéroglyphique* au *langage alphabétique* ou *syllabique* que les classes méditatives ont plus ou moins développé jusqu'au point où nous le trouvons. »

Vu les considérations précédentes, on comprend que la numération, une fois systématisée, en vint à être traduite, tant dans le langage parlé que dans le langage écrit, et il est évident que la première représentation a précédé celle-ci.

69. — Mais la représentation écrite s'est naturellement imposée, vu le besoin de *calculer*. On comprend, en effet, que la numération ne pouvait remplir sa destination fondamentale sans un système d'écriture perfectionnée qui eût permis de remplacer la combinaison des nombres par la combinaison des signes. Quand ces signes sont convenablement fixés, les nombres sont pour ainsi dire remplacés par des objets extérieurs à nous, ce qui facilite évidemment les combinaisons numériques.

70. — Tous ces signes spéciaux destinés à représenter les nombres élémentaires ont été suggérés par l'écriture *hiéroglyphique*. L'habitude de compter avec les doigts fournit naturellement ces premiers signes numériques [1], qui en vinrent à être graduellement simplifiés. Tout nous porte à croire qu'ils sont d'origine *hindoue*; ce qui est sûr, c'est qu'ils ont été transmis à l'Occident par les Arabes. Le signe des-

1. V. Hœfer, *Histoire des Mathématiques*.

tiné actuellement à représenter le *zéro* paraît avoir été dans les langues arabes ou hindoues l'initiale du mot *rien*, quand l'écriture alphabétique était déjà connue. Comme un objet de curiosité, on peut remarquer que nos chiffres, d'après l'opinion de certains auteurs anciens, ont tous pour origine la figure suivante , quoique cela ne semble point très sûr, suivant M. Laisant.

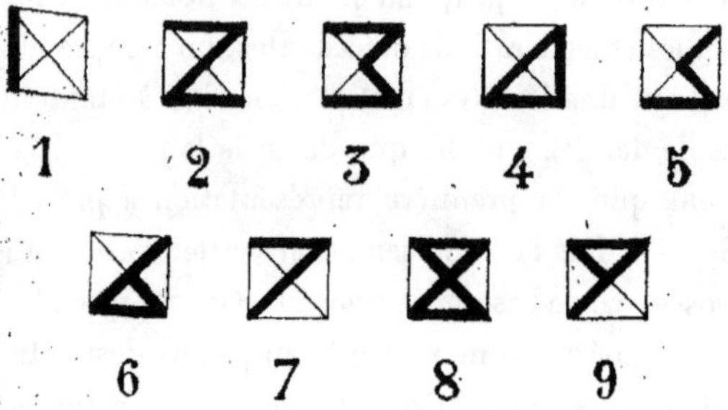

Ayant représenté le nombre des unités de chaque espèce par les chiffres 1, 2, 3, 4, 5, 6, 7, 8, 9, il est évident que, pour mettre la numération écrite d'accord avec la numération parlée, il fallait aussi représenter la valeur de chaque espèce d'unité. Or, nous avons déjà dit que ce problème fut résolu par la sagesse du sacerdoce théocratique, en attribuant deux valeurs à chaque chiffre ; une valeur propre ou intrinsèque et une autre *relative* à sa position dans le nombre écrit. En sorte qu'un nombre composé d'unités de plusieurs ordres était noté avec les mêmes caractères, sous la condition que chaque chiffre *écrit à gauche de l'autre devait exprimer des unités dix fois plus grandes*. Pourtant, comme certains ordres pouvaient ne point exister dans le nombre énoncé, on inventa, pour remplir ces lacunes, un autre signe, que nous appelons *zéro* ; lequel, n'ayant point de valeur propre, sert toutefois à donner au chiffre immédiat la valeur de la position correspondante. (Il fut d'abord représenté par un point, plus tard par deux traits verticaux, ensuite par un cercle, et enfin par une ellipse.)

C'est pour cela que, pour noter un nombre énoncé, *on écrit d'abord les unités de l'ordre le plus élevé et ensuite les suivantes, à mesure qu'elles sont énoncées, en ayant le soin de mettre des zéros là où les ordres manqueraient*. Pour l'amour de la clarté, on place souvent un point après le chiffre des unités de chaque classe ; ou bien on laisse un intervalle entre ce chiffre et celui des centaines de la classe suivante. Ainsi on écrit sept millions deux mille cent trente-cinq : 7.002.135 ou 7 002 135.

Réciproquement, pour énoncer ou lire un nombre écrit, on a l'habitude de *diviser le nombre en classes de trois chiffres de droite à gauche*, en donnant à la première classe le nom d'unités, à la deuxième celui de milliers, à la troisième celui de millions, à la quatrième celui de billions, etc. ; ensuite, on le lit de gauche à droite, en donnant à chaque classe le nom respectif. C'est ainsi qu'on lit

B M *m* *u*
6.453.893.210 = 6 billions, 453 millions, 893 mille et 210 unités.

On comprend donc qu'une telle manière de décomposer en groupes ou classes le nombre considéré, dans le but de l'énoncer, n'est pas absolue, comme il le semble. Nous verrons, en effet, qu'elle peut varier, non seulement dans la numération concrète, mais aussi dans la numération abstraite. Dans celle-là, les classes peuvent être constituées différemment, en recevant plusieurs dénominations, après l'unité de mesure employée ; dans celle-ci, l'énonciation peut varier aussi, comme il arrive souvent pour les nombres pas trop grands. C'est ainsi, par exemple, que le nombre 1889 peut être énoncé *dix-huit cent quatre-vingt-neuf*, façon très usuelle de le lire en français et en anglais. S'il fallait énoncer des nombres fort considérables (de 44 chiffres, par exemple), on pourrait les diviser en classes de quatre chiffres, et, par analogie, donner à la première le nom *d'unités*, à la deuxième celui de *myriades* ou de *myries*, à la troisième celui de *myriades de myriades* ou *myrions*, à la quatrième celui de *birions*, à la cinquième celui de *tririons*, etc.

71. — Représentation alphabétique. — L'écriture alphabétique, surtout adoptée parmi les anciennes populations militaires, permit sans aucun artifice spécial l'écriture directe des nombres, comme nous l'employons encore de nos jours dans les transactions commerciales. La nomenclature numérique était donc notée en toutes lettres, comme n'importe quel autre mot. Mais les besoins pratiques produisirent une première simplification : les noms des divers ordres d'unités ne furent notés que par leurs initiales, comme l'atteste encore aujourd'hui la notation romaine où M représente mille ; C, cent, etc.

Quoiqu'une telle écriture se fût vulgarisée parmi les Occidentaux, on comprend qu'elle ne pouvait assister convenablement les calculs quelconques. Pour que cela fût possible, il a fallu le concours des Orientaux, non seulement par l'institution des signes spéciaux pour représenter les premiers nombres, mais principalement par une autre abréviation, destinée à simplifier l'indication du *nombre des diverses unités collectives*. Cette dernière a consisté, comme nous l'avons vu, à distinguer la valeur des unités numériques au moyen de la *place occupée par les signes ou chiffres correspondants*. Et cette idée de représenter avec les mêmes symboles les différentes espèces d'unités, en n'utilisant que la position des chiffres respectifs, a pour origine l'observation des classifications sociales.

Les Théocrates ayant observé que dans les cérémonies publiques, etc., la place occupée par le fonctionnaire était un des signes caractéristiques de la valeur de sa fonction, furent naturellement portés à reconnaître que, réciproquement, le rang devait suffire pour désigner la valeur. Rien n'empêchait d'étendre aux nombres une semblable appréciation, surtout en se rapportant aux habitudes qui avaient pour origine leur étude ordinale.

Désormais, *tout chiffre en vint à représenter des unités d'ordre marqué suivant la place occupée par lui dans le nombre, en commençant à droite.* Le symbole *zéro*, qui signalait les ordres inexistants, devait donc servir à donner aux chiffres immédiats la valeur de la position correspondante [1]. Guidée par la nomenclature, la notation numérique est ainsi arrivée à l'état de perfectionnement où elle se trouve aujourd'hui.

Vu notre tendance à toujours procéder du général au particulier, on comprend pourquoi, *lorsqu'on écrit un nombre énoncé quelconque, nous commençons par les unités de l'ordre le plus élevé, et nous continuons ainsi successivement de gauche à droite suivant l'ordre de l'énonciation en ayant le soin de remplir de zéros les ordres qui manqueraient.* Ainsi, le nombre décimal trente millions trois mille cinq unités, s'écrit 30.003.005 ; et, pour la même raison, le nombre septimal trente mille deux cent sept sera écrit 30.210.

72. — LES CHIFFRES ROMAINS. — Puisque nous connais-

1. Il fut d'abord représenté par un point, plus tard par deux traits verticaux (abréviation due à l'usage primitif de l'*abacus*), et enfin par la lettre O (cercle et ellipse).

sons la manière par laquelle les Orientaux sont parvenus à l'écriture numérique actuelle, parlons un peu des efforts employés dans le même sens par les Occidentaux. Avant l'essor théorique propre aux Grecs, les Romains avaient tenté d'obtenir une écriture numérique en état de satisfaire leurs besoins. Adonnés à l'activité militaire, et n'ayant donc pas besoin de grands calculs, ils ne pouvaient parvenir à une notation comparable à celle des Orientaux. Les neuf premiers nombres étaient représentés par les signes I-II-III, et ensuite, IV-V-VI-VII-VIII et IX ; mais ces symboles n'avaient pas une valeur de position proprement dite, comme cela a lieu dans la notation vulgaire.

La notation romaine obéissait plutôt à la juxtaposition des symboles ; par exemple : X représentait dix [1], XX représentait vingt, et XXX représentait trente, etc. Les unités de divers ordres étaient ordinairement représentées par les initiales des noms correspondants, comme l'on voit pour C, qui représente *cent*, et M, qui signifie *mille*. Cependant cette écriture a été douée de plusieurs simplifications, à savoir :

1° Au lieu de continuer à représenter les unités supérieures par la juxtaposition des initiales, on a tout simplement utilisé la première lettre avec un, deux... traits horizontaux au-dessus, d'après le nombre de fois que la valeur initiale devait être multipliée par mille. Ainsi $\overline{\text{I}}$ représentait mille ; $\overline{\text{X}}$, dix mille ; $\overline{\text{C}}$, cent mille, etc...

2° Quoique la juxtaposition ne fût pas abandonnée pour les nombres intermédiaires, comme dans $\overline{\text{XX}}$, pour désigner vingt mille, $\overline{\text{CC}}$, pour désigner deux cent mille, il fut établi que tout symbole écrit avant un autre qui représentait une valeur supérieure, devait en être soustrait, et qu'on ne devait

1. Selon Hœfer, ce symbole n'est rien de plus que la simplification d'un autre qui représentait les deux mains croisées.

en faire l'addition que dans le cas contraire. Ainsi, par exemple, le nombre cinq cents étant représenté par D, DC représente six cents (cinq cents plus cent) ; tandis que CD représentait quatre cents (cinq cents moins cent). De là même façon, la lettre L qui représentait cinquante, LX serait soixante et XL devait être quarante.

Quoique les Romains eussent adopté une écriture alphabétique très supérieure à l'écriture hiéroglyphique, on sent que leur notation numérique est très inférieure à la notation inventée par les Orientaux. Il nous faut, cependant, reconnaître qu'une telle notation suffisait pleinement à ce peuple essentiellement guerrier, plus occupé de dénombrements que de combinaisons numériques.

73. — Notation grecque. — Quoique la notation numérique dont les Grecs étaient en possession fût plus parfaite que celle des Romains, ils se trouvaient aussi dans une position inférieure relativement à la notation orientale. Leur manière de la représenter était la suivante : Les neuf premières lettres de leur alphabet,

α, β, γ, δ, ε, ς, ζ, η, θ,

représentaient les unités simples ; les neuf suivantes,

ι, κ, λ, μ, ν, ξ, ο, π, ϙ;

servaient à représenter les dizaines ; et les neuf dernières,

ρ, σ, τ, υ, φ, χ, ψ, ω, ϡ,

servaient à représenter les centaines.

Une fois arrivé aux milliers, on commençait de nouveau l'alphabet, en ayant le soin de signaler chaque lettre avec une petite ligne ou un trait vertical, placé au-dessous de la lettre.

Ainsi, par exemple : α représentait le numéro 1 et α̦ représentait mille ; β représentait deux et β̦ représentait deux mille, et ainsi de suite. (Il faut remarquer que l'alphabet grec n'a aujourd'hui que 24 lettres, puisque celles qui représentaient 6 *esti*, 90 *kapa*, et 900 *zampi* en sont disparues). Pour distinguer les nombres des mots que l'ensemble de leurs signes pouvait former, on plaçait ordinairement un accent (ou *indice*) à la dernière lettre à droite. Pour exprimer un nombre de myriades ou de 10.000, il suffisait d'un seul trait sous la lettre ; et cette notation est, en effet, employée par quelques auteurs grecs.

Mais les géomètres indiquaient un certain nombre de myriades en employant la lettre M coiffée du numéro correspondant. Ainsi, $\overset{\alpha}{M}$, $\overset{\beta}{M}$, $\overset{\gamma}{M}$, $\overset{\delta}{M}$, etc., représentaient 10.000, 20.000, 30.000, 40.000, etc. ; en sorte que la lettre M, placée sous un nombre quelconque, produisait le même résultat que celui que nous obtenons aujourd'hui en écrivant quatre zéros à droite.

C'est cette notation, incontestablement commode, qu'employait Eudoxe dans ses *Commentaires* sur Archimède. Mais Diophante et Pappus, pour désigner les myriades, se servaient des deux lettres initiales Mυ, placées après le nombre. Par exemple : α Mυ, β Mυ, γ Mυ, etc..., représentaient 10.000, 20.000, 30.000, et ainsi de suite.

Ces mêmes auteurs employaient encore une autre notation plus simple, qui consistait à remplacer par un point les initiales Mυ ; ainsi, par exemple, δ τ ο β. η̦ ϙ̦ ζ valait 43.728.097. Les Grecs pouvaient écrire ainsi jusqu'au nombre 99.999.999, qu'ils écrivaient ainsi : θ ϙ́ ϡ θ́·θ ϙ́ ϡ θ́ ; une unité en plus aurait fait une myriade de myriade ou cent millions. Voilà le nombre où atteignait l'échelle numérique grecque ; et cette extension leur suffisait parce que, en outre, leurs unités de mesure, comme le *talent* et le *stade*, étaient plus fortes que les nôtres. Cependant les géomètres et les astronomes furent quelquefois portés à surpasser ces limites. Par exemple : Archimède, dans son *Arenaria*, s'étant proposé d'exprimer le nombre de grains de sable contenus dans une sphère, dont le diamètre serait la distance de la terre aux étoiles fixes (c'est d'après lui le nombre que nous écririons aujourd'hui avec 64 chiffres), il fut obligé à beaucoup prolonger l'échelle notée.

A cet effet, il prit la myriade pour l'unité nouvelle et il nomma les nombres de cette espèce des nombres de *deuxième ordre*. De cette façon il parvenait à exprimer tous les nombres qui, dans notre système, sont écrits avec 16 chiffres. En prenant ensuite, pour l'unité nouvelle, l'unité suivie de 16 zéros, il forma les nombres de *troisième ordre ;* avec l'unité suivie de 24 zéros, les nombres de *quatrième ordre*[1].

On voit donc qu'Archimède divisait en réalité les nombres en des collections successives correspondant à nos classes de huit chiffres. Après lui, Apollonius s'approcha un peu plus de notre système, en ne composant les classes que de quatre chiffres. La première, à droite, était celle des unités ; la deuxième, celle des myriades simples ; la troisième, celle des myriades doubles, ou de deuxième ordre, et ainsi de suite. Les différentes classes étaient marquées par un trait, en sorte qu'Apollonius leur attribuait une *valeur* de position propre. Si ce géomètre eût fait pour les dizaines simples ce qu'il fut conduit à faire pour les dizaines de mille, il aurait, à coup sûr, créé notre système actuel de numéra-

1. Delambre, *L'Arithmétique chez les Grecs*, 1er vol. de l'*Histoire de l'Astronomie*.

tion. On voit donc que ces perfectionnements introduits dans la notation grecque par Archimède, secondé par plusieurs autres, améliorés ensuite par Apollonius, auraient spontanément produit une notation équivalente à la nôtre, si celle-ci ne nous avait pas été transmise par les Orientaux [1].

74. — L'ÉTAT SOCIAL, SON INFLUENCE SUR LES NOTATIONS. — Enfin, nous devons faire remarquer que, quoique les Occidentaux eussent possédé des organes éminents tels qu'Archimède et Apollonius, et quoiqu'ils eussent déjà employé l'écriture alphabétique, incontestablement supérieure à celle des hiéroglyphes, ils n'avaient pas réussi à découvrir une notation numérique comparable à celle des Orientaux. Mais ce fait qui semble constituer une anomalie a cependant une explication fort plausible.

Si la sagesse théocratique a su admirablement utiliser l'aptitude spéciale des habitudes hiéroglyphiques pour fonder le meilleur système d'écriture numérique, on le doit au point de vue synthétique où ils se trouvaient placés et qui n'eut pas d'équivalent en Occident, où la culture spécialiste a toujours prévalu.

Ceci vient nous démontrer qu'il n'y a pas de synthèse partielle, et nous porte tout naturellement à garder une sincère gratitude envers les populations fétichiques et théocratiques qui nous ont légué un si grand bienfait, en y incluant les musulmans qui furent, pour ainsi dire, le lien entre la culture des Occidentaux et celle des Grecs, d'un côté, et, d'un autre, entre la culture orientale et l'occidentale.

[1]. Il est bien singulier que de profonds génies aient passé ainsi à côté de la numération décimale sans en apercevoir les principes et les avantages. Comberouse, *Arithmétique*, p. 46.

QUATRIÈME SECTION

Théorie numérique de l'ordre.

I

SOLUTION SPONTANÉE DES PROBLÈMES DES PERMUTATIONS, ARRANGEMENTS ET COMBINAISONS.

75. — D'après ce que nous avons vu antérieurement, la numération inaugure l'étude de l'ordre universel sous le point de vue le plus simple, c'est-à-dire sous le point de vue de l'existence des êtres par rapport à nous ou entre eux. Nous avons vu aussi que, par ce moyen, il est possible de fixer, non seulement les grandeurs continues, mais aussi les grandeurs discontinues ou pluralités.

Mais il y a une distinction à faire : tandis que celles-là sont parfaitement signalées, il n'en arrive pas de même pour les pluralités, qui, selon ce que nous avons déjà dit, varient, non seulement dans la proportion de ses éléments constitutifs, mais peuvent aussi varier par la disposition de ces éléments. Ainsi, en modifiant, par exemple, la disposition des sept couleurs, nous obtenons une infinité de panneaux distincts, quoiqu'ils contiennent les mêmes couleurs élémentaires.

Il en est de même pour l'échelle musicale, qui, elle aussi,

fixée subjectivement à sept sons, peut cependant donner lieu à une grande variété de mélodies. Il ne suffit donc pas de savoir si le groupe est représenté par le même nombre d'éléments ; il faut aussi examiner si leur disposition est la même, car celle-ci peut avoir fait varier le groupe qu'il nous importe de connaître.

76. — Rappelons-nous, cependant, que l'examen de la diversité de disposition des éléments d'un groupe exige incontestablement :

1° Que toutes les dispositions possibles soient classées ;

2° Que l'on détermine combien de dispositions ou d'arrangements il y a.

Le second problème suppose évidemment le premier, qui, à son tour, est une affaire de numération.

De même que la fixation des groupes dépend du classement ou de l'ordre dans lequel nous plaçons ses éléments respectifs, la connaissance du nombre de dispositions que les objets pourraient avoir, exige aussi que ces dispositions soient classées. Après les avoir classées, nous pourrons les distinguer, soit en leur donnant des noms distincts, comme on a fait d'abord avec les termes de l'échelle numérique, ou plutôt en les désignant par les noms des nombres de cette même échelle, ou encore par les lettres successives de l'alphabet, comme nous le ferons.

C'est ainsi que nous pouvons appeler le premier objet du groupement 1 ou a, le deuxième 2 ou b, le troisième 3 ou c, et ainsi de suite ; en sorte que le classement ordinal soit transformé en cardinal, comme nous l'avons fait pour la numération dont l'analogie avec ce problème est tout de suite évidente.

77. — Ce qu'il importe de connaître dans toutes les hypothèses, c'est la loi d'où le nombre d'arrangements possibles

dépendra, qu'il s'agisse du nombre des objets considérés, ou du *taux de groupements* ; car ces dispositions peuvent varier de manières différentes.

Dans le cas des sept notes musicales, par exemple, l'impression est différente quand toutes les notes y figurent, ou lorsqu'il ne s'y trouve que quelques-unes parmi elles ; mais dans un cas comme dans l'autre, l'impression est encore différente si la sixième note est à la première place, ou à la deuxième, etc.

Envers les couleurs, le panneau diffère quand toutes les sept couleurs y sont, ou quand il n'y en a que quelques-unes ; mais il sera encore divers dans l'un ou l'autre cas, lorsqu'une des couleurs est à gauche ou à droite, etc... Dans chacune de ces hypothèses, la découverte de la loi est faite soit par simple *induction*, soit au moyen de l'*induction* assistée par la *déduction*.

Mais, vu la variété des marches qui peuvent être adoptées dans la découverte de ces lois, il y faudra introduire le point de vue subjectif, pour effectuer la construction du type le plus convenable à nos besoins. Considérées ainsi, ces lois ne pourront être que les combinaisons fondamentales de l'arithmétique, dans lesquelles se résolvent tous les cas imaginables de ce problème.

Rien ne saurait donc justifier l'étude de la théorie des *permutations*, des *arrangements*, des *combinaisons* et des *répartitions* dans le domaine algébrique, comme on le fait ordinairement ; la nécessité où l'on est de connaître pratiquement les opérations fondamentales ne saurait être une raison suffisante pour un tel déplacement. Car le passage des nombres d'un système de numération à un autre exige aussi une telle connaissance, sans que l'on ait jamais contesté le caractère purement numérique de ce problème.

L'étude pratique des opérations est spontanément acquise pendant l'éducation de la *première enfance*, en ne réservant à l'arithmétique que l'appréciation des théories respectives, dont la destination est dès lors plutôt logique que scientifique. Comme un tel problème dépend essentiellement de la numération, Auguste Comte le fait étudier comme un complément essentiel de cette partie de l'arithmétique sous le nom de *théorie numérique de l'ordre*.

78. — A présent, nous pouvons commencer l'étude de la théorie numérique de l'ordre ou, en d'autres mots, celui de la théorie numérique des *arrangements*, car c'est dans ce sens que nous employons le mot *ordre*. Ces arrangements ou dispositions forment trois catégories qui sont respectivement connues sous les noms de *permutations*, d'*arrangements* et de *combinaisons*, qui donnent lieu à trois espèces de problèmes, dont dépend encore un autre, celui des *répartitions*.

On nomme *permutations* les diverses dispositions qui peuvent être données à un certain nombre d'éléments, considérés dans leur ensemble. Pour en donner un exemple, il suffit de considérer les sept notes de l'échelle musicale. En altérant les dispositions de ces notes, sans en altérer le nombre, nous pouvons produire différentes mélodies. Chacune représente une permutation de sept notes.

On appelle *arrangements* les différentes dispositions qu'on peut obtenir avec des éléments divers, en les groupant deux à deux, ou trois à trois, quatre à quatre, etc... Dans le cas des mélodies, en groupant les notes deux à deux, ou trois à trois, etc., nous obtenons plusieurs compositions. Chacune de ces mélodies représente un arrangement deux à deux, ou trois à trois, etc., des sept notes et l'ensemble constitue les arrangements des sept notes. Les arrangements changent donc, non seulement quand les notes groupées sont différentes, mais aussi lorsque les mêmes notes sont représentées dans un ordre inverti.

On nomme *combinaisons différentes* ou tout simplement *combinaisons* les diverses dispositions qui peuvent être obtenues en considérant les éléments deux à deux, trois à trois, etc., de façon que chaque disposition soit différente des autres, du moins par un de ses éléments.

Si nous prenons, par exemple, les sept couleurs, et que nous formions plusieurs panneaux de deux couleurs, et si le premier est rouge et vert, le deuxième rouge et jaune, le troisième rouge et bleu, etc., chaque panneau représentera une combinaison des sept couleurs deux à deux, et les divers panneaux ainsi obtenus représenteront l'ensemble des combinaisons deux à deux, qui peuvent être faites avec ces couleurs.

79. — Bien appréciés, suivant leur nature et leur connexité, ces trois problèmes peuvent être traités, ou directement, en considérant chacun en particulier, comme s'il était distinct ; ou indirectement, en faisant rentrer deux d'entre eux dans l'autre, considéré alors comme fondamental et distinct.

Il y a donc six manières de les résoudre. Au *point de vue scientifique*, n'importe laquelle est indifférente ; mais, au *point de vue logique*, il n'en est plus de même. Car pour chaque manière de les résoudre surgit une observation, une *conséquence logique* qui a plus d'importance que les *résultats scientifiques ;* ceux-ci n'ont qu'une utilité momentanée, tandis que les autres sont incorporés à notre sagesse et employés toute la vie.

Cependant, on comprend que la solution indirecte est,

sous le point de vue philosophique, celle qui est préférable, parce qu'elle enchaîne et lie les trois problèmes ; et notre esprit est naturellement porté à établir des liaisons. Mais il faut encore y distinguer le point de vue abstrait du concret. Sous le point de vue concret, pratique, la solution directe peut être préférable ; car, à force de vouloir lier, on peut être conduit à compromettre la simplicité des questions.

Il faut donc allier les deux points de vue. C'est ce que nous allons faire en traitant ici la solution directe de ces problèmes, et, plus tard, l'indirecte, dans la partie complémentaire de ce livre, où nous choisirons, parmi les manières que cette dernière solution permet, celle qui offre le plus de simplicité.

80. — Loi de permutation. — Supposons qu'il s'agit de savoir combien de permutations pourraient être faites avec un certain nombre d'objets ; ou bien, pour fixer nos idées, combien de mélodies pourraient être obtenues avec les sept notes musicales, indépendamment du point de vue des *rythmes*. D'après la règle de Descartes, nous allons décomposer cette question en d'autres plus simples.

1° Prenons deux notes et représentons-les par les lettres *a* et *b*. Il est évident, vu la définition ci-dessus, que nous pouvons faire les permutations représentées par *ab* et *ba*.

Nous avons donc deux permutations.

2° Prenons, maintenant, trois notes représentées par *a*, *b* et *c*.

Si nous fixons la première note et si nous plaçons ensuite les permutations obtenues avec les deux qui restent, nous aurons deux permutations de trois notes, qui commencent par la première, car nous avons vu que 2 est le nombre de celles qui peuvent être faites avec deux notes.

Mais cette disposition peut être répétée pour la deuxième note, et ensuite pour la troisième, en fournissant chaque fois deux permutations de trois notes.

Ainsi, nous aurons :

abc	bac	cab
acb	bca	cba

Donc, le nombre total des mélodies forme 3 lots, contenant chacun 2 groupes, ou *3 fois 2*, qui est par conséquent le nombre total des permutations qui peuvent être faites avec 3 éléments.

3° Considérons, à présent, quatre notes représentées par *a*, *b*, *c* et *d*.

En fixant la première et en notant ensuite les permutations des 3 qui restent, nous aurons autant de permutations de 4 notes que celles qui auraient été obtenues avec 3, qui sont, comme nous l'avons vu : 3 fois 2. Et comme cette opération peut être répétée 4 fois, le nombre total de permutations de 4 notes sera : *4 fois 3 fois 2*.

En étendant ce raisonnement au cas de 5, 6... notes, nous verrons que le nombre de permutations d'un ordre est égal à celui des permutations de l'ordre immédiatement inférieur multiplié par le nombre d'objets à permuter.

Avec 5 notes, par exemple, il est facile de reconnaître, par un raisonnement analogue, que la totalité des permutations est exprimée par 5 fois le nombre de permutations de 4 notes, ou *5 fois 4 fois 3 fois 2*.

Avec 6 notes nous obtiendrions 6 fois le nombre de permutations de 5 notes, ou *6 fois 5 fois 4 fois 3 fois 2* ; et, enfin, pour 7 notes, nous en arriverions à 7 fois le nombre des permutations de 6 notes, ou à *7 fois 6 fois 5 fois 4 fois 3 fois 2*, qui représente donc le nombre de permutations qui peuvent être faites avec 7 notes.

Par induction, nous pouvons donc conclure que, pour un nombre quelconque d'objets, la totalité des permutations équivaut à un produit de facteurs consécutifs et décroissants depuis ce nombre jusqu'à 2 inclusif.

81. — Mais de cette formule on peut déduire une autre plus simple, vu que l'ordre des facteurs n'en altère point le produit, qui n'est pas modifié non plus, si l'on y introduit le facteur *1*. Le nombre des permutations des 7 notes peut donc être exprimé plus facilement par *1 fois 2 fois 3 fois 4 fois 5 fois 6 fois 7*. Dans le cas de 8 objets à permuter, ce produit comprendrait le facteur 8 en plus ; envers 9, le facteur 9 outre le précédent, et ainsi de suite.

On en peut donc conclure que *le nombre des permutations quelconques équivaut au produit des termes de l'échelle numérique, jusqu'au nombre total des objets à permuter, y inclus.*

82. — Cette règle générale nous offre un exemple de l'emploi qu'on peut déjà faire, dans le *calcul arithmétique*, de la méthode nommée *constructive*. L'inversion des facteurs et l'introduction du facteur *1* dans la loi qu'on a obtenue représentent, en effet, une construction purement subjective qui n'est destinée qu'à nous en faciliter l'expression.

II

PROBLÈMES DES ARRANGEMENTS ET DES COMBINAISONS.

83. — Nombre des arrangements. Le problème consiste à déterminer directement combien d'arrangements

comporte un certain nombre d'éléments, par exemple : les 7 notes musicales considérées 2 à 2, 3 à 3, etc... La connexité de ce problème avec le précédent devient évidente parce que, si le nombre d'objets à ranger est égal au taux du groupement, l'arrangement obtenu sera une permutation.

Donc, pour résoudre ce problème, suivons encore la marche antérieure, en cherchant à nous élever des cas plus simples aux cas compliqués, d'après la règle de Descartes. Puisque la difficulté du problème ne dépend point du nombre d'objets à ranger, mais de ceux qui doivent figurer dans chaque groupe (taux du groupement), supposons d'abord le cas le plus simple où il s'agit d'obtenir des *arrangements 2 à 2*.

Si nous prenons la première des 7 notes, il est évident que nous pouvons la grouper avec chacune des autres six, ce qui donnera six arrangements 2 à 2, c'est-à-dire autant d'arrangements 2 à 2 qu'il y a de notes considérées moins une. Et, comme l'opération peut être répétée autant de fois qu'il y a de notes, en fournissant toujours le même nombre 6, nous concluons que la totalité des arrangements 2 à 2 sera égal à 6 répété autant de fois qu'il y a de notes considérées, c'est-à-dire 6 fois 7. Si l'on représente les 7 notes respectives par les 7 premières lettres de l'alphabet, nous aurons pour celles-ci 6 fois 7, ou 42 arrangements.

D'où l'on peut conclure que *la totalité des arrangements 2 à 2 équivaut au produit de deux facteurs consécutifs, dont le plus grand est le nombre des objets à ranger.*

Puisque cette conclusion se vérifie pour n'importe quel nombre d'objets à ranger dans le cas du taux 2, nous pouvons en induire sa pleine généralité.

84. — Examen des arrangements 3 a 3. Cherchons,

par exemple, combien de mélodies peuvent être obtenues avec les 7 notes, 3 à 3. En fixant la première des 7 notes, et en plaçant ensuite les arrangements des six notes 2 à 2, nous obtiendrons autant d'arrangements de 7 notes 3 à 3 que les arrangements que comportent les 6 autres 2 à 2 ; c'est-à-dire nous obtiendrons 6 fois 5 arrangements. Et, comme cette opération peut être répétée autant de fois que de notes considérées, en fournissant toujours ce nombre d'arrangements, il est évident que nous aurons en tout un nombre d'arrangements représenté par 7 fois 6 fois 5.

Donc, *la totalité des arrangements 3 à 3 équivaut à un produit de 3 facteurs consécutifs, dont le plus grand est le nombre des objets à ranger.*

85. — **Examen des arrangements 4 a 4, etc.** En répétant le même procédé, on vérifie que *la totalité des arrangements 4 à 4 sera représentée par un produit de 4 facteurs consécutifs, dont le plus grand est exprimé par le nombre des objets considérés. Par induction, nous sommes donc portés à conclure qu'on obtient « le nombre des arrangements quelconques, en formant le produit d'une série continue de facteurs décroissants, à partir de la totalité des objets jusqu'à ce que le nombre de ces facteurs devienne égal au taux de groupements ».*

Par exemple, le nombre d'arrangements de 7 objets 5 à 5 sera égal au produit de 5 facteurs décroissants à partir de 7, c'est-à-dire $7 \times 6 \times 5 \times 4 \times 3$ ou 2520.

86. — **Manière par laquelle on peut résoudre le problème des combinaisons.** On voit tout de suite une certaine analogie entre ce problème et celui des arrangements. En effet, si nous prenons tous les arrangements qui peuvent être faits avec un certain nombre d'objets, et si nous séparons ceux qui diffèrent au moins par un des objets consti-

tuants, nous aurons toutes les combinaisons des objets considérés.

Ainsi, par exemple, dans le tableau des arrangements du nombre précédent, si nous imaginons une ligne du groupe *ab* vers le groupe *gf*, les 42 arrangements seront divisés en deux portions égales, dont la supérieure est formée par les combinaisons des 7 notes 2 à 2. Ainsi on pourrait dire que les combinaisons ne sont rien de plus que des arrangements distincts quant aux objets dont elles sont composées.

Cette analogie nous fait naturellement adopter ici la marche suivie dans la question précédente. Mais auparavant, nous devons réfléchir sur le mot *combinaison* qui est plus expressif que le mot *arrangement* et que celui de *permutations*. En effet, dans la première syllabe, on trouve l'idée de réunion, et, dans la seconde, celle de deux objets, en sorte qu'un tel mot signifie étymologiquement *action de réunir deux objets ou deux choses*.

D'après un tel sens ce problème semblerait absurde, car il s'agit de la combinaison d'objets, non seulement 2 à 2, mais encore 3 à 3, 4 à 4, etc... Mais cela n'a pas lieu ; en effet, toute combinaison est binaire, mais rien ne s'oppose à ce qu'à côté d'un, deux, trois, etc., objets, nous imaginions une combinaison binaire, et voilà ce que nous appelons des combinaisons ternaires, quaternaires, et ainsi de suite.

Ceci une fois établi, voyons si la marche suivie dans le problème des arrangements permet de résoudre le problème qui consiste à déterminer le nombre de combinaisons possibles avec un certain nombre d'objets considérés ou 2 à 2, ou 3 à 3, ou 4 à 4, etc.

87. — Résolution du problème dans le cas ou le taux serait 2. Supposons qu'il s'agit de combiner 7 objets 2 à 2,

que nous représenterons encore par les sept premières lettres de l'alphabet. En groupant le premier objet avec chacun des suivants, nous aurons 6 combinaisons, à savoir : *ab*, *ac*, *ad*, *ae*, *af*, *ag*. En passant au deuxième objet et en le groupant, non pas avec le précédent, puisque cette combinaison est déjà fixée, mais avec chacun des 5 suivants, nous aurons 5 combinaisons, c'est-à-dire : *bc*, *bd*, *be*, *bf*, *bg*.

En passant au troisième, et en le groupant, non pas avec les deux précédents, mais avec les 4 suivants, nous aurons 4 combinaisons, c'est-à-dire : *cd*, *ce*, *cf*, *cg*. En passant au quatrième, et en le groupant avec les trois suivants, nous obtiendrons 3 combinaisons, c'est-à-dire : *de*, *df*, *dg*. Si nous passons au cinquième, en le groupant avec les 2 suivants, nous obtiendrons 2 combinaisons, c'est-à-dire : *ef*, *eg* ; et enfin, en groupant le sixième avec le suivant, nous aurons une combinaison, c'est-à-dire : *fg*. Le nombre total des combinaisons de 7 objets 2 à 2 est donc représenté par la somme des nombres : 6, 5, 4, 3, 2, 1.

En raisonnant de la même façon pour un nombre quelconque d'objets, on arrive à la conclusion que *la totalité de leurs combinaisons 2 à 2 est exprimée par une somme de parcelles successivement décroissantes, dont la plus grande est égale au nombre d'objets immédiatement inférieur à celui des objets considérés et dont la plus petite est l'unité.*

L'énoncé précédent n'est pas celui qui convient le mieux. On peut construire un autre, déduit de celui-ci, si nous considérons que l'ordre des parcelles n'altère pas la somme. *La totalité des combinaisons quelconques, prises deux à deux, équivaut à la somme des termes de l'échelle numérique jusqu'à celui dont l'ordre est égal au nombre d'objets considérés moins un.*

La détermination d'un nombre quelconque de combinaisons 2 à 2 reste donc réduite à l'additionnement d'une série de termes de l'échelle numérique. En prenant de celle-ci le premier et ensuite la somme des deux premiers, des trois premiers, des quatre premiers, et ainsi de suite, nous aurons les nombres qui expriment respectivement la totalité des combinaisons 2 à 2, de 2, de 3, de 4, etc., objets.

Il en résulte donc la possibilité d'organiser une table contenant la totalité des combinaisons 2 à 2 d'objets quelconques, jusqu'où il le faudra :

Objets à combiner	1	2	3	4	5	6	7....
Totalité des combinaisons		1	3	6	10	15	21...

Pour un nombre quelconque d'objets représentés au premier rang, on trouve, dans la deuxième, immédiatement au-dessous, la totalité des combinaisons 2 à 2 auxquelles ils donnent lieu.

Les nombres de la deuxième série sont susceptibles d'une figure très simple. Comme on les obtient en additionnant les deux premiers, les trois premiers, etc., termes de la série naturelle, il en résulte que, si nous représentons successivement les termes de celle-ci par 1, 2, 3... points, les termes de l'autre pourront être représentés successivement par une réunion chaque fois plus grande des mêmes points, lesquels, étant disposés les uns au-dessous des autres, nous donneront les images triangulaires suivantes :

1 3 6 10 15 etc.

Voilà pourquoi cette deuxième série a été appelée série des nombres triangulaires ou figurés de deuxième ordre, pour les distinguer de la série précédente, qui peut être nommée celle des nombres linéaires ou figurés de premier ordre.

88. — Le problème dans le cas des combinaisons quelconques, 2 à 2, une fois résolu, passons aux combinaisons 3 à 3. Si nous fixons le premier des 7 objets considérés, et si nous le groupons successivement aux combinaisons des 6 autres, 2 à 2, nous aurons d'abord autant de combinaisons 3 à 3 qu'il y en aura de celles-là, c'est-à dire 1 + 2 + 3 + 4 + 5, ou 15, suivant ce que nous avons vu ci-dessus.

Si nous fixons le deuxième objet et si nous le groupons consécutivement aux combinaisons des 5 qui restent 2 à 2, nous aurons un nombre de combinaisons 3 à 3 exactement égal à celui des combinaisons 2 à 2, c'est-à-dire égal à 1 + 2 + 3 + 4 ou 10, comme nous l'avons vu.

Si nous faisons la même chose pour le troisième objet, nous obtiendrons un nombre de combinaisons 3 à 3 égal à celui des combinaisons 2 à 2 des 4 qui restent, c'est-à-dire égal à 1 + 2 + 3 ou 6. Pour le quatrième, nous obtiendrons un nombre de combinaisons 3 à 3 égal à celui des combinaisons 2 à 2 des trois qui restent, c'est-à-dire à 1 + 2, ou 3. Enfin, pour le cinquième, nous n'en aurons qu'une, car les 2 objets qui restent ne donnent lieu qu'à une combinaison.

La totalité des combinaisons de 7 objets 3 à 3 résulte donc de l'addition successive de toutes les combinaisons de 6, de 5, de 4, de 3, et de 2 objets, considérés 2 à 2 : elle sera donc donnée par la somme des nombres 1, 3, 6, 10, 15. La totalité des combinaisons 3 à 3 des 7 objets est donc représentée par la somme des cinq premiers termes de la série des nombres triangulaires.

Si au lieu de 7 les objets considérés étaient 8, 9..., un raisonnement analogue nous montrerait que la totalité des combinaisons 3 à 3 serait respectivement exprimée par la somme des 6 premiers ou des 7 premiers, etc... nombres triangulaires. Ainsi donc, en généralisant cette conclusion, on peut en formuler la règle générale : *la totalité des combinaisons 3 à 3 équivaut à la somme d'autant de termes consécutifs de la série des nombres triangulaires, que celui des objets considérés moins 2.*

La détermination d'un nombre quelconque de combinaisons 3 à 3 dépend donc de l'additionnement d'un certain nombre de termes de la série des nombres triangulaires. En prenant dans cette série le premier terme, ensuite la somme des deux premiers, des trois premiers, des quatre premiers termes, et ainsi de suite, nous aurons respectivement les nombres qui expriment la totalité des combinaisons 3 à 3, de 3, 4, 5, 6, etc., objets.

D'où la possibilité d'organiser une table, qui permet de déterminer la totalité des combinaisons 3 à 3 d'objets quelconques, pourvu que ceux-ci ne figurent pas dans des nombres trop considérables. D'après la nature de cette question, l'on voit qu'une pareille table doit forcément comprendre la précédente, comme on le remarque ci-après :

Nombre d'objets à combiner	1	2	3	4	5	6	7...
Nombre de combinaisons 2 à 2		1	3	6	10	15	21..
Nombre de combinaisons 3 à 3			1	4	10	20	35..

Pour un nombre quelconque d'objets de la première série, la troisième nous donne au-dessous, à la même ligne verticale, la totalité des combinaisons 3 à 3.

Les nombres de cette troisième série comportent aussi une image géométrique. Comme on les obtient en prenant successivement le premier, la somme des deux premiers, des trois premiers, etc., termes de la série précédente, et comme les termes de celle-ci sont représentés par des triangles équilatéraux, il est évident que les termes de l'autre pourront être représentés par des triangles pareils et décroissants, qui se superposent aux précédents, et forment par conséquent des *pyramides triangulaires*.

Pour cette raison, cette nouvelle série est nommée série des nombres *pyramidaux*, ou *figurés de troisième ordre*, qui dérive des nombres *triangulaires*, ou *figurés de deuxième ordre*, comme celle-ci est dérivée de la série naturelle [1].

89. — Instituons, à présent, la solution pour le cas des combinaisons 4 à 4. En groupant successivement le premier des 7 objets considérés avec les combinaisons de ceux qui restent 3 à 3, nous aurons d'abord autant de combinaisons des 7 objets 4 à 4 qu'il y en aura pour les 6 qui restent 3 à 3. Or, nous avons vu antérieurement que ce nombre est rendu par la somme des 4 premiers termes de la série des *nombres triangulaires*, c'est-à-dire par $1 + 3 + 6 + 10$ ou 20.

En groupant le deuxième objet avec les combinaisons des 5 qui restent 3 à 3, nous aurons autant de combinaisons 4 à 4 qu'il y en aura de celles qui sont, comme nous l'avons vu, exprimées par la somme des 3 premiers termes de la série des nombres triangulaires, c'est-à-dire par $1 + 3 + 6$ ou 10. Si l'on groupe le troisième objet avec les combinaisons 3 à 3 des 4 qui restent, nous aurons autant d'autres combinaisons 4 à 4, dont le nombre est rendu par la somme des 2 premiers termes de la série des nom-

1. On aura une idée concrète de ces nombres figurés, en imaginant qu'ils représentent les nombres de sphères tangentes et égales, qui peuvent rentrer dans un polygone ou dans une pyramide régulière quelconque,

bres triangulaires, c'est-à-dire par 1 + 3, ou 4. Enfin, en groupant le quatrième objet avec les 3 qui restent, nous aurons une seule combinaison.

La totalité des combinaisons de 7 objets 4 à 4 résulte donc de la somme de toutes les combinaisons 3 à 3, d'abord des 6, et ensuite des 5, des 4, et des 3 qui restent. Elle sera donc rendue par la somme des nombres 1, 4, 10 et 20. La totalité donc des combinaisons des 7 objets 4 à 4 équivaut à la somme des 4 premiers termes de la série des *nombres pyramidaux triangulaires*.

Si les objets considérés au lieu d'être 7 étaient 8, 9... un raisonnement analogue nous montrerait que la totalité des combinaisons 4 à 4 serait exprimée respectivement par la somme des 5 premiers, ou des 6 premiers, etc., *nombres pyramidaux triangulaires*. En sorte que si on généralise cette conclusion, l'on peut formuler la règle suivante : *La totalité des combinaisons 4 à 4 équivaut à la somme d'autant de termes consécutifs de la série des nombres pyramidaux qu'il y a d'objets considérés moins 3.*

La détermination d'un nombre quelconque de combinaisons 4 à 4 dépendra donc de l'additionnement d'un certain nombre de termes de la série des *nombres pyramidaux*. En prenant le premier terme dans cette série, et ensuite la somme des 2 premiers, des 3 premiers, des 4 premiers termes, et ainsi de suite, nous aurons respectivement les nombres qui expriment la totalité des combinaisons 4 à 4 de 4, 5, 6, 7, etc., objets.

D'où la possibilité d'organiser une table telle que les précédentes, en permettant de déterminer la totalité des combinaisons 4 à 4 d'objets d'un nombre quelconque, pourvu que celui-ci ne soit pas fort considérable. On comprend donc qu'une telle table n'est que l'extension de la table précédente, n'en différant que par l'inclusion de la nouvelle série 1, 5, 15, 35, 70, etc..., c'est à-dire celle des nombres figurés de quatrième ordre qui ne reçoivent aucun nom spécial.

90. — Examen des conclusions précédentes : induction de la loi générale. Nous avons vu ci-dessus que la totalité des combinaisons 2 à 2 est exprimée par la somme d'autant de termes consécutifs de la série naturelle qu'il y aura d'objets considérés moins 1 ; que la totalité des combinaisons 3 à 3 est exprimée par la somme d'autant de termes consécutifs de la série des nombres figurés de deuxième ordre (triangulaires) qu'il y a d'objets considérés moins 2 ; et, enfin, que la totalité des combinaisons 4 à 4 est exprimée par la somme d'autant de termes consécutifs de la série des nombres figurés de troisième ordre (pyramidaux triangulaires) qu'il y aura d'objets considérés moins 3.

Nous pouvons donc conclure par induction que la totalité des combinaisons 5 à 5 sera représentée par la somme d'autant de termes consécutifs de la série des nombres figurés de quatrième ordre, qu'il y aura d'objets considérés moins 4 ; que la totalité des combinaisons 6 à 6 sera donnée par la somme d'autant de termes consécutifs de la série des nombres figurés de cinquième ordre, qu'il y aura d'objets considérés moins 5 ; et ainsi de suite.

Cette conclusion nous montre que le problème des combinaisons est plus compliqué que les précédents, puisqu'il exige dans tous les cas que l'on effectue l'additionnement des termes d'une série, ce qui, à son tour, suppose des évaluations analogues pour les séries antérieures d'où dérive celle-là. Dans les mêmes conditions se trouve le problème appelé problème des *répartitions*, dont la connexité avec le précédent nous aurons l'occasion de reconnaître.

III

NÉCESSITÉ D'UNE AUTRE SOLUTION PLUS SIMPLE POUR LE PROBLÈME DES COMBINAISONS ; SA CONNEXITÉ AVEC LES PROBLÈMES DES ARRANGEMENTS ET DES PERMUTATIONS.

91. — La marche appréciée au paragraphe précédent pour résoudre le problème des combinaisons offre, comme nous l'avons vu, l'inconvénient d'exiger l'additionnement des termes des séries des nombres figurés qui, à leur tour, supposent l'évaluation de la somme d'un certain nombre de termes de l'échelle naturelle.

Toutefois, une marche semblable n'est pas tout à fait infructueuse. Elle a l'avantage de nous donner tout de suite une conception plus générale des séries que celle qui est fournie par la numération systématique, et surtout de faire comprendre la nécessité de résoudre le problème de son addition spéciale. Cependant nous allons indiquer un autre procédé plus simple, et, par conséquent, moins spontané, pour résoudre le problème des *combinaisons*.

92. — Marche de Clairaut. Nous allons apprécier la marche suivie par Clairaut [1] dans l'institution de la *loi des combinaisons*. Une telle marche, analogue à celle que les géomètres grecs nommaient *analyse géométrique*, consiste à supposer le problème résolu, à en observer les éléments, et, en partant de là, de déduction en déduction, arriver au résultat désiré.

Pour la comprendre mieux, supposons qu'il s'agit de

1. Clairaut, *Eléments d'Algèbre*, 4e éd., Paris, MDCCLX, ch. VIII.

savoir le nombre des combinaisons par addition qui pourraient être faites avec les sept premières lettres, considérées deux à deux. Supposons que ces combinaisons soient déjà tout indiquées. Comme nous devrons écrire deux lettres dans chacune de ces combinaisons, il est évident que le nombre total des lettres employées devra être le double du nombre total de combinaisons ; en sorte que si nous savions ce nombre de lettres et que nous en prenions la moitié, nous aurions tout de suite le nombre de ces combinaisons.

Mais comment déterminer ce nombre de lettres ? Pour cela, il suffit de remarquer que, lorsque nous combinons la première lettre avec chacune des six suivantes, nous l'écrivons six fois ; que lorsque nous combinons la deuxième avec chacune des 5 suivantes, nous l'écrivons 5 fois ; mais remarquons que ce nombre s'élève aussi à 6, car cette lettre se trouve déjà combinée avec la première ; et, enfin, qu'il en arrive de même à la troisième, la quatrième, la cinquième, la sixième et la septième lettre.

Toutes les lettres figurent donc 6 fois dans le cas dont il s'agit ; et comme le nombre de ces lettres est 7, la conséquence en est que la totalité des lettres écrites est 7×6. Mais, comme nous savons que le nombre total des lettres écrites est le double du nombre cherché de combinaisons, le résultat est que ce nombre-ci est la moitié de celui-là, c'est-à-dire $\frac{7 \times 6}{2}$. Ainsi donc, *le nombre total de combinaisons 2 à 2 est représenté par une fraction dont le dénominateur est 2, et dont le numérateur est un produit de deux facteurs consécutifs et décroissants, dont le plus grand est la totalité des objets à combiner.*

Supposons maintenant qu'il s'agit de savoir combien de combinaisons produisent les 7 premières lettres, considérées

3 à 3. Figurons-nous que toutes ces combinaisons sont indiquées. Chacune d'elles ayant trois lettres, il est évident que le nombre total des lettres employées est le triple du nombre des combinaisons indiquées. En sorte que, si la totalité de ces lettres est connue, il suffira d'en prendre la troisième partie pour avoir la totalité des combinaisons.

Mais comment obtenir le nombre total des lettres employées ? Dans ce cas, il suffit de considérer que dans ces combinaisons chaque lettre entre le même nombre de fois que la première. Or, quand nous formons les combinaisons 3 à 3 dans lesquelles entre celle-ci, nous ne faisons rien de plus que de la grouper avec les combinaisons des six autres, 2 à 2 ; en sorte qu'elle y figure autant de fois que les combinaisons des six autres 2 à 2.

Nous concluons donc :

1° Que chaque lettre y entre le même nombre de fois ;

2° Que chacune y entre autant de fois que de combinaisons 2 à 2, des 6 qui restent, c'est-à-dire :

$$\frac{6 \times 5}{2}$$

Mais, si chaque lettre y entre ce nombre de fois, les 7 lettres considérées y entreront 7 fois plus, c'est-à-dire 7 fois ce nombre de combinaisons, ou :

$$7 \text{ fois } \frac{6 \times 5}{2}$$

Il résulte donc, de ce que nous avons dit ci-dessus, qu'il suffit de prendre la troisième partie de ce nombre pour obtenir la totalité des combinaisons des 7 objets 3 à 3, ce qui donne donc : $\frac{7}{3}$ de ce nombre de combinaisons 2 à 2, ou $\frac{7}{3}$ de $\frac{6 \times 5}{2}$, qui équivaut à $\frac{7 \times 6 \times 5}{3 \times 2}$.

Afin de rendre cette formule plus convenable, il suffit d'introduire le facteur 1 dans le dénominateur après avoir inverti l'ordre de ceux qui s'y trouvent, ce qui ne l'altère pas, évidemment, et qui donne :

$$\frac{7 \times 6 \times 5}{1 \times 2 \times 3}$$

Nous pourrons donc l'énoncer de la manière suivante : *La totalité des combinaisons 3 à 3 est représentée par une fraction dont le dénominateur est le produit des trois premiers termes de l'échelle numérique, et dont le numérateur est un produit de trois facteurs consécutifs et décroissants, dont le plus grand est le nombre des objets à combiner.*

Comme le raisonnement que nous avons fait pour le cas du taux trois peut être appliqué à un autre taux quelconque, nous sommes portés à généraliser la règle des combinaisons en disant : *La totalité des combinaisons quelconques équivaut à un nombre fractionnaire, ayant pour numérateur un produit de facteurs consécutifs et décroissants, depuis celui qui exprime le nombre d'objets à combiner y inclus, jusqu'à celui dont l'ordre atteint le taux de groupement et dont le dénominateur est un produit d'un égal nombre de termes de l'échelle numérique, à partir du premier.*

Le nombre total de combinaisons étant nécessairement entier, il s'ensuit que ce produit-là contient exactement ce dernier.

93. — L'énoncé de la règle précédente nous fait voir en même temps quelle est la relation qui existe entre une combinaison quelconque et celle d'ordre immédiatement supérieur.

En effet, en isolant dans l'expression fractionnaire obtenue les plus grands facteurs du numérateur et du dénominateur, on voit aussitôt que, *pour passer du nombre de combinaisons d'un ordre à celui de l'ordre immédiatement supérieur, il suffit de le multiplier par une fraction dont le numérateur est la totalité des objets à combiner et dont le dénominateur est le nouveau taux de groupement.*

Ainsi, par exemple, si l'on connaît le nombre de combinaisons de 6 objets 3 à 3, on aura celui de 7 objets 4 à 4, en le multipliant par $\frac{7}{4}$, ce qui donne $\frac{7}{4}$ multiplié par $\frac{6 \times 5 \times 4}{1 \times 2 \times 3}$.

De la même manière, en connaissant le nombre de combinaisons de 7 objets 4 à 4, pour avoir celui de 8, 5 à 5, il suffira de le multiplier par $\frac{8}{5}$, etc...

94. — Une autre formule utile. La formule précédente, nommée avec justice formule de Clairaut, indique la relation qui existe entre un nombre quelconque de combinaisons, et celui qui exprime celle de l'ordre immédiatement supérieur, ou vice versa. On peut encore établir le rapport qui existe entre la totalité des combinaisons d'un nombre quelconque d'objets sous un certain taux, et la totalité que l'on obtiendrait en combinant le même nombre d'objets, mais sous un taux égal à la différence entre lui et le taux primitif.

En effet, pour cela, il suffit de remarquer que si nous formons, par exemple, toutes les combinaisons de 5 objets 3 à 3, à chaque groupe correspondra une combinaison des objets qui restent, 2 à 2, c'est-à-dire :

abc	auquel	correspond...	*de*
abd	—	—	*ce*
abe	—	—	*cd*
acd	—	—	*be*

ace	auquel	correspond...	*bd*
ade	—	—	*bc*
bcd	—	—	*ae*
bce	—	—	*ad*
bde	—	—	*ac*
cde	—	—	*ab*

Ainsi donc, la totalité des combinaisons des 5 objets 3 à 3 équivaut à celle des combinaisons des 5 objets 2 à 2. Et, comme le raisonnement que nous avons fait ne dépend pas de la valeur particulière du nombre d'objets considérés, mais tout simplement de son rapport avec le taux adopté, il est permis de l'étendre à d'autres cas analogues, ainsi, par exemple, on peut dire que la totalité des combinaisons de 6 objets 4 à 4 équivaut à celle des 6 objets 2 à 2, puisque 2 est égal à 6 moins 4 ; de la même manière, le nombre de combinaisons de 7 objets 2 à 2 est égal à celui des combinaisons de ces 7 objets, 5 à 5, vu que 5 est la différence entre 7 et 2, et ainsi de suite.

Outre l'utilité qu'a cette règle en Algèbre, dans l'institution d'une loi découverte par Newton, elle permet de simplifier la loi des combinaisons. Supposons, par exemple, qu'il s'agit de savoir combien de combinaisons peuvent être faites avec 49 objets, quand chaque groupe en possède 47. Si nous appliquions la loi des combinaisons nous devrions calculer le quotient du produit de 47 facteurs consécutifs et décroissants par les 47 premiers termes de l'échelle numérique. Cependant, en appliquant la règle précédente, il suffit d'obtenir le produit de deux facteurs consécutifs et d'en prendre la moitié, vu que la totalité des combinaisons demandées équivaut au nombre de celles qui peuvent être faites avec 49 objets pris 2 à 2, parce que 2 est égal à

49 moins 47 ; le résultat sera donc $\frac{49 \times 48}{2}$ ou 1176.

La possibilité d'exprimer le même nombre de combinaisons, en employant un taux moindre, permet de résoudre quelques problèmes intéressants, comme nous allons le montrer.

1° *On peut demander, par exemple parmi les combinaisons 5 à 5 de 7 objets, combien y en a-t-il qui contiennent 3 objets déterminés.*

Pour résoudre ce problème, il suffit de remarquer que, en ôtant ces 3 objets des 7 considérés, il en reste 7 moins 3, ou 4. Or, si nous formons les combinaisons, *5 moins 3 à 5 moins 3*, de ces 7 moins 3 ou 4 objets, et, si nous plaçons à droite de chacune d'elles les 3 objets mis de côté, nous aurons évidemment toutes les combinaisons 5 à 5 que contiennent ces 3 objets. Le nombre demandé est donc donné par celui de combinaisons de 7 moins 3 objets à 5 moins 3, c'est-à-dire par celui de combinaisons de 4 objets 2 à 2, ce qui fournit $\frac{4 \times 3}{1 \times 2}$, ou 6. Ainsi donc, si nous voulons savoir combien de ces combinaisons 5 à 5 contiennent 2 des objets donnés, il suffira de soustraire 2 de 7 et de 5, et de prendre, par conséquent, les combinaisons qui peuvent être faites avec les 5 objets qui restent 3 à 3, ce qui produit $\frac{5 \times 4 \times 3}{1 \times 2 \times 3}$ ou 10.

2° *Si nous demandons, au contraire, parmi les combinaisons, 5 à 5 de 7 objets, combien il y en a qui ne contiennent aucun des objets qui se trouvent entre 2 déterminés,* on voit que, mettant de côté ces 2 objets, il reste 7 fois moins 2, ou 5 ; le nombre de combinaisons demandé est donc celui que l'on peut former avec 7 moins 2, ou 5, groupés 5 à 5, c'est-à-dire 1.

3° *Si on veut savoir encore, parmi les combinaisons 3 à 3 de 7 objets, combien il y en a qui contiennent au moins un objet choisi entre 2 déterminés*, on commence par obtenir le nombre de combinaisons des 7 moins 2, ou 5 objets, 3 à 3, qui ne contient aucun des 2 objets désignés, et on soustrait le résultat 10 du nombre de combinaisons de 7 objets, 3 à 3, c'est-à-dire de 35, ce qui fournit 25 pour le résultat demandé.

Enfin, des deux problèmes précédents, il résulte la possibilité de décomposer le nombre total de combinaisons en deux parcelles, c'est-à-dire :

La totalité des combinaisons quelconques équivaut à la somme de celles qu'on obtiendrait en diminuant séparément d'une unité soit le taux de groupement et le nombre d'objets, soit ce nombre seulement. C'est ainsi que le nombre de combinaisons de 5 objets 4 à 4 avec celles de 6 objets 5 à 5 équivaut à la totalité des combinaisons des 6 objets 4 à 4. C'est ce qui résulte immédiatement des deux questions ci-dessus, quand on y suppose que le nombre d'objets mis de côté se réduit à 1. Car on peut alors répartir les combinaisons des 7 objets considérés 5 à 5 en deux groupes : l'un composé des combinaisons qui contiennent un certain objet désigné, et l'autre composé de celles qui ne contiennent pas cet objet.

En effet, on voit que la totalité des combinaisons de 7 objets 5 à 5 est $\frac{7 \times 6}{1 \times 2}$ ou 21, parce que c'est la même que celle des 7 objets pris 2 à 2. Or, la totalité des combinaisons de 6 objets 4 à 4 est $\frac{6 \times 5}{1 \times 2}$, ou 15, parce que c'est la même que celle des 6 objets groupés 2 à 2, et la totalité des combinaisons de 6 objets 5 à 5 est la même que celle des 6 objets considérés 1 à 1, c'est-à-dire égal à 6 ; nous avons ainsi 15 plus 6 équivalant à 21.

95. — RELATION ENTRE LES TROIS PROBLÈMES, RÉVÉLÉE PAR LA COMPARAISON DE L'ÉNONCÉ CI-DESSUS AVEC CEUX QUI RÉSULTENT DES PROBLÈMES DES PERMUTATIONS ET DES ARRANGEMENTS.

Une fois connue la solution des combinaisons, si l'on a déjà résolu, comme nous l'avons fait, les deux problèmes antérieurs, on saisit facilement la connexité qui existe entre tous les trois. Car, dans l'expression normale de la loi des combinaisons, le numérateur représente le nombre d'arrangements analogues, et le dénominateur le nombre de permutations correspondant au taux de groupement. Nous pouvons donc remplacer cet énoncé par un autre plus simple, en disant seulement que : *le nombre de combinaisons est égal à celui des arrangements analogues, divisé par celui de permutations correspondant au taux de groupement.*

Mais une telle connexité sera mieux appréciée lorsque nous instituerons la solution systématique de ce triple problème qui se lie à celle d'un autre sous le nom caractéristique de problème des *répartitions*.

PARTIE SPÉCIALE

CINQUIÈME SECTION

Evaluation des nombres entiers par addition, soustraction et multiplication (calcul fétichique).

I

CONCEPTION GÉNÉRALE DES ÉVALUATIONS.

96. — Au moyen de la numération on peut résoudre le problème le plus simple que l'appréciation de l'ordre universel nous propose, et qui consiste à fixer les divers degrés de coexistence, en faisant abstraction des attributs spécifiques des objets considérés. Mais, l'échelle arithmétique une fois construite, la reconnaissance du degré qu'y doit occuper une pluralité serait exposée à de fréquentes méprises, si, dans chaque cas, nous étions obligés à effectuer un dénombrement direct de l'ensemble.

En outre, dans bien des circonstances, on sait comment des groupes partiels ont contribué à former un groupement total cherché. Et, en employant directement l'échelle numérique pour déterminer ce groupement, de pareils renseignements n'auraient aucune utilité. La *mesure* donne lieu à des observations analogues ; car la mesure directe n'est possible que très rarement. En général, on sait, au contraire, et il est seulement possible de savoir comment la grandeur que l'on désire mesurer dépend d'autres déjà mesurées ou de mesure aisée.

Dans toutes ces hypothèses-là, surgit donc le problème général suivant : *Divers nombres étant connus, et la manière par laquelle ils concourent à la formation d'un autre, déterminer ce dernier sans effectuer un dénombrement direct.*

La solution de ce problème constitue l'objet des évaluations. On voit donc que les *évaluations* se proposent d'obtenir le même objectif que la numération, en suivant une marche plus sûre et plus rapide.

97. — DES ÉVALUATIONS ET DE LEUR NOMBRE. Voilà le champ des investigations numériques où nous allons entrer. Au premier coup d'œil, il nous semble indéfini, puisque les évaluations paraissent varier indéfiniment. Mais, en examinant ce sujet, l'Humanité a reconnu la possibilité de le coordonner, vu que toutes les évaluations se réduisent au concours plus ou moins répété, et plus ou moins varié, d'un petit nombre d'évaluations élémentaires. En sorte qu'un domaine qui semblerait inépuisable condéré sous le point de vue objectif, apprécié sous l'aspect subjectif, devient facile à condenser.

En distinguant donc les évaluations en *composées* et en *simples* ou *élémentaires*, le *calcul arithmétique* se réduit à l'étude de ces dernières, les seules qui comportent des procédés ou opérations réellement distinctes. Ces évaluations sont au nombre de cinq, à savoir : *l'addition, la soustraction, la multiplication, la division*, et *l'extraction de la racine carrée* [1].

1. L'élévation à la puissance ne constitue pas, en *Arithmétique*, une

Elles forment, sous l'aspect historique et dogmatique, deux catégories : la première, due au *Fétichisme*, se compose de l'*addition* ; de la *soustraction* et de la *multiplication* ; la deuxième, élaborée par la *Théocratie*, est constituée par la *division* et par l'*extraction de la racine carrée*.

98. — DES RAPPORTS ENTRE LES ÉVALUATIONS ET LA NUMÉRATION SYSTÉMATIQUE. La distinction dogmatique entre ces deux groupes se manifeste en comparant leur rapport avec la numération.

Depuis sa constitution primitive, la numération a employé l'*addition* et, immédiatement après, la *soustraction*, comme l'atteste encore de nos jours la numération romaine. Mais la numération systématique n'a conservé que la première de ces opérations.

Toutefois, elle a aussi employé la *multiplication* et a même institué la notion de *puissance*, quoique celle-ci n'ait donné lieu, en arithmétique, à aucune opération distincte [1]. Mais dans la numération fondamentale, la *division* ni l'*extraction de la racine carrée*, qui n'y sont qu'indirectement affiliées, n'ont point été utilisées. En effet, ces opérations sont l'inverse de celles qu'emploie la numération.

Ce n'est que lorsque le développement théorique de l'Humanité conduisit à représenter numériquement la série continue des grandeurs, que la division a été employée dans la constitution de l'échelle numérique, afin de lui donner la

évaluation distincte de la multiplication. Elle ne saurait être considérée comme telle qu'en Algèbre.

1. Dans chaque chiffre d'un nombre, ces deux conceptions de produit et de puissance se trouvent nécessairement combinées, afin de préciser, d'un côté, la valeur des unités correspondantes, et de l'autre, le résultat de leur collection. (Aug. Comte, *Synthèse subjective.*)

continuité qu'elle n'avait pas d'abord par l'institution des fractions. Mais cette utilisation est plus apparente que réelle ; puisque l'échelle des nombres entiers peut suffire à toutes les hypothèses, en choisissant un module assez petit.

99. — Ainsi donc, ces observations ont-elles porté l'Humanité à distinguer les évaluations élémentaires en *directes* et *inverses*. Une telle distinction est purement subjective, puisque les évaluations élémentaires peuvent toutes être directement conçues et comportent une institution directe. Ce sont les convenances humaines qui ont déterminé à choisir les unes pour des *évaluations directes*, et dès lors à classer les autres comme *inverses*.

Si nous examinons les motifs qui ont déterminé à considérer comme *directes* l'*addition*, la *multiplication* et la *potentiation ;* et comme *inverses* la *soustraction*, la *division* et l'*extraction de la racine*, on reconnaît leur affiliation à notre constitution morale, puisque les *évaluations directes* caractérisent des notions sympathiques d'*union*, de *concours*, de *convergence*, tandis que les *évaluations inverses* définissent les notions antipathiques de *séparation*, de *divergence* et de *fragmentation*. L'influence de ces attributs moraux est évidente dans la constitution définitive de l'échelle numérique, dont les éléments ont tous eu une origine sympathique, comme nous l'avons vu.

Mais l'échelle numérique ayant employé l'addition, la multiplication et la potentiation, sa constitution présente aujourd'hui un motif théorique pour le choix des évaluations qui doivent être considérées comme directes.

100. — Tâchons d'apprécier, à présent, l'affiliation générale des évaluations envers l'échelle arithmétique dans le but de concevoir les motifs dogmatiques qui séparent la

division des groupes formés par l'*addition*, la *soustraction* et la *multiplication*. Lorsque nous avons fait l'exposé de cette échelle, nous avons montré que sa constitution avait toujours été sollicitée par les besoins de l'*évaluation* et non par ceux du *dénombrement*. Mais notre attention a aussitôt convergé spécialement vers la représentation de tous les nombres possibles.

Nous devons donc compléter cette première indication en observant que la structure de l'échelle numérale a plutôt eu en vue le *calcul* que le *dénombrement*. En effet, afin de compter, n'importe quelle sorte de signes, phoniques ou graphiques, pouvaient servir pour la représentation des nombres. La difficulté de retenir des signes disconnexes ne devient sensible que quand ils se multiplient beaucoup. De nos jours, nous voyons encore, dans la numération orale, que la plupart des gens n'attachent aux dénominations des nombres aucune idée d'affiliation.

Mais quand il s'agit du *calcul*, on sent tout de suite l'importance qu'il y a à représenter tous les nombres au moyen de quelques-uns assez petits, et combinés de la façon la plus simple. Car, dès lors, la structure de chaque nombre réduit déjà spontanément tout calcul à la combinaison des nombres au moyen desquels tous les autres sont formés. Ainsi, la numération systématique représentant un nombre quelconque en tant que décomposé en puissances successives de la base, chacune étant multipliée par un facteur inférieur à 10, réduit-elle déjà les évaluations aux combinaisons de leurs premiers nombres. Or, si cette décomposition n'était pas réalisée, son équivalent constituerait la plus grande difficulté de chaque évaluation. C'est ce qu'on peut reconnaître en voyant tout calcul fait suivant la notation employée par les Grecs, même après les efforts d'Archimède et d'Apollonius. On voit ainsi l'importance de l'institution théocratique de la numération.

Si les nombres étaient représentés par des signes arbitraires, aucun calcul ne saurait être réalisé que par le dénombrement immédiat. Or, ce dénombrement ne peut être réalisé avec sûreté que par des nombres assez petits. Grâce à la constitution théocratique de la numération, le dénombrement direct est réduit à ses cas les plus accessibles. En sorte que les évaluations sont instituées, en faisant successivement rentrer les cas les plus compliqués dans les plus simples du même genre, jusqu'à ce que l'évaluation devienne assez élémentaire pour que son résultat soit déterminé par le dénombrement immédiat. La constitution de la numération théocratique guide cette série de décompositions graduelles.

101. — De l'examen de la théorie de la multiplication il résultera qu'elle ne doit pas être séparée de l'étude de l'*addition* et de la *soustraction* dans l'exposé didactique, quoique, historiquement, un grand intervalle sépare celle-là de l'ensemble formé par celles-ci. La manière par laquelle la numération assiste aux trois opérations est essentiellement la même, ce qui n'est pas le cas pour la *division*. Voilà le motif pour lequel nous devons d'abord nous occuper de l'ensemble du calcul fétichique.

102. — Il nous faut donc encore, avant de l'aborder, signaler, une fois pour toutes, le plan général de l'étude des évaluations. En appréciant le calcul fétichique, Auguste Comte a désigné la leçon suivante pour la *division*, et les trois immédiates pour l'étude du *calcul fractionnaire*. Une leçon appréciera donc ensuite la théorie de la *racine carrée*, et chacune des deux suivantes caractérisera la généralisation de l'esprit arithmétique, en appréciant les simplifications

qui comportent les cas favorables des évaluations composées (progressions arithmétiques et nombres figurés).

La leçon finale résumera l'étude réalisée et constituera ainsi une introduction à l'étude du *calcul algébrique*.

II

THÉORIE DE L'ADDITION ET DE LA SOUSTRACTION.

103. — Conception directe de l'addition. La relation fondamentale entre les évaluations et la numération systématique une fois connue, nous pouvons maintenant instituer la théorie de l'*addition*. Directement conçue, l'addition est la combinaison numérique qui a pour but, étant donnés deux nombres quelconques, d'en déterminer un troisième qui se compose d'autant d'unités qu'il y en a dans ceux-là. C'est la principale et la plus simple des combinaisons numériques ; et comme toute combinaison est d'abord binaire, nous ne devons considérer dans celle-ci que l'intervention des deux nombres partiels donnés ou *parcelles*, qui concourent à la formation du nombre total ou somme cherchée. L'addition de plus de deux nombres est donc la reproduction du procédé ou opération, où l'on additionne le premier au deuxième, la somme obtenue au troisième, et ainsi de suite, en pratiquant, par conséquent, une série d'additions successives.

104. — Le procédé spontané : réalisation directe de l'addition au moyen du dénombrement ; sa difficulté pratique. Vu que toute addition se fait directement entre deux

nombres, il est évident que l'opération peut être spontanément réalisée en parcourant sur l'échelle numérique, à partir de l'un d'eux, autant de degrés ascendants qu'il y a d'unités de l'autre ; et, une fois que cette échelle est conservée dans la mémoire, il suffira d'additionner mentalement au plus grand des nombres donnés, l'une après l'autre, les unités qui composent le plus petit. Mais on comprendra que ce procédé spontané n'est immédiatement applicable que dans le cas où il s'agit de petits nombres ; pour des nombres tant soit peu considérables, il ne saurait plus être appliqué dans la pratique, et serait en outre sujet à des méprises. D'où le besoin de l'institution d'un procédé systématique afin de réaliser l'évaluation dans un cas quelconque.

105. — Réalisation de l'opération systématique : cas où elle est faite au moyen du dénombrement ; cas où il existe réellement une opération distincte du dénombrement. Il faut cependant reconnaître que cette manière spontanée devient la base nécessaire de l'opération, aussitôt que celle ci est systématisée. En effet, les nombres donnés pouvant toujours être décomposés en collections d'unités d'ordres divers d'accord avec la numération systématique, il est clair que son addition totale pourra se résoudre en des additions partielles relatives à de pareilles unités.

Les sommes des unités correspondantes de différents ordres, qui sont contenues dans les deux nombres, ainsi obtenues, la somme de ceux-ci est connue. Or, de telles unités étant représentées par des nombres simples ou inférieurs à la base numérale, on aperçoit que la question se réduit, en dernière analyse, à pratiquer de pareilles additions élémentaires, toujours possibles au moyen du procédé spontané. Voilà comment les additions de nombres quelconques sont normalement réduites à celles des nombres inférieurs à la *base*. Une telle réduction permet alors d'employer sans difficulté le procédé naturel ou spontané qui ne cessera jamais d'être le seul applicable aux additions vraiment élémentaires, c'est-à-dire à celles des nombres *simples*. Son emploi, dans ce cas, produisant des résultats peu nombreux, ceux-ci peuvent toujours être retenus par cœur, comme cela arrive pour le système décimal. Pour un autre système quelconque avec lequel nous ne sommes pas familiarisés, il est toujours aisé de les reproduire au moyen du dénombrement direct.

De ce qui précède, nous pouvons conclure qu'il y a deux cas à considérer dans l'addition : celui de l'*addition des nombres simples*, qui n'exige aucun procédé ou opération spéciale, puisqu'on la réalise au moyen du dénombrement direct ; et celui de l'*addition de nombres composés*, qui exige réellement une opération distincte, qui se résout au moyen de la numération au cas précédent.

Afin de mieux comprendre ce que nous venons de dire, supposons, par exemple, qu'il s'agit d'additionner le nombre décimal 654 à 321. Le premier se décomposant en 4 unités, 5 dizaines et 6 centaines, et le second à 1 unité, 2 dizaines et 3 centaines, il est évident que nous aurons la somme cherchée, en réalisant les trois additions partielles de 4 à 1, ce qui fait 5 ; de 5 à 2, ce qui fait 7 ; et enfin de 6 à 3, ce qui fait 9. Ainsi, le nombre demandé se compose de 5 unités, de 7 dizaines et de 9 centaines, donc : 975.

Pour faciliter les additions partielles des unités de la même espèce, on dispose habituellement le calcul de façon qu'elles correspondent verticalement, en séparant ensuite les parcelles de la somme au moyen d'un trait horizontal, afin de ne pas les confondre.

Voici le type du calcul :

$$\begin{array}{r} 654 \\ 321 \\ \hline 975 \end{array}$$

Supposons encore qu'il s'agit d'obtenir la somme de 56 et 97.

Nous additionnerons 6 unités à 7, qui font 13 ; et 5 dizaines à 9, qui font 14 dizaines ou 140 unités ; en sorte que 56 plus 97 est le même que 13 plus 140. En additionnant maintenant les unités de même dénomination dans ces deux nombres, et dont les sommes n'atteignent pas le nombre 10, nous obtiendrons finalement 153 comme résultat cherché.

Afin de le déterminer, il nous a fallu effectuer deux opérations qu'il serait commode de réduire à une seule. A cet effet remarquons que, après avoir obtenu les 13 unités de la première addition partielle, il n'y a plus d'unités à considérer et nous pouvons alors écrire 3 unités, et qu'il reste 1 dizaine, que nous garderons *mentalement*, afin de l'additionner ensuite au résultat 14, fourni par l'addition partielle des dizaines, ce qui produit 15 dizaines. La somme cherchée se compose donc de 15 dizaines et de 3 unités, qui font donc 153.

Voilà le type de calcul, à côté duquel nous en présentons un autre pareil, dans le système septimal :

$$\begin{array}{r} 56 \\ 97 \\ \hline 153 \end{array} \qquad \begin{array}{r} 654 \\ 321 \\ \hline 1.305 \end{array}$$

On voit donc que, si dans quelqu'une des additions partielles la somme obtenue atteint ou excède la base adoptée, il convient de garder mentalement l'unité d'ordre supérieur ainsi formée, afin de l'additionner à la somme fournie par l'addition partielle suivante des unités de cet ordre. Le *calcul mental* introduit ainsi un perfectionnement important dans l'addition, en permettant dans des cas comme celui-ci que nous puissions la réaliser au moyen d'une seule opération pour chaque espèce d'unités.

Enfin, c'est encore la numération qui nous guide ici dans la recherche du résultat ; car d'après elle, dans la somme cherchée, ainsi que dans un nombre quelconque, les unités de chaque ordre sont toujours exprimées par un seul chiffre, parce que leur ensemble est inférieur à la base adoptée.

Dans les exemples ci-dessus, où nous commençons les additions partielles par les unités inférieures, nous pourrions tout aussi bien les commencer à partir des unités supérieures. Néanmoins, comme l'addition des unités inférieures influe, ainsi que nous venons de le voir, sur celle des supérieures, aussi souvent que la somme respective est 10 ou supérieure à 10, nous n'aurons pas tout de suite le chiffre définitif des résultats correspondants, lorsque nous pratiquerons les opérations à partir des unités les plus élevées. Si nous procédons de la manière inverse, nous pouvons, après chaque somme, réserver les unités d'ordre supérieur qui en proviennent, afin de les ajouter mentalement à la somme suivante. C'est ce que nous avons fait pour le deuxième et le troisième exemple ci-dessus. Mais il faut remarquer que dans l'exemple antérieur (le premier), l'absence de *réserves* nous rend indifférents à ce que nous commencions le calcul à droite ou à gauche.

Quand il faut effectuer diverses additions successives, au

lieu d'additionner séparément le premier nombre au deuxième, et la somme obtenue au troisième, etc., comme nous l'avons déjà dit, on peut abréger les calculs en procédant d'accord avec la règle générale suivante :

On écrit toutes les parcelles les unes au-dessous des autres en sorte que les unités du même ordre soient dans une seule colonne verticale, et au-dessous de toutes on fait un trait horizontal. On additionne mentalement les unités de premier ordre des deux premières parcelles ; à cette somme, on ajoute les unités de la troisième parcelle ; et ainsi consécutivement jusqu'aux unités de premier ordre de la dernière parcelle ; et on aura obtenu mentalement la somme des unités de premier ordre de toutes. Sous le trait horizontal et sous la colonne verticale de ces unités, on écrit leur somme, si elle n'excède pas 10 ; mais si elle excède ce nombre, on n'écrira que le chiffre des unités de premier ordre, en conservant le suivant par cœur, afin de l'ajouter à la somme des unités de deuxième ordre des parcelles. On pratiquera de même avec ces unités et ainsi de suite jusqu'à la dernière colonne verticale à gauche, dont on écrira toute la somme. On obtiendra ainsi la somme cherchée qui aura été écrite horizontalement sous le trait.

En effet, dans cette somme, sont réunies les unités du premier, du deuxième, du troisième, etc., ordre de toutes les parcelles, et, par conséquent, toutes les unités. L'opération peut, sans doute, être pratiquée sans donner aux parcelles les dispositions que nous venons de mentionner. Mais en agissant ainsi, nous avons en vue un double avantage, pratique et moral. Pratiquement, nous avons vu que l'opération est plus aisément réalisée, grâce à son perfectionnement au moyen du calcul mental ; et, sous le point de vue moral, nous développons notre vénération envers notre série d'ancêtres, qui n'ont jamais procédé autrement.

Voici le type des calculs pratiqués dans deux séries d'additions successives, la première dans le système décimal, et la deuxième dans le système septimal.

925	325
326	426
430	234
725	513
2 406	2 134

Enfin, le besoin de prévenir des erreurs possibles nous porte ordinairement à tirer la *preuve* de l'opération, c'est-à-dire à en vérifier les résultats avant de les tenir pour exacts. Le moyen qui s'offre spontanément c'est de répéter l'opération. Mais comme l'habitude peut nous porter à reproduire l'erreur, il convient de faire l'opération dans le sens inverse, c'est-à-dire de bas en haut. L'ordre des parcelles n'altérant évidemment pas la somme respective, celle-ci devra coïncider avec la première. Dans ce cas-là, il est probable que l'opération soit juste ; car nous devons supposer qu'il n'y aura pas d'erreur dans un résultat obtenu par des voies diverses. Toutefois, la preuve la plus rationnelle de l'addition est pratiquée au moyen de la soustraction, comme nous le verrons ci-dessous.

106. — De la conception de la soustraction comme opération directe, et ensuite comme une opération inverse de l'addition ; du reste, de l'excès ou différence.

Directement conçue, la soustraction est la combinaison numérique qui a pour but de décomposer un nombre au moyen d'un autre, en ôtant de celui-là toutes les unités de celui-ci, afin de former le nombre cherché. Le premier de ces nombres est pour cela appelé *minuant*, le deuxième *sous-tracteur*, et au nombre cherché on donne le nom de *reste*.

Puisque le plus grand des nombres donnés est évidemment égal au plus petit additionné à celui qui reste de la soustraction, il s'ensuit que le minuant est la somme du soustracteur avec le reste cherché, et, réciproquement, ce dernier est égal au nombre qui, additionné au soustracteur, produit une somme égale au minuant. On voit donc que la *soustraction* peut aussi être conçue comme une évaluation inverse de l'addition. Dans ce cas-là, nous pouvons la définir comme ayant pour objet de déterminer l'*excès* d'un nombre sur l'autre, et pour ce motif, le résultat de l'opération est alors nommé *excès*. Considérée, donc, sous ces deux aspects, la soustraction a pour but de déterminer ce qui reste d'un nombre lorsque nous en soustrayons un plus petit, ou le nombre qui représente l'excès du plus grand sur le plus petit ; et le résultat de l'opération s'appelle aussi *différence* entre ces nombres, qui sont nommés *termes* de la *différence*.

Les considérations précédentes nous montrent que les mots *reste*, *excès* et *différence*, qui sont indistinctement appliqués comme synonymes au résultat de l'opération, représentent en réalité des notions distinctes. Nous avons vu, en effet, qu'on nomme *reste* le résultat de l'opération quand on se propose d'ôter un nombre plus petit d'un autre plus grand, ce qui, d'ailleurs, s'accorde avec l'acception vulgaire du mot, puisque *reste* est *ce qui reste* ; *excès* est le résultat de l'opération quand on a en vue d'ajouter au plus petit des nombres donnés ce qu'il lui faut pour compléter le plus grand.

Enfin, *différence* est un mot plus abstrait qui ne sert qu'à signaler l'inégalité des nombres donnés sans fixer l'attention sur l'ordre des grandeurs respectives ; et par conséquent, lorsqu'on a tout simplement en vue la *relation arithmétique* qui existe entre les deux, qui en est donc appelée *relation par différence*.

107. — Du cas où l'opération se réalise au moyen du dénombrement : 1° comme opération directe ; 2° comme opération inverse de l'addition. De son impraticabilité.

Les deux définitions ci-dessus nous montrent que, de même que l'addition, la soustraction peut être réalisée moyennant le simple dénombrement. Considérée comme opération directe, il suffirait, pour la réaliser, de parcourir dans l'échelle numérique, à partir du plus grand des nombres donnés, autant de degrés descendants qu'il y en aurait d'unités du plus petit ; et le nombre ainsi obtenu serait le *reste* cherché.

Envisagée en tant qu'une opération inverse de l'addition, il suffirait, au contraire, de parcourir dans l'échelle numérique, à partir du plus petit des nombres donnés, autant de degrés ascendants qu'il en faudrait pour atteindre le plus grand ; et le résultat obtenu représenterait l'*excès* de celui-ci sur celui-là.

Mais on comprend que, malgré sa spontanéité, un pareil procédé ne saurait être appliqué que dans le cas où il s'agit de nombres très petits. Il deviendrait impraticable et susceptible de méprises quand les nombres donnés seraient tant soit peu considérables, et trop éloignés dans l'échelle. D'où le besoin d'instituer un procédé systématique pour réaliser l'opération dans un cas quelconque.

108. — L'opération systématique : du cas où elle peut être faite au moyen du dénombrement : du cas où il existe réellement une opération distincte du dénombrement.

Il faut cependant reconnaître que, quoique défectueuse, cette manière naturelle est la seule dont on dispose pour réaliser l'opération dans le cas élémentaire où les nombres donnés sont *simples*, c'est-à-dire inférieurs à la base numérale adoptée. En outre, elle sert de fondement au cas plus complexe où les nombres sont *composés* ; et l'opération systématique consiste ici, comme pour l'addition, à faire dépendre le cas le plus compliqué du cas le plus simple, suivant l'esprit général des solutions mathématiques.

Pour l'instituer, il suffit de reconnaître que les nombres donnés peuvent être décomposés en collections d'unités de divers ordres, suivant la numération, et que, par conséquent, pour soustraire l'un de l'autre, il suffit d'effectuer les soustractions partielles relatives aux unités correspondantes des ordres cités. Or, ces unités étant exprimées par les nombres simples, on voit que la question se réduit, en dernière analyse, à pratiquer de pareilles soustractions élémentaires, toujours possibles au moyen du procédé spontané, c'est-à-dire par le dénombrement.

L'opération totale se décompose donc en des soustractions partielles, relatives à des nombres simples, dont les résultats, qui sont peu nombreux, peuvent être aisément conservés par cœur ; résultats qui peuvent être aussi obtenus au moyen d'une simple inversion mentale de ceux qui y correspondent dans l'addition.

Du premier procédé, comme opération directe distincte de l'addition.

Afin de faire mieux comprendre ce qui a été dit, supposons qu'il s'agisse de soustraire 321 de 975, dans le système décimal.

Comme le premier nombre se compose d'une unité, de 2 dizaines et de 3 centaines, tandis que le second contient 5 unités, 7 dizaines et 9 centaines, nous retrancherons 1 unité de 5, 2 dizaines de 7, et 3 centaines de 9.

Or, 5 *moins* 1 étant 4, 7 moins 2 étant 5, et 9 moins 3 étant 6, nous obtiendrons successivement 4 unités, 5 dizaines et 6 centaines. Ainsi, le *reste* cherché est 654.

Il faut remarquer que, dans cet exemple, nous effectuons la soustraction, en la considérant comme opération directe, distincte de l'*addition*. Pourtant, il faut reconnaître que, si n'importe quel chiffre du minuant est plus petit que le chiffre correspondant du soustracteur, elle ne peut dispenser le concours de l'addition, à moins qu'on n'ait recours au dénombrement.

Dans cette hypothèse, plus difficile, pour obtenir le résultat, il faut *additionner* au chiffre en question 10 unités du même ordre, quoique, afin de compenser cet accroissement, il soit nécessaire de soustraire une unité d'ordre immédiatement supérieur au chiffre suivant du même minuant. Ainsi, si l'on doit soustraire 385 de 746, nous retrancherons 5 unités de 6, ce qui fait 1 de reste; mais comme il n'est pas possible de retrancher 8 dizaines de 4, additionnons à ces dernières 10 unités du deuxième ordre, et des 14 dizaines ainsi obtenues, retranchons les 8, ce qui fait 6 de reste; enfin, pour compenser l'accroissement ainsi fait au minuant, nous soustrayons 1 centaine (qui vaut 10 dizaines) de son chiffre suivant, en sorte que nous retranchons à la fin 3 de 6, qui donne 3.

Le reste se compose donc de 3 centaines, 6 dizaines et 1 unité, qui est donc 361. Ce que nous avons fait n'est rien de plus que la modification de la manière usuelle de décomposer les nombres. Ainsi, au lieu de considérer le nombre 746 comme composé de 7 centaines, de 4 dizaines et de 6 unités, nous le supposons formé de 6 centaines, de 14 dizaines et de 6 unités, ce qui, évidemment, ne l'altère point, car, si nous l'avons diminué d'une centaine, en compensation, nous l'avons augmenté de 10 dizaines. Une pareille modification réduit la soustraction, de ce cas, au cas précédent, où tous les chiffres du minuant sont supérieurs à ceux du soustracteur.

S'il y a, dans le minuant, plus d'un chiffre plus petit que les chiffres correspondants du soustracteur, il suffit de reproduire le même artifice pour chacun d'eux ; et, si le chiffre suivant est zéro, on aura recours au chiffre immédiat.

C'est ce que nous faisons dans les soustractions suivantes dans les systèmes décimal et septimal, où, afin de rendre plus aisées les soustractions partielles, nous écrivons le soustracteur au-dessous du minuant, en sorte que les unités du même ordre correspondent les unes aux autres :

62 052	62 052
42 342	42 342
19 710	16 410

La transformation précédente est répétée pour chaque zéro qui figure au minuant ; car, là où se trouve un zéro, nous devrons écrire 10, ce qui exige que pour la compensation on diminue d'une unité le premier chiffre suivant, dans le cas où celui-ci est différent de zéro. Si des zéros se suivent, on considérera le premier comme équivalant à 10, et les autres comme représentant le nombre immédiatement inférieur à 10 ; mais tous auront cette dernière valeur s'ils viennent après un chiffre significatif, inférieur à celui qui lui correspond dans le soustracteur.

C'est ce qu'on voit dans les soustractions suivantes effectuées, les deux premières dans le système décimal et les deux autres dans le septimal :

39.910	499.912	36.610	466.612
40.005	50.002	40.005	50.002
26.453	43.546	26.453	43.546
13.552	06.456	10.222	03.123

Une autre manière.

L'addition peut, dans un tel cas, intervenir d'une autre façon dans la détermination du reste.

En effet, dans la première des soustractions ci-dessus (385 de 746), après avoir additionné 10 unités au chiffre 4 du minuant, on peut, au lieu de diminuer le chiffre immédiat 7 d'une unité d'ordre supérieur, additionner aussi 1 unité à celui qui y correspond dans le soustracteur, c'est-à-dire à 3. Ainsi nous retrancherons 5 de 6 ; 8 de 14, et 4 de 7, car nous avons ajouté une unité au chiffre 3 sans rien retrancher des 7 unités du minuant. Cette deuxième addition faite au soustracteur équivaut à la soustraction que nous avons faite plus haut envers le chiffre correspondant du minuant, et ici, les deux opérations identiques pratiquées sur les chiffres correspondants du soustracteur du minuant se compensent de la même facon que les deux inverses y pratiquées sur ce dernier.

Devant, par exemple, soustraire 125 de 232, nous pouvons rendre possible la soustraction partielle des chiffres des unités, en ajoutant 10 aux 2 du minuant, ce qui donne 12 unités ; nous soustrairons donc 5 de 12, ce qui donne 7 de reste. Afin de compenser un tel accroissement, nous augmenterons aussi d'une dizaine le chiffre 2 du soustracteur, ce qui fait 3 ; nous soustrairons donc 3 de 3 et enfin 1 de 2. Le résultat est donc 107.

Ce que nous venons de faire équivaut à augmenter simultanément de 10 le minuant et le soustracteur avant de réaliser la soustraction ; dans le premier cas, l'accroissement se fait sur le chiffre des unités, et dans le second sur celui des dizaines.

En général, on peut dire que *la différence entre deux nombres n'est pas altérée, lorsque nous les augmentons ou les diminuons simultanément d'une même quantité.*

En effet, suivant la définition, la *différence* entre deux nombres indique le degré de son inégalité, c'est-à-dire d'autant plus grand que l'un est plus grand que l'autre, ou plus petit que celui-ci est plus petit que celui-là. En augmentant donc le plus grand nombre d'une certaine quantité, la différence sera augmentée de cette quantité ; si, au contraire, sans altérer le même nombre, nous augmentons le plus petit de cette quantité, la différence en sera diminuée de la même quantité.

Par conséquent, en faisant un accroissement égal pour les deux nombres, la différence sera en même temps augmentée ou diminuée de la même quantité, et, par conséquent, ne subira point d'altération [1].

1. Nous venons de voir que *la différence entre deux nombres n'est pas altérée quand nous augmentons simultanément le plus grand et le plus petit d'une même quantité.* Or, si cet e quantité est le nombre le plus grand lui-même, les deux termes de a différence resteront respectivement : *le plus grand plus le plus grand, ou deux fois le plus grand des nombres donnés ;* et *le plus petit plus le plus grand, ou la somme des mêmes nombres,* sans que la différence en soit altérée. Nous pouvons donc conclure que *la différence entre les deux nombres est égale au double du plus grand moins sa somme ; et inversement, que la somme de deux nombres additionnée à sa différence est égale au double du plus grand.*

Deuxième procédé de la soustraction, envisagée comme opération inverse de l'addition.

Nous avons déjà dit que la soustraction prise comme l'inversion de l'addition se propose de déterminer l'excès d'un nombre sur un autre, ou, ce qui revient au même, à connaître une des parcelles d'une somme lorsque celle-ci et l'autre parcelle sont données.

Empiriquement, cet excès pourrait être obtenu moyennant de simples tentatives, en cherchant successivement le nombre qui, additionné à la parcelle donnée, puisse produire la somme connue. Mais, vu les inconvénients de cette manière spontanée, voyons le procédé systématique qu'il convient d'appliquer.

Puisque le minuant doit être la somme du soustracteur avec le nombre cherché, il est évident que ses unités de divers ordres doivent résulter de la somme des unités correspondantes du soustracteur avec celles qui doivent composer l'excès cherché. Ainsi donc, la question se réduit à voir les unités de premier, de deuxième, troisième... ordres qui, additionnées aux unités correspondantes du soustracteur, produiront celles qui leur correspondent au minuant. Or, de pareilles unités étant exprimées par des nombres simples, l'opération totale se résout en une série d'additions partielles relatives à de tels nombres, et dont les résultats, peu nombreux, peuvent être obtenus en invertissant mentalement ceux de l'addition des nombres simples.

Si nous devons, par exemple, soustraire 325 de 756, nous dirons : de 5 à 6, 1 ; de 2 à 5, 3 ; et de 3 à 7, 4. Ainsi donc,

Ce théorème numérique, qui nous fournit un procédé indirect pour déterminer *la différence* entre deux nombres, au moyen de sa somme et du plus grand, devra nous servir dans l'étude du *Calcul algébrique*.

1, 3 et 4 seront respectivement les unités du premier, du deuxième et du troisième ordres qu'il nous faut additionner aux unités correspondantes du soustracteur, afin d'obtenir les unités relatives au minuant ; 431 étant donc l'*excès* de celui-ci sur celui-là.

Dans le cas le plus compliqué où il existe au minuant un ou plusieurs chiffres inférieurs à leurs correspondants du soustracteur, la question se réduit au cas précédent de la façon ci-dessus exposée ; c'est-à-dire en augmentant simultanément de 10 le chiffre considéré du minuant, et de 1 unité d'ordre supérieur ce qui dans le soustracteur correspond à son nombre immédiat.

Si nous devons donc soustraire 456 de 738, nous dirons : de 6 à 8, il y a 2 ; de 5 à 13, 8 ; il y a 1 et 4, 5 à 7, 2. Le résultat en est donc 282. Et, afin de l'obtenir, nous avons dû additionner 10 unités du deuxième ordre au minuant, et 1 du troisième au soustracteur ; ce qui, comme nous l'avons dit, ne les altère point.

Si nous devons encore soustraire 34.324 de 60.005, nous dirons : de 4 à 5, il y a 1 ; de 2 à 10, 8 ; il y a 1 et 3, 4, à 10, 6 ; il y a 1 et 4, 5, à 10, 5 ; il y a 1 et 3, 4 à 6, 2.

L'excès cherché en est donc 25.681.

Voici le type du calcul que nous avons aussi fait dans le système septimal, où, au lieu de *dix*, on devra lire *sept* :

60.005	60.005
34.324	34.324
25.681	22.351

D'après ce qui vient d'être exposé, il résulte que la soustraction se réalise plus aisément lorsque nous la considérons comme l'inversion de l'addition. En outre, ainsi conçue, elle offre l'avantage dogmatique de se filier directement à l'opération antérieure. Enfin, un tel mode fournit le moyen le plus simple d'en vérifier l'opération. Car, suivant la définition, la somme du résultat obtenu avec le soustracteur, devra produire le minuant, s'il n'y a pas eu de faute ; sauf si celle-ci est la même dans les deux opérations, ce qui a rarement lieu.

Réciproquement, la soustraction peut aussi servir à vérifier l'addition. Car, si un nombre additionné à un autre produit une certaine somme, il est évident que, si de celle-ci nous soustrayons un de ces nombres, nous en obtiendrons l'autre. Ainsi donc, afin de vérifier le résultat de l'addition de deux nombres, il suffit de soustraire l'un d'eux de la somme, et le résultat devra produire l'autre, s'il n'y a pas eu de faute dans l'opération.

Quand il s'agit de la somme de plusieurs nombres, de trois par exemple, la même vérification peut être réalisée ; car, en soustrayant l'un d'eux de la somme des trois, le reste devra être égal à la somme des deux autres. S'il en était autrement, il faudrait que nous nous soyons trompés dans deux de ces opérations et que les fautes se fussent compensées réciproquement, ce qui n'est guère probable.

On peut encore tirer la preuve d'une autre façon, qui consiste à soustraire successivement, de la somme des nombres additionnés, toutes les parties de ces nombres en commençant par la plus grande, et, si l'opération est bien faite, on ne devra rencontrer nul reste. A cet effet, nous pouvons construire la règle suivante :

On additionne la première colonne de gauche, on soustrait le résultat de la partie correspondante de la somme totale, on écrit le reste en dessous, on place à droite le chiffre suivant de la somme totale ; et, du résultat, on soustrait la somme de la colonne suivante. On continue de même ; si le reste est zéro, il est probable que l'opération soit juste.

En effet, les différences trouvées sont les réserves qui proviennent de la colonne immédiate à droite, lesquelles ont été transportées à la colonne considérée ; et, comme la colonne des unités ne reçoit point de réserves, la dernière différence devra être o. Dans l'exemple suivant, nous tirons les deux preuves :

5.421	5.421
4.534	4.534
6.355	6.355
9.876	9.876
26.186	26.186
20.765	21
5.121	18
	16
	o

Du troisième procédé, moyennant l'addition des compléments arithmétiques.

Il y a un autre moyen d'effectuer la soustraction qui, par l'effet de l'habitude, peut devenir aussi commode que le moyen ordinaire, surtout lorsqu'il s'agit de nombres de beaucoup de chiffres. Il consiste à changer la soustraction en addition, en prenant le *complément* de chaque chiffre du nombre qui doit être soustrait, d'abord quant à 10, et ensuite à 9. Supposons, par exemple, qu'il s'agirait de soustraire 3.728 de 8.376. Nous dirons : 2 (complément de 8 relativement à 10) et 6 font 8, et nous écrivons 8 ; 7 (complément de 2 relativement à 9) et 7 font 14, nous écrivons 4, et réservons 1 ; 2 (complément de 7 relativement à 9) et

3 font 5 avec 1 de réserve font 6, et nous écrivons 6 ; 6 (complément de 3 à 9) et 8 font 14 ; nous écrivons 4 et méprisons 1 à cause de la dizaine de millier que nous prenons en plus dans le cours de l'opération.

$$\begin{array}{r} 8.376 \\ 3.728 \\ \hline 1)\,4.648 \end{array}$$

Il est facile de justifier ce procédé ; on voit, en effet, que ces différents compléments forment le complément total du soustracteur 3.728 relativement à 10.000, c'est-à-dire 6.272, nombre qui lui manque afin de compléter 10.000 ; en sorte que tout se passe comme si nous ajoutions 10.000 au plus grand nombre, et que nous ôtions le plus petit du résultat. Or, comme nous avons vu que cet accroissement au minuant importe en une augmentation équivalant au reste de la soustraction, nous avons dû diminuer ce dernier d'une unité de son ordre le plus élevé.

D'où l'on déduit que, pour faire la soustraction au moyen des compléments, il suffit d'*additionner successivement au minuant le complément arithmétique du soustracteur, et de supprimer dans le reste une unité de l'ordre le plus élevé.*

Quand on fait allusion au complément arithmétique d'un nombre sans indiquer l'autre qu'il doit compléter, il est sous-entendu que ce dernier équivaut à 10 unités de l'ordre plus élevé du premier. En sorte que, *pour obtenir immédiatement le complément arithmétique d'un nombre, il suffit de le soustraire d'un autre formé de l'unité suivie d'autant de zéros qu'il contient de chiffres.* Si on employait la règle ci-dessus pour soustraire 4.325 de 6.532 dans le système septimal, nous aurions :

$$\begin{array}{r} 6.532 \\ 4.325 \\ \hline 1)2.204 \end{array}$$

où nous prenons le complément de 5 envers 7 et l'additionnons à 2 et ensuite les compléments de 2, 3 et 4 envers 6, et les réunissons aux chiffres correspondants du minuant. En supprimant au résultat une unité du cinquième ordre, nous avons le reste 2.204.

109. — De l'opération inverse de la soustraction. Comparaison de l'addition avec la soustraction quant a la facilité.

Lorsque nous traitions la soustraction comme une opération directe et distincte de l'addition, nous avons dit qu'elle ne dispensait pas le concours de cette dernière, dans le cas où un ou plusieurs chiffres du minuant étaient plus petits que les chiffres correspondants du soustracteur, excepté si nous voulions avoir recours au dénombrement. Il importe à présent d'ajouter que, dans un tel cas, on pourrait aussi cesser de recourir directement à l'addition, si nous considérions celle-ci comme une opération inverse de la soustraction.

Ainsi conçue, *l'addition aurait pour but, deux nombres étant donnés, d'en trouver un troisième, duquel, en soustrayant l'un d'eux, l'autre serait le reste*. En sorte que, dans la soustraction ci-dessus (385 de 746), au lieu d'additionner directement 10 à 4 afin de la rendre possible, nous ferons indirectement, en cherchant le nombre duquel si l'on soustrayait 10 il resterait 4, et le résultat serait de même 14.

Lorsqu'on doit, par exemple, additionner 56 à 93, au lieu de dire 6 et 3 font 9, et 5 et 9 font 14, nous dirons :

le nombre duquel si l'on soustrait 9 il reste 5, sera 14 ; en sorte que nous arrivons au même résultat : 149.

Quoiqu'une pareille manière de procéder à l'addition soit plus difficile que l'usuelle, nous devons la consigner ici, à cause de l'avantage logique qu'elle offre, en montrant la relativité de nos conceptions et la nécessité du point de vue humain ou subjectif afin de construire nos théories quelconques (*méthode constructive*).

Enfin, pour en finir avec la théorie de l'addition et de la soustraction, il ne nous reste qu'à comparer ces deux opérations quant à leur facilité. Or, les considérations que nous avons faites antérieurement, ne sauraient laisser le moindre doute quant à la plus grande difficulté de la soustraction sur l'addition. Le triple nom du résultat de la soustraction nous montre aussitôt la plus grande complexité qu'offre celle-ci sur l'addition.

En outre, réduite, comme l'addition, à n'exiger de réalisation directe que pour les nombres d'un seul chiffre, elle offre pourtant une plus grande difficulté d'exécution, puisqu'elle exige la modification de la manière usuelle de décomposer les nombres, lorsqu'un ou plusieurs des chiffres du soustracteur excèdent les nombres correspondants du minuant.

Dans ce cas, à l'instar de ce qui a lieu pour l'addition, quand la somme des unités de chaque espèce atteint ou excède la base numérale, il est toujours préférable de réaliser la soustraction à partir des unités les plus faibles.

Ce n'est qu'ainsi qu'il sera possible d'augmenter de 10 unités le chiffre cité du minuant (en échange d'une unité supérieure, soit prise à ce minuant, soit ajoutée au soustracteur), sans qu'il faille pour cela corriger un chiffre déjà écrit dans le reste ou excès quand nous aurions commencé l'opération par les unités les plus élevées. Ce n'est que lorsqu'il n'y aura aucun chiffre au minuant inférieur à celui qui lui correspond dans le soustracteur, qu'il n'y aura pas d'inconvénient à commencer l'opération à gauche, à l'instar de ce qui a lieu pour l'addition, quand la somme des unités de chaque espèce n'excède pas le nombre immédiatement inférieur à la base adoptée [1].

1. Afin que la soustraction puisse, sans inconvénient, être effectuée de gauche à droite, il faudrait ramener à ce cas tous ceux où il existerait dans le minuant des chiffres inférieurs aux nombres correspondants du soustracteur.

C'est ce que nous obtiendrions évidemment en décomposant le minuant en deux parties telles que l'une d'elles n'aurait que des chiffres supérieurs aux chiffres correspondants du soustracteur.

Celui-ci ayant été soustrait d'une pareille partie, il suffirait d'additionner l'autre au reste obtenu, pour qu'on eût dans la somme trouvée le résultat cherché. Ainsi donc, dans l'exemple ci-dessus, afin de soustraire 34.324 de 60.005, nous décomposerons ce nombre en 59.999 plus 6 ; nous soustrairons 34.324 de 59.999, ce qui donne un reste de 25.675 ; et enfin, nous ajouterons 6 à celui-ci, qui produira 25.681 comme résultat cherché. (Dans le système septimal la décomposition de 60.005 serait 56.666 plus 6.)

On pourrait aussi décomposer le soustracteur en deux parties telles que l'une d'elles contiendrait seule des chiffres inférieurs aux chiffres correspondants du minuant, et, une fois que l'on aurait soustrait celle-ci, il faudrait encore soustraire l'autre du reste obtenu.

Toutefois, ce deuxième mode n'est pas préférable au précédent, car il pourrait exiger une décomposition analogue pour la deuxième soustraction. On voit enfin que, quoique d'une manière ou de l'autre la soustraction puisse être pratiquée de gauche à droite, elle exigerait toujours deux opérations au moins, ce qui la rendrait plus longue que si elle était effectuée en sens contraire.

Outre les avantages logiques, les considérations que nous venons de faire nous montrent :

1° *Que pour soustraire un nombre de la somme de deux autres, il suffit de le soustraire du plus grand, et au résultat obtenu d'additionner le plus petit ;*

2° *Que pour soustraire d'un nombre la somme de deux autres, on peut en soustraire le premier, et du résultat obtenu ôter le deuxième.*

Si, au lieu d'une *somme*, nous voulions soustraire d'un nombre la

Outre ces points de contact entre l'addition et la soustraction, nous devons surtout remarquer que la numération intervient de la même façon dans la réalisation des deux par la décomposition qu'elle permet aux nombres donnés. Enfin, quoique la réalisation en soit plus difficile envers la soustraction, il importe de reconnaître que celle-ci est plus exempte des embarras du calcul, parce que ses résultats élémentaires peuvent toujours être obtenus en intervertissant mentalement ceux de l'addition sans employer le dénombrement.

Telle est l'appréciation qu'il nous fallait faire des deux combinaisons numériques les plus simples, qui peuvent être finalement envisagées comme le prolongement normal de la numération systématique. *Toutes les autres en sont dérivées*, puisque nous y verrons que, ainsi que l'addition successive d'une même parcelle produit la multiplication, pareillement la soustraction successive du même soustracteur produit la division. Et ainsi que la *potentiation* est dérivée de la multiplication, et la *radiciation* du deuxième degré se filie à la *division* (*extraction de la racine carrée*), nous serons portés à conclure que toutes les combinaisons numériques peuvent être condensées dans l'addition et dans la soustraction.

différence entre deux autres, il suffirait d'en soustraire le plus grand, et d'additionner au résultat obtenu le *moindre*.

Car, si l'on ne soustrayait que *le plus grand*, nous aurions *de trop* une quantité égale à la *plus petite* ; et le reste serait, par conséquent, *diminué* de cette quantité ; afin de devenir vrai, il faudrait la lui ajouter.

III

110. — De la conception arithmétique de la multiplication ; de sa filiation a l'addition ; comparaison avec la division.

Arithmétiquement conçue [1], la multiplication des nombres entiers se présente comme un cas spécial de l'addition. Nous avions dit au paragraphe précédent que toute addition est faite immédiatement entre deux parcelles ; nous avons vu, pourtant, que l'existence de beaucoup de parcelles peut compliquer le calcul, en nous obligeant à une série d'additions successives, de la première parcelle à la deuxième, de la somme obtenue avec la troisième, de la nouvelle somme avec la quatrième, et ainsi de suite, chaque nombre à additionner ne dépendant pas ordinairement du précédent.

Quelque étendue que soit une pareille succession, cette règle ne comporte pas d'abréviation dans la plupart des cas. Mais lorsque les nombres à additionner sont liés entre-eux, on peut proposer d'utiliser cette liaison des parcelles, afin d'obtenir la somme sans effectuer les additions successives. C'est ce qu'on vérifie dans le cas où la liaison ou la relation est plus simple, c'est-à-dire dans celui où les parcelles sont égales, ce qui correspond à ce que nous appelons *multiplication*.

1. Les anciens ne séparaient point l'idée abstraite de la multiplication de son origine concrète géométrique. Pour eux le *produit* était appelé rectangle, vu la conception géométrique de la multiplication, suivant laquelle la connaissance de la surface de cette figure est rapportée à celle du carré.

L'expression multiplier rappelle, d'ailleurs, l'objet d'une pareille évaluation ; car multiplier signifie doubler plusieurs fois ; et la multiplication a, en effet, pour objet de répéter un nombre donné autant de fois qu'elles sont indiquées par un autre nombre donné aussi. C'est pour cela que la parcelle répétée a eu la dénomination de *multiplicande* et le nombre de parcelles celle de *multiplicateur*. Quant à la somme, par ce qu'elle est spécialement *produite* par cette répétition, elle a été appelée *produit*.

La *multiplication* ayant en vue connaître le produit, quand ses deux facteurs nommés *multiplicande* et *multiplicateur* sont donnés, on aperçoit que, comparée à la *division*, son but est exactement inverse de cette dernière, où, au contraire, on donne le *produit* et l'un des *facteurs* et l'on tâche de déterminer l'autre.

III. — De la filiation envers la numération.

Ayant apprécié la filiation de la *multiplication* envers l'addition, voyons maintenant la manière par laquelle une pareille évaluation est comprise dans la numération systématique elle-même. Nous avons déjà dit ailleurs que l'idée de multiplication est sous-entendue dans la constitution d'un nombre quelconque, toujours égal à une somme de *produits* binaires, où l'un des *facteurs* est une *puissance* de la base, et l'autre se trouve exprimé par un nombre inférieur à celle-ci.

Ainsi, par exemple, dans le nombre 53.640, nous voyons les puissances 10, 100, 1.000, 10.000 respectivement multipliées par les nombres 4, 6, 3 et 5 ; puisqu'il est composé de la somme de 50.000 ou 5 fois 10.000, avec 3.000 ou 3 fois 1.000, 600 ou 6 fois 100, et 40 ou 4 fois 10.

Il importe, toutefois, de reconnaître que, dans la constitution numérale, la multiplication n'est appliquée qu'à de petits nombres, en sorte qu'une telle restriction ne saurait faciliter sa propre conception, laquelle exige une généralisation décisive. D'un autre côté, puisque, dans ces nombres, les multiplications sont toujours faites par une puissance de la base 10, il s'ensuit de la propre constitution numérale que, *afin de multiplier un nombre simple par 10, 100, 1.000, 10.000, etc., il suffit d'écrire un, deux, trois, quatre, etc., zéros à sa droite.*

Pour le cas d'un nombre composé quelconque, une pareille multiplication sera faite de la même manière, puisque en plaçant à sa droite un, deux, trois, etc., zéros, chacun de ses chiffres représentera des unités 10, 100, 1.000, etc., fois plus grand ; tout nombre sera donc aussi le même nombre de fois plus grand. Nous avons fait cette remarque parce qu'elle nous sera bientôt d'une grande utilité.

112. — De l'origine du principal problème des séries.

En considérant la multiplication comme directement filiée à l'addition, elle se présente comme le cas le plus simple d'une immense série d'évaluations. En effet, outre le cas où les parcelles sont liées par une relation d'égalité, nous pouvons concevoir une infinité d'évaluations spéciales, en faisant varier le mode de liaison entre les parcelles à additionner.

Nous pouvons, par exemple, supposer qu'il s'agit de la sommation d'une série de parcelles où chacune équivaut, non pas à la précédente, comme dans le cas de la multiplication, mais à la précédente additionnée à une certaine quantité, comme, par exemple, de la somme des deux, trois,... précédentes, etc. ; comme, par exemple, de l'avant-dernière, ou de la somme de celle-ci avec la précédente ; ou encore, à la précédente diminuée d'une certaine quantité, etc. ; comme, par exemple, de l'avant-dernière, ou de la somme de celle-ci avec la suivante, ou de sa différence, etc. Nous pouvons encore supposer que chaque parcelle est égale à la précédente multipliée par elle-même ou à la précédente multipliée par une certaine quantité ; nous pouvons imaginer aussi que chaque parcelle est égale à la précédente divisée par une certaine quantité ; et ainsi une infinité d'autres sommations.

La multiplication, considérée comme une addition de parcelles égales, constitue donc le point de départ d'un nombre illimité d'évaluations, où presque toutes sont irréalisables, vu l'impossibilité qu'il y a d'utiliser la *dépendance* entre les parcelles pour instituer sa sommation spéciale, sauf le cas où celle-ci se réduit à la série fondamentale caractérisée par l'égalité de ses termes.

Ceci nous montre aussitôt l'extension dont est susceptible le calcul arithmétique, et manifeste à la fois son imperfection.

113. — Généralisation de la multiplication. Produits indéfinis. Puissance.

Mais une pareille extension et imperfection du calcul arithmétique deviendraient plus appréciables, si nous considérions la même généralisation par rapport à la multiplication. Celle-ci peut, en effet, être envisagée à son tour comme le cas le plus simple d'une deuxième classe d'évaluations, non moins vaste ni plus parfaite que la première.

Pour cela, il suffit que nous imaginions une série régulière de multiplications, et que nous nous proposions d'employer le mode de liaison entre chaque facteur et les précédents afin d'obtenir le produit, et cela, indépendamment des multiplications successives.

C'est ce que nous aurions, par exemple, si nous voulions obtenir un *produit*, si l'on sait que chaque facteur est égal au précédent multiplié par une certaine quantité, ou au produit des deux, trois, etc., précédents, supposés inégaux, etc. Telle est la difficulté de ce deuxième système d'évaluations que nous ne savons déterminer de pareils produits qu'en exécutant les multiplications successives, sauf dans un cas exceptionnel que nous examinerons plus tard. En sorte qu'il n'est possible d'étendre la notion de produit à plus de deux facteurs qu'en appelant produit de beaucoup de facteurs le résultat qu'on obtient en multipliant un nombre par l'autre ; le produit obtenu par un troisième, ce nouveau produit par un quatrième ; et ainsi de suite, jusqu'à ce que tous les nombres considérés aient été multipliés successivement Même dans le cas le plus simple où tous les facteurs sont égaux, l'arithmétique ne possède pas de moyens spéciaux pour obtenir un produit.

Nous savons qu'un produit de facteurs égaux est appelé *puissance*, et que cette notion, ainsi que les idées de *somme* et de *multiplication*, se filient directement à la numération systématique ; puisque nous avons vu que chaque nombre est une somme de *puissances successives de la base*, respectivement multipliées par des nombres inférieurs à celle-ci. A présent, nous voyons que cette notion, naturellement liée dans chaque nombre à ses unités de divers ordres, peut être généralisée en l'étendant à des nombres quelconques ; en nommant deuxième, troisième et quatrième... puissances d'un nombre le produit de 2, 3, 4,... facteurs égaux à ce nombre, le nombre de pareils facteurs étant nommé *degré* de la puissance.

Nous pouvons, en effet, former la deuxième, la troisième et la quatrième, etc..., puissances d'un nombre quelconque ; mais nous venons de remarquer que, à moins que l'on ne réalise des multiplications successives, l'arithmétique ne dispose d'aucun procédé spécial pour évaluer de telles puissances. En sorte que la formation des puissances quelconques d'un nombre, ou, comme on le dit ordinairement, l'élévation d'un nombre à une puissance quelconque ne suscite, en arithmétique, aucune opération distincte, contrairement à ce qui a lieu pour la multiplication relativement à l'addition successive de parcelles égales entre elles.

114. — De la nécessité d'ordonner la multiplication des nombres entiers par rapport au multiplicateur. De la distinction des cas.

Après avoir fait ces observations, la théorie de la multiplication devient aisément appréciable. En effet, si l'on considère la multiplication comme une somme abrégée de parcelles égales, on aperçoit aussitôt que la difficulté d'effectuer l'évaluation ne dépend pas de la grandeur de chaque parcelle, mais, simplement, de leur nombre ; puisque la somme de deux parcelles est toujours obtenue de la même façon, que les parcelles soient grandes ou non ; tandis que, si le nombre des parcelles croît, l'opération se complique parce qu'elle exige une série d'additions successives, d'autant plus grande que le nombre des parcelles considérées est plus grand.

Dans ces conditions, on voit que la grandeur du multiplicande (valeur de chaque parcelle) ne saurait rendre plus difficile l'opération, qui doit donc être appréciée ayant en vue le multiplicateur (nombre des parcelles), dont dépend seule la manière d'instituer le produit.

Ainsi élaborée, la théorie de la multiplication devient essentiellement semblable à celle des opérations précédentes, car la manière naturelle par additions successives nous fournit aussitôt les moyens d'effectuer la multiplication dans le cas où le multiplicateur n'a qu'un chiffre auquel se réduit aisément le cas général d'un multiplicateur quelconque, moyennant sa décomposition usuelle.

115. — De la réalisation de l'opération : 1° dans le cas ou le multiplicateur est simple ; 2° dans le cas ou le multiplicateur est composé : marche du cacul.

1° Dans le cas où le multiplicateur n'a qu'un chiffre, nous avions dit que le mode naturel au moyen d'additions successives permet immédiatement d'effectuer l'opération. En effet, dans ce cas, quel que soit le multiplicande, la *répétition* ou multiplication de celui-ci se réduit toujours aux répétitions élémentaires des chiffres qui représentent les unités de divers ordres dans lesquelles elle se décompose, d'accord avec la numération systématique. Or, ces répétitions élémentaires (multiplications de nombres simples) peuvent toujours être réalisés au moyen d'additions successives ; et ses résultats, étant peu nombreux, peuvent être aisément retenus.

Ceux du système décimal sont condensés dans la table suivante, laquelle, quoique attribuée à Pythagore, était déjà bien avant lui employée par le sacerdoce théocratique, principalement parmi les Egyptiens.

Pour la former, dans n'importe quel système de numération, il suffit de remarquer que la première colonne et le premier rang sont constitués par l'addition successive de l'unité 1 ; que la deuxième colonne, ainsi que le deuxième rang, sont formés par l'addition successive du nombre 2 ; que la troisième colonne ainsi que le troisième rang sont formés par l'addition successive du nombre 3 ; et ainsi de suite jusqu'à la dernière colonne de la droite et le dernier rang inférieur, qui commencent par le nombre immédiatement inférieur à la base numérale adoptée. Par ce moyen, au croisement d'une colonne avec un rang quelconque, on

TABLE THÉOCRATIQUE DE LA MULTIPLICATION

1	2	3	4	5	6	7	8	9
2	4	6	8	10	12	14	16	18
3	6	9	12	15	18	21	24	27
4	8	12	16	20	24	28	32	36
5	10	15	20	25	30	35	40	45
6	12	18	24	30	36	42	48	54
7	14	21	28	35	42	49	56	63
8	16	24	32	40	48	56	64	72
9	18	27	36	45	54	63	72	81

trouve le résultat d'autant de répétitions du nombre qui commence à la première colonne, qu'il y en a d'indiqués par celui qui commence à la deuxième, et vice-versa. En mettant de côté les résultats où figure 1 comme multiplicande ou comme multiplicateur, on voit dans la *table théocratique* que le nombre de produits élémentaires qu'il convient de retenir est égal à 8 fois 8 ou 64, c'est-à-dire à la deuxième puissance de l'avant-dernier nombre simple.

Afin d'éclaircir le premier cas de la multiplication, supposons qu'il s'agit de multiplier 2.345 par 6. Cette opération ayant pour objet de répéter ce nombre 6 fois, ou de l'additionner 5 fois avec lui-même, il est clair que nous parviendrions à ce résultat en l'écrivant 6 fois, et ensuite en additionnant 5 fois les 5 unités à elles-mêmes, ce qui fait 30, additionnant après 5 fois les 4 dizaines à elles-mêmes, et en ajoutant au résultat les 3 dizaines de réserve de la somme antérieure, ce qui ferait 27 ; et ainsi de suite ; d'où résulterait 14.070 pour la somme demandée.

Mais au lieu de dire 5 et 5 font 10, et 5 font 15, et 5 font 20 et 5 font 25, et 5 font 30, nous pouvons dire de suite : 5 *répété* 6 fois, ou 6 fois 5 font 30 ; écrire 0 et réserver 3 ; au lieu de 4 et 4 font 8, et 4 font 12, etc., dire aussitôt 4 répété 6 fois, ou 6 fois 4 font 24 et 3 de réserve font 27 ; écrire le 7 et réserver le 2 ; dire de même 6 fois 3 font 18 et 2 font 20 ; écrire le 0 et réserver le 2 ; 6 fois 2 font 12 et 2 de réserve font 14.

On voit que ce moyen est bien plus rapide, exigeant à peine que l'on retienne par cœur que 6 fois 5 font 30, 6 fois 4 font 24, etc. ; et, en général, pour toutes les multiplications semblables à celle-ci, que l'on conserve ces résultats des répétitions ou multiplications élémentaires, c'est-à-dire des nombres simples, qui se trouvent, comme nous l'avons dit, condensés dans la table ci-dessus.

Voici le type du calcul que nous faisons aussi dans le système septimal, où nous raisonnerons de même pour arriver au résultat :

2.345	2.345
6	6
14.070	21.102

Le procédé que nous venons de mettre en pratique s'est réduit à répéter successivement 6 fois les unités de premier ordre du multiplicande, 6 fois ses unités de deuxième ordre, 6 fois celles de troisième, 6 fois celles de quatrième ; et à écrire au-dessous les produits partiels respectifs, en ayant le soin d'additionner à chacun d'eux les *réserves* d'unités du même ordre provenant par hasard du précédent.

Il est donc aisé de construire une règle générale pour toutes les multiplications dans ce cas. On comprend que, à l'exemple de l'addition, nous pourrions aussi avoir commencé l'opération par les unités les plus élevées ; mais alors, ici comme là, le calcul deviendrait plus ardu par ce qu'il ne fournirait pas immédiatement des résultats définitifs, vu l'impossibilité d'additionner à chaque produit partiel les réserves résultantes de l'antérieur.

2° Passons à présent au cas où le multiplicateur est un nombre entier quelconque.

Que l'on propose, par exemple, de multiplier 623 par 534.

Afin de réduire ce cas au précédent, il suffit de remarquer, à l'instar de ce que nous avons fait en addition et en soustraction, que le nombre 534 se décompose en 4 unités du premier ordre, 3 du deuxième ou 30 du premier, et 5 du troisième ou 500 du premier aussi. Ainsi, il ne nous faudra plus que répéter le multiplicande 4 fois, ensuite le répéter 30 fois, et enfin 500 fois. La somme de telles répétitions ou multiplications partielles sera forcément le produit total cherché. Or, nous savons déjà répéter 4 fois le nombre 623, puisque c'est une multiplication du cas précédent.

$$\begin{array}{r} 623 \\ 4 \\ \hline 2.492 \end{array}$$

Il nous reste donc à répéter le multiplicande, d'abord 30 fois et ensuite 500 fois, c'est-à-dire à le multiplier par 30 et ensuite par 500.

A cet effet, remarquons d'abord que le multiplier par 3 unités de deuxième ordre ou 30 des premiers revient au même que de le multiplier par 3 et après le produit obtenu par 10 ; et que le multiplier par 10 c'est rendre le nombre 10 fois plus grand, ce qu'on obtient, comme nous l'avons dit, en écrivant un zéro à sa droite.

```
  623
    3
-----
1.869
```

Nous avons donc 1.869 comme produit de 623 par 3 ; mais ce produit doit être multiplié par 10, ce qui le rend égal à 18.690.

Finalement, nous observerons d'une façon analogue que multiplier par 5 unités de troisième ordre ou 500 du premier, c'est la même chose que de multiplier d'abord par 5, et le produit ensuite par 100, en le rendant ainsi 100 fois plus grand.

```
  623
    5
-----
3.115
```

Le produit de 623 par 5 est 3.115, mais celui de 623 par 500, devant être 100 fois plus grand, sera 311.500.

Afin d'avoir maintenant le produit total de 623 par 534, il suffit d'additionner les trois produits partiels de 623 par 4, par 30 et par 500, ce qui fera 332.682.

```
    623
    534
-------
   2492
  18690
 311500
-------
332.682
```

Afin d'abréger la pratique de la multiplication, on n'écrit jamais à droite des produits partiels du multiplicande par les chiffres qui représentent les dizaines, centaines, etc., du multiplicateur les zéros par lesquels ils terminent ; mais on met les différents produits partiels les uns au-dessous des autres, en ayant le soin de toujours placer, dans la même colonne verticale, les unités de la même espèce ; et en se rappelant que le produit du multiplicande par le chiffre significatif des dizaines du multiplicateur donne des dizaines, par celui des centaines, donne des centaines, etc.

En observant cette pratique, l'exemple précédent prendrait la forme suivante, que nous calculons aussi dans le système septimal :

			6	2	3
			5	3	4
		2	4	9	2
	1	8	6	9	
3	1	1	5		
3	3	2.	6	8	2

			6	2	3
			5	3	4
		3	4	2	5
	2	5	0	2	
4	3	5	1		
4	6	6.	5	4	5

L'opération une fois conçue, nous pouvons systématiser sa pratique dans la règle générale suivante :

On écrit le multiplicateur sous le multiplicande. On multiplie successivement de droite à gauche chacun des chiffres du multiplicande, en ayant soin d'écrire les produits partiels les uns au-dessous des autres, en sorte que le premier chiffre de chacun d'eux soit placé sous le chiffre du multiplicateur qui l'a produit. On souligne le dernier des produits partiels et on fait la somme de tous.

Si l'on applique cette règle aux multiplications suivantes,

la première dans le système septimal, et la deuxième dans le décimal, nous aurons :

1.6 2 3	1.7 8 9
5 0 4	1 5(0 0)
1 0 4 2 5	8 9 4 5
1 2 3 5 1	1 7 8 9
1.2 4 5.5 2 5	2.6 8 3.5 0 0

Dans le premier exemple, il n'y a que deux produits partiels, car le produit du multiplicande par les septaines du multiplicateur est nul ; et remarquer que le premier chiffre du deuxième produit en exprimant des unités du troisième ordre est écrit au-dessous de celui qui représente des unités de la même espèce dans le premier produit partiel.

Dans le deuxième exemple, en faisant abstraction des deux zéros qui se trouvent à droite du multiplicateur, nous avons fait le calcul comme si celui-ci était 15 et nous écrivons les mêmes zéros à droite du nombre obtenu.

Le résultat est nécessairement le même. En effet, au lieu de multiplier 1.789 par 15 centaines, nous le multiplions par 15, et ensuite par 100.

Or, si nous avons répété le multiplicande 100 fois moins, en compensation, nous avons pris le produit 100 fois plus ; car, en écrivant les deux zéros à sa droite, nous rendons 100 fois plus grande chacune de ses unités de plusieurs ordres, et, par conséquent, la somme de toutes les unités.

Pour compléter ces considérations sur la marche du calcul nous devons ajouter quelques observations à propos de l'ordre à suivre dans les multiplications. Nous avons déjà dit que pour former les produits partiels du multiplicande par les différents chiffres du multiplicateur, il est plus facile de commencer la multiplication à partir du chiffre du multiplicateur à droite. C'est le même motif qui nous porte à commencer la somme par les parcelles de droite.

Mais, quant à l'ordre par lequel on doit procéder au sujet des chiffres du multiplicateur, il est indifférent pour la rapidité du calcul que nous commencions l'opération à droite ou à gauche, pourvu que, dans ce dernier cas, nous écrivions les chiffres obtenus de telle façon que, dans les différents produits partiels, les unités du même ordre se conservent toujours dans une colonne verticale, comme on le voit dans l'exemple suivant :

31.415	31.415
123	123
94245	31415
62830	62830
31415	94245
3.864.045	3.864.045

On conclut donc que la pratique suivie dans la multiplication, de commencer le calcul par les chiffres d'ordre moins élevé du multiplicande, est dûment convenable ; mais que l'exécution de cette opération, en commençant aussi par les chiffres d'ordres plus faibles du multiplicateur, n'obéit qu'à l'harmonie de ne point commencer à droite pour l'un des facteurs, et à gauche pour l'autre.

Toutefois, il importe de reconnaître que la manière non usuelle peut être préférable, quand, par hasard, dans les calculs approximatifs, on n'a besoin que de déterminer les chiffres correspondants aux unités d'ordres plus élevés du produit total. C'est ce que nous vérifierons ci-dessous.

Enfin, pour faire la *preuve* de l'opération, on peut la pratiquer de nouveau; mais ce procédé est défectueux, car il rend possible la reproduction de l'erreur qu'on pourrait avoir commise.

Il est préférable d'intervertir l'ordre des facteurs, c'est-à-dire multiplier le multiplicateur par le multiplicande, le même produit devant être obtenu, si l'opération est juste.

Il convient encore d'utiliser cette faculté d'intervertir les facteurs en prenant toujours comme multiplicande le plus grand des nombres donnés, et comme multiplicateur le plus petit, car ainsi on réduit le plus possible le nombre de multiplications partielles en abrégeant, par conséquent, l'opération.

116. — Observations sur l'influence des facteurs dans le produit. Appréciation de la constance du produit, quand on échange les facteurs. Fréquence, intensité. Indétermination qui résulte de la variation inverse des facteurs.

Quoique sous le point de vue concret le *produit* soit toujours de la même espèce que le *multiplicande*, de même que la *somme* est de la même espèce des *parcelles*, il est indifférent, sous le point de vue abstrait, de prendre le *multiplicande* comme *multiplicateur et vice-versa.*

Ceci veut dire que *la valeur d'un produit n'est pas altérée quand on intervertit l'ordre de ses facteurs.*

La table de multiplication nous porte à reconnaître une pareille propriété; mais elle peut être déduite d'une autre plus importante, qui consiste dans la *constance d'un produit quand ses facteurs varient en même temps et en raison exactement inverse*; c'est-à-dire lorsque l'un d'eux devient un certain nombre de fois plus grand et l'autre le même nombre de fois plus petit. En supposant, pour le moment, que cette proposition soit vraie, prenons, par exemple, le produit de 3 par 12, et montrons qu'il équivaut à 12 par 3.

Comme le produit de 3 par 12 n'est pas altéré lorsque l'on multiplie le premier facteur par un nombre quelconque, pourvu que l'on divise le second par le même nombre, on peut, dès lors, choisir un taux de variation, de telle façon que le nouveau multiplicande devienne égal au multiplicateur primitif 12; et le nouveau multiplicateur deviendra, pour ce même motif, égal au multiplicande primitif 3, le taux étant évidemment 4; nous vérifierons immédiatement que 3 par 12 équivaut à 12 par 3 [1].

Pour en finir avec la théorie de la multiplication, il ne reste qu'à justifier la proposition ci-dessus se rapportant *à la constance d'un produit quand les facteurs respectifs varient simultanément d'une même quantité, mais en raison inverse.* Mais pour cela, il nous faut apprécier séparément l'influence de chacun des facteurs dans la variation du produit; car, ensuite, nous déduirons sans difficulté leur action mutuelle.

1° Supposons que le *multiplicande* devient un certain

1. Si les facteurs considérés sont indécomposables, il faudra prendre un taux fractionnaire. Ainsi donc dans le cas des facteurs premiers 5 et 3, nous multiplierons le premier et nous diviserons le second par 3/5. Une démonstration plus simple et, par conséquent, préférable, est suggérée par la conception géométrique de la multiplication. En effet, le produit de 5 par 3 peut être envisagé comme représentant la surface d'un rectangle dont les côtés ont respectivement 5 et 3 modules de longueur. Or, en tirant par les points de division de chacun d'eux des droites parallèles à l'autre, la surface sera constituée par 15 carrés, que ces unités soient comptées dans le sens horizontal, ce qui fait 5 plus 5, plus 5, ou 5 fois 3, ou dans le sens vertical, ce qui fait 3 plus 3, plus 3, plus 3, plus 3 ou 3, fois 5. Ainsi conçue, la démonstration devient préférable puisqu'elle donne une idée de la conception géométrique de la multiplication, en montrant aussitôt l'harmonie qui existe entre l'abstrait et le concret.

nombre de fois plus grand ou plus petit, le multiplicateur se conservant constant ; et apprécions la variation du produit. Comme celui-ci est la somme d'autant de parcelles égales au multiplicande qu'il y en a d'indiquées pour le multiplicateur, il est évident que la valeur de chaque parcelle, c'est-à-dire le multiplicande, devenant un certain nombre de fois plus grand ou plus petit, leur somme ou le *produit* deviendra aussi le même nombre de fois plus grande ou plus petite.

2° Supposons maintenant que le *multiplicateur* devient un certain nombre de fois plus grand ou plus petit, le *multiplicande* se conservant constant ; et apprécions la variation du *produit*. Le multiplicateur étant le nombre de parcelles égales dont le produit est la somme, il est clair que le *multiplicande*, c'est-à-dire la valeur de chacune des parcelles, se conservant constante, sa somme ou le *produit* deviendra autant de fois plus grand ou plus petit que le nombre de parcelles sera plus grand ou plus petit.

3° L'influence de chaque facteur sur la formation du produit ainsi connue, nous pouvons immédiatement conclure qu'*un produit reste constant, lorsqu'un des facteurs devient un certain nombre de fois plus grand ou plus petit, pourvu que l'autre en devienne le même nombre de fois plus petit ou plus grand.*

En effet, avec la variation d'un des facteurs, le produit devient un certain nombre de fois plus grand ; mais avec la variation de l'autre, il en devient le même nombre de fois plus petit. Ainsi, les deux variations inverses sont compensées ; et le produit ne souffre point d'altération [1].

1. Quant à la relation générale entre la grandeur du produit et celle de chacun des facteurs, ce qui est surtout digne de remarque, c'est la

De ce que nous venons de dire, on conclut qu'un produit considéré peut être constitué de deux manières au moyen de ses facteurs, soit en répétant un grand nombre de fois un petit multiplicande, soit en choisissant un multiplicande assez grand, et en le répétant un petit nombre de fois ; en sorte que, dans la formation du produit, la *fréquence* des répétitions du multiplicande, exprimées par le multiplicateur, devient équivalente à l'accroissement d'*intensité* dans la valeur de ce même multiplicande.

Or, si ces deux variations ont lieu d'une manière propor-

participation égale de ceux-ci, quelle que soit leur inégalité, pourvu que le taux de la variation soit le même.

Nous venons de voir, en effet, qu'un produit peut devenir 2, 3 fois plus grand, soit en multipliant par 2, 3... l'un des facteurs, soit en faisant de même avec l'autre.

Si, au lieu de multiplier par 2, 3... l'un quelconque des facteurs, on lui additionne 2, 3... unités, il est évident que les variations du produit seront diverses. Ainsi, en additionnant 2, 3... unités au multiplicateur, le produit en sera augmenté de 2, 3... fois le multiplicande, car additionner 2, 3... unités au multiplicateur importe dans l'accroissement du produit de 2, 3... parcelles égales au multiplicande. D'un autre côté, additionner 2, 3... unités au multiplicande, importe aussi en un accroissement fait dans le produit de 2, 3... fois le multiplicateur. En effet, le multiplicande étant la valeur de la parcelle qui doit être répétée : l'addition de 2, 3... unités importe la répétition de 2, 3... unités, autant de fois qu'elles sont indiquées par le multiplicateur ; en sorte que le produit total sera égal au produit primitif, augmenté de 2, 3... fois le même multiplicateur. Ce résultat nous montre que *devant multiplier la somme de deux parcelles par un nombre, on peut multiplier séparément ce dernier par chacune des parcelles et en additionner les résultats.* En supposant que nous ayons diminué l'un des facteurs quelconques de 2, 3... unités, un raisonnement analogue nous ferait reconnaître que le produit serait diminué de 1, 2, 3...fois l'autre facteur. Un pareil résultat nous porterait bientôt à conclure que, « *devant multiplier une différence par un nombre, on peut obtenir le produit en multipliant ce nombre par chacun des termes de la différence et en soustrayant le résultat le plus petit du plus grand* ».

tionnelle et inverse, elles nous donneront la première application numérique du *principe* de *Philosophie Première* découvert par Huyghens, spécialement formulé par Newton envers le domaine de la Mécanique, sous le nom d'*égalité de l'action et de la réaction*, et généralisé par Auguste Comte envers tous les phénomènes : « *Il y a toujours équivalence entre la réaction et l'action, si son intensité est mesurée suivant la nature de chaque conflit.* »

Dans le cas actuel, on voit, en effet, l'action exercée sur la valeur du produit, par la variation d'*intensité* du multiplicande, compensée par une égale variation, mais en sens contraire, dans sa fréquence exprimée par le multiplicateur.

Lorsqu'on rend le multiplicande un grand nombre de fois plus grand, sous la condition de rendre le multiplicateur le même nombre de fois plus petit, ce qu'on obtient en multipliant le premier et en divisant le second par le même nombre, nous venons de voir que le produit n'en est pas altéré. D'où nous concluons qu'en donnant à ce nombre auxiliaire une valeur assez grande pour qu'elle excède toute limite numérique fixée d'avance, le multiplicande aura une valeur infiniment grande, tandis que le multiplicateur sera infiniment petit, sans que le produit en varie pour cela.

On voit ainsi que, en répétant un nombre infini de fois un nombre infiniment petit, il est possible de reproduire un nombre fini quelconque, c'est-à-dire compris entre les limites usuelles.

Cependant, il faut reconnaître que la valeur finale du produit reste *indéterminée*, lorsque ses facteurs varient en sens inverse au delà de toute limite ; on ne connaît pas la loi d'une pareille variation.

Si, par exemple, dans le cas dont il s'agit, le nombre par lequel on multiplie le premier facteur n'est pas égal à celui par lequel on divise le deuxième, le produit ne restera pas constant et pourra prendre toutes les valeurs imaginables, sans que l'on puisse jamais savoir celle qu'il acquiert en un moment déterminé.

SIXIÈME SECTION

Division des nombres entiers (calcul théocratique).

I

CONCEPTION DE LA DIVISION.

117. — DE L'INSTITUTION DE LA DIVISION ENVISAGÉE COMME OPÉRATION INVERSE DE LA MULTIPLICATION.

La *géométrie* a conduit à la multiplication lorsqu'on a tâché de rapporter la connaissance de la surface du rectangle à celle du carré. Les prêtres théocratiques avaient remarqué que cette évaluation était possible toutes les fois que l'on réussissait à mesurer les côtés du rectangle au moyen d'un module ou unité de longueur, puisque, dans cette hypothèse, en tirant, par les points de division déterminés dans l'un des côtés, des droites parallèles à l'autre côté, le rectangle était divisé en des carrés qui avaient pour côté le module. Ainsi donc tout se réduisait à savoir le nombre de ces carrés qui étaient contenus dans le rectangle.

Or, ce nombre peut être envisagé comme dépendant de la mesure des côtés de différentes façons. Pourtant la manière la plus simple d'évaluer le nombre de carrés contenus dans la surface du rectangle consiste à faire la somme des carrés suivant les colonnes ou rangs obtenus. A cet effet, il suffit d'observer que le nombre de carrés d'un rang ou d'une colonne est le même qui exprime le nombre de modules du côté respectif ; et que le nombre de rangs ou de colonnes équivaut à celui des modules qui sont contenus dans l'autre côté. On voit ainsi que l'aire du rectangle est représentée par un produit dont les facteurs sont deux côtés consécutifs de cette figure. (Si, par exemple, ces côtés sont exprimés par 16 et 5, l'aire sera égale au produit de 16 par 5, ou de 5 par 16.) Et la double manière de considérer les deux facteurs comme représentant le multiplicande ou le multiplicateur montre aussitôt que *l'ordre des facteurs n'altère point le produit.*

On comprend donc que, comme aujourd'hui, le problème inverse devrait surgir souvent, problème qui consiste à déterminer un côté d'un *rectangle* lorsque son aire et l'autre côté seraient connus ; ce qui signifie sous le point de vue abstrait :

Étant donnés un produit et l'un des facteurs, trouver l'autre.

Mais, étant donnés le produit et l'un des facteurs, nous pouvons imaginer deux hypothèses :

1° Ou bien ce facteur représente le *multiplicande* ;

2° Ou bien il représente le *multiplicateur.*

1° Si le facteur connu représente le multiplicande, le produit peut être considéré comme une somme de parcelles égales à celui-ci et le facteur inconnu, il suffit de savoir combien de fois le facteur donné est contenu dans le produit. Pour cela, nous pouvons employer spontanément deux procédés : soit d'additionner le facteur connu avec lui-même jusqu'à en trouver le produit, soit d'ôter le facteur connu du produit autant de fois qu'il est possible. Quelle que soit la marche suivie, le problème équivaut à trouver *combien de fois un nombre est contenu dans l'autre.*

2° Mais, si le facteur donné représente le multiplicateur, le produit peut être considéré comme une somme de parcelles égales où l'on connaît le nombre de parcelles et où l'on ignore la valeur de chaque parcelle.

Le produit se présente donc comme étant susceptible d'être divisé en autant de parties égales qu'il y en a d'indiquées par le facteur donné ; et le facteur inconnu est la valeur de chacune des parties (multiplicande). C'est-à-dire le problème, dans ce cas, peut être ramené au suivant :

Diviser un nombre en autant de parties égales qu'il y en a d'indiquées par un autre.

La solution spontanée de ce problème est dès lors celle qui a été indiquée ci-dessus.

118. — *Institution théocratique de la division.*

Mais avant cet essor de la science géométrique, l'astrologie avait déjà porté à *instituer systématiquement la division, en partant d'une autre question.* En effet, l'adoration des astres en détermina la contemplation assidue, et cette contemplation a fait découvrir les mouvements du Soleil et celui de la Lune. Plus tard, cette contemplation a révélé que parmi les *astres*, d'abord confondus avec les *étoiles*, il y en avait quelques-uns qui avaient aussi des mouvements propres : c'étaient les *planètes*. Ceux-ci obtinrent naturellement plus d'importance que les étoiles. Et, lorsque le polythéisme remplaça le fétichisme, les dieux de ces derniers astres, en tant que plus inaccessibles et plus mystérieux, acquirent plus de considération que le Soleil et la Lune eux-mêmes.

La position relative de tels astres acquérant le plus grand intérêt, les théocrates tâchèrent d'en prévoir les divers aspects. A cet effet, il fallait connaître le temps des *révolutions sidérales* des planètes autour de la Terre, c'est-à-dire le temps que prend une planète pour revenir à la position d'une même étoile.

Mais ce temps peut être calculé pour chaque planète au moyen de sa respective *année synodique*, c'est-à-dire par le temps que met le Soleil pour se trouver dans la même position relativement à cette planète. Or, cette question se réduit, en résumé, pour tous les cas, à *déterminer combien de fois un nombre contient l'autre.*

A présent, il est facile de voir comment ce problème se réduit à son tour aux deux autres que nous avons cités ci-dessus. Car, afin de savoir combien de fois une grandeur est contenue dans l'autre, quand les deux sont évaluées, le procédé spontané consiste à retrancher la plus petite de la plus grande ; du reste, soustraire de nouveau la plus petite ; et continuer ainsi aussi longtemps que possible. En comptant le nombre des soustractions, on aura le *quotient* demandé, ou le quotient et un *reste*, moindre que la plus petite des grandeurs.

Cette façon de comparer des grandeurs en rapportant la connaissance de l'une à celle de l'autre, est ce qu'on nomme déterminer le *rapport géométrique*, par contraste avec la comparaison par soustraction, que l'on nomme *rapport arithmétique*. La distinction entre les deux est que, dans la raison *géométrique ou par quotient*, l'une des grandeurs est déterminée au moyen de l'autre, sans référence à aucun module [1] ; tandis que, dans la relation *arithmétique ou par*

1. Supposons, par exemple, qu'il s'agit de déterminer la longueur d'une ligne AB au moyen d'une autre CD. En admettant que la première contient 61 fois et la deuxième 19 fois un certain module, il est évident que le *rapport géométrique* entre les deux sera tout simplement exprimé par $\frac{61}{19}$, vu que, quel que fût le module adopté, ce rapport serait toujours le même.

différence, une grandeur est déterminée au moyen de l'autre, mais à l'aide du module [1].

Mais étant parvenu, au moyen de soustractions successives, à la solution du problème qui consiste à trouver la relation entre deux nombres, c'est-à-dire le nombre de fois que l'un est contenu dans l'autre, on reconnaît que l'un des nombres peut être considéré comme décomposé en autant de parties égales à l'autre qu'il y a d'unités au quotient. En sorte que le problème de savoir combien de fois un nombre est contenu dans l'autre équivaut à diviser un nombre en autant de parties égales qu'il y a d'unités au quotient. Mais le diviseur indique, dans ce cas, non pas le nombre des parties, mais la valeur de chacune.

Enfin, cette solution montre que le nombre le plus grand peut être considéré comme une somme de parcelles égales au plus petit, le nombre des parcelles étant la valeur du quotient. Cette observation fournit au moyen de l'addition un procédé spontané pour évaluer le quotient, tout en montrant aussi que le plus grand des nombres peut être considéré comme un produit dont le plus petit et le quotient sont les facteurs.

Pendant que l'astrolâtrie portait à résoudre le problème qui consiste à déterminer la relation entre des grandeurs, l'institution de la Géométrie exigeait de nouvelles applications de ce problème et conduisait à trouver une représentation concrète pour la multiplication, comme nous l'avons déjà indiqué.

1. Si l'on considère la division comme ayant pour objet de *trouver la relation entre deux nombres*, on peut voir dans cette combinaison le premier germe du *calcul des relations*, c'est-à-dire de *l'Algèbre*, vu que celle-ci à son origine ne s'occupe que de la comparaison par *égalité des relations par rapport au quotient* (proportions).

que prend une planète pour revenir à la position d'une même étoile.

Mais ce temps peut être calculé pour chaque planète au moyen de sa respective *année synodique*, c'est-à-dire par le temps que met le Soleil pour se trouver dans la même position relativement à cette planète. Or, cette question se réduit, en résumé, pour tous les cas, à *déterminer combien de fois un nombre contient l'autre*.

A présent, il est facile de voir comment ce problème se réduit à son tour aux deux autres que nous avons cités ci-dessus. Car, afin de savoir combien de fois une grandeur est contenue dans l'autre, quand les deux sont évaluées, le procédé spontané consiste à retrancher la plus petite de la plus grande ; du reste, soustraire de nouveau la plus petite ; et continuer ainsi aussi longtemps que possible. En comptant le nombre des soustractions, on aura le *quotient* demandé, ou le quotient et un *reste*, moindre que la plus petite des grandeurs.

Cette façon de comparer des grandeurs en rapportant la connaissance de l'une à celle de l'autre, est ce qu'on nomme déterminer le *rapport géométrique*, par contraste avec la comparaison par soustraction, que l'on nomme *rapport arithmétique*. La distinction entre les deux est que, dans la raison *géométrique ou par quotient*, l'une des grandeurs est déterminée au moyen de l'autre, sans référence à aucun module [1] ; tandis que, dans la relation *arithmétique ou par*

1. Supposons, par exemple, qu'il s'agit de déterminer la longueur d'une ligne AB au moyen d'une autre CD. En admettant que la première contient 61 fois et la deuxième 19 fois un certain module, il est évident que le *rapport géométrique* entre les deux sera tout simplement exprimé par $\frac{61}{19}$, vu que, quel que fût le module adopté, ce rapport serait toujours le même.

Toutes ces considérations nous montrent que le problème de la division a surgi historiquement de la décomposition d'un groupe en des groupes égaux, c'est-à-dire du partage de grandeurs discontinues. S'il s'agit de grandeurs continues, il est évident que, si elles sont évaluées, leur division en parties égales rentre dans le cas de la division des pluralités.

Examinons la solution initiale de ce premier problème qui a conduit à la division. La solution la plus simple consiste à effectuer une série de partages en donnant chaque fois un objet à chacun des associés. Supposons, par exemple, qu'il s'agirait de diviser 30 objets entre 6 guerriers.

On distribuait : 1° un objet à chacun des 6 guerriers. Après quoi, il restait 30 moins 6 objets, c'est-à-dire 24 objets à diviser. On faisait une deuxième distribution entre les 6 guerriers, ce qui équivaut à ôter 6 de 24. Il restait donc 18 objets à répartir. On faisait une troisième distribution et il restait 12 objets. On en faisait une quatrième, dont il restait 6 objets qui étaient exactement distribués entre les 6 guerriers.

Examinons quels seraient les perfectionnements primitifs de cette solution. Pendant une période immémoriale du fétichisme, le problème de la division n'a point inspiré d'autre solution essentielle. Il est pourtant naturel que, lorsque le groupe d'objets à partager était trop grand par rapport au nombre des associés, l'on dût recourir à l'expédient de distribuer, chaque fois, plus d'un objet afin de rendre la division plus rapide. On doit cependant présumer que cet expédient n'a été imaginé que fort tard. En tout cas, aussitôt que le développement de la vie sociale aurait conduit à l'institution systématique des trois problèmes fétichiques (addition, soustraction et multiplication), nous devons imaginer que l'on eût tâché d'abréger la division en les employant.

Voici les raisonnements qui pourraient avoir guidé le sacerdoce fétichocratique primitif.

En réfléchissant sur le procédé spontané, on reconnaît que la valeur de chaque quote-part est égale au nombre des distributions partielles. Dès lors, le problème de la division est réduit à déterminer le nombre de distributions possibles.

Et, comme envers chaque distribution on ôte le diviseur du dividende une fois, il s'ensuit que le quotient sera représenté par le nombre de fois que l'on peut effectuer une telle soustraction. Ainsi, le problème de diviser un nombre en une certaine quantité de parties égales équivaut-il à déterminer *combien de fois chaque partie est contenue dans le dividende*.

Cette observation conduit aussitôt à effectuer la division moyennant une série de soustractions, en ôtant le *diviseur* du *dividende* ; du reste obtenu, en cherchant encore à ôter le *diviseur*, et ainsi successivement jusqu'à ce que l'opération soit finie. Après quoi, si l'on compte le nombre de soustractions, on aura la valeur du quotient. En réfléchissant sur le tableau de ces opérations, on voit aussi que le dividende peut être considéré comme une somme de parcelles égales au diviseur et où le quotient indiquerait le nombre des parcelles. Il en résulte un nouveau procédé pour trouver le quotient, en additionnant le diviseur avec lui-même, autant de fois qu'il faudra pour obtenir le dividende. Le nombre des parcelles rendra la valeur de chaque partie.

Mais la principale importance de cette observation a consisté à permettre d'utiliser la multiplication. En effet, si le dividende peut être considéré comme une somme de parcelles égales au diviseur, le nombre de parcelles étant représenté par le quotient, il s'ensuit que le dividende peut être envisagé comme un produit dont le diviseur est un des facteurs et dont le quotient serait l'autre. La division devient donc ainsi l'opération inverse de la multiplication.

Ainsi appréciée, la détermination du quotient nous apparaît donc comme devant consister à *chercher le nombre qui, multiplié par le diviseur, reproduit le dividende.* Ceci permet d'abréger l'évaluation du quotient. Mais, avant d'indiquer les procédés que suggère cette considération, il convient de mieux apprécier les résultats auxquels nous venons d'aboutir.

120. — Examen initial a propos de la différence entre la division et les opérations fétichiques.

En premier lieu, nous venons de voir comment le *problème de la division d'une grandeur en un certain nombre de parties égales équivaut, sous le point de vue abstrait, aux deux autres problèmes suivants* :

1° *Déterminer combien de fois un nombre est contenu dans un autre* ;

2° *Etant donné un produit et l'un des facteurs, déterminer l'autre facteur.*

Or, ces trois problèmes considérés directement sont distincts et rien qu'un examen de leur solution peut montrer la possibilité de les identifier abstraitement. Ainsi donc, tandis que chacune des opérations fétichiques correspond à un problème unique, la division est la commune solution de trois problèmes. Remarquons, en outre, que quel que soit le procédé suivi pour déterminer le quotient, l'opération porte à reconnaître que le problème n'est pas toujours possible.

Ainsi, dans le premier procédé, s'il s'agit de répartir un certain nombre d'ouvriers entre plusieurs industriels, il peut arriver que la totalité du nombre à diviser soit telle qu'il ne soit pas possible de donner à chacun la même quote-part. C'est-à-dire que, après avoir distribué un certain nombre à chaque associé, il peut demeurer un reste plus petit que le nombre des associés. Un partage égal est alors impossible.

En employant l'addition, ou la multiplication, l'impossibilité se manifesterait autrement. En effet, après avoir obtenu des sommes ou des produits toujours plus petits que le dividende, la somme d'une nouvelle parcelle égale au diviseur, ou l'addition d'une unité au dernier quotient essayé, fournirait une somme ou un produit plus grand que le dividende ; en sorte que, au lieu du quotient, nous en arriverions à deux nombres consécutifs, l'un plus petit, et l'autre plus grand que le quotient. Dès lors, si l'on soustrait du dividende la plus grande des sommes ou le plus grand des produits inférieurs à ce dividende, l'on aurait le reste, c'est-à-dire les objets qui ne sauraient être partagés également.

La division produit donc, généralement, deux nombres, à savoir, un *quotient* et *un reste*.

La signification de chacun de ces deux nombres dépend du problème considéré.

1° Quand il s'agit de diviser un nombre en parties égales, le quotient indique la plus grande valeur que chaque partie en peut prendre ; et le reste indique le nombre d'objets qui restent à diviser.

2° Quand il s'agit de déterminer combien de fois le diviseur est contenu dans le dividende, le quotient indique le maximum de fois que le diviseur peut être contenu dans le dividende; et le reste indique la différence entre le dividende et le plus grand multiple du diviseur qui y est contenu.

3° Quand il s'agit de déterminer le nombre qui, multiplié

par le diviseur, reproduit le dividende, le quotient indique le plus grand facteur qui, multiplié par le diviseur, donne un nombre inférieur au dividende ; et le reste indique la différence entre le dividende et le plus grand multiple du diviseur qui y est contenu.

Or, ceci n'a lieu pour aucune des opérations fétichiques. L'opération y est toujours possible et ne conduit qu'à un seul nombre. En sorte que, avec la division, l'on voit surgir la notion des *évaluations approximatives*.

Alors surgit aussi le problème de prévoir quand l'opération pourra donner un quotient exact et quand elle donnera un reste ; problème qui restera éternellement insoluble, si ce n'est dans des cas particuliers, comme nous le verrons.

Quel que soit le procédé spontanément suivi, la détermination du quotient devient impraticable toutes les fois qu'il est considérable. Or, pour les opérations fétichiques, lorsque l'évaluation devient impraticable au moyen du procédé spontané, la systématisation consiste à décomposer l'opération en des opérations élémentaires. Celles-ci sont directement indiquées par la structure des nombres donnés.

Pour la division, une pareille décomposition ne se présente pas spontanément. Elle ne peut être instituée qu'en faisant prévaloir préalablement la considération du *quotient*. Une pareille condition suppose un ascendant de la raison abstraite qui ne saurait avoir lieu que sous la période théologique, en sorte que la systématisation de la division serait impossible avant une pareille phase.

Mais alors cette systématisation est déjà directement sollicitée par des problèmes qui portent à concevoir, soit le cas inverse de la multiplication, soit la détermination du nombre de fois qu'une grandeur est contenue en une autre.

121. — Réflexions sur le problème qui doit prévaloir afin de maintenir la continuité dogmatique dans l'étude de la division.

« Ayant montré l'évolution historique de l'institution de la division, il faut encore signaler, parmi les trois problèmes qui l'ont déterminée, celui qui doit prévaloir. Afin de résoudre cette question, il faut distinguer entre la filiation dogmatique et l'institution systématique de l'opération.

« Sous le point de vue de la continuité dogmatique, on doit donner la préférence à la conception de la division comme inverse de la multiplication. Autrement il n'est pas possible d'établir la liaison entre le calcul fétichique et l'ensemble du calcul théologique.

« Mais les dénominations qui ont prévalu pour caractériser les nombres donnés (*dividende*, du latin *dividendus*, qui doit être divisé, et *diviseur*, du latin *divisor*, qui divise), et le nombre demandé lui-même (*quotient*, du latin *quoties*, combien de parties), rappelleront éternellement la filiation historique. Ainsi, le dernier des problèmes qui ont historiquement conduit à la division est-il celui qui fournit le lien théorique entre elle et les opérations antérieures et, par conséquent, la liaison avec l'ensemble de l'arithmétique fétichique.

122. — Appréciation du point de vue qui doit prévaloir dans l'institution systématique du quotient.

« Mais, si l'on considère la détermination du quotient envers un cas quelconque, la préférence doit être donnée au problème moyen.

« Nous verrons, en effet, que le procédé est essentiellement basé sur la conception de la division comme consistant à déterminer combien de fois le diviseur est contenu dans le dividende, c'est-à-dire à trouver la relation entre ces deux nombres. C'est de cette considération qu'est résulté l'essor du calcul par l'institution fractionnaire.

« La considération de la division, en tant qu'inverse de la multiplication, concourt dans le calcul pour une telle institution, en alliant ainsi le point de vue dogmatique avec le point de vue historique. »

Nous vérifierons que cette définition est celle qui combine le mieux le point de vue arithmétique avec le point de vue géométrique pour faire surgir l'algèbre. En résumé, c'est la seule qui permet de former du *quotient* une notion uniforme et celle où l'on peut concevoir l'opération par rapport à deux nombres ou deux grandeurs quelconques. C'est ce que nous montrerons dans l'étude des fractions.

123. — Liée à l'astrolâtrie, nous avons vu que l'institution abstraite de la division, nécessairement accompagnée des premières notions sur les fractions, y a rencontré son origine, puisque jusqu'alors nulle exigence pratique n'avait suscité un pareil progrès. Nous avons déjà dit qu'elle est principalement résultée des opérations nécessaires à la détermination des années propres aux diverses planètes au moyen de leurs révolutions synodiques, lorsque l'année terrestre ou solaire était déjà connue. C'est ainsi, par exemple, que, en considérant dans une certaine position, par rapport au Soleil, une planète quelconque, telle que Jupiter, qui est plus éloignée du Soleil que la Terre, le sacerdoce théocratique avait remarqué que, lorsque le Soleil avait déjà terminé sa révolution annuelle, Jupiter n'avait parcouru que quelques degrés de son cercle. En sorte que le Soleil, après quelques jours, ayant commencé la nouvelle année, se trouvait dans la même position relativement à Jupiter. Mais l'année sidérale du Soleil avait été censée consister en 360 jours, ce qui avait fait diviser le cercle en 360 parties égales, dans la sup-

position que le mouvement du Soleil était uniforme, chacune de ces parties étant ce qu'on a appelé degré. L'année synodique de Jupiter paraissait être de 390 jours ; et comme la planète n'avait parcouru qu'une partie de son cercle, il s'ensuit que dans ces 390 journées, elle avait marché le nombre de degrés indiqué par la différence entre 390 et 360, ou 30 degrés. Donc, en admettant que le mouvement de Jupiter était uniforme, les théocrates avaient fait le raisonnement suivant :

Si dans 390 journées Jupiter a marché 30 degrés de son cercle, pour marcher les 360 degrés il mettra 390 autant de fois que 360 contient de fois le nombre 30. Le problème se réduit donc à diviser 360 par 30 et à multiplier le quotient par 390 ; ou, ce qui revient au même, à multiplier les deux temps 360 et 390, et à en diviser le produit par leur différence, 30.

Lorsqu'il s'agit de planètes telles que Mercure ou Vénus, plus proches du Soleil que de la Terre, on voit qu'elles ne peuvent réaliser une révolution autour de la Terre dans un délai plus court que le Soleil ; en sorte que, lorsque le Soleil se trouve, par rapport à elles, dans une position identique à celle où il se trouvait au commencement de l'année, elles auront déjà décrit leur cercle propre plus un certain nombre de degrés. Par conséquent, afin de calculer la révolution sidérale autour de la Terre, un raisonnement analogue au précédent montre que l'on doit diviser le produit des temps considérés (année solaire et année synodique) par la somme des mêmes temps. On voit donc que la question se réduit, dans tous les cas, à déterminer combien de fois un nombre contient l'autre.

Quoique, dans les temps anciens, les applications célestes eussent poussé le sacerdoce polythéique jusqu'à la division, il importe de reconnaître que la théorie de cette opération n'a été rationnellement établie qu'au XVIIIe siècle par l'éminent CONDORCET dans son célèbre opuscule : *Méthode pour apprendre à compter avec sûreté et facilité.* Suivant sa judicieuse observation, « la théorie de la division [1] constitue un pas difficile dans l'initiation scientifique, tant de l'espèce que de l'individu ». « En vertu du brusque accroissement qu'y essaie le raisonnement mathématique, la plupart des esprits cultivés succombent encore dans cette preuve théorique », en sorte que, si on la surmonte, on peut avoir la certitude de la réussite dans les études supérieures. Au paragraphe suivant, nous nous occuperons spécialement de la théorie de la division.

II

THÉORIE DE LA DIVISION DANS LE CAS OÙ LE QUOTIENT EST SIMPLE.

Du nombre des chiffres du quotient lorsque celui-ci est composé.

124. — DES MOYENS DE DÉTERMINER LE QUOTIENT PAR TENTATIVES.

Avant d'exposer la pratique systématique de la division, considérons le plus grand perfectionnement dont les procédés spontanés sont susceptibles.

Ces procédés sont évidemment impraticables sous leur

1. En complétant l'ensemble des opérations fondamentales sur des nombres entiers, la *division* a ouvert le vaste champ de la théorie générale des fractions dont nous nous occuperons ci-après.

forme primitive, pour peu que le quotient devienne considérable. Mais si le quotient a un seul chiffre (ce qu'on reconnaît en voyant si le produit du diviseur par la base numérale donne un nombre plus grand que le dividende), l'opération est possible envers l'un d'eux.

Envers lés autres hypothèses, le procédé spontané qui comporte le plus grand perfectionnement est celui qui résulte de la division comme inverse de la multiplication. En effet, un pareil point de vue conduit aussitôt à déterminer deux nombres qui comprennent le nombre demandé, en indiquant les puissances de la base entre lesquelles le quotient est compris. Par conséquent, si l'on choisit un nombre entre ces limites, plus proche de celui qui est plus près du quotient, on aura une limite supérieure ou inférieure. En procédant ainsi, successivement, à la fin d'un nombre d'essais suffisant, on pourra déterminer le quotient exact, s'il existe ; ou alors, deux nombres consécutifs qui le contiennent.

Quant au reste de l'opération, il sera déterminé, en soustrayant du dividende le plus grand multiple du diviseur qu'il contient, et que l'ensemble du calcul effectué rend évident lequel il doit être.

Mais on comprend qu'un pareil procédé deviendrait très laborieux et même impraticable lorsque le quotient serait tant soit peu considérable, à cause du nombre extraordinaire d'essais nécessaires à sa détermination.

Afin de juger une pareille impraticabilité, il suffit de remarquer que de tels essais, au nombre de 8 à peine, lorsque le quotient est compris entre 1 et 10, s'élèvent à 88 quand il sera compris entre 10 et 100 ; à 898 lorsqu'il se trouve entre 100 et 1.000 ; à 8.998 quand il est entre 1.000 et 10.000 ; et ainsi de suite. Ce n'est que dans le cas très particulier où le quotient serait une des puissances, qu'un pareil procédé pourrait être employé sans inconvénient.

Quant à l'autre, qui consiste, comme nous l'avons vu, à soustraire le diviseur du dividende, jusqu'à ce qu'il soit épuisé, ou jusqu'à ce qu'il laisse un *reste* plus petit que le *diviseur*, on reconnaît aisément qu'il devient encore plus impraticable à cause du nombre excessif de soustractions qu'il exige lorsque le quotient est considérable. D'où, le besoin d'instituer un procédé systématique pour réaliser l'opération, quel qu'en soit le quotient ; puisque nous venons de voir que les procédés spontanés ne conviennent qu'envers le cas où le quotient a un seul chiffre.

125. — Mais, voyons d'abord la relativité de la notion de *quotient* et de *reste*, que les considérations précédentes permettent d'apercevoir. Pendant longtemps les conceptions sur le quotient et sur le reste ont été absolues. On considérait toujours le quotient comme le plus grand des nombres qui, multipliés par le diviseur, donnaient des produits inférieurs au dividende. Le reste était, dès lors, l'excès du dividende sur le plus grand multiple du diviseur qui y était contenu. Mais l'ascendant de l'esprit positif a permis de rendre relatives ces deux notions.

En effet, abstraitement envisagée, on doit préférer l'erreur moindre, qu'elle soit en plus ou en moins. On a donc dû préférer pour quotient le nombre plus grand ou plus petit que celui-ci qui produisît le multiple du diviseur qui eût approché le plus du dividende, et dont la différence envers celui-ci eût été plus petite.

Considérée sous le point de vue concret, le seul examen de chaque cas permet de voir s'il convient de prendre un quotient par *défaut* ou *par excès*.

Dans le premier cas, le dividende sera égal au produit du diviseur par le quotient plus le reste, s'il y en a ; dans le deuxième cas, il sera égal au produit du diviseur par le quotient, moins le reste, s'il y en a.

126. — Examen de l'opération systématique.

Les deux procédés spontanés permettant la détermination du quotient dans le cas où celui-ci n'a qu'un seul chiffre, il est naturel que l'opération systématique doive consister ici, comme dans les trois antérieures, à réduire à ce cas fondamental celui où le quotient a plus d'un chiffre ; puisqu'il sera dès lors possible de déterminer l'un après l'autre les chiffres des unités de divers ordres qui, d'après la numération systématique, doivent le constituer.

Mais une pareille réduction exige que l'on connaisse au préalable le nombre de chiffres que doit avoir le quotient. La théorie de la division suscite donc cette détermination préalable qui n'a point d'analogue dans les opérations antérieures, afin de connaître le nombre de chiffres du quotient, pour en diriger ensuite l'investigation analytique.

Directement conçue, une pareille détermination consiste à discerner parmi quelles puissances de 10 le quotient se trouve compris, ce qu'on peut aisément réaliser en comparant le produit des mêmes puissances par le diviseur avec le dividende.

Si l'on doit, par exemple, diviser 18.510 par 27, on voit aussitôt que le quotient est compris entre 100 et 1.000. Car le produit de 100 par 27 est 2.700, nombre plus petit que le dividende ; et le produit de 1.000 par 27 est 27.000, plus grand que lui. Or, le quotient se trouvant compris entre le plus petit nombre de trois et plus petit de quatre chiffres, il aura nécessairement trois chiffres.

Lorsqu'on doit encore diviser 8.564 par 47, on vérifie immédiatement que le quotient cherché doit être compris entre 100 et 1.000. Car le produit de 100 par le diviseur est

4.700, nombre plus petit que le dividende ; et le produit de 1.000 par le même diviseur est 47.000, nombre plus grand que le dividende. Or, le quotient se trouvant compris entre 100 et 1000, aura nécessairement trois chiffres, puisque 100 est le plus petit nombre de trois et 1.000 est le plus petit nombre de quatre chiffres.

On reconnaît ainsi que *le nombre de chiffres du quotient est égal à la différence entre le nombre de chiffres du dividende et du diviseur, ou bien cette différence augmentée d'une unité, si le premier chiffre à gauche du dividende est plus grand que le premier chiffre du diviseur.* (Si les deux chiffres sont égaux, on se décide pour les suivants.)

127. — Résolution du premier cas. Détermination du quotient lorsqu'il est simple.

Lorsque le quotient est représenté par un seul chiffre, il est peu important que celui-ci soit déterminé par des soustractions successives ou par un tâtonnement basé sur l'essai des divers facteurs simples. Au moyen du premier procédé on devra effectuer, tout au plus, neuf soustractions successives dans le système décimal, ce qui est toujours possible. Mais, par le deuxième procédé, les tâtonnements peuvent être abrégés par la détermination du plus grand, et même de la moindre valeur que peut avoir le chiffre qui doit constituer le quotient.

Supposons, par exemple, qu'il s'agit de diviser 25.346 par 3.621. Le dividende étant plus petit que 10 fois le diviseur, le quotient est plus petit que 10, et, par conséquent, il n'a qu'un seul chiffre. Donc, afin de le déterminer, il suffirait de multiplier successivement par le diviseur les nombres 9, 8, 7... jusqu'à rencontrer un dont le produit soit contenu dans le dividende.

128. — Mais il faut remarquer qu'il est possible d'abréger

ces tentatives, en réfléchissant que le produit du quotient cherché par le diviseur doit produire le dividende, ou, au moins, le plus grand multiple du diviseur y contenu ; et que, par conséquent, le produit du quotient par le chiffre d'ordre plus élevé du diviseur ne peut pas excéder le premier ou les deux premiers chiffres d'ordre plus élevé du dividende.

Dans l'exemple ci-dessus, en supposant donc que le diviseur soit réduit à 3 milliers, il est évident qu'elles devraient être contenues dans les 25 du dividende ; puisque le produit par les milliers du diviseur donnant, au moins, 3 milliers, ne peut pas être contenu dans la partie du dividende représentée par les 346 unités, plus petite qu'un millier ou 1.000 unités.

Donc, pour trouver le plus grand nombre de fois que 25.346 contient 3 milliers, il suffit d'examiner le plus grand nombre ou combien de fois 25 contient 3, ce qui donne 8. Or, si 25.346 ne contiennent pas 3 milliers ou 3.000 unités plus de 8 fois, à plus forte raison il ne contiendra pas un plus grand nombre de fois le diviseur 3.621, nombre plus grand que 3.000.

La plus grande valeur que peut avoir le quotient est donc 8. Mais il peut arriver que le quotient cherché soit plus petit; car 25.346 contenant 8 fois 3.000, cela fait supposer qu'il peut contenir un plus petit nombre de fois un nombre plus grand tel que 3.621. Le chiffre essayé 8 peut donc être plus fort que le vrai, et il devient nécessaire de vérifier si cela a lieu. A cette fin, multiplions 8 par le diviseur 3.621 ; et comme le produit obtenu, 28.968, est plus grand que le dividende 25.346, nous concluons que celui-ci ne contient pas le diviseur 8 fois, ou que le quotient n'atteint pas le nombre 8.

Si nous essayons le nombre 7, nous trouvons que le produit de 7 par 3.621 est 25.347, toujours plus grand que le dividende.

En essayant enfin le nombre 6, nous verrons que celui-ci est le quotient cherché, puisque 6 fois 3.621 font 21.726 — nombre plus petit que le dividende. Si nous le soustrayons de ce dernier, nous trouverons 3.620, qui, étant plus petit que le diviseur, est le reste de la division.

Voici le type du calcul que nous avons fait dans les systèmes décimal et septimal ; dans celui-là, afin d'abréger l'opération, nous soustrayons mentalement les produits partiels des chiffres du diviseur par le quotient, à mesure que nous les obtenons, de ceux qui leur correspondent au dividende :

25.346	3.621
3.620	6

25.346	3.621
25.335	5
11	

129. — Il se peut que, n'ayant pas essayé des nombres successifs et pensant trouver un chiffre trop fort, on en essaye un trop faible ; nous serons avertis de cette erreur si le reste de l'opération est plus grand que le diviseur. On peut, cependant, l'éviter en fixant d'avance la plus petite valeur que le quotient peut prendre. Pour cela, il suffirait d'*augmenter d'une unité le premier chiffre du diviseur, et de voir combien de fois il est contenu dans le premier ou dans les deux premiers chiffres du dividende.*

Dans l'exemple ci-dessus, par exemple, en augmentant d'une unité le premier chiffre du diviseur et en voyant le plus grand nombre de fois que les deux premiers du dividende, c'est-à-dire 25 milliers, contiennent 4 milliers, nous trouverons aussitôt que 6 est la plus petite valeur que peut prendre le quotient. En effet, si le dividende contient 6 fois 4.000, à plus forte raison contiendra-t-il au moins 6 fois le diviseur considéré, 3.621, qui est plus petit que 4.000. Le quotient cherché sera donc au moins 6 [1].

Ces considérations nous montrent, en même temps, qu'on pourrait faire des essais ou tentatives d'ordre ascendant au lieu de procéder d'après l'ordre descendant, comme nous l'avons fait ci-dessus. Mais on doit préférer les essais descendants aux tentatives ascendantes, non pas parce qu'ils sont moins nombreux, mais en tant que se réalisant plus rapidement ; car on reconnaît plus vite l'impossibilité que l'insuffisance. Pour que celle-ci puisse être constatée, l'essai doit en être fait presque jusqu'à la fin.

On comprend enfin la possibilité de restreindre le plus possible les tentatives qui doivent être faites, en déterminant d'avance d'un côté la plus grande, et de l'autre la plus petite des valeurs que peut avoir le quotient.

Si l'on divise, en effet, le premier ou les deux premiers chiffres du dividende, d'abord par le premier chiffre du diviseur, et ensuite par ce chiffre augmenté d'une unité, nous venons de voir que le quotient cherché sera un des deux nombres ainsi obtenus, ou il sera compris entre eux, et il n'y aura donc plus d'incertitudes dans les essais, qui peuvent même être faits mentalement.

130. — Dans beaucoup de circonstances, on a un moyen facile de ne faire qu'une seule tentative. Il consiste à regarder le premier chiffre à gauche du diviseur, comme

1. Condorcet, *Méthode pour apprendre à compter avec sûreté et facilité*. Opuscule écrit par Condorcet lorsqu'il se trouvait déjà condamné à mort et réfugié chez Mme Vernet (1793-1794).

augmenté d'une unité, quand le deuxième excède 5 ; et de faire un accroissement égal au nombre d'unités du même ordre du dividende. Si nous devons donc diviser 27.123 par 3.678, au lieu de chercher combien de fois 27 contient 3, nous chercherons dans 28 combien de fois il y a 4. Le nombre 7, ainsi obtenu, est effectivement le quotient de la division de 27.123 par 3.678.

On conçoit, en effet, que le diviseur 3.678 étant plus proche de 4.000 que de 3.000, il y a plus de probabilité à trouver le quotient cherché, en prenant comme diviseur 4.000 de préférence à 3.000.

Mais, de cette façon, on risque d'obtenir comme quotient un chiffre trop faible, puisque nous verrons que le *quotient diminue lorsque le diviseur augmente.* C'est pour éviter cela que l'on augmente d'une unité le nombre de milliers du dividende.

Enfin, on voit, d'après ce qui précède, que le début de ces tentatives ou essais consiste toujours, dans ce cas, dans la détermination du quotient du premier ou des deux premiers chiffres du dividende par le premier chiffre du diviseur. De pareils quotients simples peuvent toujours être obtenus, en faisant l'inversion mentale des résultats fournis par la *table de multiplication*, où, comme nous l'avons vu, on les rencontre tous.

Ainsi, par exemple, puisque l'on sait que 8 fois 7 font 56, nous apercevons immédiatement que 56 contient 8 sept fois, ou que dans 56 il y a sept fois le nombre 8. Les quotients élémentaires dont les dividendes ne se trouvent pas inclus dans la même table, comme, par exemple, celui de 45 par 7, peuvent aussi être obtenus, quoique par approximation. Car le dividende étant compris entre 42 et 49, le quotient de 45 par 7 se trouvera évidemment compris entre les quotients de 42 et de 49 par le même nombre, c'est-à-dire entre 6 et 7, ne différant de chacun d'eux que de moins d'une unité.

En prenant le quotient *par défaut*, 6, on voit aussitôt que 3 est le reste de la division. De pareils quotients peuvent toujours être calculés mentalement ; et, comme ils sont en petit nombre, il est possible de les conserver par cœur, comme cela arrive dans le système décimal.

III

INSTITUTION SYSTÉMATIQUE DE LA DIVISION DANS LE CAS OU LE QUOTIENT EST COMPOSÉ. DES CONSÉQUENCES DE LA THÉORIE DE LA DIVISION.

131. — Considérons à présent le cas où le quotient est composé. Lorsque le quotient a plus d'un chiffre, il est toujours possible de ramener ce cas au précédent, en décomposant la division totale en autant de divisions partielles qu'il y a de pareils chiffres, ce qui permettra alors de déterminer chacun d'eux, comme dans le premier cas. La principale difficulté y consiste à déterminer les plus hautes unités de tout le quotient, au moyen de la partie correspondante du dividende, isolément comparée avec le diviseur.

Afin de déterminer le chiffre des unités d'ordre plus élevé il suffit de réfléchir que, étant connues les puissances de la base numérale entre lesquelles se trouve le quotient, il suffirait de multiplier le diviseur par la puissance inférieure, de soustraire le produit du dividende autant de fois qu'il est possible, et de compter le nombre de soustractions pour avoir un pareil chiffre [1]. Mais ce produit serait un nombre représenté par le diviseur suivi de zéros, en sorte que les soustractions successives n'affecteraient pas les chiffres du dividende correspondant aux zéros.

Et le nombre de ces zéros peut être prévu, puisqu'il est égal à celui qui figure à la puissance inférieure à 10 à laquelle nous avons fait allusion ; ou bien il est égal à la différence entre le nombre de chiffres du dividende et celui des chiffres du diviseur, quand le premier chiffre de celui-là est plus grand que le premier de celui-ci ; ou alors cette différence diminuée d'une unité, lorsque le premier de celui-là est plus petit que le premier de celui-ci.

Il devient donc inutile d'ajouter explicitement les zéros ; il suffit de prendre à gauche du dividende autant de chiffres qu'il y en a au diviseur, ou ces chiffres plus un, si le premier chiffre du dividende est plus petit que le premier du diviseur ; et soustraire du nombre ainsi formé le diviseur, autant de fois qu'il est possible. Le nombre de ces soustractions indique le premier chiffre cherché du quotient. On reconnaît ainsi que, pour déterminer le chiffre des unités plus élevées du quotient, il suffit de comparer avec le diviseur la partie du dividende qui fournirait un quotient d'un chiffre, dans le cas où le dividende pourrait être réduit à celle-là.

132. — Vu que les soustractions successives deviennent

1. Mais on peut simplifier cette opération, en supposant, par exemple, que le dividende contient le diviseur plus de 10 et moins de 100 fois, 20 fois, par exemple. Il est évident que, au lieu de soustraire successivement le diviseur du dividende 20 fois afin d'obtenir ce quotient, on arriverait au même résultat en le soustrayant 2 fois à peine après l'avoir rendu 10 fois grand. De cette façon, si le quotient est, par exemple, 34, il suffit de soustraire le diviseur du dividende 3 fois, après l'avoir rendu 10 fois plus grand ; et enfin de le soustraire 4 fois sans l'altérer. (Condorcet.)

lentes, et sont pour cela peu employées, on a l'habitude d'instituer cette observation en considérant les chiffres du dividende sur lesquels le chiffre des unités plus élevées du quotient influe, en vertu de la multiplication du diviseur par lui. Car dans une telle multiplication le produit partiel qu'il fournit possède autant de chiffres significatifs qu'il y en a au diviseur ; ou encore ce nombre de chiffres augmenté d'une unité. Ces chiffres significatifs sont suivis d'autant de zéros qu'il en manque afin qu'un tel produit soit contenu au dividende moins de dix fois. On en arrive ainsi à la même conclusion que ci-dessus.

On peut donc appliquer à la détermination de ce premier chiffre du quotient, n'importe lequel des procédés suivis dans le cas du quotient simple ; en préférant ordinairement celui des tâtonnements, c'est-à-dire celui qui est basé sur la multiplication, parce qu'il est le plus rapide. C'est ce que nous ferons donc pour la détermination des autres chiffres du quotient.

133. — Recherche des autres chiffres du quotient.

Le chiffre des unités plus élevées ayant été déterminé en soustrayant du dividende le produit de ce chiffre par le diviseur, on obtient un reste qui ne peut être constitué que par la somme des produits partiels des autres chiffres du quotient par le diviseur.

Mais il est évident que ce reste, traité comme le dividende primitif, fournira le deuxième chiffre du quotient. Pour cela, nous n'aurons donc encore besoin de comparer avec le diviseur que le nombre de chiffres du reste qui donneraient lieu à un quotient simple, si le reste y était réductible. On reconnaît ainsi qu'on n'a besoin de prendre en considération, pour cela, qu'un seul chiffre nouveau du dividende primitif, que l'on ajoutera à l'ensemble de ceux qui proviennent de la soustraction précédente.

En multipliant ce deuxième chiffre du quotient par le diviseur et en soustrayant le produit de la partie du nouveau dividende considéré, on aura un deuxième reste. Celui-ci, traité comme l'antérieur, conduira au troisième chiffre du quotient. Et l'opération continue ainsi jusqu'à ce qu'on parvienne au dernier chiffre du quotient. Et celui-ci, multiplié par le diviseur, doit donner un nombre égal au dernier reste obtenu, si la division est susceptible de s'effectuer exactement. Dans le cas contraire, elle fournira un nombre plus petit que ce reste, mais en ayant envers lui une différence plus petite que le diviseur. D'ailleurs, ce quotient et ce reste peuvent être appréciés *par défaut ou par excès*, comme nous l'avons vu.

134. — Vu ce qui précède, nous concluons, en résumé, que la division systématique décompose le dividende en divers produits partiels qui correspondent aux diverses unités du quotient. Mais cette décomposition est faite successivement ; tandis que dans les opérations fétichiques, la décomposition de l'opération complexe, dans les opérations élémentaires, est effectuée simultanément.

En outre, tandis que, dans les opérations fétichiques, la détermination est faite à partir des unités d'ordre inférieur pour celles d'ordre supérieur, dans la division on doit commencer par les unités plus élevées [1].

1. Il va de soi que l'on procède à l'opération à partir des unités les plus élevées, car le dividende représente le produit du diviseur par les divers chiffres du quotient, et, dans la formation de ces produits, il y a des réserves qui vont se réunir du côté gauche du nombre ; et, comme ces réserves ne sauraient être prévues, il faut les séparer successivement, ce qu'on ne peut faire qu'en procédant de gauche à droite.

Si nous essayons d'effectuer l'opération de la division en la commençant

Pourtant, la réduction du cas composé au cas simple est partout effectuée avec la même efficacité. Car on détermine successivement les chiffres du quotient composé, avec la même facilité qu'on détermine le chiffre unique du quotient simple.

135. — Afin de mieux comprendre ce qui vient d'être dit, supposons qu'il s'agit de diviser 125.346 par 243. Le dividende étant plus grand que 10 fois le diviseur, le quotient aura plus d'un chiffre ; et comme 100 et 1.000 multipliés par le diviseur, produisent respectivement deux nombres qui contiennent le dividende, nous en conclurons que le quotient se trouve compris entre 100 et 1.000, et qu'il aura donc 3 chiffres.

Afin de les déterminer, remarquons que le dividende devant être composé du quotient cherché du diviseur par le quotient cherché, il contient nécessairement trois produits partiels, à savoir : le produit du diviseur par les centaines du quotient, le produit du diviseur par les dizaines du quotient et le produit du diviseur par les unités du quotient.

Or, le produit du diviseur par les centaines du quotient, produisant au moins un certain nombre de centaines, ne peut pas être contenu que dans les 1.253 centaines du dividende. En faisant donc abstraction des 4 dizaines et des 6 unités, et en divisant les 1.253 centaines par le diviseur 243, nous obtiendrons le chiffre des centaines du quotient, qui est 5. En multipliant ce nombre par le diviseur et en soustrayant le résultat du dividende, le reste obtenu contiendra le produit du diviseur par les dizaines et par les unités du quotient.

à droite du dividende, nous ne saurions signaler la partie où réside précisément l'un quelconque des produits partiels du diviseur par l'un des chiffres de la partie entière du quotient, et nous ne pourrons donc pas procéder à la détermination directe de ces chiffres.

Pour obtenir les dizaines de celui-ci, observons d'abord que le produit du diviseur par les dizaines du quotient fait au moins un certain nombre de dizaines, et ne peut, par conséquent, se trouver que parmi les 38 dizaines du reste. En faisant donc abstraction des 6 unités, et en divisant les 384 dizaines du reste par le diviseur, nous obtiendrons le chiffre des dizaines du quotient, qui est 1.

En multipliant ce chiffre par le diviseur et en soustrayant le produit du dividende partiel considéré, nous obtiendrons un reste, 1.416, qui devra contenir le produit du diviseur par les unités du quotient. En divisant donc 1.416 par le diviseur, nous trouverons enfin le chiffre des unités, qui est 5. En multipliant ce chiffre par le diviseur, et en soustrayant le produit du dernier dividende partiel, on obtient 201, qui, étant plus petit que le diviseur, est le reste (par défaut) de la division, ce qui démontre qu'elle n'est pas exacte. Le quotient obtenu, 515, est donc le plus grand multiple du diviseur contenu dans le dividende.

Afin de vérifier cette opération, il suffit de multiplier le quotient obtenu, 515, par le diviseur 243, et d'additionner au produit le reste 201 : dans le cas où il n'y aura pas eu d'erreur, la somme devra être égale au dividende.

Voici le type du calcul que nous faisons aussi dans le système septimal :

```
 125.346 | 243          125.346 | 243
 121.500 |----          106.200 |----
---------| 515         ---------| 350
 003.846                 16.146
   2.430                 16110
---------              ---------
   1.416                     36
   1.215
---------
     201
```

En pratiquant l'opération, pas n'est besoin d'écrire les zéros à droite des produits du diviseur par les chiffres successivement obtenus pour le quotient ; on abrégera encore le calcul par la soustraction mentale des chiffres de semblables produits de ceux qui leur correspondent dans le dividende considéré. A droite de chaque reste ainsi obtenu, on écrira tout de suite le chiffre suivant du même dividende, comme on le voit ci-dessous :

```
1 2 5.3 4 6 | 2 4 3          1 2 5.3 4 6 | 2 4 3
    3 8 4   |------              1 6 1 4 |------
    1 4 1 6 | 5 1 5                  3 6 | 3 5 0
      2 0 1
```

136. — INSTITUTION SYSTÉMATIQUE DE LA PRATIQUE DE L'OPÉRATION : CONSTRUCTION DE LA RÈGLE GÉNÉRALE.

On écrit le dividende et à sa droite le diviseur, séparés par un trait vertical.

Au-dessous du diviseur, on trace une ligne horizontale. On sépare, à gauche du dividende, autant de chiffres qu'il en faut pour former le plus petit nombre possible qui contienne le diviseur ; on divise celui-là par celui-ci et on obtient le premier chiffre du quotient. On multiplie ce chiffre par le diviseur, et on soustrait le produit de la partie considérée dans le dividende.

On écrit à droite du reste le chiffre suivant du même dividende et l'on divise le nombre ainsi formé par le diviseur, ce qui fournira le deuxième chiffre du quotient. On multiplie ce chiffre par le diviseur et on soustrait le produit du dividende partiel considéré. On écrit à droite du reste le chiffre suivant du dividende proposé et on divise le nombre obtenu par le diviseur, ce qui donnera le troisième chiffre du quotient.

On continue ainsi jusqu'à ce qu'on ait employé tous les chiffres du dividende proposé.

Si l'un des dividendes partiels est plus petit que le diviseur, on écrit un zéro au quotient, et à côté du dividende partiel, le chiffre suivant du dividende, et l'on procède comme nous l'avons indiqué.

Lorsque le diviseur a un seul chiffre, on peut abréger la règle ordinaire, quant à ce qui se rapporte à la disposition du calcul, en écrivant aussitôt les chiffres du quotient sous ceux du dividende qui les fournissent, et le reste au-dessus.

Voici le type du calcul pour diviser 3.563.218 par 7 :

3.5 6 3.2 1 8	7
5 0 9.0 3 1	

Dans ce cas-ci, ainsi que dans un autre quelconque, pour vérifier si l'opération est juste, *il suffit de multiplier le diviseur par le quotient, et d'additionner le reste de la division au produit ou de l'en soustraire*, suivant que l'on a pris le quotient *par défaut* ou *par excès*.

Si le diviseur termine par des zéros, on peut les supprimer, et à droite du dividende on peut retrancher un nombre égal de chiffres. Le quotient de la division des nombres ainsi obtenus est le même que celui de la première, mais le reste sera égal au reste de l'autre accru du nombre formé des chiffres séparés dans le dividende.

Que ce soit, par exemple, 543.628 à diviser par 7.000 ; le quotient de la division de 543.628 par 7.000 sera égal au quotient de 543 par 7. En effet, 543 est égal à 7 multiplié par 77 plus 4 ; c'est-à-dire 543 unités de mille équivalant à 77 fois 7 unités de mille plus 4 unités de mille ; 543.000 est égal à 7.000 multiplié par 77 plus 4.000. — 543.678 est égal à 7.000 multiplié par 77 plus 4.628. — 4.628 est donc le reste, par défaut, de cette dernière division, puisqu'il est plus petit que 7.000.

Si le dividende et le diviseur terminent par des zéros, on peut supprimer, dans les deux, le même nombre de zéros, et cela n'altère point le quotient ; mais le reste sera multiplié par l'unité suivie d'autant de zéros qu'on en a supprimé.

Le quotient de la division de 260.000 par 3.000 est donc le même que celui de 260 par 3. En effet, 260 est égal à 3 multiplié par 86 plus 2 ; c'est-à-dire 260 unités équivalent à 86 fois 3 unités plus 2 unités ; et, par conséquent, 260 unités de mille équivalent à 86 fois 3 unités de mille plus 2 unités de mille ; c'est-à-dire 260.000 est égal à 3.000 multiplié par 86 plus 2.000. Dans le cas où la division est exacte, on voit aussitôt que la suppression d'un nombre égal de zéros dans le dividende et dans le diviseur n'altère en rien le résultat de l'opération.

Diviser, par exemple, 24.000 par 4.000 équivaut à diviser 24 par 4.

137. — De l'influence des termes de la division par rapport au quotient, lorsqu'on les suppose variables.

Dans l'exemple précédent, la suppression des trois zéros, dans le dividende et dans le diviseur, équivaut à les rendre 1.000 fois plus petits ; car s'ils deviennent 10, 100, 1.000 fois plus grands en écrivant à leur droite un, deux, trois zéros, il est évident que nous les rendrons 10, 100, 1.000 fois plus petits en procédant de la manière inverse. Nous avons vu que le quotient n'a pas subi d'altération, et une pareille circonstance nous porte à examiner plus attentivement les variations du quotient, par rapport à celles qui peuvent affecter les deux termes de la division, isolément ou ensemble.

Une pareille appréciation peut être résumée par les propriétés suivantes :

1° *Si la division est exacte, en divisant ou multipliant le dividende par un nombre entier, le quotient est divisé ou multiplié par ce nombre.*

En effet, le dividende étant alors égal au produit du diviseur par le quotient, il est évident que, si nous divisons ou multiplions le produit par un certain nombre, en conservant constant un de ses facteurs (le diviseur), il faudra que l'autre facteur (le quotient) soit divisé ou multiplié par le même nombre, sans quoi ce produit ne sera pas vrai.

2° *Si la division est exacte, en divisant ou multipliant le diviseur par un nombre entier, le quotient sera multiplié ou divisé par ce nombre.*

Car le dividende étant alors un produit de deux facteurs, il est évident que, si nous rendons l'un d'eux (le diviseur) un certain nombre de fois plus petit ou plus grand, il faudra que l'autre (le quotient) en devienne le même nombre de fois plus grand ou plus petit ; car le produit ne doit point subir d'altération.

3° *Si la division est exacte, en divisant ou en multipliant le dividende et le diviseur par le même nombre entier, le quotient n'en sera pas altéré.*

En effet, le quotient devient un certain nombre de fois plus grand ou plus petit par suite de la variation du dividende ; mais, en compensation, il devient le même nombre de fois plus grand ou plus petit, à cause de la variation du diviseur : il ne subira donc aucune altération.

4° *Si la division n'est pas exacte, en divisant ou en multipliant le dividende ou le diviseur par le même nombre, le quotient n'en est pas altéré ; mais le reste sera divisé ou multiplié par ce nombre.*

En effet, la constance du quotient devient évidente, vu ce que nous avons dit antérieurement.

Quant au reste, remarquons qu'il peut être considéré comme le résultat d'une soustraction entre le dividende et le produit du diviseur par le quotient. Mais quand les termes d'une différence deviennent un certain nombre de fois plus petits ou plus grands, nous savons que la différence devient le même nombre de fois plus petite ou plus grande.

Lorsqu'il s'agit d'un reste par excès, la proposition est encore vraie. Dans ce cas, le dividende est égal au produit du diviseur par le quotient moins le reste ; en sorte que le dividende additionné au reste devient équivalent au produit du diviseur par le quotient. Or, ainsi considéré, le reste est une parcelle d'une somme dans laquelle l'autre parcelle devient, ainsi que la somme, un certain nombre de fois plus petites ou plus grandes, ce qui exige qu'il devienne le même nombre de fois plus petit ou plus grand.

5° *Si nous augmentons ou diminuons le dividende d'un multiple du diviseur, le reste n'en sera pas altéré, mais le quotient en sera augmenté ou diminué du même multiple de l'unité.*

En effet, le dividende continuera à être égal à un multiple plus grand ou plus petit du diviseur ; et, par conséquent, le reste ne subira aucune altération, puisque nous savons qu'une différence ne change pas quand ses deux termes sont augmentés ou diminués de la même quantité. Enfin, le quotient indiquant combien de fois le dividende contient le diviseur, il devra avoir été augmenté ou diminué de 1, 2, 3... unités, lorsque le dividende aura été augmenté ou diminué de 1, 2, 3... fois le même diviseur.

De cette propriété, il résulte aussitôt que : « *pour diviser une somme ou une différence par un nombre on peut diviser chaque parcelle de la somme ou chaque terme de la différence par le même nombre et additionner ou soustraire les quotients partiels* ».

Car, en augmentant ou en diminuant le premier dividende d'un multiple du diviseur, le quotient total de la somme ou différence obtenue par le même diviseur, est égal à la somme ou différence des deux quotients partiels plus le reste de la première division.

Si le nombre additionné au premier dividende est plus grand qu'un multiple du diviseur, la deuxième division partielle laissera un reste, lequel, additionné au premier, pourra former un nombre égal au diviseur : en sorte que, dans ce cas, la somme de ces quotients partiels devra être augmentée d'une unité pour être équivalente au quotient total.

Cette dernière propriété peut aussi être déduite d'une des définitions de la division [1].

En effet, diviser une somme ou une différence par un nombre entier, c'est la rendre ce nombre de fois plus petite. Or, il est évident que l'on peut rendre une grandeur un certain nombre de fois plus petite, en rendant plus petite chacune de ses parties le même nombre de fois.

Du reste, la définition à laquelle nous venons de faire allusion permettrait aussi, comme les deux autres, l'institution systématique de l'opération. Mais, parmi toutes, la seule définition théocratique conduit à un résultat pleinement général, vu qu'elle est applicable même dans le cas où le dividende est plus petit que le diviseur. Elle suscite ainsi la théorie générale des fractions et ouvre un vaste

1. Diviser un nombre en autant de parties égales qu'il y a d'unités de l'autre : le quotient cherché est la valeur de chaque partie, qui sera autant de fois plus petite que le dividende qu'il y aura d'unités au diviseur.

champ aux spéculations numériques. Mais avant de nous occuper du calcul fractionnaire, nous allons utiliser une des propriétés précédentes, afin de déduire un moyen usuel de vérifier les opérations fondamentales, en employant les diviseurs plus proches de la base numérale. Ce sera le sujet de la section suivante.

SEPTIÈME SECTION

Divisibilité des nombres entiers [1]. De la preuve des opérations par les diviseurs.

I

DE LA DIVISIBILITÉ DES NOMBRES ENTIERS.

138. — De la Doctrine de la divisibilité.

La division d'un nombre entier par un autre ne s'effectuant pas exactement, dans la plupart des cas, les besoins pratiques et théoriques portèrent naturellement l'esprit humain à essayer de connaître quand la divisibilité a lieu, sans effectuer l'opération.

Un pareil problème, ainsi que beaucoup d'autres, ne peut pas être pleinement résolu à cause de la faiblesse de notre puissance mentale. Cependant, il a été possible de déterminer les caractères de divisibilité des nombres entiers par les diviseurs les plus simples, représentés par les premiers termes de l'échelle numérique, plus proches de la base numérale adoptée.

139. — L'appréciation de pareils caractères exige,

1. Le programme officiel exige la théorie de la *divisibilité* des nombres, que nous jugeons être bien placée ici, servant de base à la preuve des opérations par les diviseurs.

POURTANT, COMME FONDEMENT, L'INSTITUTION DES PRINCIPES SUIVANTS :

1° *Tout diviseur des parcelles d'une somme est diviseur de leur somme.*

En effet, nous avons vu que l'on peut diviser une somme par un nombre, en divisant chaque parcelle de la somme par ce nombre et en additionnant les quotients. Or, chacune de ces parcelles étant hypothétiquement un multiple du diviseur employé, sa somme sera aussi le multiple du même diviseur, puisque la somme des multiples d'un nombre est évidemment un multiple de ce nombre.

Par exemple, 2 divisant exactement 180 et 38, divise leur somme 218.

2° *Tout diviseur de deux nombres divise leur différence.*

En effet, nous avons vu que l'on peut diviser une différence par un nombre, en divisant chaque terme de la différence par le même nombre et en soustrayant les quotients. Or, chacun des nombres donnés étant hypothétiquement multiple du diviseur, leur différence le sera aussi. Par exemple, 5 divisant exactement 400 et 25, divise leur différence 375. Comme le minuande équivaut à la somme du soustracteur avec le reste ou différence, on peut dire que *tout diviseur de la somme et de l'une des parcelles divise l'autre parcelle.*

3° *Tout nombre qui est diviseur d'un autre en divise les multiples.*

Cette proposition est une conséquence de la première, car le multiple d'un nombre n'est rien de plus que la somme de plusieurs nombres égaux à lui, et le diviseur des parcelles est, comme nous l'avons vu, diviseur de la somme. Ainsi, par exemple, 2 étant le diviseur de 100, il sera de 2 fois 100 ou 200, de 3 fois 100 ou 300, etc.

Le multiple d'un nombre entier étant son produit par un autre quelconque, on peut donc dire que *tout nombre qui divise l'un des facteurs d'un produit en divise aussi le produit.*

4° *Tout nombre qui divise l'une des parcelles d'une somme et ne divise pas l'autre, ne divise pas la somme non plus ; et les restes des divisions de la somme et de la parcelle non divisibles par le même nombre seront égaux.*

En premier lieu, on aperçoit que la somme ne peut pas être divisible par le diviseur dont il s'agit ; car, alors, la somme et l'une de ses parties étant divisibles par un nombre, l'autre le serait aussi, ce qui est contraire à l'hypothèse [1].

En second lieu, le reste de la partie non divisible, étant le seul qui existe de la division des parcelles, doit être égal à celui de la somme considérée. Car ce dernier reste représente l'excès de la somme sur le produit du diviseur par le quotient total, et celui-là peut être considéré comme équivalant à l'excès de la somme des parcelles sur le produit du même diviseur par la somme des quotients partiels. Or, la somme des parcelles équivalant au tout, et la somme des quotients partiels équivalant au quotient total, les différences seront aussi équivalentes, car deux quantités égales à une troisième sont égales entre elles.

140. — Institution de la divisibilité par 2, 5 et leurs puissances.

Ces principes préliminaires une fois établis, voyons les conditions de divisibilité d'un nombre quelconque, écrit

1. Cette manière de démontrer était appelée par les anciens : démonstration *par absurde*, qui, somme toute, est une simple *déduction* par incompatibilité.

dans le système décimal, par les diviseurs 2 et 5 de cette base et par les puissances de ces deux diviseurs. Ces caractères résultent des propositions suivantes :

1° *Toute puissance de 10 est divisible par les facteurs 2 et 5, élevés à la même puissance.*

En effet, 10 étant égal à 2 fois 5, contient 2 et 5 une fois ; 100 ou la deuxième puissance de 10, équivalant à 10 fois 10, contiendra, par conséquent, les facteurs 2 et 5 deux fois ; 1.000 ou la troisième puissance de 10, équivalant à 100 fois 10, contiendra donc les facteurs 2 et 5 trois fois ; et ainsi de suite, ce qui fait en induire la loi [1] :

2° *Tout nombre formé par un chiffre significatif, suivi de zéros, est divisible par les facteurs 2 et 5 élevés à une puissance indiquée par le nombre de zéros.*

En effet, un tel nombre est égal à un multiple de 10 ou de ses puissances ; et les facteurs 2 et 5 divisant celles-ci, en divisent les multiples. Ainsi, par exemple, 40.000 étant égal à 4 fois 10.000, est divisible par 2 et 5 élevés à la quatrième puissance, puisque ces nombres sont les diviseurs de la quatrième puissance de 10.

3° *Un nombre entier sera divisible par l'un des deux facteurs 2 ou 5 élevés à la première, à la deuxième, à la troisième puissance, lorsque son premier, ou les deux premiers, ou trois premiers chiffres de droite, considérés comme unités simples, sont respectivement divisibles par la puissance correspondante du même facteur.*

En effet, un nombre entier, quel qu'il soit, peut toujours être décomposé en deux autres, le premier terminé par des

1. De cette proposition, il résulte que l'on peut multiplier un nombre par 25 en le multipliant par 100 et en divisant le produit par 4, par 125, en le multipliant par 1000 et en divisant le produit par 8, et ainsi de suite.

zéros et le deuxième formé par les chiffres qui restent. Le premier étant divisible par la puissance de 2 ou de 5 correspondant au nombre de zéros, il est clair que, si le deuxième l'est, le nombre donné sera divisible par la puissance dont il s'agit. Dans le cas contraire, le reste de la division du nombre donné par la puissance de 2 ou de 5, sera égal au reste de la division de la deuxième partie par la même puissance.

Si l'on considère, par exemple, le nombre 45.678, on voit tout de suite qu'il est divisible par 2, car son dernier chiffre 8 est aussi divisible par 2. Il se décompose, en effet, dans la somme 45.670 plus 8. Or, la première parcelle étant divisible par 2, puisqu'elle finit par un 0, et la deuxième l'étant encore, le nombre le sera aussi. Dans le cas contraire, le reste de sa division par 2 serait celui de la deuxième parcelle par ce diviseur. Le même nombre est encore divisible par la deuxième puissance de 2, c'est-à-dire par 4, vu que les deux derniers chiffres forment le nombre 78, qui est divisible par 0. Les trois derniers chiffres n'étant pas divisibles par la troisième puissance de 2 ou 8, le nombre ne le sera pas non plus ; et le reste est 2.

4° *Conclusion.*

Concluons donc :

1° *Que tout nombre terminé en 0, ou en un chiffre divisible par 2, ou 5, est divisible par 2 ou par 5 ;*

2° *Que tout nombre terminé par deux zéros, ou par deux chiffres qui forment un nombre divisible par 4, ou par 25, sera divisible par 4 ou 25 ;*

3° *Que tout nombre terminé par trois zéros, ou trois chiffres qui forment un nombre divisible par 8, ou 125, sera divisible par 8 ou 125 ; et ainsi de suite.*

141. — Divisibilité par 3.

Occupons-nous à présent de la divisibilité d'un nombre entier quelconque de base décimale par les facteurs qui n'entrent pas dans cette base et qui sont inférieurs à cette base.

Divisibilité par 3. — En adoptant la marche du cas précédent, on conclut aisément que :

1° *Toute puissance de 10 est un multiple de 3 plus 1.*

En effet, en divisant les puissances successives de 10 par 3, on voit que 10 équivaut à 3 fois 3 plus 1, c'est-à-dire à un multiple de 3 plus 1 ; que 100 équivaut à 3 fois 33 plus 1, c'est-à-dire à un multiple de 3 plus 1, et ainsi de suite.

2° *Tout chiffre significatif suivi de zéros équivaut à un multiple de 3 plus ce chiffre.*

Car le nombre ainsi formé est une collection d'unités de 10, où chacune de celles-ci est un multiple de 3 plus 1, l'ensemble équivalant donc à un multiple de 3 plus le nombre de celles-là. Ainsi donc, 4.000, par exemple, égal à 4 fois 1.000, équivaut à un multiple de 3 plus 1, répété 4 fois, c'est-à-dire à 4 fois un multiple de 3 plus 4 ; de même, 5.000 équivaut à un multiple de 3 plus 5, et ainsi de suite.

3° *Un nombre entier quelconque est égal à un multiple de 3 additionné à la somme de ses chiffres, considérés comme représentant des unités simples.*

Car un tel nombre se décompose en des collections d'unités, et chacune de ces collections équivaut à un multiple de 3 plus le chiffre respectif ; en sorte que l'ensemble des collections équivaut à un multiple de 3 plus la somme des chiffres du nombre donné.

Ainsi donc, par exemple, 245, égal à 200 plus 40 plus

5, se compose d'un multiple de 3 plus 2 avec un multiple de 3 plus 4 et enfin avec 5 ; ce qui revient à dire que ce nombre est fourni par la somme d'un multiple de 3 avec les chiffres 2, 4 et 5, comme des unités simples.

4° CONCLUSION :

De ce qui précède, on conclut aussitôt qu'*un nombre est divisible par 3 lorsque la somme de ses chiffres considérés comme des unités simples est 3 ou un multiple de 3* (140, 1°) ; *dans le cas contraire, le reste de la division du même nombre par 3 sera égal au reste de la division de cette somme par ce diviseur* (140, 4°).

Ainsi donc 234 est divisible par 3, parce que la somme de ses chiffres est 9, multiple de 3 ; pour le même motif, 2 est le reste de la division de 5.678 par 3, puisqu'il l'est aussi de 26, somme de ses chiffres.

142. — DIVISIBILITÉ PAR 6 ET PAR 9.

Tout nombre entier à la fois divisible par 2 et par 3 le sera aussi par 6.

En effet, s'il n'en était pas ainsi, en divisant le nombre considéré par 3, le quotient obtenu ne contiendrait pas 2, c'est-à-dire ne serait point pair, mais alors, le produit de ce quotient par 3 ne reproduirait pas le nombre pair proposé ; car le produit d'un nombre impair par un autre est toujours impair, comme le démontre la table de multiplication.

Ainsi, par exemple, 324 étant divisible par 2 et par 3, l'est aussi par 6, produit de ces facteurs premiers [1].

1. Le nombre 6 a la propriété singulière d'être égal à la somme de ses facteurs premiers, 1, 2 et 3. Des nombres dans ces conditions-là étaient nommés *parfaits* par les anciens ; il n'en existe qu'un entre 1 et 10, un autre entre 10 et 100, un autre entre 100 et 1000, etc ..

Divisibilité par 9.

En adoptant encore la même marche l'on reconnaît :

1° *Que toute puissance de 10 est un multiple de 9 plus 1.*

C'est ainsi que 10 équivaut à 9 plus 1 ; 100 est égal à 9 fois 11 plus 1, ou à 99 plus 1, etc., etc...

2° *Que tout nombre formé par un chiffre significatif suivi de zéros est égal à un multiple de 9 accru de ce chiffre.*

Ainsi, par exemple, 2.000, égal à 2 fois 1.000, équivaut à 2 fois un multiple de 9 plus 1, et, par conséquent, à un multiple de 9 plus 2.

3° *Qu'un nombre entier quelconque est égal à un multiple de 9 accru de la somme de ses chiffres considérés comme représentant des unités simples.*

Si l'on prend, par exemple, 468, qui se compose de la somme d'un multiple de 9 plus 4 avec un multiple de 9 plus 6 et de 8, on voit qu'il équivaut à un multiple de 9 plus 6 et de 8, on voit qu'il équivaut à un multiple de 9 accru de la somme de 4, 6 et 8, c'est-à-dire de 18.

4° Conclusion.

Un nombre entier quelconque sera divisible par 9 lorsque la somme de ses chiffres, pris comme des unités simples, est 9 ou un multiple de 9. Dans le cas contraire, le reste de la division du nombre considéré par 9 sera égal à celui de cette somme par le même diviseur.

Ainsi, par exemple, le nombre 4.527 est divisible par 9, vu que la somme des chiffres en est 18, multiple de 9 ; mais 17.326 n'est plus divisible par 9, car la somme de ses chiffres est 19, qui laisse le reste 1.

Le caractère de divisibilité par 3 peut être considéré comme une conséquence de celui-ci ; car 9 étant un multiple de 3, tout multiple de 9 le sera de 3 aussi.

143. — De la divisibilité par 11.

Jusqu'à ce moment, nous n'avons considéré que des diviseurs premiers inférieurs à la base décimale. L'institution des caractères de divisibilité par les facteurs premiers supérieurs à cette base peut être faite de la même façon.

Pourtant, l'application de ces caractères devient de plus en plus compliquée, puisque à mesure que les diviseurs premiers deviennent plus grands, les restes des divisions des puissances successives de la base par de pareils diviseurs diffèrent chaque fois plus. En sorte que, pour en constater la divisibilité, il devient nécessaire de multiplier successivement les chiffres du nombre donné par les restes correspondant à la division des unités collectives. Le diviseur 11, puisqu'il est égal à la base plus 1, comporte à ce sujet une simplification spéciale qui en rend l'emploi plus aisé. Nous allons donc apprécier la condition de divisibilité respective.

Pour cela, comme pour les cas précédents, divisons par 11 les puissances successives de 10. Le reste en étant toujours 1 et 10, nous pouvons conclure :

1° *Que toute puissance paire de 10 est un multiple de 11 plus 1.*

On voit, en effet, après la division de ces puissances par 11, que 100 (deuxième puissance de 10) est égal à 9 fois 11 plus 1, ou à un multiple de 11 plus 1 ; que 10.000 (quatrième puissance de 10) est égal à 909 fois 11 plus 1, c'est-à-dire à un multiple de 11 plus 1, etc...

2° *Toute puissance impaire de 10 est égale à un multiple de 11 plus 10.*

Après la division de ces puissances par 11, on voit, en effet, que 1.000 (troisième puissance de 10) est égal à 90 fois 11 plus 10, ou à un multiple de 11 plus 10 ; que 100.000 (cinquième puissance de 10) est égal à 9.090 fois 11 plus 10, c'est-à-dire à un multiple de 11 plus 10 ; et ainsi de suite.

3° *Que tout chiffre significatif suivi d'un nombre pair de zéros est égal à un multiple de 11 plus ce chiffre, considéré comme représentant des unités simples.*

Ainsi donc, 500, par exemple, égal à 5 fois 100, équivaut à 5 fois un multiple de 11 plus 1, ou à un multiple de 11 plus 5.

4° *Tout chiffre significatif suivi d'un nombre impair de zéros est égal à 5 fois un multiple de 11 plus ce chiffre multiplié par 10, c'est-à-dire pris comme représentant des dizaines.*

Ainsi donc, par exemple, 5.000 en tant qu'égal à 5 fois 1.000 équivaut à 5 fois un multiple de 11 plus 10, c'est-à-dire à 5 fois un multiple de 11 plus 50 fois 10 ou à un multiple de 11 plus 50.

5° *Un nombre entier quelconque équivaut à un multiple de 11 additionné à la somme de ses chiffres d'ordre impair avec ceux d'ordre pair, pourvu que chacun de ces derniers soit multiplié par 10.*

En effet, au moyen de sa décomposition en collections d'unités paires ou impaires, on voit par exemple que 4.389 équivaut à un multiple de 11 accru de la somme de 40 plus 3 et de 80 plus 9.

6° Nous pouvons donc en conclure que *tout nombre où la somme des chiffres d'ordre impair, considérés comme des unités, plus la somme des chiffres d'ordre pair, considérés comme des dizaines, est 11, ou un multiple de 11, est exactement divisible par 11 ; dans le cas contraire, le reste de la division du nombre par 11 sera égal au reste de la division de cette somme par le même diviseur.*

Ainsi donc, par exemple, pour le nombre 649.375, la somme des chiffres d'ordre impair 17, plus la somme des hiffres d'ordre pair, considérés comme des dizaines 170, produit 187 ; or, ce nombre étant divisible par 11, le nombre proposé le sera aussi.

La multiplication par 10 de chacun des chiffres d'ordre pair, non seulement rend plus difficile l'application de cette règle, mais en rend par trop forte la somme finalement obtenue. On peut, cependant, parer à ces inconvénients, en observant que considérer une unité d'ordre pair comme un multiple de 11 plus 10 équivaut à la prendre comme multiple de 11 moins 1, puisque 10 équivaut à 11 moins 1. En sorte que, une collection de 2, 3, 4... unités d'ordre pair peut être considérée comme un multiple de 11 moins 2, 3, 4... unités simples.

Or, un nombre quelconque étant décomposable en des collections d'unités impaires et paires, nous pouvons donc le considérer comme équivalant à *un multiple de 11 accru de la somme de ses chiffres d'ordre impair et diminué de la somme de ses chiffres d'ordre pair.*

Le caractère de la divisibilité par le nombre 11 se simplifie donc, et peut être énoncé de la manière suivante :

Un nombre est divisible par 11, lorsque la somme de ses chiffres d'ordre impair, à partir de droite, moins la somme des chiffres d'ordre impair est 0, 11, ou un multiple de 11 ; dans le cas contraire le reste de sa division par 11 sera égal à celui de cette différence par ce diviseur.

Par exemple, les nombres 534.028 et 968.154 sont divisibles par 11, parce que la différence entre les sommes des chiffres impairs et pairs est 0 dans le premier et 11 dans le second ; dans ce dernier cas, nous avons additionné 11 à la première somme afin de rendre possible la soustraction de la deuxième.

144. — **Examen d'un autre caractère plus simple.**

La propriété qu'a le nombre 11 de posséder ses neuf premiers multiples exprimés par deux chiffres égaux, fournit un autre moyen de reconnaître, *a priori*, si un nombre entier quelconque est exactement divisible par 11. Ainsi donc, par exemple, afin de voir sans division si le nombre 3.486 est divisible par 11, nous dirons : en ôtant 3 de 4, il reste 1, 1 de 8 reste 7, de 6 il n'est pas possible ; mais en diminuant 7 d'une unité qui en vaut 10 de celles de 6, et en les ajoutant à ce nombre, nous ôterons 6 de 16, ce qui donne le reste 10 ; d'où l'on conclut que 3.486 divisé par 11 donnerait le reste 10.

En effet, l'opération qui vient d'être faite a décomposé 3.486 en quatre parties : 3.300, 110, 66 et 10 ; et comme toutes, sauf la dernière, sont divisibles par 11, il s'ensuit que celle-ci, 10, est le reste de la division par 11. Ainsi donc, en général, afin de connaître si un nombre est divisible par 11, *on soustrait son premier chiffre à gauche, du chiffre suivant, le reste obtenu du chiffre immédiat, et ainsi de suite, jusqu'au dernier ; en ayant le soin, lorsque l'opération n'est pas possible, de diminuer le soustracteur d'une unité ou d'ajouter 10 au minuant ; le reste de la dernière opération sera le même que celui du nombre proposé divisé par 11.*

« En appliquant cette règle au nombre 1911, nous dirons : 1 de 9 reste 8 ; 8 de 1 n'est pas possible, mais 7 de 11 reste 4 ; 4 de 1 n'est pas possible, mais 3 de 11 reste 8 ; donc 8 est le reste de la division de ce nombre par 11 [1]. »

En faisant successivement l'application de la même règle aux nombres 121, 1.331, 14.641, on trouve 0 comme reste,

1. Ceci équivaut à décomposer 1.911 dans les parcelles 1.100, 770, 33 et 8 (Bertrand de Genève).

ce qui prouve qu'ils sont des multiples de 11. Ces nombres sont, en effet, la deuxième, la troisième et la quatrième puissance de 11 ; et remarquons, en passant, qu'on peut les obtenir, ainsi que les autres puissances entières, sans en effectuer les multiplications. Il suffit, pour cela, d'observer que tous commencent et finissent par 1, et, en outre, qu'une fois que l'une d'elles a été obtenue, on n'aura plus qu'à ajouter successivement deux à deux les chiffres qui se succèdent pour avoir des chiffres intermédiaires de la puissance suivante. Ainsi donc, de 11 on fait 121, de 121 on déduit 1.331 ; de 1.331 il résulte 14.641, et ainsi de suite.

II

DE LA DIVISIBILITÉ DANS UN SYSTÈME DE NUMÉRATION QUELCONQUE : GÉNÉRALISATION DU PROBLÈME.

145. — De la divisibilité dans un système de numération quelconque.

Quoique conduisant à des résultats divers, la doctrine de la divisibilité peut être instituée de la même façon, quelle que soit la base numérale adoptée. Si celle-ci admet des diviseurs, tout nombre entier qui termine par un zéro, ou par un de ces diviseurs, ou par ses multiples, sera divisible par le diviseur considéré.

Dans le système duodécimal, par exemple, *tout nombre qui finit en un zéro, ou en un multiple quelconque des diviseurs de 12, c'est-à-dire en 2, 3, 4 et 6, est divisible par ce diviseur.*

En effet, comme un nombre quelconque écrit dans ce système peut toujours être décomposé en deux parties, l'une terminée en o, et, par conséquent, multiple de douze, et l'autre formée par son dernier chiffre, il est évident que si ce dernier est divisible par l'un des diviseurs de la base, le nombre tout entier le sera aussi ; s'il ne l'est pas, le reste obtenu équivaudra au reste de la division du nombre tout entier par ce diviseur. Ainsi donc, le nombre 3.076 est divisible par 2, par 3 et par 6 ; divisé par 4, il donne le reste 2.

En général, un nombre quelconque sera divisible par la deuxième, par la troisième puissance des diviseurs de la base, si ses 2, 3... derniers chiffres le sont aussi.

146. — On instituera de la même façon la divisibilité dans le cas où le diviseur considéré n'est pas un facteur de la base. Ainsi que nous l'avons dit, il n'est alors indispensable d'apprécier que les restes des divisions des puissances successives de la base par le diviseur considéré, et de les multiplier d'après l'ordre obtenu par les chiffres correspondant à ces puissances dans le nombre proposé.

Le nombre des restes différents se reproduisant dans le même ordre, il faudra redoubler aussi leurs multiplications jusqu'à ce qu'on ait considéré tous les chiffres du nombre proposé. En divisant la somme des produits partiels, ainsi obtenus par le diviseur en question, on verra si la divisibilité cherchée a lieu ou non.

Le cas le plus favorable est celui où les restes obtenus sont tous égaux à l'unité. Car, alors, tout se réduit à prendre la somme des chiffres du nombre proposé et de la diviser par le diviseur considéré, afin d'en juger de sa divisibilité.

Le cas le moins favorable est celui où le nombre des restes différents est égal au diviseur moins une unité. Car, alors, il faudra faire un grand nombre de multiplications, surtout si le diviseur en est considérable et si le nombre est trop grand [1].

Toutefois, dans ce cas, il est souvent possible de réduire la période des restes à la moindre moitié du nombre considéré comme diviseur, en prenant, au lieu des restes excédants, leur complément au même diviseur.

Cet artifice a un grand avantage lorsqu'un seul des restes est plus grand que la moitié du diviseur, comme cela a lieu pour l'institution du caractère de la divisibilité par 11 ; où nous l'employons, en remplaçant 10 par son complément 1, pour ce diviseur. Ceci équivaut évidemment à prendre *par excès* le quotient de la puissance correspondante de 10 par le diviseure mployé, ce qui importe c'est l'adoption d'un reste *par défaut* pour la division respective.

Ainsi donc, par exemple, dans le cas du diviseur 37, on pourrait remplacer le premier reste 26 par son complément 11, ce qui équivaut à prendre le quotient par excès 3.

147. — De la divisibilité par 7.

Dans le cas du diviseur 7 aussi, nous pourrons remplacer les restes 6, 4 et 5 par leurs compléments 1, 3 et 2, en sorte que le nombre des restes différents est réduit à la moitié, c'est-à-dire à 3, à 2 et à 1.

Le caractère de la divisibilité par 7 est ainsi simplifié et peut être exprimé de la manière suivante :

Un nombre entier quelconque sera multiple de 7, lorsque, en le divisant en classes de trois chiffres à partir de la droite, et en multipliant dans chaque classe le deuxième chiffre par 3 et

1. Dans ce cas-ci, il y a beaucoup d'exceptions : le diviseur 37, par exemple, ne donne périodiquement comme reste que 26, 1 et 10. Ce nombre 37 est encore digne de remarque, car si nous le multiplions successivement par 3, 6, 9, 12..., nous trouverons les nombres 111, 222, 333, 444...

le troisième par 2, la différence entre les sommes des chiffres des classes impaires et la somme des chiffres des classes paires est 7, 0, 7 ou un multiple de 7 ; dans le cas contraire, le reste ainsi obtenu sera égal à celui de la division du nombre proposé par 7.

Ainsi donc, par exemple, pour 123.452, la différence entre les deux sommes étant 14, le nombre donné est divisible par 7.

Ce procédé est évidemment trop compliqué, pour qu'il puisse être suivi dans la pratique ; il est plus facile de diviser le nombre donné par 7. Cependant, il peut être simplifié, si nous remarquons, dans ce qui précède, que la troisième puissance de 10 est un multiple de 7 moins 1 ; que la sixième puissance de 10 est un multiple de 7 plus 1 ; que la neuvième puissance de 10 est un multiple de 7 moins 1 ; et ainsi de suite.

D'où l'on conclut que, pour un nombre entier quelconque, les différentes classes ternaires d'ordre impair, à partir de la droite, sont multiples de 7, accrues du nombre formé séparément par les chiffres de la classe ; tandis que les classes ternaires d'ordre pair sont multiples de 7, diminuées de la valeur de la classe, considérée isolément. Par conséquent, tout nombre entier équivaut à un nombre multiple de 7 accru de la somme de ses classes ternaires d'ordre impair et diminué de la somme de ses classes ternaires d'ordre pair, comme si elles étaient toutes des unités de la même espèce.

Donc, pour qu'un nombre soit divisible par 7, il est nécessaire et suffisant que, dans le cas où nous le divisons en classes de trois chiffres de droite à gauche, l'excès de la somme des classes impaires sur celle des classes paires soit un multiple de 7. Ainsi donc, par exemple, en prenant

94.675.813, on obtient 907 comme somme des deux classes impaires ; par conséquent, en soustrayant la classe paire 675, il en résulte 232. Or, en multipliant le troisième chiffre de ce nombre par 2, le deuxième par 3, et en effectuant la somme de pareils produits avec le premier, on parvient à 15 ; et comme 15 divisé par 7 donne le reste 1, nous conclurons, d'après la première règle citée, que 1 est le reste de la division du nombre donné par 7.

148. — Examen de la divisibilité par 13 et par 17.

La deuxième règle générale antérieurement indiquée sert aussi à vérifier la divisibilité par 13, comme il est aisé de le reconnaître. En sorte que, si l'excès de la somme des classes ternaires d'ordre impair sur la somme des classes ternaires d'ordre pair est un multiple de 13, le nombre considéré le sera aussi. Afin de reconnaître si un tel excès est divisible par 13, il suffit de multiplier son premier chiffre à droite par 3, le deuxième par 4, et d'additionner ce produit au troisième, puisque, en divisant par 13 les puissances successives de 10, les restes obtenus se réduisent à 3, 4 et 1 ; si la somme de ces produits est un multiple de 13, le nombre donné le sera aussi ; dans le cas contraire, le reste obtenu est le même que celui de sa division par 13.

En généralisant les raisonnements précédents, nous pourrions établir les caractères de la divisibilité par 17, 19, etc... Mais il est inutile de le faire parce qu'ils sont trop complexes, l'exécution directe de la division étant par conséquent préférable.

Nous y ajouterons seulement que, quant au *diviseur* 37, une marche analogue à celle qui a été suivie ci-dessus, fait voir que, en *divisant un nombre entier quelconque en classes de trois chiffres, de droite à gauche, ce nombre sera un multiple de 37, lorsque la somme de ces classes ternaires l'est aussi ; dans le cas contraire, le reste de la division d'une telle somme par ce diviseur sera le même que celui du nombre proposé divisé par lui.*

Ainsi, par exemple, le nombre 45.237.819 donne pour somme de ses classes ternaires 1.101 ; en appliquant la même règle à ce nombre, la question est réduite à vérifier si 109 est divisible par 137, et on arrivera ainsi à la conclusion qu'il y a un reste 28.

Comme on le voit, la règle appliquée ici est basée en ce que les troisième, sixième et neuvième, etc., puissances de 10 sont toujours équivalentes à un multiple de 37 plus 1. Car un nombre de quatre chiffres équivaut à un multiple de 37 augmenté de la somme de ce quatrième chiffre avec le nombre formé par les trois autres à sa droite. Qu'un nombre de cinq chiffres équivaut à un multiple de 37 accru de la somme du nombre formé par les trois premiers à droite avec le nombre formé par les deux derniers à sa gauche ; un nombre de six chiffres équivaut à un multiple de 37 accru de la somme du nombre formé par les trois premiers à sa droite avec le nombre formé par les trois derniers à gauche, et ainsi de suite, ce qui porte à en introduire la loi.

149. — Réflexions sur la divisibilité par 2 et par 3 dans le système à base septimale.

Afin de mieux comprendre les considérations précédentes, nous allons instituer les caractères de divisibilité des nombres à base septimale pour les diviseurs 2, 3, 4, 5, 6 et 11.

De la divisibilité par 2.

En divisant par 2 les puissances successives de la base 10, 100, 1.000..., on obtient toujours le reste 1. Cela veut dire qu'une unité d'un ordre quelconque est égale à un multiple de 2 plus 1 ; et que, par conséquent, 2, 3, 4 collections de telles unités en valent un multiple de 2 plus 2, 3, 4... unités simples.

Or, un nombre quelconque pouvant être décomposé en de pareilles collections équivaut donc à un multiple de 2 accru de la somme de ses chiffres considérés comme unités simples : *donc, pour qu'un nombre soit divisible par 2, il suffira que la somme de ses chiffres pris comme unités le soit ; et, dans le cas contraire, le reste obtenu sera égal à celui de sa division par le même diviseur.*

Ainsi, par exemple, le nombre septimal 215.436 divisé par 2, laisse le reste 1.

DIVISIBILITÉ PAR 3.

En adoptant la marche précédente on arrive aux mêmes résultats.

Ainsi, par exemple, le nombre septimal 2.121 est divisible par 3.

On en conclut donc qu'un nombre sera divisible par 3, lorsque la somme de ses chiffres considérés comme unités simples l'est aussi ; dans le cas contraire, le reste obtenu est le même que celui de la division du nombre par 3.

150. — DU CARACTÈRE DE LA DIVISIBILITÉ PAR LE NOMBRE 4 DANS LE SYSTÈME SEPTIMAL.

En divisant par 4 les puissances successives de la base, on obtient périodiquement les restes 3 et 1.

Par conséquent, toute puissance impaire de 10 est un multiple de 4 plus 3, et toute puissance paire de 10 est un multiple de 4 plus 1.

Donc, un chiffre significatif, suivi d'un nombre impair de zéros, est égal à un multiple de 4 plus 3 fois le même chiffre ; et un chiffre significatif, suivi d'un nombre pair de zéros, est égal à un multiple de 4 plus le même chiffre.

Or, un nombre quelconque se décomposant toujours en des collections d'unités alternativement impaires et paires, sera donc égal à un multiple de 4 accru de la somme des chiffres d'ordre pair avec la somme des chiffres d'ordre impair, chacun de ceux-ci étant multiplié par 3. Par conséquent, si une telle somme est divisible par 4, le nombre le sera aussi ; dans le cas contraire, le reste obtenu sera le même que celui de sa division par 4.

Ce symptôme de la divisibilité peut être simplifié en prenant à la place du reste 3, plus grand que la moitié de 4, son complément 1, par ce diviseur (ce qui équivaut à prendre les quotients respectifs par excès). En procédant ainsi, toute puissance impaire de la base devient égale à un multiple de 4 moins 1.

Et comme les puissances paires équivalent à un multiple de 4 plus 1, nous concluons, comme dans le cas décimal du diviseur 11, *qu'un nombre septimal sera divisible par 4, lorsque la somme des chiffres d'ordre impair moins la somme de ceux d'ordre pair est 0, 4, ou un multiple de 4 ; dans le cas contraire, le reste obtenu sera égal à celui de la division du même nombre par 4.*

Ainsi donc, par exemple, 546.230 est divisible par 4 ; car la différence entre la somme des chiffres d'ordre impair 24, et la somme des chiffres d'ordre pair 20, est égale à 4. La première somme étant 6, nous l'avons augmentée de 3 fois 4, ou 15, afin d'en rendre la soustraction possible.

151. — De la divisibilité par 5, 6 et 11 dans le système septimal.

Etudions enfin la divisibilité par 5, 6 et 11 dans le système septimal. En divisant par 5 les puissances successives de la base, on obtient périodiquement les restes 2, 4, 3 et 1.

En raisonnant comme pour les cas précédents, nous conclurons comme une condition de la divisibilité par 5 que, en divisant un nombre en classes de quatre chiffres, à partir de droite, et en multipliant successivement le deuxième par 2, le troisième par 4 et le quatrième par 3, la somme de pareils produits avec les autres chiffres est divisible par 5 ; dans le cas contraire, le reste obtenu sera égal à celui de la division du nombre proposé par 5.

Mais comme les restes 4 et 3 sont plus grands que la moitié du diviseur, on peut prendre à sa place leurs compléments respectifs 1 et 2.

Il suffit alors *de diviser le nombre en classes de deux chiffres, à partir de la droite, de multiplier respectivement par 2 le deuxième chiffre de chaque classe, de soustraire ensuite, de la somme des chiffres des classes impaires, la somme des chiffres des classes paires et de vérifier si une telle différence est 0, 5 ou un multiple de 5 ; dans ce cas, le nombre sera divisible par 5.*

Ainsi donc, pour 23.653, après avoir multiplié par 2 le deuxième et le quatrième chiffre, on voit que 14 est la somme des chiffres des classes impaires, et 22 celle des classes paires ; la différence étant 5, le nombre sera divisible par 5. Pour 56.346.512, la somme des classes impaires est 23, celle des classes paires est 42, après les multiplications du deuxième chiffre par 2 ; en augmentant la première somme de 3 fois 5, ou 21, afin de pouvoir en soustraire la deuxième, on obtient la différence 2, qui est le reste de la division du nombre proposé par 5.

De la divisibilité par 6.

La divisibilité par 6 résulte de celle par 2 et par 3, en sorte que, *lorsque la somme des chiffres d'un nombre quelconque est divisible par 6, ce nombre le sera aussi par 2 et par 3 ; dans le cas contraire, le reste obtenu sera celui de sa division par 6.*

Ainsi, par exemple, 21.225 est divisible par 6.

De la divisibilité par 11.

Si l'on divise par *sept et un* (11) les puissances successives de la base, on obtiendra périodiquement les restes 1 (un) et 10 (sept). En sorte que, en raisonnant comme nous l'avons fait dans un cas analogue de la base décimale, nous conclurons qu'*un nombre est divisible par 11 (sept et un) lorsque la somme des chiffres d'ordre impair, à partir de la droite, moins la somme des chiffres d'ordre pair, est 0, 11 (sept et un), ou un multiple de 11 (sept et un) ; dans le cas contraire, le reste obtenu sera égal à celui de sa division par 11 (sept et un).*

Le caractère de divisibilité par 4 peut être déduit comme une conséquence de celui-ci, parce que tout nombre divisible par 11 (sept et un) l'est aussi par 4 ; quoique la réciproque n'en soit pas vraie.

Ainsi donc, par exemple, le nombre 60.606.060 est divisible par 11 (sept et un) et par 4 ; mais 60.604.050 est divisible par 4, et ne l'est point par 11.

Enfin pour finir avec la doctrine de la divisibilité, remarquons que les diviseurs qui sont égaux à la base moins un, ou à la base plus un, quelle qu'elle soit, jouissent de propriétés analogues à celles que nous avons citées pour les diviseurs 9 et 11, relativement à la base décimale, et 6 et 11 (sept et un), par rapport à la base septimale.

Des diviseurs plus petits qu'une base quelconque, celui qui la précède immédiatement dans l'échelle, est à la fois celui qui laisse un reste plus petit par rapport à cette base, et celui qui permet d'obtenir plus aisément le reste de la division d'un nombre quelconque au moyen d'un simple calcul mental.

Cette circonstance porta l'arithmétique décimale à employer le diviseur 9 pour vérifier les évaluations fondamentales sur les nombres entiers. C'est ce que nous montrerons au paragraphe suivant.

III

EMPLOI DES DIVISEURS DANS LA PREUVE DES OPÉRATIONS.

152. — De la preuve de l'addition.

Une pareille vérification a pour base la propriété suivante : *Le reste de la division d'une somme par un nombre est égal à la somme des restes des divisions des parcelles de la somme par ce même nombre ; ou, alors, à ce résultat diminué des multiples du diviseur qu'il pourrait avoir.*

En effet, la somme résultant de l'addition des parcelles, et celles-ci contenant le diviseur le même nombre de fois que celle-là, les restes seront nécessairement égaux comme différences entre quantités égales.

Supposons, par exemple, que l'on ait obtenu la somme des nombres 603, 352 et 354. Si l'on détermine les restes de leurs divisions par 9 (131, III), on aura :

605	égal à un multiple de 9	plus	2 ;
532	—	—	1 ;
534	—	—	3 ;
1.491			6

où l'on voit que le reste de la division par 9 est le même pour les parcelles et pour la somme, et qu'il ne pourrait être différent que si l'opération était fausse. Au lieu de diviser par 9 la somme des valeurs absolues des chiffres des parcelles et du résultat, il devient plus facile de laisser de côté les neuf à mesure que l'on additionne mentalement de tels chiffres.

D'où, la règle suivante pour tirer la preuve des neuf de l'addition : *on ôte les neuf des parcelles comme si elles formaient un seul nombre, on ôte les neuf de la somme ; et, si les deux restes sont égaux, il est probable que l'opération soit juste.*

Il y a probabilité et non pas certitude ; car il peut y avoir eu une méprise dans l'opération de la preuve.

En outre, celle-ci n'accusera pas d'erreur, lorsque nous additionnons 9 unités ou un multiple de 9 en plus ou en moins. Nous avons vu, en effet, que le reste d'une division n'est pas altéré, lorsque nous augmentons ou diminuons le dividende d'un multiple du diviseur.

153. — De la même preuve avec d'autres diviseurs.

On peut aussi tirer cette même preuve en employant un autre diviseur quelconque, quelle qu'en soit la base numérale adoptée. Proposons-nous, par exemple, de tirer la preuve des 6 (six), en supposant l'addition faite dans le système septimal.

$$\begin{array}{r|l} 605 & \\ 352 & 3 \\ \cline{2-2} 534 & 3 \\ \hline 2.124 & \end{array}$$

Au lieu de dire 6 et 5 font 11, moins neuf restent 2, et 3 font 5, et 5 font 10, moins 9 reste 1 ;... nous dirions 6 et 5 font (*sept et quatre*) (14), moins 6 restent 5, et 3 font *sept et un* (11), moins 5 font 2, et ainsi de suite. Les deux restes seront égaux à 3, et on doit les écrire à côté, séparés par un petit trait, comme on le fait pour le système décimal.

154. — De la preuve de la soustraction.

Le minuant étant une somme dont les parcelles sont le soustracteur et le reste, on conclut que la preuve des neuf de la soustraction doit être faite ainsi :

En ôtant les neuf du soustracteur et du reste à la fois et ensuite au minuant ; si les deux résultats sont égaux, l'opération sera probablement juste.

Supposons, par exemple, que l'on ait soustrait 3.241 de 4.560. En ôtant les neuf du soustracteur et du reste, on trouvera 6 ; et comme l'on trouve le même résultat au minuant, l'on conclura que l'opération est probablement juste.

Si l'on fait celle-ci dans le système septimal, on obtiendra 1.316 :

4.560	3
3.241	3
1.316	

En tirant la preuve des 6, on trouvera 3 pour les deux restes.

155. — Institution de la preuve de la multiplication.

Cette vérification est fondée sur la propriété suivante : *Le reste de la division d'un produit de deux facteurs par un nombre est égal au reste du produit des restes de chacun des facteurs divisé par le même diviseur.*

En effet, en divisant les facteurs par le diviseur, chacun d'eux devient un multiple de celui-ci, accru du reste correspondant. En sorte que le produit sera un multiple du même diviseur, accru du produit des restes.

Le reste de la division de ce produit sera donc égal au

reste de la division de ce dernier. Supposons, par exemple, que l'on ait multiplié 753 par 286, et tâchons d'apprécier les variations du produit, lorsque leurs facteurs sont divisés par 9.

Nous verrons que :

753	est égal à un multiple de 9 plus	6
286	— —	7

Si nous devions multiplier seulement le multiplicande par le multiple de 9 du multiplicateur, nous obtiendrions pour ce produit partiel un nombre multiple de 9 (car le produit d'une quantité quelconque par un multiple de 9 est encore un multiple de ce nombre). Mais, comme le multiplicateur est additionné à 7, ce produit est augmenté de 7 fois le multiplicant (c'est-à-dire de 7 fois un multiple de 9, plus 7 fois 6).

Le produit total sera donc égal à un multiple de 9 (résultant de deux autres multiples du même nombre), plus 6 fois 7. On voit ainsi que le produit obtenu se compose de deux parties : l'une divisible par 9, et l'autre formée par la multiplication des restes des divisions de ses facteurs par 9. Par conséquent, le reste de la division du produit considéré par 9 sera égal à celui que l'on obtiendra en divisant le produit des restes de ses facteurs par le même diviseur.

Le reste du produit 215.358 est, en effet, 6, car 215.358 est équivalent à un multiple de 9 plus 24, nombre qui divisé par 9 laisse le reste 6.

$$\begin{array}{r} 753 \\ 286 \\ \hline 4518 \\ 6024 \\ 1506 \\ \hline 215.358 \end{array} \qquad \begin{array}{c|c} 6 & 6 \\ \hline 7 & 6 \end{array}$$

Comme le raisonnement que nous venons de faire est indépendant de la valeur des nombres employés, nous pouvons construire la règle suivante pour tirer la preuve des neuf de la multiplication :

On ôte les neuf du multiplicande et du multiplicateur ; l'on multiplie les deux restes, et l'on ôte les neuf du produit de ceux-ci. On ôte enfin les neuf du produit total, et si le reste obtenu est égal au précédent, il est probable qu'il n'y aura pas eu d'erreur.

Il est évident que si, dans le produit, il y a une erreur équivalant à un multiple de 9, la preuve ne l'accusera pas ; car le produit exact, ou avec un multiple de 9 en plus ou en moins, donnera toujours le même reste, lorsqu'on le divisera par 9.

La preuve de la multiplication, au moyen d'un autre diviseur quelconque, est faite d'une manière analogue, quelle qu'en soit la base numérale adoptée. En la supposant septimale, nous avons fait dans l'exemple suivant la preuve des six (6).

```
          1.2 0 3
          4.5 0 1
    -------------
          1 2 0 3        6 | 6
      6 3 2 1           ---+---
    5 1 1 5              4 | 6
    -------------
    6.0 5 1.3 0 3
```

156. — De la preuve de la division.

Il ne nous reste plus qu'à instituer la preuve de la division. Le dividende étant une somme de deux parcelles, produit du diviseur par le quotient et le reste de l'opération, s'il y en a, on en conclut que l'on peut vérifier la division en appliquant ce qui a été établi pour l'addition et la multiplication.

Que ce soit, par exemple, 101.633 à être divisé par 232.

```
101.633 | 232
  883   |----
        | 438        7|5
 1873                --+--
   17                6|5
```

En effet, le dividende étant égal à la somme du produit de 232 par 438 avec le reste 17, il s'ensuit que le reste de la division de ce nombre par 9 doit être égal à la somme des restes des divisions de leurs parcelles par ce nombre.

Or, afin d'obtenir le reste de la division de la première parcelle qui est un produit des deux facteurs 232 et 438, nous avons vu qu'il faut diviser par 9 chacun de ces deux facteurs, multiplier entre eux les restes obtenus 7 et 6, et diviser par 9 leur produit 42, ce qui fournit 6.

Le reste de la deuxième parcelle, 17, est 8. La somme des deux restes est donc 14, et le reste de la division de cette somme par 9 sera donc 5. Par conséquent, ce reste devra être égal à celui qui est donné par le dividende, s'il n'y a pas eu de faute dans l'opération.

Nous pouvons donc construire la règle suivante afin de tirer la preuve des neuf d'une division : *On ôte les neuf du diviseur ainsi que ceux du quotient, l'on multiplie les deux restes, et l'on ôte les neuf du produit. On ajoute au résultat le reste de la division, s'il y en a, et l'on ôte les neuf de la somme obtenue. Enfin l'on ôte les neuf du dividende, et si le reste trouvé est égal au précédent, l'opération sera probablement juste.*

Il est évident que, si le quotient contient une erreur de 9, ou de n'importe quel multiple de 9, la preuve ne l'accusera pas.

C'est d'une manière analogue que l'on fait la preuve de l'opération par 11, ou par n'importe quel autre diviseur, quelle qu'en soit la base adoptée.

Dans l'exemple suivant, nous tirons la preuve des six (6) dans le système septimal :

3 4 5.6 2 3	2.1 3 0
1 3 2 6 2	1 4 5
1 4 1 2 3	
1 1 3	

6	5
4	5

HUITIÈME SECTION

Institution des fractions ordinaires ; leur nécessité afin de donner à l'échelle des nombres entiers la continuité indispensable aux résultats des calculs ainsi que leur assistance à la numération concrète.

I

DE LA CONCEPTION DES FRACTIONS ORDINAIRES.

157. — DES MOTIFS QUI ONT PORTÉ A COMPLÉTER LA THÉORIE DE LA DIVISION DE FAÇON A CE QUE LA SOLUTION ABSTRAITE PUISSE CORRESPONDRE A LA CONCEPTION CONCRÈTE DE SES PROBLÈMES.

En étudiant la théorie de la division, nous avons vu que la solution abstraite des problèmes qui l'ont déterminée nous conduisait généralement à en exprimer le résultat par deux nombres, à savoir : *le quotient et un reste*. Un pareil résultat, directement considéré, nous a montré alors que le problème de la division est impossible dans les termes où on l'a proposé.

Mais, en comparant un tel résultat avec les problèmes concrets qui ont motivé le calcul d'où il est provenu, l'on reconnaît que l'impossibilité n'est pas due à la nature des questions, mais à l'imperfection de la théorie. Dès lors, l'Humanité a été portée à développer l'institution de la division, de façon à pouvoir établir la plus complète harmonie possible entre *l'abstrait et le concret*, entre *la raison théorique et la raison pratique*. Telle a été l'origine des conceptions fractionnaires, dont nous allons commencer l'appréciation.

Mais avant de pouvoir aborder directement ce sujet, nous devons observer que, afin de placer l'institution abstraite de la division au niveau des inspirations concrètes, l'Humanité s'est bornée à développer la théorie antérieure. (Le progrès est le développement de l'ordre.)

Il nous faut encore remarquer que l'harmonie entre le concret et l'abstrait ne saurait devenir *générale* sans devenir aussi *idéale*, c'est-à-dire sans se *relativer*. Ces deux considérations deviendront bien évidentes après l'examen que nous allons initier.

158. — Examen des trois problèmes de la division.

Afin de reconnaître l'insuffisance de la théorie primitive de la division, il convient de l'examiner successivement par rapport aux trois problèmes qui l'ont déterminée.

Dans cet examen, nous suivrons l'ordre déjà reconnu directement comme étant celui que l'on doit préférer.

1° *Etant donnés l'aire d'un rectangle et l'un de ses côtés, en trouver l'autre côté.*

Abstraitement considéré, ce problème se réduit, comme nous l'avons vu, à déterminer un des facteurs d'un produit connu, quand on en connaît déjà l'autre facteur.

Or, dans la généralité des cas, la théorie de la division nous conduit à un *quotient* et à *un reste* ; ce qui équivaut à dire qu'il n'est pas possible de déterminer avec exactitude le côté inconnu. Pourtant, l'examen direct du problème concret rend aussitôt évident qu'il est susceptible d'une solution précise, c'est-à-dire, étant donnée une ligne droite, il en existe toujours une autre qui forme avec la ligne primitive un rectangle dont l'aire est égale à un ensemble de carrés. Et la solution géométrique de ce problème ne laisse point à ce sujet le moindre doute, ainsi que nous le verrons en *géométrie préliminaire*.

L'impossibilité n'existe donc que pour le *calcul*, ce qui revient à dire que le côté inconnu ne peut pas être représenté au moyen du module linéaire adopté.

Mais le module est arbitraire ; on conçoit donc que, si on le change, le calcul devient possible, c'est-à-dire le côté inconnu devient susceptible de représentation numérique. Mais avant d'indiquer la solution de cette difficulté, voyons les deux autres problèmes.

159. — Solution du deuxième problème du rapport entre deux grandeurs.

2° Notre *calcul* avait été institué dans la supposition que les grandeurs étaient évaluées, et alors le problème abstrait consiste à savoir combien de fois un nombre est contenu dans un autre. Or, le problème concret peut se présenter, soit entre des *pluralités*, soit entre des *grandeurs continues*.

Exemple de pluralité : combien de bataillons pouvons-nous former avec un certain nombre de soldats ?

Exemple de grandeurs continues : quelle est la relation entre deux lignes dont on connaît les mesures ?

Dans le premier exemple, l'existence du reste indique réellement l'impossibilité d'employer tous les soldats à la formation des bataillons, dans la supposition que l'on veut qu'ils ne soient composés qu'avec un nombre de soldats fixé d'avance.

Mais, dans le second exemple, c'est-à-dire lorsqu'il s'agit des grandeurs continues, l'examen du problème concret montre que l'impossibilité du quotient exact n'indiquerait point l'impossibilité de rapporter précisément la connaissance d'une grandeur à celle d'une autre prise comme module. En effet, la comparaison géométrique de deux grandeurs démontre que le reste peut aussi être exprimé au moyen du diviseur. A cet effet, il suffirait de le comparer avec une partie du diviseur, convenablement choisie.

Mais cette appréciation signale aussi le besoin de rendre la comparaison des grandeurs plus abstraite, en rapportant indifféremment la connaissance de la plus grande à celle de la plus petite, ou réciproquement. On en conclut, en résumé, que la présence du reste rend évident le besoin de modifier la solution abstraite, en perfectionnant la propre conception de la division.

Passons donc au troisième problème :

160. — Appréciation du troisième problème.

3° Diviser une grandeur en un certain nombre de parties égales.

Le problème concret peut se poser dans le cas où il s'agit des pluralités ou des grandeurs continues.

Dans le premier cas, il convient de distinguer l'hypothèse où les éléments de la pluralité ne peuvent point satisfaire l'objectif désiré sans conserver leur intégrité et l'hypothèse où un tel but pourrait être satisfait, dans le cas où cette condition-là serait violée.

Exemples :

a) Partager un certain nombre de prisonniers entre un certain nombre de guerriers ;

b) Diviser un certain nombre de fruits entre un certain nombre de personnes ;

c) Diviser une droite en un certain nombre de parties égales.

Dans le premier exemple, le reste indique, en effet, l'impossibilité concrète d'un partage égal.

Mais, dans les deux autres exemples, l'impossibilité du calcul ne correspond pas à l'impossibilité du problème concret.

En effet, les deux autres problèmes peuvent être directement conçus comme comportant une solution précise. L'examen du cas concret indique donc le besoin d'en perfectionner la solution théorique.

En résumé, donc, sauf le cas exceptionnel des pluralités dont les éléments devront être toujours considérés dans leur intégrité, l'examen des problèmes concrets qui ont porté à instituer la division, montre le besoin de compléter le quotient ; c'est-à-dire de le rendre exact, ainsi que de modifier la conception de la division elle-même. Voyons donc comment on opère une pareille modification.

161. — Réflexions sur la division envisagée comme une opération inverse de la multiplication.

Si, étant donné un produit et l'un des facteurs, il s'agit d'en déterminer l'autre, celui-ci peut être considéré comme en étant le multiplicande. C'est-à-dire, le dividende représentant l'aire du rectangle, le diviseur peut être considéré comme le nombre de rangs ou de colonnes de carrés modulaires contenues dans la surface. Le quotient sera alors le nombre de carrés contenus dans un rang ou dans une colonne.

Afin de fixer les idées, prenons un exemple.

Si l'on sait que l'aire d'un rectangle a 33 mètres carrés et que l'un des côtés en a 5, l'on veut déterminer l'autre côté.

Nous avons dit que le facteur donné, 5, peut être considéré comme indiquant le nombre de rangs ou de colonnes de carrés modulaires ; soit le nombre de rangs. Le facteur inconnu, qui nous donnera l'autre côté, représentera alors le nombre de carrés modulaires d'un rang.

Or, en faisant la division de 33 par 5, nous trouverons le quotient 6 et le reste 3. Ceci nous montre que le rectangle est formé par 5 rangs de 6 carrés chacun, plus un rectangle complémentaire qui vaut 3 carrés.

Toute la difficulté de la question concrète se réduit donc à partager ces 3 carrés par la surface du rectangle complémentaire dont il s'agit.

Afin d'effectuer une pareille répartition, il faut remarquer qu'un côté de ce rectangle est représenté par 5 modules. Ceci nous porte à imaginer chacun des carrés du reste divisé en 5 rectangles égaux, moyennant le tracé de droites parallèles à l'un des côtés par les points de division du côté contigu, divisé en 5 parties égales. Chacun de ces fragments peut être juxtaposé par son plus grand côté à l'un des 5 rangs du carré dividende. Or, nous pouvons en faire de même pour les deux autres carrés du reste.

Ceci ayant été fait, l'on voit que la surface du rectangle de 33 mètres carrés sera constituée par 5 rangs, chacun d'eux contenant 6 carrés modulaires plus 3 rectangles égaux.

Chacun de ces rectangles a un côté égal au module linéaire, et l'autre côté égal à une partie de ce module qu'on suppose divisé en 5 parties égales. Cette partie est ce qu'on nomme un cinquième du module. Les 3 rectangles de chaque rang se trouvent juxtaposés par leurs côtés modulaires en sorte que leur ensemble forme un rectangle où l'un des côtés est le module linéaire et l'autre est égal à 3 cinquièmes de ce module. C'est ce côté-là qui en constitue l'autre du rectangle complémentaire, comme le montre la figure suivante :

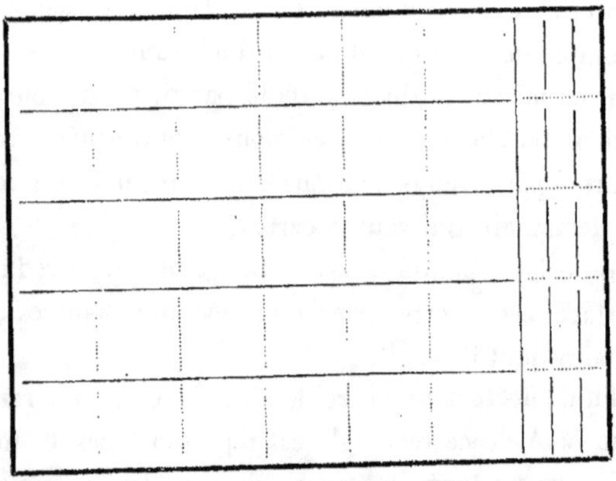

On voit ainsi, en résumé, que le rectangle de 33 mètres carrés qui a un côté de 5 mètres, aura pour l'autre côté une droite de 6 mètres plus trois 3 cinquièmes du mètre.

Trois cinquièmes est ce qu'on appelle une *fraction* ; *celle-ci est donc la représentation numérique d'une grandeur plus petite que le module.*

Cette représentation est faite au moyen de deux nombres, l'un desquels indique en combien de parties est divisé le module et s'appelle *dénominateur*, et l'autre indique combien de ces parties composent la grandeur et s'appelle *numérateur*[1].

La raison de ces qualificatifs résulte du rôle que chacun des *termes* de la fraction joue dans le signalement de la grandeur. En effet, le *dénominateur* caractérise le nouveau *module*, en lui donnant un *nom* qui en montre la filiation envers le module primitif.

Et le numérateur, ainsi qu'un *nombre* quelconque, définit

(1) Dénominateur, du latin *denominator*; numérateur, du latin *numerator*.

au moyen de ce nouveau module la grandeur dont il s'agit.

162. — Employées dans la division, on voit donc que les fractions permettent d'en exprimer le quotient avec exactitude. A cet effet, il suffit d'ajouter au quotient trouvé une fraction où le numérateur est le reste et le dénominateur est le diviseur.

Mais, si l'on réfléchit sur la conception des fractions, nous serons portés à reconnaître que tout quotient peut être représenté par une fraction, car cette conception permet de considérer chaque nombre sous un nouvel aspect. En effet, dans l'application primitive des nombres pour représenter les grandeurs continues, la grandeur prise comme terme de comparaison a été naturellement choisie plus petite que la grandeur qu'on prétendait mesurer.

L'origine subjective des nombres l'a ainsi déterminé, puisque c'est de la représentation des pluralités que les nombres sont passés à la mesure des grandeurs continues.

Mais aussitôt que la division a conduit à employer les nombres pour représenter, au moyen du module, des grandeurs plus petites que lui, chaque nombre en vint à être envisagé sous un double point de vue quand on l'apprécie relativement aux grandeurs continues. Ainsi donc, *sept*, par exemple, suivant son usage primitif dans les mesures, servait à rapporter la connaissance d'une grandeur à celle d'une autre plus petite qu'elle et de la répétition de laquelle elle résultait.

Mais, étant donnée la conception fractionnaire, *sept* sert aussi à rapporter la connaissance d'une grandeur à celle d'une autre plus grande qu'elle et qui la contiendrait un certain nombre de fois.

La notion abstraite en est la même dans les deux cas, car

elle correspond à la même pluralité. Mais la notion concrète en varie : parce que, dans un cas, la pluralité sert à caractériser le tout au moyen des parties et, dans l'autre, elle sert à définir les parties au moyen du tout.

Il en est résulté le besoin de modifier la nomenclature numérale, en sorte que l'expression de chaque nombre en vienne à signaler la fin à laquelle il est destiné. Pour les premiers degrés de la fragmentation, les dénominations furent plus ou moins spéciales : *demi, tiers, quart.*

Mais, à mesure que la notion fractionnaire est devenue plus étendue, le langage est devenu uniforme : pour désigner le module au moyen de la pluralité, on a ajouté à la désinence l'affixe *ièmes*. Par exemple, *vingt-sept* représente la pluralité au moyen de l'unité, et *vingt-septièmes* représente l'unité au moyen de la pluralité, puisque l'unité équivaut à $\frac{27}{27}$.

De ce qui précède, on voit que, dans l'énoncé d'une fraction, on mentionne d'abord le *numérateur* et ensuite le *dénominateur*, en vertu de la même tendance qui a porté, dans l'énoncé d'une mesure quelconque, à mentionner en premier lieu le *nombre*, et ensuite le *module*.

Quant à la notation des fractions, elle a varié dans les diverses phases de l'évolution humaine. Sans parler de la notation moyennant les signes graphiques du langage commun, nous devons signaler tout spécialement la notation grecque.

D'après cette notation, le dénominateur était placé à droite du numérateur et un peu au-dessus, suivant la manière vulgaire de signaler la numération ordinale au moyen de la numération cardinale.

Nous savons que, dans la notation moderne, le numérateur est écrit au-dessus du dénominateur, séparé par un trait horizontal, et quelquefois par un trait incliné, comme, par exemple, pour $\frac{1}{27}$, $\frac{1}{2}$ et 1/10.

163. — Représentation du quotient au moyen d'une fraction.

Voyons enfin comment il est possible d'exprimer la totalité du quotient au moyen d'une fraction. Dans l'exemple ci-dessus, le quotient était représenté par 6 plus $\frac{3}{5}$. Mais 6 peut être exprimé par une fraction ayant comme dénominateur un nombre quelconque. Afin de vérifier ceci, il faut remarquer que l'unité caractérise toujours l'existence synthétique, soit qu'il s'agisse d'un tout indivisible, soit que l'on considère l'ensemble des éléments qui composent un être complexe. Dans le premier cas, son symbole numérique équivaut à celui du premier terme de l'échelle arithmétique.

Dans le second cas, son symbole résulte de la combinaison de deux nombres égaux quelconques, l'un indiquant le nombre d'éléments dont se compose le tout et l'autre montrant que l'on considère l'ensemble de ces éléments. C'est-à-dire que l'unité *est représentée par une fraction où le numérateur est égal au dénominateur.*

Par conséquent, si un nombre entier quelconque équivaut à une somme d'unités, il équivaut à une somme d'autant d'autres fractions égales à l'unité. Ainsi donc, l'unité étant égale à $\frac{5}{5}$, le nombre 6 équivaut à 6 fois $\frac{5}{5}$, c'est-à-dire à une fraction ayant 5 comme dénominateur, et, comme numérateur, le produit de ce nombre 5 par le nombre 6.

La partie entière du quotient correspond donc à une fraction où le dénominateur est le diviseur et le numérateur est son produit par ce même diviseur.

On en conclut que les deux parties du quotient peuvent être exprimées par des fractions qui ont le même dénominateur, c'est-à-dire ce sont des nombres rapportés au même module. La réunion de ces deux parties donnera donc le nombre des mêmes modules que la somme des numérateurs. Or, cette somme reproduit le dividende, car elle est égale au produit de la partie entière du quotient par le diviseur, plus le reste. Dans l'exemple mentionné, 6 plus $\frac{3}{5}$ équivaut à $\frac{6 \text{ fois } 5}{5}$ plus $\frac{3}{5}$ ou $\frac{30}{5}$ plus $\frac{3}{5}$ ou $\frac{33}{5}$. Ainsi donc, *le quotient est représenté au moyen d'une fraction où le numérateur est le dividende et le dénominateur est le diviseur.*

II

EXAMEN DES DEUX AUTRES CONCEPTIONS RELATIVEMENT A L'IDENTITÉ ENTRE L'IDÉE DE QUOTIENT ET CELLE DE FRACTION. NOTION DE LIMITE.

164. — **Réflexions sur la division envisagée comme ayant pour but de déterminer la relation entre deux grandeurs.**

Si nous considérons à présent le deuxième des problèmes qui ont déterminé la division, nous en arriverons à des conclusions identiques à celles du paragraphe antérieur.

Supposons, par exemple, qu'il s'agit de trouver le rapport entre une ligne de 23 mètres et une autre de 5. La division réalisée, on obtient 6 au quotient et 3 comme reste : cela veut dire que la plus grande des lignes contient 6 fois la plus petite et qu'il y a encore un reste de 3 modules. Or, ce reste ne peut pas être exprimé par le diviseur, mais peut être représenté par une partie de celui-ci.

En effet, le diviseur ayant 5 modules, chacun d'eux est égal à la cinquième partie ou un cinquième du diviseur. Et, comme le reste contient 3 modules, il s'ensuit que le reste contiendra $\frac{3}{5}$ du diviseur.

Par conséquent, le dividende se présente comme consistant en deux parties, à savoir : l'une égale à 6 fois le diviseur, et l'autre égale à $\frac{3}{5}$ du même diviseur. Le quotient en sera donc 6 plus $\frac{3}{5}$.

Ceci démontre que, dans ce cas aussi, le quotient est complété au moyen d'une fraction, où le numérateur est le reste et le dénominateur est le diviseur.

Un raisonnement analogue montre aussi que la totalité du quotient peut être exprimée par une fraction. Car sa partie entière indiquant le nombre de fois que le diviseur est contenu dans le dividende, elle peut être représentée par une fraction, ayant le diviseur pour dénominateur.

En effet, le diviseur peut être considéré comme $\frac{5}{5}$ de lui-même, par conséquent 6 fois le diviseur équivaut à 6 fois $\frac{5}{5}$ du diviseur, ou $\frac{30}{5}$ de celui-ci. En sorte que le quotient complet sera la somme de $\frac{30}{5}$ du diviseur avec $\frac{3}{5}$ de celui-ci, ce qui fait $\frac{33}{5}$ de ce même diviseur.

Le quotient est donc encore exprimé par une fraction où le numérateur est le dividende et le dénominateur est le diviseur. Par conséquent le quotient, au lieu d'exprimer le nombre de fois que le diviseur est contenu dans le dividende, exprime combien de parties du diviseur sont contenues dans le dividende.

165. — Sous ce point de vue, c'est-à-dire en considérant *la division comme ayant pour objet de trouver combien de parties d'une grandeur sont contenues dans une autre*, afin de pouvoir définir l'une au moyen de l'autre, sans que nous nous préoccupions de leur évaluation, on en arrive aussitôt au même résultat, soit arithmétiquement, soit géométriquement.

Mais, avant de le démontrer, il convient que nous nous rendions compte des circonstances qui ont conduit à un pareil point de vue. Le problème de rapporter la connaissance d'une grandeur à celle d'une autre ne présuppose pas en lui-même la manière par laquelle la liaison entre les deux doit s'établir. L'hypothèse la plus simple consiste sans doute dans la supposition que la plus grande contient la plus petite un certain nombre de fois. Mais cette hypothèse est extrêmement rare.

Il suffit de considérer les lignes comme étant représentées par les termes successifs de l'échelle numérique, pour qu'on s'aperçoive aussitôt que la référence d'une ligne à une autre devient impossible, aussitôt qu'elles ne correspondent pas à des termes qui se trouveraient suffisamment éloignés. Dès lors, nous serons portés à reconnaître que le moyen le plus simple de dépendance consiste à exprimer les grandeurs, les unes au moyen de parties des autres. Ainsi posé, le problème s'offre au premier coup d'œil comme étant toujours possible, quelle que soit la valeur relative des grandeurs comparées, et quels que soient les nombres qui les définissent. Car on se figure que, en prenant une partie assez petite de l'une de ces grandeurs, on rencontre le module approprié à la mesure de l'autre.

166. — Identification de l'idée de division avec celle de fraction.

Ainsi considérée, la division est susceptible d'être conçue aussitôt, comme s'identifiant avec la notion de fraction. Car chaque nombre caractérisant un certain ensemble de modules, celui-ci devient inversement une partie aliquote de tous les nombres. En sorte que, étant donnés deux nombres, l'un peut être immédiatement exprimé au moyen de l'autre, en se fondant sur l'aptitude qu'a celui-ci à caractériser le module.

Par exemple, étant donnés les deux nombres 11 et 16, on peut établir le rapport entre les deux au moyen du raisonnement suivant : le module est $\frac{1}{16}$ de 16 ; par conséquent 11 modules sont $\frac{11}{16}$ de ce même nombre 16.

La division caractérise de la sorte une combinaison indépendante d'une évaluation quelconque. En sorte qu'elle peut être conçue indépendamment de la multiplication, qui pourrait même être instituée comme une opération inverse, si la filiation envers l'addition n'était ordinairement préférable. Dans ce cas-ci, la définition de la multiplication serait la suivante :

Deux nombres étant donnés, en déterminer un troisième dont la relation envers l'un d'eux soit égale à l'autre.

Si nous envisageons deux grandeurs non évaluées et que nous tâchions d'exprimer l'une au moyen de l'autre, nous obtiendrons le même résultat. Ainsi, par exemple, supposons qu'il s'agit de rapporter une ligne droite à une autre, c'est-à-dire trouver la *raison* ou la *relation* entre les deux. La première idée en serait d'appliquer la plus petite sur la plus grande et d'examiner si elle y était contenue exactement.

Si elle n'y était pas contenue, on tenterait de diviser l'une des deux en un certain nombre de parties égales, et l'on essayerait si l'une de ces parties était exactement contenue dans l'autre.

Mais la prolixité d'un tel procédé en inspira bien vite un autre.

Après avoir appliqué la plus petite droite sur la plus grande, admettons que l'on y trouverait un reste. Il est évident que, si ce reste peut être contenu dans la plus petite, il sera un module commun aux deux. Cette observation porte donc à essayer la mesure de la plus petite des droites par le reste que l'on obtient en mesurant la plus grande au moyen de la plus petite.

Dans le cas où ce deuxième essai donnerait un deuxième reste, la même réflexion porterait à reconnaître que, si ce deuxième reste est exactement contenu dans le premier, il sera une mesure commune aux deux droites données. On voit donc qu'on en arrive ainsi à un module commun, et même que ce module sera le plus grand des modules possibles. Mais le reste, qui sera un module commun, étant une partie des deux grandeurs, le rapport entre elles sera exprimé par les parties de l'une qui est contenue dans l'autre.

Figurons-nous que l'on obtienne un reste qui est contenu 11 fois dans l'une des grandeurs et 16 fois dans l'autre. Ce reste sera $\frac{1}{16}$ de la grandeur la plus grande, et, par conséquent, la plus petite par rapport à elle sera exprimée par la fraction $\frac{11}{16}$.

La conception de la *raison géométrique* coïncide donc avec celle du quotient. La division constitue, par conséquent, le premier germe distinct de *l'algèbre*, c'est-à-dire du *calcul* où l'on envisage les relations numériques en faisant abstraction des évaluations auxquelles elles peuvent donner lieu.

167. — Même après la fusion des notions de *quotient* et de *raison géométrique*, ce terme conserve l'avantage historique et dogmatique de rappeler la double origine de l'algèbre.

La *raison* de deux lignes est aussi abstraite que celle de deux nombres, puisque la même définition lui convient, et elle ne comporte aucun sens concret. Sous cet aspect, la géométrie suscitant la notion que l'arithmétique a désignée par le mot *quotient*, nous a poussés davantage vers l'algèbre qu'en suggérant l'idée de *produit*, qui avait généralement un caractère concret, ainsi le langage l'a attesté pendant longtemps puisque le mot *rectangle* était synonyme de produit.

Mal appréciée avant cette fusion, l'idée de fraction se trouve aujourd'hui incorporée à l'ensemble du domaine logique. Quand on compare des grandeurs concrètes, afin d'en chercher le module commun, la pratique nous permet, soit de trouver ce module, soit de nous faire reconnaître qu'il est extrêmement petit.

Toutefois, l'étude des lois géométriques fait découvrir qu'il y a des cas où des grandeurs définies précisément les unes au moyen des autres, n'ont point de module commun. C'est ainsi que, étant donné le côté d'un carré, celui-ci est déterminé ainsi que toutes les lignes qui y sont tracées. Cependant, on démontre qu'il n'y a pas de mesure commune entre le côté et la diagonale du carré.

La même chose a lieu pour la circonférence et le rayon du cercle. Dans ce cas-là les grandeurs sont dites *incommensurables* et les unes ne peuvent pas être considérées comme étant formées de parties d'autres. Le contraire a lieu avec des grandeurs *commensurables*. Et ce cas-ci se trouve spontanément réalisé par les nombres, qui sont tous déjà des grandeurs exprimées au moyen d'un module commun.

« Fondée sur une telle appréciation, la notion de *quotient* ou *fraction* est aussi directe que celles de *somme*, *différence* et *produit*, ce qui met mieux en relief l'indépendance mutuelle des divers rapports élémentaires qui existent entre les nombres. »

168. — Du problème de l'équirépartition et du quotient envisagé comme y ayant son origine.

Lorsqu'il s'agit de diviser un nombre en parties égales quand il désigne une grandeur continue ou une pluralité dont on n'a pas besoin de considérer les éléments dans leur intégrité, on en arrive aux mêmes conclusions.

En effet, en divisant, par exemple, 33 objets par 5 personnes, on obtient 6 au quotient, et 3 comme reste. Chacun de ces objets peut être divisé en 5 parties égales et chaque personne obtiendra une de ces parties. Chacune aura donc 6 de ces objets plus $\frac{3}{5}$. Mais la partie entière peut prendre la forme fractionnaire, si nous considérons que chaque objet est $\frac{5}{5}$ de lui-même.

Par conséquent, 6 objets deviendront 6 fois $\frac{5}{5}$, ou $\frac{30}{5}$. Le quotient en sera donc $\frac{30}{5}$, plus $\frac{3}{5}$, ou $\frac{33}{5}$.

C'est-à-dire le quotient est complété par une fraction, où le numérateur est le reste et le dénominateur est le diviseur, où *le quotient total est exprimé par une fraction qui a comme numérateur le dividende et comme dénominateur le diviseur*.

On peut immédiatement arriver à ce résultat, si l'on

réfléchit que, au lieu de faire la division en donnant un objet à chaque personne, on peut partager chaque objet en 5 parties et en donner une partie à chaque individu. Chacun aura désormais autant de cinquièmes qu'il y a d'objets, c'est-à-dire, d'après notre exemple, $\frac{33}{5}$.

169. — DE LA NÉCESSITÉ THÉORIQUE QU'IL Y A DE FAIRE PRÉVALOIR LA CONCEPTION DE LA DIVISION COMME AYANT POUR BUT DE DÉTERMINER LE RAPPORT GÉOMÉTRIQUE ENTRE DEUX NOMBRES.

D'après ce qui précède, on reconnaît que, quel que soit le point de départ de la division, elle conduit toujours à la notion de *fraction* et s'y identifie, soit afin de compléter le quotient au moyen du reste, soit surtout afin de former du quotient une idée applicable à tous les cas.

Mais cet examen lui-même démontre aussi que la notion de division doit être habituellement considérée comme *une combinaison dans laquelle on tâche de connaître combien de parties d'une grandeur sont contenues dans une autre.*

En sorte que le quotient, abstraitement envisagé, doit toujours être identifié avec l'idée de *raison*, ou *rapport géométrique.*

La nécessité de faire prévaloir cette signification résulte de ce qu'elle est celle qui permet le mieux de sentir la combinaison du point de vue géométrique avec le point de vue arithmétique, afin de faire surgir *l'algèbre.*

En effet, c'est ainsi que l'origine géométrique acquiert plus aisément le caractère abstrait, ne comportant même alors nul sens concret, ce qui n'a pas lieu dans le cas de la division comme l'inverse de la multiplication, ni dans le cas de l'équidivision des grandeurs.

D'un autre côté, sans que l'on identifie la notion de *divi-*

sion avec celle de *fraction*, l'on ne saurait concevoir l'opération relativement à deux nombres ou deux grandeurs quelconques, ni se former du quotient une notion uniforme. Cette identification conduit, non seulement à concevoir uniformément le quotient lorsque le dividende est plus grand que le diviseur, mais il fait implicitement disparaître toute notion de grandeur relative des deux termes de la division, qui, d'après l'origine géométrique, étaient nommés *antécédent* et *conséquent*.

Notre examen montre aussi la possibilité de représenter un nombre quelconque sous la forme d'une fraction. Nous devons donc systématiser cette possibilité en concevant habituellement les nombres entiers comme des fractions où le dénominateur peut être un nombre quelconque.

Ainsi, par exemple, il est permis de représenter 3 par une fraction dont le dénominateur serait 7. A cet effet, il suffit de le *multiplier* et de le *diviser simultanément par le dénominateur* 7 ; car l'unité contenant $\frac{7}{7}$, 3 unités contiendront 3 fois $\frac{7}{7}$, ou $\frac{21}{7}$.

« Mais ordinairement, on considère tout nombre entier comme une fraction dont le dénominateur serait l'unité, qui se trouverait supprimée dans la notation commune. Réciproquement, une appréciation philosophique des fractions nous porte à les considérer comme des nombres entiers dont les unités sont plus petites, et qui s'en distingueraient par la diversité de ces unités. Mais nous verrons qu'elles peuvent être réduites à la même unité, c'est-à-dire à un même dénominateur ; en sorte que, une fois que celui-ci a été choisi, on peut les comparer et même les disposer en une échelle de grandeur, semblable à celle des nombres entiers.

170. — DES VARIATIONS D'UNE FRACTION ; INFLUENCE DES TERMES ; NOTION DE LIMITE.

Une fraction étant caractérisée par deux nombres, il ne nous reste à examiner que la manière par laquelle la grandeur de la fraction dépend de celle de ses éléments. Or il suffit de se rappeler la signification de ses deux termes pour apercevoir l'influence du numérateur et du dénominateur sur la combinaison qu'ils définissent.

En effet, l'on voit, en premier lieu, que le *dénominateur se conservant constant, la fraction sera d'autant plus grande que le numérateur est plus grand.*

En sorte que, si le numérateur devient 2, 3, 4. etc., fois plus grand, la fraction en deviendra 2, 3, 4, etc., fois plus grande. L'inverse aura lieu, si le numérateur devient 2, 3, 4, etc., fois plus petit.

Ces deux observations sont évidentes, car une fraction est un nombre où l'unité est une partie du module habituel. En sorte que les propositions ci-dessus signifieraient que l'unité se conservant invariable, la valeur de la grandeur augmente, ou diminue dans la même proportion que le nombre.

Si le numérateur se conserve invariable et le dénominateur augmente ou diminue, la grandeur de la fraction diminuera ou augmentera dans la même proportion ; car il est évident que la valeur des grandeurs est proportionnelle à celle de son unité.

En effet, quand le dénominateur augmente, l'unité fractionnaire diminue proportionnellement. Le contraire a lieu lorsque le dénominateur diminue. En sorte que, en rendant le numérateur 2, 3... fois plus grand, la fraction en deviendra 2, 3... fois plus grande, et si le dénominateur devient 2, 3... fois plus grand, la fraction en deviendra 2, 3... fois plus petite.

On en conclut que *lorsque les deux termes d'une fraction augmentent ou diminuent simultanément et d'après la même proportion, la fraction reste invariable.*

Ainsi, par exemple, la fraction $\frac{3}{5}$ n'est pas altérée lorsque nous en multiplions les deux termes par un même nombre quel qu'il soit.

Dans ces conditions-là, on voit qu'un même nombre peut être représenté par une infinité de fractions.

Mais, si les accroissements sont égaux au lieu d'être proportionnels, c'est-à-dire si nous additionnons le même nombre aux deux termes de la fraction, celle-ci augmentera ou diminuera selon que le numérateur est plus petit ou plus grand que le dénominateur, c'est-à-dire suivant qu'elle est *propre* ou *impropre*. Le contraire aura lieu, si nous soustrayons un même nombre de ses deux termes.

Afin de le rendre évident, considérons, par exemple, la fraction $\frac{3}{5}$, et ajoutons successivement 2 aux deux termes ; nous aurons les fractions $\frac{5}{7}, \frac{7}{9}, \frac{9}{11}, \frac{11}{13}, \frac{13}{15}\cdots$ Or, la différence entre le numérateur et le dénominateur de ces nouvelles fractions est 2, ainsi que pour la première.

En sorte que, lorsqu'on ajoute aux deux termes d'une fraction le même nombre, la différence entre le numérateur et le dénominateur n'en est pas altérée.

Or nous savons qu'une grandeur quelconque est représentée par une fraction où le numérateur est égal au dénominateur.

Il s'ensuit donc *qu'une fraction caractérise une grandeur dont on a retranché autant de parties qu'il y en a d'indiquées par la différence entre le numérateur et le dénominateur, si la fraction est une fraction proprement dite ; ou bien la fraction caractérise une grandeur, plus autant de parties qu'il y en a d'indiquées par la différence mentionnée si la fraction est impropre.*

Telle est la manière la plus philosophique d'apprécier la notion de fraction.

C'est ainsi que, dans notre exemple, $\frac{3}{5}$ caractérisent une grandeur dont on a retranché $\frac{2}{5}$ parties ; $\frac{5}{3}$ caractérisent, au contraire, une grandeur à laquelle on a ajouté $\frac{2}{3}$ parties. Donc, lorsqu'on additionne aux deux termes d'une fraction le même nombre, si la différence entre le numérateur et le dénominateur reste constante, on conclut que le nombre de parties retranchées ou ajoutées est toujours le même. Mais quand les parties diminuent à mesure que le dénominateur augmente, il s'ensuit que la fraction diffère de moins en moins de la grandeur totale.

Ainsi que, dans notre exemple, $\frac{3}{5}$ représentent une grandeur dont on a retranché $\frac{2}{5}$; — $\frac{5}{7}$ représentent une grandeur dont on a retranché $\frac{2}{7}$, et comme $\frac{2}{7}$ est plus petit que $\frac{2}{5}$ on en a retranché trop peu, et la fraction augmente donc.

Si l'on continue à ajouter le même nombre aux deux termes, on en retranche chaque fois moins ; par conséquent, *la fraction a la tendance à devenir égale à la grandeur, quand les parties retranchées sont insignifiantes.*

Si c'est une fraction impropre, $\frac{5}{3}$, par exemple, et si nous y ajoutons successivement le même nombre, 2, à tous les deux termes, nous obtiendrons $\frac{7}{5}, \frac{9}{7}, \frac{11}{9}, \frac{13}{11}, \ldots$ où les parties augmentées diminuent chaque fois davantage ; *la frac-*

tion tend donc à devenir égale à la grandeur, lorsque les parties augmentées sont insignifiantes.

Une grandeur quelconque pouvant être prise comme unité, on peut énoncer ce théorème, en disant qu'*une fraction dont les termes augmentent également, tend toujours vers l'unité, dont elle pourra s'approcher autant qu'on le voudra, mais sans pouvoir jamais y atteindre.*

Telle est l'origine la plus évidente et la plus directe que le calcul puisse fournir de la notion de *limite*, destinée à devenir fondamentale en géométrie, et même en mécanique. Convenablement étendue, elle convient à l'ensemble de la *Philosophie seconde*, et doit finalement coïncider en *Morale* avec la notion universelle de type, immédiatement émanée de la *Philosophie première*. (Des notes prises au cours public de M. R. Teixeira Mendès à l'Apostolat Positiviste du Brésil).

III

DE LA NUMÉRATION CONCRÈTE. EMPLOI DES FRACTIONS DANS LA CONSTITUTION SYSTÉMATIQUE DE LA NUMÉRATION CONCRÈTE : APPRÉCIATION DE CELLE-CI.

171. — Graduellement préparés par les indications des deux paragraphes précédents, nous pouvons maintenant apprécier la *numération concrète* qui ne saurait évidemment se constituer sans que la conception des fractions eût donné à l'échelle numérique la continuité indispensable à la mesure des grandeurs continues. Un exposé sommaire de la numération concrète devient même nécessaire pour complé-

ter l'explication de la numération abstraite, afin de montrer la possibilité d'une pleine unité numérale qui n'existe actuellement pas encore. Mais il nous faut d'abord exposer sommairement la numération concrète usuelle pour qu'on soit à même de comprendre la portée de la réforme proposée par Aug. Comte quant à la numération non seulement abstraite mais aussi concrète.

Les différentes mesures que la société emploie de nos jours, sont relatives à la *longueur*, à la *surface*, au *volume*, à la *capacité*, aux *angles*, au *poids*, à la *température*, à la *monnaie*, au *temps*, etc... A chacune de ces mesures correspond une unité-type avec ses multiples et sous-multiples.

Les considérations qui présidaient à chaque époque et à chaque lieu au choix de ces unités étaient purement subjectives et dépendaient de circonstances propres au peuple qui les instituait. Il en résultait de graves inconvénients. En premier lieu, si l'on perdait l'étalon d'une de ces unités, il devenait impossible de la refaire de nouveau. Ainsi donc, beaucoup de déterminations astronomiques faites dans l'antiquité, sont actuellement devenues sans valeur, vu l'impossibilité de les rapporter à nos mesures usuelles.

En second lieu, les relations commerciales entre les peuples devenaient très difficiles en vertu de la diversité des *unités*, et il arrivait que des mesures désignées par les mêmes noms, avaient des valeurs diverses d'une province à l'autre, et, quelquefois, d'une ville à l'autre d'un même pays.

En troisième lieu, elles ne dérivaient absolument pas les unes des autres ; la connaissance de l'unité de longueur n'indiquait rien quant à la manière d'apprécier les poids, etc...

Enfin, les rapports entre chaque unité et ses multiples ou sous-multiples ne reposaient sur aucune règle uniforme.

Ainsi donc, outre la difficulté des calculs, on comprend combien la mémoire était surchargée, et comment les supercheries pouvaient être faciles et fréquentes. Cet état de choses qui subsiste encore dans maints pays avait appelé l'attention des économistes physiocrates, et Turgot, disciple de ceux-ci, proposa que toutes les unités fussent rapportées à l'unité de longueur, d'accord avec la numération décimale, et que cette unité fût choisie dans notre planète, afin qu'elle pût être toujours constatée [1].

Le 26 mars 1791, la Convention nationale, adoptant les vues essentielles de Turgot, décida que la base du nouveau système serait la *dix-millionième partie du quart du méridien terrestre*, qui fut appelée *mètre* (mot grec qui signifie mesure).

Les lois du 1er août 1793 et du 7 avril 1795 établirent aussitôt le nouveau système, et la seconde en fixa définitivement la nomenclature. Suivant celle-ci, toutes les mesures de longueur, de surface, de volume, de poids, etc., dérivent du mètre; et les multiples de chaque espèce de mesure sont exprimés en mettant avant le nom de l'unité principale respective les préfixes grecs *déca, hecto, kilo, myria*, qui signifient *dix, cent, mille, dix mille* ; et les sous-multiples en les faisant précéder par les préfixes latins *deci, centi, milli*, qui signifient la *dixième*, la *centième* et la *millième* partie.

On voit donc que les unités auxiliaires, multiples et sous-multiples, sont respectivement de dix en dix fois plus grandes, et de dix en dix fois plus petites que l'unité principale ; en sorte que les rapports entre celles-ci et celles-là furent subordonnés à la loi de la numération abstraite décimale.

Les opérations nécessaires à la détermination de la mesure

1. Laffitte, *Calcul arithmétique*.

fondamentale furent confiées à Delambre et Méchain, qui, après sept ans de travaux rigoureux, pour la mensuration de l'arc du méridien compris entre les parallèles de Dunkerque et de Barcelone, en conclurent que le cadran terrestre qui passe par Paris, ou à la distance de l'Equateur au Pôle nord, était de 5.130.740 toises 4 pieds 5 pouces 4 lignes.

172. — Réforme des mesures de longueur, de surface et de volume.

Le Comité de l'Académie des Sciences, chargé de l'organisation du *système métrique décimal*, résolut alors de diviser cette distance en 10.000.000 de parties égales, et de prendre l'une d'elles comme base de ce système et pour l'*unité principale des mesures de longueur* [1].

Sous ce dernier aspect, une telle unité, c'est-à-dire le *mètre*, eut pour multiples le *décamètre* ou 10 mètres, l'*hectomètre* ou 100 mètres, le *kilomètre* ou 1.000 mètres et le *myriamètre* ou 10.000 mètres ; et pour sous-multiples, le *décimètre* équivalant à 1/10 du mètre, le *centimètre* équivalant à 1/100 du mètre, et le *millimètre* à 1/1000 du mètre.

Comme unité de surface, on adopta le *carré* ayant pour côté la longueur du mètre, c'est-à-dire le *mètre carré* ; en sorte que celui-ci se compose de 100 *décimètres carrés*, dont chacun a 100 *centimètres carrés* et chaque centimètre carré équivalant à 100 *millimètres carrés* [2]. Les multiples

1. Afin d'éviter que l'on pût altérer la mesure fondamentale, le Gouvernement français fit construire un mètre-étalon de platine à la température de la glace qui fut soigneusement gardé. En outre, on établit le rapport entre la longueur du mètre et celle du pendule qui frappe les secondes à l'Observatoire de Paris.

2. Le professeur fera un carré, et, après en avoir divisé la base et la hauteur en 10 parties égales, il tirera par les points de division à une de ces parties, des droites parallèles à l'autre, afin de montrer que la figure est effectivement décomposée en 100 petits carrés, ou décimètres carrés.

du mètre carré furent formés d'après la même règle adoptée pour les unités de longueur, c'est-à-dire en faisant précéder le *mètre carré* par les préfixes grecs *déca, hecto, kilo* et *myria*, ce qui produisit le décamètre carré avec 100 mètres carrés, l'*hectomètre carré* avec 100 décamètres carrés, le *kilomètre carré* avec 100 hectomètres carrés, et le *myriamètre carré* avec 100 kilomètres carrés.

De même que pour les grandes surfaces on emploie le *kilomètre carré*, comme unité principale, le décamètre carré est à son tour employé pour les surfaces aux dimensions moyennes, ordinairement pour les surfaces agraires sous le nom de *are*[1].

Les multiples et sous-multiples de l'*are* sont subordonnés à la même règle décimale. Ainsi donc, l'*hectare* vaut 100 *ares*, et l'are a 100 *centiares* ; en sorte que 1 centiare, ou 1/100 de l'are est égal à 1 mètre carré.

Comme type des unités de volume on adopta le cube, ayant pour arête la longueur du mètre, c'est-à-dire ayant pour base le mètre carré, et pour hauteur le mètre linéaire. Cette unité a été appelée *mètre cubique* ; et si on le fait précéder, comme les désignations antérieures, par les préfixes latins *deci, centi, milli*, et les préfixes grecs *déca, hecto, kilo* et *myria*, on obtient les noms de ses sous-multiples et multiples. C'est ainsi qu'on forme le *décimètre cubique* équivalant à la millième partie du mètre cubique ; le *centimètre cubique*, qui équivaut à la millième partie du décimètre cubique, et le *millimètre cubique*, valant la millième partie du centimètre cubique[2].

1. Du latin *area*.

2. Le professeur dessinera un *cube*, et, en divisant la base comme pour le *carré* et la hauteur en 10 parties égales, il tirera par les points de la division de cette dernière des plans parallèles à celle-là ; en conduisant

Les multiples du mètre cubique ne sont généralement pas usités.

Le mètre cubique est nommé *stère*[1] lorsqu'il est employé pour mesurer le volume des bûches ou du bois; présentant alors comme multiples et sous-multiples plus usuels le *décastère* ou 10 stères, le *décistère* ou 1/10 du stère et le *centistère* ou 1/100 du stère.

Comme type des unités de capacité, on adopta le *litre*[2] qui est la capacité d'un décimètre cubique. En lui appliquant les mêmes règles, on forme ses multiples, le *décalitre* ou 10 litres, l'*hectolitre* ou 100 litres, etc. ; et ses sous-multiples, le *décilitre* ou 1/10 du litre, etc.

173. — Quant à la mesure du poids, on choisit comme unité le poids d'un centimètre cubique d'eau distillée dans le vide et à la température de 4 degrés centigrades au-dessus de zéro, qui correspond à son maximum de densité, et sous la pression barométrique de $760^{m}/_{m}$.

Cette unité principale pour les poids, on l'a appelée *gramme*[3], dont les sous-multiples sont le *décigramme* ou 1/10 du gramme, le *centigramme* ou 1/100 du gramme, et le *milligramme* ou 1/1000 du gramme ; et dont les multiples sont le *décagramme* ou 10 grammes, l'*hectogramme* ou 100 grammes, le *kilogramme* ou 1.000 grammes et le *myriagramme* ou 10.000 grammes.

Par analogie pour l'ancien système de poids et de

de la même façon par les lignes tirées à la base des plans parallèles aux hauteurs, il montrera ainsi que le cube est effectivement décomposé en 1.000 petits cubes, ou *décimètres cubiques*.

1. *Stère*, du grec στερεός, solide.

2. Du grec λίτρον, ou peut-être du bas latin *litra*, mesure de capacité pour les liquides.

3. Ce mot signifie poids, du grec γράμμα.

mesures, usité parmi nous, on emploie aussi comme multiples le *quintal métrique* avec 100 kilogrammes, et le *tonneau métrique* avec 1.000 kilogrammes. En sorte que le kilogramme figure ainsi comme l'unité principale à laquelle se rapportent les grands poids, ainsi que cela a lieu pour le *kilomètre carré* et le *kilomètre* relativement aux grandes surfaces et aux grandes longueurs (mesures itinéraires).

174. — Monnaies : unité monétaire.

Pour les monnaies, on a adopté comme unité principale le *franc*, c'est-à-dire une pièce composée de 950 parties d'argent et de 50 de cuivre, pesant en tout 5 grammes. On n'emploie pas les mots *décifranc*, etc., ni décafranc, etc., non plus ; on dit tout simplement un centime pour la centième partie du franc, et dix centimes, pièce en cuivre, au lieu de décime, ou décifranc. Il y a encore la pièce de 5 centimes en cuivre qu'on appelle un *sou*, et dix francs, vingt francs (pièces en or). (La pièce de 100 francs en or n'existe que pour la principauté de Monaco, à l'effigie du prince.)

175. — Mesures de température.

Quant à la température, l'intervalle qu'il y a entre la température de la glace fondante (zéro) et celle de l'eau bouillante, fut divisé en 100 degrés thermométriques, les degrés étant divisés en dixièmes, la même division ayant été étendue en sens contraire (au-dessous de zéro).

176. — Des unités électriques.

Nous allons indiquer les unités électriques auxquelles on a donné, avec beaucoup de justice, les noms des inventeurs. Les unités pratiques en électricité sont les suivantes : *Résistance*, l'*ohm*, d'après le nom du savant allemand Georges Ohm. C'est l'unité pratique de la résistance. C'est approximativement la résistance d'un fil de cuivre pur de 1 millimètre de diamètre et 48 millimètres de longueur. On représente cette unité par la lettre *R*, initiale du mot résistance. Le *ohm* légal correspond à une colonne de mercure de 1 millimètre carré de section et 106 centimètres et 3/10 de longueur, à la température 0.

FORCE ÉLECTRO-MOTRICE.

Le *volt*, d'après le nom du physicien italien Alexandre Volta, est l'unité pratique de la force électro-motrice : c'est la force qui, appliquée sous l'unité de résistance, c'est-à-dire sous un *ohm*, produit un courant de 1 *ampère* (plus ou moins la force développée par un élément de la pile Daniel commune). On représente le *voltage*, ou différence de la potentielle, par la lettre *E*.

INTENSITÉ DU COURANT.

L'*ampère*, d'après le nom du grand physicien français André-Marie Ampère, est l'unité pratique d'intensité, c'est-à-dire la quantité d'électricité qui conduit un *coulomb* par seconde, sous la résistance d'un ohm. *Coulomb*, d'après le nom du célèbre physicien français qui établit les lois des actions électro-statiques, est la quantité d'électricité qui, en tombant de la hauteur de 1 volt, rend disponible, sous une forme quelconque, une quantité d'énergie qui s'appelle un *joule* (du nom du grand physicien anglais, et dont les travaux ont tant contribué pour faire considérer la chaleur comme une forme d'énergie). Le *joule* est égal à $\frac{112}{1.000}$ kgr. En d'autres mots, le *coulomb* est la quantité d'électricité qui traverse un conducteur pendant une seconde lorsque l'intensité en est 1 *ampère* ; l'*heure-ampère* vaut 3.600 *coulombs*.

La capacité qui contient 1 *coulomb* d'électricité avec une

force électro-motrice de 1 *volt* est appelée *farad* (du nom de Faraday, le physicien anglais si connu).

L'*heure-ampère* est le nombre d'ampères pendant une heure. On représente l'intensité d'un courant par I.

Les unités pratiques ont des multiples et des sous-multiples, comme celles du système métrique.

Les multiples en sont désignés par les préfixes :

déca	*hecto*	*kilo*	*myria*	*méga*

qui signifient respectivement :

10	100	1.000	10.000	1.000.000

Les sous-multiples en sont :

micro *milli* *centi* *déci* qui signifient :

$\frac{1}{1.000.000}$ $\frac{1}{1.000}$ $\frac{1}{100}$ $\frac{1}{10}$

Outre ces unités, il y a le *watt*, d'après le nom du mécanicien anglais James Watt, unité correspondant au produit de 1 *volt* par 1 *ampère*.

On dit dans la pratique industrielle : 1 mégaohm (1.000.000 de ohms) ; 1 milliampère ($\frac{1}{1.000}$ d'ampère) ; 1 kilowatt (1.000 watts). L'énergie électrique est évaluée d'après le *kilowatt-l'heure*. Le *kilowatt-l'heure* est le nombre de *kilowatts* dépensés ou produits pendant une heure. Il correspond, à peu près, au travail effectué pendant une heure par un moteur de la puissance de $\frac{136}{100}$ chevaux-vapeur. On représente cette unité par *k. w. h.* [1].

1. Les unités électriques ont été adoptées très postérieurement à celles du système métrique français. Ce fut en 1881 qu'un congrès internatio-

177. — Il ne nous reste plus qu'à étudier la mesure de la *circonférence du cercle*, spontanément liée à celle du temps. La réforme faite dans la manière de mesurer la circonférence du cercle (en 400 degrés, chaque degré en 100 minutes, et chaque minute en 100 secondes) a été abandonnée, la division sexagésimale en 360 degrés continuant à prévaloir, chaque degré étant divisé en 60 minutes et chaque minute en 60 secondes, mesure qui nous est venue des Chaldéens qui l'avaient ainsi instituée par analogie avec la

nal, réuni à Paris, lui additionna le complément vulgairement connu sous le nom de *système C. G. S.*, afin de donner la plus grande précision aux petites mesures. Les trois unités principales en sont : le *centimètre*, le *gramme* et la *seconde*, dont les lettres initiales désignent le système. Celui-ci comprend aussi d'autres unités relationnées à celles-ci, telles que celles de surface, de volume, de capacité, de travail, de puissance, force, masse électrique, puissance électrique, etc. Le *centimètre* et le *gramme* sont les mêmes que ceux du système métrique français, et le *second* appartient au système sexagésimal, c'est-à-dire $\frac{1}{24 \text{ par } 60^2}$ du jour solaire moyen. Comme unité de force, on adopta le *dyne* (du grec *force*), c'est-à-dire la force constante, qui, en agissant sur une masse d'un gramme, lui communique un mouvement de 1 centimètre par seconde. L'unité de travail est le *erg* (du grec, *travail*), qui est le travail de la force de 1 dyne déplaçant le point d'application de 1 centimètre dans la direction de la force ; elle est très petite, à peu de chose près le travail produit par 1 milligramme en tombant de la hauteur de 1 centimètre. L'unité légale de *puissance* est la puissance d'un moteur qui réalise un travail de un *erg* en 1 seconde ; elle est aussi très petite puisqu'elle représente plus ou moins la puissance capable d'élever 1 milligramme à la hauteur de 1 centimètre en 1 seconde. L'unité légale de la *masse* est la *gramme-masse*, qui est la masse de 1 centimètre cubique d'eau distillée à la température de 4 degrés centigrades au-dessus de 0. L'unité de *masse électro-statique* est la masse qui, en présence d'une masse égale à la distance de 1 centimètre, produit la répulsion de 1 *dyne*. L'étude complète du *système C. G. S.* est faite ordinairement dans les traités spéciaux de physique où sont spécialement étudiées les unités électriques moins usuelles que celles citées ci-dessus.

marche du soleil. Pour eux l'année était divisée en 360 jours ; et les Chinois dont l'année comprend 365 jours et 1/4 ont divisé le cercle en 365 degrés 1/4.

Le système métrique décimal a conservé le *jour* comme unité de temps, mais en la divisant en 10 heures, chaque heure en 100 minutes, et chaque minute en 100 secondes. L'année fut divisée en 12 mois de 30 jours chacun, les 5 qui restaient, ou complémentaires, étant ajoutés à la fin de chaque année. Enfin, le mois fut divisé en 3 *décades*. Mais la décade ne fut point acceptée par le peuple français, en sorte que la *semaine* de 7 jours continua à prévaloir, ainsi que l'ancienne division du jour.

Au nombre *dix*, le bon sens vulgaire a donc préféré le nombre *sept* ; et celui-ci aurait, sans doute, prévalu envers la numération concrète tout entière, si les réformateurs l'avaient employé. Dès lors, il aurait été très facile de l'adopter comme base de la *numération abstraite*, en subordonnant celle-ci à celle-là, au lieu de procéder de la manière inverse, comme on l'a fait irrationnellement. On a donc perdu une occasion opportune d'établir une véritable unité entre la numération abstraite et la numération concrète, ce qui serait, sans doute, fort convenable.

En étudiant cette question, et en prenant pour base de la numération concrète le nombre 7, universellement adopté pour compter le temps, Auguste Comte a démontré la possibilité d'une pleine unité numérale. A cet effet, il institua, dans les termes suivants, la numération concrète qui doit y correspondre.

« D'après les habitudes récemment consacrées par la réforme décimale, je puis essentiellement réduire cette indication aux mesures linéaires, tant circulaires que rectilignes. Il faut d'abord les lier entre elles en perfectionnant la relation actuelle du module fondamental à la circonférence terrestre, conformément à la préférence universelle que méritent les nombres *premiers*. Voilà comment je me suis trouvé conduit à diviser le quart du méridien en un nombre de parties égal au produit des sept moindres facteurs premiers, tous élevés seulement à la première puissance, sauf le second *deux* et le cinquième *sept*, qui s'y trouvent cubés. Un tel partage fournit un module rectiligne plus grand que le mètre français, et presque équivalant aux six septièmes de l'ancienne *toise*. Sans m'occuper ici d'une nomenclature réservée à mon volume final (*Système d'Industrie positive* que la mort prématurée d'Auguste Comte ne lui a pas permis d'écrire), je me borne à cette définition, qui, d'après les indications suivantes, permettra de rattacher à la planète humaine toutes nos mesures linéaires, et, dès lors, leurs dérivations quelconques.

« Il faut, de ce module, faire directement émaner six autres unités de longueur, trois au-dessus et trois au-dessous, en multipliant ou divisant par quatorze pour passer de chacune à la suivante. Selon cette règle, on formera les sept unités respectivement propres aux aires, aux volumes, et même aux poids, quand le centre de chaque groupe sera convenablement dérivé, suivant les lois géométriques, de la base linéaire, ou de ses annexes normales. On doit ensuite concevoir le jour composé de vingt-huit heures, dont chacune comprend cinquante-six minutes, semblablement décomposables. »

Auguste Comte admet la *semaine* ou le groupe de sept jours, le *mois* de quatre semaines, et l'*année* de treize mois avec un jour complémentaire, ou avec deux, si elle est bissextile [1].

1. Chaque mois commence en un lundi et l'*ère* en est la Révolution française (1789).

« Le quart du cercle, qui doit être astronomiquement divisé comme le temps, se partage en nonante-un degrés, composés chacun de cinquante-six minutes semblablement décomposables. Étendue jusqu'au thermomètre, la numération concrète y fait encore prévaloir les facteurs premiers, en attribuant aussi nonante-un degrés à l'intervalle compris entre la glace fondante et l'eau bouillante.

« Étudiée dans son ensemble, cette constitution numérale se montre directement supérieure à l'usuelle.

« Pour motiver une pareille supériorité, il suffit de remarquer l'aptitude de l'institution septimale, non seulement à faire mieux concorder la théorie avec la pratique, mais à fonder l'unité numérale en perfectionnant l'harmonie concrète. On pourra objecter qu'une telle numération est inférieure à la décimale, en ce que les unités de chaque espèce ne sont point des fractions septimales l'une de l'autre. Un tel reproche n'est pourtant aucunement fondé, puisqu'il pourrait être aisément évité, en choisissant sept au lieu de quatorze pour la subordination mutuelle des unités homogènes. Ainsi partagées, ces unités deviennent plus distinctes qu'elles ne le sont dans le système décimal, où l'excessive facilité de ramener l'une à l'autre neutralise la netteté de ces types, sous prétexte de la simplification, moins réelle qu'apparente, des calculs, et surtout secondaire relativement à la principale destination de la numération concrète. »

. . . .

Scientifiquement considérée, la réforme française de la numération concrète a eu l'efficacité de signaler la question, en préparant ainsi la solution définitive. En effet, celle-ci se trouvait ébauchée dans la constitution de la semaine, qui, ayant surgi pendant l'enfance de notre espèce chez les Chaldéens, fut aussitôt consacrée par le régime et par le culte[1]. Historiquement appréciée, nous devons donc considérer l'institution septimale comme la systématisation finale d'une tendance antérieure à l'institution décimale. Un besoin empiriquement satisfait comprima dès le début cette disposition en faisant prévaloir une base trop grande. Toutefois, comme à côté de celle-ci continua à subsister la tendance primitive vers l'autre, d'une pareille coexistence a surgi enfin le conflit décisif qui a porté Auguste Comte à consacrer le mode initial.

1. Sanctionnée par le régime industriel, l'institution de la semaine avait déjà été religieusement consacrée par le culte, ainsi que l'atteste la légende de la Genèse. En effet, d'après la Bible, la semaine aurait été instituée par Dieu, afin d'honorer la création réalisée par lui en six jours, le septième étant un jour de repos et réservé à son culte. Ayant ainsi institué le dimanche, il en renouvelle la prescription à Moïse en lui disant : « Vous travaillerez pendant six jours, le septième est le jour du repos consacré au Seigneur votre Dieu » (Ancien Testament). Plus tard, à l'occasion décisive du conflit entre la *semaine* et la *décade*, nous voyons le catholicisme aussi servir d'organe passif aux répugnances actives du peuple français contre la constitution décimale. Enfin, en résolvant cette question, Auguste Comte montre qu'elle fournit une brillante manifestation de la prépondérance croissante des motifs religieux sur les impulsions théoriques et même pratiques. (Voyez *Synthèse subjective*, par Auguste Comte, pages 131-132.)

NEUVIÈME SECTION

Réduction des fractions à leur plus simple expression ; double procédé pour l'effectuer : procédés basés sur la décomposition en facteurs premiers, et sur la détermination du plus grand diviseur commun.

I

RÉDUCTION DES FRACTIONS A LEUR PLUS SIMPLE EXPRESSION : DOUBLE PROCÉDÉ POUR L'EFFECTUER. FORMATION D'UNE TABLE DES NOMBRES PREMIERS.

178. — CONCEPTION DE LA DOCTRINE DE LA SIMPLIFICATION.

Nous avons vu que la valeur d'une fraction ne change pas lorsqu'on multiplie ou que l'on divise ses deux termes par le même nombre. Cette propriété permet de donner aux fractions une infinité de formes diverses, quoique équivalentes.

Par exemple, toutes les fractions

$$\frac{1}{2}, \frac{3}{6}, \frac{9}{18}, \frac{24}{54}, \frac{87}{162}, \frac{243}{486}, \frac{729}{1458} \dots\dots$$

dont les dénominateurs contiennent respectivement 2 fois le numérateur, expriment, sous des formes différentes,

$\frac{1}{2}$, ou la moitié de l'unité, car elles proviennent toutes de cette fraction, au moyen de la multiplication successive de ses termes par 3, ce qui, d'après ce que nous avons vu, n'altère point sa valeur.

De même, les fractions

$$\frac{1}{2}, \frac{2}{4}, \frac{6}{12}, \frac{24}{48}, \frac{120}{240}, \frac{720}{1440} \ldots\ldots$$

sont toutes équivalentes à $\frac{1}{2}$, car elles s'originent de cette fraction au moyen de la multiplication successive de ses termes par 2, 3, 4, 5, etc. Mais, parmi toutes ces fractions, c'est évidemment $\frac{1}{2}$ celle dont on apprécie mieux la grandeur.

Cet avantage, joint à celui de calculer sur des nombres plus simples, fait sentir l'utilité de réduire une fraction à ses moindres termes, c'est-à-dire de trouver une fraction équivalente à une fraction proposée, et dont les termes soient le plus petits possible. La fraction ainsi obtenue, dont les termes sont plus simples que les termes correspondants de toute fraction équivalente, est nommée *irréductible*.

Une pareille transformation est très souvent employée : car toute fraction étant susceptible d'avoir une infinité d'expressions différentes offre rarement la forme la plus simple qu'elle comporte.

179. — Ce que nous avons dit ci-dessus permet aussitôt de conclure que, quel que soit le procédé employé pour effectuer une telle transformation, il doit être basé sur la division, c'est-à-dire sur l'opération inverse à celle qui permet de donner aux fractions une infinité d'expressions diverses, quoique équivalentes ; cela est d'autant plus ration-

nel, qu'il est sûr qu'une fraction ne change point de valeur, lorsque nous divisons les deux termes par un même nombre.

1° Appliquée au cas le plus favorable, c'est-à-dire à celui où le numérateur est un multiple du dénominateur, la division réduit immédiatement la fraction à un nombre entier équivalent. Ainsi, par exemple, si nous avons la fraction $\frac{165}{15}$, en divisant tous les deux termes par le dénominateur lui-même, nous obtiendrons aussitôt 11.

2° Le cas le plus proche du précédent est celui où le numérateur est plus grand que le dénominateur, sans qu'il soit pourtant son multiple.

En soumettant au même procédé toutes les fractions où le dividende est supérieur au diviseur, on voit qu'elles comportent une simplification analogue.

On obtient, en effet, au moyen de la division, un nombre fractionnaire, c'est-à-dire un nombre entier accompagné d'une autre fraction, où le numérateur est inférieur au dénominateur, et qu'il faut souvent encore simplifier. Ainsi, par exemple, en considérant la fraction $\frac{3960}{135}$, nous obtiendrons, au moyen de la division, 21 plus $\frac{125}{135}$.

3° Il nous faut donc encore voir comment on peut simplifier les fractions de cette nature ; c'est-à-dire celles où le numérateur est inférieur au dénominateur.

180. — Réflexions sur la manière de réaliser la simplification.

Dans l'impossibilité de continuer à diviser le numérateur par le dénominateur, nous pouvons, cependant, essayer la division des deux par 2, 3, 4, 5, 6, etc., et effectuer les opérations qui sont exactes.

On conçoit que, en procédant ainsi, nous trouverons des fractions équivalentes de celle qui a été proposée, et chaque fois plus simples qu'elle; sauf dans le cas où le numérateur et le dénominateur ne sont pas divisibles par aucun nombre entier ; car alors, la fraction proposée est la plus simple parmi celles qui peuvent représenter exactement la grandeur exprimée par elle.

Dans ce cas-là, se trouvent, par exemple,

$$\frac{3}{7}, \frac{11}{21}, \frac{15}{16}, \frac{17}{19}, \frac{11}{127}, \text{ etc.,}$$

dont les termes, ne pouvant être exactement divisés par aucun nombre entier, ou n'ayant nul *diviseur commun* sauf l'unité, sont pour cela appelés *premiers entre eux*, par analogie avec les *nombres premiers* : Les fractions considérées sont alors irréductibles à n'importe quelles autres plus simples et équivalentes.

Mais supposons le cas où il y a des diviseurs communs, comme, par exemple, la fraction $\frac{462}{882}$. En essayant de la diviser par 2, nous trouverons la fraction équivalente $\frac{231}{441}$; en essayant encore sa division par 2, nous vérifierons qu'elle n'est pas possible, mais, en la faisant par 3 nous trouverons la fraction plus simple, $\frac{77}{147}$; en essayant successivement la division de celle-ci par 4, 5 et 6, nous vérifierons qu'elle n'est guère possible ; mais, en divisant les deux termes par 7, nous trouverons la fraction $\frac{11}{21}$, dont les termes ne comportent plus aucun diviseur commun, sauf l'unité ; $\frac{11}{21}$ est donc l'expression la plus simple de la fraction cherchée

181. — Du perfectionnement que comporte le procédé antérieur.

Voilà le procédé qui se présente spontanément pour simplifier une fraction. Il consiste, ainsi qu'on le voit, à supprimer successivement les facteurs communs aux deux termes, moyennant l'emploi redoublé de la division. Toutefois, une pareille marche offre l'inconvénient d'exiger un grand nombre de tentatives afin de conduire à ce résultat, et l'esprit humain fut porté à la systématiser dans le but de réduire le plus possible de pareilles tentatives.

Pour comprendre un semblable perfectionnement, il suffit de remarquer que, après avoir essayé la division des deux termes de la fraction par les facteurs premiers, 2, 3, 5, 7..., il est inutile d'essayer la division par leurs produits, 2 fois 2, ou 4, 2 fois 3 ou 6, 2 fois 4 ou 8, etc...

En résumé, le procédé systématique consiste à *décomposer successivement les termes de la fraction en leurs facteurs premiers et à supprimer ceux qui sont communs aux deux.*

Mais, avant que l'arithmétique eût institué ce procédé, la géométrie en avait déjà inspiré un autre qui consiste, comme nous le verrons, dans la *suppression d'un nombre équivalant au produit de tous ces facteurs ou diviseurs communs, et qui a été, pour cette raison, nommé plus grand diviseur commun.*

182. — Manière de décomposer un nombre en ses facteurs premiers.

Afin d'instituer le procédé systématique fondé sur la décomposition du numérateur et du dénominateur en leurs facteurs premiers, il nous faut d'abord établir les propriétés numériques qui rendent possible une pareille décomposition. Le principe fondamental de celle-ci est tout simplement le suivant.

Tout nombre qui n'est pas premier est un produit des facteurs premiers.

En effet, considérons un nombre quelconque décomposé en ses facteurs, et supposons que parmi ceux-ci il y en a un ou plus qui ne soient pas premiers.

1° Il est tout d'abord évident que tout nombre non premier a, au moins, un diviseur premier. Car, dans le cas où il n'est pas premier, il admet, au moins, un diviseur, ou plutôt deux, puisque le quotient peut être considéré comme tel. Si l'un quelconque de ces deux nombres n'est pas premier, il aura, à son tour, un diviseur, sur lequel nous pouvons raisonner de même, et ainsi de suite.

Nous aurons ainsi une série de diviseurs, chacun plus petit que le précédent, en sorte que, dans le cas le moins favorable, on trouvera l'unité comme valeur du dernier diviseur. Mais, même dans ce cas-ci, le diviseur précédent sera un nombre premier, en tant que n'admettant comme diviseur que l'unité. Et, comme nous savons que le dividende primitif équivaut au produit des diviseurs successifs par le quotient final, il est évident que le nombre proposé renfermera, au moins, comme avant-dernier diviseur, un facteur premier.

2° En appliquant ce raisonnement à chacun des facteurs non premiers du nombre proposé, il est évident que, de proche en proche, ils seront remplacés par des nombres premiers ; ce qui doit nécessairement arriver, car les quotients diminuent peu et successivement. En sorte que le même nombre sera enfin décomposé en un produit de facteurs premiers.

183. — Nous voyons que la décomposition d'un nombre en ses facteurs premiers est nécessairement basée sur la division successive par ces facteurs, et il en résulte qu'elle

exige la connaissance des facteurs premiers. Quelque effort que l'on ait fait afin de trouver la loi de succession de ces nombres, on n'a pu la découvrir. Mais si, jusqu'à présent, on n'a trouvé aucun moyen de connaître *a priori* les nombres premiers, ni même de pouvoir déterminer un nombre premier de la grandeur que l'on veut, on est parvenu, en compensation, à organiser des tables où ils sont énumérés jusqu'aux limites de l'échelle numérique, exigées par nos besoins [1].

Proposons-nous donc de découvrir quels sont, dans la série naturelle des nombres, ceux qui sont premiers jusqu'à une limite donnée, 1.000, par exemple.

La méthode la plus rapide de résoudre ce problème est la suivante, attribuée à Eratosthène :

Ce géomètre grec [2] avait observé que les nombres *pairs*, sauf le nombre 2, ne pouvant être premiers puisqu'ils sont décomposables en deux parties égales différentes de l'unité, il était inutile de chercher ceux-ci parmi ceux-là.

Pour ce motif il exclut d'abord de la série naturelle tous les nombres pairs, excepté le nombre 2 ; et observa qu'il suffisait de compter de 2 en 2, à partir de ce nombre exclu-

1. Bien des efforts ont, pourtant, été inutilement dépensés dans l'étude de ces nombres. Le théorème le plus curieux et le plus remarquable par sa généralité n'a aucune utilité : il consiste en ce que lorsqu'un nombre est premier, le produit de tous les nombres inférieurs accru d'une unité est un nombre divisible par lui.

2. Il était bibliothécaire de la célèbre école d'Alexandrie et l'on suppose qu'il naquit à Cyrène, l'an 276 avant notre ère. Sa table de nombres premiers était connue sous le nom de *crible d'Eratosthène*, parce qu'il avait l'habitude de signaler les nombres non-premiers, en les criblant avec un stylet sur la table où ils étaient gravés.

sivement, et de supprimer ceux que l'on trouverait jusqu'à la limite déterminée.

Sauf le nombre 2, il ne restait que la série des nombres impairs, à propos de laquelle il remarqua que, si à partir de 3 exclusivement l'on comptait de 3 en 3, tous les nombres ainsi trouvés seraient divisibles par 3. En effet, chaque nombre impair différant du précédent de 2 unités, il différera évidemment de 2 fois 3 ou 6, de celui qui le précède de 3 ordres : par conséquent, le nombre qui se trouve trois ordres après un nombre divisible par 3, sera lui-même divisible par 3.

De même, le nombre qui se trouve 3 ordres après un autre non divisible par 3, ne le sera pas non plus ; car il se composera alors d'une partie qui est divisible par 3, et d'une autre qui ne l'est pas.

Donc, si, à partir de 3 exclusivement, l'on compte de 3 en 3, les nombres qu'on trouvera seront divisibles par 3, et il n'y en aura pas d'autres qui jouissent d'une telle propriété.

Un motif semblable porta Eratosthène à exclure tous les nombres trouvés en comptant tous les 5 à partir de 5 exclusivement ; tous les 7 à partir de 7 ; tous les 11, etc. ; en sorte que, dans sa table, il ne restait que les nombres premiers.

On en arrive ainsi à la table suivante des nombres premiers, compris entre 1 et 1.000 :

1	2	3	5	7	11	13	17	19	23	29	31	37
41	43	47	53	59	61	67	71	73	79	83	89	97
101	103	107	109	113	127	131	137	139	149	151	157	163
167	173	179	181	191	193	197	199	211	223	227	229	233
239	241	251	257	263	269	271	277	281	283	293	307	311
313	317	331	337	347	349	353	359	367	373	379	383	389
397	401	409	419	421	431	433	439	443	449	457	461	463
467	479	487	491	499	503	509	521	523	541	547	557	563
569	571	577	587	593	599	601	607	613	617	619	631	641
643	647	653	659	661	673	677	683	691	701	709	719	727
733	739	743	751	757	761	769	773	787	797	809	811	821
823	827	829	839	853	857	859	863	877	881	883	887	907
911	919	929	937	941	947	953	967	971	977	983	991	997

184. — AVERTISSEMENT.

Afin d'abréger la construction d'une pareille table, remarquons qu'il suffit d'exclure les nombres seulement à partir du carré du nombre *premier*, dont on veut supprimer les multiples ; car tous les nombres qui se trouvent avant ce carré sont nécessairement premiers. Ainsi, par exemple, après avoir supprimé tous les multiples de 3, les nombres qui précèdent le carré de 5, c'est-à-dire 25, sont premiers, et, par conséquent, le plus simple multiple de 5 à supprimer sur la table est 25.

De cette observation, il s'ensuit qu'*un nombre est premier lorsqu'il n'est pas divisible par les nombres premiers dont les carrés sont inférieurs à lui*.

Dans ces conditions, l'on voit que, *pour vérifier si le nombre est premier, il suffit de le diviser successivement par les premiers dans leur ordre naturel, jusqu'à ce que l'on obtienne un quotient plus petit que le diviseur sans qu'il y ait cessé d'avoir un reste dans toutes les divisions précédentes.*

II

PROCÉDÉ DE SIMPLIFICATION BASÉ SUR LA DÉCOMPOSITION DES NOMBRES EN FACTEURS PREMIERS.

185. — Guidés par ce qui a été dit au paragraphe précédent, nous pouvons à présent décomposer un nombre en ses facteurs premiers. Connaissant jusqu'à une certaine limite les nombres premiers de l'échelle numérique, il devient aisé d'instituer la marche de l'opération.

Pour bien comprendre comment on procède, que ce soit, par exemple, 32.004 à décomposer en ses facteurs premiers. En supposant que ce nombre n'est pas premier, nous avons vu qu'il doit être égal à un produit de facteurs premiers qu'il s'agit de déterminer. A cet effet, observons que, puisqu'il termine par le nombre 4, il est divisible par 2, et le quotient de cette division est 16.002.

Le nombre proposé devient donc équivalent au produit de 2 par 16.002, et la question se réduit à décomposer ce dernier nombre qui est encore divisible par 2. En effectuant de nouveau la division, nous trouvons 8.001 ; en sorte que 16.002 équivaut au produit de 2 par 8.001, et par conséquent 32.004 devient égal au produit de 2 par 2 par 8.001. Ce dernier quotient étant impair, il n'est plus divisible par 2 ; mais nous savons qu'il l'est par 3.

La division réalisée, nous trouvons 2.667 ; en sorte que 8.001 est égal au produit de 3 par 2.667, et, par conséquent, 32.004 devient équivalent au produit de 2 par 2, par 3 et par 2.667.

La question se réduit donc à décomposer ce dernier

nombre en ses facteurs premiers. Comme il est divisible par 3, en effectuant de nouveau la division, on trouve 889 pour quotient ; en sorte que 2.667 devient égal au produit de 3 par 889, et le nombre proposé au produit de 2 par 2, par 3, par 3 et par 889. A présent le problème se réduit à décomposer 889 en ses facteurs premiers.

Or, ce nombre n'est plus divisible par 3, et ne l'est pas non plus par 5. Nous sommes donc portés à en essayer la division par 7, ce qui donne 127 au quotient ; en sorte que 889 devient égal au produit de 7 par 127, et le nombre proposé équivaut au produit de 2 par 2, par 3, par 3, par 7 et par 127.

Ce dernier nombre n'étant pas divisible par 11, concluons-en aussitôt qu'il est premier ; et cela d'accord avec l'avertissement ci-dessus, car le carré de 11 est inférieur à 127. Le nombre donné reste donc décomposé en un produit de facteurs premiers ; c'est-à-dire 32.004 est égal au produit de 2 par 2, par 3, par 3, par 7 et par 127.

On a l'habitude de disposer le calcul de la manière suivante :

32004	2
16002	2
8001	3
2667	3
889	7
127	127
1	

En appliquant le même procédé à la décomposition de 7.657, on vérifiera qu'il équivaut au produit de 13 par 19 et par 31 ; en sorte que ce nombre n'a que quatre facteurs premiers, l'unité y incluse.

186. — Règle de l'opération.

Suivant ce qui précède, on peut construire la règle suivante *pour décomposer un nombre en ses facteurs premiers :*

On essaie la division du nombre proposé successivement par les facteurs premiers, d'après leur ordre naturel, et l'on effectue l'opération pour chaque diviseur autant de fois que possible, jusqu'à ce qu'on trouve pour quotient un nombre premier.

On comprend que, en procédant ainsi, nous aurons décomposé le nombre considéré en ses facteurs premiers ; car le dividende primitif devient égal au produit des diviseurs premiers successifs par le quotient final, qui est premier lui aussi. Désormais, l'opération pourra être vérifiée en composant le nombre proposé au moyen de la multiplication successive de ce quotient par les diviseurs premiers dans l'ordre inverse à celui où ils ont été employés.

Les caractères particuliers de divisibilité par les membres 2, 3, 5, 7 et 11, que nous avons indiqués ailleurs, pourront éviter, comme nous l'avons vu, quelques tentatives, en rendant l'opération plus aisée.

187. — Des conditions de divisibilité d'un nombre par un autre.

La décomposition précédente permet d'en déduire la propriété suivante :

Pour qu'un nombre fractionnaire soit équivalent à un entier, il faut et il suffit que tous les facteurs premiers du diviseur se rencontrent au dividende, au moins, un nombre égal de fois.

En effet, cette condition est nécessaire ; car le dividende étant le produit du diviseur par le quotient, il doit contenir les facteurs qui composent le diviseur, ainsi que ceux qui composent le quotient.

Cette condition-là suffit : car une fois accomplie, on pourra décomposer le dividende en deux facteurs, l'un qui contiendra les facteurs qui entrent au diviseur, et l'autre ceux qui entrent au quotient.

188. — Nombre total de diviseurs : leur formation.

Vu ce qui précède, les diviseurs d'un nombre ne pouvant contenir d'autres facteurs premiers que ceux de ce nombre, il est clair que, pour les avoir tous, il suffit de décomposer le nombre donné en ses facteurs premiers et de les combiner par multiplication de toutes les manières possibles, en sorte que dans chaque produit, aucun d'eux ne figure plus souvent que dans le nombre proposé. La seule précaution à prendre consiste à suivre une marche telle que l'on ne puisse omettre ni répéter aucune de ces combinaisons.

Prenons, par exemple, 360, qui, décomposé en ses facteurs premiers, équivaut au produit de 2 par 2, par 2, par 3, par 3 et par 5.

360	2											
180	2	4										
90	2	8										
45	3	6	12	24								
15	3	9	18	36	72							
5	5	10	15	20	30	45	40	60	90	120	180	360
	1											

Le deuxième diviseur 2, combiné avec le précédent, forme le diviseur 4.

Le troisième diviseur 2, combiné avec les précédents, deux à deux, ne forme point de diviseur différent de ceux qui sont connus, mais, combiné avec eux, trois à trois, forme le diviseur 8.

Le quatrième diviseur 3, combiné avec les précédents, deux à deux, forme le diviseur 6, différent de ceux qui sont connus; combiné avec les mêmes diviseurs, trois à trois, forme un diviseur différent, qui est 12 ; et combiné quatre à quatre, fournit le diviseur 24.

Le cinquième diviseur 3, combiné avec les précédents, deux à deux, fournit un diviseur différent 9 ; combiné 3 à 3, fournit le diviseur différent 18 ; combiné 4 à 4, forme le diviseur 36.

Les mêmes diviseurs, combinés 5 à 5, forment le diviseur 72.

Le sixième diviseur 5, combiné avec les précédents, deux à deux, fournit les diviseurs 10 et 15 ; combiné trois à trois, forme les diviseurs 40, 60 et 90 ; combiné 5 à 5, forme les diviseurs 120 et 180. Enfin, les mêmes diviseurs, combinés six à six produisent le diviseur 360, qui est le nombre donné lui-même. En comptant avec celui-ci et avec l'unité, nous avons en tout vingt-quatre diviseurs.

Voici un moyen très simple de disposer le calcul afin d'obtenir ces combinaisons :

Dans la première ligne, on écrit l'unité et chacune des puissances de 2 jusqu'à la plus élevée, c'est-à-dire la troisième ; ensuite, à la deuxième ligne, l'unité et toutes les puissances de 3 jusqu'à la deuxième ; et, à la troisième ligne, l'unité et le facteur 5. On a ainsi :

1 2 4 8
1 3 9
1 5

Si nous multiplions tous les nombres de la première ligne par chacun de ceux de la deuxième, et ensuite tous les produits ainsi obtenus par chacun des nombres de la troisième ligne, nous aurons la totalité des diviseurs de 360, ce nombre et l'unité y compris.

Voici le type du calcul :

360	2,	2						
180	2,	4						
90	2,	8						
45	3,	3,	6,	12,	24			
15	3,	9,	18,	36,	72			
5	5,	10,	20,	40,	15,	30,	60,	120
		45,	90,	180,	360.			

En effet, on trouve dans ce tableau : l'unité, toutes les puissances de 2, toutes celles de 3, et la puissance unique de 5, ensuite tous les produits possibles, de 2 par 2, et de 3 par 3 et de toutes les puissances de 2 par les puissances de 3, et par la puissance unique de 5. Les nombres ainsi obtenus sont effectivement les diviseurs de 360 ; car ils ne contiennent que des facteurs premiers de 360. En second lieu, nul diviseur n'a été omis, vu que le tableau contient tous les produits possibles de ces facteurs premiers, et nous savons que tout nombre qui contient des facteurs différents de 2, 3 et 5, ou d'un de ces facteurs en une puissance plus élevée que celle qui est en 360, ne sera pas un diviseur de ce nombre.

189. — De la totalité des diviseurs d'un nombre.

Il devient donc aisé de déduire, de la marche adoptée, la totalité des diviseurs qui doivent être obtenus pour un nombre non premier quelconque.

Dans l'exemple cité, la totalité des diviseurs est évidemment égale à celui des produits obtenus par la multiplication des nombres des trois lignes du tableau, Or, dans chacune des lignes, il y a autant de nombres qu'il y a d'unités du degré de la puissance du facteur considéré, plus *un*. C'est-à-dire, dans la première, il y a 3 plus 1, ou 4 ; dans la deuxième, 2 plus 1, ou 3 ; et, dans la troisième, 1 plus 1, ou 2. Par conséquent, en multipliant tous les termes de la première ligne par tous ceux de la deuxième, on trouve un nombre de diviseurs égal au produit de 3 plus 1 par 2 plus 1 ; et, en multipliant tous ces résultats par les termes de la troisième ligne, on aura enfin un nombre de facteurs égal au produit de 3 plus 1 par 2 plus 1 et par 1 plus 1, c'est-à-dire 4 par 3 et par 2, ou 24. Comme cette marche peut être suivie envers un autre nombre quelconque décomposé en facteurs premiers, il devient possible de connaître la totalité de ses diviseurs.

La loi devient évidente :

Pour avoir la totalité des diviseurs d'un nombre, il suffit d'ajouter 1 au degré de la puissance de ses facteurs premiers différents et de multiplier entre eux les résultats obtenus.

Elle permet de vérifier si le nombre de diviseurs obtenus est complet.

190. — On déduit aisément de la constitution des produits ci-dessus, qui fournit des diviseurs composés du nombre considéré relativement à ses diviseurs premiers, les conséquences suivantes :

1° *Que tout diviseur premier d'un produit de deux facteurs ou plus, divise, au moins, un de ces facteurs.*

2° *Que tout nombre qui divise un produit de deux facteurs, et est premier par rapport à l'un d'eux, divise nécessairement l'autre.*

3° *Que tout diviseur premier d'une puissance d'un nombre quelconque divise nécessairement ce nombre.*

191. — De la simplification des fractions basée sur la décomposition de leurs termes en facteurs premiers.

Sachant décomposer les nombres en leurs facteurs premiers, on peut, par ce moyen, simplifier une fraction quelconque, supposée susceptible d'une pareille transformation. En effet, en décomposant le numérateur et le dénominateur en leurs facteurs premiers, nous pourrons supprimer tout de suite tous ceux qui sont communs aux deux ; car nous avons vu qu'une fraction n'est pas altérée lorsque ses termes sont divisés par le même nombre. Dès lors, la simplification est opérée, vu qu'aucun nombre ne pourra diviser ces termes-là, qui seront, par conséquent, premiers entre eux.

Supposons, par exemple, qu'il s'agit de simplifier la fraction $\frac{15708}{39270}$.

Si l'on décompose les deux termes en leurs facteurs premiers, on trouve :

15708	2	39270	2
7854	2	19635	3
3927	3	6545	5
1309	7	1309	7
187	11	187	11
17	17	17	17

Si l'on supprime les facteurs 2, 3, 7, 11 et 17, communs au numérateur et au dénominateur, il restera, au premier, 2, et au second, 5. Par conséquent $\frac{2}{5}$ est la fraction irréductible cherchée, car elle n'admet plus aucun diviseur commun.

Nous pouvons donc construire la règle suivante :

On décompose le numérateur et le dénominateur en leurs

facteurs premiers et l'on supprime tous ceux qui leur sont communs.

L'application de ce procédé est fort aisée et peut encore être simplifiée dans bien des cas par la connaissance des caractères de divisibilité inhérents aux moindres nombres premiers, ce qui permet de les reconnaître à la simple inspection et de les supprimer successivement. Cependant, il peut devenir pénible ; et c'est ce qui aura lieu quand les diviseurs premiers des nombres seront un peu considérables, ce qui exigera la connaissance de la *table* respective, ou, au moins, plusieurs tentatives [1].

L'autre procédé fondé sur la recherche du plus grand diviseur commun, que nous étudierons au paragraphe suivant, n'offre point de pareils inconvénients.

III

SIMPLIFICATION DES FRACTIONS. SECOND PROCÉDÉ FONDÉ SUR LA DÉTERMINATION DU PLUS GRAND DIVISEUR COMMUN.

193. — DE L'INSTITUTION DU PLUS GRAND DIVISEUR COMMUN ET DE SON INSPIRATION GÉOMÉTRIQUE.

Lorsqu'un nombre en divise deux ou plusieurs autres, on le nomme leur *diviseur commun.*

Parmi tous les diviseurs communs de deux nombres ou

1. C'est ce qu'on vérifie, par exemple, en tâchant de simplifier par ce moyen la fraction $\frac{2147483647}{4294967297}$, dont le dénominateur n'est divisible que par le nombre premier 641, et dont le numérateur est le plus grand nombre premier auquel on est parvenu dans les tables construites (31e puissance de 2 diminuée d'une unité).

plus, le plus grand de tous est appelé *plus grand diviseur commun*, et c'est de sa détermination que nous devons nous occuper.

Le plus grand diviseur commun à deux nombres, c'est-à-dire le plus grand nombre que ceux-ci contiennent exactement, eut son origine en Géométrie. Ce fut celle-ci qui inspira une semblable notion, en posant le problème, qui consiste à *déterminer la plus grande mesure commune à deux droites données*.

1° En appelant AB et CD ces droites, et en supposant CD plus petite que AB, il est évident que, en appliquant celle-là sur celle-ci, si AB contient CD un certain nombre de fois, CD sera la plus grande mesure commune cherchée.

2° Mais si, après avoir appliqué CD sur AB un certain nombre de fois, il y a un reste EB, par conséquent plus petit que CD, il est clair que ce reste sera la plus grande mesure commune cherchée, dès que, à son tour, il sera contenu un nombre de fois exact dans CD.

3° Si l'on ne vérifie point cette dernière condition, c'est-à-dire s'il y a un second reste FD, il est évident que, en l'appliquant sur le premier, il deviendra à son tour la plus grande mesure commune cherchée, dans le cas où il y est contenu exactement[1].

1. Admettons, par exemple, que AB contient CD 3 fois avec un reste EB ; que CD contient EB 4 fois, avec un reste FD ; et enfin, que EB contient FD une fois exactement.

Nous verrons que AB sera égal à 3 CD plus EB ; CD égal à 4 EB plus FD ; EB égal à FD ; d'où l'on conclut que CD est égal à 4 EB plus EB, ou à 5 EB ; et que, par conséquent, AB est égal à 3 fois 5 EB ; plus EB, c'est-à-dire à 16 EB ; en sorte que EB est la plus grande mesure commune cherchée.

Il est sous-entendu que nous faisons ici l'hypothèse la plus favorable,

193. — Des bases du procédé pour la recherche du plus grand diviseur commun.

En supposant que l'on ait exprimé numériquement la plus grande mesure commune des deux droites considérées et, par conséquent, ces dernières, la solution du problème précédent fait voir aussitôt :

1° Que *lorsque deux nombres sont exactement divisibles l'un par l'autre, le plus petit est le plus grand diviseur commun aux deux.*

2° Que, dans le cas contraire, *le plus grand diviseur commun à deux nombres est le même qui existe entre le plus petit et le reste de la division du plus grand par le plus petit, et que*, par conséquent, ce reste sera le plus grand diviseur commun aux nombres donnés, s'il divise exactement le plus petit de ceux-ci.

3° Que dans le cas contraire, *le plus grand diviseur commun aux deux nombres est le même qui existe entre le reste précédent et le suivant ;* et ainsi de suite.

Tels sont les principes fondamentaux pour la détermination du plus grand diviseur commun à deux nombres : Originaires de la Géométrie, ils peuvent aussi être établis arithmétiquement, au moyen d'une simple déduction :

1° Que ce soient 360 et 180 les nombres donnés. Le dernier étant un diviseur exact du premier, est le plus grand diviseur commun aux deux. En effet, 180 se divisant

car, d'après ce que nous verrons, il peut arriver que les deux grandeurs n'admettent aucune mesure commune, et alors il n'est possible de déterminer que la relation approximative qui existe entre elles.

(Lacroix, *Eléments de Géométrie*, 28e édit., Paris, 1880, p. 3 et 4.)

lui-même et divisant 360, est un diviseur commun ; et c'est le plus grand, parce qu'un nombre quelconque plus grand que 180 qui eût divisé 360, ne pourrait pas diviser 180.

2° Que 53.438 et 432 soient les deux nombres donnés, qui ne sont pas divisibles l'un par l'autre. Il est aisé de démontrer que le plus grand diviseur commun à eux est le même qui existe entre le plus petit et le reste de la division, soit que l'on prenne le quotient par *défaut* ou par *excès*.

En effet, le *quotient* de la division *par défaut* est 123, et le *reste* est 302 ; en sorte que 53.438 est égal à 432 multiplié par 123, plus 302.

Or, tout diviseur commun à 53.438 et à 432 divise 432, et, par conséquent, 432 multiplié par 123, en tant que son multiple ; mais, vu qu'il divise 53.438 et ce produit-là, il divisera forcément 302 qui est la différence entre les deux.

Réciproquement, tout diviseur commun à 432 et à 302 divise 432, et, par conséquent, 432 multiplié par 123 ; et, vu qu'il divise 302, il divisera la somme de ces deux nombres, c'est-à-dire 53.438.

De ce qui précède, on conclut que les diviseurs communs à 53.438 et à 432 étant les mêmes que ceux de 432 et de 302, le plus grand diviseur commun des premiers est égal à celui des derniers.

A présent, si nous prenons le quotient par excès, nous verrons aussitôt que 53.438 est égal à 432 multiplié par 142 moins 130.

Au moyen d'un raisonnement analogue, il est facile de démontrer que le plus grand diviseur commun à 53.438 et à 432 est le même que le plus grand diviseur commun à 432 et à 130. Car le diviseur est, dans ce cas-là, égal au produit du diviseur par le quotient moins le reste, et nous avons déjà vu que tout diviseur de la somme 53.438 et de l'une de ses parcelles, est nécessairement diviseur de l'autre parcelle 130, et que, inversement, tout diviseur des parcelles 130 et 53.438 est diviseur de la somme 432 fois 124. D'où il suit que le plus grand diviseur commun doit être le même.

3° La division précédente n'étant pas exacte, il est aussi facile de démontrer que le plus grand diviseur commun entre le plus petit nombre 432 et le reste est le même qui existe entre le premier reste et le second, c'est-à-dire entre 302 et 130, ou entre 130 et 42 (en prenant le premier reste *par excès*).

En effet, tout diviseur commun à 432 et à 130 est diviseur de 130 fois 3, et, par conséquent, est diviseur de l'autre parcelle 42 ; et, réciproquement, tout diviseur de 42 et de 130 fois 3 est diviseur de 432. Donc, le plus grand diviseur commun à 432 et à 130 est le même qui existe entre 130 et 42.

En raisonnant de même, on vérifie aisément que le plus grand diviseur commun entre le premier reste et le second est le même qui existe entre le second reste 42 et le troisième 4. Car le second reste 130 étant égal à 42 fois 3 plus 4, on voit, par la même raison, que le plus grand diviseur commun à 130 et 42, est égal à celui qui existe entre 42 et 4.

Enfin, la division montrant encore que 42 est égal à 4 fois 10 plus 2 et 4 égal à 2 fois 2, nous en concluons que le plus grand diviseur commun entre le deuxième reste et le troisième est le même qui existe entre le troisième, 4, et le quatrième, 2, qui est, par conséquent, 2.

194. — DE LA SYSTÉMATISATION DU PROCÉDÉ; RÈGLE POUR L'EXÉCUTER. DES SIMPLIFICATIONS QU'IL COMPORTE.

Ce qui précède permet sans effort de concevoir le procédé propre à la détermination du plus grand diviseur commun à deux nombres.

On voit qu'à cet effet, *on divise le plus grand par le plus petit ; si la division est exacte, le plus petit sera le plus grand diviseur commun ; s'il ne l'est pas, on divise le premier reste par le deuxième, et, si cette nouvelle division est exacte, le deuxième reste sera le plus grand diviseur commun ; dans le cas contraire, on divise le deuxième reste par le troisième, et ainsi de suite, jusqu'à ce qu'on obtienne un reste nul, ce qui ne saurait manquer d'arriver, vu que les restes décroissent successivement. Le dernier diviseur obtenu sera le plus grand diviseur commun cherché.*

On a l'habitude de disposer le calcul de la manière suivante, où l'on voit que, au lieu d'écrire le quotient au-dessous du diviseur, on l'écrit au-dessus.

Cette modification dans la disposition habituelle du calcul de la division a l'avantage de permettre que l'on écrive l'un après l'autre les diviseurs successifs.

Voici le type du calcul :

53438	124	3	3	10	2
1023	432	30	42	4	2
1598	042	04	02	0	
1728					
130					

Nous obtiendrons le même résultat en prenant le premier quotient par *défaut*, c'est-à-dire en prenant le premier reste comme l'on voit ensuite :

53438	123	1	2	3	10	2
1023	432	302	130	42	4	2
1598	130	042	04	02	0	
302						

Mais, en comparant les deux calculs, on observe que, dans le premier, où nous employons le reste *soustractif*, il y a une division de moins. Afin de comprendre le motif d'une pareille abréviation, remarquons que la somme des deux restes, *soustractif* et *additif*, est égal au diviseur. Par conséquent, lorsque le reste additif est plus grand que la moitié du diviseur, le reste soustractif est plus petit. Or, la détermination du plus grand diviseur commun des deux nombres étant d'autant plus rapide que les restes diminuent plus vite, il est évident que l'opération devient plus simple lorsqu'on prend le plus petit des restes.

On doit donc toujours préférer le reste soustractif, lorsque le reste additif est plus grand que la moitié du diviseur.

A chaque transformation d'un reste additif, plus grand que la moitié du diviseur, en reste soustractif, il correspond une division de moins, car la différence entre les deux marches est que le reste soustractif employé n'est rien de plus que le reste additif, fourni par la division suivante, lorsqu'on opère de la manière ordinaire.

D'AUTRES SIMPLIFICATIONS DE LA RECHERCHE. — Outre la simplification précédente, la détermination du plus grand diviseur commun comporte les suivantes :

1° Si, dans le cours de l'opération, l'on connaît le plus grand diviseur commun de deux restes, il est inutile de la continuer ; car nous avons vu précédemment que deux restes consécutifs quelconques ont le même plus grand diviseur commun que les nombres donnés.

2° Si, dans le cours de l'opération, l'on rencontre un reste qui ne divise pas le précédent, il est inutile de la continuer, puisqu'il est sûr que les nombres proposés sont premiers entre eux.

En effet, tout diviseur commun aux deux nombres donnés divise tous les restes qui paraissent dans l'opération ; donc, dans le cas où l'un des restes est premier, les seuls diviseurs communs aux nombres proposés ne peuvent être que ce reste et l'unité ; et, comme ce reste ne divise pas le précédent, ni, par conséquent, les nombres donnés, il s'ensuit que le seul diviseur de ces nombres est l'unité, ce qui veut dire qu'ils sont *premiers entre eux.*

3° Si, dans le cours de l'opération, l'on découvre, d'après la simple inspection, un facteur commun, soit aux nombres donnés, soit à deux restes consécutifs, nous verrons que l'on peut le supprimer, pourvu qu'il soit ensuite multiplié par le plus grand diviseur commun, enfin trouvé. Une pareille suppression peut réduire considérablement le nombre de divisions successives nécessaires à l'opération [1].

Ainsi, par exemple, lorsqu'il s'agit d'obtenir le plus grand diviseur commun à 36.800 et 24.000, on pourra diviser ces deux nombres par 100 et chercher le plus grand diviseur commun des quotients 368 et de 240, qui est 16. Pour

1. Le nombre des divisions successives nécessaires à la recherche du plus grand diviseur commun ne peut excéder la moitié du plus petit des deux nombres donnés. Car les deux derniers diviseurs sont les seuls restes consécutifs qui peuvent différer d'une seule unité, vu que la division de deux de ces nombres dans le cas le moins favorable donne l'unité comme reste. En sorte que deux autres restes consécutifs quelconques diffèrent, au moins, de deux unités, et, par conséquent, il ne peut pas y avoir plus de restes différents que le nombre de fois que 2 est contenu dans le plus petit des nombres proposés.

avoir ensuite le plus grand diviseur commun cherché, il suffira de multiplier 16 par 100.

195. — RÈGLE POUR OBTENIR LE PLUS GRAND DIVISEUR COMMUN A BEAUCOUP DE NOMBRES. DU PROCÉDÉ SIMPLIFIÉ QU'IL COMPORTE. OISIVETÉ PRATIQUE DE CE CAS.

Si l'on considère trois, quatre, cinq, etc., nombres, il est évident qu'ils peuvent admettre beaucoup de diviseurs communs, et qu'il est toujours possible de déterminer le plus grand parmi eux, quoiqu'une telle recherche n'offre aucune utilité pratique.

On peut, en effet, réduire la détermination du plus grand diviseur commun de beaucoup de nombres à celle de deux nombres, vu que *le plus grand diviseur commun à beaucoup de nombres n'est pas altéré en remplaçant deux d'entre eux par leur plus grand diviseur commun.*

En effet, considérons, par exemple, trois nombres entiers quelconques, et supposons que le plus grand diviseur commun au premier et au deuxième ait été déterminé.

Tout diviseur commun aux trois nombres proposés, en divisant en particulier les deux premiers, divise, comme nous l'avons vu, tous les restes de l'opération du plus grand diviseur commun, et, par conséquent, le plus grand diviseur commun lui-même, qui est l'un de ces restes ; donc tous les diviseurs communs aux nombres proposés sont des diviseurs communs au plus grand diviseur commun des deux premiers et du troisième.

Réciproquement, tout nombre qui divise le plus grand diviseur commun aux deux premiers divise ceux-ci, ainsi que leurs multiples ; donc tous les diviseurs communs au plus grand diviseur commun des deux premiers et au troisième sont des diviseurs des trois nombres considérés. Or, si les diviseurs communs aux trois nombres proposés le sont aussi du plus grand diviseur commun des deux premiers et du troisième, on conclut que le plus grand diviseur commun qui existe entre ces deux nombres est égal à celui de ces trois-là.

En raisonnant de même, on montrerait que la recherche du plus grand diviseur commun à quatre nombres se réduit à la détermination du plus grand diviseur commun à trois nombres, et, par conséquent, à celle de deux ; que la recherche du plus grand diviseur commun à cinq nombres se réduit à la détermination du plus grand diviseur commun à quatre nombres, à celle de trois, et, enfin, à celle de deux ; et ainsi de suite.

Que l'on se propose, par exemple, de trouver le plus grand diviseur commun à 96, 60, 42 et à 12. En cherchant le plus grand diviseur commun à 12 et à 42, on trouve 6 ; en remplaçant 12 et 42 par 6, on réduit la question à chercher le plus grand diviseur commun à 6, 60 et 96 et ainsi de suite, en obtenant le même nombre 6 comme le plus grand diviseur commun cherché.

D'après ce qui précède, on peut donc construire la règle suivante :

On cherche le plus grand diviseur commun à deux parmi les nombres qui ont été proposés ; ensuite, le plus grand diviseur commun au nombre trouvé et à l'un des nombres qui restent ; ensuite le plus grand diviseur commun au dernier nombre obtenu et à l'un des nombres qui restent et ainsi de suite jusqu'à ce qu'on ait considéré le dernier des nombres donnés. Le dernier nombre sera le plus grand diviseur demandé.

Dans la pratique, il y a tout avantage à disposer les nombres donnés comme nous l'avons fait ci-dessus, c'est-à-dire suivant l'ordre de grandeur décroissante, de façon à opérer enfin sur le plus petit parmi eux. Car il peut arriver que le plus grand diviseur commun cherché soit le plus petit parmi les nombres considérés ; et en procédant comme nous l'avons dit, on diminue généralement le nombre des divisions à effectuer.

Lorsque le plus grand diviseur commun à beaucoup de nombres est égal à l'unité, ils sont appelés *premiers entre eux*.

SIMPLIFICATION.

Le procédé antérieur peut être simplifié, attendu que *le plus grand diviseur commun à beaucoup de nombres est égal au plus grand diviseur commun du plus petit parmi eux et des restes des divisions des autres par le plus petit.*

En effet, divisons chacun des nombres considérés par le plus petit parmi eux, que nous supposons être le premier. En attendant que de telles divisions ne soient pas exactes, et vu que chacun des nombres proposés devient égal à un multiple du plus petit additionné au reste de la division respective, nous en pouvons conclure :

1° Que tout diviseur commun aux nombres proposés divisant en particulier le deuxième et le premier, le troisième et le premier, le quatrième et le premier, divisera nécessairement les premier, deuxième, troisième et quatrième restes obtenus dans ces divisions ; et, par conséquent, tout diviseur commun aux nombres proposés est diviseur commun du plus petit et des restes des divisions respectives par le plus petit.

2° Que, réciproquement, tout diviseur commun au plus petit et à chacun de ces restes divise nécessairement le nombre proposé dont la division l'a produit ; et, par conséquent, tout diviseur commun du plus petit et de ces restes est un diviseur commun aux nombres proposés.

De ces deux conséquences, il résulte enfin que les diviseurs communs aux nombres proposés sont égaux aux diviseurs communs au plus petit parmi eux et aux restes de leurs divisions respectives par le plus petit, et que, par conséquent, le plus grand diviseur commun aux premiers nombres est le même que celui des deuxièmes.

Supposons, par exemple, que les nombres dont nous cherchons le plus grand diviseur commun soient 264, 360, 420 et 468. En divisant ces nombres par le plus petit 264, il est évident que le plus grand diviseur commun aux nombres donnés est égal au plus grand diviseur commun des suivants : 156, 264, 204, 96 (1) qui sont les restes des divisions des nombres proposés par 264. Le plus grand diviseur commun à ces nombres (1) est égal, à son tour, à celui des nombres suivants : 60, 72, 12, 96 (2), qui sont les restes des divisions des nombres (1) par le plus petit parmi eux, 96.

En divisant les nombres (2) par le plus petit parmi eux, 12, et les différentes divisions se faisant exactement, il s'ensuit que 12 est le plus grand diviseur commun aux nombres donnés.

De ce qui précède, on déduit la règle *abrégée* suivante :

Afin de trouver le plus grand diviseur commun à beaucoup de nombres, on les divise tous, excepté le plus petit, par le plus petit lui-même, et à ces nombres on substitue les restes de leurs divisions par le plus petit ; on obtient ainsi une nouvelle série d'autres nombres, plus petits que les nombres donnés, et avec lesquels on opère de la même manière, et ainsi successivement jusqu'à ce qu'on obtienne deux nombres, dont le plus grand diviseur commun sera celui des nombres proposés.

Ce procédé est, comme on le voit, une généralisation de ce que nous avons établi afin de déterminer le plus grand diviseur commun à deux nombres. Dans ce cas-ci, comme dans celui-là, l'emploi des restes soustractifs peut abréger le nombre des divisions successives.

Supposons, par exemple, que, en disposant les nombres donnés d'après l'ordre de grandeur croissante, ceux-ci soient 672, 1.320, 2.712 et 5.208. En divisant par le premier chacun de ceux qui restent, on obtient les restes 24, 24 et 168, dont le deuxième est additif, le premier et le troisième étant soustractifs. Deux parmi les restes obtenus étant égaux, la question se réduit à trouver le plus grand diviseur commun aux trois nombres 24, 168 et 672. Or, 24 divisant exactement 168 et 672, est évidemment le plus grand diviseur commun cherché.

On voit ainsi que, en employant les restes soustractifs au lieu des restes additifs, nous évitons trois divisions.

196. — RECHERCHES SUR LES PROPRIÉTÉS DU PLUS GRAND DIVISEUR COMMUN.

D'après les procédés antérieurs on conclut déductivement les propriétés suivantes du plus grand diviseur commun.

1° *Lorsqu'on multiplie ou divise deux nombres ou plus par un autre, le plus grand diviseur commun est multiplié ou divisé par ce nombre-là.*

a) En effet, en multipliant ou en divisant les deux nombres par un troisième, nous savons que le quotient n'en est pas altéré, mais que le reste en est multiplié ou divisé par ce troisième nombre. Or, une pareille circonstance ayant lieu pour tous les restes trouvés, et le plus grand diviseur commun étant le dernier de ces restes, nous en concluons que lui aussi est divisé ou multiplié par ce même nombre.

b) Dans le cas de beaucoup de nombres, on vérifie cette même propriété pour le plus grand diviseur commun respectif.

En effet, nous avons vu qu'on obtient le plus grand diviseur commun à beaucoup de nombres en déterminant le plus grand diviseur commun au premier et au deuxième, du résultat obtenu, et au troisième, du nouveau résultat, et au quatrième, etc.

Or, en multipliant ou en divisant les nombres considérés par un autre, nous venons de voir que le plus grand diviseur commun au premier et au deuxième est multiplié ou divisé par cet autre; pour la même raison, le plus grand diviseur commun au résultat obtenu et au troisième est encore multiplié ou divisé par ce nombre-là ; ce qui arrivera enfin aussi avec le dernier plus grand diviseur commun obtenu, qui est celui des nombres proposés.

2° *Si nous divisons deux nombres ou plus par leur plus grand diviseur commun, les quotients seront premiers entre eux.*

En effet, nous venons de voir que, en divisant deux nombres ou plus par un autre, leur plus grand diviseur commun est divisé par celui-ci. Or, si celui-ci est le plus grand diviseur commun lui-même, le résultat en sera que le plus grand diviseur est divisé par lui-même. En sorte que le plus grand diviseur commun des deux quotients considérés est l'unité ; d'où l'on conclut qu'ils sont premiers entre eux.

3° *Réciproquement, si nous divisons deux nombres ou plus par un nombre tel que les quotients soient premiers entre eux, le diviseur employé sera le plus grand diviseur commun à ces nombres-là.*

En effet, supposons que, ayant divisé deux nombres donnés par un troisième, les quotients soient premiers entre eux. Il est évident que chacun des nombres proposés devient alors équivalent au produit du diviseur commun employé par le quotient respectif. Or, les deux quotients obtenus étant premiers entre eux, leur plus grand diviseur est 1 ; par conséquent, le plus grand diviseur commun à ces produits, ou aux nombres proposés, sera 1 multiplié par leur diviseur commun.

197. — CONCEPTION DU PROCÉDÉ POUR LA SIMPLIFICATION DES FRACTIONS, FONDÉ SUR LE PLUS GRAND DIVISEUR COMMUN A SES DEUX TERMES. CARACTÈRE GÉNÉRAL DE L'IRRÉDUCTIBILITÉ VÉRIFIÉ AU MOYEN DE CE PROCÉDÉ.

Enfin, la propriété la plus importante du plus grand diviseur commun est celle de servir de fondement à la simplification des fractions. Lorsqu'on sait déterminer le plus grand diviseur commun à deux nombres, on peut, en effet, simplifier une fraction quelconque.

Pour cela, *on détermine le plus grand diviseur commun aux deux termes de la fraction, et l'on divise chacun d'eux par ce plus grand diviseur commun-là.*

Cette transformation est légitime et suffisante. Elle est légitime, en ce qu'une fraction n'est pas altérée lorsque ses termes sont divisés par un même nombre. Elle est suffisante, car, en divisant deux nombres par leur plus grand diviseur commun, nous avons vu antérieurement que les quotients sont premiers entre eux, c'est-à-dire ils ont l'unité comme plus grand diviseur commun. Par conséquent, la fraction ne pourra pas être exprimée par des termes plus simples, sans changer de valeur. Ainsi donc, le caractère général de l'irréductibilité d'une fraction est vérifié au moyen de ce procédé d'après l'existence de l'unité comme plus grand diviseur commun à ses deux termes.

Prenons, par exemple, la fraction $\frac{1515}{264418}$.

En cherchant le plus grand diviseur commun aux deux termes on trouve 101, ce qui montre que la fraction donnée n'est pas irréductible. Si l'on divise donc chacun de ses termes par 101, l'on obtient la fraction équivalente $\frac{15}{2618}$, qui est *irréductible*.

198. — COMPARAISON DES DEUX PROCÉDÉS POUR SIMPLIFIER LES FRACTIONS, QUANT A LEURS RÉSULTATS. COMPOSITION DU PLUS GRAND DIVISEUR COMMUN A DEUX NOMBRES OU PLUS AU MOYEN DE LEURS FACTEURS PREMIERS.

Si l'on compare les deux procédés employés pour simplifier les fractions, l'on constate aussitôt l'équivalence de leurs résultats respectifs.

Prenons, par exemple, la fraction $\frac{15708}{39270}$, laquelle, simplifiée suivant le premier procédé, au paragraphe précédent, fut réduite à $\frac{2}{5}$ après la suppression des facteurs premiers 2, 3, 7, 11 et 17, communs aux deux termes.

En lui appliquant le deuxième procédé, c'est-à-dire en cherchant le plus grand diviseur commun aux deux termes, et en les divisant par ce nombre, qui est 7.854, on trouve pareillement $\frac{2}{5}$ comme valeur de la fraction irréductible.

Appliquons encore les deux procédés à la fraction $\frac{180}{31416}$. Si l'on décompose les deux termes en leurs facteurs premiers et si l'on supprime les facteurs communs, qui sont 2, 2 et 3, on trouve, d'après le premier procédé, la fraction irréductible $\frac{15}{2618}$.

En cherchant le plus grand diviseur commun aux deux termes, et en les divisant par ce nombre, qui est 12, on obtient suivant le second procédé la même fraction $\frac{15}{2618}$.

Composition du plus grand diviseur commun à deux nombres ou plus au moyen de leurs facteurs premiers. — Si dans chacun des exemples précédents, l'on compare le plus grand diviseur commun aux deux termes de la fraction avec le produit des facteurs premiers qui lui sont communs, on reconnaît l'entière équivalence de ces deux nombres : le produit de 2 par 3, par 7, par 11 et par 17 est égal à 7.854 ; et le produit de 2 par 2 et par 3, ou du carré de 2 par 3, est égal à 12.

D'ailleurs, on pouvait aisément prévoir l'équivalence de ces deux nombres, sans laquelle on n'arriverait pas au même résultat en divisant les deux termes de la fraction considérée par l'un et par l'autre. Ceci nous conduit à remarquer la constitution du plus grand diviseur commun au moyen des facteurs premiers, qui composent les nombres considérés.

De cette comparaison, il résulte immédiatement que *le plus grand diviseur commun à deux nombres est égal au produit des facteurs premiers qui leur sont communs, ou des puissances respectives, chacune ayant le plus petit degré qui s'y trouve.*

Une pareille propriété du plus grand diviseur commun peut être directement déduite. En effet, que ce soient les nombres 1.584 et 360. En les décomposant en leurs facteurs premiers, on trouve que 1.584 est égal au produit de la quatrième puissance de 2 par la deuxième puissance de 3 et par 11 ; et que 360 est égal au produit de la troisième puissance de 2 par la deuxième puissance de 3 et par 5. En multipliant la troisième puissance de 2 par la deuxième puissance de 3, il est facile de montrer que ce produit est le plus grand diviseur commun aux nombres proposés :

1° Ce produit est effectivement un diviseur de 1.584, vu qu'il ne contient point de facteurs premiers différents de ceux qui se trouvent dans ce nombre, et qu'aucun d'eux ne figure au diviseur plus souvent qu'au dividende. Pour ce même motif le produit est un diviseur de 360 ; et, par conséquent, il est un diviseur commun aux deux nombres considérés.

2° Il est *le plus grand diviseur commun*, car le quotient qui résulte de la division de 1.584 par lui est :

$$\frac{\text{le produit de 2 par 2 par 2 par 2 par 3 par 3 par 11}}{\text{le produit de 2 par 2 par 2 par 3 par 3}},$$

qui est égal à 2 fois 11, ou 22 ; et le quotient de la division de 360 par le même nombre est :

$$\frac{\text{le produit de 2 par 2 par 2 par 3 par 3 par 5}}{\text{le produit de 2 par 2 par 2 par 3 par 3}},$$

qui est égal à 5. Or, ces deux quotients étant premiers entre eux, il s'ensuit, vu la propriété ci-dessus, que le diviseur commun employé est le plus grand diviseur commun aux nombres 1.584 et 360.

Cette propriété fournit donc un nouveau procédé pour trouver le plus grand diviseur commun à deux nombres ou plus :

On décompose les nombres en leurs facteurs premiers et l'on effectue le produit des facteurs premiers communs à eux tous, ou des puissances respectives, en prenant chacune avec le plus petit degré qui s'y trouve.

La détermination du plus grand diviseur commun à beaucoup de nombres n'a point d'utilité pratique : nous ne la consignons ici qu'à cause de sa portée logique.

Cependant, de la constitution du plus grand diviseur commun à beaucoup de nombres au moyen de leurs facteurs premiers, il résulte immédiatement :

1° Que l'on peut multiplier ou diviser l'un quelconque des nombres proposés par un autre qui n'ait pas de facteurs communs à tous, sans que le plus grand diviseur soit altéré ; car le plus grand diviseur commun à deux nombres ou plus étant uniquement formé par les facteurs communs à eux tous, l'introduction ou la suppression de facteurs non communs à tous ne peut pas influer sur le plus grand diviseur commun.

2° Que, si l'on découvre au premier coup d'œil n'importe quels facteurs communs aux nombres proposés ou à deux restes successifs de l'opération du plus grand diviseur commun, on peut les supprimer, pourvu qu'on les multiplie par le plus grand diviseur commun enfin obtenu [1].

Ces deux conséquences permettent souvent d'abréger le nombre des divisions successives dans la recherche du plus grand diviseur commun suivant le procédé ordinaire.

1. Cette conséquence peut être considérée comme résultant immédiatement de la propriété du plus grand diviseur commun citée ci-dessus, c'est-à-dire d'être multiplié ou divisé par une quantité, lorsque les nombres donnés l'auront été.

DIXIÈME SECTION

Extension du calcul fondamental aux fractions ordinaires : isomérie des fractions ; addition, soustraction, multiplication et division des fractions.

I

THÉORIE DE L'ISOMÉRIE DES FRACTIONS.

199. — Sur la nécessité du calcul fractionnaire.

Nous avons vu à propos de la théorie subjective des nombres qu'ils avaient été institués pour *classifier*. Mais leur usage n'a pas tardé à manifester que, de l'aptitude à classer, il résultait l'aptitude à *compter*, c'est-à-dire à *désigner les pluralités ou grandeurs discontinues*. Telle fut la première transformation objective par laquelle les nombres ont passé. Mais cette transformation a consisté à donner une nouvelle destination aux conceptions numériques sans en altérer la nature.

Enfin, le développement de la vie sociale conduisit à appliquer les nombres à *représenter les grandeurs continues*, c'est-à-dire à employer les nombres pour *mesurer*. Cette nouvelle extension a eu lieu elle aussi sans aucune altération essentielle de la conception primitive. Mais avant que ce nouveau pas eût été effectué, l'usage des conceptions numériques avait fait surgir le *calcul*, c'est-à-dire la *combinaison des nombres* dans l'intention de signaler la place du nombre qui en résulte dans l'échelle numérique, en dispensant autant que possible le dénombrement.

Le calcul primitif comprenait l'addition, la soustraction et la multiplication. Quant à la division, quoique l'un des problèmes qui l'ont déterminée se fût offert depuis le premier essor de la vie sociale, sa nature n'a permis qu'elle fût instituée d'une manière décisive que sous le domaine du théologisme. Les trois opérations fétichiques, quoique s'appliquant aux grandeurs continues de la même sorte que les grandeurs discontinues, ne causèrent nulle altération à la conception initiale du nombre.

Mais l'application des nombres pour *mesurer*, c'est-à-dire pour la détermination des grandeurs continues, ouvrit aux combinaisons numériques leur plus vaste champ. Et pour que celui-ci fût exploité, il aurait suffi que le dévouement social eût conduit à généraliser la combinaison des grandeurs continues. C'est ce qui eut lieu avec l'astrolatrie et avec l'expansion de l'existence sédentaire, qui déterminèrent l'essor de la *division*. D'après ce que nous avons vu, ce pas vint bientôt démontrer l'insuffisance des conceptions numériques antérieures.

Le besoin d'établir l'harmonie entre l'*abstrait* et le *concret*, entre le *calcul* et les *problèmes* qui l'ont sollicité, conduisit alors l'humanité à la notion des *fractions*. Dès lors, la comparaison des grandeurs continues s'est, en général, présentée comme exigeant deux nombres pour exprimer les unes au moyen des autres. Et comme, même dans le cas où un seul nombre suffit, celui-ci peut prendre la forme fractionnaire, le *quotient* ou *raison géométrique*, il est devenu l'expression normale des grandeurs continues.

En même temps, l'essor théorique dépendant de l'application des nombres plutôt pour *mesurer* que pour *compter*, la notion fétichique du nombre dut rester subordonnée à la conception théocratique.

Ainsi les nombres commencèrent à être vulgairement considérés comme représentant les *grandeurs continues*, c'est-à-dire la relation abstraite entre deux grandeurs, et, par conséquent, comme devant affecter la forme fractionnaire. Mais cette subordination est plus apparente que réelle, car les *termes* des fractions sont des nombres considérés d'après la conception fétichique.

Tel fut le point auquel atteignit l'évolution théorique considérée à la section précédente. Il en résulte immédiatement le besoin d'étendre aux fractions l'ensemble du calcul qui avait été institué pour les nombres fétichiques, c'est-à-dire pour les nombres entiers. Cette extension est doublement exigée, non seulement parce que les fractions peuvent concourir dans le calcul avec les nombres entiers, mais aussi parce que tous les nombres peuvent prendre la forme fractionnaire.

200. — L'ISOMÉRIE COMME BASE GÉNÉRALE DU CALCUL FRACTIONNAIRE.

Mais les mêmes considérations qui nous montrent la nécessité du calcul fractionnaire, signalent les conditions de son institution. Car, en premier lieu, il est évident que ce calcul peut toujours être supposé comme entre des fractions, puisque les nombres entiers peuvent prendre la forme de *quotient* avec un dénominateur quelconque. *Pour cela, il suffit de multiplier et de diviser en même temps le nombre considéré par celui qui doit servir de dénominateur.*

Les règles pour les combinaisons entre les fractions une

fois trouvées, il suffit d'examiner les résultats pour spécifier les modifications qu'elles comportent lorsque des nombres entiers et des fractions concourent dans un calcul.

En second lieu, l'esprit général du calcul arithmétique consistant, comme nous l'avons vu, à faire rentrer le cas le plus compliqué dans le plus simple toute la difficulté du calcul fractionnaire se résume à le réduire à celui des nombres entiers.

Or, l'examen de la conception fractionnaire suggère aussitôt l'artifice indispensable à la réussite de cet objectif. Car directement considérée, chaque fraction nous est présentée comme l'expression d'une grandeur dans laquelle l'unité est une partie du module conventionné. En sorte que les fractions diffèrent les unes des autres, soit parce qu'elles indiquent des nombres divers de modules (numérateur), soit que ces nombres se rapportent à des *modules* distincts (dénominateur). Mais les nombres ne peuvent être combinés que lorsqu'ils se rapportent à la même unité.

En effet, calculer c'est déterminer la place qu'un nombre occupe dans l'échelle arithmétique, et cette échelle est formée en supposant le même module pour tous ses termes.

Il est donc évident que l'échelle arithmétique et les nombres qui se combinent doivent être exprimés par un même module pour tous ses termes.

Afin de bien apprécier cette nécessité, il convient d'observer qu'il s'agit ici de trouver un nombre entier ou une fraction qui exprime la même grandeur que la combinaison proposée. Car, si on désiste de cette condition, il est aisé de reconnaître qu'une grandeur peut être déterminée par la combinaison de nombres avec des modules divers.

Ainsi, la longueur d'une ligne est parfaitement déterminée, si nous disons qu'elle est la somme ou la différence d'un certain nombre d'empans et d'un certain nombre de mètres. L'aire d'un rectangle est égalcment déterminée si nous disons que l'un des côtés a un certain nombre de pieds et l'autre côté un certain nombre de brasses. Le rapport entre deux grandeurs devient précis aussitôt que nous savons qu'elle est égale au quotient d'un certain nombre de brasses par un certain nombre de toises. Et ainsi de suite.

Pour l'un quelconque de ces cas, aussitôt que l'on connaît les modules avec lesquels les grandeurs combinées ont été mesurées, la combinaison est définie. Mais cette combinaison ne peut pas être exprimée avec un *terme* d'une certaine échelle arithmétique, sans que ses éléments constitutifs soient mesurés d'après le module adopté dans une pareille échelle.

Par conséquent, pour que les fractions puissent être combinées de façon que le résultat de la combinaison soit aussi exprimé au moyen d'une fraction, dès qu'elles représentent des grandeurs mesurées avec un certain module, il est clair qu'elles doivent être rapportées à ce module ; c'est-à-dire le dénominateur doit être le même pour toutes. Cette condition ayant été satisfaite, le calcul des fractions se réunit à ceux des nombres entiers n'exigeant que la combinaison des numérateurs.

En outre, il est évident que cette condition peut toujours être satisfaite ; car toute fraction est susceptible d'une infinité d'expressions. Nous pouvons donc choisir, parmi cette immensité de représentations, celles qui correspondent au même dénominateur. Ainsi, le problème du calcul fractionnaire nous apparaît, d'une manière générale, reposer sur la réduction des fractions au même dénominateur.

Cette opération constitue l'*isomérie*.

201. — De l'usage de l'isomérie d'après sa conception.

Pour faire acquérir à deux fractions le même dénominateur, nous ne pouvons agir que de deux manières : soit en tâchant de rendre le dénominateur de l'une égal à celui de l'autre, soit en donnant aux deux fractions un dénominateur commun, différent de ceux qu'elles possèdent.

Ces deux hypothèses donnent lieu à une distinction ; car, dans la première, on peut essayer de réduire le plus grand dénominateur au plus petit, ou *vice versa* ; et, dans la seconde, on peut essayer de donner aux deux fractions un dénominateur plus petit ou plus grand que celui qu'elles contiennent. En résumé, l'isomérie est obtenue, soit en diminuant, au moins, l'un des dénominateurs proposés, soit en augmentant les deux.

Or, nous avons vu à la section précédente que, pour augmenter ou pour diminuer l'un des termes d'une fraction sans en altérer la valeur, il fallait augmenter ou diminuer l'autre terme dans la même proportion. On en conclut que, pour rendre isomères deux fractions, nous devons diviser ou multiplier les deux termes de chacune par des nombres convenablement choisis. Expliquons-nous pour en fixer les idées.

Supposons que nous avons les fractions $\frac{3}{5}$ et $\frac{6}{15}$ que l'on prétend réduire au même dénominateur, et voyons s'il est possible d'exprimer l'une par le dénominateur de l'autre. Afin de réduire le plus grand dénominateur 15 au plus petit, 5, il faut que 15 soit un multiple de 5, ce qu'on peut vérifier au moyen de la division. Pour le cas actuel, la division est possible et donne le quotient 3. Mais, pour que cette deuxième fraction soit transformée en une autre qui ait 5 comme dénominateur, il faut aussi que son numérateur soit divisible par 3, quotient du plus grand dénominateur par le plus petit.

Cette division est possible dans notre exemple, et la fraction $\frac{6}{15}$ se réduit à une autre équivalente, $\frac{2}{5}$, qui a le même dénominateur que la première $\frac{3}{5}$. Mais, d'après la marche de cette opération, l'on voit que la réussite en est incertaine. Dans l'espoir de simplifier le calcul, nous nous exposerions à des calculs oiseux.

La même chose arriverait si nous voulions transformer le plus petit dénominateur dans le plus grand. Car, comme pour le cas précédent, cela ne serait possible que si le plus grand était un multiple du plus petit, ce que la seule division nous permettrait de vérifier. Une fois reconnu que le dénominateur d'une des fractions est un multiple de l'autre, il suffit de multiplier les deux termes de la deuxième fraction par le quotient obtenu.

Ainsi donc, dans l'exemple ci-dessus, $\frac{3}{5}$ se transforme en $\frac{9}{15}$, en multipliant les deux termes par 3, quotient de 15 par 5. Cette deuxième transformation est plus facile que la première, car elle n'exige qu'une seule division. Mais la réussite du calcul en est aussi incertaine à cause de cette même division.

Ces deux procédés, d'après leur caractère exceptionnel, ne peuvent donc pas être acceptés comme la solution normale du problème qui nous occupe.

Considérons à présent les deux autres cas de la seconde hypothèse. Voyons quelles seraient les conditions pour donner aux deux fractions un dénominateur plus petit que celui qu'elles possèdent.

A cet effet, il faudrait, en premier lieu, que les deux dénominateurs eussent un diviseur commun. Car afin de donner à une fraction un dénominateur plus petit que celui qu'elle possède, il faudrait que le dénominateur ancien fût un multiple nouveau.

En deuxième lieu, il faudrait que le numérateur de chaque fraction fût un multiple du quotient de son dénominateur ancien par le nouveau. Par exemple, les fractions $\frac{15}{50}$ et $\frac{6}{30}$ ont 10 pour diviseur commun à leurs dénominateurs. En outre, le numérateur de la première, 15, est divisible par 5, quotient de 50 par 10; et 6, numérateur de la seconde, est divisible par 3, quotient de 30 par 10. En sorte que les deux fractions équivalentes se réduisent aux fractions $\frac{3}{10}$ et $\frac{2}{10}$, au moyen de la division des deux termes par 5 dans la première, et par 3 dans la deuxième. Ce procédé est aussi d'une réussite incertaine, ne pouvant donc pas constituer la solution normale du problème.

Considérons le dernier cas, c'est-à-dire celui où l'on a en vue de trouver un dénominateur commun plus grand que ceux que les fractions contiennent. En premier lieu, ce dénominateur commun doit être un multiple des deux au moyen desquels les fractions sont exprimées. En deuxième lieu, il faudra multiplier le numérateur de chaque fraction par le rapport entre le nouveau dénominateur et son dénominateur primitif. Or, ainsi envisagée, l'opération se présente comme réalisable sans la moindre incertitude. Car il est toujours possible et facile de déterminer un multiple commun à deux nombres.

202. — De la solution la plus spontanée : son appréciation.

La solution la plus spontanée, et par cela même celle qui est habituellement préférable, consiste à prendre pour multiple commun le produit de deux dénominateurs. Dès lors, afin de rendre isomères les deux fractions, nous serons conduits à *multiplier les deux termes de chacune par le dénominateur de l'autre.*

Mais cette marche peut conduire à un multiple trop grand des dénominateurs. Cet inconvénient a lieu d'autant plus facilement que les dénominateurs primitifs sont déjà considérables [1].

D'où le besoin d'instituer un procédé qui permette de choisir pour dénominateur commun *le plus petit multiple commun aux dénominateurs considérés.*

203. — Appréciation de la solution fondée sur la composition du plus petit multiple commun.

On nomme plus petit multiple commun à deux nombres ou plus, le plus petit parmi les nombres exactement divisibles par chacun d'eux. Si le plus grand des nombres donnés est divisible par tous les autres, il est évident qu'il sera le plus petit multiple commun. S'il ne l'est pas, il suffit de le multiplier par 2, 3, 4, etc., jusqu'à ce qu'il devienne un nombre divisible.

Celui-là est le procédé spontané de déterminer le plus petit multiple de deux nombres ou plus. Mais, comme il est presque toujours trop long, on a ordinairement recours au procédé systématique fondé sur la décomposition des nombres proposés en leurs facteurs premiers.

Afin de le comprendre, rappelons que la condition nécessaire et suffisante *pour qu'un nombre soit multiple d'un autre, c'est qu'il contienne tous les facteurs premiers de l'autre, chaque facteur figurant dans le multiple, au moins, autant de fois qu'il est dans le sous-multiple.*

Donc, pour qu'un nombre soit le plus petit multiple d'autres nombres, il faut qu'il contienne tous les facteurs

1. Notes du Cours de M. R. Teixeira Mendès.

premiers différents qui se trouvent dans ces nombres, chacun étant élevé à la plus haute puissance avec laquelle il y figure.

Que ce soient, par exemple, les nombres 480 et 756. Si on les décompose en leurs facteurs premiers, on trouve que le premier est égal au produit de 2 élevé à la cinquième puissance par 3 et par 5 ; et que le deuxième est égal au produit de 2 élevé à la deuxième puissance par 3 élevé à la troisième et par 7. Il est facile de montrer que le plus petit multiple commun à ces nombres-là est égal au produit de 2 élevé à la cinquième puissance par 3 élevé à la troisième par 5 et par 7.

En effet, ce produit-là, contenant tous les facteurs premiers qui entrent dans les nombres proposés, et chacun de ces facteurs étant élevé à une puissance au moins égale à celle qu'il a dans les nombres considérés, il sera, comme nous l'avons vu, un multiple de tous ces nombres-là.

Et il est leur *plus petit multiple*, parce qu'un autre multiple quelconque des nombres proposés contient tous les facteurs premiers de ces nombres et ceux de ce produit-là, ne pouvant par conséquent être plus petit que lui.

Lorsque le plus grand des nombres donnés est exactement divisible par les autres, il sera le plus petit multiple commun à tous ; car un autre plus petit multiple ne pourrait être divisible par lui, quoiqu'il le fût par les autres. Ainsi, donc, par exemple, en considérant les nombres 48, 24 et 6, on voit aussitôt que 48 est le plus petit multiple commun aux deux. La détermination du plus petit multiple commun à plus de deux nombres obéit à la même règle. Dans la pratique, on abrège le calcul en n'écrivant que les diviseurs premiers communs qui entrent plus souvent dans les nombres proposés, pour les multiplier ensuite par les quotients finaux.

C'est ce qu'on voit ensuite, lorsque nous déterminons le moindre multiple commun à 360, 756 et 594 :

2	360	756	594
2	180	378	297
2	90	189	
3	45		
3	15	63	99
3	5	21	33
		7	11

Le moindre multiple commun se compose donc du produit de la troisième puissance de 2 par la troisième de 3, par 5, par 7 et par 11. C'est donc 8.316.

Vu les considérations précédentes, on conclut que, étant données deux fractions et *ayant décomposé les dénominateurs respectifs en leurs facteurs premiers, pour former leur moindre multiple commun, il faut et il suffit de constituer le produit de tous les facteurs premiers qui entrent dans les deux, en prenant chaque facteur autant de fois qu'il renferme de fois le dénominateur qui le contient le plus souvent.*

Cette loi nous montre que le produit des dénominateurs complique trop l'isomérie lorsqu'ils ont un facteur commun. Pour rendre les fractions isomères après que l'on connaît le plus petit multiple commun des dénominateurs, *on divise ce moindre multiple commun par chacun de ces mêmes dénominateurs et on multiplie le quotient obtenu par le numérateur respectif.* Comme le moindre multiple et chacun des dénominateurs se trouvent décomposés en leurs facteurs premiers, il est évident que, pour diviser celui-là par l'un quelconque de ceux-ci, il suffit de supprimer au dividende tous les facteurs qui figurent au diviseur.

Le produit des facteurs qui restent sera le quotient

cherché, qu'on multipliera par le numérateur correspondant.

Considérons, par exemple, les fractions $\frac{23}{1980}$ et $\frac{17}{1470}$.

Si l'on décompose les dénominateurs en leurs facteurs premiers, on trouvera que 1.980 équivaut au produit de 2 par 2, par 3, par 3, par 5 et par 11 ; et que 1.470 est le produit de 2 par 3, par 5, par 7 et par 7. Le moindre multiple commun à ces deux nombres est donc constitué par le produit de 2 par 2, par 3, par 3, par 5, par 7, par 7 et par 11.

En divisant le moindre multiple commun par chacun des dénominateurs ci-dessus, on obtient comme valeurs des quotients respectifs, 7 fois 7, et 2 fois 3 fois 11.

Si l'on multiplie ces quotients par les numérateurs respectifs des fractions données, et en prenant pour dénominateur commun le moindre multiple commun obtenu, nous aurons les fractions isomères :

$$\frac{23 \text{ fois } 7 \text{ fois } 7}{97020} \quad \text{et} \quad \frac{17 \text{ fois } 2 \text{ fois } 3 \text{ fois } 11}{97020}$$

ou :

$$\frac{1127}{97020} \quad \text{et} \quad \frac{1122}{97020},$$

qui sont équivalentes aux proposées.

Une autre manière de déterminer le plus petit multiple commun à deux nombres, au moyen de leur plus grand diviseur commun. — On peut aussi déterminer *le plus petit multiple commun à deux nombres* au moyen de leur plus grand diviseur commun. Celui-ci une fois connu, *il suffit de multiplier les nombres donnés l'un par l'autre et d'en diviser le produit par leur plus grand diviseur commun : le quotient en sera le plus petit multiple commun cherché.*

En effet, supposons que le plus petit multiple commun soit connu et qu'on l'ait multiplié par le plus grand diviseur commun donné.

Il est évident que le produit obtenu contiendra, non seulement tous les facteurs communs aux nombres proposés élevés aux plus petites puissances, mais aussi tous ces facteurs élevés aux plus grandes, ainsi que les facteurs non communs. Un pareil produit se composera donc de tous les facteurs premiers qui constituent les nombres proposés et sera, par conséquent, égal à leur produit. Mais, si le produit des nombres proposés est égal au produit du plus petit multiple commun cherché par le plus grand diviseur commun donné, il est évident que, en divisant ce produit-là par ce dernier nombre, nous aurons l'autre.

Ainsi, par exemple, le plus petit multiple commun des nombres 24 et 16 sera égal au produit de 24 par 16 divisé par 8, qui est le plus grand diviseur commun de ces deux nombres, Mais, comme le plus grand diviseur commun à deux nombres ou plus divise toujours ces nombres, on peut abréger la règle ci-dessus en l'énonçant de cette manière.

Pour obtenir le plus petit multiple commun à deux nombres, on divise l'un d'eux par le plus grand diviseur commun, et on multiplie le quotient obtenu par l'autre.

Ainsi, dans l'exemple précédent, nous diviserons 16 par 8 et nous multiplierons le quotient 2 par 24, ce qui fait 48 pour le plus petit multiple commun cherché.

204. — DE L'INSTITUTION DE L'ISOMÉRIE DANS LE CAS DE BEAUCOUP DE FRACTIONS.

Pour obtenir l'isomérie par le procédé spontané, on n'a besoin de comparer que deux fractions :

1° Par la raison générale que l'on ne peut, dans chaque calcul, combiner chaque fois plus de deux nombres ;

2° Par la raison spéciale que deux fractions rendues isomères n'en font plus qu'une pour toute extension ultérieure de la même opération.

En effet, ce qu'il faut faire avec l'une pour la rendre isomère par rapport à celles qui restent, il faudra le faire avec l'autre. Ainsi donc, si nous avons trois fractions, en appliquant ce procédé aux deux premières, nous devrons multiplier les deux termes de chacune par le dénominateur de l'autre. Par conséquent, pour rendre la deuxième, ainsi transformée, isomère avec la dernière, il faudra multiplier les deux termes de celle-ci par le dénominateur de la deuxième et les deux termes de celle-ci par le dénominateur de celle-là.

Mais le dénominateur de la deuxième, après avoir été transformé, étant déjà le produit des deux premiers dénominateurs, on voit que le dénominateur commun aux deux dernières devient le produit des trois dénominateurs. Et, quant aux numérateurs, ils sont le produit du numérateur primitif par les deux dénominateurs des autres fractions.

En appliquant le même calcul à la première fraction, on reconnaîtra que, en résumé, *il faut multiplier les deux termes de chaque fraction par le produit des dénominateurs de toutes les autres.*

Le même raisonnement démontre la règle pour un nombre quelconque de fractions. Quant au procédé basé sur le plus petit multiple commun, on le généralise avec la même facilité. Car le plus petit multiple commun à deux dénominateurs étant déterminé, pour obtenir le plus petit multiple commun à ce deuxième dénominateur ainsi transformé et au troisième, il suffit d'introduire les nouveaux facteurs de ce dernier.

On voit ainsi que *l'on obtient le plus petit multiple commun en formant le produit de tous les facteurs premiers différents et communs aux dénominateurs, en donnant à chacun de ces facteurs le degré de la puissance qu'il a dans le dénominateur où il entre le plus.*

Après avoir formé ce plus petit multiple, qui est le dénominateur cherché, il doit être divisé par chacun des dénominateurs donnés. On obtient aussitôt ce quotient en prenant les facteurs premiers que le plus petit multiple contient après la suppression de ceux qui sont communs au dénominateur considéré. Le numérateur respectif doit être ensuite multiplié par ce quotient.

Considérons, par exemple, les fractions :

$$\frac{5}{6}, \frac{3}{8}, \frac{2}{9} \text{ et } \frac{1}{10}.$$

Afin de les rendre isomères suivant le premier procédé, nous multiplierons les deux termes de chacune par le produit des dénominateurs des trois qui restent, ce qui fait :

$$\frac{5 \text{ fois } 8 \text{ fois } 9 \text{ fois } 10}{6 \text{ fois } 8 \text{ fois } 9 \text{ fois } 10}, \quad \frac{3 \text{ fois } 6 \text{ fois } 9 \text{ fois } 10}{8 \text{ fois } 6 \text{ fois } 9 \text{ fois } 10},$$

$$\frac{2 \text{ fois } 6 \text{ fois } 8 \text{ fois } 10}{9 \text{ fois } 6 \text{ fois } 8 \text{ fois } 10}, \quad \frac{1 \text{ fois } 6 \text{ fois } 8 \text{ fois } 9}{10 \text{ fois } 6 \text{ fois } 8 \text{ fois } 9},$$

c'est-à-dire les fractions équivalentes $\frac{3600}{4360}$, $\frac{1620}{4320}$, $\frac{960}{4320}$ et $\frac{432}{4320}$.

Pour arriver à un pareil résultat d'après le deuxième procédé, on décompose tous les dénominateurs en leurs facteurs premiers et on forme le produit, non seulement des facteurs différents, mais aussi des facteurs communs qui figurent dans les plus hautes puissances. Ce produit total sera celui de la troisième puissance de 2 par la deuxième puissance de 3 par 5. En le divisant par chacun des dénominateurs 2 fois 3, ou 6, 2 fois 2 fois 2, ou 8, 3 fois 3, ou 9, et 2 fois 5, ou 10, et en multipliant chacun des quotients par le numérateur respectif, on obtient successivement les fractions équivalentes et isomères $\frac{300}{360}$, $\frac{135}{360}$, $\frac{80}{360}$ et $\frac{36}{360}$ qui sont évidemment plus simples que celles fournies par le procédé antérieur.

Si nous avons encore des fractions telles que $\frac{1}{48}$, $\frac{5}{24}$ et $\frac{7}{6}$, où le plus grand dénominateur 48 est un multiple de tous les autres, et, par conséquent, leur plus petit multiple commun, nous prendrons ce nombre comme dénominateur commun. Les fractions isomères équivalentes seront donc $\frac{1}{48}$, $\frac{10}{48}$ et $\frac{56}{48}$[1].

Une autre manière d'obtenir le plus petit multiple commun a plus de deux nombres.

Ce moyen n'est qu'une extension de celui qui a été exposé pour le cas de deux nombres en employant leur plus grand diviseur commun. Il est fondé sur la propriété

1. Si l'on veut tout simplement comparer la grandeur de plusieurs fractions, on peut *les réduire au même numérateur*, la plus grande valeur appartenant à celle qui a le plus petit dénominateur. A cet effet, il suffit d'appliquer aux numérateurs l'un quelconque des deux procédés ci-dessus ; ou multiplier les termes de chacune d'elles par le produit des numérateurs des autres, ou de prendre le plus petit multiple commun des numérateurs, le diviser par chacun de ceux-ci et multiplier le quotient par le dénominateur respectif.

en vertu de laquelle *pour obtenir le plus petit multiple commun à beaucoup de nombres, il suffit de trouver le plus petit multiple commun entre le premier et le deuxième; ensuite le plus petit multiple commun entre le résultat obtenu et le troisième; et ainsi de suite, jusqu'à ce qu'on ait considéré le dernier des nombres donnés. Le dernier plus petit multiple commun alors obtenu sera celui des nombres proposés.*

Afin de démontrer cette propriété, considérons, par exemple, trois nombres, et supposons que l'on ait déterminé le plus petit multiple commun entre le premier et le deuxième. Nous disons que le plus petit multiple commun aux nombres proposés est égal à celui qui existe entre le plus petit multiple commun obtenu pour les deux premiers et le troisième. En effet, tous les multiples communs aux nombres proposés étant divisibles par le premier et par le deuxième le sont aussi par le plus petit multiple commun à ces deux nombres. Par conséquent, tous les multiples communs aux trois nombres donnés sont des multiples communs au plus petit multiple commun des deux premiers nombres et au troisième; et, par suite, le plus petit multiple commun aux trois nombres proposés est aussi égal au plus petit multiple commun qui existe entre le plus petit multiple commun aux deux premiers et au troisième.

Il serait aisé d'étendre le même raisonnement lorsqu'il s'agit de quatre, de cinq, etc., nombres.

Donc, à mesure que l'on connaît le plus grand diviseur commun aux nombres proposés, ainsi considérés deux à deux, il est facile de voir que l'on peut aussi déterminer successivement leur plus petit multiple commun au moyen du plus grand diviseur commun aux deux nombres considérés.

Que l'on veuille, par exemple, déterminer le plus petit multiple des nombres 4, 6, 24 et 9. Le plus grand diviseur commun de 4 et de 6 étant 2, leur plus petit multiple commun sera $\frac{4}{2}$ multiplié par 6, c'est-à-dire 12 ; le plus grand diviseur commun à 12 et à 24 étant 12, leur plus petit multiple commun sera $\frac{12}{12}$ multiplié par 24, égal à 24 ; le plus grand diviseur commun à 24 et à 9 étant 3, leur plus petit multiple commun sera $\frac{24}{3}$ multiplié par 9 égal à 8 fois 9, ou 72 ; ainsi donc, 72 est le plus petit multiple commun aux nombres proposés.

Lorsque le plus petit des nombres donnés est un diviseur de tous les autres, on obtient aisément le plus petit multiple commun à tous en le multipliant par les quotients qui résultent des divisions de ceux-ci par lui.

Ainsi, par exemple, on a le plus petit multiple commun à 48, 36 et 12, en multipliant successivement ce dernier nombre par 4 et par 3, quotients respectifs des divisions de 48 et de 36 par lui. Car, 12 étant le plus grand diviseur commun à tous, nous n'avons fait que diviser le premier par le plus grand diviseur commun, et multiplier le quotient par l'autre, ce qui a donné 144.

Si ce n'est dans ce cas exceptionnel, un pareil procédé n'est jamais employé ; car la détermination du plus petit diviseur commun est aussi pénible que celle du plus petit multiple commun, et on devrait encore faire les divisions et les multiplications, ce qui apporterait un accroissement de travail inutile.

205. — De l'examen comparatif des deux procédés pour obtenir l'isomérie.

Pendant qu'il ne s'agit que de deux fractions, la facilité

du procédé fondé sur le produit des dénominateurs semble compenser la surcharge du dénominateur commun.

Mais, à mesure que le nombre des fractions augmente, on sent peu à peu que la détermination de l'isomérie, fondée sur le plus petit multiple commun aux dénominateurs, doit prévaloir sur le procédé fondé sur le produit de ces dénominateurs eux-mêmes. Car les embarras préliminaires relatifs à la détermination du plus petit multiple commun sont de plus en plus compensés par les simplifications définitives.

II

EXTENSION DES OPÉRATIONS FÉTICHIQUES AUX FRACTIONS.

206. — De la conception de l'addition et de la soustraction des fractions.

Les fractions une fois rendues isomères, l'extension de l'addition et de la soustraction n'y offre aucune difficulté, puisque la notion en devient aussi claire que s'il s'agissait des nombres entiers. Considérons successivement les deux cas.

1° Pour l'addition de deux fractions isomères, le problème se présente comme consistant à additionner deux nombres rapportés à un même module, seulement ce module, au lieu d'être l'unité conventionnée pour les nombres entiers, est une partie de cette unité. Or, cette circonstance n'indique que le besoin de la spécifier dans le résultat.

Ainsi donc, pour obtenir la somme de $\frac{3}{5}$ avec $\frac{4}{5}$, il est évident que nous n'avons besoin que d'additionner les numérateurs et de donner au résultat le même dénominateur 5, ce qui produit $\frac{7}{5}$, puisque $\frac{3}{5}$ d'une unité, plus $\frac{4}{5}$ de la même unité, en forment évidemment $\frac{7}{5}$. Donc, si les fractions données à additionner ne sont pas isomères, il faut les rendre telles. Et après l'avoir fait, *on additionne les numérateurs, comme s'il s'agissait de nombres entiers, en ayant le soin d'en indiquer l'unité, c'est-à-dire le dénominateur commun.*

2° Il devient ensuite aisé d'en conclure la règle pour additionner un entier à une fraction ou *vice versa*. Car, pour rendre le nombre entier isomère avec la fraction, il suffit de le multiplier par le dénominateur et de donner à ce produit le même dénominateur. Après l'avoir fait, il ne reste qu'à pratiquer l'addition comme il a été indiqué ci-dessus. Si l'on doit, par exemple, additionner 2 à $\frac{4}{5}$, nous substituons 2 par 2 fois $\frac{5}{5}$, ou $\frac{10}{5}$, et nous additionnerons $\frac{10}{5}$ à $\frac{4}{5}$, ce qui produit $\frac{14}{5}$.

L'examen de l'ensemble du calcul conduit à la règle suivante :

On multiplie le nombre entier par le dénominateur, on additionne le produit avec le numérateur, et l'on donne au résultat le même dénominateur.

Pour le cas de la soustraction, il est également évident que, les fractions rendues isomères, le sens de l'opération est le même que s'il s'agissait de nombres entiers à cette seule différence près que le module en est devenu plus petit. Or, cela n'affecte point la combinaison numérique.

3° Donc, pour trouver la différence de deux fractions

isomères, *on ôte le numérateur de la fraction soustractrice au numérateur de la fraction minuande, et l'on donne au résultat le dénominateur commun.*

Par exemple, si de $\frac{7}{5}$ nous soustrayons $\frac{4}{5}$, le résultat en sera $\frac{3}{5}$, car $\frac{7}{5}$ d'une unité moins $\frac{4}{5}$ de la même unité est évidemment égal à $\frac{3}{5}$ de cette unité. Il est évident que l'opération n'aura point de sens, lorsque le numérateur du minuande est plus petit que celui du soustracteur.

4° Lorsqu'il s'agit d'ôter une fraction d'un entier, il faut rendre le nombre entier isomère avec la fraction en le réduisant ainsi à la même unité. Pour cela, il faut le remplacer par une fraction ayant le même dénominateur que la fraction soustractrice, ce qu'on obtient en multipliant et en divisant le nombre entier par ce dénominateur. Après quoi, l'on y applique la règle générale des fractions isomères. Par exemple, 2 moins $\frac{3}{5}$ est la même chose que $\frac{10}{5}$ moins $\frac{3}{5}$, ce qui fait $\frac{7}{5}$.

L'examen de l'ensemble des calculs conduit à la règle suivante :

On multiplie le nombre entier par le dénominateur ; du produit on ôte le numérateur, et l'on donne au résultat le même dénominateur.

Quant à la soustraction d'un nombre entier d'une fraction, ce n'est pas une opération qui se présente au point de vue arithmétique, sauf si la fraction est *impropre*, c'est-à-dire *plus grande*, ou du moins égale au nombre entier. La seconde condition, on la découvre du premier coup d'œil. Quant à la première, elle devient évidente au moyen de la réduction du nombre entier à une fraction isomère avec la fraction soustractrice.

207. — Impossibilité d'étendre la multiplication aux fractions sans modifier la notion surgie de l'addition.

Ce que nous venons de reconnaître quant à l'extension de l'addition et de la soustraction aux fractions, n'est pas possible, avec la même généralité, lorsqu'il s'agit de la multiplication, sans modifier le mode primitif de concevoir cette opération. En effet, suivant sa filiation par rapport à l'addition, la multiplication attribue aux facteurs des notions distinctes qui ne se prêtent pas également à la transformation fractionnaire.

5° Ainsi, donc, le *multiplicande* représentant la valeur d'une des parcelles, sa signification est aussi évidente lorsqu'il s'agit des nombres entiers que des fractions.

Par exemple, 325 mètres, répété 46 fois, est une question tout aussi compréhensible que $\frac{5}{21}$ du mètre répété 6 fois. On voit alors que la multiplication d'une fraction par un nombre entier équivaut à une addition de fractions égales au multiplicande.

Dans l'exemple mentionné, ce serait $\frac{5}{21}$ plus $\frac{5}{21}$, plus $\frac{5}{21}$, plus etc., ce qui donnerait une fraction ayant comme numérateur le produit du numérateur 5 par le multiplicateur 6, et pour dénominateur le même que celui du multiplicateur, et l'on obtiendrait donc $\frac{30}{21}$.

6° Mais il n'en arrive pas de même avec le *multiplicateur*, puisque, celui-ci indiquant le nombre des parcelles, il n'aurait aucun sens si on le supposait une fraction. Afin de reconnaître ce que peut signifier la multiplication dans le cas où le multiplicateur est une fraction, il convient de remonter à l'origine géométrique de la multiplication.

Nous avons vu que la multiplication pouvait être envisagée comme la loi entre l'aire d'un rectangle et ses côtés. L'aire est un produit dont les facteurs sont les côtés. Cette interprétation est intuitive lorsque les deux côtés sont représentés par des nombres entiers ou quand un seul parmi eux est représenté par une fraction.

Dans les deux hypothèses, le nombre de carrés modulaires ou de parties du carré modulaire contenus dans la surface du rectangle est exprimé par le produit des nombres qui représentent les deux côtés.

Examinons, pourtant, quelle est la modification nécessaire dans la conception de la multiplication lorsque les deux facteurs sont des fractions. Remarquons que ce cas peut être considéré comme le cas général, en ce que les nombres entiers peuvent prendre la forme de fraction. Mais, afin que notre examen soit fait raisonnablement, il convient d'observer que la conception générale à laquelle nous devons arriver doit contenir, comme un cas particulier, la notion de multiplication, telle que l'arithmétique l'a fait surgir.

208. — Réflexions sur la manière de concevoir la multiplication dans le cas où le multiplicateur est une fraction.

Pour cela, supposons que nous avons un rectangle où l'un des côtés est $\frac{3}{10}$ et l'autre $\frac{4}{5}$, et voyons comment l'aire dépend de la combinaison de ces deux nombres.

Le côté $\frac{3}{10}$ se décomposant en 3 parties égales à $\frac{1}{10}$ du module, et le côté $\frac{4}{5}$ étant décomposable en 4 parties égales à $\frac{1}{5}$ du même module, l'aire du rectangle sera décomposée en 3 fois 4 rectangles égaux entre eux.

Il suffit donc de savoir ce que représente chacun de ces

rectangles par rapport au carré modulaire. Or, cette relation se manifeste en prolongeant les côtés du rectangle que l'on veut mesurer de façon à former le carré modulaire, comme l'on voit dans la figure suivante :

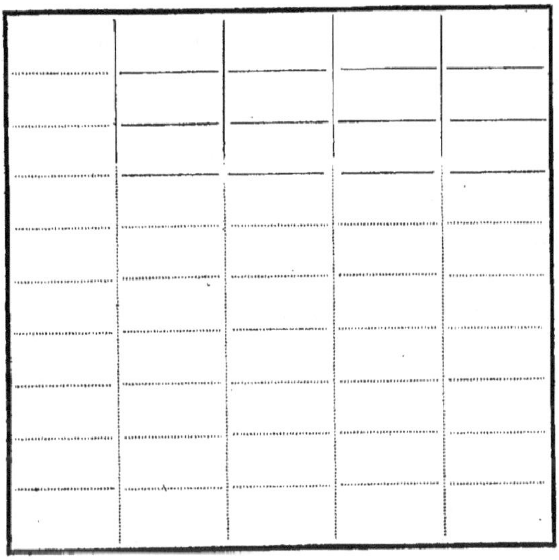

Car, alors, on voit que l'un des côtés de ce carré se décomposera en 10 parties égales à $\frac{1}{10}$ du module, et l'autre, contigu, en 5 parties égales à $\frac{1}{5}$ du même module.

Et, par conséquent, l'aire du carré modulaire sera décomposée en 10 fois 5 rectangles égaux entre eux et égaux aux rectangles où s'est fractionné celui que l'on voulait mesurer. D'où, chacun de ces rectangles fragmentaires sera $\frac{1}{10 \text{ fois } 5}$ du carré modulaire ; et, par conséquent, le rectangle que l'on veut évaluer sera exprimé par la fraction $\frac{3 \text{ fois } 4}{10 \text{ fois } 5}$.

Pour évaluer donc l'aire d'un rectangle dont les côtés sont

exprimés par des fractions, *on multiplie les numérateurs et les dénominateurs entre eux.*

Nous avons supposé que les fractions étaient *propres ;* mais il est aisé d'étendre le même raisonnement au cas où les fractions seraient *impropres.*

Sous cette forme, la conception de la multiplication des fractions ne nous indique point la modification que l'on doit introduire dans la conception primitive, afin de la généraliser jusqu'au cas du multiplicateur fractionnaire ; mais elle prépare cette généralisation.

En effet, dans la conception primitive, le multiplicande entier, tandis qu'il représente l'un des côtés, représente aussi le nombre de carrés modulaires juxtaposés à ce côté ; en un mot, il représente une aire.

Or, l'examen de notre figure nous montre que, si l'on fait abstraction du multiplicateur, le multiplicande fractionnaire, tandis qu'il représente un côté, représente aussi un certain nombre de rectangles égaux, ayant l'un des côtés égal à l'une des parties de ce multiplicande et l'autre égal au carré modulaire.

Ainsi donc, dans notre exemple, $\frac{3}{10}$ représente les parties du module linéaire qui sont contenues dans le multiplicande ; mais il représente aussi 3 rectangles égaux, chacun ayant un côté égal à $\frac{1}{10}$ du module linéaire. Le carré modulaire contenant 10 de ces rectangles, chacun d'eux sera $\frac{1}{10}$ du carré modulaire, et le multiplicande $\frac{3}{10}$ vient donc indiquer une aire égale à $\frac{3}{10}$ du carré modulaire.

Ainsi donc, en résumé, lorsque le multiplicande est un nombre entier, il indique combien de carrés modulaires se trouvent juxtaposés au côté qui le représente, et que lorsque le multiplicande est une fraction, il indique combien de parties du carré modulaire se trouvent juxtaposées à lui.

Mais l'ensemble de ces rectangles indiqués par le multiplicande, lorsqu'on fait abstraction du multiplicateur, représente une fraction du carré modulaire, qui ne peut être égale au rectangle que l'on veut évaluer qu'alors que le multiplicateur est égal à l'unité.

Dans toute autre hypothèse, l'aire du rectangle que l'on veut évaluer sera plus grande ou plus petite que cette fraction, selon que le multiplicateur est une fraction impropre ou une fraction proprement dite.

Afin de fixer les idées, supposons que ce multiplicateur est une fraction proprement dite, suivant notre exemple primitif. L'aire du rectangle que l'on veut évaluer sera donc une partie de la fraction du carré modulaire représentée par le multiplicande. Or, pour savoir la valeur de cette partie, il suffit de considérer à présent que la fraction multiplicatrice, en même temps qu'elle indique un côté du rectangle, fournit une décomposition de la fraction du multiplicande en autant de parties égales qu'il y en a d'indiquées par son dénominateur. Ainsi donc, dans notre exemple, le multiplicateur $\frac{4}{5}$ fournit la décomposition du multiplicande en 5 rectangles égaux.

Chacun de ces rectangles sera donc $\frac{1}{5}$ du multiplicande; et, comme l'aire du rectangle que l'on veut évaluer en contient 4, il s'ensuit que cette aire sera représentée par $\frac{4}{5}$ du multiplicande.

L'ensemble de ces considérations nous montre donc que, lorsque le multiplicateur est fractionnaire, il doit être envisagé comme indiquant *combien de parties on doit prendre au multiplicande pour avoir le produit.* C'est-à-dire le multiplicateur exprime, alors, à la fois l'un des côtés, et la relation de l'aire-produit avec l'aire multiplicande.

209. — IDENTIFICATION DE LA CONCEPTION PRIMITIVE AVEC CELLE-CI.

Désormais, il devient aisé de reconnaître que le cas où le multiplicateur est un nombre entier, il rentre dans celui que nous venons d'examiner. En effet, il correspond à l'hypothèse où l'ensemble des parties à prendre du multiplicande équivaut à ce multiplicande lui-même un certain nombre de fois. Dans cette hypothèse-là, le produit, au lieu de représenter une aire plus petite que le multiplicande, sera correspondant à une aire plus grande.

Mais cette notion de *valeur* est subordonnée à la conception de relation. En sorte que le produit, de même que le quotient, perd toute notion absolue de valeur et ne fait plus que désigner tout simplement une combinaison numérique. En effet, d'après l'examen du cas géométrique, une telle combinaison peut être conçue en faisant abstraction de la signification concrète des nombres. Ainsi donc, relativement à deux fractions quelconques, on peut concevoir directement l'*opération* comme ayant pour but de prendre de l'une (de la fraction multiplicande) de l'unité les parties indiquées par l'autre (multiplicateur).

Cette considération abstraite fait ramener à la conception primitive le cas où la fraction multiplicatrice équivaut à un nombre entier. Car, dans ce cas-là, le produit est formé en prenant autant de fois tout le multiplicande qu'il y en a d'indiquées par le multiplicateur. En sorte que, en donnant à la multiplication toute la généralité dont elle est susceptible, on pourrait la définir comme ayant pour but : *étant donné deux nombres (le multiplicande et le multiplicateur), en déterminer un troisième (produit) qui soit formé du premier, comme le deuxième est formé de l'unité conventionnée.*

Le seul effort qu'exige une pareille généralisation consiste donc à écarter, comme accessoire, l'idée d'accroissement qui est d'abord liée au mot *multiplier*, puisque l'augmentation et la diminution peuvent, toutes deux, avoir lieu, suivant les cas, sans que la combinaison change. Si le multiplicateur est égal à l'unité un certain nombre de fois, le produit sera égal au multiplicande le même nombre de fois ; s'il est égal à un certain nombre de parties de l'unité, le produit sera égal à ce même nombre de parties du multiplicande.

Mais, dans un cas comme dans l'autre, c'est la même combinaison, et elle doit être conçue indépendamment de la valeur des résultats auxquels elle conduit.

210. — De la conception immédiate de la multiplication dans toute sa généralité, quand on la considère comme l'inverse de la division.

Toutes ces difficultés seraient évitées en subordonnant la conception primitive de la multiplication à la division, au lieu de la tirer de l'addition. En effet, suivant la définition générale de *quotient* comme exprimant combien de parties du diviseur sont contenues dans le dividende, sa notion s'applique aux fractions tout aussi normalement qu'aux nombres entiers. En sorte que la difficulté de déterminer le quotient, envers le cas fractionnaire, n'affecte que son *évaluation*, mais aucunement sa *conception*.

Si nous étudions donc la multiplication comme l'inverse de la division, elle peut être aussitôt conçue par rapport à un cas quelconque. Alors on peut la définir comme ayant pour but de *trouver un nombre dont la relation avec un des facteurs donnés soit égal à l'autre.*

Il en résulte que, en prenant le cas général où les facteurs sont représentés par des fractions, le problème de la multiplication consisterait à déterminer un nombre dont la relation avec une des fractions soit égale à l'autre. Or, si le rapport du produit avec l'un des facteurs est égal à une certaine fraction, cela montrerait qu'on obtiendra ce produit en prenant de ce facteur les parties indiquées par l'autre.

Supposons, par exemple, qu'il s'agit de trouver un nombre dont la relation avec $\frac{6}{16}$ est égale à $\frac{5}{12}$. Si le rapport du nombre inconnu avec le nombre connu est $\frac{5}{12}$, il s'ensuit que le nombre inconnu est $\frac{5}{12}$ du nombre connu, puisque la relation indique combien de parties du *conséquent* constituent l'*antécédent*. Tout se réduit donc à prendre $\frac{5}{12}$ de l'autre facteur. Afin de l'obtenir, il faut prendre $\frac{1}{12}$ du multiplicande et ensuite répéter 5 fois ce résultat.

Or, si le multiplicande est un nombre entier, son $\frac{1}{12}$ sera représenté par une fraction qui aura pour numérateur le multiplicande et 12 pour dénominateur. Et la détermination du produit consistera à trouver une somme de parcelles égales au numérateur. Et si le multiplicande est une fraction l'on obtiendra son $\frac{1}{12}$, soit en divisant le numérateur par 12, ce qui n'est possible qu'exceptionnellement, soit en rendant son dénominateur 12 fois plus grand, ce qui est toujours susceptible de réalisation. Dans ce cas-là, afin de déterminer le $\frac{1}{12}$ du multiplicande, nous devrons trouver une somme de parcelles égales au dénominateur. Et ce résultat une fois obtenu, nous devrions trouver une somme de parcelles égales au numérateur.

En sorte que l'évaluation de tous les produits serait ramenée au cas où les deux facteurs sont des nombres entiers, c'est-à-dire dans le cas qui fait dépendre la multiplication de l'addition.

211. — Institution de la règle générale de l'évaluation.

La conception générale de la multiplication une fois établie, l'évaluation correspondante cesse d'offrir la moindre difficulté. On voit aussitôt que l'opération est indépendante de l'isomérie, qui ne la rendrait nullement plus aisée et pourrait la compliquer si on tâchait de l'instituer empiriquement, parce que c'est un calcul oiseux.

Cela résulte de ce que le multiplicateur fractionnaire représente proprement, pour le calcul, non pas un côté du rectangle, mais le rapport de l'aire-produit envers l'aire-multiplicande. De cette définition, il résulte aussitôt que, *pour multiplier deux fractions, on multiplie les numérateurs et les dénominateurs entre eux.*

Ainsi donc, le produit de $\frac{6}{16}$ par $\frac{5}{12}$ est $\frac{30}{192}$.

En effet, le multiplicateur étant $\frac{5}{12}$ de l'unité, le produit sera égal à $\frac{5}{12}$ du multiplicande. Or, pour arriver à ce résultat, il suffira évidemment de prendre $\frac{1}{12}$ du multiplicande, c'est-à-dire de le rendre 12 fois plus petit, ce que nous obtiendrons en multipliant son dénominateur par 12, et ensuite répéter le résultat obtenu 5 fois, ou le rendre 5 fois plus grand, ce que nous obtiendrons en multipliant son numérateur par 5.

Si le multiplicateur est entier, on obtiendra le produit en multipliant par lui le numérateur de la fraction qui sert de multiplicande, et en donnant au résultat le dénominateur de celle-ci.

Par exemple, le produit de $\frac{6}{16}$ par 5 est $\frac{30}{16}$. En effet, le multiplicateur étant égal à 5 fois l'unité, le produit sera égal à 5 fois le multiplicande. Pour l'obtenir, il suffira donc de rendre ce multiplicande 5 fois plus grand, ce qu'on obtient en multipliant son numérateur par 5.

Si le multiplicateur est une fraction et le multiplicande un nombre entier, la définition générale montre qu'il convient de suivre une règle identique qui doit étendre à ce cas le principe de *la constance d'un produit dont l'ordre des facteurs est changé*. Du reste, le raisonnement normalement indiqué pour l'étude de la multiplication des nombres entiers s'étend à ce cas-ci.

212. — Appréciation générale de cette élaboration.

Lorsque nous apprécions d'une manière générale cette élaboration, nous voyons que les principales difficultés du calcul arithmétique sont plutôt philosophiques que scientifiques.

Convenablement examinées, elles résultent d'une insuffisante *comparaison du point de vue des valeurs avec celui des relations*. On doit toujours établir entre les deux aspects une harmonie qui, sans les confondre, les fasse concourir normalement à l'élaboration mathématique. Tous les embarras ordinairement accumulés dans l'étude des fractions résultent de la disposition empirique à se préoccuper avec les évaluations, avant d'avoir institué convenablement les combinaisons respectives. Or, il importe de reconnaître que l'harmonie normale de ces deux considérations se trouve nécessairement liée à l'accord entre l'*abstrait* et le *concret*, pour que la philosophie mathématique soit directement subordonnée à la systématisation générale [1].

C'est, en effet, en appréciant, en premier lieu, les nombres comme servant à *mesurer*, que nous sentons le besoin de considérer le cas du multiplicateur fractionnaire. Cette destination rattache la *mathématique* à l'ensemble de la *philosophie seconde*. En deuxième lieu, c'est en remontant à la signification concrète de la multiplication, que nous en instituons la conception générale, en considérant le cas du multiplicateur fractionnaire.

III

EXTENSION DE LA DIVISION AUX FRACTIONS.

213. — Occupons-nous d'abord de la *division* en tant qu'opération inverse de la *multiplication*. Concrètement, le problème correspond alors à déterminer un des côtés d'un rectangle quand on en connaît l'aire et l'autre côté. D'où l'on voit qu'il embrasse deux questions distinctes, selon la manière d'après laquelle on envisage le facteur connu, et, par conséquent, le facteur inconnu.

Ainsi donc, si l'on suppose que le facteur donné désigne le multiplicateur, il représentera le rapport du produit avec l'aire désignée par le multiplicande inconnu. (On ne doit point oublier que le multiplicande demandé indique, non seulement un côté du rectangle, mais aussi un rectangle qui a pour côté ce multiplicande et le module, en sorte que,

1. Notes du Cours public de M. R. Teixeira Mendès.

concrètement, il doit être de la même espèce que le dividende.) C'est-à-dire le facteur connu indique combien de parties du quotient forment le produit. Donc, pour obtenir le quotient, il suffit de prendre au produit les parties indiquées par la fraction-diviseur invertie.

Prenons pour exemple, pour fixer les idées, la fraction $\frac{2}{3}$ à diviser par $\frac{5}{6}$; admettons que $\frac{2}{3}$ indique le produit de $\frac{5}{6}$ par le quotient demandé ; c'est-à-dire que $\frac{2}{3}$ est égal à $\frac{5}{6}$ du quotient. Il s'ensuit que $\frac{1}{6}$ du quotient sera $\frac{1}{5}$ de $\frac{2}{3}$; et pour avoir ce $\frac{1}{5}$ il suffit de multiplier le dénominateur de $\frac{2}{3}$ par 5, qui est le numérateur du diviseur. Après quoi, ayant $\frac{1}{6}$ du quotient, afin d'avoir le quotient total, il faut répéter ce $\frac{1}{6}$ 6 fois, c'est-à-dire multiplier par 6 le numérateur de la fraction obtenue.

En récapitulant l'ensemble des opérations effectuées dans ce cas, on voit que l'on est arrivé à la même règle : *multiplier la fraction dividende par la fraction diviseur intervertie.*

En résumé, nous voyons que le produit est formé du multiplicande demandé comme le multiplicateur est formé de l'unité. En considérant donc le diviseur comme le multiplicateur, nous pouvons dire que le dividende se forme du quotient de la même manière que le diviseur se forme de l'unité [1].

1. En sorte que la *division* peut être définie d'une manière générale comme ayant pour but : *étant donnés deux nombres (dividende et diviseur), en déterminer un troisième (quotient) qui soit formé du premier de la même façon que le deuxième produit l'unité.* Ainsi, par exemple, le quotient de

Afin de fixer les idées, supposons encore, par exemple, qu'il s'agit de diviser $\frac{2}{3}$ par $\frac{4}{5}$. Le diviseur étant égal à 4 fois $\frac{1}{5}$ de l'unité, le dividende sera composé de 4 fois $\frac{1}{5}$ du quotient; par conséquent, pour obtenir $\frac{1}{5}$ du quotient, il suffira de rendre le dividende 4 fois plus petit, ce qu'on obtient en multipliant son dénominateur par 4, ce qui produit $\frac{2}{3 \text{ par } 4}$.

Ayant ainsi obtenu $\frac{1}{5}$ du quotient, il est évident que, pour avoir les $\frac{5}{5}$, c'est-à-dire le quotient total, il suffira de rendre ce résultat 5 fois plus grand, ce qu'on obtient en multipliant son numérateur par 5 ; en sorte que $\frac{2 \text{ par } 5}{3 \text{ par } 4}$ est le quotient cherché.

Si le dividende est un nombre entier, 2, par exemple, nous raisonnerons de même. En effet, le diviseur étant encore $\frac{4}{5}$ de l'unité, le dividende, 2, contiendra 4 fois $\frac{1}{5}$ du quotient.

Donc, en le rendant 4 fois plus petit, c'est-à-dire en le divisant par 4, nous obtiendrons $\frac{2}{4}$ comme valeur de $\frac{1}{5}$ du quotient. Par conséquent, pour avoir le quotient total, c'est-à-dire ses $\frac{5}{5}$, il suffira de rendre $\frac{2}{4}$ 5 fois plus grand,

$\frac{2}{3}$ par $\frac{5}{6}$ sera le nombre qui se forme de $\frac{2}{3}$ comme $\frac{5}{6}$ produit l'unité. Or, la fraction $\frac{5}{6}$ produit l'unité en le multipliant par $6\,\frac{6}{5}$; par conséquent, le quotient demandé se formera de $\frac{2}{3}$ en multipliant $\frac{2}{3}$ par $\frac{6}{5}$, ce qui fournit $\frac{2 \text{ fois } 6}{3 \text{ fois } 5}$ ou $\frac{12}{15}$.

ce qu'on obtient en multipliant son numérateur par 5 ; en sorte que $\frac{2 \text{ par } 5}{4}$ est le quotient cherché.

Supposons, enfin, que le diviseur est un nombre entier et que nous devions diviser, par exemple, $\frac{2}{3}$ par 4. Le diviseur étant égal à 4 fois l'unité, le dividende $\frac{2}{3}$ est égal à 4 fois le quotient. Donc, pour avoir ce quotient, il suffira de rendre le dividende 4 fois plus petit, ce qu'on obtient en multipliant son dénominateur par 4. Le quotient est donc $\frac{2}{3 \text{ fois } 4}$ ou $\frac{2}{12}$.

Pourtant la considération que l'ordre des facteurs n'altère point le produit montre que les deux questions indiquées antérieurement peuvent rentrer l'une dans l'autre à notre guise. En sorte qu'il nous est facultatif de considérer toujours le facteur connu soit comme multiplicateur, soit comme multiplicande, sans que la *valeur abstraite* du quotient en soit altérée. Quant à sa *signification concrète*, le problème que l'on doit résoudre dans le moment l'indiquera.

En considérant donc la division comme l'inverse de la multiplication, nous en arriverons à la même règle arithmétique pour l'évaluation du quotient, soit que l'on envisage celui-ci comme devant exprimer le multiplicande ou le nombre duquel on doit prendre les parties indiquées par le diviseur pour avoir le dividende, soit que l'on envisage le quotient comme exprimant le multiplicateur ou le nombre qui indique les parties que l'on doit prendre du diviseur pour avoir le dividende.

Mais d'après la première hypothèse, la règle est instituée immédiatement, tandis que suivant la seconde, nous verrons qu'elle exige l'établissement préliminaire de l'isomérie.

214. — Réduction de la règle de la multiplication des fractions a la règle de la division.

Nous venons de constater que, dans le problème de la multiplication, l'un des facteurs peut toujours être considéré comme exprimant le rapport du produit envers l'autre. On voit donc que toute multiplication peut être envisagée comme correspondant au problème inverse de la division, directement instituée. Car l'évaluation du produit importe, par conséquent, la détermination d'un nombre dont le rapport avec un autre est connu, quand cet autre est connu lui aussi.

Il est donc aisé de reconnaître que la règle de la multiplication des fractions peut rentrer dans la division.

Prenons un exemple, afin de rendre cette conception plus claire. Qu'il s'agisse de trouver le produit de $\frac{3}{4}$ par $\frac{5}{6}$. Admettons que le facteur $\frac{3}{4}$ indique le rapport du produit envers le multiplicande $\frac{5}{6}$. Cela veut dire que, en supposant le produit divisé en 3 parties égales, le multiplicande contient 4 de ces parties. Ou bien que, en divisant le produit en 3 parties égales et le multiplicande en 4, chaque partie du produit sera égale à l'une des parties du multiplicande. D'où l'on voit aussitôt que si la raison du produit envers le multiplicande est $\frac{3}{4}$, la raison du multiplicande envers le produit sera $\frac{4}{3}$. C'est-à-dire on obtiendrait le multiplicande en prenant $\frac{4}{3}$ du produit.

D'où l'on conclut (en vertu de la définition générale de la multiplication) que le multiplicande peut être considéré comme un produit dont les facteurs sont la fraction inverse du multiplicateur et le produit inconnu. Et, dès lors, ce produit inconnu sera obtenu *en divisant le multiplicande par la fraction inverse du multiplicateur*. De tout ce qui précède, il s'ensuit que le problème, *étant donné le rapport entre deux nombres et l'un d'eux, afin d'en trouver l'autre*, renferme deux questions, selon que le nombre connu est le conséquent ou l'antécédent dans la comparaison effectuée. Si le *conséquent* en est connu, la solution du problème dépend de la multiplication. Si l'*antécédent* en est connu, le problème dépendra de la division.

215. — D'après la définition théocratique, nous avions vu que la division consiste à déterminer le rapport entre deux grandeurs, c'est-à-dire à déterminer combien de parties du diviseur sont contenues dans le dividende. Suivant cette hypothèse-là, la notion de division est aussi claire et aussi directe lorsque les nombres comparés sont des fractions, que lorsqu'ils sont entiers, puisque le problème général de savoir combien de parties d'une grandeur sont contenues dans une autre, n'en saurait altérer la signification, suivant la manière d'après laquelle ces grandeurs sont représentées.

Mais c'est l'institution de la fraction qui exprime le *quotient* qui ne se présente pas comme aussi aisée envers tous les cas, puisque dans celui des fractions il faut simultanément faire attention au numérateur et au dénominateur, du concours desquels dépend la valeur de chacun des termes de la division.

En sorte que l'on doit alors comparer quatre nombres en même temps, tandis que, lorsqu'il s'agit de nombres entiers, il suffit de considérer un seul nombre pour la représentation de chacune des grandeurs combinées, et, par conséquent, l'opération n'exige que la comparaison de deux nombres.

216. — Utilité de l'isoménie afin de dissiper les embarras de l'évaluation du quotient.

Mais la comparaison des cas de la division rend aussitôt évident que les difficultés, dans un cas, et les facilités, dans l'autre, ne résultent que de ce que les nombres entiers sont spontanément rapportés à la même unité. Car, lorsque les fractions sont isomères, leur rapport se présente spontanément comme étant exprimé par le quotient des numérateurs.

Dès lors, nous sommes portés, afin d'évaluer le quotient de deux fractions, à les rendre isomères, ce qu'on peut obtenir au moyen des deux modes généraux ci-dessus mentionnés.

Proposons-nous, par exemple, de diviser $\frac{2}{3}$ par $\frac{5}{14}$. Les dénominateurs n'admettant aucun facteur commun, le mode fondé sur la décomposition des dénominateurs en leurs facteurs premiers n'est pas dans ce cas-ci le plus simple. En appliquant donc le mode où l'on prend comme le nouveau dénominateur le produit des dénominateurs primitifs, on obtient les fractions $\frac{2 \text{ fois } 14}{3 \text{ fois } 14}$ et $\frac{3 \text{ fois } 3}{3 \text{ fois } 14}$; et, pour en effectuer la division, il ne nous faut plus que diviser les numérateurs de ces deux fractions, ce qui nous donne $\frac{2 \text{ fois } 14}{5 \text{ fois } 3}$.

On reconnaît ainsi que l'ensemble de l'opération se réduit enfin à *multiplier la fraction dividende par la fraction diviseur intervertie.*

Lorsque, au lieu d'une fraction par l'autre, nous aurons besoin de diviser un nombre entier par une fraction, la question se réduit au cas précédent.

Il suffira, en effet, de remplacer ce nombre entier par une autre fraction isomère avec la fraction proposée. Désormais, en divisant les deux numérateurs, l'ensemble de l'opération nous porte à reconnaître qu'il faut *multiplier le nombre entier par la fraction diviseur intervertie.*

Ainsi donc, pour diviser $\frac{2}{3}$ par 5, en remplaçant ce nombre par $\frac{5 \text{ fois } 3}{3}$, et en prenant le rapport entre les numérateurs, on obtient $\frac{2}{5 \text{ fois } 3}$.

217. — RÉFLEXIONS SUR LA DIVISION DES FRACTIONS CONSIDÉRÉE COMME POUVANT CORRESPONDRE A LA DIVISION D'UNE GRANDEUR EN UN CERTAIN NOMBRE DE PARTIES ÉGALES.

Enfin, en considérant le problème de la division d'une grandeur en parties égales, on reconnaît que, de par sa nature, le diviseur est toujours un nombre entier.

La division des fractions, lorsque le diviseur est une fraction, ne pourra correspondre à un pareil problème que si ce diviseur est susceptible de devenir un nombre entier. Afin de saisir, dans ce cas, l'harmonie entre l'abstrait et le concret, considérons un exemple : Il s'agit de diviser un nombre en 5 parties égales.

Supposons le nombre 5 transformé dans la fraction qui a pour dénominateur 3 ; 5 deviendra alors $\frac{15}{3}$. Afin de découvrir ce que signifie, dans ce cas-là, la substitution du diviseur 5 par le diviseur $\frac{15}{3}$, remarquons que $\frac{15}{3}$ équivaut à 5, car chaque partie de 5 en vaut 3 de la grandeur divisée en $\frac{15}{3}$, c'est-à-dire, afin de diviser en $\frac{15}{3}$ une grandeur qui est divisée en 5 parties, il suffit de diviser chaque $\frac{1}{5}$ en 3 parties égales.

Par conséquent, au lieu de la diviser en 5 parties égales, nous pouvons la diviser en 15 parties égales ; mais alors il faudra prendre 3 de ces parties.

On reconnaît ainsi que, lorsque le problème de la division d'une grandeur en parties égales se présente avec le diviseur sous la forme d'une fraction, on obtient encore le quotient *en multipliant le dividende par la fraction diviseur intervertie.*

218. — Vu ce qui précède, nous sommes forcés de conclure que tout calcul fractionnaire se réduit toujours au calcul des nombres entiers. Mais cette réduction ne saurait se faire avec la même spontanéité relativement à toutes les opérations. En effet, envisagée sous cet aspect, la division se rapproche de l'addition et de la soustraction en tant qu'exigeant la même préparation qu'elles.

Mais la multiplication s'éloigne des trois en ce qu'elle dispense un tel préambule et exige une refusion de sa conception initiale, comme étant dérivée de l'addition.

Enfin, l'ensemble de notre appréciation démontre les affinités entre la division et la multiplication, tellement rapprochées dans le calcul théocratique, que les deux comportent une règle commune déduite de l'une quelconque des deux.

On a ainsi un nouvel exemple de l'aptitude de la raison abstraite à lier les conceptions séparément surgies dans le domaine concret.

Toutes ces pondérations contribuent enfin à lier indissolublement, mais sans la moindre confusion, les diverses opérations fondamentales.

Afin que ce calcul préliminaire puisse satisfaire l'ensemble des nécessités pratiques, il ne nous reste plus qu'à examiner les simplifications dont le calcul fractionnaire est susceptible, moyennant l'adoption systématique des puissances de la base numérale comme dénominateur.

Tel sera l'objet de la section suivante.

ONZIÈME SECTION

Simplification du calcul fractionnaire dans le cas des fractions basiques. (Perfectionnement monothéique du calcul fractionnaire. Conversion des fractions ordinaires en fractions basiques.)

I

INSTITUTION PHILOSOPHIQUE DE CETTE QUESTION.

219 — MOTIFS QUI ONT CONDUIT AU CALCUL DES FRACTIONS BASIQUES.

De l'ensemble de l'étude faite jusqu'à présent du calcul arithmétique, ressort l'esprit général d'un pareil calcul, comme consistant à simplifier autant que possible les évaluations quelconques. Un tel esprit n'est que l'application de la *loi-mère* de la Philosophie Première au domaine le plus élémentaire de la Logique ou Mathématique, c'est-à-dire de la Philosophie Seconde. Vu une telle considération, notre appréciation du calcul fractionnaire serait incomplète, si, après avoir institué la réduction générale d'un pareil calcul à celui des nombres entiers, nous n'examinions pas les simplifications que comporte cette réduction.

Mais, pour qu'un tel examen soit complet, il faut combiner le point de vue théorique au point de vue pratique, la *raison abstraite* avec la *raison concrète ;* que nous l'établissions en harmonisant la science spirituelle avec la sagesse temporelle. Or, directement examiné, le calcul fractionnaire s'offre comme susceptible de deux classes de simplifications. Les unes, plus objectives, qui résultent de la nature propre des fractions et proviennent de ce qu'elles se trouvent exprimées par les plus petits nombres que la relation comporte. Les autres, plus subjectives, dépendent de la représentation qu'ont les nombres, en vertu du système de numération adopté. Les premières ont déjà été examinées et ont constitué l'objet de la *théorie de la simplification des fractions*, naturellement applicable à toutes les fractions.

Il ne nous faut donc plus que considérer les secondes qui, en elles-mêmes, ne peuvent concerner que les fractions particulières. Mais, aussitôt, leur considération fait surgir le problème de réduire toutes les fractions exceptionnelles. Examiner donc quelles sont les fractions qui conduisent aux calculs les plus faciles, non de par leur nature, mais en vertu du système de numération adopté, et rechercher les moyens de réduire le calcul des autres fractions à celles-ci, tel doit être, en résumé, l'objet du complément exigé par l'institution philosophique de la théorie fractionnaire.

220. — De l'avènement historique du problème et de sa solution.

Vu les considérations ci-dessus, on voit qu'un pareil problème ne saurait s'imposer à l'attention théorique que lorsque les besoins pratiques l'auraient exigé. Immédiatement rattachée à la conception fractionnaire, la doctrine de la simplification ne pourrait point ne pas être élaborée aussitôt après que cette conception a surgi. Autrement, on ne saurait acquérir une notion précise du *rapport géométrique*. Mais la considération systématique des facilités d'un tel calcul, par sa nature exceptionnelle, ne s'impose que lorsque la préoccupation des évaluations effectives prévaut. Or, cette préoccupation était liée à l'essor du régime industriel.

Jusqu'alors les grandes évaluations concernaient l'astronomie et l'adoption de la numération sexagésimale satisfaisait les exigences historiques. Mais aussitôt que l'activité collective s'est tournée spécialement vers le perfectionnement de notre situation planétaire, dès que la prépondérance des habitudes pacifiques détermina l'essor des relations commerciales, l'usage des grands calculs s'est de plus en plus généralisé. Le problème d'effectuer chaque fois plus simplement et plus rapidement les évaluations déterminées par les industries et les transactions surgit donc. D'un autre côté, en même temps que l'activité pratique, sous l'impulsion de la sociabilité, pose ainsi le problème de la plus grande simplification du calcul fractionnaire, elle indique aussi les conditions de sa solution. Car la destination pratique fait prévaloir le point de vue *relatif* dans les évaluations, ou plutôt rend systématique, c'est-à-dire volontaire, le *relativisme*, que l'institution de la division avait déjà provoqué.

En effet, sous le point de vue pratique, nous ne pouvons obtenir ni n'avons besoin d'aucune évaluation absolue. Nos actions et nos prévisions étant limitées par nos imperfections inévitables et par les difficultés insurmontables de l'ordre extérieur, l'Humanité n'a partout besoin que d'approximations de la réalité. Le seul idéal auquel nous puissions et auquel nous ayons besoin d'aspirer, c'est que nos approximations soient susceptibles d'acquérir le degré qui, dans chaque cas, est exigé par l'ensemble des besoins sociaux et moraux.

On conçoit désormais toute l'importance que peut acquérir une simplification, d'abord extrêmement exceptionnelle, et par conséquent peu *utilisable*. En introduisant la prépondérance du point de vue subjectif, cette simplification peut se généraliser, en identifiant tous les autres cas avec celui-ci, autant que l'ensemble des intérêts humains l'exige. On aperçoit donc que la simplification du calcul fractionnaire que nous devons considérer à présent, devait être retardée jusqu'à ce que l'évolution de l'Humanité eût atteint la période franchement industrielle. Cela n'a eu lieu que vers la fin du moyen âge, en sorte que l'essor d'un tel calcul devait avoir un des caractères du premier siècle des temps modernes.

221. — Occupons-nous maintenant de l'évolution qui a conduit au calcul des *fractions basiques*. Les réflexions précédentes expliquent l'importance que la simplification artificielle du calcul fractionnaire a acquise depuis lors, et qu'on ne saurait justifier lorsqu'on apprécie cette question sous le seul aspect théorique. Faute d'un point de vue théorique convenable, on a été porté à exagérer une pareille simplification appréciée quant à son aspect arithmétique. Et la même lacune n'a point permis de mesurer toute la portée sociale et morale de cette résolution théorique. En sorte qu'elle n'a pu être convenablement jugée avant Auguste Comte.

Afin d'apprécier toute la portée du pas alors réalisé par l'Humanité, il suffit de développer les réflexions précédentes. En effet, elles nous montrent que, quels que soient les fruits industriels de la théorie que nous sommes en train de considérer, les enseignements moraux et logiques qu'elle renferme ont la plus grande valeur, puisque ce cas constitue dans le plus simple domaine théorique la manifestation décisive des véritables caractères généraux de l'esprit positif. On voit ainsi que l'évolution humaine a fait prévaloir chaque fois davantage le point de vue subjectif, dans la constitution théorique elle-même.

Cependant, un tel accroissement de subjectivisme se concilie avec une appréciation plus profonde de la *réalité*, moyennant l'ascendant de la réalité suprême, c'est-à-dire le *relativisme* de nos conceptions et de nos actions. Tant les unes que les autres ne comportent d'autre critérium que l'utilité humaine, qui ne saurait être définitivement jugée qu'en faisant prévaloir l'altruisme sur l'égoïsme. Afin de bien apprécier les fondements de pareilles réflexions, il faut remarquer que l'ascendant du subjectivisme ne se fait pas sentir que dans la substitution volontaire des calculs approximatifs aux calculs exacts possibles. Elle est surtout prononcée dans la suprématie qu'acquiert ainsi une considération spéciale exceptionnelle sur l'ensemble du calcul fractionnaire. Cela nous révèle, dès le début de la Logique, un des caractères les plus admirables de la sagesse de l'Humanité, puisque nous voyons celle-ci employer partout les expédients les plus restreints afin de satisfaire ses plus vastes besoins. Nous devons enfin observer que, puisque la simplification normale du calcul fractionnaire dépend de la relation existante entre la représentation de la fraction et du système de numération employé, cette simplification est affectée par les propriétés de la base numérale adoptée. Il n'était donc pas possible que la théorie dont il s'agit eût acquis sa constitution définitive avant la régénération positive des études théoriques.

222. — Examen des aberrations dues a l'académicisme.

Toutes ces réflexions-là montrent à l'évidence que le calcul des fractions basiques devait avoir été exposé à plusieurs aberrations pendant le régime académique. Comme dans un cas quelconque, ces aberrations résultèrent d'une monstrueuse combinaison entre l'empirisme et l'ontologisme. Elles devaient même devenir d'autant plus générales que l'anarchie théorique était plus profonde. Ne se rendant point compte de la vraie destination populaire de la culture scientifique, les spécialistes essayèrent de rendre le calcul fractionnaire accessible aux individus dépourvus de toute culture ; comme si la destinée du prolétariat et du patriciat était de vivre toujours dans l'ignorance de nos jours.

Cette impulsion les a d'abord portés à tenter la reconstruction du calcul fractionnaire pour le cas spécial des fractions basiques, irrationnellement assimilées aux nombres entiers. Mais une pareille tendance serait insuffisante à produire toutes les dévastations logiques qu'elle a entraînées si les savants n'étaient pas fascinés par les facilités inhérentes à la logique des signes. Séduits par l'analogie des notations, ils essayèrent d'en identifier les conceptions.

223. — Voyons donc la méthode que nous devons suivre ici dans l'appréciation normale du calcul fractionnaire, et instituons-en la simplification. En évitant de pareilles déviations, toute l'appréciation d'une telle simplification consiste à l'examiner suivant les altérations introduites dans le cas général. Directement considérée, la simplification normale du calcul fractionnaire repose sur l'observation spontanée des facilités qu'elle comporte, quand les fractions ont comme dénominateur une puissance de la base numérale. Dans ces cas-là, l'observation faite en mul-

tiplication sur la facilité du calcul, lorsque les facteurs sont des multiples de la base, trouve une confirmation et une extension qu'il était déjà facile de prévoir. On voit alors que de pareilles fractions peuvent prendre aussitôt la forme la plus simple dont elles sont susceptibles, sans qu'elles perdent leur caractère, et sans aucun calcul proprement dit; car, pour cela, il suffit de mettre dans le numérateur et dans le dénominateur le même nombre de zéros.

224. — INFLUENCE DE LA BASE NUMÉRALE SUR LES SIMPLIFICATIONS FRACTIONNAIRES.

Pourtant, cette considération montre déjà les réactions de la base numérale sur la simplification du calcul fractionnaire; car, ainsi réduite, la fraction peut ne pas avoir acquis sa plus simple expression générale, si la base de la numération n'est pas un nombre premier.

Par exemple, la fraction $\frac{6}{10}$ dans le système de base *dix* se trouve dans sa plus simple forme décimale; mais elle n'est pas réduite à la plus simple de toutes les expressions dont elle est susceptible. En effet, ses deux termes étant divisibles par 2, elle équivaut à $\frac{3}{5}$. Il n'en est pas de même de la base *sept*, où la fraction $\frac{6}{10}$ est irréductible à une autre plus simple.

D'où l'on conclut que, pour que la plus simple expression d'une fraction basique puisse coïncider avec la plus simple expression générale de la fraction, la base du système doit être un nombre premier. Cela constitue une raison de plus pour la préférence de la base positive, proposée par Auguste Comte, sur la base théocratique qu'un pur empirisme a fait prévaloir avant lui. Ainsi donc, dans le système septimal, les fractions basiques peuvent être habituellement considérées irréductibles, car toutes celles qui ne le seraient pas spontanément, le deviennent en supprimant les zéros du numérateur et tout autant dans le dénominateur.

Il ne nous faut donc plus considérer que les deuxièmes simplifications, qui, en elles-mêmes, ne peuvent concerner que les fractions particulières, très justement appelées *basiques*, parce qu'elles ont comme dénominateurs les diverses puissances de la base numérale. Mais leur considération fait aussitôt surgir le problème de la réduction de toutes les fractions à ces fractions exceptionnelles.

Examiner donc les fractions qui conduisent aux calculs les plus faciles, non d'après leur nature, mais en vertu du système de numération adopté, et rechercher les moyens de réduire le calcul des autres fractions au calcul de celles-ci, tel doit être, en résumé, l'objet du complément qu'exige l'institution philosophique de la théorie fractionnaire. Nous devons restreindre la deuxième partie de notre examen au cas des fractions décimales. Mais cela n'en restreint point l'appréciation générale, car les mêmes raisonnements s'appliquent aux autres cas.

Remarquons d'abord que les fractions basiques ne peuvent donner lieu, dans aucun système de numération, à une théorie spéciale de l'*isomérie*. En effet, de telles fractions diffèrent les unes des autres par le degré de la puissance de la *base*, qui constitue ses dénominateurs, l'isomérie est obtenue en identifiant ces degrés, sauf l'obligation de juxtaposer au numérateur le nombre de zéros convenables, afin de ne pas altérer la fraction considérée. Le dénominateur pouvant être noté par l'unité suivie de zéros, il est clair que l'identification des degrés équivaut à égaler le nombre de ces zéros à celui du plus grand des dénominateurs, qui est évidemment un multiple de tous les autres. Ainsi, par exemple, nous rendons isomères les fractions basiques $\frac{5}{10}$, $\frac{3}{100}$ et $\frac{1}{1000}$, en plaçant deux zéros à droite de chacun des termes de la première, et un seul zéro à droite des termes de la deuxième, et nous aurons donc $\frac{500}{1000}$, $\frac{30}{1000}$ et $\frac{1}{1000}$.

225. — Dans ces conditions-là, on conclut de ce qui vient d'être exposé, que l'examen de la simplification normale du calcul fractionnaire se réduit à la seule étude des facilités que les quatre combinaisons élémentaires comportent. C'est ce que nous ferons au paragraphe suivant.

II

SIMPLIFICATION DU CALCUL DES FRACTIONS DONT LES DÉNOMINATEURS SONT DES PUISSANCES DE LA BASE NUMÉRALE : MANIÈRE ABRÉGÉE DE LES REPRÉSENTER.

226. — A présent, nous allons étudier les simplifications spéciales dont le calcul fractionnaire est susceptible. Nous devons restreindre notre examen au cas des fractions décimales. Mais cela ne restreint point l'appréciation générale, car les mêmes raisonnements ne s'appliquent pas aux autres cas.

Remarquons d'abord que les fractions basiques ne sauraient donner lieu dans aucun système de numération à une théorie spéciale de l'*isomérie*. En effet, de telles fractions différant les unes des autres par le degré de puissance de la *base* qui constitue leur dénominateur, l'isomérie est obtenue en identifiant ces degrés, sauf l'obligation de juxtaposer au numérateur le nombre de zéros convenable, afin de ne pas altérer la fraction considérée. Le dénominateur pouvant être noté par l'unité suivie de zéros, il est clair que l'identification des degrés équivaut à égaler le nombre de ces zéros à celui du plus grand nombre des dénominateurs, qui est évidemment un multiple de tous les autres.

Ainsi, par exemple, nous rendrons isomères les fractions basiques $\frac{5}{10}$, $\frac{3}{100}$, $\frac{1}{1000}$ en plaçant deux zéros à droite de chacun des termes de la première et un seul zéro à droite des termes de la deuxième, en trouvant donc $\frac{500}{1000}$, $\frac{30}{1000}$ et $\frac{1}{1000}$.

227. — Recherche des simplifications résultant pour l'addition, la soustraction et la division des fractions décimales.

Ceci une fois établi, la distinction que nous avons vue dans le cas général entre l'addition, la soustraction et la division, d'un côté, et la multiplication de l'autre, se maintient ici. En effet, nous avons vu que, les fractions une fois rendues *isomères*, l'addition, la soustraction et la division se réduisaient à effectuer ces combinaisons entre les numérateurs, en donnant au résultat le dénominateur commun.

Dans le cas général, l'opération consiste en deux parties :

1° Une préparation qui a pour but de rendre isomères les fractions ;

2° Réaliser la combinaison indiquée entre les numérateurs.

Lorsqu'il s'agit de fractions décimales, la première partie de l'opération comporte une simple réalisation immédiate, comme nous l'avons dit. Le calcul proprement dit disparaît ici et est remplacé par une simple combinaison de signes.

L'évaluation se réduit donc à combiner directement les numérateurs ainsi spontanément modifiés, et à donner au résultat le même dénominateur, lorsqu'il s'agit de l'addition ou de la soustraction. Si l'un des termes combinés est un nombre entier, la simplification du calcul est de la même nature.

Ainsi donc, pour additionner les fractions $\frac{9}{100}$ et $\frac{7}{1000}$, il suffira d'additionner les numérateurs des fractions équivalentes et isomères $\frac{90}{100}$ et $\frac{7}{1000}$, et de donner au résultat le dénominateur commun, ce qui produira $\frac{97}{1000}$.

Si nous voulons soustraire la deuxième de la première, nous effectuerons cette combinaison entre les numérateurs, ce qui donnera $\frac{83}{1000}$.

Enfin, pour la division de la première par la deuxième, la combinaison des numérateurs respectifs produira $\frac{90}{7}$. Si, au lieu de la première fraction, nous devions combiner avec la deuxième le nombre entier 2, les résultats seraient $\frac{2007}{1000}$ pour l'addition ; $\frac{1993}{1000}$ pour la soustraction ; et enfin $\frac{2000}{7}$ pour la division de l'entier par la fraction, ou $\frac{7}{2000}$ pour la division de la fraction par le nombre entier.

On voit donc que, dans ces trois évaluations, la simplification se résume dans la manière spontanée de les préparer par l'isomérie.

228. — Examen de la multiplication des fractions décimales.

Nous savons que, dans le cas de la multiplication des fractions ordinaires, il n'est pas besoin de les rendre isomères, et qu'il suffit de multiplier entre eux les termes respectifs. Or, si les fractions sont décimales, la multiplication des dénominateurs comporte une simplification pareille à celle que nous avons vue pour l'isomérie.

En effet, le produit des dénominateurs est encore une puissance de 10, de degré égal à la somme des degrés de leurs facteurs ; pouvant donc être représenté par l'unité suivie d'autant de zéros qu'il en existe dans les dénominateurs des fractions combinées.

Par exemple, quand il s'agit de multiplier les fractions $\frac{7}{10}$ et $\frac{13}{1000}$, leur produit sera, suivant la règle générale, équivalente à la relation entre les produits de 7 par 13 et 10 par 1.000 ou 10.000, où l'on voit que ce dénominateur se forme en juxtaposant à l'unité les zéros des dénominateurs combinés.

Dans le cas où l'un des facteurs est un nombre entier, la règle générale ne souffre nulle simplification.

229. — Des simplifications dues a la notation. Avènement de celle-ci.

Toutefois, les abréviations indiquées ci-dessus peuvent acquérir un perfectionnement pratique en vertu d'une modification dans la manière d'écrire les fractions basiques.

Un pareil perfectionnement résulte de la similitude de leurs dénominateurs, qui ne diffèrent que par les degrés des puissances correspondantes de la base numérale, ou, ce qui revient au même, par le nombre de zéros. Dès lors, ces dénominateurs peuvent être lus quand ils ne sont qu'indiqués par le nombre de chiffres du numérateur, pourvu que ce nombre devienne égal au degré de la puissance correspondante, en utilisant, à cet effet, le zéro, qui est le signe ordinaire des lacunes numérales. Mais ce signe doit alors être employé de manière inverse à celui qui est déjà adopté pour la notation fondamentale des nombres entiers.

Ainsi donc, au lieu d'écrire $\frac{5}{100}$, on pourrait écrire o5. Quand même le dénominateur serait la base, cette convention porterait à représenter la fraction par le chiffre du numérateur. Si dans le calcul il ne concourait que des fractions décimales, il n'y aurait nul inconvénient à procéder de cette manière. Mais, puisque les fractions décimales peuvent être employées concurremment avec les nombres entiers, il faut que la notation permette les distinctions entre les uns et les autres. D'où est résultée la convention d'indiquer qu'il s'agit d'une fraction décimale, en plaçant un point, ou plus généralement une virgule à gauche du numérateur ainsi modifié.

En outre, pour rendre la notation plus claire et éviter les méprises, l'habitude s'est introduite de spécifier par un zéro avant la virgule l'absence des nombres entiers.

Telle est la série des motifs qui conduisirent à la notation usuelle. D'après elle, on peut représenter une fraction décimale sous la forme d'un nombre entier.

A cet effet, *on supprime le dénominateur de la fraction décimale et on écrit à gauche du numérateur autant de zéros qu'il en faut pour que le nombre de ses chiffres devienne égal au degré de la puissance du même dénominateur ou au nombre de zéros de celui-ci ; en ayant soin de mettre un point ou une virgule pour séparer son ensemble du nombre entier qu'il pourrait contenir par hasard et de placer un zéro si ce nombre est absent.*

Réciproquement on voit que, pour revenir du nombre ainsi formé à la fraction décimale primitive, *il suffit de faire abstraction de la virgule, et de prendre comme dénominateur l'unité suivie d'autant de zéros qu'il y a de chiffres à sa droite.*

Ainsi, par exemple, les fractions décimales $\frac{25}{10}$, $\frac{5}{100}$ et $\frac{3}{1000}$ sont respectivement représentées par 2,5, 0,05 et 0,003 ; résultats qui peuvent être vérifiés en revenant à ces fractions-là.

D'où les différentes manières de lire les nombres où il y a ensemble des entiers et des fractions décimales ainsi représentées :

1° La première manière, la plus spontanée et la plus naturelle, consiste *à lire le nombre jusqu'à la fin comme s'il était un nombre entier, en lui ajoutant le nom du dénominateur correspondant.*

Ainsi donc 2,345 et 0,4536 seraient respectivement énoncés *deux mille trois cent quarante-cinq millièmes* et *quatre mille cinq cent trente-six dix millièmes.*

2° La deuxième manière, plus employée dans la numération concrète décimale et appliquée, en général, quand le nombre a beaucoup de chiffres, consiste *à lire séparément la partie entière de la partie fractionnaire.*

Ainsi, par exemple, 3,456789, on lit *trois unités quatre cent cinquante-six mille sept cent quatre-vingt-neuf millioniémes.*

3° Enfin, la troisième manière, plus détaillée et moins usuelle, parce qu'elle est la plus longue, consiste *à lire la partie entière et ensuite chacun des chiffres de la partie fractionnaire, en leur donnant aussitôt les dénominations respectives.*

Ainsi, par exemple, 2,5794681 : on lit 2 *unités*, 5 *dixièmes*, 7 *centièmes*, 9 *millièmes*, 4 *dix millièmes*, 6 *cent millièmes*, 8 *millionièmes et* 1 *dix millionième.*

Cette dernière manière d'énoncer résulte aussi de la propre constitution de la fraction considérée $\frac{2,5794681}{10000000}$ qui se décompose naturellement en 2, $\frac{5}{10000000}$, $\frac{7}{1000000}$, $\frac{9}{100000}$, $\frac{4}{10000}$, $\frac{6}{1000}$, $\frac{8}{100}$, $\frac{1}{10}$, pareillement aux nombres entiers. Du reste, remarquons que, écrite sous la forme de ceux-ci, la fraction décimale obéit à la même loi quant à la valeur de position de ses chiffres.

De la décomposition ci-dessus, il résulte, en effet, que chaque chiffre exprime des unités fractionnaires d'ordre dix fois plus petit que le chiffre immédiat à gauche, et dix fois plus grand que celui de droite. C'est ainsi que le chiffre 5 placé à droite du chiffre 2 exprime des dixièmes ou des unités dix fois plus petites que les unités simples ; que 7 exprime des centièmes ou des unités dix fois plus petites que les dixièmes, et, par conséquent, cent fois plus petites que les centièmes ; et ainsi de suite. En sorte que les diverses subdivisions de l'unité sont sujettes à la même loi de variation décimale, ce qui a fait donner le nom de *dîme* à toutes les expressions quelconques de ce genre-là [1].

L'usage de la virgule étant, comme nous l'avons vu, de séparer, dans la dîme, le chiffre des unités de ceux qui représentent ses subdivisions, il en résulte aussitôt que :

1° *En déplaçant la virgule de une, deux, trois... places vers la droite, la dîme sera respectivement multipliée par* **10, 100, 1000...**

2° *En déplaçant la virgule de une, deux, trois... places vers la gauche, la dîme sera respectivement divisée par* **10, 100, 1000.**

1. S. Stévin et ceux qui s'occupèrent d'abord de cette notation appelèrent *nombre de dîme* la fraction décimale ainsi exprimée. Parmi ces derniers, il faut citer Viète, qui a, le premier, employé la notation actuelle des fractions décimales en calculant le rapport approximatif entre la circonférence et le diamètre avec cinq chiffres décimaux.

En effet, le nombre de chiffres à droite de la virgule indique, comme nous l'avons vu, le degré de la puissance du dénominateur de la fraction décimale; en sorte que déplacer la virgule de un, deux, trois... chiffres vers la droite, équivaut à diviser le même dénominateur par 10, 100, 1000, ce qui rendra la fraction 10, 100, 1000 fois plus grande.

C'est ce qu'on observe, par exemple, en comparant les dîmes 3,465 et 346,5 avec les fractions décimales équivalentes $\frac{3465}{1000}$ et $\frac{3465}{10}$.

Réciproquement, en déplaçant la virgule de un, deux, trois... chiffres vers la gauche, nous ne faisons que rendre 10, 100, 1000 fois plus grand le dénominateur, la fraction en devenant donc 10, 100, 1000 fois plus petite. C'est ce qu'on peut vérifier en comparant les dîmes 5,48, 0,548 et 0,0548 avec les expressions équivalentes $\frac{548}{100}$, $\frac{548}{1000}$ et $\frac{548}{10000}$.

Il est évident que la *dîme* se transformera en un nombre entier quand le déplacement de la virgule vers la droite embrasse l'ensemble de ses chiffres.

Ainsi donc, par exemple, 48,2 ou $\frac{482}{10}$ se transformera en 482, lorsque la virgule est déplacée vers le dernier chiffre de la droite. Cela n'empêche pourtant pas de considérer encore ce dernier nombre comme une *dîme*, dès que, en conservant la virgule, on écrit un ou plusieurs zéros à sa droite.

Du reste, la juxtaposition de zéros à droite d'une *dîme* quelconque ne peut point en altérer la valeur; car ce n'est que multiplier par la même puissance de 10 les deux termes de la fraction décimale équivalente.

C'est ainsi que les dîmes 48,2, 48,20 et 48,200... sont égales, car elles ne sont que des expressions des fractions équivalentes $\frac{482}{10}$, $\frac{4820}{100}$, $\frac{48200}{1000}$...

Inversement, un nombre entier sera transformé en une dîme 10, 100, 1000... fois plus petite que lui, en plaçant respectivement une virgule à gauche de son premier, deuxième, troisième... chiffre. De cette manière, on représente immédiatement le résultat de la division d'un nombre quelconque par 10, 100, 1000. Cela permet aussi d'obtenir le quotient de sa division par un multiple quelconque de 5, sans l'effectuer directement. Ainsi donc, par exemple, pour avoir son quotient par 25, nous le multiplierons par 4, et nous séparerons au moyen de la virgule ses deux derniers chiffres à droite ; pour avoir le quotient par 125, nous le multiplierons par 8, et nous séparerons au résultat ses trois derniers chiffres à droite, etc.

C'est Neper qui a, le premier, employé la notation que nous employons aujourd'hui, en simplifiant la notation primitive introduite par Stévin (1548-1620) et perfectionnée par Viète, contemporain de celui-ci [1]. La notation de Stévin consistait d'abord à signaler les unités fractionnaires décimales de plusieurs ordres au moyen de petits cercles placés à sa droite, renfermant chacun le chiffre correspondant à l'ordre représenté. La partie entière était indiquée par deux cercles concentriques.

Ainsi donc, par exemple, deux unités et cent trente-neuf

1. Disme, enseignant facilement expédier par nombres entiers sans rompuz, tous comptes se rencontrans aux affaires des Hommes. Primierement descripte en Flameng, et maintenant convertie en François par Simon Stévin, de Bruges. (*L'Arithmétique de Simon Stévin*, de Bruges, par Albert Girard, à Leide, 1686.)

millièmes, ou 2 entiers, 1 dixième, 3 centièmes et 9 millièmes, était écrit ainsi :

2 ⓪ 1 ① 3 ② 9 ③

Cette notation s'est graduellement simplifiée petit à petit. Les cercles, écrits d'abord à côté des chiffres, commencèrent à être placés au-dessus ; ensuite, les cercles furent supprimés, et les chiffres qu'ils renfermaient furent remplacés par de petits traits. Ainsi donc, 3 dixièmes était représenté par 3′, 3 centièmes par 3″, 3 millièmes par 3‴ ; et ainsi de suite.

Une autre notation due à Viète consistait à écrire tout simplement le numérateur de la fraction en soulignant avec un trait les chiffres qui représentaient la partie fractionnaire décimale.

Ainsi donc, trois cent cinquante-six centièmes, ou trois unités et cinquante-six centièmes étaient écrits ainsi :

$$3\ \underline{5\ 6}$$

Viète simplifia encore cette notation en supprimant le trait horizontal et en séparant le nombre entier de la partie fractionnaire par un trait vertical, ou encore en laissant un grand intervalle entre les deux parties.

Ainsi donc, le même nombre était écrit :

3 | 56

Comme ce trait vertical pouvait être confondu avec le chiffre 1, Neper, au commencement du XVIIe siècle [1], le remplaça par un point :

3.56

1. John Neper employa cette notation pour la construction de sa *Table de logarithmes*, alors exigée par les progrès de la navigation.

Enfin, comme le point en vint en Algèbre à indiquer la multiplication, et, en Arithmétique, à distinguer les classes, il fut remplacé par une virgule :

$$3,56$$

et ainsi on en est arrivé à la notation usitée de nos jours.

230. — Occupons-nous du principal emploi de cette notation, dans la numération concrète. Il est hors de doute que ce sont les besoins pratiques qui déterminèrent l'avènement de cette notation déjà au début de l'ère moderne quand la prépondérance des habitudes pacifiques avait déterminé l'essor des relations commerciales, exigeant ainsi l'usage de grands calculs dans les industries et les transactions. Mais tout justement parce qu'elle avait en vue les besoins pratiques, c'est dans la numération concrète qu'elle a rencontré une de ses plus importantes applications, surtout après la réforme des poids et mesures décrétée en France. La facilité non seulement d'exprimer, mais aussi de convertir les unes dans les autres les différentes subdivisions de l'unité principale, ainsi que celle de la rapporter à ses multiples, tendit à vulgariser une telle notation et cela nous porte à traiter ici cette application.

MESURES DE LONGUEUR

Les sous-multiples du mètre suivant la même loi de décroissance que les sous-multiples décimaux de l'unité, il est évident que, en représentant le *mètre* par 1 m., nous pourrons respectivement exprimer le *décimètre* par 0 m. 1, le *centimètre* par 0 m. 01 et le *millimètre* par 0 m. 001.

Les multiples du mètre étant, comme nous l'avons vu, le décamètre ou dix mètres, l'hectomètre ou cent mètres et le kilomètre ou mille mètres, etc., il est clair que nous pourrons les exprimer par les nombres 10 m., 100 m., 1.000 m., etc.

Les rapports entre le mètre, ses multiples et ses sous-multiples ainsi connus, nous pouvons résoudre les deux problèmes généraux de la numération à propos de cette classe de mesures.

Premier Problème. — *Un nombre décimal qui exprime des unités de longueur étant écrit, l'énoncer.*

De même qu'une *dîme*, le nombre proposé peut être énoncé de trois manières :

1° En lisant le nombre entier sans distinction de la partie entière et de la partie décimale, et en donnant au dernier chiffre le nom de la sous-division métrique qui lui est due.

2° En lisant séparément la partie entière et la partie décimale, et en donnant aux derniers chiffres énoncés les dénominations métriques qui leur conviennent.

3° En lisant chaque chiffre séparément, et en donnant à chacun la dénomination métrique décimale qui lui convient.

Exemple : Soit le nombre 75 m. 426.

1° On le lit : 75.426 millimètres.

2° On le lit : 75 mètres et 426 millimètres.

3° On le lit : 7 décamètres, 5 mètres, 4 décimètres, 2 centimètres et 6 millimètres.

Et, en effet, le nombre proposé se compose de sept décamètres, cinq mètres, etc. ; et comme le décamètre a 10 mètres, 7 décamètres auront 7 fois 10 ou 70 mètres, qui, réunis aux 5 y existants, font 75 mètres ; maintenant, en passant à la partie fractionnaire décimale, on voit que, chaque décimètre ayant 100 millimètres, 4 en auront 4 fois 100 ou 400 millimètres, et chaque centimètre ayant 10 millimètres, 2 en auront 2 fois 10 ou 20 millimètres, et ces deux parcelles étant réunies aux 6 millimètres forment le total de 426 millimètres. Chaque mètre ayant 1.000 millimètres, 75 mètres en contiendront 75 fois 1.000 ou 75.000 millimètres; chaque décimètre valant 100 millimètres, 4 décimètres en vaudront 4 fois 100 ou 400 millimètres; et enfin, chaque centimètre contenant 10 millimètres, 2 en vaudront 2 fois 10 ou 20 millimètres, et, en réunissant à la somme de toutes ces parcelles les 6 millimètres du nombre donné, celui-ci contiendra évidemment 75.426 millimètres.

Deuxième Problème. — *Un nombre ayant été énoncé, qui exprime des unités de longueur, le représenter au moyen de chiffres.*

Comme le problème antécédent, ce problème présente aussi trois solutions :

1° Si le nombre est dicté sans distinction de la partie entière et de la décimale, on l'écrira comme si c'était un nombre entier, en plaçant la virgule de façon que le dernier chiffre exprime l'ordre d'unités métriques dont elle accompagne la dénomination.

2° Si le nombre est énoncé en distinguant la partie entière et la partie décimale, on en écrira d'abord la partie entière, et ensuite la partie décimale, séparée de la première par une virgule, placée de telle façon que le dernier chiffre décimal écrit représente les unités métriques indiquées d'après l'énoncé.

S'il n'y a pas de partie entière on en remplira la place avec un zéro.

3° Enfin on peut écrire chaque chiffre énoncé, en faisant attention quant à sa place d'abord indiquée à la notation des nombres entiers.

Exemples : 1° Que l'on se propose d'écrire le nombre

huit cent cinquante-sept mille quatre cent soixante-trois millimètres.

Nous le représenterons de la manière suivante : 857 m. 463.

2° Que l'on se propose d'écrire le nombre six cent vingt-sept mètres trois cent quatre-vingt-quatre millimètres.

Nous le noterons de la manière suivante : 627 m. 384.

3° Enfin, que l'on se propose d'écrire le nombre sept kilomètres, cinq mètres, trois décimètres, un centimètre et deux millimètres. Nous l'écrirons 7.005 m. 312 et nous avons rempli de zéros les places d'ordres d'hectomètres et de décamètres non énoncés.

MESURES DE SURFACE

Le mètre carré contenant, comme nous l'avons vu, 100 décimètres carrés, il est sous-entendu que le décimètre carré est $\frac{1}{100}$, ou 0,01 du mètre carré. De même, le décimètre carré ayant 100 centimètres carrés, 1 centimètre sera égal à $\frac{1}{100}$ du décimètre et, par conséquent, à $\frac{1}{100 \text{ fois } 100}$, ou $\frac{1}{10000}$, c'est à dire à 0,0001 du mètre carré.

Enfin, le centimètre carré ayant 100 millimètres carrés, 1 millimètre sera égal à $\frac{1}{100}$ du centimètre, et, par conséquent, à $\frac{1}{10000}$ du décimètre et à $\frac{1}{1000000}$, ou à 0,000001 du mètre carré. En représentant celui-ci par 1^{m2}, nous pourrons, par conséquent, exprimer le décimètre carré par $0^{m2}01$; le centimètre carré par $0^{m2}001$; le millimètre carré par $0^{m2}000001$.

Les multiples du mètre carré étant, comme nous l'avons

vu, le décamètre carré avec 100 mètres carrés, l'hectomètre carré avec 100 fois 100, ou 10.000 mètres carrés, le kilomètre carré avec dix mille fois cent, ou un million de mètres carrés, etc., il est clair que, si l'on représente le mètre carré par 1^{m2}, nous pourrons exprimer ses multiples par 100^{m2}, 10.000^{m2}, $1.000.000^{m2}$, etc.

Ainsi connus les rapports entre le mètre carré, ses multiples et ses sous-multiples, nous pourrons résoudre les deux problèmes généraux de la numération pour cette classe de mesures.

1er Problème. — *Si on a écrit un nombre décimal exprimant des unités de surface, l'énoncer.*

Pour cela, on divise le nombre, à partir de la virgule, vers la droite et vers la gauche en classes de deux chiffres ; l'on donne à chaque classe de la partie entière, en commençant de la droite, les dénominations correspondantes ; et en procédant de même quant à la partie décimale, on énonce chaque classe séparément en lui donnant la dénomination convenable : en faisant toujours attention à ce que, si la dernière classe de la droite ne contient qu'un seul chiffre, on doit lui ajouter un zéro.

On peut aussi énoncer le nombre tout entier et y ajouter ensuite le nom de la dernière sous-division de l'unité ; ou alors énoncer la partie entière séparément de la partie fractionnaire, en lui donnant ensuite le nom du dernier ordre d'unités.

Exemple : Soit le nombre $4726.51^{m2}28645$. On l'énoncera de la manière suivante : 47 hectomètres carrés, 26 décamètres carrés, 51 mètres carrés, 28 décimètres carrés, 64 centimètres carrés, et 50 millimètres carrés.

En effet, d'après ce qui a été établi, chacune des unités de surface a une valeur 100 fois plus grande que l'unité immédiatement inférieure. Il est donc évident, suivant les principes établis dans notre numération décimale, que, en considérant le nombre divisé en classes de deux chiffres, chacune de ces classes, à partir de la virgule vers la gauche, représentera des unités 100 fois plus grandes que celles de la classe à droite ; et, de la virgule vers la droite, chacune aura une valeur 100 fois plus petite que celles de la classe à gauche.

2e Problème. — *Un nombre qui exprime des unités de surface ayant été énoncé, l'écrire.*

A cet effet, on écrit de gauche à droite la classe la plus élevée d'unités du nombre énoncé ; et, ensuite, chacune des autres, en faisant attention à ce que chaque classe doit toujours consister en deux chiffres, excepté la plus élevée qui peut en avoir un seul ; on met la virgule après la classe qui représente les unités principales, en ayant soin de remplir de zéros la place de l'un quelconque des deux ordres d'unités qui, par hasard, peuvent manquer dans l'une des classes.

Si le nombre est énoncé sans distinction de classes, on en écrit d'abord la partie entière, et à sa droite, la virgule suivie de la partie fractionnaire. S'il est énoncé sans distinction de classes, ainsi que sans en distinguer la partie entière et la partie fractionnaire, on l'écrit comme si c'était un nombre entier et on met la virgule de façon que ce soit au dernier chiffre qu'échoit la dénomination de la sous-division métrique décimale y correspondant.

Enfin, si le nombre représente des unités agraires, on écrit de gauche à droite, d'abord la classe des *hectares*, et ensuite celle des *acres* ; et, en mettant la virgule à droite de celle-ci, on écrit ensuite chacune des autres classes en remarquant toujours que chacune doit consister en deux chiffres.

MESURES DE VOLUME

Le mètre cubique contenant, comme nous l'avons vu, 1.000 décimètres cubiques, le décimètre ayant 1.000 centimètres cubiques, et le centimètre cubique ayant 1.000 millimètres cubiques, l'on en conclut aussitôt que le mètre cubique contient 1.000 décimètres, 100.000 centimètres, 1.000.000.000 millimètres cubiques. En sorte que le décimètre cubique est égal à $\frac{1}{1000}$ du mètre cubique ; le centimètre cubique équivaut à son $\frac{1}{1000000}$, et le millimètre cubique à $\frac{1}{1000000000}$. Par conséquent, si l'on représente le mètre cubique, comme on le fait habituellement, par 1^{m3}, on peut exprimer le décimètre cubique par 0^{m3} 001 ; le centimètre cubique par 0^{m3} 000001 ; et le millimètre cubique par 0^{m3}000000001.

Une fois connu le rapport entre le mètre cubique, ses multiples et sous-multiples, il devient aisé de résoudre les deux problèmes généraux de la numération relativement à cette classe de mesures.

1er Problème. — *Un nombre décimal exprimant des unités de volume étant écrit, l'énoncer.*

Pour cela, on divise, non seulement la partie entière, mais aussi la partie décimale du nombre donné en classes de trois chiffres, à partir de la virgule vers la droite et vers la gauche ; en faisant attention à ce que, si la dernière classe à droite ne contient qu'un ou deux chiffres, on doit la compléter avec deux zéros ou un respectivement, afin que chaque classe contienne toujours trois chiffres, en en exceptant toutefois la première à gauche qui pourra en contenir un ou plus. On donne à chaque classe de la partie entière la dénomination y correspondant, et, en procédant toujours de même quant à la partie décimale, on énonce de gauche à droite chaque classe séparément, en y ajoutant la dénomination respective.

On pourra aussi énoncer le nombre jusqu'à la fin, comme si c'était un nombre entier, et ensuite y ajouter le nom de la dernière classe ; ou alors, en énoncer séparément la partie entière et la partie fractionnaire, en ajoutant à celle-ci la dénomination de sa dernière classe à droite.

Exemple : Soit le nombre 93.456^{m3}2872. En le divisant en classes de trois chiffres, nous l'énoncerons de la manière suivante : quatre-vingt-treize décamètres cubiques, quatre cent cinquante-six mètres cubiques, deux cent quatre-vingt-sept décimètres cubiques et deux cents centimètres cubiques.

Car, en examinant les rapports entre les diverses unités de volume, on voit que 1.000 unités d'un ordre en forment un autre d'ordre immédiatement supérieur ; et que, par conséquent, chacune en est mille fois plus grande que celle qui est immédiatement inférieure et mille fois plus petite que celle qui lui est immédiatement supérieure ; donc, en vertu du principe qui préside à la notation des nombres, chacune, à partir de la virgule à gauche, doit représenter des unités 1.000 fois plus grandes que la classe à droite ; et à partir de la virgule à droite chacune en exprimera des unités 1.000 fois plus petites que la classe à gauche.

Ainsi donc, si la première classe à gauche de la virgule représente des mètres cubiques, la deuxième doit représenter des décamètres cubiques, etc. ; et, si la première à droite de la virgule doit exprimer des décimètres cubiques, la deuxième exprimera des centimètres cubiques, etc.

On pourrait énoncer le même nombre de deux autres manières.

2° Problème. — *Un nombre décimal exprimant des unités de volume étant énoncé, le représenter au moyen de chiffres.*

A cet effet, on écrit de gauche à droite la classe la plus élevée d'unités du nombre énoncé ; et, ensuite, chacune des autres, en faisant attention à ce que chacune doit toujours avoir trois chiffres, sauf la plus élevée à gauche, qui pourra en avoir un seul ou plus ; on met la virgule à droite de la classe des unités principales, en ayant soin de remplir avec des zéros la place d'un ordre quelconque d'unités qui pourrait manquer dans l'une des classes quelconques.

Exemple : que l'on se propose d'écrire le nombre quatre-vingt-six hectomètres cubiques, vingt-sept décamètres cubiques, quatre cent soixante-un mètres cubiques et cent dix-huit centimètres cubiques.

On en écrit d'abord la classe la plus élevée, ou celle des hectomètres cubiques, qui ne consiste qu'en deux chiffres ; tout de suite après celle-ci, la classe des décamètres cubiques, laquelle, d'après l'énoncé, ne contient aucune centaine, en vertu de quoi sa place sera remplie avec un zéro ; après cette classe, on écrit celle des mètres cubiques, à droite de laquelle nous mettrons la virgule, et ensuite les différentes classes sous-multiples du mètre cubique.

Le nombre proposé sera donc représenté de cette manière : 86.027.461 m^3, 000118.

Si le nombre est énoncé sans distinction de classes, on en écrit d'abord la partie entière, et à sa droite, la virgule suivie de la partie fractionnaire.

S'il est énoncé sans distinction de classes, ainsi que sans en distinguer la partie entière et la partie fractionnaire, on l'écrit comme si c'était un nombre entier, et on met la virgule de telle façon que le nom de la sous-division métrique décimale qui lui convient échoit au dernier chiffre.

Il est superflu d'étudier la notation des mesures de capacité, de poids, etc. ; car la loi de succession des multiples et sous-multiples étant la même que celle des mesures linéaires, la notation en est faite de même, sauf quant à la place de la lettre initiale de l'unité principale au-dessus du chiffre qui la représente. Quant à ces mesures, nous ne devons considérer que la manière au moyen de laquelle elles peuvent être converties dans les précédentes, suivant la loi géométrique qui préside à leur dérivation.

Mais voyons, auparavant, comment il est possible de convertir un nombre quelconque en exprimant l'une des mesures considérées, à un autre qui représente des unités multiples ou sous-multiples.

MESURES DE LONGUEUR, DE POIDS ET DE CAPACITÉ

Si le nombre donné exprime l'une quelconque de ces mesures, dans laquelle un multiple ou sous-multiple de l'unité est 10 fois plus grand, ou plus petit, que celui qui le précède ou le suit immédiatement, sa conversion en un multiple ou en un sous-multiple s'opère en déplaçant la virgule vers la gauche, ou vers la droite, d'autant de chiffres qu'il en faut pour atteindre le nouvel ordre d'unités.

Ainsi donc, par exemple, pour convertir 425 kg. 367 en grammes, il suffit de déplacer la virgule de trois chiffres vers la droite, ce qui équivaut à la multiplication du nombre donné par 1.000, parce que le kilogramme a 1.000 grammes.

Nous aurons, donc, 425.367 grammes.

Si nous voulions convertir le même nombre en centigrammes, il faudrait faire avancer la virgule deux chiffres de plus vers la droite, ce qui nous porterait à remplir avec des zéros les places respectives, en obtenant ainsi 42.536.700 centigrammes.

Si l'on veut convertir 4.567 m. 981 en kilomètres, il suffira de déplacer la virgule de trois chiffres vers la gauche, ce qui équivaut à diviser ce nombre par 1.000, parce que le mètre est 1.000 fois plus petit que le kilomètre.

Nous aurons donc 4 km. 567981.

Si l'on voulait encore convertir le même nombre en myriamètres, il faudrait faire avancer la virgule un chiffre de plus vers la gauche et l'on obtiendrait ainsi 0 myr., 4567981.

Enfin, en voulant convertir 0 hl.,025 en litres, nous déplacerons la virgule de deux chiffres vers la droite, ce qui équivaut à multiplier ce nombre par 100, car l'hectolitre est 100 fois plus grand que le litre : le résultat sera 2 l.,5.

Si le nombre donné est un nombre entier, il est évident que sa conversion en un quelconque des sous-multiples respectifs exige que l'on écrive autant de zéros à droite qu'il en faudra pour obtenir le même sous-multiple.

MESURES DE SURFACE

Si le nombre donné exprime des mesures de surface, sa conversion en un multiple ou en un sous-multiple s'opère en déplaçant la virgule vers la droite ou vers la gauche, d'autant de classes de deux chiffres qu'il en faut pour obtenir la nouvelle gradation d'unité.

Ainsi, par exemple, afin de convertir 79.264 m^2,385 en hectomètres carrés, nous déplacerons la virgule de deux classes de deux chiffres à gauche, ce qui produira 7 hm^2,9264385.

Pour convertir le même nombre en centimètres carrés, nous déplacerons la virgule de deux classes à droite, ce qui exige qu'on mette un zéro à sa droite, nous aurons ainsi 792.643.850 centimètres carrés.

Dans le premier cas, nous n'avons fait que diviser le nombre donné par 100 fois 100 ou 10.000, vu que le mètre carré est 10.000 fois plus petit que l'hectomètre carré ; et, dans le second cas, nous l'avons multiplié par 10.000, vu que le mètre carré est 10.000 fois plus grand que le centimètre carré.

Lorsqu'il s'agit de mesures agraires, la marche serait la même. Dans ce cas-ci comme dans celui-là, si le nombre donné est un nombre entier, et si l'on doit le convertir en un quelconque de ses sous-multiples, il est évident qu'il suffit d'écrire à sa droite autant de zéros qu'il en faut pour obtenir le nombre de classes de deux chiffres indiqué par la différence entre les unités données et les unités demandées.

MESURES DE VOLUME

Si le nombre donné exprime des mesures de volume, sa conversion en un multiple ou sous-multiple s'opère en déplaçant la virgule à gauche ou à droite d'autant de classes de trois chiffres qu'il en faut pour en arriver aux unités demandées, en remplissant avec des zéros les chiffres qui manquent.

Ainsi, par exemple, pour convertir 2.436 m^3, 7891 en décamètres cubiques, nous changerons la virgule de trois chiffres à gauche, et nous obtiendrons ainsi 2 hm^3, 4367891. Pour convertir ce même nombre en décimètres cubiques, nous déplacerons la virgule de trois chiffres à droite, et nous obtiendrons 2.436.789 dcm³. Dans le premier cas, nous n'avons rien fait de plus que diviser le nombre donné par 1.000, puisque le mètre cubique est mille fois plus petit que le décamètre cubique ; et, dans le second cas, nous l'avons multiplié par 1.000, car le mètre cubique est 1.000 fois plus grand que le décimètre cubique. Pour le cas où l'on devrait convertir le nombre donné en centimètres cubiques, le déplacement de la virgule exigerait la juxtaposition de deux zéros à sa droite.

Enfin, si le nombre donné était un nombre entier, il est évident que sa conversion en un sous-multiple exigerait toujours la juxtaposition d'autant de classes de trois zéros que la différence entre les unités données et les unités demandées en indiquerait.

CONVERSION ENTRE DES MESURES DIFFÉRENTES

Dans certains cas, étant donné un nombre qui exprime des mesures d'une classe, on peut en demander l'équivalent exprimé en mesures de classe différente, dès que les rapports entre elles permettent cette conversion.

C'est donc ainsi, par exemple, que l'on peut demander quel est le poids de 24 mètres cubiques d'eau distillée à la température de 4 degrés au-dessus de zéro ; ou bien l'on pourrait avoir besoin de savoir le volume de 246 l.,359 de grains, etc.

Le problème se ramène, évidemment, à l'une des conversions précédentes, qui, une fois réalisée, exige seulement que l'on change la dénomination de l'unité obtenue en celle qui correspond à l'unité cherchée.

Ainsi donc, pour connaître le poids des 24 mètres cubiques, nous convertirons ce nombre en centimètres cubiques et nous obtiendrons 24.000.000, et, comme le poids du centimètre cubique est le gramme, nous en conclurons, aussitôt, que le volume d'eau dont il s'agit, pèse 24.000.000 de grammes, ou 24.000 kilogrammes.

Pareillement, puisque le litre a la capacité d'un décimètre cubique, 246 l.359 seront équivalents à 246 dem^3,359, qui sera le volume cherché.

231. — EXAMEN DE LA SIMPLIFICATION DU CALCUL FRACTIONNAIRE EN VERTU DE LA NOTATION.

Ayant apprécié les abréviations qui résultent pour la notation des fractions basiques, voyons les simplifications que cette notation introduit dans le calcul respectif. Pour cela, nous devons distinguer le cas de l'addition, de la soustraction et de la division de celui qui se rapporte à la multiplication ; car celui-ci n'exige pas l'isomérie, tandis que celui-là a besoin, comme nous l'avons vu, d'être préparé par elle.

Étudions à présent le premier cas, c'est-à-dire :

L'ADDITION, LA SOUSTRACTION ET LA DIVISION

Quant à l'isomérie qui prépare ce calcul, remarquons que, écrites sous la forme indiquée, les fractions décimales peuvent immédiatement être *réduites au même dénominateur, ou plutôt, à la même dénomination, en écrivant des zéros à sa droite, de façon que la partie fractionnaire ait dans toutes le même nombre de chiffres*.

Ainsi donc, par exemple, les fractions 3,97 ; 2,5 ; 5.436 et 0,1, sont immédiatement réduites à la même dénomination, en écrivant 3,970 ; 2,500 ; 5,436 et 0,100. Il est évident que la position de ces zéros n'altère point la valeur des fractions ; puisque cela équivaut à multiplier le numérateur et le dénominateur de chacune par la même puissance de 10, afin que le dénominateur commun soit la plus grande puissance de ce nombre.

On comprend donc que, ainsi préparées, elles n'offrent nulle difficulté quant à leur addition.

On peut même dispenser cette préparation *en écrivant les chiffres les uns au-dessous des autres, de façon que les virgules soient dans une même colonne verticale, ainsi qu'on le voit ci-dessous :*

3,97
2,5
5,436
0,1
12,006

La soustraction offre une pareille simplicité. Toutefois, il convient ici d'égaler toujours le nombre de chiffres dénominatifs, car il peut arriver que ceux du minuande soient en nombre inférieur à ceux du soustracteur.

Il convient donc de juxtaposer les zéros, ou, du moins, de les supposer tacitement, comme dans l'exemple suivant :

3,9	3,900
2,032	2,032
1,868	1,868

Ainsi qu'on le voit, *nous réduisons les fractions à la même dénomination, et mettons le soustracteur sous le minuande, de façon que les virgules se correspondent, en faisant ensuite la soustraction.*

Dans ces conditions, l'on voit que, dans l'addition et la

soustraction des fractions basiques, les simplifications dues à la notation ont à peine l'avantage de dispenser que les dénominateurs soient explicitement égalés ; et que, sauf ceci, on doit attribuer la facilité du calcul à la nature propre des fractions.

Dans la division, nous devons égaler le nombre de chiffres dénominatifs du dividende et du diviseur, en mettant des zéros à droite de celui qui en a le moins ; ce qui équivaut, évidemment, à rendre isomères les fractions données.

Ainsi, par exemple, pour diviser 1,5 par 0,005, nous écrirons deux zéros à droite du dividende, et nous procéderons à la division comme s'il s'agissait tout simplement de diviser les numérateurs entiers des fractions envisagées :

1500	5
000	300

Par conséquent, il suffit de *réduire les fractions à la même dénomination et de les diviser comme si c'étaient des nombres entiers.*

Si le dividende, ou le diviseur, est tout simplement un nombre entier, la règle générale ne subit aucune altération.

C'est ainsi que, pour diviser 1 par 0,00025, nous écrirons cinq zéros à droite du dividende, ce qui équivaut à le remplacer par la fraction $\frac{100000}{100000}$ isomère avec le diviseur.

En procédant à la division, nous aurons :

100000	25
00000	4000

Si nous devions, par exemple, diviser aussi 15,25 par 5, nous placerions deux zéros à droite de ce dernier nombre, et nous déterminerions le quotient de 1.525 par 500 ; et nous obtiendrions alors 3 $\frac{25}{500}$, égal à 3 $\frac{50}{1000}$, c'est-à-dire 3,050. En effet, $\frac{1525}{100}$ divisé par 5 équivaut à $\frac{1525}{500}$, qui est égal à 3 plus $\frac{25}{500}$, ou à 3 plus $\frac{50}{1000}$.

Comme le nombre de chiffres décimaux du dividende excède celui du diviseur (où il n'y en a aucun), on peut appliquer ici la règle particulière ci-dessus indiquée, c'est-à-dire diviser 1.525 par 5, ce qui fait 3.050, et séparer au quotient trois chiffres à droite de la virgule.

Lorsque le nombre de chiffres fractionnaires du dividende est supérieur à celui du diviseur, on simplifie l'opération en divisant comme si c'étaient des nombres entiers et en séparant avec la virgule au quotient un nombre de chiffres fractionnaires égal à la différence entre ceux-là. Par exemple, lorsqu'il s'agit de trouver le quotient de 2,675 par 2,5, nous diviserons ces deux nombres comme si c'étaient des nombres entiers, et nous obtiendrons 107, que nous transformerons en 1,07. Car on a pour quotient de $\frac{2675}{1000}$ par $\frac{25}{10}$ le même que celui de $\frac{2675}{25}$ par 100.

Lorsque le nombre des chiffres fractionnaires du dividende est inférieur à celui du diviseur, et que celui-là contient cependant celui-ci, on peut effectuer la division comme si c'étaient des nombres entiers, en ayant le soin de mettre au quotient autant de zéros qu'il y en a d'indiqués par la différence entre les nombres décimaux du diviseur et du dividende. Ainsi, par exemple, pour diviser 2,5 par 0,005, nous prendrons le quotient de 25 par 5 et nous le transformerons en 500. Car $\frac{25}{10}$ divisé par $\frac{5}{1000}$ est égal à $\frac{2500}{1000}$ divisé par $\frac{5}{1000}$ qui est égal à $\frac{2500}{5}$ égal à 500.

On voit donc que les simplifications existantes en division ne sont point dues à la notation, mais à la nature propre des fractions.

MULTIPLICATION

Dans la *multiplication*, la simplicité est encore plus grande. On n'a pas besoin de rendre les fractions isomères, il *suffit de les multiplier et de séparer avec la virgule, au produit, autant de chiffres dénominatifs qu'il en existe dans les deux facteurs*.

Car ce nombre de chiffres, séparés à droite, est la somme des degrés des puissances de 10, qui forment les dénominateurs des facteurs, et équivaut donc au produit de ces dénominateurs.

Ainsi, par exemple, pour multiplier 4,37 par 0,213, nous disposerons le calcul de la manière suivante :

$$\begin{array}{r} 4{,}37 \\ 0{,}213 \\ \hline 1311 \\ 437 \\ 874 \\ \hline 0{,}93081 \end{array}$$

En effet, en multipliant $\frac{437}{100}$ par $\frac{213}{1000}$, on obtient comme produit $\frac{93081}{100000}$, ou 0,93081.

Si l'un des facteurs est un nombre entier, la règle en sera la même, et le nombre de chiffres séparés au produit sera égal à celui de l'autre facteur.

Comme dans la pratique on n'a souvent besoin de connaître que les unités les plus élevées du produit total, on peut effectuer l'opération en la commençant à gauche du multiplicateur et en la disposant de façon à obtenir d'abord le produit par ces unités, comme on le voit ci-après :

```
     37,25
     27,34
  --------
   7450
   26075
     11175
     14900
  --------
 1018,4150
```

Cette disposition est ici plus avantageuse que celle qui est ordinairement employée, car on peut avoir besoin de ne connaître que les plus hautes unités du produit.

232. — Enfin, en résumant les considérations que nous avons faites, nous en concluons que tout le calcul des fractions basiques présente deux espèces de simplifications : les unes capitales, qui résultent de la nature de ces fractions, c'est-à-dire du rapport entre les nombres qui les représentent et la base du système adopté ; les autres secondaires, qui résultent de la notation, mais qui deviennent importantes sous le point de vue pratique. Celles-là et celles-ci contribuent extraordinairement pour faciliter le calcul ; et tellement que l'esprit humain fut porté à réduire toutes les autres fractions à cette sorte de fraction artificielle, comme nous le montrerons au paragraphe suivant.

On doit pourtant plaindre que, fascinés par les facilités inhérentes à la logique des signes, et, surtout, séduits par l'analogie des notations, les savants aient essayé de reconstruire la théorie du calcul fractionnaire pour le cas spécial des fractions basiques, en les assimilant irrationnellement aux nombres entiers et en identifiant ainsi deux conceptions différentes. Afin d'éviter de semblables déviations, nous devons donc apprécier une telle simplification en la bornant à l'examen des altérations introduites dans le cas général, ainsi que nous l'avons fait.

III

CONVERSION SYSTÉMATIQUE DES FRACTIONS ORDINAIRES EN FRACTIONS BASIQUES.

233. — DE LA CONCEPTION DE CETTE RÉDUCTION.

Ayant reconnu les avantages qui résultent pour le *calcul* de l'emploi des fractions basiques, on a naturellement essayé d'y réduire toutes les fractions ordinaires. Mais avant de montrer la possibilité d'une semblable réduction, remarquons que c'est la destination pratique qui a fait ici prévaloir le point de vue relatif, dans les évaluations, ou plutôt, rendit systématique, c'est-à-dire volontaire, le relativisme que l'institution de la division avait déjà provoqué [1]. Afin de concevoir une pareille réduction, consi-

1. En effet, au point de vue pratique, nous ne pouvons ni n'avons besoin d'aucune évaluation absolue. Nos actions et nos prévisions étant bornées par nos imperfections inévitables et par les difficultés insurmontables de l'ordre extérieur, l'Humanité n'a partout besoin que d'approximations de la réalité. Mais l'ascendant du subjectivisme ne se manifeste pas seulement ici dans la substitution volontaire des calculs approximatifs aux calculs exacts possibles. Il se manifeste surtout dans

dérons une fraction ordinaire propre et irréductible quelconque. Multiplions-en le numérateur par une puissance de 10 telle que l'on puisse diviser le produit obtenu par le dénominateur. Le quotient ainsi obtenu pourra représenter une fraction basique équivalente à la fraction proposée, si sa division peut être faite exactement.

En effet, en comparant ce quotient avec la fraction donnée, on voit qu'il est plus grand qu'elle en vertu de la multiplication du numérateur par une puissance de 10, mais rien n'empêche de les rendre équivalentes en le divisant par la même puissance de 10.

234. — EXAMEN DES CONDITIONS DE CETTE RÉDUCTION, QUI EST PRESQUE TOUJOURS APPROXIMATIVE.

Vu les considérations précédentes, on conçoit la possibilité de réaliser dans tous les cas la conversion dont il s'agit. La seule condition exigée, afin que la fraction décimale cherchée soit rigoureusement équivalente à la fraction ordinaire proposée, c'est que la division puisse être faite exactement. Or, il est aisé de vérifier qu'une pareille condition ne saurait se réaliser que dans des cas fort exceptionnels ; en sorte que, dans la plupart des cas, le résultat obtenu ne peut être qu'approximatif.

En effet, en multipliant le numérateur de la fraction proposée par une puissance de 10, il est évident que le produit ne sera divisible que par le dénominateur, lorsqu'il con-

la suprématie qu'acquiert ainsi une considération spéciale et exceptionnelle sur l'ensemble du calcul fractionnaire. Cela nous révèle dès le début de la Logique une des caractéristiques les plus admirables de la sagesse de l'Humanité, puisque nous verrons celle-ci employer partout les expédients plus restreints pour satisfaire ses plus vastes besoins. (R. Teixeira Mendès. Notes prises au cours fait à l'Apostolat positiviste du Brésil.)

tient tous les facteurs premiers de celui-ci. Or, les termes de la fraction donnée étant, par hypothèse, *premiers entre eux*, il est clair que la multiplication du numérateur par la puissance mentionnée pourra seulement introduire au produit les facteurs du dénominateur, lorsque ceux-ci existent dans le multiplicateur lui-même. En sorte que, si les puissances de la base ne contiennent pas ces facteurs, la division ne sera jamais exacte ; et le quotient obtenu ne pourra représenter qu'une valeur approximative de la fraction proposée.

C'est ce qui a toujours lieu dans le système septimal et dans tous ceux dont la *base* est un *nombre premier*. Pourtant, dans le système décimal, ainsi que dans tous ceux dont la base n'est pas un nombre premier, la division pourra être exacte dans le cas exceptionnel où cette base contient les facteurs premiers qui se trouvent au dénominateur de la fraction proposée.

En spécialisant la question pour le système décimal, dont la base est composée des facteurs 2 et 5, nous pouvons donc conclure que *toute fraction ordinaire ne peut être convertie en une fraction décimale exactement équivalente que lorsque son dénominateur est constitué par les seuls facteurs premiers 2 et 5 ; et que, dans le cas contraire, la fraction décimale obtenue n'exprimera qu'une valeur approximative de la fraction proposée.*

Et comme c'est ce dernier cas qui a généralement lieu, il en résulte qu'une pareille conversion est presque toujours approximative. Mais cela ne porte aucun préjudice à la solution du problème, puisque nous verrons que la fraction cherchée peut être toujours obtenue avec le degré d'approximation exigée par nos besoins ; et l'on conçoit bien que les solutions approximatives deviennent pleinement acceptables, lorsqu'elles satisfont une pareille condition.

Enfin, une fois qu'il est possible d'exécuter le calcul, en graduant l'erreur commise, les fractions basiques peuvent toujours remplacer les autres quelconques, et une telle transformation est le premier type de toutes celles du même genre que nous devrons largement employer dans le domaine mathématique.

235. — CONVERSION DES FRACTIONS ORDINAIRES EN FRACTIONS DÉCIMALES : MARCHE DU CALCUL.

Afin de mieux comprendre une pareille transformation, effectuons-la maintenant dans le système décimal. Essayons, par exemple, de convertir la fraction $\frac{3}{14}$. Le problème consiste, évidemment, à déterminer combien de dixièmes, de centièmes, de millièmes... sont contenus dans la fraction proposée.

En la divisant à cet effet par $\frac{1}{10}$, nous aurons $\frac{30}{14}$, quotient qui exprime approximativement le nombre de dixièmes qu'il contient, c'est-à-dire 2 dixièmes ; si nous voulons porter l'approximation jusqu'aux centièmes, nous devrons diviser $\frac{3}{14}$ par $\frac{1}{100}$, et nous obtiendrons $\frac{300}{14}$, quotient qui nous montrera alors que 21 centièmes est la valeur approximative de la fraction proposée ; si nous voulons porter l'approximation jusqu'aux millièmes, nous devrons diviser $\frac{3}{14}$ par $\frac{1}{1000}$, ce qui fait $\frac{3000}{14}$, ou 214 millièmes ; et ainsi de suite.

La fraction décimale cherchée peut donc être exprimée approximativement par 2 dixièmes, par 21 centièmes, par 214 millièmes..., c'est-à-dire par 0,2, par 0,21, par 0,214..., ou par un plus grand nombre de chiffres, si on a besoin de l'approcher chaque fois davantage de la fraction proposée. Pour cela, il suffira de porter assez loin les divisions indiquées, lesquelles fourniront enfin un quotient ayant un nombre indéfini de chiffres. Ceux-ci peuvent être obtenus l'un après l'autre, en disposant le calcul de cette façon :

```
30000 | 14
 20   |----------
      | 0, 2 1 4 2...
  60
   40
    12
```

Au lieu d'écrire aussitôt les zéros à droite du dividende, on abrège le calcul en les écrivant à droite des restes successifs, en sorte que l'on peut construire la règle suivante pour convertir une fraction ordinaire en une décimale.

On met un zéro ou plus à droite du numérateur, de façon à rendre possible la division du nombre ainsi formé par le dénominateur ; au reste, on juxtapose un zéro, et on divise le nombre ainsi formé par le même diviseur, et ainsi de suite ; en écrivant les quotients successifs les uns à côté des autres, de façon à exprimer respectivement les dixièmes, les centièmes, les millièmes..., de la fraction cherchée.

En employant cette règle pour convertir la fraction $\frac{1}{7}$ en décimale, nous aurons :

```
10 | 7
 30| 0, 1 4 2 8 5 7 1 4...
  20
   60
    40
     50
      10
       30
        2
```

Où après la première division qui a fourni les dixièmes du quotient, nous multiplions le reste respectif par 10, pour obtenir les centièmes moyennant une deuxième division, etc...

Après six divisions successives, les chiffres du quotient commencent à se reproduire à mesure que nous continuons à écrire des zéros à droite des restes; en sorte que, pareillement à l'exemple précédent, le quotient obtenu est illimité, et ne représente qu'une valeur approximative de la fraction proposée.

La règle ci-dessus est aussi fréquemment employée pour rapprocher le quotient de la division de deux nombres entiers ou fractionnaires décimaux, quand l'opération ne s'effectue pas exactement. A cet effet, il suffit de l'appliquer à la fraction qui a comme termes le reste de la division et le diviseur respectif, en obtenant ainsi les dixièmes, les centièmes.. , qui rapprocheront de plus en plus la partie entière du quotient de son expression complète. Cela équivaut, évidemment, à remplacer la fraction ordinaire qui complète le quotient par une fraction décimale, qui s'en approchera autant que nous voudrons ; et qui est, désormais, incorporée à ce quotient.

Ainsi donc, par exemple, en divisant 3 par 2 et 90 par 7, nous obtiendrons respectivement les quotients 1,5 et 12,85 , le premier étant exact, et le second approximatif de moins de un 0,01, car son complément, c'est-à-dire le reste divisé par le diviseur, est plus petit que cette fraction.

Quand la nature du calcul exige une approximation plus rigoureuse, il convient souvent de prendre le quotient approximatif par *excès*. Ayant obtenu le quotient approximatif *par défaut*, nous savons que pour l'avoir *par excès*, il suffit d'augmenter ce quotient d'une unité, ce qu'on doit faire quand le reste qui y correspond est plus grand que la moitié du diviseur.

Dans l'exemple ci-dessus, en divisant 90 par 7 nous avons trouvé le quotient 12,85 sans erreur de 0,01, et le reste 5 fois plus grand que la moitié du diviseur 7. Si l'on prend le dernier chiffre du quotient *par excès*, on peut réduire cette erreur à la moitié, c'est-à-dire à moins de $\frac{1}{2}$ centième, ou 0,005. En effet, en écrivant un zéro à droite du reste, on voit que le chiffre suivant du quotient est plus grand que 5. Dans ces conditions, le véritable quotient se trouve compris entre 12,855 et 12,860, dont la différence est de $\frac{1}{2}$ centième, c'est-à-dire 0,005. Par conséquent, en prenant 12,86 pour valeur approximative du quotient, l'erreur commise sera plus petite que $\frac{1}{2}$ centième.

Quand le reste est plus petit que la moitié du diviseur, il convient de conserver le quotient *par défaut;* vu que l'erreur commise devient aussi plus petite qu'une demi-unité de l'ordre indiqué par le dernier chiffre de ce quotient.

Supposons, par exemple, que l'on ait divisé 22 par 7 et qu'on ait obtenu le quotient *par défaut* 3,14, sans erreur de 0,01 et le reste 2, qui est plus petit que la moitié du diviseur. En écrivant un zéro à droite de ce reste, on voit que le chiffre suivant du quotient est plus petit que 5. En sorte que le véritable quotient se trouve compris entre 3,115 et 3,140, qui diffèrent entre eux de 0,005 ou $\frac{1}{2}$ centième. Or, si le quotient est compris entre deux nombres qui diffèrent entre eux de $\frac{1}{2}$ centième, il différera de moins de $\frac{1}{2}$ centième d'un quelconque d'entre eux. Par conséquent, en adoptant l'un d'eux 3,14, comme valeur approximative du quotient, l'erreur commise sera plus petite que $\frac{1}{2}$ centième.

236. — Loi de succession des chiffres du quotient : leur reproduction périodique. Conséquence.

Nous venons de voir qu'une fraction ordinaire peut toujours être convertie en fraction décimale. Mais nous avons vu aussi qu'une pareille conversion n'est exacte que pour le cas très spécial où le dénominateur de la fraction ordinaire irréductible est exclusivement formée par les facteurs 2 et 5, comme par exemple dans les fractions $\frac{1}{4}$, $\frac{1}{25}$ et $\frac{1}{500}$. Or, cette circonstance ayant rarement lieu, il en résulte que la plupart des fractions ne sauraient être rigoureusement converties en fractions décimales. Nous avions montré que l'opération conduisait, dans ce cas-là, à une série indéfinie de chiffres du quotient, en nous permettant ainsi une approximation plus grande ou plus petite, suivant les besoins.

Les fractions qui ne sauraient être rigoureusement évaluées en fractions décimales offrent dans leur expression approximative, lorsque celle-ci est portée assez loin, un caractère remarquable qui en rend l'approximation aisée et permet de les trouver de nouveau : c'est la reproduction périodique des mêmes chiffres. Une telle reproduction résulte nécessairement de leur succession indéfinie. Car, comme il ne peut pas y avoir comme reste, dans chaque division, qu'un des nombres entiers qui précèdent le diviseur, il faut nécessairement que lorsqu'on aura fait plus de divisions que de tels nombres l'un des restes précédents soit produit, et que, par conséquent, les dividendes partiels et les quotients respectifs reparaissent dans le même ordre.

Ainsi donc, par exemple, en convertissant la fraction

$\frac{12}{37}$, on trouvera la série 0,324324..., où l'on voit que les chiffres 3, 2 et 4 se reproduisent suivant le même ordre et périodiquement. En sorte que, s'il fallait une approximation plus grande, nous pourrions l'obtenir sans calcul, en écrivant à droite de la fraction décimale autant de *périodes* de ces nombres qu'il en faudrait. La période une fois connue, une de ces séries quelconques peut donc être prolongée autant que nos besoins l'exigent, sans que nous soyons pour cela obligés de calculer de nouveaux termes.

Toutefois, souvent il n'est pas indispensable de connaître la période tout entière, surtout quand celle-ci a beaucoup de chiffres. Dans cet exemple-ci trois divisions ont suffi pour rendre manifeste la loi de succession des chiffres de la *fraction décimale périodique*. Mais, dans l'exemple ci-dessus, où nous prenons la fraction $\frac{1}{7}$, il a fallu six divisions, car nous avons trouvé comme restes successifs les six nombres 3, 2, 6, 4, 5 et 1 qui sont au-dessous de 7 ; la fraction trouvée a été 0,142857142857... ; et il est évident qu'on n'aurait pas besoin de connaître toute la période pour avoir une grande approximation. La fraction $\frac{2}{3}$ donnerait seulement 0,6666..., où immédiatement après la virgule paraît le chiffre périodique 6.

Mais remarquons que, dans certains cas, la *partie périodique* ne surgit pas tout de suite après la virgule, et qu'entre elle et celle-ci il y a un chiffre ou plus qui ne se reproduisent jamais et qui forment pour cette raison ce qu'on nomme la *partie non périodique* de la fraction décimale. C'est ce que nous observons dans la fraction 0,21414..., que nous avons obtenue par la conversion de $\frac{106}{495}$ en fraction décimale. On y voit, en effet, apparaître le chiffre 2 aussitôt après la virgule et avant la période 14 ; en sorte que 2 est la partie non périodique de la fraction, et 14 en est la période.

Les fractions de ce genre-là sont nommées *périodiques mixtes* ou *complexes*, afin de les distinguer de celles qui, ne possédant pas la partie *non périodique* et étant uniquement formées de *périodes*, sont appelées *périodiques pleines* ou *simples*. Et il importe de remarquer que ces fractions périodiques-ci, ainsi que celle-là, existent quelle que soit la base numérale adoptée.

En convertissant, par exemple, les fractions $\frac{1}{2}$ et $\frac{1}{20}$ et $\frac{41}{60}$ écrites dans le système septimal, nous obtiendrons pour la première la périodique simple 0,333..., pour la deuxième la périodique composée 0,0333..., où la partie non périodique est représentée par un zéro, et pour la troisième, 0,3555..., où la partie non périodique est 3.

Des considérations précédentes, il suit que, quelle qu'en soit la base numérale adoptée, la conversion des fractions ordinaires peut être effectuée de la même façon. Elle conduit toujours à des périodiques simples et mixtes, ne donnant lieu à des fractions finies que lorsque la base en est décomposable. Remarquons en outre qu'il est toujours possible de décomposer la périodique mixte en deux fractions : la première ayant comme numérateur la partie non périodique et pour dénominateur la puissance de 10 indiquée par le nombre de chiffres correspondants ; et la seconde ayant pour numérateur la fraction périodique simplement formée des périodes, et comme dénominateur cette puissance elle-même. Ainsi donc, par exemple, la fraction périodique mixte, obtenue ci-dessus, 0,21414..., équivaut évidemment à la somme de $\frac{2}{10}$ avec $\frac{0,1414}{10}$.

A son tour, une périodique simple quelconque peut être transformée en une somme indéfinie de fractions basiques, toutes ayant pour numérateur la période, et comme dénominateur les puissances successives de 10, dont le degré est indiqué par l'ordre qu'y occupe le dernier chiffre de la période respective. Ainsi, par exemple, la fraction obtenue pour $\frac{1}{7}$, c'est-à-dire 0,142857142857..., peut être remplacée par la somme d'une infinité d'autres, telles que : 0,142857, 0,000000142857, 0,000000000000142857..., où chacune est égale à la précédente multipliée par $\frac{1}{1000000}$.

Outre l'utilité spéciale et pratique à laquelle nous nous sommes rapporté, le problème de la transformation des fractions ordinaires en séries de cette espèce devient logiquement importante en tant que le premier type d'une grande classe de métamorphoses que nous aurons occasion d'employer ; soit pour comparer les nombres et saisir leurs rapports, soit afin de procéder aux évaluations respectives.

Quant au calcul des relations entre les nombres, nous verrons qu'il n'y a aucune restriction à cet emploi, si l'on connaît la loi suivant laquelle les termes de la série se succèdent ; mais, au point de vue des *valeurs*, il devient nécessaire que cette succession de nombres décroisse rapidement de façon à ne pas avoir besoin pour représenter la somme, de prendre un nombre de termes fort considérable ; il faut, en un mot, que les termes de la série soient assez *convergents*.

237. — Etude du problème inverse. Deuxième notion de limite.

On pourrait se proposer le problème inverse de celui qui vient d'être résolu, et qui consisterait à savoir quelle est la fraction ordinaire qui produit une certaine fraction périodique. Logiquement, ce problème a l'avantage de nous fournir un deuxième exemple de la notion de *limite*, dont nous avons déjà vu le premier exemple lors de l'étude des fractions ordinaires.

Nous avons vu, en effet, que lorsqu'on fait des accroissements successifs et égaux aux deux termes d'une fraction, elle croît quand elle est une fraction *propre*, et décroît lorsqu'elle est *impropre*, s'approchant indéfiniment de l'unité, sans toutefois l'atteindre jamais. Nous avions dit alors que l'unité est la limite de pareilles fractions. Or, la même notion nous apparaît ici, lorsque nous comparons une dîme périodique à la fraction ordinaire qui la produit.

En effet, nous avons observé, dans l'opération correspondante, que le quotient périodique peut s'approcher indéfiniment de la fraction proposée, mais qu'il ne saurait jamais lui être exactement égal. En sorte qu'une telle fraction devient la *limite* de la périodique à laquelle elle donne lieu. La fraction *génératrice* ou *limite* d'une série périodique est donc une quantité constante, dont la dîme s'approche indéfiniment, à mesure que le nombre des périodes croît.

En sorte que, en prenant ceux-ci en un nombre infiniment grand, on peut faire que la différence entre les deux soit infiniment petite, c'est-à-dire plus petite qu'une grandeur imaginable quelconque. Dès lors, la valeur de l'une peut être rigoureusement prise pour la valeur de l'autre.

En général, on peut dire que deux quantités sont égales, lorsqu'elles n'en diffèrent que d'une quantité infiniment décroissante.

C'est un principe qui a été induit d'après des applications concrètes ; et qui *formulé in abstracto* par Leibnitz est devenu une des bases les plus transcendantes du domaine mathématique.

238. — Règle pour déterminer la fraction génératrice d'une fraction périodique simple.

Les fractions ordinaires qui ont comme dénominateur un nombre quelconque de neufs ne produisent dans leurs périodes que le chiffre significatif 1, ou ce chiffre précédé de zéros. Car chaque division partielle s'effectuant alors sur les nombres 10, 100, 1000, etc., laisse toujours comme reste l'unité, et ne peut donner pour quotient que 0 ou 1.

C'est ainsi que :

$\frac{1}{9}$ produit 0,1111...

$\frac{1}{99}$ produit 0,010101...

$\frac{1}{999}$ produit 0,001001001..., etc. [1].

En utilisant cette observation, on passe aisément d'une dîme périodique à la fraction ordinaire d'où elle est dérivée. On voit, par exemple, que 0,6666... équivaut à la fraction 0,1111... multipliée par 6 ; et, comme l'autre est le développement de $\frac{1}{9}$, on en conclut que la première en est celui de $\frac{1}{9}$ multiplié par 6, ou de $\frac{6}{9}$, ou enfin de $\frac{2}{3}$. Pareillement, 0,999 étant équivalent au produit de 0,111 par 9, il s'ensuit que la génératrice ou limite de cette fraction périodique est $\frac{9}{9}$, c'est-à-dire l'unité.

Quand la période a deux, trois... chiffres, il suffira de comparer la dîme à celles qui résultent de $\frac{1}{99}$, $\frac{1}{999}$... Pre-

1. Ces mêmes périodiques seraient pareillement produites, en un même système quelconque de numération. Par exemple, dans celui à base septimale, les fractions ordinaires seraient $\frac{1}{6}$, $\frac{1}{66}$, $\frac{1}{666}$, etc.

nons donc, par exemple, 0,648648... Il est évident que cette fraction équivaut au produit de 0,001001... par le nombre 648. En multipliant donc $\frac{1}{999}$ dont cette dernière fraction périodique est le développement, par 648, on aura pour génératrice de la première $\frac{648}{999}$, dont les termes, étant divisés par 27, feront $\frac{24}{37}$.

Ce raisonnement pouvant s'appliquer à l'une de ces séries quelconques, nous en conclurons que *la génératrice d'une fraction périodique simple est exprimée par une fraction ordinaire ayant pour numérateur l'une des périodes, et pour dénominateur autant de neuf que de chiffres de chaque période.*

Cette règle montre que le *dénominateur de la génératrice d'une fraction périodique simple ne peut pas contenir les facteurs 2 et 5 ;* car un nombre formé de chiffres 9 ne saurait être divisible par eux.

239. — De la fraction génératrice d'une périodique mixte et sa détermination.

Envisageons à présent le cas le plus complexe où il s'agit de déterminer la génératrice d'une fraction périodique mixte. Le problème se ramène aisément au précédent, en multipliant la série par une puissance de 10 à degré égal au nombre de chiffres de la partie non périodique. Dès lors, pour obtenir le résultat, il suffira de diviser par la même puissance de 10 la génératrice de la fraction périodique simple ainsi obtenue.

Que l'on se propose, par exemple, de déterminer la génératrice de la fraction périodique 0,21414... En transportant la virgule au chiffre qui précède la période, ce qui équivaut à multiplier la fraction par 10, nous aurons

2,1414..., qui équivaut, évidemment, à la somme de 2 avec 0,1414... En déterminant la génératrice de cette fraction périodique simple, nous obtiendrons $\frac{14}{99}$. En ajoutant cette fraction à ce nombre entier, nous aurons $\frac{2 \text{ fois } 90 \text{ plus } 14}{99}$.

Mais, comme nous avons multiplié par 10 la fraction périodique proposée, la génératrice correspondante devra se trouver multipliée par le même nombre; et pour avoir la vraie, nous devrons donc la diviser par 10; en obtenant ainsi $\frac{2 \text{ fois } 99 \text{ plus } 14}{990}$, ou $\frac{212}{990}$.

Prenons encore la périodique 0,253030... En la multipliant par 100, on obtient 25,3030...

En déterminant la génératrice de cette périodique simple, on aura 25 plus $\frac{30}{99}$, ou $\frac{25 \text{ fois } 99 \text{ plus } 30}{99}$.

En divisant cette génératrice par 100, pour en compenser la multiplication, on aura $\frac{25 \text{ fois } 99 \text{ plus } 30}{9900}$, ou $\frac{2505}{9900}$ pour la génératrice cherchée.

Le raisonnement que nous avons fait pour ces séries étant applicable à une autre quelconque, on en conclut que *la génératrice d'une périodique mixte est la fraction ordinaire qui a pour numérateur la partie non périodique multipliée par un nombre formé d'autant de neuf qu'il y a de chiffres à la période, plus cette période; et pour dénominateur, le nombre formé d'autant de neuf que les chiffres de la période suivie d'autant de zéros que les chiffres de la partie non périodique.*

Si l'on applique cette règle à la périodique mixte 0,0005050..., on trouve $\frac{50}{99000}$, ou $\frac{1}{1980}$ pour la génératrice cherchée. Dans cet exemple, vu que la partie non périodique est formée de zéros, le produit disparaît au numérateur, qui en est réduit à la seule période 5o.

La règle précédente est applicable à des fractions exprimées en un système quelconque de numération, si l'on remplace le chiffre qui précède à la base adoptée.

Ainsi donc, par exemple, dans le système septimal, les génératrices des périodiques 0,05050..., 0,3555..., et 0,0033..., sont respectivement : $\frac{50}{660}$, $\frac{32}{60}$ et $\frac{3}{600}$.

Si nous prenions encore les périodiques mixtes 0,0500500..., et 0,009000900 0..., dans le système décimal, nous trouverions $\frac{500}{9990}$ et $\frac{9000}{999900}$, ou $\frac{50}{999}$ et $\frac{99}{9999}$ pour leurs génératrices respectives. En observant la constitution de celles-ci, nous remarquerons que le dénominateur de la première, $\frac{50}{999}$, est plus grand que 10 fois le numérateur respectif ; et que le dénominateur de la deuxième, $\frac{90}{9999}$ est plus grand que 100 fois son numérateur.

Lorsqu'on étend cet examen à d'autres fractions de ce genre, on arrive à la conclusion que *les fractions périodiques mixtes dont la partie non périodique est exprimée par un, deux, trois... zéros sont produites par des fractions ordinaires irréductibles, où le dénominateur est plus grand que 10, 100, 1000... fois le numérateur respectif.*

Dans ce cas-là, se trouvent, par exemple, les fractions $\frac{1}{30}$, $\frac{7}{300}$, $\frac{3}{5000}$, $\frac{1}{1010}$, etc.

Cette conclusion est vraie dans n'importe quel système de numération, que la base employée en soit un nombre *premier* ou non.

Il faut, toutefois, observer que, si la base n'en est pas un nombre premier, la conclusion précédente peut être précisée, en appréciant mieux les fractions ordinaires qui produisent alors des périodiques mixtes.

Afin de déterminer les fractions ordinaires qui peuvent les produire, il nous faut examiner plus en détail la règle à laquelle nous sommes arrivés. Elle est ordinairement énoncée sous une autre forme, à laquelle on parvient aisément en remplaçant les chiffres neuf qui figurent au numérateur de l'expression obtenue, par le nombre immédiat à la puissance correspondante de 10 diminuée d'une unité, et effectuant ensuite la multiplication indiquée.

Le numérateur de la fraction génératrice devient égal à la partie décimale non périodique suivie de l'une des périodes, moins la partie décimale non périodique.

Au cas spécial où la partie non périodique est formée de zéros, le numérateur est encore réduit à la période, et le dénominateur est toujours le même. Par ce dernier énoncé, on voit que le numérateur de la génératrice d'une périodique mixte ne peut terminer en un zéro, sauf dans ce dernier cas spécial. Car le numérateur étant une différence, pour qu'il en fût ainsi, il faudrait que le dernier chiffre du minuande, qui est celui de la période, fût égal au dernier du soustracteur, qui est celui de la partie non périodique. Mais alors, ce dernier chiffre serait le premier de la période et il y aurait eu une méprise dans la considération de celui-ci.

D'après les deux énoncés, on voit encore que le dénominateur de la fraction génératrice renferme les facteurs 2 et 5 autant de fois que les chiffres de la partie non périodique, vu qu'il est multiplié par 10 le même nombre de fois. Si l'on combine cette conclusion avec la précédente, on aperçoit que, en simplifiant une telle fraction génératrice, on pourra supprimer de son dénominateur les facteurs 2 et 5 ; mais qu'il n'est pas possible de supprimer les uns et les autres simultanément, sauf dans ce cas spécial. Car, pour cela, il faudrait diviser par 10 le numérateur de cette fraction, ce qui n'a pas lieu puisqu'elle n'est pas terminée par un zéro.

La simplification de la fraction génératrice d'une périodique mixte la transforme donc en une fraction ordinaire irréductible dont le dénominateur renferme l'un des facteurs 2 ou 5, ou même les deux, autant de fois que les chiffres de la partie non périodique de la dîme correspondante.

Nous voyons donc que *les périodes mixtes dont la partie non périodique est représentée par des chiffres différents de zéro, sont produites par des fractions ordinaires irréductibles dans lesquelles le dénominateur renferme les facteurs 2, ou 5, combinés avec d'autres différents.*

Dans ces cas-là, sont, par exemple, les fractions $\frac{3}{14}$ et $\frac{2}{15}$, $\frac{17}{44}$ et $\frac{13}{75}$, $\frac{37}{70}$ et $\frac{101}{300}$, etc.

En effectuant ces conversions, on verra que le *nombre de chiffres de la partie non périodique est égal au plus grand nombre de fois qu'un quelconque de ces facteurs figure au dénominateur, ou au nombre de fois que les deux y figurent ensemble.*

Par exemple, pour la dernière des fractions proposées où 2 et 5 figurent ensemble deux fois, nous rencontrons 0,3366... tandis que, pour la troisième, où 2 figure deux fois, nous trouvons 0,386363... Dans une hypothèse quelconque, le nombre de chiffres de la partie non périodique et de la période doit être inférieur au dénominateur ; car celui-ci représente le diviseur, et nous avons vu que le nombre de restes différents lui est toujours inférieur.

Les considérations précédentes permettent donc d'en déduire les propriétés suivantes qui facilitent la conversion des fractions ordinaires en fractions décimales et qui ne sont qu'une réaction du problème inverse sur le problème direct :

1° *Toute fraction ordinaire irréductible dont le dénominateur contient les seuls facteurs 2 et 5, produit une fraction décimale finie.*

Nous avons vu, en effet, que, dans ce seul cas, le dénominateur pourrait devenir un sous-multiple exact du numérateur, si celui-ci est multiplié par 10, 100, 1.000, etc... Le nombre de chiffres de la fraction décimale est évidemment égal au degré de la puissance de 10 multipliée par le numérateur.

2° *Toute fraction ordinaire irréductible dont le dénominateur ne contient pas les facteurs 2 et 5 produira une fraction périodique simple.*

En effet, la dîme ne saurait être finie, car, pour cela, il faudrait que le dénominateur ne contînt que les facteurs 2 et 5. Elle ne peut pas être une fraction périodique mixte, car s'il en était ainsi, la fraction génératrice aurait pour dénominateur un nombre formé de neuf et finissant par zéro. Le numérateur correspondant ne pouvant, ainsi que nous l'avons vu, terminer aussi par zéro, il en résulte que la simplification d'une telle génératrice ne pourrait éliminer de son dénominateur les facteurs 2 et 5 ensemble ; en sorte que le dénominateur de la fraction résultante pourrait contenir un de ces facteurs quelconques, ce qui est contraire à l'hypothèse, puisque nous avons supposé que le dénominateur de la fraction proposée ne possède que des facteurs différents de ceux-ci.

3° *Toute fraction ordinaire irréductible dont le dénominateur contient des facteurs différents de 2 et 5, conjointement avec un quelconque de ces facteurs ou avec les deux, produira une fraction périodique mixte.*

En effet, la dîme ne peut être finie, car le dénominateur de la fraction contient des facteurs différents de 2 et 5 ; et elle ne peut être une périodique simple, car le dénominateur de la fraction possède aussi des facteurs égaux à 2 et 5. Elle sera donc nécessairement une périodique composée.

DOUZIÈME SECTION

Complément à la Théorie de la Division. Extraction de la Racine carrée (complément théocratique du calcul fondamental). Réaction d'un tel accroissement sur les conceptions numériques : nombres incommensurables.

I

EXTRACTION DE LA RACINE CARRÉE, NOMBRES INCOMMENSURABLES

240. — Conception concrète de la racine carrée.

La notion de racine carrée avec sa plus grande généralité se trouve implicitement contenue dans la conception générale de la numération systématique. Car les unités de différents ordres étant les *puissances* successives de la *base* numérale, la base devient, réciproquement, en des degrés divers, la racine des unités composées. Mais cette notion a un caractère par trop abstrait pour avoir attiré l'attention du sacerdoce primitif. Toutes les notions théoriques essentielles eurent toujours une source pratique, soit que l'action vise l'ordre extérieur soit qu'elle ait pour but l'ordre humain.

Voilà pourquoi la notion de *racine* surgit avec un caractère spécial en *géométrie*, où elle a longtemps représenté le *côté* du *carré*, envisagé quant à son *rapport numérique* envers l'*aire* de la même figure.

Ce n'est que fort tard que la mesure du *cube* conduisit à envisager l'*arête* decelui-ci comme la *racine* de son volume. Pendant bien des siècles, la notion de *racine* n'a point surpassé ces deux premiers degrés, ni la notion des *puissances* n'est allée au delà du troisième degré. Dans la phase finale de l'évolution théorique de la Grèce, la considération des puissances s'étendit, mais sans devenir indéterminée, ainsi que l'on s'en aperçoit en vertu des noms qu'elles avaient. D'ailleurs, ni les puissances ni les racines au delà du troisième degré ne furent considérées comme correspondant à des phénomènes concrets. Ainsi donc, la quatrième puissance s'appelait *carré-carré*, la cinquième *carré-cube*, la sixième *cube-cube*, et ainsi de suite.

Cette nomenclature, ainsi qu'on le voit, ne pouvait aller loin et ce n'est que plus tard qu'on en fut conduit à la considération de puissances d'un degré quelconque. En tout cas, la formation d'une puissance quelconque ne comporte, même aujourd'hui, aucune opération spéciale, sauf la simplification de sa détermination par les *logarithmes*, que nous traiterons en Algèbre. Et l'extraction de la racine carrée n'a pu être instituée algébriquement comme une opération générale qu'après Newton (1642-1727), sauf aussi la simplification logarithmique qui la précéda de près d'un demi-siècle. Donc, pendant près d'un demi-siècle, l'extraction de la racine était encore bornée aux deux premiers degrés. Mais, parmi ceux-ci, la seule racine carrée comporte une institution spéciale assez simple pour être appréciée au *calcul des valeurs*.

L'extraction de la racine cubique s'opère suivant la règle

générale instituée par l'Algèbre et, par conséquent, sa considération isolée devient ici inutile. Elle ne fait, d'ailleurs, surgir aucune nouvelle notion sur les nombres, outre celles qui proviennent déjà de la racine carrée.

Revenant donc à celle-ci, remarquons que l'opération en fut déterminée par la nécessité de résoudre le problème suivant : *L'aire d'un carré étant donnée, en déterminer le côté, ou plutôt, construire un carré dont on suppose l'aire connue.*

On conçoit qu'il est toujours possible de construire une infinité de rectangles dont les surfaces soient égales à une aire donnée. Le problème rentre numériquement dans la division, ainsi que nous l'avons vu ; car étant choisie la grandeur de l'un des côtés, la grandeur de l'autre est déterminée moyennant la division de l'aire donnée par le côté choisi. Ce problème comporte donc une solution géométrique.

241. — Comparaison de la racine carrée avec la division.

La *division* et l'*extraction* visent toutes les deux la décomposition d'un produit en deux facteurs. Dans le cas de la division, le produit et l'un des facteurs sont connus. Dans le cas de la racine carrée, les deux facteurs sont inconnus, mais leur seule égalité suffit à les déterminer.

On voit donc, d'après cela, que l'extraction de la racine carrée est une opération analogue à la division, mais plus compliquée ; ou plutôt, c'est la propre division où la connaissance du diviseur est remplacée par la connaissance de l'égalité du diviseur et du quotient. Donc, chercher un nombre qui, multiplié par lui-même, en produit un autre, ou qui, pris comme diviseur d'un autre, fournit un quotient égal à lui-même, voilà en quoi consiste le problème numériquement envisagé.

Dans l'impossibilité de connaître tout de suite le diviseur

et, par conséquent, le quotient cherché, on peut cependant essayer de l'obtenir en remplaçant la division totale du nombre proposé par une série de divisions partielles par les facteurs premiers qu'il pourrait contenir. En un mot, on peut essayer la décomposition du nombre proposé en ses facteurs premiers, afin d'obtenir au moyen de ceux-ci sa racine carrée. Or, si les facteurs de cette racine étaient connus, il suffirait évidemment de les prendre en nombre double, afin d'avoir le carré proposé, dans le cas où celui-ci représente une deuxième puissance exacte.

Donc, *le nombre donné étant décomposé en ses facteurs premiers, il suffit de prendre la moitié de chaque espèce de ces facteurs pour obtenir sa racine carrée.*

Ainsi donc, par exemple, pour le nombre 2.250.000, qui est égal au produit de la quatrième puissance de 2 par la deuxième puissance de 3 et par la sixième puissance de 5, la racine carrée sera exprimée par le produit de la deuxième puissance de 2 par 3, et par la troisième puissance de 5, ce qui fournit 1.500. Mais on comprend qu'un pareil procédé n'est pas général, puisqu'il ne saurait être appliqué aux nombres premiers non plus qu'aux nombres non premiers qui ne contiennent que des facteurs différents, c'est-à-dire non répétés, comme par exemple 221, qui se décompose dans les facteurs 13 et 17. Toutefois, outre son utilité logique, il offre l'avantage de nous rendre évidente la constitution de la racine carrée au moyen des facteurs premiers qui peuvent composer le nombre proposé. En supposant celui-ci une deuxième puissance parfaite, nous avons vu, en effet, que sa racine carrée doit être formée par la moitié du nombre de ces facteurs.

En généralisant cette appréciation, nous serons portés à conclure que les troisième, quatrième et cinquième puissances d'un nombre entier contiendront respectivement 3, 4, 5 fois le nombre de facteurs premiers de sa racine ; en sorte que celle-ci contiendra réciproquement la troisième, la quatrième, la cinquième... partie de ce nombre de facteurs.

On voit ainsi que, dans la constitution d'une puissance quelconque, figurent toujours les mêmes diviseurs premiers de la racine respective, simplement répétés autant de fois qu'ils sont indiqués par le degré de la même puissance.

En sorte que tout diviseur premier d'une puissance est toujours diviseur de sa racine et réciproquement.

L'analogie de l'extraction de la racine carrée avec la division n'empêche point qu'il y ait une distinction radicale entre les deux opérations, quant au résultat des deux. Ainsi, nous avons vu que, pour la division, il est toujours possible d'exprimer le quotient avec précision, non point par un seul nombre, mais par la combinaison de deux nombres ; tandis qu'il est aisé de reconnaître que, généralement, la racine carrée ne peut être déterminée que par approximation.

242. — CONCEPTION DES NOMBRES INCOMMENSURABLES.

Un nombre entier quelconque élevé au carré produit un nombre entier, et une fraction quelconque dans les mêmes conditions produit aussi une fraction. En sorte que tout nombre entier qui n'est pas un carré parfait ne peut avoir comme racine aucun nombre exact, ni entier, ni fractionnaire. Et nous verrons que même parmi les fractions, celles dont les termes ne sont pas des carrés parfaits, n'auront point une racine exacte.

Pourtant, il est aisé de reconnaître que, quelle que soit la valeur que l'on suppose à un nombre, il peut être considéré comme représentant l'aire d'un carré. L'on aperçoit ainsi que le problème de l'extraction de la racine, concrètement envisagé, est un problème qui comporte une solution exacte.

C'est ce que la géométrie montre directement, en nous indiquant la marche à suivre pour la détermination concrète du côté d'un carré dont l'aire est connue. Mais ce côté ne peut être exprimé numériquement par le module linéaire adopté, et avec lequel on forme le module superficiel. C'est cette impossibilité concrète que traduit l'impossibilité abstraite.

Les grandeurs qu'on ne peut exprimer au moyen des autres, ou au moyen d'un nombre entier, ou au moyen d'un nombre fractionnaire, sont appelées *incommensurables*. La considération des grandeurs *incommensurables* est venue donner à la notion des nombres son plus grand degré d'abstraction. Surgis pour marquer la hiérarchie, ils en vinrent à désigner les pluralités et ensuite les grandeurs continues, assimilées à celles-là, moyennant le choix d'un certain module.

Le développement du calcul théocratique montra ensuite que, en général, les divers degrés des grandeurs continues ne pouvaient pas être représentés au moyen d'un module donné, en employant un seul nombre. C'est alors que surgirent les *fractions*. Pourtant, les degrés des grandeurs furent encore représentés par le module conventionné, en employant à cet effet le rapport entre deux nombres. Nous venons à présent de reconnaître l'insuffisance d'un pareil expédient.

243. — De la conception la plus générale d'un nombre.

Imaginons, cependant, un carré dont le côté est pris comme module, et supposons que l'aire de ce carré croît par degrés aussi petits qu'on le veut. Nous obtiendrons ainsi une série de carrés dont nous pourrons choisir les aires de façon qu'ils soient représentés par une fraction de l'aire modulaire, ou un multiple entier de cette aire. A chacune de ces aires correspondra un côté précis, et l'ensemble de ces côtés formera une série croissante, c'est-à-dire ils constitueront divers degrés successifs de la grandeur. Parmi ces degrés, les uns seront représentés par des fractions du module linéaire, d'autres par des multiples de ce module, d'autres encore, et ce sera la majorité, ne pourront pas être exprimés exactement par des nombres entiers ni par une fraction ; ils seront *incommensurables*.

Eh bien, tous ces divers degrés de la grandeur, abstraitement envisagée, c'est-à-dire sans considérer d'autres attributs que peuvent avoir les lignes dont il s'agit, voilà ce qui constitue un *nombre* dans son acception la plus générale.

En sorte qu'*un nombre est la conception abstraite des divers degrés dont un être ou un phénomène est susceptible, lorsqu'on n'y envisage que la possibilité d'augmenter ou de diminuer*.

Ces divers degrés ne peuvent pas toujours être représentés indépendamment d'un des phénomènes auxquels ils sont liés, phénomènes qui peuvent, du reste, être envisagés sous le point de vue abstrait ou sous le point de vue concret.

Ainsi donc, par exemple, on prouve en géométrie que $\sqrt{2}$ est la représentation exacte d'un degré incommensurable des grandeurs continues. La représentation n'en est pas toujours aussi simple, comme nous le verrons.

244. — DES DIVERS NOMBRES INCOMMENSURABLES.

Il faut, en outre, remarquer qu'il y a des nombres incommensurables de beaucoup d'espèces et qui ne sauraient rentrer les unes dans les autres qu'au moyen de combinaisons plus ou moins compliquées, ainsi que nous le verrons dans le Calcul algébrique.

En étudiant cette théorie, nous vérifierons que les nombres entiers, n'étant pas, pour la plupart, des puissances parfaites, l'extraction de leurs racines ne saurait nous conduire ni à des nombres entiers, ni à des nombres fractionnaires, et que presque toujours nous devrons pratiquer des opérations comme celles qui sont indiquées symboliquement en Algèbre par :

$$\sqrt{3}, \sqrt[3]{5}, \sqrt[4]{7}, \sqrt[5]{11}, \sqrt[9]{13}, \text{etc.}$$

En général, toutes les racines des nombres qui ne sont pas des puissances parfaites du même degré se trouvent dans les mêmes conditions.

Par une extension de l'idée attachée au mot nombre, on dit que ces racines sont *incommensurables* ou *irrationnelles*. Quoique ces mots soient, avec raison, ordinairement employés comme synonymes, il faut remarquer que cette synonymie n'est pas purement verbale, mais le résultat d'un accord entre le point de vue abstrait et le point de vue concret.

Le mot *irrationnel* est ici employé dans le sens d'*inexprimable* [1], car, en effet, il se rapporte ici à la détermination de valeurs que l'on conçoit, mais qui, à la rigueur, ne sauraient être exprimées numériquement. Elle traduit donc un fait purement abstrait.

Le mot *incommensurable* a, au contraire, un sens con-

1. L'adjectif *exprimable*, d'origine grecque, signifie à la fois *mot* ou *verbe* et *raison*. Les Latins, en prenant par erreur la dernière signification, la traduisirent par le mot *rationnel*, d'où *irrationnel* pour désigner un fait inexprimable.

cret, car, d'après son acception étymologique, il rappelle *une grandeur qui n'a point une mesure commune avec l'unité ou module.*

Or, la *raison* de deux grandeurs, résultat de leur comparaison mutuelle, étant en général exprimée soit par des nombres entiers, soit par des nombres fractionnaires, on comprend la possibilité d'harmoniser ces deux mots ; car alors le mot *irrationnel* sert à traduire le résultat d'une mesure qui ne peut être exprimée rigoureusement, ni par des nombres entiers, ni au moyen de fractions.

Une grandeur est rationnelle ou irrationnelle selon qu'elle est commensurable ou incommensurable avec celle qui lui sert d'unité de mesure. Une grandeur rationnelle est exprimée par un nombre entier ou par un nombre fractionnaire ; une grandeur irrationnelle ne peut être exprimée exactement par un nombre entier, ni par un nombre fractionnaire.

Remarquons que, pour la mesure directe des grandeurs, il est impossible, à cause de l'imperfection de nos sens et de nos instruments de mesure, de vérifier si une grandeur est ou non rigoureusement commensurable ; car, après un nombre limité de sous-divisions successives de l'unité, on en arrive nécessairement à des parties imperceptibles et, par conséquent, inappréciables.

Comme toute mesure expérimentale est toujours approximative, il devient enfin impossible de reconnaître au moyen de mesures directes de deux grandeurs de la même espèce, si elles sont commensurables ou non. Mais la mesure indirecte, établie par nos théories, fournit la preuve directe de l'incommensurabilité d'une multitude de grandeurs.

Dans l'étude de tous les phénomènes, on rencontre à tout moment des grandeurs incommensurables. On démontre, par exemple, en géométrie, que la diagonale d'un carré prenant pour unité la longueur du côté, est exprimée par $\sqrt{2}$; or 2 n'étant point une deuxième puissance précise, il en résulte que la diagonale est incommensurable avec le côté. On démontre encore que la diagonale du cube, quand on prend pour unité la longueur de son arête, est exprimée par $\sqrt{3}$; or, 3 n'étant pas une deuxième puissance exacte, la diagonale du cube est incommensurable avec l'arête.

Pourtant, au point de vue pratique, nous verrons que les nombres incommensurables sont déterminés au moyen de deux nombres assez proches et qui le comprennent. Le degré d'approximation est mesuré par l'ensemble des convenances humaines.

245. — Règle pour déterminer le nombre de chiffres de la racine.

Comme pour la division, l'opération systématique doit commencer en déterminant le nombre de chiffres du quotient inconnu, qui est à la fois diviseur, c'est-à-dire le nombre de chiffres de la racine.

Pour cela, il suffit de comparer le carré proposé avec les unités de différents ordres, qui sont des *carrés* parfaits, puisque chaque nombre se trouvant entre deux unités d'ordres successifs, pris parmi ceux qui sont des carrés parfaits, la racine d'un nombre quelconque se trouvera aussi entre deux unités composées d'ordres consécutifs.

Dès lors, le nombre de chiffres de la racine est égal au nombre de chiffres de sa limite inférieure. Ainsi, par exemple, 235 se trouvant compris entre 100 et 1.000, sa racine carrée sera nécessairement moindre que celle de 1.000 et plus grande que celle de 100, et aura, par conséquent, un nombre de chiffres égal à celui de la racine carrée de 100, c'est-à-dire deux chiffres.

Or, en examinant la manière par laquelle on obtient les unités composées qui sont des carrés parfaits, on reconnaît qu'elles contiennent toutes un nombre pair de zéros ; c'est-à-dire elles ont un nombre impair de chiffres, qui sont représentés par le symbole de l'unité suivie de zéros en nombre pair.

La racine de ces carrés ayant la moitié de leurs zéros, aura un nombre impair de chiffres, lorsque cette moitié est paire ; et un nombre pair, quand cette moitié est impaire.

On en déduit donc que *le carré d'un nombre entier a le double des chiffres de sa racine, ou ce double moins un, suivant que le nombre de chiffres est pair ou impair, en sorte que la racine respective a un nombre de chiffres précisément égal à la moitié, ou à la moitié par excès.*

II

DE LA RACINE CARRÉE DES NOMBRES ENTIERS : SON EXTRACTION.

246. — Du cas fondamental où la racine a deux chiffres. D'après ce qui précède, si la racine n'a qu'un chiffre, elle peut être immédiatement déterminée, car il est facile de retenir les carrés des neuf premiers nombres préalablement institués par la table théocratique de la multiplication. Ce petit tableau nous montre déjà les racines d'un seul chiffre appartenant aux nombres entiers qui sont des carrés parfaits. Mais, lorsque la racine a deux chiffres, sa détermination commence à exiger une opération systématique.

Suivant l'esprit général du Calcul arithmétique, manifesté par les opérations fondamentales, cette opération systématique doit consister à faire rentrer l'évaluation d'une racine quelconque dans le cas où la racine a un seul chiffre, parce qu'il est inférieur à 10.

Pour l'obtenir, il suffit de réaliser une telle réduction envers le cas où la racine a deux chiffres ; et ensuite, de réduire un cas quelconque à celui-ci. Or, c'est la première réduction qui constitue la difficulté essentielle de l'opération. Car, à cet effet, il faut savoir, d'une manière générale, l'influence que les deux parcelles d'une addition exercent sur le carré de la somme. Afin de bien apprécier la difficulté d'un pareil problème, il convient de remarquer qu'il ne dépend pas du tout de la grandeur des deux parcelles qui composent la racine de deux chiffres.

En partant de la notion de *carré* en tant que produit de deux facteurs égaux, le problème que nous envisageons ne changera pas essentiellement, si nous supposons que chaque facteur est une somme de deux parcelles, quand celles-ci sont grandes ou petites. Car dans ces deux hypothèses-là, la question exige pour être résolue que nous ayons l'inspiration d'examiner la combinaison des *relations* sans que nous nous préoccupions de leurs *valeurs* fournies par la multiplication.

On voit donc que la difficulté consiste à faire prévaloir le point de vue de la *relation* sur le point de vue de la *valeur*. Et cette difficulté-là est une des plus grandes que nous ayons rencontrées jusqu'ici. En admettant qu'une telle inspiration fût venue à l'esprit, on voit aussitôt qu'elle suppose l'abstraction de la grandeur des facteurs. Et par conséquent le résultat auquel nous arriverions s'appliquerait tout aussi bien lorsque les deux parcelles de chaque facteur sont représentées par un chiffre que lorsqu'elles sont représentées par beaucoup.

Il convient, enfin, d'observer que la difficulté ne consiste pas proprement à effectuer les combinaisons des relations, en faisant abstraction des valeurs, mais à avoir une pareille inspiration.

L'ensemble des opérations antérieures ne suffirait pas, dans l'évolution spontanée, à la suggérer, si le point de vue géométrique n'y était pas intervenu.

247. — De l'inspiration géométrique de la loi qui montre l'influence des parcelles d'une somme sur le carré de celle-ci.

Mais l'évaluation de l'aire du *carré* qui avait suggéré la notion de *racine carrée* a immédiatement fourni la solution de la difficulté que nous sommes en train de considérer.

En effet, aussitôt que l'on a aperçu l'avantage de déterminer successivement les deux chiffres de la racine, les théocrates furent portés à examiner comment les deux parties où le côté du carré se décomposait concouraient à la formation de l'aire. Désormais, en comptant du même sommet les parties similaires de chaque côté, et en tirant par le point de division d'un côté des droites parallèles au côté contigu, la loi qu'ils cherchaient leur a été rendue évidente.

Le carré de la somme s'est décomposé en deux carrés, ayant respectivement pour côtés les deux parcelles linéaires, et en deux rectangles égaux, ayant pour côté ces parcelles.

Ainsi donc, pour le cas d'un nombre composé de deux chiffres, *le carré du nombre devient égal au carré des unités, plus le carré des dizaines, plus le double du rectangle des dizaines et des unités.*

Cette loi géométrique n'a point tardé à être confondue par le calcul numérique, dès lors aisément institué, en faisant prévaloir le point de vue des *relations* sur celui des valeurs.

L'application de cette loi manifesta bientôt la possibilité de réduire un cas quelconque à celui où la racine n'a que deux chiffres. Car, aussitôt que la racine a beaucoup de chiffres, elle peut être envisagée comme étant composée de dizaines et d'unités, celles-ci réduites au chiffre des unités et les dizaines à l'ensemble des autres.

Mais le carré des dizaines produit des centaines ; il ne peut donc pas affecter les deux premiers chiffres des unités inférieures de cette partie du carré. Par conséquent, pour trouver les dizaines de la racine, nous pouvons faire abstraction de ces deux chiffres, et chercher la racine carrée du plus grand carré contenu dans l'ensemble des centaines du carré proposé.

Nous sommes ainsi conduits à chercher la racine carrée d'un nombre, de deux chiffres moins que le nombre proposé. La circonstance que ce nombre indique des centaines n'entraîne aucune nouvelle difficulté ; car les évaluations ne dépendent point des unités.

Le nombre de chiffres de la nouvelle racine nous porte à pouvoir la considérer également comme étant composée de dizaines et d'unités. Et le même raisonnement nous porterait à séparer encore les deux chiffres des unités inférieures.

En appliquant ces séparations successives, on parviendrait enfin à un nombre dont la racine n'aurait que deux chiffres.

248. — Des nombres dont la racine carrée a deux chiffres.

Tout se réduit donc à l'appréciation de la marche à suivre pour déterminer les deux chiffres d'une racine, qui ne contiendrait que ces deux chiffres.

Le nombre proposé doit avoir, au moins, trois chiffres, et quatre tout au plus.

Supposons que le carré donné a quatre chiffres : ayant séparé les deux des unités inférieures, on en extrait la racine carrée des centaines ; c'est-à-dire on cherche le plus grand carré contenu dans les centaines, et la racine de ce plus grand carré sera le chiffre des dizaines de la racine.

Pour avoir donc le deuxième chiffre, il suffit d'essayer successivement les neuf nombres simples, c'est-à-dire à élever successivement au carré les neuf nombres qui correspondent à la combinaison du chiffre trouvé des dizaines avec les neuf premiers groupes d'unités.

Ces tâtonnements sont un peu ennuyeux, mais ils comportent deux abréviations :

PREMIÈRE ABRÉVIATION

En soustrayant des deux premiers chiffres du nombre le plus grand carré y contenu, le reste formera avec les chiffres provisoirement écartés un nombre qui renfermera le double du rectangle des dizaines, par les unités et le carré des unités.

Or, le double du rectangle des dizaines par les unités produit au moins des dizaines ; en sorte qu'il ne saurait affecter les chiffres des unités d'un pareil *reste*. Mais, comme le carré des unités peut produire des dizaines, les dizaines du reste peuvent aussi provenir de cette origine.

En résumé, les dizaines du reste contiendront exclusivement le double des dizaines par les unités ; ou bien ils contiendront ce double rectangle, plus le carré des unités. Il s'ensuit donc que, en séparant le chiffre des unités du reste, et en divisant l'ensemble des autres par le double des dizaines, nous obtiendrons pour quotient un chiffre qui sera celui des unités de la racine, ou bien il indiquera un nombre plus grand. C'est-à-dire nous aurons une limite supérieure du chiffre des unités.

Ceci posé, pour vérifier de quel cas il s'agit, on élève au carré la racine formée par la combinaison du chiffre des dizaines avec cette limite. Pour cela, il suffit d'additionner le carré des dizaines et le double des dizaines par la limite, avec le carré de cette limite.

SECONDE ABRÉVIATION

La deuxième abréviation est directement inspirée par la géométrie. Car, après avoir soustrait du carré proposé celui des dizaines, l'ensemble du carré des unités et des deux rectangles des dizaines par les unités peuvent être disposés de façon à former un seul rectangle, ayant pour côtés les unités, et la somme des unités avec le double des dizaines.

Il est donc clair que, pour additionner les unités avec le double des dizaines, il suffit d'écrire leur chiffre à côté de ceux qui indiquent des dizaines. Et, dès lors, en multipliant les unités par le nombre ainsi formé, on doit obtenir un produit égal ou moindre que le reste [1].

249. — Application de ce qui précède.

Afin de mieux comprendre ce qui vient d'être dit, supposons qu'il s'agit d'obtenir la racine carrée de 564.

Ce nombre ayant plus de deux et moins de cinq chiffres, sa racine carrée sera plus grande que 10 et plus petite que 100, et, par conséquent, elle sera composée de deux chiffres.

La racine cherchée contiendra donc des dizaines et des unités ; et dans le nombre 564 on doit trouver le carré des dizaines, le double du produit des dizaines par les unités, plus le carré des unités de sa racine.

Pour obtenir le chiffre des dizaines de la racine, voyons comment il est possible de signaler dans le nombre 564 la partie qui renferme le carré des dizaines de sa racine : le

1. Notes du cours de M. R. Teixeira Mendes.

carré des dizaines devant produire, au moins, des centaines, il est évident qu'il ne peut se trouver dans les 64 unités de ce nombre.

Le carré des dizaines de la racine se trouvera donc compris dans les 5 centaines du nombre 564, lesquelles peuvent, en outre, contenir quelques centaines de réserve, qui proviennent des deux autres parties du carré sus mentionné.

Or, le carré des dizaines de la racine cherchée se trouvant dans le nombre 5, il est clair que, en faisant l'extraction de la racine carrée du plus grand carré 4, y contenu, le résultat obtenu, 2, ne pourra pas être moindre que les dizaines de cette racine. (Il ne pourra pas être plus grand non plus ; car le nombre donné se trouvant compris entre 400 et 900, il aura évidemment une racine moindre que celle de ce dernier, qui est 3 dizaines.)

Donc, si nous extrayons 4 du nombre donné, qui est le carré des dizaines obtenues pour sa racine, le reste ne contiendra que la deuxième et la troisième partie du carré, c'est-à-dire le *double produit des dizaines par les unités et le carré des unités.*

Or, si nous pouvons signaler dans ce reste, 162, la première de ces deux parties, il est clair qu'en le divisant par le double des dizaines de la racine, nous déterminerons les unités de cette racine. C'est ce que nous obtiendrons aisément, en observant que *le double des dizaines par les unités produit au moins des dizaines*, et que, par conséquent, cette deuxième partie ne peut se trouver que dans les 16 dizaines de ce reste, lesquelles pourront aussi contenir quelques-unes de réserve, provenant du *carré des unités de la racine.*

En séparant donc le dernier chiffre, 2, à droite du reste,

et en divisant les 16 dizaines qui restent par 4, double des dizaines de la racine, nous obtiendrons un quotient, 4, qui, s'il n'est pas les unités de la racine, ne pourra pas être un nombre plus petit. Afin de vérifier s'il est plus grand, le moyen qui s'offre spontanément consiste à former le carré de la racine obtenue, 24, et à comparer avec le carré proposé le résultat trouvé.

On peut toutefois simplifier cette vérification, vu que 4 est une partie du carré de la racine, qui a déjà été soustraite du nombre proposé, et que par conséquent il suffira de soustraire du reste, 162, la somme des deux autres parties. Nous la formerons aisément en écrivant le chiffre 4 des unités à droite de celui qui exprime le double des dizaines et en le multipliant par le nombre qui en résulte, c'est-à-dire 44 par 4, ce qui produit 176. Ce nombre étant plus grand que 162, il est évident que 4 est un chiffre trop fort ; ce qui s'explique par l'existence de réserves qui, provenant du carré des unités, s'accumulent sur le double produit des dizaines par ces mêmes unités.

En prenant donc, à cet effet, le chiffre 3, pour représenter les unités de la racine, nous vérifierons qu'il convient ; car le produit de 43 par 3 est 129, qui peut être soustrait de 162. L'existence du reste, 33, indique que le nombre proposé n'est pas un carré parfait ; en sorte que 562 est égal au carré de 23, plus 33 ; ainsi donc 23 fois 23 sera le plus grand carré y contenu.

Voici le type du calcul, que nous ferons aussi dans le système septimal, où l'on voit que ce nombre y est carré parfait :

5.62	23		5.62	23	
4	4	43	4	4	43
16.2		3	1.62		3
12.9		129	1.62		162
03.3			0.00		

Il peut arriver que, en effectuant la division pour trouver les unités de la racine, on obtienne pour quotient un nombre égal ou plus grand que 10.

Comme les unités de la racine ne peuvent être exprimées que par des nombres simples, on devra, dans ce cas-là, prendre 9 pour quotient, et le diminuer successivement d'une unité jusqu'à ce qu'on obtienne le nombre convenable. Mais il peut arriver que la crainte d'écrire un chiffre trop fort nous en fasse prendre un autre trop faible pour les unités de la racine.

Afin d'éviter une chose semblable, supposons, par exemple, que la racine trouvée soit plus faible d'une unité. Dans ce cas-là, il est évident que le nombre proposé devra contenir, non pas le carré de cette racine, mais celui que l'on obtiendrait en l'augmentant d'une unité : c'est-à-dire *le carré de la racine trouvée, plus le double de cette racine, plus une unité*.

Dans cette hypothèse-là, donc, lorsqu'on a soustrait le carré de la racine trouvée, le reste devra être égal au double de cette racine, plus un : s'il n'est pas plus grand, vu les réserves qu'il pourrait renfermer. Ainsi donc, pour que le chiffre des unités ne soit pas faible, il est indispensable que le reste soit inférieur au double de la racine accrue d'une unité.

On peut vérifier les réflexions précédentes en faisant l'extraction de la racine carrée du nombre 1525 ; si, après avoir obtenu le chiffre 3 des dizaines, nous prenons 8, au lieu de 9, pour celui des unités.

De tout ce qui précède, on conclut que, dans le cas où la racine cherchée aurait deux chiffres, son extraction se réduit aisément à une autre d'un seul chiffre, qui peut toujours être obtenue au moyen du procédé spontané.

251. — Du cas où la racine a plus de deux chiffres. Quand la racine a un nombre quelconque de chiffres, il est toujours possible de réduire l'opération au cas de l'extraction de la racine de deux chiffres, d'où résultent tous les autres gradativement.

Afin de mieux comprendre l'extension de l'opération dans le cas où la racine a plus de deux chiffres, essayons d'extraire la racine carrée de 65.124.901, qui, comme nous le savons, doit avoir quatre chiffres.

Nous la pouvons considérer comme étant formée de dizaines et d'unités, celles-ci réduites au chiffre des unités, et celles-là à l'ensemble des autres. Mais le carré des dizaines, produisant au moins des centaines, ne peut pas se trouver dans les deux derniers chiffres du carré proposé. Donc, pour déterminer les dizaines de la racine, nous pouvons séparer ces deux chiffres et chercher la racine carrée du plus grand carré contenu dans l'ensemble des 651.249 centaines du nombre considéré.

Nous sommes ainsi portés à chercher la racine carrée d'un nombre inférieur de deux chiffres au nombre proposé. La circonstance que ce nombre indique des centaines n'entraîne aucune nouvelle difficulté, car les évaluations ne dépendent point de l'espèce des unités.

Mais la racine carrée de 651.249 devant avoir trois chiffres, nous pouvons également la considérer comme composée de dizaines et d'unités. Or, le même raisonnement fait précédemment nous porte à séparer encore les deux derniers chiffres de 651.249 ; et à extraire la racine carrée du nombre formé par l'ensemble de ceux qui restent, c'est-à-dire de 6.512.

Enfin, la racine carrée de ce nombre ayant deux chiffres seulement, il ne nous reste, pour la déterminer, qu'à appliquer la marche du cas précédent.

Voici le type du calcul, à côté duquel nous en présentons un autre dans le système septimal :

65.12.49.01	8070	21.45.04	365	
64	1607	12	66	1055
01 124.9	7	0645	6	5
1 124.9	11249	561	561	5404
00 00.00.1		0540.4		
		540.4		
		000.0		

Si l'on fait l'extraction de la racine carrée du plus grand carré contenu en 6.512, comme nous l'avons fait pour l'exemple précédent, on trouvera 80.

En réunissant au reste, 112, les 49 unités de deuxième ordre, nous obtiendrons 11.249, qui renferme les deux autres parties du plus grand carré contenu dans 651.249, à savoir : *le double des dizaines par les unités* et *le carré des unités*.

Or, le double des dizaines par les unités produisant au moins des *dizaines* ne peut se trouver que dans les 1.124 dizaines du reste, 11.249. En divisant donc ce nombre-là (1.124) par 160, double des dizaines, nous trouverons les sept unités de deuxième ordre de la racine. Afin de vérifier si ce chiffre convient, nous l'écrirons à droite de 160, double de la racine, et nous le multiplierons par le nombre 1.607, ainsi formé. Le produit, 1.249, étant égal au nombre considéré, nous fait reconnaître que 7 est le chiffre cherché. Et comme les deux derniers chiffres du nombre proposé ne forment point avec le reste un nombre capable de contenir le double des dizaines de la racine, nous en concluons enfin que zéro est le chiffre des unités de cette racine. 8.070 est donc la racine du plus grand carré contenu dans le nombre proposé.

Cette racine diffère de celle que l'on cherche de moins d'une unité ; car en formant le carré de 8.071, on obtient un nombre plus grand que le nombre proposé. Dans ces conditions-ci, la racine de celui-ci est comprise entre 8.070 et 8.071, différant de l'un quelconque de ceux-ci de moins d'une unité. Comme dans la division, l'on dit que 8.070 est une racine *par défaut*, et que 8.071 est une racine *par excès*.

On préfère ordinairement la racine *par défaut*, en vertu du précepte logique qui nous porte naturellement à rester en deçà de la réalité, car, lorsque nous la surpassons, nous ne savons jamais quand il convient de s'arrêter.

Pourtant, au point de vue abstrait, on doit adopter tantôt la racine *par défaut*, tantôt *par excès* : la première lorsque le reste de l'opération est égal ou moindre que le nombre obtenu pour la racine ; la seconde lorsqu'il est plus grand. En procédant ainsi, il est aisé de voir que la racine obtenue différera de la vraie en moins d'une demi-unité. En effet, nous avons vu ci-dessus que le reste de l'opération ayant sa valeur plus grande, c'est-à-dire le double de la racine trouvée, l'erreur commise est moindre qu'une unité. Dans ces conditions-là, on en conclut que, si le reste est égal à la racine elle-même, l'erreur sera moindre qu'une demi-unité ; que, si le reste est égal à la moitié de la racine, l'erreur sera plus petite que $\frac{1}{4}$ de l'unité et ainsi de suite.

252. — Construction de la règle générale.

De ce qui précède, nous pouvons déduire la règle suivante pour extraire la racine carrée d'un nombre entier quelconque.

On divise le nombre donné en classes de deux chiffres de droite à gauche, et le nombre de ces classes sera celui des chiffres de la racine ; on extrait la racine carrée du plus grand carré contenu dans la dernière classe à gauche, et on aura le premier chiffre de la racine. On élève celui-ci au carré, et on le soustrait de la classe considérée ; à droite du reste, on écrit la classe suivante, en séparant son dernier chiffre à droite.

L'on divise la partie qui reste, à gauche, par le double de la racine trouvée, et le quotient sera le deuxième chiffre de la racine. On écrit ce chiffre à droite de celui qui a servi de diviseur, en le multipliant ensuite par le nombre ainsi formé, et en soustrayant le produit du nombre qui a servi de dividende, suivi du chiffre séparé.

A côté du reste, on écrit la classe suivante, en séparant par un point son dernier chiffre à droite ; on divise la partie qui reste, à gauche, par le double de la racine trouvée. On écrit ce chiffre à droite du nombre qui a servi comme diviseur ; on multiplie le résultat par ce chiffre lui-même, et l'on soustrait le produit du nombre qui a servi de dividende suivi du chiffre séparé. A côté du reste on écrit la classe suivante et on procède comme antérieurement jusqu'à ce qu'on en ait considéré toutes les classes.

Pour tirer la preuve de l'opération il suffit évidemment de carrer la racine obtenue et d'additionner le *reste* à ce produit, afin de voir si le nombre proposé apparaît, cas où l'on suppose que l'opération est juste.

C'est ainsi que formant, dans l'exemple antérieur, le carré

de la racine 8.070, et en lui additionnant ensuite le reste 1, on trouve le nombre donné 65.124.901.

Mais, outre cette preuve, nommée *réelle*, on peut en utiliser d'autres, celle des *neuf* en étant la plus usuelle. Pour effectuer cette dernière, on procède comme pour la division, c'est-à-dire on ôte les neuf de la racine ; on élève le reste au carré, et on additionne le résultat au reste de l'opération. En ôtant les neuf de cette somme, le résultat doit être égal au reste qu'en ôtant les neuf du nombre donné. Ainsi donc, dans l'avant-dernier exemple, on trouve 5 à la racine ; en ajoutant son carré, 25, au reste, 33, de l'opération, on obtient 58. En ôtant les neuf de ce nombre, on trouve 4, résultat égal à celui qu'on obtiendra en ôtant aussi les neuf du nombre donné, 562.

253. — Observation. — En examinant le premier million du nombre de l'échelle, on n'y rencontre que *mille* qui soient des carrés, à savoir : 9 entre 1 et 100, 90 entre 100 et 10.000, et 900 entre 10.000 et 1.000.000, ce nombre-ci n'y étant pas compris. En poursuivant cet examen, on verra que les carrés parfaits deviennent graduellement de plus en plus rares. Ainsi donc, la règle précédente est presque toujours appliquée à la détermination approximative de la racine carrée des nombres entiers ; nous avons déjà montré que l'erreur commise est ordinairement plus petite qu'une unité, et lorsque le reste de l'opération est égal à la racine trouvée, ou à sa moitié, ou à sa quatrième partie, etc., l'erreur en devient plus petite de $\frac{1}{2}$, $\frac{1}{4}$, $\frac{1}{8}$, etc., de l'unité.

Si l'on veut une plus grande approximation exprimée en fractions décimales, il suffira de réfléchir que, si nous mettons deux zéros à droite du reste, celui-ci exprimera désormais des *centièmes*, et par conséquent, en poursuivant l'opération, on trouvera les dixièmes de la racine. Un deuxième reste obtenu, et en lui juxtaposant encore deux zéros à droite, il exprimera des *dix-millièmes* et, par conséquent, l'autre chiffre trouvé comme racine représentera les centièmes de celle-ci, et ainsi de suite.

Donc, *pour trouver la racine carrée d'un nombre entier avec l'approximation d'un dixième, d'un centième, d'un millième, etc., il suffit de mettre à sa droite autant de classes de deux zéros qu'il y en a d'indiquées par l'ordre décimal de l'approximation demandée, et de séparer avec la virgule vers la droite de la racine obtenue un nombre de chiffres égal à la moitié des zéros juxtaposés.* C'est ainsi que, dans l'avant-dernier exemple, en voulant porter l'approximation de la racine jusqu'aux centièmes, nous mettrons deux zéros à droite du reste obtenu, 33 ; en séparant le dernier chiffre à droite, et en divisant 339 par 46, double de la racine obtenue, nous trouverons le chiffre 6 pour exprimer les dixièmes de la racine demandée.

En écrivant encore deux zéros à droite du nouveau reste obtenu, 504, et en divisant ce nombre-ci par 472, double de la racine trouvée, on aura 9 pour exprimer les centièmes de la racine demandée. Celle-ci sera donc 23.69, avec l'approximation de 1 centième. Lorsqu'on sait extraire la racine carrée des nombres entiers, il devient aisé d'étendre l'opération aux nombres fractionnaires. C'est ce que nous ferons au paragraphe suivant.

III

EXTRACTION DE LA RACINE CARRÉE DES FRACTIONS.

254. — **De l'extension de la racine carrée au cas des fractions. Double nécessité de cette extension.**

Le carré d'un nombre étant le produit de ce nombre par lui-même, il est évident que le carré d'une fraction est égal au carré du numérateur, divisé par le carré de son dénominateur.

Ainsi, par exemple, le carré de $\frac{2}{7}$ est $\frac{4}{49}$.

Réciproquement, la racine carrée d'une fraction, dont les termes sont des carrés parfaits, doit donc être égale à la racine carrée du numérateur, divisée par la racine carrée de son dénominateur.

Ainsi donc, la racine carrée de $\frac{4}{49}$ est-elle $\frac{2}{7}$.

Lorsque les deux termes d'une fraction ne sont pas des carrés parfaits, il est évident que leur racine carrée ne peut être obtenue qu'approximativement ; c'est-à-dire il n'existe nul nombre entier, ni aucune fraction qui, élevée au carré, produise la fraction proposée.

Une fraction irréductible ne peut être une racine carrée précise que d'une autre fraction ; c'est-à-dire si un nombre entier n'est pas le carré d'un autre nombre entier, il n'y aura non plus aucune fraction qui puisse exprimer exactement sa racine carrée. Car, si nous supposons qu'une fraction irréductible peut représenter exactement la racine carrée d'un nombre entier, il s'ensuivra que ce nombre entier sera égal au carré de cette fraction. Or, la fraction donnée étant irréductible, son carré sera aussi une fraction irréductible (car deux nombres étant premiers entre eux, leurs puissances semblables le seront aussi [1], et par conséquent le quotient de celles-ci ne saurait être un nombre entier.

Quoique dans la plupart des cas il ne soit pas possible de déterminer exactement la racine carrée d'une fraction, cependant on peut procéder à une pareille évaluation avec le degré d'approximation exigé par nos besoins.

Outre qu'elle satisfait à ce *desideratum*, l'extension de la racine carrée au cas fractionnaire offre l'avantage de permettre la même évaluation approximative quant aux nombres entiers ; car ceux-ci peuvent, comme nous l'avons vu, toujours prendre la forme fractionnaire.

255. — Procédé spontané et procédé systématique. Des cas a considérer.

D'après le raisonnement ci-dessus, on voit que le procédé qui s'offre spontanément pour extraire la racine carrée d'une fraction consiste à extraire la racine carrée du numérateur et du dénominateur, pour diviser ensuite le premier résultat par le deuxième.

1° Mais on comprend qu'une pareille marche ne devient pleinement efficace que lorsque les deux termes de la fraction sont des carrés parfaits.

2° Lorsque le seul dénominateur est un carré parfait, cette marche peut être encore utilisée. En effet, en extrayant

1. C'est-à-dire elle n'admet aucun diviseur commun, différent de l'unité. En effet, tout diviseur premier d'une puissance est diviseur de sa racine.

Donc, si les deux puissances admettent un diviseur premier commun, celui-ci divisera aussi leurs racines ; ce qui est contraire à l'hypothèse, car celles-ci sont supposées être des nombres premiers entre elles.

dans ce cas la racine carrée des deux termes de la fraction, on en obtient une autre qui, quoiqu'elle ne représente pas la racine précise de celle-là, fournit une racine approximative. Le degré d'approximation dépend du dénominateur de la fraction considérée, *qui est alors égale à l'unité, divisée par la racine carrée de ce dénominateur.*

Afin de fixer les idées, considérons, par exemple, la fraction irréductible $\frac{3}{49}$, dont le dénominateur est un carré parfait. En faisant l'extraction de la racine carrée de celui-ci, qui est 7, et en prenant approximativement la racine carrée du numérateur, on obtient la fraction $\frac{1}{7}$, qui exprime la racine cherchée avec l'approximation de $\frac{1}{7}$. En effet, comme le numérateur 3 se trouve compris entre le carré de 1, qui est 1, et le carré de 2, qui est 4, la partie entière de sa racine carrée sera 1. Par conséquent la racine carrée de $\frac{3}{49}$ sera comprise entre les fractions $\frac{1}{7}$ et $\frac{2}{7}$, qui diffèrent entre elles de $\frac{1}{7}$. En effet, $\frac{1}{49}$ étant le carré de $\frac{1}{7}$, et $\frac{4}{49}$ étant le carré de $\frac{2}{7}$, la fraction $\frac{3}{49}$ est évidemment comprise entre $\frac{1}{49}$ et $\frac{4}{49}$; et par conséquent la racine carrée de $\frac{3}{49}$ se trouve comprise entre les racines carrées de $\frac{1}{49}$ et $\frac{4}{49}$, c'est-à-dire entre $\frac{1}{7}$ et $\frac{2}{7}$.

D'où l'on conclut que pour déterminer la racine carrée d'une fraction dont le dénominateur seul est un carré parfait, *il suffit d'extraire la racine carrée du plus grand carré contenu au numérateur, et de la diviser par la racine carrée du dénominateur.*

Le résultat obtenu différera de la juste valeur de la racine d'une quantité qui sera moindre qu'une fraction, ayant pour numérateur l'unité et pour dénominateur la racine carrée du dénominateur de la fraction proposée. Le degré d'approximation étant imposé, dans ce cas, par le dénominateur de la fraction considérée, il est aisé d'apercevoir les inconvénients de cette marche. Une pareille approximation peut, en effet, ne pas être suffisante ; d'où la nécessité d'un autre moyen qui permette de le graduer à notre gré.

3° Le numérateur et le dénominateur n'étant pas des carrés parfaits, l'application de la règle précédente nous porte naturellement à procéder d'une manière semblable à celle que nous avons pratiquée envers les nombres entiers ; c'est-à-dire à extraire la racine carrée du plus grand carré contenu dans chacun des termes de la fraction. Mais en procédant ainsi, et en cherchant, par exemple, la racine carrée de $\frac{2}{3}$, nous trouverons $\frac{1}{1}$ ou 1, résultat qui ne doit pas être accepté ; car on ne saurait admettre que le carré de l'unité produise une fraction.

Or, si nous sommes aussi loin de la vérité, c'est parce que l'erreur commise dans l'extraction de chaque racine, quoique moindre qu'une unité, devient cependant considérable, si nous la comparons avec la petite grandeur du nombre fractionnaire sur lequel nous opérons. Car on sent bien que la même quantité qu'on peut mépriser impunément sur un grand nombre, devient une erreur considérable par rapport à un petit nombre. Nous ne pouvons donc pas nous contenter avec une approximation pareille.

En résumé, quand le dénominateur de la fraction irréductible considérée n'est pas un carré parfait, que le numérateur le soit ou qu'il ne le soit pas, la marche précédente ne saurait convenir, parce qu'elle n'offre aucune précision dans le résultat auquel elle conduit.

En effet, le dénominateur signifiant le nombre de parties dans lesquelles l'unité est divisée, et exprimant donc la grandeur de chacune de celles-ci, il est clair que n'étant pas un carré parfait, sa racine sera un nombre *incommensurable* ; et n'indiquera donc pas une division en parties exactes de l'unité, et on n'aura, par conséquent, pas une juste idée de la grandeur exprimée par la fraction obtenue.

Ainsi donc, il est indispensable de rendre le dénominateur de la fraction considérée un carré parfait, ce que, sans l'altérer, on obtient spontanément en multipliant ses deux termes par ce dénominateur lui-même.

Pour fixer les idées, prenons, par exemple, cette même fraction $\frac{2}{3}$. En multipliant ses deux termes par 3, on obtiendra la fraction équivalente $\frac{6}{9}$, dont le dénominateur, étant à présent un carré parfait, la fait rentrer dans le cas précédent.

Considérons encore la fraction $\frac{16}{27}$. En employant le même artifice, c'est-à-dire en multipliant ses deux termes par 27, on obtiendra la fraction $\frac{432}{729}$, dont la racine carrée est $\frac{20}{27}$, avec une erreur moindre que $\frac{1}{27}$ [1].

1. On n'a pas toujours besoin de multiplier les deux termes de la fraction par son dénominateur, afin de rendre le carré parfait. Souvent, il suffit, à cet effet, de décomposer le dénominateur en ses facteurs premiers et de les multiplier simplement par les facteurs qui n'y figurent pas un nombre pair de fois. On fera ensuite l'extraction de la racine carrée des deux termes de la fraction résultante, en remarquant que pour obtenir celle du nouveau dénominateur, il suffira de prendre la

Nous pouvons donc en conclure que pour extraire la racine carrée d'une fraction dont le dénominateur n'est pas un carré parfait, *il suffit d'en multiplier les deux termes par le dénominateur lui-même et d'extraire la racine carrée des termes de la fraction résultante.*

Mais on comprend qu'une telle marche offre un inconvénient pareil à celui du cas précédent, quant au degré d'approximation de la racine carrée obtenue. Ce degré est encore imposé par la racine carrée de l'unité fractionnaire correspondant à la fraction transformée.

Ainsi donc, dans notre dernier exemple, la racine obtenue diffère de la vraie d'une quantité moindre que $\frac{1}{7}$; car elle se trouve comprise entre les racines de $\frac{16}{49}$ et $\frac{25}{49}$, c'est-à-dire entre $\frac{4}{7}$ et $\frac{5}{7}$, qui diffèrent entre eux de $\frac{1}{7}$.

moitié du nombre de chacun de ses facteurs premiers. Par exemple, pour extraire la racine carrée de $\frac{7}{360}$, puisque 360 est égal au produit de 3 facteurs égaux à 2, par 2 facteurs égaux à 3, et par 5, on peut simplement multiplier les deux termes de la fraction proposée par 2 et par 5 ; c'est-à-dire par 10, ce qui produira $\frac{70}{3600}$. La racine carrée du numérateur, sans erreur d'une unité, est 8, et celle du dénominateur est obtenue en formant le produit de 2 facteurs égaux à 2, par 3 et par 5, ce qui fournit 60 ; en sorte que la racine carrée de $\frac{7}{360}$ est $\frac{8}{60}$, avec l'approximation de $\frac{1}{60}$. Cette marche-là est toujours convenable quand le dénominateur est un nombre un peu considérable, pourvu qu'il ne soit pas un nombre premier. En considérant toujours la fraction ci-dessus $\frac{16}{27}$, il suffirait de multiplier le dénominateur par le facteur premier qui le rend carré parfait, qui, dans ce cas-là, est 33. On obtiendra la fraction $\frac{48}{81}$ dont la racine carrée approximative est $\frac{6}{9}$ ou $\frac{1}{3}$. Mais il est aisé de voir que de cette manière-là, la racine obtenue est moins rapprochée de la valeur vraie que celle fournie par la marche ordinaire.

Or, l'avantage du calcul approximatif étant justement de nous permettre de graduer l'approximation suivant nos besoins, nous en concluons enfin que cette marche empirique doit être remplacée par une autre qui, dans l'un quelconque des cas considérés, nous donne la liberté de le faire.

256. — De la racine carrée avec une approximation donnée.

Il est possible d'obtenir la racine carrée d'une fraction dont les termes ne sont pas des carrés parfaits, avec une approximation telle que la racine trouvée soit différente de la valeur précise de sa racine carrée d'une quantité aussi petite qu'on le voudra.

Mais, comme la racine carrée d'une fraction dépend toujours des racines carrées des nombres entiers qui forment ses termes, il nous faut préalablement instituer la marche qu'il convient de suivre pour extraire la racine carrée d'un nombre entier avec une *approximation donnée.*

Nous avons vu que lorsqu'on fait l'extraction de la racine carrée d'un nombre entier suivant le procédé ordinaire, l'erreur commise est moindre qu'une *unité entière.* Mais, lorsqu'il s'agit de la racine carrée d'une fraction, nous avons dit que l'erreur commise est plus petite que *l'unité fractionnaire* correspondant au dénominateur de cette fraction, ou à la racine carrée du dénominateur quand on l'a rendu un carré parfait.

Il s'ensuit que, en remplaçant un nombre entier quelconque par une fraction ordinaire équivalente, dont le dénominateur soit un carré parfait, l'extraction de sa racine carrée peut être faite avec l'approximation de l'unité fractionnaire relative à la racine carrée de ce dénominateur lui-même. Or, comme il est facultatif de donner à cette fraction un dénominateur quelconque, rien n'empêche de le rendre égal au carré du dénominateur de la fraction qu'indique l'approximation demandée.

La détermination de la racine carrée d'un nombre entier quelconque, avec une approximation donnée, demeure donc dépendante de l'extraction de la racine carrée d'une fraction équivalente, qui peut toujours être obtenue en multipliant et en divisant simultanément le même nombre entier par le carré du dénominateur de l'unité fractionnaire qu'indique l'erreur.

Supposons, par exemple, que l'on veut la racine carrée de 5, sans erreur de $\frac{1}{10}$. Nous le remplaçons par la fraction équivalente $\frac{500}{100}$, que l'on obtient immédiatement en le multipliant et en le divisant en même temps par 100, carré de 10. En extrayant la racine carrée de cette fraction suivant le procédé ordinaire, on obtient enfin $\frac{2}{10}$ comme racine cherchée.

En effet, la racine carrée de 500 est comprise entre deux nombres entiers consécutifs, 22 et 23 ; la racine cherchée est donc comprise entre ces deux nombres divisés par 10, c'est-à-dire entre $\frac{22}{10}$ et $\frac{23}{10}$; et comme ces deux fractions diffèrent entre elles de $\frac{1}{10}$, la vraie racine différera d'une quelconque d'entre elles de moins de $\frac{1}{10}$. En sorte que $\frac{22}{10}$ est la racine de 5 approximative *par défaut* et $\frac{23}{10}$ est la racine approximative de ce même nombre *par excès* ; en prenant donc l'une ou l'autre, l'erreur commise est moindre que $\frac{1}{10}$.

On peut donc construire la règle suivante pour extraire la racine carrée d'un nombre entier, avec une approximation quelconque.

On multiplie le nombre donné par le carré du dénominateur de l'unité fractionnaire qui indique l'approximation ; on extrait la racine carrée du produit et on divise celle-ci par ce dénominateur-là.

En appliquant, par exemple, cette règle à l'extraction de la racine carrée de 7 avec l'approximation de $\frac{1}{5}$, nous multiplierons 7 par le carré de 5, c'est-à-dire 25, ce qui fait 175 ; nous ferons l'extraction de la racine carrée de ce produit, qui est 13, et nous la diviserons par 5, ce qui fournit $\frac{13}{5}$ pour la racine cherchée. Si l'approximation était donnée par la fraction $\frac{1}{10}$, la racine obtenue serait $\frac{26}{10}$.

En observant la marche suivie, on remarque que l'erreur commise dans la radiation du nombre entier, produit par la multiplication du numérateur, est toujours fixe, puisqu'elle est moindre que 1, quelque grand qu'on ait rendu le nombre proposé ; mais qu'une telle erreur diminue proportionnellement au dénominateur de l'unité fractionnaire qui indique l'approximation.

On voit ainsi que, pour résoudre cette question, l'esprit humain a eu recours à un artifice fort usuel, surtout pour la mesure des angles (*cercle répétiteur*) : il consiste à rendre assez considérable la grandeur à mesurer, afin que l'erreur commise devienne une fraction fort petite par rapport à elle.

Dans ces conditions-là, une erreur qui serait considérable pour la grandeur primitive, devient nécessairement une fraction bien moindre, par rapport au multiple adopté pour remplacer cette grandeur elle-même.

257. — Nombres fractionnaires ; extraction de leur racine carrée, avec une approximation quelconque.

Cette question rentre dans la précédente, car nous avons vu que l'extraction de la racine carrée d'une fraction se réduit toujours à celle des nombres entiers qui forment ses termes. Donc, pour avoir la racine d'une fraction, il suffit d'extraire la racine carrée de son numérateur et de son dénominateur, en prenant chacune avec l'approximation demandée, et diviser ensuite le premier résultat par le deuxième.

Ainsi, par exemple, la racine carrée de $\frac{5}{7}$, sans erreur de $\frac{1}{10}$, sera égale au quotient de la racine de 5 par la racine de 7, les deux prises avec l'approximation de $\frac{1}{10}$. Or, la première racine étant, comme nous l'avons vu, $\frac{22}{10}$, et la deuxième $\frac{26}{10}$, la division de ces deux fractions fournira $\frac{22}{26}$ pour la racine de $\frac{5}{7}$, de moins de $\frac{1}{10}$.

Si l'un des termes de la fraction proposée est un carré parfait, il est évident que la question en devient plus simple ; car on n'aura besoin d'extraire qu'une racine approximative. C'est ce qui arrive, par exemple, avec les racines carrées de $\frac{7}{16}$ et de $\frac{4}{5}$, avec l'approximation de $\frac{1}{10}$. La première est égale au quotient de $\frac{26}{10}$ par 4, c'est-à-dire à $\frac{26}{40}$; et la deuxième équivaut au quotient de 2 par $\frac{22}{10}$, qui est $\frac{20}{22}$.

On peut dans tous les cas introduire artificiellement une pareille simplification, en rendant auparavant le dénominateur de la fraction un carré parfait.

Ainsi, par exemple, si l'on veut la racine de $\frac{5}{7}$ avec l'approximation de $\frac{1}{10}$, on peut multiplier par 7 les deux termes de cette fraction et extraire la racine approximative des termes de $\frac{35}{49}$ à moins d'une unité, ce qui produira $\frac{5}{7}$.

En comparant ce résultat avec celui déjà obtenu suivant le procédé antérieur pour la racine carrée de la même fraction $\frac{5}{7}$, on remarque que le carré de $\frac{22}{26}$, ou de $\frac{11}{13}$, l'excède en moins de $\frac{1}{10}$, tandis que le carré de $\frac{5}{7}$ lui est inférieur d'une quantité moindre que $\frac{1}{10}$. En sorte que nous avons obtenu selon le premier procédé une racine approximative *par excès* ; et, par ce dernier, une racine approximative *par défaut* ; la différence d'une quelconque d'entre elles avec la vraie étant moindre que $\frac{1}{10}$.

Enfin, on peut simplifier encore plus la solution de la question, en adoptant la marche ordinaire, qui fait disparaître le dénominateur de la fraction proposée, et n'exige que l'extraction d'une racine carrée approximative.

Elle consiste à *multiplier la fraction donnée par le carré du dénominateur de l'unité fractionnaire qui indique l'approximation ; prendre le plus grand nombre entier contenu dans ce produit et extraire sa racine carrée à moins d'une unité : en divisant ce résultat-ci par ce dénominateur-là on aura la racine cherchée* [1].

1. Cette règle peut être instituée de la manière suivante : Supposons, par exemple, qu'il s'agit d'obtenir la racine carrée de la fraction irréductible $\frac{11}{19}$ avec une approximation telle que la racine trouvée diffère de la vraie à moins de $\frac{1}{7}$. Pour cela, il suffit de réfléchir que, si nous connaissions deux fractions qui auraient le même dénominateur 7, et dont les numérateurs différeraient entre eux d'une unité, et si une de ces

Ainsi par exemple, pour obtenir la racine carrée de la même fraction $\frac{5}{7}$, sans erreur de $\frac{1}{10}$, nous multiplierons 5 par 100, carré de 10, et on obtiendra 500. En ôtant les entiers de $\frac{500}{7}$, nous trouverons 71 ; en extrayant la racine carrée de ce nombre et en la divisant par 10, la racine cherchée sera $\frac{8}{10}$.

En effet, 26, racine carrée de 71 à moins d'une unité, l'est aussi de $\frac{500}{7}$ à moins d'une unité ; car le carré de 9 excède celui de $\frac{500}{7}$ au moins d'une unité, et, par conséquent, est plus grand que 71.

fractions était plus grande et l'autre plus petite que la racine carrée de $\frac{11}{19}$, l'une quelconque parmi elles représenterait la racine cherchée avec une erreur moindre que $\frac{1}{7}$. Pour déterminer ces fractions inconnues, supposons qu'elles existeraient ; concevons que les deux auraient été élevées au carré, et que leurs carrés et la fraction $\frac{11}{19}$ auraient été multipliés par le carré de 7, qui est 49. Les deux fractions inconnues seraient réduites aux carrés de leurs numérateurs et la fraction $\frac{11}{19}$ réduite à 11 fois $\frac{49}{19}$. Il est alors évident que la valeur de cette dernière fraction se trouverait comprise entre les carrés des numérateurs des fractions inconnues. Or, en extrayant les entiers contenus dans la fraction 11 fois $\frac{49}{19}$, on trouvera 28 ; et en cherchant la racine du plus grand carré contenu dans ce nombre, on trouve 5. Donc 5 et 6 seront les numérateurs des fractions inconnues, qui sont par conséquent $\frac{5}{7}$ et $\frac{6}{7}$ dont l'une est plus grande et l'autre plus petite que la racine carrée de $\frac{11}{19}$, et, comme la différence entre ces fractions-là est égale à $\frac{1}{7}$, il s'ensuit que l'une quelconque parmi elles diffère de la racine carrée de $\frac{11}{19}$, à moins de $\frac{1}{7}$.

Donc $\frac{8}{10}$ est, sans erreur de $\frac{1}{10}$, la racine carrée de $\frac{5}{7}$; vu que la valeur juste de celle-ci se trouve comprise entre $\frac{26}{10}$ et $\frac{27}{10}$.

Si, en multipliant la fraction proposée par le carré du dénominateur de la fraction qui indique l'erreur, le produit n'est pas d'une fraction impropre, alors la racine carrée de la fraction proposée, avec l'approximation demandée, sera exprimée par la propre fraction qui marque une telle approximation.

On trouve ainsi que $\frac{1}{2}$ est la racine carrée de la fraction $\frac{9}{71}$, calculée sans perte de $\frac{1}{2}$.

Pour la même raison, 0,001 sera la racine carrée de $\frac{3}{7457632}$ sans erreur de $\frac{1}{1000}$.

En résumé, qu'il s'agisse de nombres fractionnaires ou de nombres entiers, on voit que l'extraction de la racine carrée avec une approximation quelconque peut toujours être faite de la même manière.

Pour cela, il suffit de *multiplier le nombre donné par le carré du dénominateur de l'unité fractionnaire ; d'extraire la racine carrée du nombre entier qui en résulte, et de la diviser par ce dénominateur-là.*

Comme dernier exemple, appliquons cette règle à l'extraction de la racine carrée, à moins de $\frac{1}{100}$, du nombre fractionnaire $\frac{7}{22}$, qui fut adopté par Archimède pour exprimer le rapport approximatif entre la longueur d'une circonférence quelconque et celle de son diamètre. En multipliant $\frac{22}{7}$ par 10.000, carré de 100, et en ôtant les nombres entiers du nombre fractionnaire qui en résulte, on obtient 31.428 ; en extrayant la racine carrée de ce nombre et en la divisant par 100, on arriverait à $\frac{177}{100}$ pour la racine cherchée.

Ce fut la Géométrie qui inspira le procédé dont nous nous sommes occupé. En effet, le nombre dont on veut extraire la racine représente l'aire d'un carré, et la racine cherchée un des côtés de celui-ci : Multiplier par exemple le nombre donné par 10.000, ce qui importait à en rendre l'aire 10.000 fois plus grande, équivaut à rendre 100 fois plus grande la valeur de chaque côté ; en sorte que, celui-ci une fois obtenu, il faut le rendre 100 fois plus petit pour avoir la racine demandée.

La détermination approximative du côté d'un carré dont l'aire est connue numériquement obligea les géomètres à l'extraction approximative des racines carrées, longtemps avant qu'en Arithmétique on eût pensé au calcul approximatif des fractions. Mais on comprend qu'une pareille question ne pouvait être systématiquement résolue que lorsqu'on aurait su convertir une fraction ordinaire en une décimale, avec une approximation quelconque ; et cela n'a eu lieu qu'au début de l'ère moderne.

258. — Du cas des fractions basiques.

Si la fraction considérée a pour dénominateur une puissance quelconque de la base numérale adoptée, l'extraction de sa racine approximative se fait encore suivant les règles précédentes, sauf les simplifications qui résultent de la manière spéciale de l'écrire.

Afin de la comprendre, supposons d'abord qu'on ne fixe pas d'avance l'approximation demandée. Il est évident que, dans une telle hypothèse, les mêmes cas examinés se présentent quant aux fractions ordinaires.

1° *Le dénominateur est carré, c'est-à-dire le nombre de chiffres décimaux à droite de la virgule est pair.* Dans ce cas-là, *on extrait la racine du nombre comme s'il était un nombre entier, et, au résultat, on sépare un nombre de chiffres fractionnaires égal à la moitié de ceux qui ont le nombre donné.*

En effet, la racine carrée de 0,36, par exemple, étant égale à celle de $\frac{36}{100}$, nous avons vu qu'on l'obtient en divisant la racine carrée de 36 par la racine carrée de 100, ce qui produit $\frac{6}{10}$ ou 0,6.

Pour la même raison, la racine carrée de 8,69, égale à la racine de $\frac{869}{100}$, équivaut à la racine de 869 divisée par la racine de 100. Or, la racine carrée de 869 se trouvant comprise entre 29 et 30, il est évident que la racine cherchée demeurera entre $\frac{29}{10}$ et $\frac{30}{10}$. En sorte que 2,9 est la racine carrée de 8,69, *par défaut*, et 3 est la racine du même nombre, mais *par excès*. En prenant l'une quelconque d'entre elles, on voit donc que l'erreur commise est plus petite que $\frac{1}{10}$ (racine carrée du dénominateur de la fraction proposée).

2° *Le dénominateur n'est pas un carré*, c'est-à-dire *le nombre des chiffres décimaux est impair.* Dans ce cas-là, *pour la rendre un carré, on double le nombre des chiffres décimaux, en écrivant pour cela les zéros nécessaires à droite du nombre donné ; on extrait la racine du résultat, comme si c'était un nombre entier, et on sépare dans la racine trouvée un nombre de chiffres égal à la moitié de celui qu'avait la fraction considérée.*

Prenons, par exemple, la fraction 0,046, égale à $\frac{46}{1000}$. Or, nous avons déjà vu que la racine carrée de $\frac{46}{1000}$ est égale à la racine de $\frac{46000}{1000000}$; et, comme la racine carrée de 46.000 est comprise entre 214 et 215, et la racine de 1.000.000 est 1.000, il s'ensuit que la racine carrée de cette fraction est comprise entre $\frac{214}{1000}$ et $\frac{215}{1000}$, c'est-à-dire 0,214 et 0,215, nombres qui diffèrent entre eux de 0,001 (ou de l'unité divisée par la racine carrée du dénominateur, 1.000.000).

Si l'on ne fait pas question du degré d'approximation de la racine demandée, on peut procéder autrement :

On ajoute un zéro à droite du nombre donné, et l'on procède comme antérieurement.

En effet, 0,046 étant égal à $\frac{46}{1000}$ ou à $\frac{460}{10000}$, la racine carrée de ce nombre fractionnaire sera égale à la racine de 460 divisée par la racine de 10.000 qui est 100.

Or, la racine de 460 se trouvant comprise entre 21 et 22, il est clair que la racine cherchée demeurera entre $\frac{21}{100}$ et $\frac{22}{100}$, c'est-à-dire entre 0,21 et 0,22 qui diffèrent entre eux de 0,01.

On voit que, de cette façon, l'approximation de la racine va seulement jusqu'à une unité de l'ordre des centièmes ; tandis que, de la manière précédente, elle atteint celle des millièmes. Toutefois, lorsqu'il s'agit d'un nombre fractionnaire décimal qui a beaucoup de chiffres, on préfère suivre le dernier mode.

Ainsi donc, pour obtenir la racine carrée de 3,14159 (nombre adopté par les géomètres modernes pour exprimer le rapport entre la longueur d'une circonférence quelconque et celle de son diamètre), il suffit de juxtaposer un zéro à sa droite, d'extraire la racine carrée de 3141590, et de prendre pour elle la moitié de ces chiffres fractionnaires, ce qui fournit 1,772.

Dans la pratique, lorsqu'on doit extraire la racine carrée d'une fraction ordinaire, dont le dénominateur n'est pas un carré parfait, on préfère habituellement la convertir en une fraction basique, pour en extraire alors la racine carrée avec l'approximation fixée. Dans cette conversion, on doit porter le calcul aussi loin qu'on puisse obtenir le double du nombre de chiffres fractionnaires décimaux que l'on veut avoir dans la racine. Dès lors, il suffira de prendre à la racine obtenue la moitié de ce nombre de chiffres, après la virgule.

259. — De la même extraction, lorsque l'approximation du nombre fractionnaire décimal dont on cherche la racine est préalablement fixée.

La règle exposée a ici encore une application complète, pour le cas analogue des fractions ordinaires, sauf les simplifications résultant de l'adoption des puissances de la base pour les dénominateurs.

Que l'on se propose, par exemple, l'extraction de la racine carrée de 3,141, de façon que l'erreur commise soit inférieure à 0,001.

Remarquons, à cet effet, que 3,141 est égal à $\frac{3141}{1000}$, ou à $\frac{3141000}{1000000}$.

Or, la racine carrée du numérateur de cette fraction se trouvant comprise entre 1.881 et 1.882, il s'ensuit que $\frac{1881}{1000}$, ou 1,881, est la racine carrée du nombre fractionnaire proposé, avec une erreur moindre que $\frac{1}{1000}$, ou 0,001.

D'où l'on déduit que, *pour extraire la racine carrée d'une fraction décimale qui n'est pas un carré parfait, avec une approximation donnée, on donne à la fraction proposée deux fois autant de chiffres fractionnaires décimaux qu'il y en a de ceux jusqu'où arrive l'approximation de la racine, écri-*

vant, à cet effet, à droite, les zéros nécessaires ; on fait abstraction de la virgule, on extrait la racine carrée du nombre qui en résulte, et on y sépare, avec la virgule, autant de chiffres décimaux à droite qu'il y en a d'indiqués par l'approximation donnée.

Il est évident que, la fraction décimale étant un carré parfait, l'emploi de la règle précédente conduira à la racine exacte.

Ainsi, par exemple, la racine de 6,6049, avec l'approximation de 0,001, est 2,57, ce nombre-là étant donc un carré parfait.

260. — De la racine carrée dans le cas ou le numérateur de la fraction qui indique l'erreur est plus grand que l'unité.

Conclusions.

La question se réduit aussitôt au cas étudié ; car toute fraction dont le numérateur est un nombre entier différent de l'unité, peut être considérée comme équivalente à une autre dont le numérateur est l'unité et dont le dénominateur est cette fraction intervertie. C'est ce qui résulte évidemment de ce qui a été dit lorsque nous avons traité la division des fractions.

Ainsi, par exemple, si $\frac{3}{7}$ est la fraction proposée, en divisant les deux termes par le numérateur lui-même, on voit qu'elle devient égale à 1 divisé par $\frac{7}{3}$. En sorte que, si nous voulons extraire la racine carrée d'une fraction avec une erreur moindre que $\frac{3}{7}$, nous n'aurons plus d'autre besoin que de mettre cette dernière sous la forme de $\frac{1}{\frac{7}{3}}$, et d'appliquer la règle ci-dessus.

Si nous devons, par exemple, extraire la racine de $\frac{17}{19}$, nous devons la multiplier par $\frac{49}{9}$ (qui est le carré du dénominateur de la fraction qui indique l'approximation), ce qui produira $\frac{833}{171}$.

Après quoi, nous ferons l'extraction des entiers de nombre fractionnaire, ce qui fait 4 ; et, comme la racine carrée de ce nombre est 2, la racine cherchée sera $\frac{\frac{2}{7}}{3}$, ou $\frac{6}{7}$.

Mais, ordinairement, l'approximation est indiquée par une unité fractionnaire décimale. Dans ce cas-là, au lieu d'écrire aussitôt, à droite du nombre donné, le nombre double de zéros indiqués par l'ordre décimal de l'approximation d'habitude, on les écrit successivement à droite des restes, jusqu'à ce qu'on obtienne dans la racine le nombre de chiffres décimaux marqués par la même approximation. C'est ce qu'on voit dans l'exemple suivant, où nous extrayons la racine carrée de 3 avec l'approximation de $\frac{1}{1000}$, en obtenant $\frac{1732}{1000}$, ou 1,732.

3	1732			
1	2	27	343	3462
200		7	3	2
189		189	1029	6924
01,100				
1 029				
0 07100				
6924				
0176				

Ayant successivement obtenu la racine carrée d'un

nombre sans erreur de $\frac{1}{10}$, $\frac{1}{100}$, $\frac{1}{1000}$, $\frac{1}{10000}$....., il est évident que nous pourrons en prolonger indéfiniment l'évaluation, sans qu'elle puisse terminer.

Ici, a donc lieu la même chose que nous avions observée pour la conversion des fractions ordinaires en dîmes. Mais, une fois obtenue la série dont le prolongement indéfini doit représenter la racine, elle ne pourra devenir périodique, parce qu'il n'y a point de diviseur fixe aux divisions successives.

Nous savons, en effet, que le double du premier, des deux premiers, des trois premiers, etc., chiffres de la racine, paraît dans l'évaluation comme des diviseurs différents, rendant ainsi impossible la reproduction des mêmes restes, des mêmes dividendes partiels, et, par conséquent, des mêmes chiffres de la racine. Il est vrai que nous pouvons calculer la série numérique, qui représente la racine, aussi loin que nos besoins l'exigent; mais, dans tous les cas, nous serons obligés à la calculer un terme après l'autre.

Dans l'impossibilité d'obtenir rigoureusement la racine carrée d'un nombre qui n'est pas un carré parfait, nous devons nous satisfaire de ses valeurs approximatives. Nous remplaçons donc les nombres *incommensurables* par des nombres *commensurables*, plus ou moins approximatifs.

Afin de mieux comprendre la portée logique d'une pareille substitution, supposons que l'on cherche la valeur de $\sqrt{2}$.

En employant le procédé général, nous trouvons d'abord que 1 est une valeur approximative à moins d'une unité *par défaut*, et que 2 est donc une valeur approximative, en moins d'une unité *par excès* ; en sorte que la vraie racine, ou le nombre incommensurable, se trouve compris entre 1 et 2.

En poursuivant le calcul, suivant la marche précédente, dans le but d'obtenir une valeur plus approximative, nous trouverons que 1,4 est la racine approximative de moins de $\frac{1}{10}$ *par défaut*, et que, par conséquent, 1,5 est une valeur approximative de moins de $\frac{1}{10}$ *par excès*.

En sorte que le nombre incommensurable en question se trouve compris entre 1,4 et 1,5.

En continuant l'opération, nous trouverons que 1,41 est une valeur approximative, à moins de $\frac{1}{100}$ *par défaut* ; et que 1,42 est donc une valeur approximative à moins de $\frac{1}{100}$ *par excès* ; en sorte que le nombre incommensurable cherché sera compris entre les nombres commensurables 1,41 et 1,42.

En continuant le calcul, nous trouverons que 1,414 et 1,415 sont les valeurs approximatives en moins de $\frac{1}{1000}$, respectivement *par défaut* et *par excès ;* en sorte que le nombre incommensurable cité se trouve compris entre ces deux derniers nombres commensurables.

Nous obtiendrons ensuite 1,4142 et 1,4143 comme valeurs approximatives à moins de $\frac{1}{10000}$ respectivement *par défaut* et *par excès*, en sorte que le même nombre incommensurable sera encore compris entre deux nombres commensurables.

En poursuivant le calcul, nous formerons les séries suivantes :

1 ; 1,4 ; 1,41 ; 1,414 ; 1,4142...... ;
2 ; 1,5 ; 1,42 ; 1,415 ; 1,4143.......

En les observant, nous remarquerons que les termes de la première série augmentent progressivement et s'approchent indéfiniment de $\sqrt{2}$; que les termes de la deuxième diminuent peu à peu, et s'approchent indéfiniment de cette racine ; que la différence entre les termes correspondants des deux séries décroît indéfiniment, de façon à pouvoir devenir plus petite qu'une grandeur donnée quelconque.

Or, comme les nombres commensurables, qui expriment les carrés des termes consécutifs de la première série ou de la seconde, ont pour limite commune le nombre 2, leurs racines, c'est-à-dire ces termes eux-mêmes, auront pour limite $\sqrt{2}$. Ainsi donc $\sqrt{2}$ est la limite des nombres commensurables dont les carrés ont 2 pour limite.

La considération des *limites*, qui vient de nous conduire à la définition du symbole $\sqrt{2}$, permet également de définir tous les autres nombres incommensurables.

Ainsi donc, par exemple $\sqrt[3]{5}$ est la limite des nombres commensurables, dont les cubes ont pour limite 5 ; 1 est le plus petit de ces nombres ; $\sqrt[4]{17}$ est la limite des nombres commensurables dont les quatrièmes puissances ont pour limite 17, 2 étant le plus petit de ces nombres, et ainsi de suite.

Nous verrons, en Algèbre, un procédé général pour obtenir un de ces nombres incommensurables quelconque, avec l'approximation que l'on veut, et nous aurons l'occasion d'apprécier une autre classe de nombres incommensurables.

On voit donc que la considération de *limites* nous autorise aussi à substituer dans le calcul la valeur d'un nombre incommensurable par une valeur approximative ; et nous sommes forcés de conclure que les règles établies pour l'évaluation des nombres *commensurables* subsistent pour les nombres *incommensurables limites* des premiers.

Le résultat de pareilles opérations est évidemment le nombre commensurable, représenté avec une erreur appréciable, celle-ci pouvant toujours être graduée à notre gré. On peut ainsi toujours remplacer dans les calculs les nombres *incommensurables* par des nombres *commensurables*, suffisamment rapprochés, selon nos besoins.

La théorie de la racine carrée généralise ainsi les conceptions numériques, en les rendant applicables aux grandeurs continues non susceptibles d'une mesure commune avec l'unité respective.

PARTIE COMPLÉMENTAIRE

TREIZIÈME SECTION

Complément à la théorie de la numération.

Appréciation des calculs nécessaires afin de changer le système où les nombres sont représentés en Arithmétique décimale. Solution systématique des trois problèmes des permutations, des arrangements et des combinaisons. Conséquences de la théorie numérique de l'ordre. Problème des répartitions.

I

Appréciation des calculs nécessaires afin de changer le système où les nombres sont représentés en arithmétique décimale.

261. — Dans l'enseignement ordinaire, on fait l'exposition de la numération à base décimale, comme si nulle autre n'était possible. Mais on comprendra que cette marche n'est point rationnelle, car cette *base* ayant été adoptée empiriquement, il serait vraiment étonnant qu'elle eût coïncidé avec celle qui est la plus convenable à l'ensemble de nos besoins. Le choix de la base *dix*, ainsi que celle de la base *cinq*, au début, paraît avoir été suggérée par l'habitude de compter avec les doigts, et avoir obéi au besoin d'augmenter le taux de groupement pendant que la systématisation de l'échelle

était bornée aux premiers degrés. Du reste, la même cause a déterminé l'emploi de bases plus grandes, comme l'atteste encore de nos jours l'habitude de compter par *douzaines*, *vingtaines*, etc...

C'est Leibnitz qui, pour la première fois, au commencement du XVIIIe siècle examina la convenance de la base adoptée. Il proposa la *base deux*, c'est-à-dire le *système binaire*, comme étant la plus simple. Quoiqu'elle eût avorté, la tentative de Leibnitz a eu l'avantage de montrer la relativité de cette institution, jusqu'alors envisagée comme absolue, et on pourrait y voir aussi une disposition systématique à diminuer la base de la numération usuelle.

Pourtant, ce problème ne fut définitivement posé que par la Révolution française, à l'occasion du conflit entre l'ancienne et la nouvelle numération concrète que le gouvernement révolutionnaire essaya d'implanter. Le conflit se manifesta surtout lorsque celui-ci voulut rendre décimal le groupement le plus usuel des jours, en remplaçant la semaine par la décade.

C'est surtout en vue de l'harmonie qui doit toujours exister entre l'abstrait et le concret, qu'Auguste Comte, systématisant une tendance manifestée depuis l'enfance de notre espèce, dans la constitution de la *semaine* s'est prononcé pour la base septimale.

Afin de pouvoir comprendre convenablement un pareil arrêt, il suffirait de rappeler l'accord nécessaire entre la numération abstraite et la numération concrète, où la première doit être systématiquement subordonnée à la seconde, ainsi que la théorie à la pratique.

Rien ne saurait mieux vérifier l'indivisibilité de la vraie synthèse ou l'impossibilité des systématisations partielles que le mémorable effort réalisé pendant la Révolution française pour instituer un *système universel de mesures décimales.*

Élaborée à grands frais de tout genre et scrupuleusement exécutée après de longs préparatifs, cette opération n'a pu cependant produire qu'une construction provisoire, faute de vues synthétiques.

Sous des apparences systématiques quant aux détails on voit que l'ensemble est dominé par une résolution empirique. Au lieu de subordonner toutes les divisions des mesures à la numération décimale il faudrait reconnaître que l'abstrait doit, au contraire, s'adapter au concret, et que, par conséquent, ce système devrait être subordonné à la numération concrète déjà adoptée pour la mesure du temps (la semaine), la plus importante, du reste.

Pourtant, on a suivi passivement une marche inverse, d'où l'avortement de cette tentative qui n'a servi qu'à faciliter la solution finale, en lui préparant les matériaux ; d'où les conflits qui surgirent alors et qui ne sauraient être écartés qu'en rénovant simultanément la numération abstraite et la numération concrète.

C'est en examinant les causes d'un tel avortement, qu'Auguste Comte a enfin présenté la solution de cet important problème, en optant pour la base *sept*, c'est-à-dire pour la *numération septimale* [1].

262. — Tout d'abord, il est évident que la base normale ne peut être comprise entre des limites fort éloignées de la base

1. Formé de deux progressions suivies d'une synthèse, ou d'une progression entre deux couples, le nombre sept, succédant à la somme des trois nombres sacrés, détermine le plus vaste groupe que nous puissions distinctement imaginer. Réciproquement, il pose la limite des divisions que nous pouvons directement concevoir dans une grandeur quelconque. Un tel privilège doit systématiquement conduire à le prendre pour base de la numération finale, tant concrète qu'abstraite. (A. Comte, *Synthèse subjective*, ch. 1, p. 127-128).

adoptée actuellement. Car, si elle était trop grande, elle augmenterait considérablement le nombre de *combinaisons* élémentaires qu'on devrait savoir par cœur (addition, soustraction, multiplication des nombres plus simples), toujours équivalant à la deuxième puissance de l'avant-dernier chiffre. Réciproquement, si elle était trop petite, quoiqu'elle eût à cet égard facilité les calculs numériques, et eût aussi diminué le nombre des caractères, elle aurait eu l'inconvénient de rendre trop longue l'écriture des nombres, même peu considérables, et d'exiger une attention extraordinaire, pour écrire des nombres avec peu de caractères, sans commettre d'omission ni de répétition. Afin de comprendre mieux les inconvénients d'une petite base, il suffit de comparer les deux échelles que nous donnons ensuite, la première dans le système décimal, et la seconde dans le système binaire.

1	2	3	4	5	6	7	8	9
1	10	11	100	101	110	111	1000	1001

10	11	12	13	14	15	16
1010	1011	1100	1101	1110	1111	10000

D'après Auguste Comte, la base sept n'offre aucun des inconvénients ci-dessus indiqués.

Le nombre de caractères ou de chiffres est réduit à six, non compris le zéro ; et le nombre de leurs combinaisons élémentaires ne s'élève qu'à vingt-cinq au lieu des soixante-quatre que l'arithmétique décimale impose à notre mémoire.

En outre, le nombre sept ne pouvant se décomposer en des facteurs, comme cela a lieu pour la base décimale (dix égal à cinq fois deux), on conçoit que pareille irréductibilité a l'avantage de ne pas compliquer inutilement le résultat des calculs. Cet avantage a été rendu évident lorsque nous avons étudié le calcul fractionnaire.

Et puis, les propriétés subjectives du nombre sept (3,3,1 ; 2,3,2 ; 2,2,3 ; enfin 7) motivent systématiquement sa préférence. D'où l'on conclut, en effet :

1° Que, relativement à la conception des *pluralités*, sept est le groupe le plus grand que nous puissions concevoir distinctement en tant que nombre concret ;

2° Que, par rapport à la conception des grandeurs continues, sept marque la limite des divisions que nous pouvons concevoir directement.

263. — Mais, si l'on admet qu'on en vienne à remplacer le système actuel de numération, le besoin de changer les nombres qui se trouvent représentés dans ce système dans celui où ils devront l'être définitivement se présente naturellement en celui qui doit se substituer.

On conçoit aussitôt qu'un tel problème peut être résolu concrètement ou abstraitement au moyen du *dénombrement* simple.

Supposons, par exemple, qu'il s'agit de faire passer le nombre 27, écrit dans le système *décimal*, dans le *septimal*.

1° Si l'on a devant soi l'échelle décimale, la question se réduit évidemment à parcourir cette échelle de 1 à 27, mais en comptant d'après le système septimal. Le nombre auquel nous parvenons ainsi correspondant à 27, sera le nombre cherché. Nous dirons donc : un, deux, trois, quatre, cinq, six, sept, sept et un, sept et deux... sept et six, vingt, vingt-un, vingt-deux... vingt-six, trente, trente et un, trente et deux... trente-cinq, trente-six, lequel étant le nombre correspondant à 27 de l'échelle décimale, sera le nombre cherché.

2° Ayant devant soi l'échelle septimale, le problème

pourrait être résolu aussi en la parcourant dans l'ordre ascendant, mais en faisant le dénombrement dans le système décimal, jusqu'au nombre 27 de cette échelle.

En agissant ainsi, nous parviendrons au nombre 36, trouvé précédemment. Réciproquement, si, comme un moyen de vérification, nous voulions trouver dans le système décimal le nombre correspondant à 36 de l'échelle septimale, nous obtiendrions d'une manière ou de l'autre le nombre 27 du système décimal. On comprend pourtant qu'un tel procédé, quoique logiquement possible, deviendrait impraticable lorsque le nombre donné serait un peu considérable.

Mais, en laissant de côté le *dénombrement*, voyons comment le problème peut être résolu au moyen du *calcul*.

264. — Institution de la solution en utilisant l'addition.

1° Supposons, d'abord, que le calcul est fait dans le système septimal, et essayons d'y faire passer le même nombre décimal 27.

Celui-ci étant composé de deux unités de deuxième ordre, et de sept du premier, la question se réduit à savoir la valeur qu'a, dans le système septimal, une unité de deuxième ordre du système décimal ; car, dès lors, il suffira d'additionner ce résultat avec lui-même et de lui additionner les sept unités simples.

Or, le simple dénombrement nous montrant que 10 dans le système décimal équivaut à 13 dans le septimal, nous parviendrons au nombre demandé en additionnant 13 à 13 et en ajoutant 10 au résultat obtenu (équivalant à 7), qui donne 36.

Prenons encore le nombre décimal 152. Celui-ci se composant de *1* unité de troisième ordre, de 5 du deuxième et de 2 du premier, il est évident que, pour le faire passer au système septimal, il suffira de connaître, dans celui-ci, la valeur de chacune de ces collections et d'additionner les résultats ainsi obtenus.

Or, la comparaison de ces deux échelles fait voir que 2 décimal équivaut au nombre 2 septimal ; que 50, ou 49 plus 1, dans le système décimal, équivaut à 100 plus 1, ou 101, dans le septimal ; enfin, que 100, ou la somme de 10 parcelles égales à 10 dans le système décimal, équivalent dans le septimal à la somme de 13 parcelles égales à 13, ou à la somme de 10 et à celle de 3 parcelles égales à 13.

En faisant donc, dans le système septimal, la somme de tous ces résultats, nous obtiendrons le nombre cherché, c'est-à-dire 305.

Type du calcul :

$$\begin{array}{r} 2 \\ 101 \\ 130 \\ 13 \\ 13 \\ 13 \\ \hline 305 \end{array}$$

Dans cet exemple, les unités successives ont été déterminées d'après l'ordre ascendant, inversement à la marche que nous avons suivie dans l'exemple précédent.

2° Cherchons les mêmes résultats en faisant les additions dans le système décimal.

Que ce soit encore le nombre décimal 27, et cherchons-en l'équivalent dans le système septimal. Vu qu'une unité du deuxième ordre du système septimal équivaut à 7 du décimal, la question se réduit évidemment à additionner 7 avec lui-même autant de fois qu'il sera nécessaire pour faire 27, ou le nombre inférieur d'une quantité moindre que 7 ; puisque la totalité des parcelles représentera le nombre d'unités de deuxième ordre du système septimal qui forment le nombre décimal donné. En agissant ainsi, nous prendrons 7 plus 7 plus 7 ou 21, qui correspondent donc à 30 dans le système septimal. En lui ajoutant les 6 unités qui manquent encore pour faire 27, nous obtiendrons finalement le nombre 36.

Que ce soit encore le nombre décimal 152. Vu qu'il a des unités du premier, du deuxième et du troisième ordre, on conçoit aussitôt que le nombre septimal cherché aura au moins des unités du troisième ordre, puisque la base septimale est plus petite que la base décimale.

Or, la comparaison des deux échelles montrant que 49 équivaut à une unité du troisième ordre septimal, il est évident que, en additionnant 49 à lui-même jusqu'à ce qu'on obtienne 152, ou un nombre inférieur d'une quantité plus petite que 49, la totalité des parcelles représentera celles d'unités septimales du troisième ordre, qui se trouvent dans le nombre proposé.

Si nous procédons ainsi nous additionnerons 49 à 49, et le résultat de nouveau à 49, ce qui fait 147 ; et comme il y a trois parcelles, il y aura trois unités septimales du troisième ordre, qui valent 300 du premier.

Si l'on additionne à celles-ci les 5 qui manquent encore à 147, pour produire 152, nous obtiendrons 305, qui est le nombre septimal cherché, et où le zéro indique qu'il n'y a point d'unités de deuxième ordre.

A présent, supposons, comme un moyen de vérification, qu'il s'agit, au moyen du même procédé, de passer le nombre 36 écrit dans le système septimal, dans le système décimal, en faisant le calcul dans le système où le nombre est écrit.

Vu qu'une unité de deuxième ordre du système décimal équivaut à 13 (sept et trois) unités simples du septimal, la question se réduit évidemment à additionner avec lui-même 13 autant de fois qu'il en faut afin que le résultat puisse atteindre 36, ou du moins un nombre inférieur d'une quantité moindre que 13.

Le nombre des parcelles représentera ainsi l'ensemble des unités de deuxième ordre du nombre décimal cherché ; et, pour obtenir les unités du premier ordre, il suffira de leur additionner celles qui manqueraient à cette somme pour faire 36.

Par ce procédé, nous avons additionné 13 à 13, ce qui fait 26, ce résultat correspondant à 20 dans le système décimal ; et comme à 26 il faut encore 10 unités afin d'obtenir les 36 du système septimal, nous concluons que 7 est le nombre qui devra être additionné à 20 afin d'obtenir le résultat demandé, c'est-à-dire 27.

Que ce soit encore le nombre septimal 305. Vu qu'une unité de troisième ordre décimal contient 10 du deuxième, et que l'une de celles-ci vaut 13 du premier dans le système septimal, il est évident que nous aurons la valeur de celle-là dans ce système, en faisant la somme de 13 parcelles égales à 13, ce qui fait 202.

Le nombre 305 ne pouvant contenir plus d'une parcelle égale à 202, ceci montre que le nombre décimal cherché ne possède qu'une unité de troisième ordre.

Pour obtenir celles du deuxième il suffira évidemment d'additionner 13 à 202, autant de fois qu'il en faudra pour faire 305, ou un nombre qui lui soit inférieur d'une quantité moindre que 13 ; le nombre de parcelles représentera celui d'unités du deuxième ordre cherchées. Or, comme il faut 5 additions successives, nous concluons que 5 est le nombre d'unités du deuxième ordre. A la somme obtenue, 303, il faudra additionner deux unités encore, afin d'obtenir le nombre donné.

Ceci nous montre, enfin, que 2 représente les unités de premier ordre du nombre cherché. Celui-ci se compose donc d'une unité de troisième ordre, de 5 du deuxième et de 2 du premier.

Tâchons maintenant de parvenir au même résultat, en faisant les calculs dans le système décimal, dans lequel nous allons passer le nombre septimal 36 cité.

Puisqu'une unité du deuxième ordre du système où le nombre est écrit équivaut à 7 unités simples du décimal, et, vu que le même nombre ne contient que 3 unités du deuxième ordre et 6 du premier, il est naturel que la question sera résolue en cherchant la somme de 3 parcelles égales à 7, et en additionnant 6 au résultat, ce qui conduit au nombre décimal 27.

Prenons encore le nombre 305. Une unité septimale de troisième ordre valant 7 fois 7 ou 49 du premier dans le système décimal, il est évident que nous obtiendrons dans ce système la valeur des 3 qui figurent dans le nombre proposé en additionnant 3 parcelles égales à 49, ce qui fait 147.

Enfin, comme il n'y a pas d'unités du deuxième ordre, il ne nous reste qu'à additionner à 147 les 5 du premier, afin d'obtenir le nombre cherché, qui est donc 152.

265. — Transformation utilisant la soustraction.

Prenons de nouveau le nombre décimal 27, et cherchons le nombre septimal correspondant. En faisant les calculs dans le système où ce nombre est écrit, il suffira d'observer qu'une unité du deuxième ordre du système définitif équivaut à 7 unités simples du système primitif, et que le nombre cherché devra donc contenir autant d'unités du deuxième ordre que de fois il est possible de soustraire 7 de 27, le reste de la dernière soustraction représentant les unités de premier ordre du même nombre. Or, comme il est possible de soustraire de 27 le nombre 7 trois fois avec le reste 6, il est évident que le nombre cherché sera 36.

Imaginons encore une fois le nombre décimal 152 que l'on veuille passer dans le système septimal. Comme dans ce système, l'unité de troisième ordre équivaut à 49 du système décimal, il est évident que le nombre cherché contiendra autant d'unités du troisième ordre que de fois il est possible de soustraire 49 de 152. Or, comme il est possible de faire 3 soustractions successives avec le reste 5, plus petit que 14, nous concluons que le nombre cherché se composera de 3 unités septimales du troisième ordre et de 5 du premier, et aucune du deuxième ; il sera donc représenté par 305.

Comme un moyen de vérification, servons-nous d'abord du même procédé afin de passer le nombre septimal 36 dans le système décimal.

Or, une unité du deuxième ordre décimal en valant 13 du premier ordre du système septimal, le nombre donné se composera d'autant d'unités du deuxième ordre que de fois il est possible d'en soustraire 13 ; et le reste représentera ses unités du premier ordre. Ainsi, nous soustrayons 13 deux fois de 36, et comme le reste est 10, qui équivaut à 7 unités décimales, le résultat sera 27.

Que ce soit de nouveau le nombre septimal 305. Une unité du troisième ordre décimal étant égale à 49 plus 49 et plus 2, nous concluons qu'elle vaudra 2 unités du troisième ordre et 2 du premier dans le système septimal, c'est-à-dire 202. Ainsi donc, le nombre cherché se composera d'autant d'unités du troisième ordre que de fois nous pourrons soustraire 202 du nombre donné ; et le reste représentera des unités du deuxième ordre, si c'est 13, et des unités du premier, s'il est inférieur à ce nombre (qui correspond à 10).

Comme nous ne pouvons soustraire 202 de 305 qu'une seule fois, cela montre qu'il n'y a qu'une seule unité du troisième ordre dans le nombre cherché ; le reste 103 devant contenir les unités du deuxième et du premier ordre.

Mais comme une unité du deuxième ordre décimal équivaut à 13 unités septimales du premier, il est évident que le nombre cherché contiendra autant d'unités du deuxième ordre que de fois nous pourrons soustraire 13 de 103.

5 soustractions avec le reste 2 étant possibles, nous concluons que le nombre demandé aura encore 5 unités du deuxième ordre et 2 du premier. Il sera donc 152.

266. — Institution du problème au moyen de la multiplication.

Les procédés précédents, quoique logiquement possibles, deviendraient extrêmement lents aussitôt que les nombres donnés eussent été un peu considérables. Cherchons donc un autre moyen fondé sur la multiplication.

1° Supposons que le calcul est fait dans le système septimal dans lequel il s'agit de passer le nombre décimal 27. La question se réduit à exprimer dans ce système les 2 unités du deuxième ordre et les 7 du premier dont ce nombre est composé. Or, une unité du deuxième ordre décimal équivalant à 13 unités simples du système septimal, deux en vaudront deux fois 13 ou 26. Mais, comme les 7 unités qui restent encore en valent 10 septimales, nous devrons additionner 10 à 26 pour en avoir le résultat, c'est-à-dire 36.

On voit donc que tout se réduisait à multiplier les unités de l'ordre plus élevé par la base à adopter, et d'additionner au résultat les unités de l'ordre immédiat, en exprimant les chiffres respectifs et en opérant avec eux de la manière employée dans l'autre système.

Supposons encore qu'il s'agit de passer au système septimal le nombre décimal 1.569. En raisonnant de même, nous voyons qu'une unité de quatrième ordre vaut 13 du troisième, lesquelles additionnées aux 5 suivantes font 21 ; mais 21 unités du troisième ordre en valent 21 fois 13, ou 303 du deuxième, qui additionnées aux 6 y existantes font 312 ; enfin 312 unités du deuxième sont équivalentes à 312 fois 13 ou 4.356 du premier, qui additionnées aux unités de cet ordre formeront la totalité de celles qui composent le nombre donné.

Or, les 9 y existantes équivalant à 12 dans le système septimal, il est évident que nous obtiendrons le nombre cherché dans ce système, en additionnant 12 à 4.356, qui font 4.401.

2° Nous avons déterminé les unités successives dans l'ordre descendant.

Mais on comprend que nous pouvons le faire dans l'ordre ascendant, quoique le calcul ne soit pas si rapide.

C'est ainsi que, en prenant le même nombre 1.569, nous le transporterons aussi au système septimal, en observant :

Que 9 équivaut à 7 plus 2, c'est-à-dire à 10 plus 2 ou... 12 ;

Que 60 équivaut à 6 fois 10, ou 6 fois 13, qui font... 114 ;

Que 500 équivaut à 5 fois 100, ou 5 fois 13 fois 13, ou 101 fois 13, ou 1.313 ; et, enfin, que 1.000 équivaut à la troisième puissance de 13, ou 202 fois 13... 2.626.

En additionnant ces résultats, nous obtiendrons 4.401, nombre déjà trouvé.

Admettons encore que, comme un moyen de vérification, il s'agit de passer le nombre septimal 4.401 au système décimal. En faisant les calculs dans ce système et en adaptant le procédé antérieur (11), nous voyons que 4 unités du quatrième ordre du système septimal valent 4 fois 7, ou 28 du troisième dans le système décimal, lesquelles, réunies aux 4 existantes, font 32 ; mais 32 unités du troisième valent 32 fois 7, ou 224 du deuxième, lesquelles équivalent, à leur tour, à 224 fois 7 ou 1.568 du premier ordre ; si l'on réunit à celles-ci l'unité 1 qui y existe, nous obtiendrons les 1.569 unités simples qui composent le nombre cherché dans le système décimal.

Enfin, comme un exercice et pour constater la généralité de ce procédé, nous allons passer le nombre septimal 4.401 au système duodécimal.

Les multiplications devant être faites dans ce système, il faudra construire un tableau pareil à celui que l'on fait pour le septimal, afin de connaître les produits des nombres inférieurs à 12.

Mais nous pouvons suppléer à une pareille lacune, en observant que dans l'échelle duodécimale les puissances duodécimales de 12, c'est-à-dire 12, 144, 1.728, 20.736... sont respectivement représentées par les unités des 2e, 3e, 4e, 5e ordres, c'est-à-dire par 10, 100, 1.000, 10.000... ; et que, par conséquent, le multiple 2 fois 12 sera 20, 3 fois 12 sera 30, 4 fois 12 sera 40, etc. ; ainsi que 2 fois 12 fois 12 ou 2 fois 144 sera 200 ; 3 fois 144 sera 300, etc, ; et aussi que 2 fois 12 à la 3e puissance, ou 2 fois 1.728 sera 2.000, 3.000, 3 fois 1.728 sera 3.000, et ainsi de suite.

De cette façon, il sera facile au moyen d'un simple calcul mental de former les produits compris dans ceux-ci et de réaliser les multiplications dont nous aurons besoin dans le système duodécimal. Or, pour le nombre septimal donné, les 4 unités du 4e ordre valent... 4 fois 7, ou 24, dans le système duodécimal, et, en leur additionnant les 4 qui y existent encore, nous obtiendrons 28 ; mais 28 unités du 3e ordre valent 28 fois 7, ou 168 du 2e, qui, à leur tour, équivalent à 168 fois 7, ou *aa 8* du 1er ; enfin, en ajoutant à celles-ci une unité de la même espèce, qui y existe encore, nous obtiendrons *aa 9* qui composent le nombre cherché dans le système duodécimal.

A présent, nous pouvons vérifier les calculs en passant le nombre *aa 9* au système septimal, ce qui devra produire 4.401. Mais, comme nous savons que ce nombre est équivalent à 1.569 dans le système décimal, il sera plus facile de passer celui-là dans un tel système.

On l'obtient aisément, en suivant la marche descendante, c'est-à-dire en multipliant *a* (10) par 12, en additionnant *a* au résultat, ce qui fait 130 ; enfin, en multipliant 130 par 12 et en additionnant 9 au résultat, ce qui fait en tout 1.569.

Les exemples ci-dessus nous permettent, enfin, de formuler la règle suivante de l'opération relative à ce procédé :

Afin de passer un nombre d'un système de numération dans un autre, on multiplie le chiffre des unités les plus élevées par la base du système primitif, et on ajoute au produit le chiffre suivant ; on multiplie encore le résultat par la même base, on additionne au produit le chiffre suivant, et on fait ainsi jusqu'au chiffre des plus faibles unités. en ayant soin de pratiquer les calculs et d'exprimer leurs résultats dans le système définitif.

267.— Changement de la base en employant la division.

Prenons le nombre décimal 13.654 et tâchons de l'écrire dans le système septimal en employant la division.

Un nombre quelconque de ce système étant toujours formé par la somme des puissances successives de la base, chacune répétée un certain nombre de fois inférieur à 7, la question se réduit à déterminer successivement les puissances de 7 qui se trouvent contenues dans le nombre donné ; car ainsi les nouvelles unités septimales des divers ordres seront connues. Il y a deux manières de procéder, suivant que l'on commencerait à déterminer successivement les diverses unités septimales du nombre par les plus élevées ou par les plus faibles.

1° Dans le premier cas, le problème consiste à chercher d'abord la puissance de 7 la plus élevée, contenue dans le nombre donné ; ensuite, le nombre de fois qu'elle y est contenue, ce qui nous fournira les unités de l'ordre le plus élevé du nombre cherché.

A cet effet, il est indispensable de connaître les premières puissances de 7, à savoir :

7 49 343 2.401 16.817 etc.

qui correspondent respectivement aux unités septimales des deuxième, troisième, quatrième, cinquième, sixième, etc., ordres.

Cela posé, le nombre 13.654 étant compris entre la quatrième et la cinquième puissance de 7 (c'est-à-dire entre 2.401 et 16.807), il est évident qu'il contiendra autant d'unités septimales du cinquième ordre que de fois 2.401 y sera contenu. En divisant 13.654 par 2.401, on voit qu'il contient 5 unités septimales du cinquième ordre (ou 5 fois 2.401), plus 1.649 unités des ordres inférieurs à celle-là.

En divisant donc 1.649 par 343, qui est la troisième puissance de 7, nous obtiendrons aussi les unités du quatrième ordre que le même nombre contient.

L'opération une fois faite, nous rencontrons le quotient 4 et le reste 277 ; ce qui signifie que le nombre donné, outre les 5 unités du cinquième ordre, en a 4 du quatrième, plus 277 du troisième, du deuxième et du premier ordre septimal. Afin de déterminer le nombre de ses unités du troisième ordre, nous diviserons pareillement 277 par 49, deuxième puissance de 7, qui donne pour quotient 5 et 32 comme reste. Le nombre donné contient donc 5 unités du cinquième ordre, 4 du quatrième, 5 du troisième, plus 32 du deuxième et du premier ordre.

Donc, afin de déterminer ces dernières, il suffira de diviser 32 par 7, ce qui nous montre enfin qu'il contient 4 unités du deuxième ordre et 4 du premier. Le nombre cherché est donc 54.544.

2° Le procédé précédent, malgré sa simplicité théorique, devient compliqué dans la pratique, car il exige la pénible formation des puissances successives de 7.

Pour éviter un tel inconvénient l'on peut employer un autre procédé, qui consiste, inversement au précédent, à déterminer les unités septimales, en commençant par les plus faibles. Si nous prenons le même nombre décimal 13.654, il est évident qu'il contiendra autant d'unités septimales du deuxième ordre qu'il contiendra de fois le nombre 7. En divisant donc 13.654 par 7, le quotient représentera ces unités du deuxième ordre *et le reste donnera des unités simples.*

Après avoir fait l'opération, nous trouverons 1.950 pour quotient et 4 comme reste. Mais les 1.950 unités du deuxième ordre contiendront à leur tour autant d'unités du troisième ordre que de fois il contiendra le nombre 7. En divisant donc 1.950 par 7, le quotient représentera des unités du troisième ordre, *et le reste celles du deuxième du nombre septimal cherché.*

Après le calcul, nous rencontrerons 278 pour quotient et 4 comme reste.

Mais les 278 unités de troisième ordre en contiendront autant de quatrième qu'elles contiendront de fois le nombre 7. En divisant donc 278 par 7, le quotient représentera les unités du quatrième ordre, *et le reste celles du troisième du nombre cherché.*

L'opération une fois achevée, nous trouverons 39 pour quotient et 5 comme reste.

Mais, à leur tour, les 39 unités du quatrième ordre en contiendront autant du cinquième que le nombre 7 s'y contiendra de fois. En divisant donc 39 par 7, *le quotient représentera les unités du cinquième ordre et le reste celles du quatrième ordre du nombre septimal cherché* ; le quotient étant 5, et le reste 4, on voit qu'il y a 4 unités du quatrième et 5 du cinquième ordre. En résumant donc les résultats précédents, nous conclurons que le nombre cherché se compose de 5 unités du cinquième ordre, 4 du quatrième, 5 du troisième, 4 du deuxième, et 4 du premier ; il sera donc 54.544, qui s'accorde avec le résultat du premier procédé.

Voici le type du calcul :

13.654	7			
6 6	1.950	7		
35	55	278	7	
04	60	68	39	7
	4	5	4	5

Comme un moyen de vérification de ce résultat aussi, nous allons passer, moyennant le même procédé, le nombre septimal 54.544 au système décimal.

La base décimale équivalant à 13 dans le système septimal, la question se réduit pareillement à diviser 54.544 par 13, le quotient obtenu encore par 13, et à procéder de la même façon avec le quotient qu'on obtiendra successivement, jusqu'à en rencontrer un plus petit que 13 ; mais tous ces calculs devant être pratiqués dans le système septimal.

Le dernier quotient représentera les unités de l'ordre le plus élevé du nombre décimal cherché ; le reste respectif les unités de l'ordre immédiatement inférieur ; les suivants étant représentés par les autres restes pris dans l'ordre inverse à celui où ils auront été obtenus.

Voici le type du calcul :

54.544	13			
12 5	3.660	13		
1 14	1 06	253	13	
4	50	123	16	13
	5	6	3	1

Si nous prenons le dernier quotient et les restes dans sens inverse, nous trouverons le nombre déjà obtenu 13.654

Enfin, comme un exercice, et afin de constater la généralité du procédé, nous passerons le nombre duodécimal *aa* 9 au système septimal.

Voilà le type du calcul dans le système duodécimal :

*aa*9	7		
3*a*	108	7	
49	48	28	7
1	0	4	4

En prenant le dernier quotient ainsi que les restes dans le sens inverse à celui où ils ont été obtenus, on obtient le nombre cherché 4.401.

En appliquant la même marche pour passer 2.205 du système septimal au binaire, on obtient 1.100.010.101.

D'après ce qui a été exposé, on peut construire la règle pratique suivante de l'opération, relative à ce procédé :

Afin de passer un nombre d'un système de numération à un autre système, il suffit de le diviser par la nouvelle base; diviser encore le quotient obtenu par la même base, et ainsi successivement, jusqu'à obtenir un quotient plus petit que la base. Ce quotient, ainsi que les restes successifs, pris dans l'ordre inverse à celui où ils auront été obtenus, exprimeront les chiffres du nombre cherché, si les calculs sont faits dans le système du nombre donné.

268. — Conclusion.

Les considérations faites antérieurement nous montrent que la solution abstraite de la question présente dépend :

1° Du système où l'on veut faire les calculs ;

2° Des calculs que l'on prétend réaliser ;

3° De l'ordre d'après lequel on veut déterminer les unités successives.

En approfondissant encore une pareille appréciation, nous pourrons conclure :

1° Que, bien que les procédés exposés soient tous complètement généraux, ceux de la multiplication et de la division sont scientifiquement les plus importants, puisqu'ils sont les seuls praticables dans tous les cas ;

2° Que le procédé au moyen de la multiplication n'est qu'une abréviation du premier *mode* du procédé *au moyen de l'addition*, le procédé de la *soustraction* n'étant que l'inversion du deuxième *mode* ;

3° Que, pareillement, le procédé (2°) au *moyen de la division* n'est qu'une abréviation du procédé *par soustraction* ;

4° Que, dans le cas où l'on veut pratiquer les calculs dans le système du nombre donné, il convient d'employer le deuxième procédé au moyen de la division ;

5° Que, dans le cas où l'on voudrait pratiquer les calculs dans le système du nombre demandé, il convient d'employer le premier procédé par multiplication ;

6° Qu'on pourrait aussi pratiquer les calculs dans un système différent, en passant le nombre donné dans ce système, et de celui-ci dans le système cherché ;

7° Enfin, que, dans le cas précédent, il conviendrait d'employer le procédé de la *multiplication* dans le premier passage, et celui de la *division* pour le deuxième.

Ainsi donc, par exemple, si l'on veut passer le nombre 1.100.010.101 du système binaire dans le septimal, nous trouverons directement 2.205 soit par le procédé de la *multiplication*, soit par celui de la *division*.

Mais si l'on n'est pas familiarisé avec les opérations respectives dans les systèmes septimal et binaire, on pourrait passer le nombre binaire (1.100.010.101) au système décimal, au moyen du procédé de la *multiplication*, qui donne 789 ; et ensuite par celui de la *division*, passer ce dernier nombre dans le système septimal, ce qui produira également 2.205.

Dans ce cas, le calcul peut être abrégé, en faisant mentalement les multiplications et les additions avant chaque division partielle, comme on le voit ci-après :

1.100.010.101	7		
(12)	1.110.000	7	
50	(7)	10.000	7
(10)	(0)	(8)	10
31		10	(2)
(7)		(2)	
00 101			
(5)			

Les résultats des multiplications et des additions sont représentés par les nombres entre parenthèses.

II

SOLUTION SYSTÉMATIQUE DES TROIS PROBLÈMES DES PERMUTATIONS, DES ARRANGEMENTS ET DES COMBINAISONS.

269. — Comparaison des trois problèmes. Hiérarchie des difficultés.

L'ensemble des appréciations que nous avons faites à la 4e section, montre que le problème des permutations est le plus facile et celui des combinaisons le plus difficile. Les formules qui embrassent la solution spontanée des trois problèmes résument, d'ailleurs, une telle conclusion. L'enchaînement normal de ce triple problème doit donc consister à réduire celui des combinaisons à celui des arrangements, et, enfin, celui-ci à celui des permutations, subordonnant ainsi le cas le plus compliqué au plus simple, qui est alors résolu directement.

Mais il y a une utilité logique à considérer les deux autres enchaînements, surtout pour démontrer la relativité de nos conceptions et rendre évident que le point de vue subjectif permet seul une systématisation définitive. Les deux autres enchaînements consistent à faire dépendre la solution du triple problème, non seulement de celui qui est relatif aux arrangements, mais aussi de celui des combinaisons, chacun étant alors apprécié directement.

270. — Réduction des combinaisons aux arrangements sous l'entremise des permutations.

Le problème des combinaisons se lie facilement à celui des arrangements. En effet, en imaginant que nous eussions formé toutes les combinaisons d'un certain nombre d'objets, il suffirait évidemment de permuter les éléments de chacune de ces combinaisons, pour obtenir aussitôt tous les arrangements que ces objets comportent.

Dans ces conditions, chaque combinaison produisant autant d'arrangements que les permutations des objets qu'elle contient, il est évident que le nombre total des arrangements répété autant de fois qu'il y aura de permutations équivaudra à celui des combinaisons. Il en résulte donc que *le nombre de combinaisons quelconques est égal à celui des arrangements analogues divisé par celui des permutations correspondant au taux de groupement* [1].

C'est ainsi, par exemple, que, en prenant trois objets représentés par a, b et c, et en les combinant 2 à 2, nous aurons :

$$ab,\ ac,\ bc.$$

En permutant les deux objets qui figurent dans chacune de ces combinaisons, nous aurons, évidemment, tous les arrangements des trois objets considérés, à savoir :

$$\begin{matrix} ab, & ac, & bc \\ ba, & ca, & cb \end{matrix}$$

où l'on voit que le nombre total d'arrangements est égal à celui des combinaisons répété aussi souvent que les permutations des deux objets qui figurent dans chaque combinaison ; et que, par conséquent, pour avoir le nombre de combinaisons, il suffit de diviser celui des arrangements par celui des permutations.

Ce premier aperçu doit être considéré comme l'ébauche de la solution de la question, parce qu'il fait dépendre la solution du problème des combinaisons de celui des arrangements, qui est incontestablement plus facile. Mais, pour en obtenir la solution définitive, il nous faut réduire le problème des arrangements, à son tour, à celui des permutations.

1. La marche suivie ici est encore une application de celle que nous avons employée à la fin de la 4e section pour instituer, suivant Clairaut, la loi des combinaisons. Nous supposons, en effet, que le problème est résolu, c'est-à-dire que toutes les combinaisons des objets considérés sont connues.

271. — Deuxième réduction des arrangements aux permutations.

On obtient cette réduction au moyen de considérations semblables à celles qui ont fourni la précédente. En effet, supposons que tous les arrangements sont connus au moyen d'objets ou de signes qui permettent de les fixer. Si, à côté de chaque arrangement, nous écrivons successivement toutes les permutations des objets qu'il n'embrasse pas, nous aurons évidemment toutes les permutations des objets considérés.

Or, si chaque arrangement donne autant de permutations totales que les permutations partielles des objets qu'il ne renferme pas, il est évident que le nombre de ces permutations totales multiplié par le nombre de permutations partielles, est égal à celui des arrangements, c'est-à-dire des permutations de la partie des objets qui ne figurent pas dans chaque groupement.

Par conséquent, *le nombre d'arrangements quelconques équivaut à celui des permutations de la totalité des objets, divisé par le nombre des permutations de ceux qui ne sont pas compris dans le groupement.* Afin de le rendre plus clair, prenons, par exemple, les sept premières lettres de l'alphabet, et supposons que leurs arrangements 3 à 3 sont formés. En disposant ces arrangements en colonnes et en écrivant chacun d'eux à côté des permutations des lettres qu'il ne contient pas, aussi souvent que possible, il est évident que nous aurons formé toutes les permutations des sept lettres considérées.

Et, comme chaque arrangement de 3 lettres donne lieu à autant de permutations des quatre lettres qu'il ne renferme pas, on voit que le nombre de permutations des 7 lettres est égal à celui des arrangements correspondants, 3 à 3, multiplié par le nombre de permutations des 4 autres lettres.

Le nombre d'arrangements des 7 lettres 3 à 3 divisé par celui des permutations des 4 autres lettres, est donc égal au nombre des permutations de ces mêmes lettres. On voit que cette solution fait rentrer le problème des arrangements dans celui des permutations, de la même manière que celui des combinaisons a été ramené à celui-là.

272. — Solution directe du problème des permutations. Ayant réduit le problème des combinaisons à celui des arrangements, et celui-ci à celui des permutations, il ne reste plus qu'à établir directement cette dernière solution. Nous l'avons déjà fait d'une manière complète dans la quatrième section. Toutefois, nous la reproduirons ici d'une manière plus systématique en rendant bien évidente la dépendance qui existe entre le nombre de permutations d'un ordre et celui de l'ordre immédiatement inférieur ; et en utilisant une telle dépendance pour réduire graduellement le cas le plus compliqué au plus simple.

Pour cela, supposons qu'il s'agit de connaître la totalité des permutations de 7 objets. Il est évident que, pour avoir toutes ces permutations-là, il suffit de placer, après chaque objet, toutes les permutations des 6 autres objets ; et, comme nous répétons cette opération aussi souvent qu'il y a d'objets considérés, il est évident que le nombre total des permutations est égal à 7 multiplié par le nombre de permutations de l'ordre immédiatement inférieur ; c'est-à-dire par le nombre des permutations de 6 objets.

Mais, comme pour obtenir la totalité de ces dernières permutations, il suffit de fixer chaque objet et de placer ensuite les permutations des 5 objets qui restent, le nombre des permutations de 6 objets sera égal à 6 fois le nombre des permutations de 5.

En raisonnant d'une manière analogue, nous montrerions

que le nombre des permutations de 5 objets équivaut à 5 fois le nombre des permutations de 4 ; que le nombre des permutations de 4 est le même que 4 fois le nombre des permutations de 3 ; et, enfin, que le nombre des permutations de 3 objets est égal à trois fois le nombre des permutations de 2 de ces objets. Or, le nombre des permutations de 2 objets est évidemment égal à 2 ; car, pour les former, il suffit de fixer séparément chacun de ces deux objets, et de le grouper avec l'autre, ce qui ne fournit que 2 groupes.

Il s'ensuit que le nombre des permutations de 3 sera égal à 3 fois 2 ; celui des permutations de 4, égal à 4 fois 3 fois 2 ; le nombre des permutations de 5, égal à 5 fois 4 fois 3 fois 2 ; celui des permutations de 6, égal à 6 fois 5 fois 4 fois 3 fois 2 ; et, enfin, celui des permutations de 7 objets sera égal à 7 fois 6 fois 5 fois 4 fois 3 fois 2. Si l'on introduit dans ce produit le facteur 1, et en faisant l'inversion de leur ordre, nous pouvons dire que le nombre des permutations de 7 objets équivaut au produit des 7 premiers termes de l'échelle numérique.

Et comme le raisonnement que nous venons de faire pour le cas de 7 objets s'applique à tout autre problème, nous pouvons dire que *le nombre des permutations quelconques est représenté par le produit de tous les termes consécutifs de l'échelle numérique, depuis le premier jusqu'à celui qui exprime l'ensemble des objets à permuter y compris.*

273. — Solution définitive du problème des arrangements et des combinaisons.

En possession de cette formule des permutations, nous pouvons, à présent, en suivant une marche contraire, simplifier la formule des arrangements et, enfin, celle des combinaisons qui alors aura son expression définitive.

En prenant la formule des arrangements, nous avons vu qu'elle était représentée par le quotient entre le nombre des permutations de la totalité des objets proposés et le nombre des permutations de l'ensemble des objets excédents à chaque groupe. Et, comme nous venons de voir que le nombre des permutations est toujours représenté par un produit d'autant de termes de l'échelle numérique, à partir du premier, qu'il y a d'objets à permuter, il s'ensuit que, dans la formule des arrangements, le produit qui sert de dividende contient forcément celui qui sert de diviseur.

Le quotient sera donc la partie non commune aux deux, et cette partie sera un produit de facteurs consécutifs et décroissants, à partir de celui qui exprime le nombre des objets à arranger, jusqu'à celui dont l'ordre est marqué par le taux des arrangements. On peut, par conséquent, traduire plus simplement la formule des arrangements en disant que *le nombre des arrangements quelconques équivaut au produit d'une série consécutive de facteurs décroissants, depuis celui qui exprime le nombre total des objets jusqu'à celui dont l'ordre est marqué par le taux du groupement.*

Par exemple, pour le nombre d'arrangements de 7 objets 3 à 3, nous trouverions le produit de 7 par 6, par 5 ; qui est donc le quotient de la division du nombre des permutations de 7 objets par le nombre de permutations de 4, c'est-à-dire du produit de 1 par 2, par 3, par 4, par 5, par 6, par 7, par le produit de 1 par 2, par 3, par 4.

La formule des arrangements ainsi simplifiée, il en résulte aussitôt la formule finale des combinaisons.

Le nombre des combinaisons quelconques, étant exprimé par le quotient de la division du nombre d'arrangements analogues par celui des permutations correspondant au taux des groupes, nous n'avons plus qu'à remplacer le dividende et le diviseur par les produits correspondants. *Le nombre des combinaisons est donc exprimé par un quotient dont le dividende est un produit de facteurs consécutifs et décroissants à partir de celui qu'indique la totalité des objets, leur nombre étant indiqué par le taux du groupement, et dont le diviseur est le produit d'un nombre égal de termes consécutifs de l'échelle numérique à partir du premier.*

Par exemple, dans le cas de 7 objets à combiner 3 à 3, on trouve :

$$\frac{7 \text{ par } 6 \text{ par } 5}{1 \text{ par } 2 \text{ par } 3}$$

ce qui fait 35 combinaisons.

Le triple problème des combinaisons, des arrangements et des permutations est donc systématiquement résolu, en faisant rentrer le cas le plus compliqué, c'est-à-dire celui des combinaisons, dans le cas le plus simple, représenté par les permutations sous l'entremise des arrangements.

274. — De la conception générale des deux autres enchaînements.

Après avoir établi l'enchaînement normal de ces trois problèmes, examinons, maintenant, à titre d'exercice logique, les deux autres enchaînements qu'ils comportent.

1° Commençons à montrer comme les trois problèmes peuvent dépendre des arrangements. Nous avons déjà vu ci-dessus que le problème des combinaisons rentre dans celui des arrangements, sous l'entremise de celui des permutations. Donc, afin que tout puisse dépendre des arrangements, il suffit de montrer comment l'énumération des permutations peut rentrer dans celle des arrangements. Pour cela, il suffit de réfléchir que, si nous formons les arrangements dans le cas où le taux de groupement est égal à la totalité des objets moins un, nous aurons aussitôt les permutations en ajoutant à chaque arrangement l'objet qu'il ne contient pas. D'où l'on peut conclure que le nombre des permutations de la totalité coïncide avec le nombre des arrangements, lorsqu'un seul objet reste en dehors du groupement.

Cette observation permet de formuler la loi des permutations lorsque celle des arrangements est connue. Or, nous avons déjà montré quelle est cette loi, en examinant directement le problème des arrangements. En vertu de cette loi, le nombre des permutations est équivalent au produit de facteurs décroissants depuis la totalité jusqu'à 2. Ainsi, par exemple, la totalité des permutations de 4 objets étant équivalente à celle des arrangements de 4 objets 3 à 3, il sera égal au produit de 4 par 3 par 2. En y introduisant le facteur 1 et en invertissant leur ordre, on en arrive à l'énoncé normal.

La formule des combinaisons *devient donc une relation par quotient où le dividende est le nombre d'arrangements analogues, et où le diviseur est le nombre d'arrangements des objets de chaque groupe, dans l'hypothèse où le taux serait égal au nombre de ces objets moins un*. Cette formule coïncide donc avec la formule trouvée.

2° Enfin, voyons comment il est possible de réduire les trois problèmes à celui des combinaisons. Remarquons, à cet effet, qu'il ne nous reste qu'à exprimer les permutations au moyen des combinaisons, puisque nous savons déjà faire rentrer le problème des arrangements des permutations. Pour exprimer les permutations sous l'entremise des combinaisons, figurons que l'on connaît déjà les combinaisons d'un certain nombre d'objets, dans l'hypothèse où le taux de groupement est égal à leur totalité moins un.

Il est évident que, pour avoir toutes les permutations, il suffirait de permuter les objets de chaque combinaison, et d'ajouter à chaque résultat l'objet qu'il ne contient pas. Si nous avions, par exemple, les combinaisons des trois premières lettres 2 à 2, c'est-à-dire :

ab, ac, bc,

et si nous voulions avoir toutes les permutations auxquelles elles donnent lieu, il serait suffisant de permuter les objets des combinaisons précédentes, ce qui donnerait :

ab, ac, bc,
ba, ca, cb

et de placer, à côté de chaque résultat, la lettre qui n'y serait pas contenue, ce qui donnerait :

cab, bac, abc,
cba, bca, acb

Donc, *le nombre des combinaisons, lorsque le taux du groupement équivaut à la totalité moins un, étant multiplié par le nombre des permutations du groupement, est égal à celui des permutations de la totalité.* (Ainsi, par exemple, le nombre des combinaisons de 4 objets 3 à 3, multiplié par celui des permutations de 3, est égal à la totalité des permutations des 4 objets, de même que la totalité des permutations de 3 objets est égale au nombre de combinaisons de 3 objets 2 à 2, multiplié par celui des permutations de 2.

Cette loi fait rentrer le dénombrement des permutations d'un ordre dans celui de l'ordre précédent, quand on connaît celle des combinaisons. Dès lors, elle fait dépendre la solution du problème des permutations de celle du problème des combinaisons et de la connaissance du nombre de permutations de 2 objets, qui est intuitive.

L'application convenable de cette loi exige que l'on commence par la détermination du nombre des combinaisons, dans l'hypothèse spéciale qu'elle renferme. La formule des combinaisons obtenue d'une manière directe dans la 4ᵉ section nous montre qu'un tel nombre coïncide avec la totalité des objets considérés. Ainsi, par exemple, le nombre des combinaisons de 6 objets 5 à 5 est 6 ; le nombre des combinaisons de 16 objets 15 à 15 est 16, et ainsi de suite. Cette observation peut être regardée comme la conséquence d'une autre plus générale et plus importante par ses applications en algèbre, et que l'énumération directe des combinaisons quelconques fait apercevoir.

La voilà : lorsque nous combinons un nombre quelconque d'objets, suivant un taux quelconque aussi, par exemple, 5 objets 2 à 2, ou 3 à 3, etc., les 3, 2 objets qui restent sont implicitement combinés ; en sorte que le nombre des combinaisons de 5 objets 2 à 2 est égal à celui des combinaisons de 5 objets 3 à 3, c'est-à-dire 5 moins 2.

Pareillement, le nombre des combinaisons de 5 objets 3 à 3 équivaut à celui des combinaisons de 5 objets 2 à 2, c'est-à-dire 5 moins 3 ; et ainsi de suite.

C'est ce qu'on voit ensuite, en comptant les combinaisons de 5 objets 2 à 2 qui s'y trouvent classées et celles qui en résultent :

ab. . . . . cde
ac. . . . . bde
ad. . . . . bce
ae. . . . . bcd
bc. . . . . ade
bd. . . . . ace
be. . . . . acd
cd. . . . . abe
ce. . . . . abd
de. . . . . abc

On comprend que cette propriété subsistera encore, quand il ne reste hors chaque groupe qu'un seul objet, en sorte que le nombre des combinaisons de 5 objets 4 à 4, par exemple, sera égal à la totalité des objets qui ne figurent pas dans tous les groupes, c'est-à-dire égal à 5. Ces observations nous montrent encore une fois que l'institution d'un dénombrement quelconque consiste à la réduire à un classement [1].

Revenant de nouveau à la question dont nous étions en train de nous occuper, nous pouvons conclure que le nombre des permutations d'un ordre multiplié par le nombre des permutations de l'ordre précédent est égal à celui de la totalité des objets. On en arrive ainsi à une observation qui a déjà été faite et d'où l'on a déduit la formule habituelle des permutations. Celle-ci une fois obtenue, et celle des combinaisons étant connue, on a celle des arrangements.

275. — Appréciation d'un théorème numérique qui résulte de la loi des combinaisons.

Un théorème numérique assez précieux pour être remarqué ici, surgit spontanément de la loi des combinaisons quand on y compare sa forme normalement fractionnaire avec ses résultats nécessairement entiers. Il peut être énoncé ainsi : *Tout produit de facteurs consécutifs et décroissants en nombre quelconque est toujours exactement divisible par celui d'un égal nombre de termes de la série numérique à partir du premier.*

On peut, en effet, considérer un pareil quotient comme la solution d'un problème des combinaisons ; et, comme le nombre de celles-ci est entier, la conséquence en est que ce quotient est toujours entier, ce que le théorème dé-

1. Notes du cours de M. R. Teixeira Mendes.

montre. C'est ce qu'on nomme une démonstration indirecte.

C'est la première fois que la mathématique présente cette déduction transcendante ; mais nous verrons que ce ne sera pas la dernière ; nous rencontrerons encore dans ses autres domaines, des démonstrations analogues. C'est ainsi que beaucoup de propositions dont la démonstration directe est difficile à faire au moyen d'un raisonnement direct, en géométrie, deviennent facilement démontrables en mécanique par la voie indirecte.

Dans le cas dont nous nous occupons, il devient directement impossible de saisir cette relation au delà de 3 facteurs. Pour le cas de 2 facteurs, la loi est intuitive ; car, si l'on considère 2 nombres entiers consécutifs, l'un est toujours pair, et par conséquent divisible par 2.

Essayons à présent le cas de 3 facteurs. Si l'on admet que le premier n'est pas divisible par 3, il est évident qu'il donnera un reste, qui peut être 1 ou 2. Si c'est 1, le premier facteur sera un multiple de 3 plus 1 ; le deuxième facteur sera un multiple de 3 plus 2 ; et le troisième, un multiple de 3 plus 3, c'est-à-dire un multiple de 3.

Le raisonnement serait analogue dans le cas où le reste serait 2, et prouverait alors que le deuxième facteur serait multiple de 3. Or, l'un des deux facteurs qui restent étant évidemment divisible par 2, la conséquence en est que le produit des 3 sera divisible par 1 fois 2 fois 3. La relation pour le cas de 3 facteurs étant directement connue, il devient impossible de le saisir directement, envers 4, 5...etc. Mais cela suffit à sa vérification générale, en étudiant la dépendance de chaque cas envers le précédent [1].

Afin de comprendre cette marche, supposons qu'il s'agit

1. Aug. Comte, *Synthèse subjective*, ch. I, page 138.

de démontrer, en raisonnant directement, que le produit de 7 par 6 par 5 par 4 est exactement divisible par le produit des 4 premiers termes de l'échelle numérique, c'est-à-dire que l'expression fractionnaire

$$\frac{7.\ 6.\ 5.\ 4}{1.\ 2.\ 3.\ 4}$$

donnerait un résultat nécessairement entier. En isolant et en comparant les plus grands facteurs du numérateur et du dénominateur, nous pouvons considérer

$$\frac{7.\ 6.\ 5.\ 4}{1.\ 2.\ 3.\ 4}$$

comme l'équivalent de $\frac{7}{4}$ multiplié par

$$\frac{6.\ 5.\ 4}{1.\ 2.\ 3}$$

ou encore au produit de 1 plus 3/4 par

$$\frac{6.\ 5.\ 4}{1.\ 2.\ 3}$$

(parce que 7/4 est la même chose que 4/4 plus 3/4, c'est-à-dire 1 plus 3/4) ; ou encore, en effectuant la multiplication, à

$$\frac{6.\ 5.\ 4}{1.\ 2.\ 3} \text{ plus } \frac{6.\ 5.\ 4.\ 3}{1.\ 2.\ 3.\ 4}$$

La fraction considérée est donc ainsi décomposée dans la somme de deux autres, l'une avec un facteur de moins dans les deux termes, et l'autre avec un nombre égal de facteurs, mais chacun diminué d'une unité dans le numérateur. On comprend donc que, en suivant la même marche, chacune de ces fractions se décomposera, à son tour, en deux nouvelles, l'une avec un facteur de moins, et l'autre avec un nombre pareil, mais chacun diminué d'une unité. Et comme, par le redoublement du procédé dans les fractions de cette dernière espèce, les facteurs du numérateur diminuent successivement, il est évident que le moment arrivera où ils deviendront égaux à ceux du dénominateur.

Quant aux autres fractions, dont les facteurs disparaissent successivement dans les deux termes, on comprend facilement qu'elles rentreront toutes dans le cas de fractions ne contenant que 2 facteurs, où la divisibilité est intuitive, comme nous l'avons vu. Comme le raisonnement que nous avons fait est indépendant du nombre des facteurs, on en peut conclure à la possibilité de *toujours décomposer la fraction proposée en deux autres, qu'on obtient, ainsi que nous l'avons vu, en diminuant séparément d'une unité tantôt le nombre et tantôt la grandeur des facteurs du produit que l'on considère.*

Pour tirer de ce théorème toute l'utilité qu'il comporte, il conviendrait de préciser mieux la signification concrète des altérations abstraites dont il s'agit. Ainsi, dans l'exemple ci-dessus, la décomposition effectuée signifie que le nombre de combinaisons de 7 objets 4 à 4 équivaut à la somme du nombre des combinaisons de 6 objets 3 à 3, avec le nombre de combinaisons de 6 objets 3 à 3, avec le nombre de combinaisons de 6 objets 4 à 4.

Cette conclusion a la plus grande importance logique, car elle vient nous montrer la connexité qui existe entre le problème des combinaisons et un autre, non moins important, que nous traiterons au paragraphe suivant.

III

CONSÉQUENCES DE LA THÉORIE NUMÉRIQUE DE L'ORDRE ; PROBLÈME DES RÉPARTITIONS ; SA CONNEXITÉ AVEC LES PRÉCÉDENTS.

276. — Afin de terminer l'appréciation de la *théorie numérique de l'ordre*, nous examinons ses conséquences. Elles sont de deux ordres : les unes sont spéciales, les autres générales. Comme un type de la première, Auguste Comte indique la *théorie des répartitions* que nous allons étudier à présent, et ensuite nous étudierons sommairement les secondes.

Répartitions. — *On nomme répartitions les divers partages, soit binaires, soit ternaires, etc., que peut comporter un certain nombre d'objets entre un certain nombre de personnes, sans en exclure les solutions nulles*, c'est-à-dire en considérant aussi l'hypothèse, qui a quelquefois lieu dans la pratique, où certaines personnes ne reçoivent rien, et même celle où il n'y a rien à partager.

Afin d'induire la loi qui préside à l'énumération des partages, nous allons les classer successivement en commençant par le cas où ils sont faits entre deux individus, puis entre trois, et ainsi de suite, en augmentant progressivement d'une unité le nombre d'objets à répartir dans chaque cas, à partir de zéro.

1° Considérons, en premier lieu, le cas le plus simple où la répartition est faite entre deux personnes. En supposant d'abord qu'il n'y a rien à diviser, il est évident que ce problème comporte une seule solution :

1re personne 0 et 2e personne 0 } 1 répartition.

En admettant qu'il n'y a qu'un objet à partager, car la question n'admet que des solutions entières, il est intuitif que nous pouvons faire les deux répartitions suivantes :

1re personne 1 ; 2e personne 0 }
1re personne 0 ; 2e personne 1 } 2 répartitions.

Étant donnés deux objets à répartir, nous aurons :

1re personne 2 ; 2e personne 0 }
1re personne 1 ; 2e personne 1 } 3 répartitions.
1re personne 1 ; 2e personne 2 }

Si le nombre des objets à répartir est 3, nous aurons :

1re personne 3 ; 2e personne 0 }
1re personne 2 ; 2e personne 1 } 4 répartitions.
1re personne 1 ; 2e personne 2 }
1re personne 0 ; 2e personne 3 }

La somme d'objets à répartir étant de 4, nous pourrons nous dispenser de les classer, en observant, d'accord avec les résultats précédents, que, si nous attribuons successivement à la première personne toutes les valeurs entières de 4 à 0, il en résultera en même temps pour la deuxième toutes celles de 0 à 4. Ce seront donc, en tout, 5 répartitions.

Si nous considérons 5 objets à répartir entre deux personnes, nous trouverons aussi le nombre de répartitions, en remarquant que la première recevrait successivement toutes les valeurs de 5 à 0, tandis que la deuxième prendrait toutes celles de 0 à 5. Ce seraient donc, en tout, 6 répartitions. D'après les résultats précédents, l'on voit que le nombre de répartitions de 0 pour 2 personnes est 1 ; que le nombre de répartitions d'un objet par 2 personnes est 2 ; que celui des répartitions de 2 objets par 2 personnes est 3 ;

que le nombre de répartitions de 3 objets est 4 ; celui de 4 est 5, etc... Cela montre que *la totalité des répartitions entre 2 personnes équivaut au nombre des objets à répartir, accru d'une unité.*

277. — NOMBRE DES RÉPARTITIONS QUAND LE TAUX DE PARTAGE EST 3.

2° Considérons à présent le cas où le taux de partage est 3. Laissons de côté l'hypothèse où il n'y aurait rien à répartir, puisque nous savons qu'il n'existe alors qu'une seule répartition possible :

1re personne 0 ; 2e personne 0 ; 3e personne 0 } 1 répartition.

S'il y a un objet à répartir entre 3 personnes, nous aurons évidemment les 3 répartitions suivantes :

1re personne 1 ; 2e personne 0 ; 3e personne 0
1re personne 0 ; 2e personne 1 ; 3e personne 0
1re personne 0 ; 2e personne 0 ; 3e personne 1
} 3 répartitions.

Étant donnés 2 objets à répartir entre 3 personnes, nous aurons les 6 répartitions suivantes :

1re personne	2	1	1	0	0	0
2e personne	0	1	0	2	1	0
3e personne	0	0	1	0	1	2

} 6 répartitions.

où les quotes qui échoient respectivement à la première, à la deuxième et à la troisième correspondent dans une même ligne verticale et dont la somme fait toujours les 2 objets proposés.

Dans le cas où la somme à répartir serait 3, nous aurions les 10 répartitions suivantes :

1re personne	0 ; 0 ; 0 ; 0 ; 1 ; 1 ; 1 ; 2 ; 2 ; 3	10 répartitions.
2e personne	0 ; 1 ; 2 ; 3 ; 0 ; 1 ; 0 ; 0 ; 1 ; 0	
3e personne	3 ; 2 ; 1 ; 0 ; 2 ; 1 ; 2 ; 1 ; 0 ; 0	

Comme dans le cas précédent, l'on voit que les différentes parties prennent aussi toutes les valeurs possibles, depuis la somme à diviser jusqu'à zéro y compris. Mais remarquons que beaucoup de partages différents peuvent avoir lieu ici, sans qu'il soit nécessaire chaque fois de changer la valeur des lots. Aussi peut-on donner à une des personnes une partie de la somme à diviser, et répartir ce qui reste entre les deux autres de toutes les manières possibles.

Or, le nombre de ces répartitions secondaires étant donné par la règle précédente, nous en pouvons conclure que la totalité des répartitions de 3 objets entre 3 personnes se compose :

1° D'autant de répartitions où la première a 0 qu'il y a de répartitions de 3 objets pour les 2 autres ;

2° D'autant de répartitions où la première en aura 1, qu'il y a de répartitions de 2 objets pour les 2 autres ;

3° D'autant de répartitions où la première en a 2, qu'il y a de répartitions de 1 objet pour les 2 autres ;

4° Et enfin, une répartition où la première personne garde les 3 objets et les 2 autres ne reçoivent rien.

La totalité de ces répartitions est donc exprimée par la somme des nombres 4, 3, 2, 1, c'est-à-dire par 10.

4 étant le nombre d'objets à répartir entre 3 personnes, un raisonnement analogue nous montrera que la totalité sera égale à la somme des répartitions entre 2 personnes de toutes les quotes depuis 4 jusqu'à 0, c'est-à-dire égale à 5 plus 4, plus 3, plus 2, plus 1, ce qui fait 15.

Le même raisonnement étant susceptible d'application à

un nombre quelconque d'objets à répartir entre 3 personnes, nous en pouvons conclure que *la totalité de telles répartitions est toujours égale à la somme des répartitions entre 2 personnes, du nombre à répartir et de tous ceux qui le précèdent jusques et y compris 0.*

278. — DES CAS OU LE TAUX A PARTAGER EST 4, 5, 6, etc.

3° Supposons d'abord le cas où le taux du partage serait 4. Puisque nous savons combien de partages comporte un nombre quelconque d'objets entre 3 personnes, et, en raisonnant comme dans le cas précédent, nous verrons que la totalité des répartitions entre 4 personnes se compose de la somme des répartitions entre 3 personnes de toutes les quotes, depuis le nombre considéré jusqu'à zéro.

Ainsi, par exemple, le nombre de répartitions de 5 objets entre 4 personnes sera composé d'autant de répartitions où la première a 0 qu'en donneront les 5 objets pour les 3 ; d'autant de répartitions où la première aura 1 qu'en donneront les 4 qui restent entre les 3 ; d'autant de répartitions où la première aura 2 qu'en donneront les 3 qui restent entre les 3 ; d'autant de répartitions où la première aura 3 qu'en donneront les 2 qui restent entre les 3 ; d'autant de répartitions où la première aura 4 qu'il en résultera de 1 qui reste pour les 3 ; enfin, d'autant de répartitions où la première aura 5 que de répartitions de 0 entre les 3.

Ainsi donc, le nombre de répartitions de 5 objets entre 4 personnes équivaudra *à la somme des répartitions de 5, de 4, de 3, de 2, de 1, de 0 entre 3 personnes.*

En raisonnant de même lorsqu'il s'agit d'un nombre quelconque d'objets, nous serons conduits à conclure que *la totalité des répartitions entre 4 personnes se compose de la somme qu'on obtient en partageant entre 3 personnes, non seulement le nombre à répartir comme tous ceux qui le précèdent jusques et y inclus 0.*

Si le taux du partage était 5, nous réduirions d'une manière analogue ce genre de partage au précédent.

La totalité des répartitions entre 5 personnes se composerait de la somme des répartitions entre 4 personnes, non seulement du nombre à répartir mais aussi de tous les précédents jusques et y compris 0.

Les considérations précédentes suffisent pour permettre de saisir la loi d'après laquelle chaque espèce de partage est directement ramenée à la précédente. En effet, l'induction nous conduirait ainsi à conclure qu'en général *toute répartition équivaut à la somme des applications de celle qui précède le nombre qu'on veut répartir et à tous les précédents jusques et y compris 0.*

Cet énoncé de la loi des répartitions peut être remplacé par un autre qui est bien plus simple. En effet, les parcelles de cette somme à partir de la deuxième sont aussi, en vertu de la même loi qui les domine, équivalentes à la totalité des répartitions de l'ordre immédiatement inférieur quant au nombre d'objets à répartir ; en sorte que l'ensemble des répartitions considérées n'est disposé qu'en deux groupes distincts.

En prenant, pour fixer les idées, l'exemple ci-dessus, nous verrons que l'ensemble des répartitions de 5 objets entre 4 personnes se compose, d'un côté, de la totalité des répartitions de 5 objets entre 3 personnes, et, d'un autre, de la somme des répartitions de 4, de 3, de 2, de 1 et de 0 entre 3 personnes. Or, cette dernière somme étant équivalente au nombre de répartitions de 4 objets entre 4 personnes, nous en conclurons que le nombre des répartitions de 5 objets entre 4 personnes équivaut à la somme des répartitions de

5 objets par 3 personnes, avec les répartitions de 4 objets entre 4 personnes.

Pour la même raison, le nombre de répartitions de 6 objets entre 4 personnes serait égal à la somme des répartitions de 6 objets entre 3 personnes, avec les répartitions de 5 objets entre 4 personnes; le nombre de répartitions de 7 objets entre 5 personnes serait égal à la somme de 7 objets par 4 personnes, avec les répartitions de 6 objets entre 5 personnes, etc. Nous pourrons donc donner cet autre énoncé général de la loi dont il s'agit : *toute répartition équivaut à la somme des deux autres qu'on obtient en diminuant séparément d'une unité, soit le taux du partage, soit le nombre d'objets à répartir.*

279. — Examen de la connexité entre le problème des répartitions et celui des combinaisons.

L'énoncé précédent ressemble fort à celui auquel nous sommes arrivés lors de la théorie des combinaisons. A la fin du paragraphe précédent, nous avons vu, en effet, que *toute combinaison équivaut à la somme des deux autres qu'on obtient en diminuant séparément d'une unité, soit le taux de groupement, soit celle-ci et la totalité des objets à combiner.*

Cette analogie nous porte naturellement à croire à l'existence d'une certaine connexité entre les solutions des deux problèmes et à tâcher de déduire l'une de l'autre. Mais, afin de nous assurer d'une corrélation pareille et d'en tirer toutes les conséquences nécessaires, il nous faudrait d'abord comparer les résultats numériques fournis par la loi des répartitions avec ceux que nous obtenons directement au moyen de la loi des combinaisons, soit sous la forme d'une somme, soit sous celle d'un quotient.

280. — Appréciation des séries numériques fournies par la loi des répartitions.

Nous avons vu au numéro antérieur que *toute répartition équivaut à la somme des applications de celle qui précède le nombre qu'on veut répartir et à tous ceux qui le précèdent jusques et y compris 0.*

En appliquant cette loi à l'énumération des répartitions d'un nombre quelconque d'objets, dans les cas où le taux de partage est successivement 3, 4, 5, etc., on vérifie aisément :

1° Que le taux de partage étant 3, la totalité des répartitions correspondantes est égale à la somme d'autant de termes de l'échelle numérique qu'il y aura d'objets à partager plus 1. Ainsi, par exemple, le nombre de répartitions de 7 objets entre 3 personnes est égal à la somme des 8 nombres 1, 2, 3, 4, 5, 6, 7, 8, car la totalité de telles répartitions étant égale à la somme des 7, 6... 2, 1, 0 entre 2 personnes, elle sera rendue par l'addition successive des nombres 7 plus 1, 6 plus 1... 2 plus 1, 1 plus 1, 0 plus 1 ; car nous savons que toute répartition entre 2 est égale au nombre d'objets à partager plus 1.

2° Que si le taux de partage est 4, la totalité des répartitions correspondantes sera égale à la somme d'autant de termes de la série des nombres figurés de deuxième ordre (ou triangulaires) que les objets à répartir plus 1. Ainsi, par exemple, le nombre de répartitions de 7 objets entre 4 personnes est égal à la somme des 8 premiers nombres triangulaires 1, 3, 6, 10, 15, 21, 28 et 35.

En effet, la totalité de ces répartitions étant égale à la somme de celles de 7, 6... 2, 1, 0 entre 3 personnes, elle sera respectivement rendue par l'addition successive des nombres de l'échelle numérique de 1 à 8, de 1 à 7, de 1 à 6, de 1 à 5, de 1 à 4, de 1 à 2, de 1 à 2 avec 1 ; c'est-à-dire par la somme de ces nombres triangulaires.

3° Que, dans le cas où le taux du partage est 5, la totalité des répartitions correspondantes est égale à la somme d'autant de termes de la série des nombres figurés de troisième ordre (ou pyramidaux triangulaires) que les objets à répartir plus 1. Ainsi, par exemple, le nombre de répartitions de 7 objets entre 5 personnes est égal à la somme des 8 premiers nombres pyramidaux triangulaires : 1, 4, 10, 20, 35, 56, 84, 119.

En effet, la totalité de ces répartitions étant égale à la somme de celle de 7, 6... 2, 1, 0 entre 4 personnes, elle sera respectivement rendue par l'addition successive des 8°, 7°, 6°, 5°, 4°, 3°, 2° et 1er nombres triangulaires.

Si l'on raisonne de même, on en conclura que, dans le cas où 6 est le taux du partage, *la totalité des répartitions correspondantes sera égale à la somme d'autant de termes de la série des nombres figurés de quatrième ordre que les objets à répartir plus 1 ; qu'étant 7 le taux du partage, la totalité des répartitions correspondantes sera égale à la somme d'autant de termes de la série des nombres figurés de cinquième ordre qu'il y aura d'objets à répartir plus 1, et ainsi de suite.*

Enfin, ces résultats ne laissent pas le moindre doute quant à la connexité de ce problème avec celui des combinaisons où nous avons vu surgir aussi les séries des nombres figurés. Du reste, ces séries se trouvent-elles liées d'une manière plus systématique au problème des répartitions, non seulement par l'uniforme participation du même nombre de termes dans tous les cas, mais aussi par l'indication de l'ordre correspondant, toujours égal au taux du partage moins 2.

281. — CONSTRUCTION NORMALE DE LA LOI DES RÉPARTITIONS.

Les résultats précédents, en rendant chaque fois plus évidente l'analogie entre les deux problèmes, nous font en même temps prévoir la possibilité de donner à la loi des répartitions une expression fractionnaire, semblable à celle qui a été établie pour la loi des combinaisons. En effet, la solution du problème des combinaisons ayant montré la possibilité de réduire les longues et pénibles additions de ces séries à la division d'un produit de facteurs consécutifs par le produit d'un nombre égal de termes de l'échelle numérique, l'analogie indique qu'il en doit arriver de même dans le cas des répartitions.

Toutefois, cette induction ne résout encore qu'imparfaitement la question. Il faut encore déterminer le nombre des facteurs, et le plus élevé ou le plus petit d'entre eux ; puisque, ainsi que nous l'avons vu, quoique les séries soient les mêmes, le nombre de termes à considérer ne correspond pas dans les deux problèmes. Pour atteindre notre but, revenons à la théorie des combinaisons.

1° En traitant d'une manière directe cette question, nous avons vu que la totalité des combinaisons 2 à 2 pouvait être exprimée par la somme d'autant de termes consécutifs de l'échelle numérique que les objets considérés moins 1. Mais comme nous avons dit peu après que le même nombre de combinaisons était aussi représenté par un produit de deux facteurs consécutifs, divisé par le produit d'un nombre égal de termes de l'échelle numérique, la conséquence en est que cette somme équivaut à ce quotient-là. Ainsi, par exemple, le nombre de combinaisons de 7 objets 2 à 2 étant exprimé d'un côté par la somme des nombres 1, 2, 3, 4, 5 et 6 et d'un autre par le quotient de 7 fois 6, par 1 fois 2, il en résulte que 1 plus 2 plus 3 plus 4 plus 5 plus 6 est égal à

$$\frac{7 . 6}{1 . 2} \text{ ou à } \frac{6 . 7}{1 . 2}$$

Nous pouvons donc conclure que *la somme des termes de l'échelle numérique, depuis l'unité jusqu'à un nombre quelconque, est égale à la moitié du produit de ce nombre par celui qui le suit immédiatement.*

D'où résulte donc la possibilité d'exprimer aussi, sous une forme fractionnaire, la totalité des répartitions d'un nombre quelconque d'objets quand le taux est 3.

Ainsi, par exemple, le nombre des répartitions de 5 objets entre 3 personnes, qui, comme nous l'avons vu, est égal à la somme des 6 premiers nombres naturels, 1, 2, 3, 4, 5 et 6, sera pareillement exprimé par

$$\frac{6 \text{ fois } 7}{1 \text{ fois } 2}$$

le nombre des répartitions de 9 objets 3 à 3 sera

$$\frac{10 . 11}{1 . 2}$$

et ainsi de suite.

On peut donc conclure inductivement que *la totalité des répartitions entre 3 personnes est exprimée par une fraction dont le numérateur est le produit de 2 facteurs consécutifs et croissants, dont le plus grand est celui qui vient immédiatement après le nombre d'objets à partager, et dont le dénominateur est le produit d'un nombre égal de termes de l'échelle numérique.*

2° Revenant de nouveau à la théorie des combinaisons, nous avons vu d'abord que le nombre des combinaisons 3 à 3 était équivalent à la somme d'autant de termes de la suite des nombres triangulaires que d'objets considérés moins 2. Mais nous avions vu un peu après que le même nombre de combinaisons était exprimé par le produit de trois facteurs consécutifs et décroissants, divisé par le produit d'un nombre égal de termes de l'échelle numérique ; la conséquence en est que cette somme équivaut à ce quotient.

Ainsi, par exemple, le nombre de combinaisons de 7 objets 3 à 3, étant exprimé d'un côté par la somme des cinq premiers nombres triangulaires 1, 3, 6, 10 et 15, et d'un autre par le produit de 7 fois 6 fois 5 divisé par 1 fois 2 fois 3, il en résulte immédiatement que 1 plus 3 plus 6 plus 10 plus 15 est égal à

$$\frac{7.6.5}{1.2.3} \text{ ou à } \frac{5.6.7}{1.2.3}$$

Nous pouvons donc conclure que *la somme des termes de la suite des nombres triangulaires, depuis le premier jusqu'à un autre quelconque, est égale à un produit de trois facteurs consécutifs et croissants, à partir du nombre d'ordre du dernier terme divisé par le produit d'un nombre égal de termes de l'échelle numérique.*

D'où résulte donc la possibilité d'exprimer, sous une forme fractionnaire, les répartitions d'un nombre quelconque d'objets quand le taux est 4. Ainsi, par exemple, le nombre des répartitions de 9 objets entre 4 personnes, qui, comme nous l'avons vu, est égal à la somme des 10 premiers nombres figurés de deuxième ordre, ou triangulaires, sera pareillement exprimé par :

$$\frac{10.11.12}{1.2.3}$$

le nombre des répartitions de 10 objets entre 4 personnes

$$\frac{11 \cdot 12 \cdot 13}{1 \cdot 2 \cdot 3}$$

et ainsi de suite.

On peut donc conclure que *la totalité des répartitions entre 4 personnes est exprimée par une fraction dont le numérateur est le produit de 3 facteurs consécutifs et croissants, dont le moindre est celui qui vient immédiatement après le nombre d'objets à partager ; et dont le dénominateur est le produit d'un égal nombre de termes de l'échelle numérique.*

3° En revenant à la théorie des combinaisons, nous avons vu que le nombre des combinaisons 4 à 4 était équivalent à la somme d'autant de termes de la suite des nombres pyramidaux triangulaires, que celui d'objets considérés moins 3. Mais nous avons vu un peu après que le même nombre de combinaisons était exprimé par le produit de 4 facteurs consécutifs et décroissants, divisé par le produit d'un nombre égal de termes de l'échelle numérique : la conséquence en est que cette somme équivaut à ce quotient-là.

Ainsi, par exemple, le nombre de combinaisons de 9 objets 4 à 4 étant exprimé d'un côté par la somme des six premiers nombres pyramidaux triangulaires 1, 4, 10, 20, 35, 56, et, d'un autre côté, par le produit de 9 fois 8 fois 7 fois 6, divisé par 1 fois 2 fois 3 fois 4, il en résulte aussitôt que 1 plus 4, plus 10, plus 20, plus 35, plus 56, est égal à

$$\frac{9 \cdot 8 \cdot 7 \cdot 6}{1 \cdot 2 \cdot 3 \cdot 4} \text{ ou à } \frac{6 \cdot 7 \cdot 8 \cdot 9}{1 \cdot 2 \cdot 3 \cdot 4}.$$

Nous pouvons donc conclure que *la somme des termes de la suite des nombres pyramidaux triangulaires, depuis le premier jusqu'à un autre quelconque, est égale à un produit de 4 facteurs consécutifs et croissants, à partir du numéro d'ordre du dernier terme, divisé par le produit d'un nombre égal de termes de l'échelle numérique.*

D'où résulte la possibilité d'exprimer sous une forme fractionnaire les répartitions d'un nombre quelconque d'objets, quand le taux est 5. Ainsi, par exemple, le nombre des répartitions de 9 objets entre 5 personnes, qui, comme nous l'avons vu, est égal à la somme des 10 premiers nombres figurés du troisième ordre, ou pyramidaux triangulaires, sera pareillement exprimé par

$$\frac{10 \cdot 11 \cdot 12 \cdot 13}{1 \cdot 2 \cdot 3 \cdot 4}$$

e nombre des répartitions de 10 objets entre 5 personnes sera

$$\frac{11 \cdot 12 \cdot 13 \cdot 14}{1 \cdot 2 \cdot 3 \cdot 4}$$

et ainsi de suite.

D'où la conclusion que *la totalité des répartitions entre 5 personnes est exprimée par une fraction dont le numérateur est le produit de 4 facteurs consécutifs et croissants, dont le plus petit est celui qui vient immédiatement après le nombre d'objets à partager ; et dont le dénominateur est le produit d'un nombre égal de termes de l'échelle numérique.*

En comparant les expressions fractionnaires obtenues pour la totalité des répartitions dans les cas où le taux de partage est 2, 3, 4 et 5, nous pouvons déjà en déduire la loi générale pour un taux quelconque.

Pour cela, il faut remarquer :

1° Que le résultat est toujours une expression fractionnaire, dont le numérateur est le produit d'un certain nombre de facteurs consécutifs et croissants, et dont le dénominateur est le produit d'un nombre égal de termes de l'échelle numérique, à partir du premier ;

2° Que le nombre de facteurs, qui est le même pour les deux termes de la fraction, est donné par le taux du partage moins un ;

3° Que le plus petit facteur du numérateur est donné par le nombre d'objets à partager plus un.

Ainsi, par exemple, le nombre des répartitions de 11 objets entre 6 personnes sera

$$\frac{12 \cdot 13 \cdot 14 \cdot 15 \cdot 16}{1 \cdot 2 \cdot 3 \cdot 4 \cdot 5}$$

Nous voilà donc arrivés à la conclusion finale que *la totalité des répartitions quelconques est exprimée par une fraction dont le numérateur est le produit d'autant de facteurs consécutifs et croissants (à partir du nombre qui vient immédiatement après les objets à partager) qu'il y en a d'indiqués par le taux du partage moins un ; et dont le dénominateur est le produit d'un nombre égal de termes de l'échelle numérique, à partir du premier.*

Cet énoncé montre, en même temps, que, pour passer d'une répartition quelconque à la suivante, il suffit de multiplier l'expression fractionnaire de la première par le nombre qui vient après le plus élevé des facteurs du numérateur, et de le diviser par celui qui vient après le plus élevé du dénominateur.

Ainsi donc, de l'exemple où l'on a déterminé le nombre des répartitions de 11 objets entre 6 personnes, on passera au nombre de répartitions de 11 objets entre 7 personnes, en multipliant la fraction obtenue par 17/6. Comme le dernier facteur du dénominateur est égal au taux du partage moins un et le dernier du numérateur est égal à ce nombre additionné à celui des objets à partager, on peut dire que, *pour passer d'une répartition à la suivante, il suffit de multiplier l'expression respective par la somme des objets à partager avec le taux du partage et la diviser par ce même taux.*

282. — Réduction du problème des répartitions a celui des combinaisons.

Les considérations faites aux deux numéros précédents montrent une certaine analogie entre les problèmes des combinaisons et celui des répartitions et font prévoir la possibilité d'exprimer celles-ci par celles-là.

Afin de concevoir une telle réduction, il suffit de réfléchir qu'une expression fractionnaire quelconque dans les conditions ci-dessus rapportées, peut à la fois représenter un certain nombre de répartitions et un autre nombre de combinaisons. Or, quoique ces nombres soient différents, il n'est pas difficile de saisir le rapport qui les unit.

En prenant, par exemple,

$$\frac{10 \cdot 11 \cdot 12 \cdot 13 \cdot 14}{1 \cdot 2 \cdot 3 \cdot 4 \cdot 5}$$

on voit que ce quotient exprime à la fois le nombre de répartitions de 9 objets entre 6 personnes et le nombre de combinaisons de 14 objets 5 à 5. En reproduisant des exemples comme celui-ci, nous serons conduits à conclure par induction que, *pour exprimer la totalité des répartitions quelconques au moyen de la loi des combinaisons, l'on prend, comme taux du groupement, le taux du partage moins 1, et l'on ajoute ce nombre à celui des objets considérés.*

Ainsi, par exemple, le nombre des répartitions de 5 objets entre 3 personnes équivaut à celui des combinaisons de

7 objets 2 à 2 ; le nombre des répartitions de 5 objets entre 4 personnes équivaut à celui des combinaisons de 8 objets 3 à 3 ; le nombre des répartitions de 9 objets entre 5 personnes équivaut à celui des combinaisons de 13 objets 4 à 4 ; et ainsi de suite.

Enfin, comme il est toujours possible de réduire l'énumération des combinaisons à celle des arrangements et à celle des permutations, nous en conclurons la possibilité d'exprimer les répartitions, soit au moyen de celles-ci, soit au moyen de ceux-là.

283. — Examen des conséquences logiques de la théorie numérique de l'ordre.

Plus importantes que les conséquences spéciales, qui n'ont qu'une influence passagère, les conséquences générales de cette théorie dureront toujours. Elles peuvent être résumées de la manière suivante :

1° *Efficacité de l'induction dans l'étude de la Mathématique, qui est considérée comme étant purement déductive.*

A la quatrième section, nous avons vu, en effet, que c'est l'induction qui nous a porté à instituer directement les lois des permutations, des arrangements et même des combinaisons.

2° *Supériorité de l'induction systématique sur l'induction empirique.*

C'est guidé par celle-là qu'Auguste Comte a fait rentrer la solution du problème des répartitions dans celle des combinaisons, quoiqu'elles soient indépendantes. La constitution binaire de deux formules correspondantes est venue après confirmer déductivement ses prévisions, quoiqu'une telle confirmation ne fût point nécessaire pour autoriser l'emploi de la découverte inductive qui résulte de la comparaison des séries des nombres figurés.

3° *Ébauche de la méthode constructive, qui, bien qu'elle soit propre au domaine de la morale, peut être artificiellement introduite en Mathématique.* C'est en effet la méthode constructive qui nous a conduit aux énoncés définitifs de la loi des permutations, en permettant, en même temps, de systématiser d'une manière plus convenable toute la théorie dont nous nous occupons.

Enfin, bien d'autres conséquences pourraient être mentionnées. Mais, comme elles sont moins importantes, nous nous bornerons à indiquer celle qui consiste à manifester l'insuffisance de l'ordre abstrait afin de guider l'existence pratique, quand elle ne s'inspire pas de l'ordre concret. Lorsqu'il ne s'agit que de combiner des éléments, l'abstraction est pleinement satisfaisante ; et l'on pourrait même dire qu'elle seule est efficace. Mais, comme il peut les combiner d'un grand nombre de manières, il en résulte une indétermination invincible.

Ce n'est qu'après que l'on a reconnu la convenance entre l'une des combinaisons abstraites et le but à atteindre, c'est-à-dire une fois que l'on a tiré de l'ordre concret des motifs d'exclusion pour les autres, que l'on pourra résoudre une pareille indétermination.

Ainsi donc, par exemple, la formation de l'échelle encyclopédique des sept sciences (mathématique, astronomie, physique, chimie, biologie, sociologie et morale) peut être abstraitement obtenue d'autant de façons distinctes qu'il y a de permutations possibles de sept objets.

Or, ce nombre étant exprimé, comme nous l'avons vu, par le produit des sept premiers termes de l'échelle numérique, c'est-à-dire par 5 0 4 0, la conséquence en est que l'on peut disposer ces sciences de 5 0 4 0 manières différentes et chacun de ces classements pourrait être abstraitement justifié avec de bonnes raisons.

Considérées en elles-mêmes, on perdrait du temps en des discussions indéfinies, car chacun est, sous certains aspects, supérieur à tous les autres, et leur est inférieur sous d'autres points de vue.

Afin de savoir si le classement historique institué par Auguste Comte doit être finalement adopté, il faut le comparer avec l'ensemble de son système. Dès lors, on verra qu'il convient à l'exclusion de tous les autres ; et, pour ceux qui sont convaincus de la supériorité de cette doctrine, le classement des sciences ne saurait être un sujet de discussion [1].

1. Pierre Laffitte, *Calcul Arithmétique*, leçons rédigées par M. Ch. Jeannolle. Rio de Janeiro, 1880.

QUATORZIÈME SECTION

Complément à la théorie des évaluations : leur simplification en utilisant les relations entre les nombres combinés. Théorie des progressions arithmétiques ; essor décisif de cette théorie moyennant l'étude des nombres figurés.

I

RÔLE DE CETTE THÉORIE DANS L'ÉTUDE FONDAMENTALE DU CALCUL ARITHMÉTIQUE.

284. — Afin de terminer l'étude du *Calcul arithmétique* qui doit précéder l'appréciation de l'algèbre isolée, il faut ébaucher les évaluations auxquelles donne lieu la considération des séries numériques, en examinant leur cas le plus simple, celui des *progressions arithmétiques*.

Il convient même d'étendre un pareil examen aux nombres figurés, en vertu de l'étroite liaison qu'a leur évaluation, soit avec celle des progressions arithmétiques, soit avec celle que nous avons vue résulter de la *théorie numérique de l'ordre*. Nous reconnaîtrons en effet que le prolongement des motifs qui justifient l'inclusion des progressions arithmétiques dans l'étude préliminaire des évaluations. porte à ne point séparer de telles séries de celles relatives aux *nombres figurés*.

285. — PROGRESSION : NOTION DE SÉRIE ET SON APPRÉCIATION.

Pour comprendre ces motifs, nous commencerons par systématiser la notion de *série* ou *progression* et indiquer le tableau général des évaluations auxquelles elle conduit.

La notion de *série* ou *progression* est celle de succession étendue à un nombre indéfini de termes, en sorte que son germe se trouve dans la *théorie subjective des nombres*, où nous avons vu que la notion de succession surgit avec le nombre 3. L'institution de l'échelle numérique a produit une pareille extension, d'abord restreinte, mais ensuite indéterminée, lorsque cette échelle dut fournir la base pour les évaluations quelconques.

Aussitôt la constitution d'une telle échelle, les distinctions surgies entre les nombres, en conséquence de leur appréciation subjective, tendirent à donner à la notion de *série* leur entière généralité, puisque de cet ensemble d'antécédents résultait tout de suite la considération de plusieurs séries, à savoir :

1° La série naturelle des nombres ;

2° La série des nombres impairs ;

3° La série des nombres pairs ;

4° La série des nombres premiers ;

5° La série des unités de différents ordres.

Le point de vue relatif suffit pour étendre indéfiniment ce tableau moyennant la considération :

1° Des séries de différents ordres des nombres impairs ;

2° Des séries d'ordres divers des nombres pairs ;

3° Des séries de plusieurs ordres des nombres premiers ;

4° Des séries des unités composées dans les différents systèmes de numération.

Entre ces séries, on voit aussitôt surgir une distinction.

Les unes sont de telle nature qu'un terme quelconque se forme de l'antérieur comme celui-ci s'est formé du précédent, en sorte que trois termes suffisent pour définir la progression. Dans ces cas-là, sont :

1° La série naturelle ;

2° La série des nombres impairs ;

3° La série des nombres pairs ;

4° La série des unités de différents ordres.

Mais la série des nombres premiers ne permet point de saisir entre ses termes aucune loi de filiation. Quant aux autres, il est aisé de distinguer une séparation dont nous devrons plus tard reconnaître la profondeur. En effet, aux trois premières séries, c'est-à-dire dans la série naturelle des nombres, dans celles des nombres impairs et dans la série des nombres pairs, on trouve comme caractère commun que la différence entre deux termes consécutifs quelconques est constante et égale à celle des deux premiers, en sorte qu'un terme quelconque est formé de l'antérieur en lui ajoutant la différence entre les deux précédents termes, ou du suivant en lui ôtant cette différence. Cette différence est ce qu'on appelle *raison de la progression*, et il suffit de connaître les deux premiers termes pour l'obtenir.

Dans la série des unités d'ordres divers, c'est le quotient entre deux termes consécutifs, qui demeure constant, en sorte que chaque terme se forme du précédent en le multipliant par le rapport entre le deuxième et le premier terme de la série ; ou du suivant en le divisant par ce rapport. C'est ce quotient qu'on nomme *raison* d'une pareille progression.

La théorie subjective des nombres suffit pour conduire à plusieurs séries du premier genre. Mais, directement, la seule numération conduit à une progression du deuxième type. Mais, cette loi de filiation une fois saisie, on voit que l'ensemble des unités d'ordres divers des différents systèmes de numération fournit des progressions du même genre.

Ainsi donc, les séries de l'une ou de l'autre catégorie sont réellement en nombre infini. Celles de la première sont les plus simples, et portent le nom de *progressions arithmétiques* ; celles de la deuxième appartiennent déjà à une catégorie fort compliquée, comme nous le reconnaîtrons lors de l'étude du calcul algébrique, et sont nommées *progressions géométriques*.

Outre ces progressions, le problème des combinaisons, et par conséquent celui des répartitions, nous fait considérer les séries des nombres figurés. Ces antécédents sont assez multipliés pour nous permettre de concevoir que les types de séries sont réellement en nombre indéfini, en sorte que, quelque bornées qu'eussent été les spéculations auxquelles chaque type eût donné lieu, leur ensemble formerait un champ inépuisable.

Donc si la sagesse spontanée de l'humanité ne portait pas à restreindre les recherches de chaque science à ce qui est indispensable pour aborder la suivante, de façon à atteindre aussi vite que possible la Morale pratique, on pourrait dire que, de nos jours, elle en serait encore à l'étude de son domaine initial. Mais, d'après cela, on voit en même temps combien il est facile de se livrer à des investigations qui, quoique réelles, sont complètement oiseuses, et par conséquent inutiles, et même plus préjudicielles que les divagations métaphysiques. Quant aux conceptions théologiques, il suffit de reconnaître l'efficacité morale qu'elles ont eue et qu'elles possèdent encore aujourd'hui pour rendre évidente leur supériorité, même mentale, sur les divagations scientifiques.

En nous restreignant à présent aux considérations précédentes, il faut enfin signaler qu'elles nous montrent que toute progression se réduit normalement à trois termes ; car ce nombre suffit à caractériser la loi de filiation. On peut artificiellement former des progressions plus compliquées, mais leur conception est forcément confuse.

286. — Avènement de l'appréciation des séries.

Voyons à présent les conditions historiques de l'avènement de l'appréciation des *séries*. Quoique implicitement contenues dans le primitif essor du génie théorique, les séries ne furent directement considérées que lorsque les nécessités pratiques ont appelé l'attention de l'humanité sur elles. Ces nécessités se firent sentir à travers l'étude de l'ordre général. En sorte que, là comme partout ailleurs, ce fut le point de vue concret qui servit de stimulation et de guide à la raison abstraite.

Pour saisir cette connexité, il suffit de réfléchir que la plus simple d'une loi naturelle quelconque nous conduit aussitôt à un problème de séries, quand les phénomènes sont susceptibles d'évaluation. Nous en avons eu un exemple lors de la théorie des combinaisons, où la marche spontanée pour résoudre le problème nous a conduit à trouver la somme des termes de l'échelle numérique, et la somme des termes des séries figurées qui résultent d'une telle échelle. Dans l'étude de la géométrie nous verrons la confirmation de cette observation.

Cependant, pour prendre un exemple plus frappant, car il s'occupe de l'un des phénomènes les plus vulgaires, nous choisirons la loi d'où résulta la fondation de la Physique par Galilée.

Nous voulons parler de la chute des corps. Nous savons que le temps que met un corps à tomber d'une certaine hauteur est d'autant plus long que la hauteur est plus grande. La raison commune parvient jusqu'à ce résultat, mais cet aperçu est insuffisant pour diriger notre intervention ; la systématisation de celle-ci exige que l'on sache le rapport précis existant entre la hauteur de la chute et le temps qui y a été dépensé.

Il s'agit de deux phénomènes susceptibles de mesure exacte, à savoir : le temps et la distance où le corps se trouve du sol. L'expédient qui s'offrit donc à Galilée consista à faire tomber un corps de différentes hauteurs et de noter l'espace qu'il parcourt pendant chaque seconde de la chute, dans l'espoir que ces nombres auraient entre eux une certaine filiation facile à saisir.

Dès lors, l'espace total parcouru pendant un certain nombre de secondes, serait donné par la somme des nombres qui y correspondraient. En instituant les expériences convenables, Galilée vérifia que les espaces parcourus pendant les secondes successives, étaient représentés par la série des nombres impairs. C'est-à-dire, si l'espace parcouru pendant la première seconde était 16 pieds, pendant la deuxième il serait 3 fois 16 pieds ; pendant la troisième seconde l'espace serait 5 fois 16 pieds ; à la quatrième il serait 7 fois 16 pieds, et ainsi de suite

Cette découverte une fois faite, on comprend que pour connaître la hauteur d'où est tombé un corps, lorsqu'on sait le nombre de secondes qu'a duré la chute, il suffit de trouver la somme d'une partie de la série des nombres impairs. Le problème de la chute des corps est donc réduit au problème abstrait de la somme des termes d'une série.

Mais il est facile de vérifier que l'autre problème auquel

peut donner lieu la considération de ce phénomène rentre dans des questions sur cette même série. Ainsi, par exemple, si la hauteur d'où est tombé un corps est connue, et, si l'on veut savoir le temps qu'a duré la chute, le problème se réduit à connaître combien de termes d'une telle série font une somme égale au nombre proposé. Mais alors surgit un problème nouveau, car dans la détermination de la hauteur, celle-ci peut être représentée par un nombre quelconque, et ce nombre pourrait ne pas correspondre à une somme de termes de la série dont il s'agit.

La question ne comporte alors pas de solution exacte ; c'est-à-dire, nous ne pouvons connaître le temps qu'approximativement. Et, pour que cette approximation soit portée aussi loin qu'il est convenable, il nous faut résoudre la question suivante :

La série résultante de l'addition successive des nombres impairs étant donnée, considérer ses termes comme faisant partie d'une nouvelle série de nombres fractionnaires, aussi approximatifs que nous le voulons.

Chaque terme de cette nouvelle série correspondra à un certain nombre fractionnaire de secondes ; et un quelconque de ses termes correspondant à une certaine hauteur, correspondra à un certain temps évalué en fractions de seconde. Or, la solution de ce problème dépend à son tour d'un autre, connu par le nom d'*interpolation* qui consiste à *insérer des termes intermédiaires dans une série dont on ne connaît que certains termes.*

287. — NÉCESSITÉ DE DÉTERMINER LA VALEUR D'UN TERME QUELCONQUE D'UNE SÉRIE ET LA SOMME D'UNE DE SES PARTIES.

Ces considérations nous conduisent à examiner les problèmes que l'on peut proposer sur les séries au point de vue arithmétique. Envisagés d'une manière générale, ces problèmes-ci sont tous ceux qu'on peut proposer sur des nombres quelconques. La considération des séries les modifie à peine, en faisant surgir l'espoir de simplifier les évaluations, en employant la loi de filiation entre les termes combinés. Mais la prépondérance du point de vue concret qui conduisit à détacher l'appréciation des séries fit aussi ressortir les questions de ces mêmes séries qui pouvaient nous intéresser. C'est ainsi que la philosophie seconde, dans ce qu'il y a de susceptible d'intervention du calcul, a démontré que, à propos de chaque série, il n'y a que deux questions fondamentales au point de vue arithmétique : l'une, préliminaire, qui consiste à saisir la filiation générale d'un terme quelconque quant au terme initial et à son numéro d'ordre ; l'autre, finale, consistant à trouver la somme d'une partie quelconque de la série.

Cette seconde question donne lieu à une question importante, quand on se trouve au point de vue des évaluations. En effet, il y a des séries, comme les progressions arithmétiques, où la somme des termes croît au delà de toute limite, à mesure qu'on inclut de nouveaux termes dans la somme. Mais il y a des cas où la somme des termes tend vers une limite fixe. Nous avons un exemple de ce cas-là en considérant les fractions décimales périodiques. Elles constituent la somme d'une progression géométrique où le terme initial est une fraction ayant comme numérateur le premier chiffre de la période et pour dénominateur la puissance de 10 indiquée par l'ordre de ce chiffre dans la même période. La raison y est la réciproque de cette puissance. Or, nous avons vu que la somme d'une pareille progression tend vers une limite aisément assignable. Ces séries sont nommées *convergentes*, au contraire des autres qu'on appelle *divergentes*.

Outre ces deux questions, les séries offrent, sous le point

de vue de l'évaluation, le problème de l'*insertion de termes* entre ceux qui se trouvent formés sans altérer la loi de filiation. Mais ce problème n'est, ainsi que nous le verrons, qu'une des inversions que les deux autres problèmes peuvent présenter.

Ayant ainsi indiqué le domaine général des séries au point de vue arithmétique, nous pouvons présenter les motifs qui portèrent Auguste Comte à en ébaucher l'étude comme la conclusion de l'étude fondamentale du calcul arithmétique

288. — Des raisons scientifiques qui ont porté a inclure ce sujet dans l'étude fondamentale du calcul arithmétique.

En résumé, ces raisons sont les suivantes :

1° Nécessité d'ébaucher, dès le début de la logique, le tableau général des *évaluations*, afin de bien caractériser, non seulement le calcul arithmétique, mais même par exclusion le calcul algébrique.

2° Nécessité de fournir des types généraux des évaluations auxquelles peuvent donner lieu les considérations concrètes.

Dans l'enseignement ordinaire, ces types semblent être réduits aux opérations fondamentales.

3° Nécessité de rendre évident l'esprit général du calcul arithmétique comme consistant à simplifier les évaluations par l'utilisation des lois entre les nombres combinés. Cela n'est point possible sans avoir apprécié l'ensemble des manifestations sur ce sujet. Les évaluations fondamentales nous fournissent un exemple caractéristique sous cet aspect, non seulement quant à la numération, mais encore relativement aux cas les plus simples où l'on fait rentrer les plus compliqués.

4° Nécessité de toujours concevoir l'esprit général de ces simplifications comme faisant rentrer tous les cas dans les combinaisons élémentaires.

289. — Appréciation générale des motifs logiques qui portent a inclure l'étude élémentaire des séries dans le domaine du calcul arithmétique.

Ils résultent du besoin de mettre au grand jour les limites réelles de notre capacité inductive, en manifestant, d'ailleurs, l'assistance que reçoit cette capacité de l'abstraction systématique. Une pareille étude doit donc être instituée de façon à rendre évidente la restriction des cas où les problèmes théoriques sont accessibles à notre investigation.

Mais, en outre, il est indispensable de montrer comment la sagesse de l'Humanité réussit à multiplier l'efficacité théorique et pratique de ce petit nombre de cas solubles. Ainsi donc, on reconnaît simultanément :

a) Qu'il ne faut aborder que les questions théoriques exigées par l'ensemble des besoins humains ;

b) Qu'il faut tâcher d'éclaircir les cas concrets à l'aide des problèmes abstraits qui nous sont accessibles.

290. — Enfin, de ce qui précède, résulte la nécessité de diviser ce sujet en deux parties destinées à caractériser spécialement la restriction et l'étendue possible du calcul arithmétique relativement aux séries. C'est ce que nous ferons ensuite [1].

II

THÉORIE DES PROGRESSIONS ARITHMÉTIQUES.

291. — Double aspect sous lequel les progressions arithmétiques peuvent être envisagées

Ayant défini, au paragraphe précédent, les progressions

1. Notes du cours de M. R. Teixeira Mendes.

arithmétiques, nous devons à présent résoudre les deux questions essentielles auxquelles elles donnent lieu.

Mais auparavant, il nous faut apprécier le double point de vue sous lequel ces progressions peuvent être considérées. Elles se distinguent en *croissantes* et *décroissantes*, selon que chaque terme excède l'antérieur ou en est excédé de la différence constante, qui, comme nous l'avions dit, est nommée *raison par différence*, ou tout simplement *raison*, et qui est aussi appelée *base* de la progression.

Ainsi donc, les progressions suivantes sont, la première croissante et la seconde décroissante, la *raison* dans les deux étant égale à 5 :

1, 6, 11, 16, 21, 26...; 45, 40, 35, 30, 35, 20...

292. — EXAMEN DE LA QUESTION PRÉLIMINAIRE : DÉTERMINATION DE LA VALEUR D'UN TERME QUELCONQUE, ÉTANT CONNUS SA PLACE DANS LA SÉRIE ET LES DEUX PREMIERS TERMES DE CETTE SÉRIE.

Toute progression arithmétique, ou par différence, est caractérisée lorsqu'on en connaît les deux premiers termes. En effet, la différence de ces termes indique aussitôt la *raison*, et les termes indiquent si la progression est *croissante* ou *décroissante*.

Ainsi donc, par exemple, les progressions dont les premiers termes sont 1 et 2, 1 et 3, et 2 et 4, sont évidemment croissantes. La première est la série naturelle des nombres, dont la raison est 1 ; la deuxième la série des nombres impairs, dont la raison est 2 ; et la troisième la série des nombres pairs, dont la raison est 2 aussi, et qui se transformerait dans la première, si nous divisions chacun de ses termes par 2, et dans la deuxième, si nous faisions la soustraction de 1 de chacun d'eux.

Mais il importe d'observer que la considération de deux

nombres est insuffisante pour reconnaître si un phénomène concret est caractérisé par une progression arithmétique. Pour cela, il faut au moins trois termes, car si ces nombres étaient, par exemple, 2 et 4, on demeurerait dans l'incertitude si la progression est *arithmétique* ou *géométrique*. A la rigueur, ils suffisent pour une première induction, vu le principe fondamental de philosophie première.

Les observations postérieures sont destinées à confirmer cette hypothèse initiale. Par conséquent, philosophiquement, une progression arithmétique quelconque est caractérisée par trois termes. Vu cette destination concrète, on aperçoit bien comment toute progression consiste nécessairement en trois termes. Nous ne pouvons directement comparer chaque nouveau terme qu'avec le terme antécédent et avec le suivant [1].

Ces considérations une fois faites, il est aisé de saisir dans une progression arithmétique la loi qui lie un terme quelconque au terme initial et à son numéro d'ordre. Pour cela, il suffit de rapporter successivement le terme considéré à ceux qui le précèdent.

Supposons d'abord que la progression est croissante : le deuxième terme quelconque est égal au premier plus la raison ; le troisième à son tour étant égal à l'antérieur plus la raison, le premier sera égal à la somme de celui qui le précède de deux places avec 2 fois la raison. Le quatrième étant à son tour égal à celui qui le précède plus la raison, celui-là sera égal à la somme de celui qui le précède de trois places avec 3 fois la raison. Et ainsi, de proche en proche, on arrive à la conclusion qu'*un terme quelconque est égal à la somme du premier avec autant de fois la raison qu'il y a de termes précédents.*

1. Note du cours de M. R. Teixeira Mendes.

Ainsi, par exemple, le quarante-deuxième terme de la série des nombres naturels est égal à 1 plus 41, c'est-à-dire 42; le terme d'égal ordre de la série des nombres pairs est égal à 2 plus 41 fois 2, c'est-à-dire 84, qui est le double du terme correspondant de la série naturelle; enfin, le terme du même ordre de la série des impairs sera égal à 1 plus 41 fois 2, c'est-à-dire à 83, qui équivaut au terme correspondant de la série des nombres pairs accru d'une unité.

Supposons maintenant que la progression est décroissante. Dans ce cas-là, un terme quelconque est égal au précédent moins la raison; celui-ci, à son tour, étant égal à l'antérieur moins la raison, celui-là sera égal à celui qui le précède de deux places moins 2 fois la raison. Ce dernier étant aussi égal à celui qui le précède moins la raison, celui-là sera égal à celui qui le précède de trois places, moins 3 fois la raison. Et ainsi, de proche en proche, on arrive à la conclusion qu'*un terme quelconque est égal à la différence entre le premier et autant de fois la raison qu'il y a de termes précédents*.

Ainsi, par exemple, le onzième terme de la progression 0,100; 0,999; 0,998... (dont la raison est égale à 0,100 moins 0,999, ou à 0,001), sera 0,100 moins 10 fois 0,001, c'est-à-dire 0,100 moins 0,01, ou 0,090.

293. — DE LA SOMMATION : QUESTION PRINCIPALE QUI CONSISTE A DÉTERMINER LA SOMME D'UNE PARTIE QUELCONQUE D'UNE PROGRESSION ARITHMÉTIQUE.

Quoiqu'une progression arithmétique doive ordinairement être regardée comme illimitée, il suffit généralement de considérer un nombre limité de ses termes, lequel pourra être plus grand ou plus petit, suivant le degré d'approximation avec lequel on veut obtenir la sommation de la série.

Voyons donc comment déterminer la somme d'un certain nombre de termes d'une progression arithmétique. On obtient la solution de ce problème en faisant rentrer la somme de ces parcelles inégales dans le cas d'une somme de parcelles égales, tel que nous l'offre la multiplication. Cette réduction se fonde sur une induction préliminaire, d'après laquelle on reconnaît que *dans toute progression arithmétique la somme de deux termes quelconques équidistants des extrêmes est constant et égal à la somme de ces extrêmes.*

C'est ce qu'on peut reconnaître, en considérant, par exemple, la série des nombres impairs 1,3,5,7,9,11,13,15..., où, en prenant les huit premiers termes, on vérifie que la somme du deuxième avec le septième, du troisième avec le sixième et du quatrième avec le cinquième, est constamment égale à 16, qui est la somme des termes extrêmes parmi ceux que nous considérons. Et comme on constate ceci dans une autre progression arithmétique quelconque, on peut en induire l'observation ci-dessus.

L'expression du terme général permet aussi de la reconnaître dans tous les cas. C'est ce qu'on peut voir dans la progression ci-dessus en comparant les expressions du deuxième et du septième terme avec celles du troisième et du sixième, etc., dont les résultats sont constamment les mêmes et équivalent à la somme des extrêmes. Toutefois, cette comparaison n'est ni plus légitime, ni plus naturelle que l'induction immédiate qui résulte de la contemplation de la série.

Ceci posé, si le nombre des termes à additionner est *pair*, il est évident que mettant côte à côte les termes équidistants des termes extrêmes, nous pouvons remplacer la somme de la série par une autre où les parcelles sont égales entre elles, mais leur nombre égal à la moitié de celui des termes considérés.

Dans cette hypothèse-là, la sommation se réduit donc à

une addition de parcelles égales, c'est-à-dire à une multiplication où l'on peut prendre comme multiplicande la somme des extrêmes et pour multiplicateur la moitié du nombre des termes. Par exemple, s'il s'agit d'obtenir la somme des huit premiers termes de la progression ci-dessus, nous pouvons la remplacer par la suivante :

1 plus 15, 3 plus 13, 5 plus 11, 7 plus 9,

où les parcelles étant égales, leur somme est donnée par l'une d'elles (1 plus 15) multipliée par leur nombre, qui est la moitié, $\frac{8}{2}$, de celui de termes considérés d'abord. La somme cherchée est donc égale au produit de 1 plus 15 par $\frac{8}{2}$, ou 64.

Il faut encore voir si cette transformation, quand on considère un nombre *impair* de termes, est possible. Or, le résultat précédent suggère aussitôt l'artifice indispensable à un tel but. Car il nous montre que *le double de la somme des termes proposés est alors égal à un produit, où le multiplicande est la somme des extrêmes et le multiplicateur est le nombre de termes, au lieu de leur moitié*, c'est-à-dire le produit de 1 plus 15 par 8, ou 128. Et il est aisé de voir que cette loi s'étend au cas du nombre impair de termes.

En effet, il est évident que, pour avoir le double de la somme des termes d'une progression, il suffit de faire la somme des termes, en prenant deux fois chacun d'eux. Mais, dès lors, nous pouvons mettre côte à côte cet ensemble de termes en combinant les termes équidistants des extrêmes. Ceci nous donnera une somme de parcelles égales ; en sorte que, dans tous les cas, *le double de la somme d'un nombre quelconque de termes d'une progression arithmétique équivaut au produit de la somme des extrêmes par le nombre des termes*. Et, par conséquent, la somme sera la moitié de ce produit.

Pour éclaircir les idées, supposons qu'il s'agit d'effectuer la sommation des sept premiers termes de la progression ci-dessus. Si l'on intervertit leur ordre et si on les place ainsi au-dessous de ceux-là, en sorte qu'ils se correspondent, nous aurons :

1, 3, 5, 7, 9, 11, 13,
13, 11, 9, 7, 5, 3, 1.

En additionnant terme par terme, on aura :

1 plus 13, 3 plus 11, 5 plus 9, 7 plus 7, 9 plus 5, 11 plus 3 et 13 plus 1,

qui est une série de parcelles égales, dont la somme est, par conséquent, égale au produit de 1 plus 13 par 7.

Mais comme une pareille somme est double de la somme cherchée, celle-ci sera égale à sa moitié, c'est-à-dire au produit de $\frac{1 \text{ plus } 13}{2}$, par 7 ou 49.

Nous pouvons donc construire la formule suivante : *la somme des termes d'une progression arithmétique est égale à la moitié du produit de la somme des extrêmes par le nombre de termes considérés.*

294. — Examen de la formule précédente.

Cet énoncé combine donc quatre nombres, à savoir : *la somme des termes, le nombre des termes, le premier terme et le dernier terme.*

La formule correspondante doit donc permettre la détermination d'un quelconque de ces nombres, lorsque les trois autres sont donnés. On voit ainsi surgir quatre problèmes différents, suivant que l'on considère comme inconnue l'une quelconque de ces quatre quantités.

Pour la solution complète des questions qui conduisent à la détermination d'un de ces nombres quelconques, il faudra souvent considérer, en même temps que la formule précédente, celle qui exprime un terme quelconque par les deux premiers, et la place qu'il occupe dans la série. En effet, s'il s'agit, par exemple, de déterminer le *nombre* de termes qui constituent la série, en supposant connue la *somme* des termes, le *premier* et le *dernier*, la formule de la somme nous montre qu'il faut diviser le double de celle-ci par la somme des extrêmes pour avoir le nombre de termes.

Mais il ne sera pas possible d'écrire la série sans connaître le deuxième terme ou la *raison*, ce qui revient au même. Or, pour exprimer la *raison*, il faudra recourir à la formule qui donne le dernier terme à l'aide du premier que l'on suppose connu, et du nombre de termes, qui vient d'être déterminé. Afin de l'obtenir, il suffit de remarquer que, le dernier terme étant égal au premier *plus* ou *moins* autant de fois la *raison* que de termes précédents, on en conclut que la différence entre le dernier terme et le premier sera égale au produit de la *raison* par le nombre de termes précédents, si la progression est croissante ; ou que la différence entre le premier et le dernier sera égale à ce produit-là, si la progression est décroissante.

Par conséquent, *la raison est toujours égale à la différence entre les termes extrêmes, divisée par le nombre de termes moins un.*

Ainsi, par exemple, on trouvera que la *raison* de la progression dont le premier terme est 0, et dont le septième est 36, est exprimée par $\frac{36}{6}$ ou 6.

On verra de même que la raison de la progression dont le premier terme est $\frac{1}{10}$, et dont le onzième est $\frac{9}{100}$, sera exprimée par $\frac{0,10 \text{ moins } 0,09}{10}$, c'est-à-dire par $\frac{0,01}{10}$ ou 0,001.

C'est la formule de la *raison* qui permet d'interposer ou d'insérer dans une progression arithmétique un nombre quelconque de termes entre ceux qui se trouvent déjà formés, sans altérer leur loi de filiation. Ainsi, par exemple, pour insérer 99 termes entre 1 et 21, premier et onzième termes d'une certaine série, il suffira de déterminer la raison qui doit filier les 101 termes demandés, laquelle sera exprimée par $\frac{21 \text{ moins } 1}{100}$, ou 0,2. Dès lors, en additionnant continuellement ce nombre au premier terme, nous aurons 101 termes de la progression résultante, à savoir : 1 ; 1, 2 ; 1, 4 ; 1, 6, etc.

Si l'on veut encore insérer neuf termes, par exemple, entre le premier et le onzième de la progression décroissante, citée ci-dessus, il suffira de déterminer la raison, que nous avons vu être 0,001, et soustraire successivement ce nombre du premier terme 0,1 jusqu'à ce qu'on obtienne le dernier 0,09.

Nous pouvons donc conclure que, *pour insérer un nombre quelconque de termes intermédiaires entre deux quelconques d'une progression, on divise la différence entre ces deux termes par le nombre intermédiaire, plus un. On trouve ainsi la raison qui, étant ajoutée successivement au moindre terme, ou continuellement ôtée du plus grand, donnera les termes intermédiaires cherchés.*

En appliquant cette règle à l'insertion de 9999 demis entre les deux premiers termes de la progression 0, 1, 2...[1],

1. Remarquons que, dans toutes les progressions qui ont, comme celle-ci, zéro pour premier terme, le deuxième est égal à la raison ; le troisième à 2 fois la raison ; le quatrième à 3 fois la raison, et ainsi de

nous trouverons 0,0001 comme la valeur de la raison, et on aura 0 ; 0,0001 ; 0,0002...

295. — MOYEN D'INTRODUIRE LA RAISON DANS LA FORMULE DE LA SOMME.

En revenant à la formule de la somme et en la comparant avec celle d'un terme quelconque, on voit aussitôt qu'elle peut être transformée de façon à ne contenir que *le premier terme*, *la raison* et *le nombre de termes*.

Mais, dès lors, son énoncé devient plus compliqué à cause de la substitution du terme extrême qui s'y trouve pour l'expression correspondante.

En procédant ainsi, on arrive à la formule suivante pour déterminer la *somme* des termes au moyen de leur *nombre*, du *premier* et de la *raison*. On multiplie le nombre de termes moins un par la raison, et l'on cherche la somme, ou différence, de deux fois le premier terme avec le produit, selon que la série est croissante ou décroissante ; on divise, enfin, ce résultat par 2 et on multiplie le quotient par le nombre de termes.

En appliquant cette règle pour déterminer la somme d'un nombre quelconque de termes de l'échelle numérique, on vérifie que le résultat est toujours égal à la moitié du pro—

suite. Par conséquent, en vertu de l'expression d'un terme quelconque, on peut conclure que dans de semblables progressions :

a) La somme de deux quelconques de ses termes est un terme de cette progression ;

b) Deux termes étant donnés, si nous soustrayons le plus petit du plus grand, le reste obtenu fera partie de la progression ;

c) En multipliant un terme quelconque par un nombre entier quelconque, le produit résultant se trouvera entre les termes de la progression.

Ces propriétés s'appliquent aussi à la progression arithmétique croissante, dont le premier terme est un multiple de la raison.

duit de ce nombre par celui qui le suit dans la même échelle. En l'employant ensuite pour découvrir la somme d'un pareil nombre égal de termes des séries des nombres *pairs* et des *impairs*, on voit que le résultat pour la première est le double du précédent, et pour la deuxième est égal au carré du nombre de termes.

Comme la dernière formule est compliquée et difficile à retenir, il est préférable de déterminer d'abord le dernier terme de la progression et d'obtenir ensuite la somme au moyen de l'autre formule, ce qui équivaut enfin à employer la précédente.

Que l'on se propose, par exemple, de déterminer la somme de dix-huit termes de la progression arithmétique dont le premier terme est 2, la raison en étant 3. Il est évident que, si nous connaissons le dernier terme considéré, nous pourrons déterminer la somme d'après la première règle. Or, le dernier terme est égal à la somme de 2 avec le produit de 18 moins 1 par 3, c'est-à-dire à 2 plus 51, ou 53. Par conséquent, pour avoir la somme cherchée, il suffira d'additionner le premier terme, 2, à ce résultat, de multiplier cette somme, 55, par le nombre de termes, 18, et de diviser le produit, 990, par 2, ce qui fait 495.

Que l'on se propose encore de connaître la somme des 27 premiers termes de la série des nombres pairs. Chacun des termes de cette série étant égal au double de celui du même ordre dans l'échelle numérique, il est d'abord évident que son vingt-septième terme est égal à 2 fois 27, ou 54.

Par conséquent, la somme cherchée sera égale à la moitié du produit de 54 plus 2 par le nombre de termes, ou à $\frac{54 \text{ plus } 2}{2}$ multiplié par 27, c'est-à-dire à $\frac{56}{2}$ par 27, ou $\frac{1512}{2}$, égal à 756.

Si nous prenions la moitié de ce nombre, nous aurions évidemment la somme des 27 premiers termes de l'échelle numérique, puisque chacun d'eux est la moitié de celui qui lui correspond dans la série des pairs.

296. — Des problèmes auxquels donnent lieu les formules précédentes.

En comparant *la loi des termes* d'une progression arithmétique avec celle des *sommes* de la même progression, on reconnaît immédiatement qu'il y a cinq quantités à considérer en de pareilles séries, à savoir : *le premier terme, la raison. le dernier terme, le nombre de termes et leur somme.*

Comme trois de ces quantités suffisent pour permettre la détermination de l'une quelconque des deux qui restent, il est évident qu'on peut proposer 10 questions distinctes (nombre de combinaisons des 5 quantités 3 à 3), chacune pouvant donner lieu à deux problèmes, suivant que l'on demande l'une ou l'autre des restantes.

Ce sont donc, en tout, 20 problèmes, auxquels se réduisent toutes les combinaisons à effectuer sur les termes des progressions arithmétiques.

Par exemple, la formule transformée précédemment renferme, ainsi que nous l'avons vu, quatre nombres : *la somme, le premier terme, la raison et le nombre de termes.*

Cette formule pourra donc servir à déterminer une de ces quantités quelconques, quand les trois autres sont connues. Mais leur utilisation peut ne pas être aussi simple que celle de la formule d'où elle est provenue, surtout dans certains cas. C'est ainsi que la détermination du *nombre de termes* par son entremise deviendrait impossible à celui qui ne posséderait que les connaissances acquises jusqu'à présent.

Cependant le problème serait simple si nous connaissions le dernier terme ; car alors nous pourrions trouver le *nombre de termes* à l'aide de la formule qui donne la différence entre les extrêmes. On voit aussitôt que cette différence divisée par la raison est égale au nombre de termes moins un ; et que, par conséquent, ce quotient plus un est égal au nombre de termes.

Nous pourrions parvenir au même résultat en suivant une autre marche. En effet, ayant vu que le double de la somme des termes est égal au produit de la somme des extrêmes par le nombre de termes, on en conclut immédiatement que le nombre de termes est égal au quotient de la somme double des termes par la somme des extrêmes.

Toutefois, il importe de ne pas oublier que, dans ce problème, comme dans le précédent, nous supposons connu le dernier terme. Mais la détermination de celui-ci avec ceux donnés ci-dessus exige aussi des connaissances que nous ne possédons pas encore jusqu'à ce moment-ci.

En résumé, tous les problèmes de ce genre-là, qui ne peuvent être résolus avec les trois formules fondamentales, isolément considérées, et qui exigent donc la combinaison de deux d'entre elles, ne sauraient être résolus d'une manière générale qu'au moyen de l'algèbre.

Dans ce cas-là, se trouvent les problèmes où figurent *le premier terme, le dernier, la raison et la somme*, comme celui que nous avons mentionné ci-dessus, ainsi que ceux où la première de ces quantités est remplacée par le *nombre de termes*.

Puisque, dans cette deuxième hypothèse comme dans la première, on peut proposer la détermination d'une quelconque des quatre quantités au moyen des trois qui restent, il est évident que nous aurons en tout huit questions qui ne sauraient être résolues avec les ressources que nous possedons jusqu'à présent, et qui exigent, par conséquent, la généralisation de l'esprit arithmétique. Nous pouvons donc concevoir huit problèmes distincts dont la solution ne peut pas être donnée par les trois formules isolément considérées, puisqu'ils exigent leur combinaison.

Enfin, il ne nous reste plus qu'à observer que cette circonstance nous fournit un exemple de la complication abstraite de problèmes qui sont pourtant simples, quand ils sont directement examinés. Il faut, en effet, remarquer que, malgré la simplicité de cette question, elle est cependant susceptible de fournir des problèmes d'une solution difficile.

Nous pourrions ici présenter encore d'autres questions également simples, et qui sont aussi insolubles, comme, par exemple, celle de la sommation d'une série où un terme quelconque est égal à la somme des deux précédents. Mais nous n'avons pas besoin d'insister davantage sur l'insolubilité générale des problèmes auxquels les séries donnent lieu ; car lors de l'examen de la multiplication, nous avons fait voir que, en général, la question n'est soluble que lorsqu'il est possible d'établir une relation d'égalité entre les termes à combiner. Or, comme cela n'arrive qu'exceptionnellement, la conséquence en est que le problème capital des séries est ordinairement insoluble.

Une pareille impossibilité nous porte à reconnaître la nécessité de subordonner le point de vue abstrait au point de vue concret, surtout afin d'éviter des questions inutiles et d'épargner nos forces intellectuelles.

Enfin, ayant une pareille insolubilité en vue, et la connexité des problèmes des séries avec la recherche des lois numériques des phénomènes, nous devons voir, dans cette affinité, la révélation que de telles lois ne sauraient être découvertes dans la plupart des cas, ce qui manifeste, en même temps, l'étroitesse de notre capacité inductive et même déductive.

III

DÉVELOPPEMENT DE LA THÉORIE DES PROGRESSIONS MOYENNANT LA SOMMATION DES SÉRIES DES NOMBRES FIGURÉS.

297. — Nous avons vu précédemment que ce n'est que dans des cas très restreints qu'est possible l'évaluation des séries. Nous montrerons pourtant que, malgré une pareille restriction, la sagesse humaine est parvenue à augmenter l'efficacité théorique et pratique de ce petit nombre de cas solubles.

C'est ce qu'on peut vérifier en rattachant aux progressions arithmétiques quelques autres sommations de séries qui en dérivent, d'abord directement, puis indirectement. Parmi les premières, se trouvent les séries des nombres figurés, c'est-à-dire des nombres *triangulaires pyramidaux*, etc., qui ont déjà été définies lors de l'examen de la théorie numérique de l'ordre.

Chacune se forme, comme nous l'avons vu, par l'addition graduelle et successive des deux, trois, quatre, etc., termes de la précédente :

Nombres figurés du		1er ordre :		1,	2,	3,	4,	5,	6,	7...
—	—	2e	»	1,	3,	6,	10,	15,	21,	28...
—	—	3e	»	1,	4,	10,	20,	35,	56,	84...
—	—	4e	»	1,	5,	15,	35,	70,	126,	210...

Nombres figurés du 5e ordre : 1, 6, 21, 56, 126, 252, 462...
— — 6e » 1, 7, 28, 84, 210, 462, 924...
et ainsi de suite [1].

Quant aux autres séries, dont nous devons aussi apprécier les sommations, elles dérivent des précédentes [1], quoique de manière différente de celles-là, car celles-ci ont dérivé de l'échelle numérique. En sorte que les unes et les autres procèdent de cette échelle, les premières directement, les deuxièmes indirectement.

298. — Mais afin de montrer comment le nombre de cas solubles peut être indéfiniment multiplié, il suffit d'observer que, outre les séries des nombres figurés qui dérivent de la progression arithmétique de raison, 1, et qui, pour cela, sont nommées de 1re classe, on peut en concevoir une infinité d'autres en partant des progressions de raison 2, 3, 4, 5...

Ainsi, en prenant la progression de raison 2 (série de nombres impairs), et faisant l'addition successive des deux, trois, quatre, etc., premiers termes, nous obtiendrons la série des nombres *quadrangulaires* ou *carrés*. En procédant de même relativement à celle-ci, nous aurons la série des nombres *pyramidaux quadrangulaires*. Enfin, en faisant la même chose avec cette série et avec celles qui auront été successivement obtenues, nous en arriverons à d'autres qui se succéderont indéfiniment, et qui sont nommées séries des

1. Blaise Pascal, dans son *triangle arithmétique*, considère comme des nombres figurés du 1er ordre la série 111... (série de points) ; comme des nombres figurés du 2e ordre, la série 1, 2, 3... (série de lignes) ; comme des nombres figurés du 3e ordre, la série des nombres *trigonaux* ou *triangulaires* 1, 3, 6, 10... (série de triangles), et ainsi de suite. Mais nous, nous considérons toujours la progression arithmétique initiale comme la série du 1er ordre, ce qui est, d'ailleurs, d'accord avec Fermat et avec la pensée d'autres qui se sont occupés de ce sujet.

2es, 3es, 4es, etc., *pyramidales quadrangulaires*, pour les distinguer entre elles, et des *pyramidales triangulaires*, qui se trouvent parmi les séries figurées de 1re *classe*, ci-dessus mentionnées [1].

Nombres figurés de 2e classe :

1er ordre : 1, 3, 5, 7, 9... progression arithmétique de raison 2 ;

2e ordre : 1, 4, 9, 16, 25... série des nombres carrés ;

3e ordre : 1, 5, 14, 30, 55... série des pyramidaux quadrangulaires ;

4e ordre : 1, 6, 20, 50, 105... série des deuxièmes pyramidaux quadrangulaires ;

5e ordre : 1, 7, 27, 77, 182... série des troisièmes pyramidaux quadrangulaires ;
et ainsi de suite.

En partant pareillement de la progression arithmétique à raison 3, nous obtiendrons les séries des nombres figurés de 3e classe, qui, outre cette progression, comprennent celles des nombres *pentagonaux* et *pyramidaux pentagonaux* de différents degrés.

Nombres figurés de 3e classe :

1er ordre : 1, 4, 7, 10, 13... progression arithmétique à raison 3 ;

2e ordre : 1, 5, 12, 22, 35... série des nombres pentagonaux ;

3e ordre : 1, 6, 18, 40, 75... série des pyramidaux pentagonaux ;

4e ordre : 1, 7, 25, 65, 140... série des deuxièmes pyramidaux pentagonaux ;

1. Laport, *Méthodes probables de Fermat*, Bordeaux, 1874.

5e ordre : 1, 8, 33, 98, 238... série des troisièmes pyramidaux pentagonaux ;

et ainsi de suite.

En partant de la progression à raison 4, nous obtiendrons de même les séries des nombres figurés de 4e classe; où se trouvent celles des nombres *hexagonaux*, et des 1ers, 2es, 3es, etc., *pyramidaux hexagonaux*.

Si nous partions de la progression à raison 5, nous en arriverions aux séries des nombres figurés de 5e classe, qui comprennent celle des nombres *pyramidaux heptagonaux* différents.

En partant de la progression arithmétique de raison 6, nous aurions les nombres figurés de 6e classe, où se trouvent les séries des nombres *octogonaux* et des différents nombres *pyramidaux octogonaux ;* et ainsi de suite.

En général, chaque terme d'une *série polygonale* est formée d'une progression arithmétique à raison quelconque, en y additionnant successivement le terme du même ordre à tous ceux qui le précèdent. Le nombre d'angles ou côtés du polygone est toujours égal à la raison citée plus 2.

C'est ainsi que nous avons vu la progression à raison 1 engendrer les nombres *triangulaires ;* celle à raison 2 engendrer les nombres carrés ; celle à raison 3 engendrer les nombres pentagonaux. Quant aux nombres pyramidaux, ils sont formés avec les séries polygonales, de même que celles-ci le sont avec les progressions arithmétiques [1].

1. On peut dire, comme Frenick dans ses lettres à Fermat, que les premiers nombres pyramidaux sont des progressions de triangles ou de polygones, et que les deuxièmes nombres pyramidaux sont des progressions de pyramides. On a une idée concrète de ces nombres en observant, dans nos arsenaux, les piles de balles sphériques égales, sous forme de pyramide : si la base de celle-ci est un triangle, la quantité de balles de

On comprend donc que, en utilisant le cas favorable des progressions par différence, il est possible d'effectuer l'addition d'une infinité de séries qui en dérivent.

299. — Examen de la sommation des nombres figurés. Pourtant nous ne nous occuperons que des séries du premier groupe, c'est-à-dire de celles qui s'originent de l'échelle numérique, parce qu'elles sont les plus importantes par leurs applications. Du reste, le problème une fois résolu pour celles-ci, il n'y a plus aucune difficulté pour les autres, puisque la marche en est nécessairement la même. D'après ce qui précède, considérons les séries des nombres figurés proprement dits. Leur sommation n'est point pour nous une nouvelle question.

En comparant les résultats obtenus directement pour la solution du problème des *combinaisons* avec ceux auxquels nous parvenons d'après une marche analogue dans celui des *répartitions*, nous avions vu :

1° *Que la somme des termes de la série des nombres triangulaires ou figurés du 2e ordre, depuis le premier jusqu'à un autre quelconque, est égale à un produit de trois facteurs consécutifs et croissants, à partir du numéro d'ordre du dernier terme, divisé par le produit d'un nombre égal de termes de l'échelle numérique.*

2° *Que la somme de termes de la série des nombres pyra-*

la pile forme un nombre pyramidal de 1re classe ; si la base en est un carré, la quantité de balles forme un nombre pyramidal de 2e classe, etc...

A la pile à base triangulaire, le sommet de la pyramide est formé par une balle, la couche inférieure par 3, la suivante par 6, l'autre par 10, et ainsi de suite ; de façon que le nombre de balles des différentes couches est donné par la série des nombres triangulaires.

Dans la pile à base carrée, le sommet a 1 balle, la couche inférieure en a 4, la suivante 9, etc., selon la série des nombres carrés.

midaux triangulaires ou figurés du 3ᵉ ordre, depuis le premier jusqu'à un autre quelconque, est égale au produit de quatre facteurs consécutifs et croissants, à partir du numéro d'ordre du dernier terme, divisé par le produit d'un nombre égal de termes de l'échelle numérique.

D'où nous concluons donc que *la somme des termes de la série des 2ᵉˢ nombres pyramidaux triangulaires ou figurés de 4ᵉ ordre, depuis le premier jusqu'à un autre quelconque, est égale à un produit de cinq facteurs consécutifs et croissants, à partir du numéro d'ordre du dernier terme, divisé par le produit d'un nombre égal de termes de l'échelle numérique.*

Ces conclusions-là, tirées de la solution du problème des combinaisons, montrent directement la connexité existant entre un pareil problème et la sommation de ces séries. En même temps, ils laissent voir indirectement la parfaite équivalence de ces évaluations avec le problème des répartitions, qui, comme nous l'avons vu, est une conséquence de celui des combinaisons.

Mais la comparaison directe des sommations de ces séries avec les différents cas du problème des répartitions suffirait, à elle seule, à manifester une pareille équivalence. En étudiant, en effet, le problème des répartitions, nous vérifions que, dans chaque cas, le nombre de répartitions d'un ordre est égal à la somme des répartitions d'ordre inférieur du nombre à répartir et de tous les précédents jusqu'à zéro.

Or, en comparant les résultats numériques alors obtenus par l'application de cette loi avec le mode de formation des séries des nombres figurés, nous reconnaissons immédiatement la parfaite équivalence des deux questions ; car un terme quelconque de chaque série est aussi égal à la somme de tous les termes de la précédente jusqu'à celui qui lui correspond.

En outre, la même équivalence se manifeste lorsque nous comparons de telles sommations avec la loi binaire des répartitions ; car, si un terme quelconque de chaque série est aussi égal à la somme de celui qui lui correspond dans la série antérieure avec tous les termes précédents, ceux-ci sont à leur tour égaux au terme de l'avant-dernier, de façon que l'expression finale ainsi obtenue prend aussi la forme binaire, comme dans le cas des répartitions.

Reconnus équivalents, ces deux problèmes doivent donc comporter la même solution, qui, déjà formulée envers le problème des répartitions, devient également applicable aux nombres figurés.

300. — NOUVEAU MOYEN D'OBTENIR LA SOMMATION.

La loi générale qui préside à la sommation de telles séries par l'entremise du problème des répartitions étant connue, nous pouvons la vérifier spécialement en effectuant directement la sommation des nombres triangulaires 1, 3, 6, 10, 15, 21.

Cette série étant formée par l'addition successive des termes de la série naturelle, nous pouvons l'écrire sous la forme :

1, 1 plus 2 ; 1 plus 2, plus 3 ; 1 plus 2, plus 3, plus 4 ; 1 plus 2, plus 3, plus 4, plus 5...

Comme chacun des termes de la série est donné par la somme de ceux qui appartiennent à la progression arithmétique à raison 1, il est évident que nous pouvons les écrire de la manière suivante :

$$1,\ \frac{3 \text{ fois } 2}{2},\ \frac{4 \text{ fois } 3}{2},\ \frac{5 \text{ fois } 4}{2},\ \frac{6 \text{ fois } 5}{2}\ldots\ldots$$

En effectuant l'addition successive de ces termes, afin d'en induire la loi de sa sommation, nous aurons :

$\frac{1 \text{ fois } 2}{2}$... premier terme ; $\frac{1 \text{ fois } 2 \text{ plus } 3 \text{ fois } 2}{2}$ est égal à $\frac{4 \text{ fois } 2}{2}$... somme des deux premiers termes ; $\frac{2 \text{ fois } 4 \text{ plus } 3 \text{ fois } 4}{2}$ égal à $\frac{5 \text{ fois } 4}{2}$... somme des trois premiers termes.

Il ne semble pas qu'il y ait rien de commun entre ce résultat et le précédent ; mais, en multipliant par 3 les deux termes de chacun, on obtient $\frac{4 \text{ par } 3 \text{ par } 2}{2 \text{ par } 3}$ et $\frac{5 \text{ par } 4 \text{ par } 3}{2 \text{ par } 3}$.

Nous aurons encore $\frac{4 \text{ fois } 5 \text{ plus } 4 \text{ fois } 5}{2}$ égal à $\frac{2 \text{ fois } 4 \text{ fois } 5}{2}$ ou, en introduisant le facteur 3 dans les deux termes, on obtient $\frac{2 \text{ par } 3 \text{ par } 4 \text{ par } 5}{2 \text{ par } 3}$ ou $\frac{6 \text{ par } 4 \text{ par } 5}{2 \text{ par } 3}$, ou enfin $\frac{4 \text{ par } 5 \text{ par } 6}{2 \text{ par } 3}$ pour la somme des quatre premiers termes.

En additionnant le résultat précédent au terme suivant, on aura : $\frac{4 \text{ par } 5 \text{ par } 6}{2 \text{ par } 3}$ plus $\frac{5 \text{ par } 6}{2}$ égal à $\frac{4 \text{ par } 5 \text{ par } 6}{2 \text{ par } 3}$ plus $\frac{3 \text{ par } 5 \text{ par } 6}{2 \text{ par } 3}$ égal à $\frac{7 \text{ par } 5 \text{ par } 6}{2 \text{ par } 3}$, finalement égal à $\frac{5 \text{ par } 6 \text{ par } 7}{2 \text{ par } 3}$, qui est la somme des cinq premiers termes.

En additionnant le résultat précédent au terme suivant, on aura : $\frac{5 \text{ par } 6 \text{ par } 7}{2 \text{ par } 3}$ plus $\frac{6 \text{ par } 7}{2}$ égal à $\frac{5 \text{ par } 6 \text{ par } 7}{2 \text{ par } 3}$ plus $\frac{3 \text{ par } 6 \text{ par } 7}{2 \text{ par } 3}$ égal à $\frac{8 \text{ par } 6 \text{ par } 7}{2 \text{ par } 3}$, finalement égal à $\frac{6 \text{ par } 7 \text{ par } 8}{2 \text{ par } 3}$ qui est la somme des six premiers termes.

En comparant tous ces résultats-ci, on en conclut aussitôt que la somme des sept premiers termes sera $\frac{7 \text{ par } 8 \text{ par } 9}{1 \text{ par } 2 \text{ par } 3}$; que la somme des huit premiers termes sera $\frac{8 \text{ par } 9 \text{ par } 10}{1 \text{ par } 2 \text{ par } 3}$; et ainsi de suite.

Le résultat est donc d'accord avec celui déjà obtenu par la loi des répartitions.

La marche que nous venons de suivre, quoique laborieuse, conduirait aussi à la détermination de la somme d'un nombre quelconque de termes des séries des nombres pyramidaux triangulaires.

Mais nous n'insisterons point sur de telles sommations, car elles seront réalisées en Algèbre d'une manière bien plus rapide. Il suffit d'avoir conçu le procédé en question pour en avoir tous les avantages logiques qu'il comporte.

Pourtant, scientifiquement envisagée, cette marche a encore l'avantage de nous conduire à la sommation de certaines séries qui se relationnent avec celles des nombres figurés. En effet, nous venons de voir qu'effectuer la somme des nombres triangulaires ou figurés du 2e ordre, équivaut à additionner successivement $\frac{1}{2}$ des produits de 1 fois 2, 2 fois 3, 3 fois 4, 4 fois 5...

Par conséquent, *pour avoir la somme d'un nombre quelconque de termes de cette série, formée par les produits des nombres entiers considérés deux à deux suivant leur ordre naturel, il suffira de prendre la somme double du nombre correspondant de termes de la série triangulaire.*

Ainsi, par exemple, la somme des vingt premiers produits sera égale à 2 fois $\frac{20 \text{ fois } 21 \text{ fois } 22}{2 \text{ fois } 3}$, ou à $\frac{20 \text{ fois } 21 \text{ fois } 22}{3}$.

En appliquant la marche ci-dessus à la détermination de la somme d'un nombre quelconque de termes de la série des nombres pyramidaux triangulaires, on peut vérifier que faire une pareille sommation équivaut à additionner successivement $\frac{1}{2 \text{ fois } 3}$, ou $\frac{1}{6}$ des produits de 1 fois 2 fois 3 ; 2 fois 3 fois 4 ; 3 fois 4 fois 5 ; 4 fois 5 fois 6...

Donc, *pour avoir la somme d'un nombre quelconque de termes de cette série, formée, comme on le voit, par le pro-*

duit des nombres entiers considérés 3 à 3, suivant leur ordre naturel, il suffira de prendre 6 fois la somme du nombre correspondant de termes de la série des nombres pyramidaux triangulaires ou figurés du 3e ordre.

Ainsi, par exemple, la somme des dix premiers termes de la série de tels produits équivaudra à 6 fois $\frac{10 \text{ par } 11 \text{ par } 12 \text{ par } 13}{2 \text{ par } 3 \text{ par } 4}$, ou à $\frac{10 \text{ par } 11 \text{ par } 12 \text{ par } 13}{4}$, égal à 4.290.

En raisonnant de même, nous en arriverions à la conclusion que, pour avoir la somme d'un nombre quelconque de termes de la série formée, comme on le voit, par les produits des nombres entiers, considérés 4 à 4 d'après leur ordre naturel, *il suffirait de prendre 2 fois 3 fois 4, ou 24 fois la somme du nombre correspondant de termes de nombres figurés de 4e ordre, et ainsi de suite.*

Par exemple, la somme des cinq premiers termes d'une telle série serait équivalente à 2 fois 3 fois 4 multiplié par $\frac{5 \text{ par } 6 \text{ par } 7 \text{ par } 8 \text{ par } 9}{2 \text{ par } 3 \text{ par } 4 \text{ par } 5}$, ou à $\frac{5 \text{ par } 6 \text{ par } 7 \text{ par } 8 \text{ par } 9}{5}$.

301. — De la sommation des nombres figurés, on déduit celle des puissances correspondantes des nombres entiers, parce que chacune de ces puissances équivaut à la somme de quelques-uns des nombres entiers consécutifs parmi eux ou de leurs multiples fixes. C'est ainsi, par exemple, qu'en faisant la somme des nombres triangulaires consécutifs, pris 2 à 2, nous obtiendrons la série des nombres carrés, 4, 9, 16, 25, 36, 49...

Nous pouvons donc considérer tout carré comme étant égal à la somme de deux nombres triangulaires consécutifs. ce que la propre figure concourt à indiquer, car chaque carré peut être obtenu par la juxtaposition de deux triangles.

Pareillement, en faisant l'addition de trois nombres pyramidaux triangulaires consécutifs, après avoir multiplié l'intermédiaire par 4, nous obtiendrons successivement la série des 3es puissances ou des cubes, 27, 64, 125, 216, 343...

Ainsi, en faisant aussi l'addition de quatre nombres figurés de 4e ordre consécutifs, après avoir multiplié par 11 chacun des deux intermédiaires, nous obtiendrons la série des 4es puissances, 1, 16, 81, 256, 625, 1.296, 2.401, 4.096...

Relativement aux *5*[e], *6*[e], *7*[e]... puissances, nous sommes portés à supposer que les séries respectives seront formées en combinant 5, 6, 7..., termes consécutifs des séries des nombres figurés de *5*[e], *6*[e], *7*[e]... ordre.

Mais il est inutile de poursuivre une pareille recherche, car l'Algèbre nous fournira des moyens plus simples et directs d'obtenir les sommations des puissances correspondantes ; d'où résultera réciproquement le nouveau moyen d'instituer la sommation des nombres figurés.

Cependant, nous allons montrer comment on peut mettre à profit le mode de dépendance entre les séries des puissances et celle des nombres figurés pour réaliser la sommation d'un nombre quelconque de leurs termes.

1° Considérons, d'abord, la série des termes 1, 4, 9, 16, 25... dérivée, ainsi que nous l'avons vu, de la série triangulaire, 1, 3, 6, 10, 15... et tâchons, par exemple, de déterminer la somme de ses cinq premiers termes.

Vu leur mode de formation, c'est-à-dire que le nombre carré équivaut à la somme de deux nombres triangulaires successifs, dont le plus grand est celui qui lui correspond, nous pouvons l'écrire de la manière suivante :

1 ; 1 plus 3 ; 3 plus 6 ; 6 plus 10 ; 10 plus 15...

La somme des premiers carrés comprend, ainsi qu'on le

voit, les cinq premiers nombres triangulaires, 1 plus 3, plus 6, plus 10, plus 15 répétés deux fois, sauf le dernier, 15, qui n'y figure qu'une seule fois.

Dans ces conditions-là, étant connu le dernier nombre triangulaire qui correspond au dernier des nombres carrés dont on cherche la somme, il est évident que, pour obtenir cette somme, *il suffira de prendre le double de la somme des nombres triangulaires correspondants et de la diminuer du dernier de ces nombres.*

Ainsi, la somme des cinq premiers nombres carrés sera égale à 2 fois $\frac{5 \text{ par } 6 \text{ par } 7}{1 \text{ par } 2 \text{ par } 3}$, moins $\frac{5 \text{ par } 6}{1 \text{ par } 2}$; en intervertissant dans la première de ces fractions l'ordre du facteur 7, et en introduisant dans les deux termes de la deuxième le facteur 3, on aura : 14 fois $\frac{5 \text{ par } 6}{1 \text{ par } 2 \text{ par } 3}$ moins 3 fois $\frac{5 \text{ par } 6}{1 \text{ par } 2 \text{ par } 3}$, ce qui équivaut évidemment à 11 fois $\frac{5 \text{ par } 6}{1 \text{ par } 2 \text{ par } 3}$, égal à 55. Le facteur 11 étant équivalent à 2 *fois* 5 *plus* 1, le résultat obtenu sera égal au produit de cette somme par la fraction $\frac{5 \text{ par } 6}{1 \text{ par } 2 \text{ par } 3}$.

Le raisonnement que nous venons de faire a la même application, quel que soit le nombre de termes de la série des carrés.

Supposons encore que l'on veut la somme des vingt premiers carrés. La somme des vingt premiers nombres triangulaires équivaut à $\frac{20 \text{ par } 21 \text{ par } 22}{1 \text{ par } 2 \text{ par } 3}$; le vingtième nombre triangulaire est égal à $\frac{20 \text{ par } 21}{1 \text{ par } 2}$. En faisant la soustraction de cette expression du double de celle-là, on aura 2 fois $\frac{20 \text{ par } 21 \text{ par } 22}{1 \text{ par } 2 \text{ par } 3}$ moins $\frac{20 \text{ par } 21}{1 \text{ par } 2}$, égal à 44 fois $\frac{20 \text{ par } 21}{1 \text{ par } 2 \text{ par } 3}$

moins 3 fois $\frac{20 \text{ par } 21}{1 \text{ par } 2 \text{ par } 3}$, ce qui équivaut évidemment à 41 fois $\frac{20 \text{ par } 21}{1 \text{ par } 2 \text{ par } 3}$ ou 2.870. Le facteur 41 étant égal à 2 fois 20 plus 1, le résultat obtenu est égal au produit de cette somme par la fraction $\frac{20 \text{ par } 21}{1 \text{ par } 2 \text{ par } 3}$.

On pourrait aussi déterminer la somme des nombres carrés en partant de la série des nombres impairs, et en procédant envers celle-ci de la même façon que nous avons fait relativement à la série naturelle pour obtenir la somme des nombres triangulaires. En effet, en décomposant chaque nombre carré dans les nombres impairs dont il est la somme, on additionnerait de la même façon les nombres carrés.

2° Examinons maintenant la série des cubes, 1, 8, 27, 64, 125, 216..., qui dérive de la série des nombres pyramidaux triangulaires, 1, 4, 10, 20, 35..., puisque nous avons vu que, pour former le cube d'un nombre quelconque, il suffit d'additionner le nombre pyramidal triangulaire du même ordre à l'antiprécédent, et d'ajouter à la somme obtenue le quadruple du terme intermédiaire.

Lorsqu'on sait effectuer la sommation d'un nombre quelconque de termes de la série des nombres pyramidaux triangulaires, on peut faire de même pour celle des cubes, en utilisant cette dépendance existante entre les deux.

Afin de le comprendre, supposons qu'il s'agit d'obtenir la somme des cinq premiers cubes. Vu son mode de formation au moyen des nombres figurés du 3e ordre, nous pouvons les écrire de la manière suivante : 1 ; 1 fois 4 plus 4 ; 10 plus 1 plus 4 fois 4 ; 20 plus 4 plus 4 fois 10 ; 35 plus 10 plus 4 fois 20...

Pour avoir la somme cherchée, il suffit d'observer :

a) Que tous les nombres pyramidaux figurent d'abord une fois ;

b) Qu'ensuite tous se trouvent répétés 4 fois, sauf le dernier ;

c) Qu'enfin tous figurent encore une fois, excepté l'avant-dernier.

La conséquence en est donc que tous se trouvent répétés 6 fois à l'exception du dernier, qui y figure une seule fois, et de l'avant-dernier, qui est répété 5 fois.

Par conséquent, *en prenant 6 fois la somme des 5 premiers nombres pyramidaux et en soustrayant de ce produit 5 fois le dernier et 1 fois l'avant-dernier, on aura obtenu la somme cherchée.*

Nous aurons donc 6 fois $\frac{5 \text{ par } 6 \text{ par } 7 \text{ par } 8}{1 \text{ par } 2 \text{ par } 3 \text{ par } 4}$ moins 5 fois $\frac{5 \text{ par } 6 \text{ par } 7}{1 \text{ par } 2 \text{ par } 3}$ moins $\frac{4 \text{ par } 5 \text{ par } 6}{1 \text{ par } 2 \text{ par } 3}$ ou 48 fois $\frac{5 \text{ par } 6 \text{ par } 7}{1 \text{ par } 2 \text{ par } 3 \text{ par } 4}$ moins 20 fois $\frac{5 \text{ par } 6 \text{ par } 7}{1 \text{ par } 2 \text{ par } 3 \text{ par } 4}$ moins 4 fois $\frac{4 \text{ par } 5 \text{ par } 6}{1 \text{ par } 2 \text{ par } 3 \text{ par } 4}$ égal à 28 fois $\frac{5 \text{ par } 6 \text{ par } 7}{1 \text{ par } 2 \text{ par } 3 \text{ par } 4}$ moins 16 fois $\frac{5 \text{ par } 6}{1 \text{ par } 2 \text{ par } 3 \text{ par } 4}$ égal à 196 fois $\frac{5 \text{ par } 6}{1 \text{ par } 2 \text{ par } 3 \text{ par } 4}$ moins 16 fois $\frac{5 \text{ par } 6}{1 \text{ par } 2 \text{ par } 3 \text{ par } 4}$ égal à 180 fois $\frac{5 \text{ par } 6}{1 \text{ par } 2 \text{ par } 3 \text{ par } 4}$ égal à $\frac{180 \text{ par } 5}{4}$ égal à 225.

Le facteur 180 étant équivalent au produit de 5 par le carré de 5 plus 1, ou 6, on voit qu'on obtient le résultat précédent en multipliant tout simplement ce facteur par la fraction $\frac{5}{4}$, ce qui revient à carrer le nombre 5 et 6 et à diviser le produit de ces puissances par le dénominateur 4 de cette fraction. Le résultat est donc le même que celui qu'on obtiendrait en prenant la somme $\frac{5 \text{ par } 6}{2}$ des cinq premiers termes de l'échelle numérique et en carrant l'expression trouvée.

Si l'on applique cette marche pour trouver la somme des vingt premiers cubes, nous formerons les carrés de 20 et 21, et nous en diviserons le produit par le carré de 2, et l'on trouvera ainsi 44.100.

Le raisonnement que nous venons de faire pouvant s'appliquer à un nombre quelconque de termes de la série des cubes, on voit que le procédé que nous avons institué a toute la généralité possible.

Quant à la 4e et à la 5e puissance, nous pourrions résoudre le problème analogue, en remarquant qu'il faudrait respectivement combiner 4, 5... nombres figurés de 4e et 5e ordre.

Pourtant, comme ce problème se complique de plus en plus, à mesure que l'on augmente le degré de la puissance, nous jugeons inutile d'aller plus loin, car il doit recevoir en Algèbre une solution simple et directe.

302. — Examen des différents ordres de progression par différence.

Tous les mathématiciens qui se sont occupés de nombres figurés, depuis Diophante jusqu'à Descartes et Fermat, avaient observé que les séries des puissances à l'exception près de celle des carrés ne se trouvent pas parmi les nombres figurés.

Fermat, qui étudia le sujet avec plus de profondeur, remarqua que l'on devait attribuer une telle exception à la propriété qu'a la série des carrés d'être la seule parmi les puissances où un certain terme peut être égal à la différence entre deux autres nombres [1]. Toutefois, comme

1. C'est ainsi, par exemple, que le carré de 5 moins le carré de 4, équivaut au carré de 3 ; ainsi de même, le carré de 10 moins le carré de 8 équivaut à celui de 6.

nous l'avons vu ci-dessus, il a été possible de faire dépendre toutes les séries des puissances entières de celle des nombres figurés, et, par conséquent, de réduire leur sommation à celle de pures progressions par différence. Or, une pareille réduction porta naturellement l'esprit humain à généraliser l'idée de progression arithmétique, de façon à embrasser en une seule conception toutes les séries réductibles à de simples *progressions par différence*.

C'est à quoi on est parvenu en concevant les différents ordres de progressions par différence. C'est ainsi qu'on a appelé *progression par différence de premier ordre* la série qui garde d'un terme quelconque pour le terme immédiat une *différence constante; progression par différence de deuxième ordre*, celle où les différences successives d'un terme à l'autre forment entre eux une progression par différence de premier ordre; *progression par différence de troisième ordre* nomme-t-on celle dont les différences successives forment entre elles une *progression par différence* de deuxième ordre; *progression par différence de quatrième odre* celle où les différences successives forment entre elles une progression par différence de troisième ordre; et ainsi de suite [1].

1. Cette conception ayant été généralisée a donné lieu à la théorie des *différences finies*, branche de l'Algèbre qui s'occupe des différences successives des termes d'une série. Les cas les plus importants auxquels peuvent être appliquées les méthodes mathématiques, sont ceux où les termes des séries proviennent de valeurs prises par intervalles déterminés (régulier ou irrégulier) d'une quantité qui varie continuellement. Dans ces cas-là, les formules de *différences finies* mettent certaines quantités dont la valeur précise dépend de la loi de variation (c'est-à-dire de la loi qui régit les grandeurs relatives de ces termes), en état d'être souvent calculées avec une grande exactitude, avec les termes donnés des séries, sans référence explicite à la loi de variation elle-même. Le

Comme les différences successives, prises depuis la progression initiale jusqu'à la progression finale du premier ordre, deviennent constantes dans cette dernière, on peut dire que les progressions par différence de *1er*, *2e*, *3e*, *4e*... ordre sont celles dont les *1res*, *2es*, *3es*, *4es*... différences sont respectivement constantes [1].

Ainsi, la série des cubes est une progression par différence de troisième ordre, car on a :

Série des cubes. . . . . . . 1, 8, 27, 64, 125, 216...
Série des premières différences . 7, 19, 37, 61, 91...
Série des deuxièmes différences. 12, 18, 24, 30...
Série des troisièmes différences . 6, 6, 6...

Pour la même raison, la série des carrés est une progression par différence de deuxième ordre, car on a :

Série des carrés. . . . . . 1, 4, 9, 16, 25...
Série des premières différences. 3, 5, 7, 9...
Série des deuxièmes différences. 2, 2, 2...

On vérifierait de même que les séries des *4e*, *5e*, *6e*..., puissances sont des progressions par différence de *4e*, *5e*, *6e*... ordre, et que les séries des nombres figurés de *1er*, *2e*, *3e*, *4e* ordre d'une classe quelconque sont aussi des progressions par différence du *1er*, *2e*, *3e*, *4e*... ordre ; en sorte que ces séries-ci et ces séries-là appartiennent à la même catégorie de progressions arithmétiques.

La conception des progressions par différence de divers

méthodes en usage peuvent même être étendues à des cas où les séries sont doubles (séries à double combinaison), c'est-à-dire où les valeurs de chaque terme dépendent des valeurs d'une paire d'autres quantités.

1. C. Kramps, *Élémens d'arithmétique universelle*, Cologne, 1808.

ordres approche donc les séries des puissances entières des séries des nombres figurés d'ordres différents. Elle permet, en outre, d'inclure dans cette immense catégorie de progressions arithmétiques un grand nombre d'autres progressions, qui, au premier coup d'œil, paraît ne pas leur appartenir. Dans ce cas-là, se trouvent, par exemple, les progressions qu'on obtient en multipliant terme par terme 2, 3, 4... progressions arithmétiques du premier ordre, dont les produits formeront des progressions par différence des 2e, 3e, 4e ordres.

C'est donc ainsi que la progression 0, 30, 108, 324, 408, qui résulte de la multiplication terme par terme des deux progressions par différence 1, 5, 9, 13, 17... et 0, 6, 12, 18, 24, est du deuxième ordre. Leurs deuxièmes différences sont, en effet, constantes, comme on le verra ici : 0, 30, 108, 234, 408..., 30, 78, 126, 174..., 48, 48, 48...

Si les termes des deux progressions par différence étaient égales, la progression résultant du 2e ordre serait celle des carrés correspondants.

De même, la progression 120, 1.287, 4.760, 11.799, 23.664... est-elle du 3e ordre, car elle résulte de la multiplication terme par terme des trois progressions suivantes du 1er ordre : 4, 9, 14, 19, 24..., 5, 11, 17, 23, 29..., 6, 13, 20, 27, 34...

En effet, en prenant les différences successives de cette progression, et en faisant consécutivement de même avec les résultats obtenus, on vérifie que les 3es différences seront constantes : 120, 1.287, 4.760, 11.799, 23.664..., 1.167, 3.473, 7.039, 11.865..., 2.306, 3,566, 4.826..., 1.260, 1.260, 1.260...

Si les termes des trois progressions par différence du premier ordre étaient égales, la progression du 3e ordre qui en résulte serait celle des cubes.

Ces résultats nous montrent qu'il est possible de concevoir une infinité d'autres séries, toutes liées à de simples progressions arithmétiques, et nous font, en même temps, prévoir la possibilité de résoudre pour toutes les problèmes capitaux dont nous nous occupons dans ces progressions.

Mais de pareilles solutions se compliquent de plus en plus à cause de la nécessité d'avoir toujours en vue les rapports existants entre les nombres combinés. Elles nous font donc aspirer à l'institution d'un nouveau calcul, où de telles solutions soient élaborées *de préférence.*

303. — Il ne nous reste plus qu'à observer que l'étude de la théorie des nombres figurés vient encore une fois rendre évidente l'efficacité spéciale de l'*induction* pour les études mathématiques, qu'on tient généralement pour purement *déductifs*. Mais, en outre, une pareille théorie démontre surtout la supériorité de l'*induction systématique* sur l'*induction empirique*.

Quand même on ignorerait la loi finale des répartitions, ainsi que celle des nombres figurés, on pourrait légitimement induire leur identité nécessaire par la simple comparaison des constitutions élémentaires des deux cas, d'après leur nature respective.

La formule des combinaisons devient ainsi la source de deux solutions qui sembleraient entièrement indépendantes d'un tel problème, si l'induction n'avait convenablement lié les trois problèmes. Quoique la constitution binaire des formules respectives puisse montrer déductivement leur entière coïncidence, une pareille confirmation n'est aucunement indispensable pour autoriser l'usage de la découverte inductive.

Enfin, la théorie des nombres figurés, ainsi que celle des progressions, fait directement sentir la nécessité de généraliser l'esprit des solutions arithmétiques.

La complication croissante des formules obtenues et l'obligation qu'elles nous imposent de faire de plus en plus prévaloir le point de vue des *relations* sur celui des *valeurs* de leurs éléments nous annoncent déjà l'esprit des solutions qui conviennent au *Calcul algébrique* et nous font aspirer après elles.

Historiquement considérée, la théorie des nombres figurés, comme en général les propriétés des nombres, a fort contribué à l'avènement de ce nouveau calcul. Il convient de remarquer à ce sujet que le premier ouvrage où l'*Algèbre* fut divulguée en Occident (*Diophante Alexandrini Arithméticorum. De multangulis numeris*, etc.), fut aussi le premier qui a traité les propriétés générales des nombres figurés.

CONCLUSION

Habent sua fata libelli.
(THERENTIANUS MAURUS.)

Discours final. Résumé, jugement et résultat de l'étude du Calcul arithmétique.

Résumé. — Envisagé d'après son ensemble, ce volume institue successivement chacune des trois parties normalement propres au Calcul arithmétique. Nous pouvons donc juger sous tous les aspects essentiels le caractère définitif du domaine initial de la philosophie mathématique et déterminer les principaux résultats de sa régénération synthétique. Mais, pour cela, il faut jeter un coup d'œil sur l'étude qui vient d'être faite, afin d'apprécier mieux la progression générale qui la constitue. L'ensemble de l'Arithmétique pure offre, en effet, trois parties distinctes : *la théorie subjective des nombres*, qui la rattache, d'un côté, à la *Philosophie première*, et de l'autre, à la *Morale pratique ; la théorie de la numération* où réside son caractère essentiel, et *la théorie des évaluations* d'où résulte sa liaison à la *Physique*. Nous devons toujours considérer la partie intermédiaire comme émanée de la précédente et présidant à la suivante, qui constitue le Calcul arithmétique proprement dit.

Le germe des conceptions numériques nous est révélé par la théorie subjective des nombres qui nous montre, en même temps, l'universalité de pareilles conceptions, imprimées d'une manière ineffaçable dans presque tous les mots des langues anciennes et modernes. Lorsque nous avons expliqué cette prépondérance universelle des conceptions numériques, nous avons vu qu'elle résulte de notre propre constitution affective. La distinction abstraite entre la singularité et la pluralité est même incompréhensible dans une espèce sans *altruisme*, car la sociabilité seule nous permet de nous former l'idée de *collectivité* ou *pluralité*. En même temps, nous avons montré que c'était à la *logique du sentiment* que nous devions la spécification des degrés initiaux de la pluralité, c'est-à-dire des nombres *un*, *deux* et *trois*. Mais nous avons vu que les conditions extérieures se sont vite ajoutées aux stimulations subjectives pour fixer ces trois premiers nombres [1]. Cette multiplicité de représentations concrètes, familières et continues a tendu à rendre plus aisée la conception abstraite des trois premiers nombres (*induction*), à généraliser son domaine en les cherchant partout (*déduction*), et enfin à les employer systématiquement, afin de réduire à eux toutes les conceptions numériques (*construction*).

1. Dans ce sens-là, il importe de reconnaître que le ciel d'abord, et ensuite le soleil, représentent la plus grande de ces stimulations objectives. La singularité de chacun d'eux tendit à donner à la notion d'*unité* un caractère objectif. En même temps, 2 était caractérisé par le ciel et le soleil, ou par le soleil et la pleine lune, par le jour et la nuit, par la terre et le ciel, par la terre et l'eau. *3* trouva une application dans le groupe ciel, soleil et lune, ou terre, eau et ciel, et dans les trois phases primitives de la lune ; car on sait que la nouvelle lune n'était point considérée comme une phase distincte. Enfin, il y a plusieurs groupes de trois étoiles, qui pourraient assez bien avoir servi à objectiver le nombre *3*. Le corps humain présente aussi une concrétisation des nombres initiaux 1, 2 et 3 : la tête et les couples de membres.

Il convient de remarquer, à ce propos, que, pendant que les *nombres sacrés* tendaient à s'introduire partout, en déterminant des rapprochements et des séparations, les conditions spontanées de la vie portaient à fixer d'autres groupes sans connexité.

Parmi ceux-ci, le nombre *cinq* occupe la première place, lié comme il l'est à la constitution générale de notre corps (mains, pieds, cinq doigts, cinq orteils, la tête et les deux paires de membres, et le nombre des sens). Ces *constructions*, *déductions* et *inductions* initiales ont toujours été dirigées par la prépondérance de la raison concrète, puisque l'attention se fixait sur les groupes suivant l'intérêt qu'ils éveillaient dans l'ensemble de l'existence humaine. Nous avons vu, en effet, que dans la construction des nombres, à partir de *trois*, les considérations subjectives deviennent surtout sociales, au lieu d'être simplement domestiques. Nous avons dit alors que *quatre*, *six* et *sept* avaient surgi de la contemplation des groupements de familles, sans ou avec enfants. Ces nombres-là, ainsi que ceux qui en résultèrent, rencontrèrent aussitôt une vérification concrète, surtout dans l'énumération des astres qui devinrent l'objet d'une adoration spéciale (fétichisme astrolatrique).

En instituant la théorie subjective des nombres, Auguste Comte a démontré, non seulement la possibilité, mais aussi la nécessité de les employer dans la réglementation de la vie humaine. En effet, tous les phénomènes doivent être conçus comme régis par des lois numériques. Mais leur complexité rend chaque fois plus difficile la détermination de ces lois à mesure qu'elles deviennent plus compliquées. D'où l'insuffisance des lois naturelles pour la prévision des phénomènes, et, par conséquent, pour régler notre sentiment et notre activité. Le vague qui en résulte ne peut être favorable qu'à l'égoïsme ; et, comme le problème humain se résume dans la subordination de cet instinct à l'altruisme, il en résulte la nécessité de dominer celui-là. Pour cela, il faut suppléer aux lois naturelles ou fatales par des lois artificielles ou volontaires, subjectivement représentées par des nombres, dont la simplicité et la généralité déterminent leur fixité, qui persiste dans les cas pathologiques eux-mêmes.

Il n'est pas difficile de concevoir la possibilité de compléter les lois naturelles par des lois artificielles. Il suffit de remarquer que les phénomènes humains, quoique les plus compliqués, sont aussi les plus modifiables. La modificabilité ne se rapporte qu'à l'intensité des phénomènes, dont l'arrangement persiste inaltérable (3e loi de Philosophie première); et ce principe borne le champ de notre intervention. L'efficacité de la réglementation résulte surtout de notre existence collective ; et l'ensemble des lois de l'animalité tend à rendre naturelles les lois artificielles en les fixant par l'habitude, par l'hérédité, etc. En résumé, les lois artificielles peuvent et doivent acquérir la précision numérique afin de dissiper le doute, l'hésitation et l'indécision. Mais il faut considérer que ces lois numériques et artificielles ne se rapportent qu'aux cas principaux. En dehors de ceux-là, la réglementation systématique devient insuffisante, vu l'impossibilité de prévoir tous les accidents de l'existence individuelle, ainsi que ceux de l'existence collective, malgré la plus grande simplicité de celle-ci.

La systématisation abstraite des conceptions numériques, effectuée par les théocrates, les porta naturellement à rendre objectifs tous les nombres, qui furent désormais conçus comme des êtres extérieurs, ainsi que les autres abstractions. Une fois constitués les premiers nombres et les unités collectives concrètes comme nous l'avons vu, la construction de l'échelle numérique exigeait seulement que l'ensemble des besoins subjectifs et objectifs l'eussent sollicitée. Liée à la théorie subjective des nombres, la *numération* y eut ses racines spontanées, et même ses principes systématiques, en vertu de la transformation graduelle des nombres ordinaux en nombres *cardinaux*. Destinée, d'abord, au dénombrement direct, elle pourrait conserver pendant longtemps sa constitution primitive ou spontanée, si les besoins pratiques, industriels ou militaires, ne venaient habituellement susciter des nombres fort considérables. Dès lors, l'échelle numérique dut servir, non seulement à *compter*, mais surtout à *calculer*.

Réfléchissons, en effet, que pour *compter*, c'est-à-dire pour distinguer chaque nombre du précédent et du suivant, des noms quelconques même incohérents auraient suffi, pourvu qu'ils n'eussent point suscité d'omission ni de répétition ; ce qui ne saurait avoir lieu pour calculer, c'est-à-dire pour évaluer une combinaison numérique dont les éléments sont connus. En effet, la moins compliquée, fût-ce l'addition elle-même, exigerait de longs et fastidieux efforts, désormais exposés à d'inévitables erreurs, s'il eût fallu procéder par dénombrement direct, sans que les nombres considérés eussent été supérieurs à ceux que nous aurions pu compter séparément. Une systématisation de l'échelle numérique est désormais devenue indispensable, non point afin de compter, mais afin de calculer, aussitôt que le domaine arithmétique s'est développé ; et c'est ce qui eut lieu à la fin de l'âge fétichique, quand surgit le régime sédentaire.

On voit donc que, après avoir institué la numération spontanée, l'arithmétique ordinale ou subjective fit indirectement surgir la numération systématique. En disposant les nombres par groupes égaux, cette systématisation rend enfin composés les noms primitivement simples, en leur faisant désigner d'abord le groupe auquel appartient chaque nombre, et ensuite la place qu'il y occupe. Successivement élaborée par le fétichisme et par la théocratie, l'échelle numérique nous apparaît aujourd'hui comme une hiérarchie de groupes constitués sous deux types. Ces groupes sont représentés par un double système de signes phoniques et graphiques, ainsi que les autres conceptions condensées dans le langage. Le premier de ces types auxquels nous nous rapportons consiste dans la fixation immédiate de quelques-uns des degrés successifs et initiaux de la pluralité. Ces degrés forment les abstractions nommées *nombres simples* qui, dans le langage parlé ou écrit, sont représentés au moyen d'un signe empirique. Le second type repose sur l'institution des *unités composées,* lesquelles ne sont que des pluralités que l'on considère comme formant un seul tout. Les signes complexes qui représentent de telles unités résultent d'une combinaison qui reproduit leur constitution.

Bien appréciée, une pareille conception est fondée en ce qu'*une unité d'un ordre quelconque se forme toujours d'un certain nombre d'unités d'ordre immédiatement inférieur*, ce nombre étant le taux de groupement graduel, que nous appelons base de la numération. Pour la valeur de celle-ci, les théocrates choisirent le nombre dix, naturellement portés par l'habitude de compter avec les doigts. Mais ce choix empirique ne saurait naturellement être définitif; et Auguste Comte a démontré, comme nous l'avons déjà vu, que *sept* doit être la base préférée. Guidée par la nomenclature, la notation de l'échelle numérique s'est à son tour graduellement perfectionnée. Simplifiant l'écriture directe, nous avons vu que les Grecs et les Romains avaient adopté, sous des formes diverses, l'écriture alphabétique qui, dans tout l'Occident, fut graduellement remplacée par la notation d'origine hiéroglyphique, alors déjà fort connue en Orient[1]. Inventée par les théocrates, nous avons vu que cette dernière institue des signes spéciaux pour les nombres élémentaires, et *désigne le degré de composition d'après la place de ces mêmes signes ou chiffres.*

Voilà comment l'écriture numérique atteignit son perfectionnement extrême d'après la tendance constante de l'entendement humain à procéder du général au particulier dans l'énonciation, et principalement dans l'application d'un classement quelconque. C'est cette disposition qui a fait naître l'habitude de *lire un nombre en énonçant d'abord les unités les plus élevées, et ensuite les plus petites, suivant leur ordre de succession.*

En vertu de la numération systématique, *un nombre quelconque est devenu équivalent à une somme de puissances successivement décroissantes de la base numérale, chacune étant multipliée par un chiffre inférieur à cette base.*

Instituée dans les temps modernes comme complément essentiel de la numération abstraite, la théorie numérique de l'ordre a pour but d'énumérer toutes les dispositions possibles avec un certain nombre d'objets, soit considérés dans leur ensemble, soit partiellement envisagés. Ce triple problème des *permutations*, des *arrangements* et des *combinaisons*, ainsi que celui qui se présente pour les *répartitions*, exigeant le classement régulier des dispositions susmentionnées, constitue en effet une question analogue à la construction de l'échelle numérique, sauf la plus grande

1. Il semble que ce fut Léonard de Pise qui le premier, dans ses ouvrages, vulgarisa cette notation qui fut apportée en Europe par les Arabes après l'invasion de l'Espagne.

difficulté d'éviter toute répétition et toute omission. Cette théorie nous montre l'insuffisance de l'ordre abstrait pour guider l'existence pratique, lorsqu'il n'est pas inspiré par l'ordre concret. Quand il ne s'agit que de combiner des éléments, l'abstraction satisfait pleinement, et l'on peut même dire qu'elle seule est efficace. Mais comme elle peut les combiner d'un grand nombre de manières, nous avons vu qu'il en résulte une indétermination insurmontable. Ce n'est que par la convenance reconnue entre une des combinaisons et le but à atteindre, c'est-à-dire en tirant de l'ordre concret des motifs d'exclusion pour les autres, que l'on peut dissiper cette indétermination.

En résumant maintenant la théorie des évaluations, nous voyons qu'elle est immédiatement fondée sur la numération systématique, sans laquelle un calcul quelconque deviendrait impossible aussitôt que les nombres à combiner seraient tant soit peu considérables. Il faut donc normalement reconnaître que la numération systématique contient à son tour la base de toutes les opérations arithmétiques et le germe de tous les éléments algébriques. Toujours subordonnées aux formules numérales, ces opérations consistent à faire aussi rentrer tous les cas les plus compliqués dans les plus simples, immédiatement soumis au mode spontané, qui serait impraticable pour des nombres quelconques. Après avoir successivement institué de cette manière les trois parties essentielles du calcul fétichique — addition, soustraction et multiplication — nous avons systématisé la division, où commence le calcul théocratique. Sa théorie constitue la transition nécessaire entre l'étude des nombres entiers et celle des nombres fractionnaires, sans lesquels le préambule abstrait de la Logique demeurerait toujours isolé de son domaine concret.

Ordinairement destinée à donner aux conceptions numériques une continuité qui leur est étrangère, la considération des *fractions* fournit un élément indispensable à la constitution mathématique. Une telle aptitude motive les trois sections qui, dans ce volume, succèdent aux deux autres relatives au calcul, d'abord fétichique, puis théocratique, des nombres entiers. Elles font successivement manifester les transformations propres à l'état fractionnaire, à l'évaluation générale des combinaisons correspondantes, et aux simplifications spéciales relatives aux fractions basiques. Philosophiquement envisagé, le double domaine de l'arithmétique isolée, qui vient d'être résumée, peut déjà fournir de précieux modèles de logique abstraite, où les signes ne suscitent aucune préoccupation vicieuse. A son étude systématique, on rattache la manifestation initiale de beaucoup de notions ultérieurement destinées à être incorporées à l'ensemble des conceptions mathématiques, surtout quant à l'idée de *limite* qui devient ainsi autant abstraite que concrète.

En outre, une institution suffisante du calcul arithmétique, pleinement purgé de doctrines algébriques, doit normalement embrasser *l'extraction des racines carrées*. A ce complément de la division, il convient de faire suivre le domaine des *progressions*, en y étudiant le cas le plus simple et le plus usuel qui peut philosophiquement indiquer la nature et l'extension d'un tel champ. Cette étude conduit directement à considérer le complément spontané relatif aux différents *nombres figurés*, auxquels se rattachent immédiatement les *séries* des diverses puissances. Sans sortir du domaine purement arithmétique, on sent ainsi aussitôt l'insuffisance de nos moyens théoriques et le besoin d'en régler l'usage, conformément à la destination générale de nos forces quelconques. Ainsi donc, après avoir spécialement évalué une somme composée de parties égales, on ne peut aucunement simplifier l'évaluation d'un produit formé de facteurs égaux, en sorte qu'un des principaux éléments algébriques cesse d'avoir l'évaluation arithmétique qui y correspond : la potentiation. De même, quoique la progression où chaque terme est la somme des deux précédents semble constituée plus simplement qu'aucune autre, sa sommation demeure complètement inaccessible dans la plupart des cas.

Éminemment propre à développer notre humilité, l'étude philosophique de l'arithmétique commence ainsi à systématiser notre soumission en nous faisant déjà sentir l'existence de l'ordre universel. Il s'y trouve, en effet, ébauché dans deux espèces de lois objectives et subjectives, dont toute évaluation fait spontanément ressortir l'harmonie générale. Mais la principale réaction encyclopédique de l'Arithmétique consiste à fournir la source nécessaire de l'Algèbre, d'après laquelle le Calcul se rattache d'abord à la Géométrie, ensuite à la Mécanique, et dès lors à l'ensemble de la *Philosophie seconde*. A mesure que les questions de nombre se compliquent, l'évaluation finale cesse d'absorber l'attention, qui se concentre chaque fois davantage sur l'élaboration préliminaire des relations. Devenant graduellement prépondérante, une pareille étude conduit à instituer le Calcul algébrique, dont la destination propre reste purement logique, ainsi que nous le verrons. Ce calcul ne contient des notions vraiment scientifiques qu'en vertu de transformations numériques qui s'y trouvent incidemment traitées.

Le problème fondamental relatif à la numération, envisagé d'une manière générale, permet déjà de concevoir le caractère des transformations algébriques. En effet, nous avons vu qu'un nombre quelconque, commensurable ou incommensurable, entier ou fractionnaire, formulé par *l'arithmétique décimale*, peut être toujours exprimé d'une infinité de manières différentes, puisqu'on peut concevoir une infinité de systèmes numéraux. Et tous ces systèmes représentant une même valeur sont pour cela nommés *équivalents*. Dans ces conditions-là, une expression numérique quelconque, d'abord liée à une valeur unique et *déterminée*, peut enfin être conçue comme *indéterminée*, c'est-à-dire susceptible d'une infinité de valeurs, suivant la base numérale adoptée. C'est en fixant celle-ci qu'on parvient à concevoir la valeur de l'expression numérique comme une relation entre la base numérale adoptée et les nombres qui lui sont inférieurs.

Une pareille conception permet aussitôt de proposer le problème inverse qui consiste *à déterminer la base où un nombre est représenté quand la valeur en est connue*. Lorsqu'on sait, par exemple, que 60 équivaut à 30 en arithmétique décimale, on peut demander la valeur de la base où ce nombre-là est écrit. Comme 60 équivaut à 6 multiplié par 10, on a évidemment une égalité entre ce produit et ce nombre-là. Mais, en supposant connue la base 10, on voit que, si 10 répété 6 fois équivaut à 30, il est clair que 10 une seule fois en vaudra 6 fois moins, c'est-à-dire $\frac{30}{6}$, ou 5 ; donc, 5 est la base du système où se trouve écrit ce nombre-là. Que l'on se propose de déterminer la base où se trouve écrit le nombre bO, si l'on sait qu'il équivaut à 132 ; il devient aussitôt évident que 10 étant pris une seule fois, il vaudra b fois moins, c'est à-dire $\frac{132}{b}$. La solution de ce problème est donc plus complexe que la précédente, car elle exige la connaissance du rapport existant entre la base décimale et le nombre exprimé par *b* dans le système demandé. En supposant, pour fixer les idées, que *b* soit équivalent au nombre décimal 11, nous aurons alors comme valeur de la base cherchée $\frac{132}{11}$ ou 12.

Prenons encore un exemple, en supposant qu'il s'agit de *déterminer la base où le nombre C5 est écrit*, lorsqu'on sait qu'il équivaut à 245 dans l'arithmétique décimale. Le nombre *C5* se décompose dans la somme de *CO* avec 5 ; et comme *CO* est la même chose que le produit de *C* par 10, la question se réduit à savoir la valeur de 10 qui rend une telle somme équivalente à 245. On voit que ce problème-ci n'est pas moins complexe que le précédent, car il exige comme lui que l'on connaisse le rapport existant entre la base décimale et le nombre exprimé par *C* dans le système à base inconnue. Supposons, afin de fixer les idées, que *C* soit équivalent au nombre décimal 12. Cette relation avec celle qui a été proposée permettra de résoudre le problème. Puisque si *CO* plus 5 valent 245, il est clair que *CO* vaudra 245 moins 5, ou 240. Mais, si *CO* ou le produit de *C* par 10 vaut 240, il est évident que 10 en vaudra *C* fois moins, ou $\frac{240}{C}$; et comme *C* vaut 12, il en résulte, enfin, que la base demandée, 10, équivaut à $\frac{240}{12}$, ou 20. Comme on le voit, la solution de ce problème et la solution antérieure exigent la connaissance de deux relations entre les nombres combinés.

Même restreint au cas où il y a une seule relation, le problème peut devenir plus complexe. C'est ce qu'on vérifie, par exemple, en *cherchant la base où est écrit le nombre 200, en le supposant équivalent à 18 en arithmétique décimale ; ou en cherchant la base où est écrit le nombre 124, en le suppo-*

sant équivalent à 67 avec la base décimale. Pour le premier exemple, où 200 est égal au produit de 100 par 2, ou de 2 par le carré de 10, la question est réduite à déterminer la valeur que doit avoir 10, afin que *le double de son carré* devienne équivalent à 18 en arithmétique décimale.

Pour l'obtenir, il suffit de remarquer que, si 2 fois le carré de 10 vaut 18, une seule fois en vaudra la moitié, c'est-à-dire $\frac{18}{2}$ ou 9 ; mais, si le carré de 10 vaut 9, il s'ensuit que 10 vaudra $\sqrt{9}$ ou 3. D'après le second exemple, il faut décomposer 124 en la somme des nombres 100, 20 et 4, pour obtenir la valeur de 10 qui le rend équivalent au nombre décimal 67. Le problème est évidemment plus complexe que le précédent ; et il le serait encore plus, si le nombre donné avait quatre, cinq, six, etc., chiffres, comme en 1245, 12453, 124535, etc... Car la valeur de la base demandée, 10, apparaîtrait alors dans les 3ᵉ, 4ᵉ, 5ᵉ, etc. *puissances*, ce qui viendrait compliquer de plus en plus la question. Cette complexité ne permet point que nous puissions la résoudre au delà du cas où la base demandée apparaît à la 4ᵉ puissance, sauf exceptionnellement. Mais on voit aussi que de pareilles solutions ne sauraient appartenir au *Calcul des valeurs*. Elles exigent l'établissement préalable des relations existantes entre les nombres combinés, et doivent, par conséquent, appartenir au *Calcul des relations*.

Après le jugement dogmatique, il faut juger historiquement le *Calcul arithmétique*. Pour cela, il faut remonter à la période fétichiste qui en a spontanément fourni les bases essentielles. A l'enfance de notre espèce, nous devons, en effet, les *premières conceptions numériques*, l'institution spontanée de la *numération* et les *trois premières évaluations* très justement nommées fétichiques.

Transmises à l'époque polythéique sous l'entremise du fétichisme astrolatrique, de telles conceptions furent développées et appliquées avec avantage par le sacerdoce théocratique auquel nous devons l'institution de la *division* et des *fractions*, ainsi que leur indispensable complément (*extraction de la racine carrée*).

Mais tous ces trésors intellectuels ne seraient peut-être pas arrivés jusqu'à nous, si le polythéisme intellectuel, spécialement propre à l'évolution grecque, ne les avait recueillis et généralisés. C'est surtout à Pythagore (vers 480 av. J.-C.), disciple du grand Thalès, que l'on doit le développement abstrait de ces primitives conceptions numériques. En les appliquant à la *Géométrie des lignes* qu'il avait apprise avec son inoubliable maître, il les enseigna dans sa célèbre école, et les vulgarisa dans toute la Grèce.

Le nom d'Arithmétique fut donné, dans l'école de Pythagore, à la *science des nombres*, considérée distinctement de la pratique du *calcul* ou *logistique*, comme les Grecs la nommaient. Les deux branches, que nous confondons aujourd'hui, se développèrent isolément. L'Arithmétique adopta l'appareil des démonstrations géométriques, comme on peut le voir dans les livres VII à IX des *Éléments d'Euclide*, qui comprennent l'ensemble des théorèmes préliminaires qu'on a ensuite appelé la *théorie des nombres*, et qui sont couronnés par la construction du *nombre parfait*, question qui appartient incontestablement à cette théorie. En ajoutant à ces livres d'Euclide les travaux sur les *progressions arithmétiques*, et qui forment l'opuscule de Diophante sur les *nombres polygones*, on aura le tableau de la science arithmétique des Grecs [1].

1. Le même tableau fut aussi développé sans démonstrations dans

Voulant fonder une association en état de lutter contre les vices inhérents à la société grecque, c'est-à-dire à l'instabilité, à l'esprit de faction, de contradiction et de révolte,

des manuels destinés aux étudiants de philosophie et dont le plus célèbre est l'*Introduction arithmétique* de Nicomaque, qui, traduite en latin par Boèce, fut la base de l'enseignement de l'Arithmétique au moyen âge, où il faisait partie avec la *Musique*, la *Géométrie* et l'*Astronomie* de son *quadrivium* scientifique. A la fin du IIIe siècle de notre ère, Diophante composait enfin, sous le nom d'*Arithmétique*, une série de problèmes numériques, où l'on trouve à la fois les principes élémentaires de l'Algèbre et des questions de calcul indéterminé du deuxième degré et au delà, qui appartiennent à la théorie des nombres. Ces divers problèmes avaient déjà été traités bien avant lui, mais ils étaient considérés comme faisant partie de la *logistique*, car celle-ci comprenait toutes les parties du calcul. L'innovation que signale le titre adopté par Diophante n'eut point de conséquences immédiates en vertu de la décadence des études. Il ne nous est resté aucun traité de logistique grecque, et nous ne pouvons apprécier avec exactitude ni son développement ni son caractère. D'abord méprisée comme purement pratique, elle subit une profonde transformation lorsqu'on inventa le système alphabétique de numération écrite, lequel ne semble pas être antérieur au IIIe siècle de notre ère. A partir de ce moment, elle a été, sans doute, employée plus sérieusement sans pourtant prendre le caractère apodictique que l'on trouve, au moins dans les analyses de Diophante.

Son tableau devait comprendre, mais probablement sans aucune théorie, l'enseignement de la numération, des quatre règles et de l'extraction des racines carrées, d'entiers, le calcul des fractions, enfin la solution de problèmes typiques, plus ou moins compliqués, d'ailleurs, généralement sous forme concrète, et dont l'énoncé revêtait souvent la forme d'historiettes. Un certain nombre de ces énoncés (en général du 1er degré et à une inconnue) nous ont été conservés sous forme d'épigrammes, dans l'*Anthologie grecque*. C'est du reste la même forme concrète, toujours perpétuée dans l'enseignement primaire, que l'on trouve à l'origine, partout, soit dans le manuel d'Ahmès (Papyrus de Rhind, édité par Eisenlohr) parmi les Égyptiens, soit dans les ouvrages arithmétiques des Hindous.

Il faut d'ailleurs remarquer que les calculs astronomiques, l'emploi de la numération sexagésimale, qui remonte aux Chaldéens, étaient spécialement enseignés en Astronomie. A propos de ces calculs parmi

Pythagore s'établit à Crotone, grande et florissante ville des colonies grecques en Italie.

« D'un aspect imposant, il avait l'habileté d'attirer à lui

les Grecs, nous possédons des renseignements relativement fort complets, quoiqu'une partie des textes y relatifs soit encore inédite, et que les autres n'aient pas encore été l'objet de travaux suffisants de la critique moderne. Les Arabes, disciples des Grecs dans les autres sciences, et qui ont toujours conservé le même système de numération en Astronomie, ont adopté, au contraire, pour l'Arithmétique ordinaire, le système de position qu'ils reçurent des Hindous, et qu'ils ont transmis à l'Occident, sans qu'ils aient produit, dans ce sujet, des travaux réellement originaux, mais après avoir ébauché quelques essais de démonstrations théoriques, d'après les modèles grecs. Dans l'Occident latin, des procédés particuliers de calcul, dont la véritable origine est encore inconnue, apparaissent au xe siècle liés à l'emploi de l'*abacus*, dont le nom est devenu synonyme de calcul. Après une lutte de près de deux siècles avec celui de l'*algorithme* oriental, c'est-à-dire le système de numération de position, enseigné d'après les traductions faites de l'arabe de Mohammed-al-Kharizmi, les procédés occidentaux disparaissent. Au commencement du XIIIe siècle voit le jour le *Liber Abaci* de Léonard de Pise, qui est un traité complet du calcul d'alors, comprenant la solution des problèmes numériques d'un genre quelconque, 1er et 2e degrés, et calcul indéterminé de Diophante. Ce n'est que sous la Renaissance que le nom d'Arithmétique commence à s'étendre à la pratique du calcul autant qu'à sa théorie.

L'*Arithmetica integra* de Stifel ne va d'ailleurs pas au delà du tableau précédemment tracé, sauf par l'additionnement des *carrés magiques*, innovation probablement hindoue qui a été cultivée par les Arabes et aussi par les Byzantins (*Manuel Machapoulos*). Mais, pour la pratique, ce tableau comprenait, en effet, toute l'Algèbre d'alors. Celle-ci n'a commencé à s'isoler qu'après les travaux décisifs de Viète, qui essaya, d'ailleurs vainement, l'ancien nom de *logistique*. La séparation reste encore fort indécise pendant tout le XVIIe siècle, ainsi qu'en sont témoins les titres d'*Arithmétique des infinis* de Wallis, et d'*Arithmétique universelle* de Newton. Le même siècle voit, d'un côté, se compléter le programme du calcul moderne par l'invention des logarithmes, et, d'un autre côté, s'ouvrir, comme une suite des travaux de Fermat sur Diophante, un nouveau champ, qui a servi, au XVIIIe siècle, à une oiseuse *Théorie des nombres*. (Extrait de Paul Tannery, contribution à la *Grande Encyclopédie*.)

les jeunes gens qui aspiraient à l'amélioration de l'état social, et, grâce à un tel ascendant, il put les organiser en une espèce de congrégation ou institut moral et politique, dont les membres se trouvaient subordonnés à un règlement et astreints à une discipline rigoureuse, ayant pour but de refréner les appétits grossiers, contenir l'orgueil et la vanité et économiser les forces intellectuelles. » (Conférence sur Pythagore, par le Dr. J.-H. Bridges.)

Cette union de vies laborieuses et moralisées, soumises à une discipline rigoureuse, visait surtout à établir une réforme sociale, sans tenter révolutionnairement une réforme religieuse. Pythagore conserva très sagement le polythéisme et ne prit aucune part aux tentatives prématurées d'autres philosophes grecs, tels que Socrate et Platon, qui, essayant trop tôt de remplacer le culte des dieux par celui d'un seul dieu, ébranlaient les vieilles croyances sans pouvoir en établir de nouvelles.

Sa sagesse éprouvée et sa volonté énergique suscitèrent contre lui et contre ses ardents disciples des passions d'envie et de jalousie, à tel point qu'une multitude révoltée, après avoir assiégé et pris la maison où ils se réunissaient, massacra le chef de l'ordre, en obligeant la société à se dissoudre. Cependant, les membres dispersés continuèrent à se réunir pendant bien des années, de telle sorte que, d'une façon ou d'une autre, la société des disciples de Pythagore subsista pendant beaucoup de siècles, jusqu'à ce que l'Église catholique vînt reprendre son œuvre d'une manière plus efficace, quoique au nom d'une doctrine plus étroite et moins solide.

Ayant pour base des croyances fort différentes de celles qui servaient de fondement à l'école pythagorique, c'est-à-dire cet esprit d'investigation et de patiente recherche des lois naturelles, et étant, au contraire, hostile à cet esprit, l'Église s'efforça de l'anéantir. D'où une lutte à outrance et prolongée jusqu'à nos jours, et qui ne cessera que lorsque la vision de Pythagore renaîtra dans un monde finalement préparé par la doctrine d'Auguste Comte.

Pythagore fut le premier et, sous maint aspect, le plus éminent des précurseurs du grand Réformateur moderne. De son temps, l'application de l'idée de loi naturelle aux phénomènes de la vie humaine était, sans doute, prématurée. Pour cela, son rêve de fonder l'ordre social sur les rapports naturels ne pouvait manquer de s'éteindre dans une époque où l'on croyait la société et la nature dépendantes des volontés des dieux et des passions humaines. Une longue série de siècles devait s'écouler jusqu'à ce qu'on sût que le monde physique et le monde moral sont soumis à des lois immuables, et il fallait, pour arriver à ce résultat, que de nombreuses générations eussent accompli de longues et patientes recherches.

Les conceptions numériques fournirent les premières lois naturelles. En les développant et en les appliquant subjectivement à la réglementation de son école, Pythagore pressentit clairement la prépondérance universelle des lois numériques. C'est lui qui introduisit dans le monde grec la connaissance de l'arithmétique, apportée de Phénicie, et la doctrine de la proportionnalité apprise avec les Babyloniens [1].

« Comme Moïse, il était en possession de toute la sagesse des Égyptiens, et il apporta en Grèce la géométrie et toutes leurs connaissances. Pythagore ne fit rien de plus que de continuer l'œuvre commencée par Thalès dans la science

1. Allman, *Greek Geometry from Thales to Euclid.*

abstraite, et para la *Géométrie* de la forme qu'elle possède encore aujourd'hui. En combinant cette science avec l'*Arithmétique*, et, par ce moyen-là, instituant la théorie de la proportionnalité, il donna un exemple de sa force philosophique. C'est donc à lui qu'échoit l'honneur d'avoir, pour la première fois, fourni une méthode commune à toutes les branches de la Mathématique, et sous cet aspect, Pythagore est parfaitement comparable à Descartes, auquel nous devons dans les temps modernes la combinaison de l'*Algèbre* avec la *Géométrie*.

« De pareilles connaissances, quoique fort importantes, ne forment point, toutefois, le principal titre de ce Philosophe à la gratitude de l'humanité. Il la mérite surtout parce qu'il les a appliquées à la régénération sociale, en dévouant à celle-ci toute son ardente activité et tous les dons de son grand cœur. »

Comme l'a fort bien dit Auguste Comte : « On doit même honorer Pythagore pour avoir su réduire essentiellement son office scientifique à propager dignement l'ensemble des théories antérieures, par une application continue et systématique. Il ne dédaigne pas de poursuivre les spéculations fétichiques envers les nombres, surtout sacrés, dont il fit un heureux usage subjectif, d'après leur fondement objectif, afin de mieux régler les pensées, suivant la liberté que laisse souvent à notre intelligence la saine institution des études abstraites. C'est afin de systématiser la société que Pythagore dut consacrer l'essor abstrait de Thalès, qui avait alors établi la première base de la seule philosophie capable d'embrasser finalement un tel domaine, inaccessible à toute causalité. »

Tel est le principal caractère de ce philosophe qui se voua si profondément à l'avènement décisif de la religion universelle. Sentant combien était lointaine une telle destination, son école philosophique dut laisser aux deux autres, de Thalès et d'Aristote, la préparation intellectuelle, en se bornant à développer, sous tous ses aspects essentiels, la nature sociale de sa doctrine. Quoique insuffisamment apprécié, Pythagore accomplit admirablement ce grand dessein en instituant une discipline systématique, à la fois privée et publique, toujours volontaire autant que complète !

« Cette ébauche d'un gouvernement spirituel de l'Humanité fut dignement étendue jusqu'à nos relations animales, et même matérielles, en utilisant heureusement les impulsions fétichiques. Ainsi surgit sur une échelle restreinte mais décisive la systématisation directe de la vie humaine, physique, intellectuelle et morale, que la théocratie avait seulement réglée empiriquement, faute d'une attitude assez théorique.

« Dans l'application collective d'une telle régénération, on retrouve toujours la sagesse et l'abnégation qui caractérisent son fondateur. Entouré d'influences monothéiques, au temps où Bouddha, Confucius et Zoroastre s'efforçaient de réorganiser les trois grandes théocraties orientales, Pythagore résista constamment à la vulgaire ambition de figurer parmi les rénovateurs apparents, qui troublaient l'avenir pour améliorer le présent. Il dédaigna cette facile apothéose parce qu'il la sentait fondée sur la modification d'une synthèse dont les penseurs grecs avaient déjà prévu la dissolution totale. Quoiqu'il reconnût l'impossibilité d'éviter la transition monothéique, son génie la franchit toujours, et sa sagesse comprit le danger de la préparer avant que la situation sociale en eût amené l'opportunité. Comme les vrais théocrates, il eût souhaité que le polythéisme pût prolonger son ascendant pratique jusqu'à l'avènement du positivisme. » (Extr. d'Aug. Comte, *Pol. Pos.*, vol. III, p. 333-337.)

« Celui-ci vient enfin instituer la *Sociocratie*, qui se rattache donc à la *Théocratie*, à travers l'*aristocratie*, monarchique, ou ploutocratique, et de la *démocratie*, unitaire, ou fédérative, l'une et l'autre, parlementaire, ou présidentielle. La première de ces formes de gouvernement était fondée sur le *droit divin*, et l'autre, sur une prétendue *souveraineté populaire*, les deux parvenant à se combiner, comme nous le voyons encore de nos jours.

« La forme sociocratique ou définitive est essentiellement caractérisée par une consciente obéissance aux *lois naturelles qui régissent la société et le monde*. Elle adopte, pour la transmission du pouvoir, l'*hérédité sociologique* au lieu de l'*hérédité biologique*, et remplace les prétendus *droits* par les *devoirs* que les lois morales nous imposent. Devant les difficultés de saisir avec précision les lois naturelles sur l'organisation politique, furent instituées des lois artificielles qui sont devenues le domaine favori de l'application subjective des nombres. Il fut désormais possible d'établir une régularité comparable à celle des événements astronomiques eux-mêmes, soit dans le domaine politique, soit dans celui de la *morale*.

« Toute action se décomposant naturellement en *direction* et *exécution*, le gouvernement de la société suppose, sans doute, le *pouvoir spirituel* qui dirige et le *pouvoir temporel* qui exécute. Cette division est aussi pleinement d'accord avec les fonctions qui échoient au *Sacerdoce* et au *Patriciat*. A celui-ci appartient la providence quant à l'*ordre matériel*, à celui-là, quant à l'*ordre intellectuel*, et à la *Femme* appartient surtout l'*ordre moral*. Les deux éléments supérieurs ont pour destinations respectives *aimer* et *savoir*, tandis que l'élément moyen est destiné à *pourvoir*. Mais cette fonction de pourvoir ne saurait dignement s'accomplir que d'après sa décomposition normale en *vouloir* et *pouvoir*. En effet, éclairé par le Sacerdoce, le Patriciat devient le siège essentiel de la *volonté*, individuelle ou collective, car la *volonté* n'est que le dernier état du *désir*, après que l'intelligence intervient. Voilà pourquoi le capital humain doit se concentrer chez cette classe directrice, chargée d'approvisionner les autres, suivant le mode qui convient à chacune d'elles.

« Cette destination spéciale du *Patriciat* motive à son tour l'attribution complémentaire qui convient au *Prolétariat*, comme *agent* direct de la puissance humaine, la force du nombre, comme on l'appelle. Son service, qui comporte seulement une responsabilité d'exécution, laisse l'esprit et le cœur assez libres pour appliquer la doctrine universelle au contrôle continu des abus propres aux préoccupations théoriques ou pratiques. La surveillance générale de l'existence collective par ceux qui souffrent le plus de ses perturbations, doit s'étendre même jusqu'aux déviations passagères où l'exagération du sentiment entraînerait la vie privée.

« Telle est donc la constitution normale de la République sociocratique : sous la présidence domestique de la *Femme*, qui représente sa nature, l'Humanité range d'abord le *Sacerdoce*, interprète de ses lois ; puis le *Patriciat*, ministre de ses desseins ; et enfin le *Prolétariat*, c'est-à-dire les agents de sa puissance. *Aimer*, *savoir*, *vouloir*, *pouvoir*, deviennent donc les attributs respectifs de ces quatre services nécessaires, dont la séparation et la coordination caractérisent la maturité de notre espèce.

« En résumé, le principal office du *Patriciat* consiste à procurer à tous le paisible essor des satisfactions domestiques, où réside surtout notre vrai bonheur. Chez la *classe prolétaire*, le vrai bonheur, qui résulte d'une digne soumission et d'une juste irresponsabilité, ne sera constamment apprécié que lorsque la vie de famille aura surgi assez dans un milieu plus propre à mieux l'apprécier. Pour satisfaire à cette aspiration, le Positivisme transformera les pauvres en riches de cœur, sans qu'il suppose pour cela que les riches sont pauvres d'esprit. Le Sacerdoce fera sentir profondément aux prolétaires les véritables avantages de la condition sociale où ils se trouvent. Aux âmes préparées d'après une sage éducation, et constamment pénétrées d'affections domestiques, il ne sera pas difficile de démontrer la réalité intime de cette admirable maxime du grand Corneille :

On va d'un pas plus ferme à suivre qu'à conduire. »

Au contraire, « le moindre essor de la vie de famille chez les chefs spirituels, ou temporels, toujours préoccupés d'une immense responsabilité, fera considérer par tous comme plus digne de pitié que d'envie une élévation qui n'est dignement compensée que par ce qu'elle contribue mieux au bien public. Mais cette noble récompense n'est assez appréciée que par les âmes d'élite, toujours très rares chez le Patriciat, et même chez le Sacerdoce. Pour cela, il faut laisser un juste cours aux satisfactions vulgaires de l'orgueil, ou de la vanité, seules ordinairement capables d'exciter assez le zèle qu'exigent le commandement et le conseil ». (Extr. d'Aug. Comte, *Catéchisme Positiviste*, p. 308-309, éd. apostolique, Jorge.)

« Mais, pour compléter cet ensemble de serviteurs, il faut incorporer à la population humaine les libres auxiliaires, moraux, intellectuels et matériels, que lui fournissent les autres races sociables destinées à utiliser le service involontaire des forces purement physiques. » (Extr. d'Aug. Comte, *Pol. Pos.*, vol. IV, p. 66.)

Comme on le voit, la composition et la subjectivité du Grand-Être repoussent toute volonté pour faire prévaloir partout les lois démontrables dont les conceptions numériques nous offrent des types caractéristiques, non seulement de simplicité, mais même de dignité, suivant qu'ils sont envisagés objectivement ou subjectivement.

L'appréciation dogmatique du Calcul arithmétique convenablement étudié nous laisse prévoir que le domaine initial de la Mathématique exercera une bienfaisante réaction pendant toute la durée de l'éducation théorique. Bien dirigée, cette étude nous fournit, outre des notions directement praticables, des manifestations décisives, non seulement de son efficacité mentale, mais même celle de son influence morale. On y voit que la Logique, immédiatement investie de son rôle principal par la Philosophie Première, institue, dans ce cas simple, un type de clarté, de précision et de consistance, déjà propre à guider les efforts rationnels dans les cas les plus compliqués. L'importance pratique et la réaction théorique de ce domaine font directement sentir la dignité normale des spéculations positives, même bornées aux plus grossiers phénomènes. Il peut aussi caractériser leur aptitude morale, en faisant déjà ressortir l'existence spéciale des lois immuables qui peuvent seules mettre un terme à nos divagations quelconques. A la fois objectives et subjectives, elles y commencent à discipliner notre intelligence, le plus perturbateur des trois éléments humains, en systématisant sa digne soumission à l'ordre extérieur, dont elle doit aspirer à devenir le fidèle résumé. (Auguste Comte, *Synthèse Subjective*, p. 104.)

Les résultats obtenus dans l'étude de l'Arithmétique peuvent donc être classés de la manière suivante. En premier lieu, les résultats scientifiques ; nous avons, en effet, acquis un certain nombre de connaissances sur l'ordre universel dont on fait une application constante et qui sont nécessaires afin d'aborder les parties les plus élevées de la hiérarchie théorique. En deuxième lieu, les résultats logiques ; les acquisitions faites pendant l'étude de la doctrine nous ont obligés à mettre en jeu nos diverses facultés intellectuelles, en employant certains procédés, en créant des méthodes qui sont autant d'instruments propres à être employés dans les recherches ultérieures. En troisième lieu, les résultats moraux, qui sont, sans doute, les plus importants. En faisant déjà ressortir la nécessité de nous subordonner aux lois immuables, l'Arithmétique contribue ainsi à notre perfectionnement ; car l'obéissance involontaire est la base de l'obéissance volontaire, et les âmes véritablement émancipées doivent envisager la soumission comme la base de toute la grandeur humaine. L'évolution de l'Humanité nous fit, en effet, nous soumettre, d'abord, involontairement ; mais cette évolution une fois achevée, nous concevons le Destin ou la Fatalité comme le fondement de toute la grandeur de notre espèce, et nous sommes désormais portés à aimer ces lois en vertu de leur efficacité pour la suprématie de l'altruisme sur l'égoïsme.

NOTE

I

Considérations générales sur l'enseignement de la Logique à propos de ce nom donné à la Mathématique.

I

On donne le nom de Logique à l'art de raisonner. Mais, comme on ne peut évidemment apprendre à raisonner qu'en raisonnant, il est incontestable que l'appréciation de la Logique ne saurait être faite que par l'étude des *sciences*. Elles seules peuvent dévoiler la marche suivie par notre intelligence dans l'appréciation des matériaux que le spectacle extérieur lui présente. Et l'on doit remarquer que la véritable plénitude logique ne saurait être obtenue en étudiant isolément telle ou telle science ; dans la réalité, elle en exige l'ensemble.

Et, en effet, quoique nous raisonnions partout de la même façon, chaque science exige la prépondérance de l'un des procédés employés sur tous les autres, en l'exerçant par conséquent de préférence aux autres. Nous savons que la vraie méthode consiste à *induire pour déduire afin de construire* [1], c'est-à-dire pour effectuer les constructions mentales exigées par nos besoins. Cette marche logique résulte du fait naturel que, dans toutes ses élaborations quelconques, l'esprit humain établit, ou *induit*, d'abord

1. Mais « une *construction* n'est qu'*un haut degré de déduction* ; à la *dépendance des parties* s'ajoute leur *mutuelle solidarité*, de façon à constituer *un tout*, une *véritable coordination* » (Dr Audiffrent).

Ainsi donc, quelles que soient les diversités individuelles, quels que soient le *degré* et la *nature* du travail intellectuel, plus *concret*, quand il s'agit d'un *projet pratique*, d'une *invention industrielle*, par exemple, plus *abstrait*, lorsqu'il s'agit d'une *découverte* ou d'une *hypothèse scientifique* ; et *participant des deux natures*, c'est-à-dire plus abstraite que la première et plus concrète que la dernière quand c'est de *l'Art* proprement dit qu'il s'agit, il est évident que, *pendant l'activité cérébrale, qui caractérise l'imagination*, il y a *subordination de l'objectif au subjectif*, c'est-à-dire de l'observation concrète à la contemplation abstraite et de celle-ci à la méditation. L'*induction généralisatrice* est alors subordonnée à la *déduction* qui *coordonne*, et cette dernière à *l'instinct constructeur*. Celui-ci peut à son tour se trouver au service d'un autre instinct quelconque, mais surtout altruiste ; car l'*imagination*, comme l'*art* avec lequel elle se confond très souvent, « vise toujours à la *synthèse*, but nécessaire de toute contemplation ; et même, quand, contre sa propre nature, il cherche à détruire, son œuvre quelconque se réalise encore en construisant ».

Et cela est très naturel, vu les dispositions spéciales à *rallier* des trois organes altruistes (attachement, vénération et bonté). En effet, ceux-ci se combinent parfaitement avec la *fonction synthétique*, tandis que les *tendances analytiques* sont plus liées aux instincts égoïstes, et surtout à l'*instinct destructeur*. Et cela ne saurait être autrement, puisque *l'imagination suppose l'invention*, c'est-à-dire une véritable *construction*.

Mais de même qu'originairement, afin de puiser les matériaux (toute image procédant d'une sensation, d'une impression), il importe, en vue d'un résultat réel et de sa destination finalement pratique (communication ou exécution), que l'abstrait se subordonne au concret, le subjectif à l'objectif. Cela veut dire que *l'imagination doit être subordonnée à la raison*, puisque celle-ci suppose la subordination de la déduction à l'induction, de la méditation à l'observation, de la contemplation abstraite à l'observation concrète, de l'intérieur à l'extérieur, de la théorie à la pratique, en résumé, *subordination des constructions subjectives du cerveau aux matériaux objectifs fournis sur le monde.*

les principes pour en tirer, ou *déduire*, ensuite les conséquences, et enfin formuler, ou *construire*, les types de l'idéal esthétique, de la réalité théorique ou du modèle technique. Mais la déduction prévaut nécessairement quand l'institution des principes d'où l'on part suscite moins d'embarras que l'établissement de leurs conséquences. C'est ce qui a lieu en Mathématique, où les *inductions* étant presque toujours spontanées, les *déductions* ont plus de valeur.

Le contraire a lieu à partir de l'Astronomie, où l'on commence à sentir la difficulté de raisonner sans l'assistance d'une base inductive déjà difficile à saisir dans la contemplation du monde. C'est là que surgit le premier procédé inductif, c'est-à-dire l'art d'observer, qui devient alors prépondérant, art qui y est plus difficile qu'en Mathématique, car dans celle-ci nous pouvons employer les sens du *toucher* et de la *vue*, tandis qu'en Astronomie il ne nous est permis que d'utiliser ce dernier [1].

Il faut reconnaître que, en Physique, l'induction devient encore plus difficile ; car, outre qu'elle suppose l'observation simple, elle exige que l'on institue les conditions spéciales où elle doit se réaliser. Cela demande une série d'expériences préalables dont la difficulté, par rapport à l'*observation astronomique*, n'est point compensée par le plus grand nombre de sens dont elle dispose. L'*expérimentation* constitue donc le procédé inductif qui devient prépondérant dans l'étude de la Physique ; il vient compléter le premier mode d'induction ébauché par l'Astronomie,

1. L'*observation* proprement dite consiste dans l'appréciation d'un phénomène sans qu'on y intervienne, comme c'est le cas, par exemple, pour les phénomènes astronomiques. Il existe donc autant de manières d'observer que de sens dont nous disposons.

c'est-à-dire l'art d'observer qui ne reçoit son dernier développement qu'en Physique [1].

En considérant la science immédiate, l'on voit que les principaux recours de la Logique chimique résultent nécessairement de sa position encyclopédique, qui lui permet de faire d'heureux emprunts aux deux sciences adjacentes. En effet, dans sa constitution finale, la Chimie ne bornera pas son efficacité logique à mieux développer les deux procédés inductifs, propres aux sciences inférieures. Intermédiaire entre l'étude du *monde* et celle de la *vie*, elle peut aussi ébaucher les procédés qui appartiennent à la Biologie. Car la véritable philosophie chimique peut être radicalement perfectionnée en y introduisant la *méthode comparative* et la *théorie taxonomique* propres à la Biologie [2].

La condition objective de cette induction supérieure a été spontanément réalisée par la Chimie, après qu'elle eut acquis son développement caractéristique. Si cette science se trouve encore dépourvue de cette logique comparative, cela est dû à l'absence de préparation des chimistes actuels qui sont, pour la plupart, aussi étrangers aux sciences supérieures qu'aux inférieures. Une culture encyclopédique permet seule d'initier l'esprit positif dans cet autre mode transcendant d'induction, — la méthode comparative, — qui peut, en effet, convenir à la véritable nature des phénomènes chimiques, assez compliqués pour exiger son emploi

1. *Expérimentation*, c'est l'observation, la contemplation d'un phénomène dans lequel nous intervenons. Dans l'expérimentation physique, on remplace, dans les cas complexes, le phénomène naturel par un autre artificiel. D'où les inconvénients de ce procédé.

2. La *méthode comparative* consiste dans l'étude d'un phénomène dans le même cas et dans des phases différentes qui se compliquent graduellement ; la *théorie taxonomique* est celle des classifications.

essentiel, et cependant assez simples pour comporter son institution spontanée. Mais, outre qu'un tel procédé n'a point surgi historiquement en Chimie, son appréciation dogmatique ne saurait être complète qu'en Biologie, la seule science où ses conditions fondamentales deviennent pleinement appréciables. La Chimie n'en saurait offrir que l'ébauche naturelle, de même que l'Astronomie envers le premier mode d'induction, qui ne se développe cependant assez qu'en Physique.

Toutefois, l'on doit reconnaître que la Chimie semble participer spécialement à l'élaboration fondamentale de la méthode positive, en suscitant par elle seule l'essor décisif des *nomenclatures systématiques*. Les phénomènes les plus généraux sont à leur tour plus uniformes pour comporter un tel artifice et trop simples pour l'exiger. Par exemple, la nomenclature astronomique, quoique fort grossière et encore empreinte de polythéisme et même de fétichisme, n'offre aucune haute importance de façon à en exiger la rectification méthodique, ce qui serait aisé du reste. Au contraire, les analogies chimiques présentent à la fois assez de variété et de complication pour qu'une telle assistance devienne tout à fait convenable. En effet, elle a toujours secondé son évolution caractéristique, et, comme tout autre procédé logique, ce mode auxiliaire ne peut cependant être bien apprécié que lorsqu'il est étudié dans sa source réelle.

La construction systématique de la nomenclatnre chimique, dont Guyton de Morveau fut le principal auteur, n'a fait, sous cet aspect, que rectifier heureusement et développer davantage la série naturelle des antérieurs en employant mieux l'ensemble des notions acquises. Toutefois, cette incontestable propriété des études chimiques ne doit point dissimuler sa faible aptitude à perfectionner l'ensemble de la méthode positive. Car un tel procédé, quoique général en lui-même, ne comporte une haute efficacité que par rapport aux études d'où il émane. Si la simplicité des études précédentes le rend superflu, la complication des suivants le laisserait insuffisant.

Les mêmes raisons naturelles qui donnent une si grande importance aux nomenclatures systématiques dans l'ensemble des études chimiques y bornent aussi la haute efficacité d'un tel procédé. Il restera toujours plus borné à ce domaine initial que l'expérimentation à son origine physique. Dans les domaines supérieurs, la profonde diversité des aspects scientifiques ne permet point d'en espérer aucun succès vraiment capital. Du moins est-il permis d'assurer que la Chimie ne saurait rendre à la Biologie un service équivalent à celui que celle-ci lui rendra en vertu d'une saine importation de la Logique comparative.

Il s'ensuit donc que la Chimie ne saurait avoir aucune participation spéciale dans l'essor fondamental de la logique inductive [1]. Quant à la logique déductive, son principal siège se trouve nécessairement dans la science mathématique, qui élabore d'une manière complète tous ses artifices caractéristiques. L'uniformité naturelle de ces procédés ne

1. C'est ainsi qu'il proportionne un vrai mérite à des opérations déductives qui, dans une étude plus simple, auraient peu de valeur logique. Ritter, par exemple, est justement immortalisé pour avoir déduit, de la permanence déjà remarquée d'après les doubles décompositions salines, l'heureuse conséquence jusqu'alors inaperçue, qui est devenue le point de départ de toute la chimie numérique. Outre l'importance scientifique du résultat, une telle opération logique tire son prix essentiel de la difficulté de réaliser, envers des notions si compliquées, une déduction qui serait à peine remarquée en mathématique. (Aug. Comte, *Politique positive*, vol. I.)

laisse aux études plus élevées d'autre participation réelle que celle d'apprécier graduellement la difficulté de déduire à mesure que les spéculations se compliquent. Mais la marche et le mode des déductions restent toujours les mêmes, en tant que concernant notre seule intelligence et nullement les objets quelconques de nos méditations continuelles. Cet accroissement forcé des difficultés rationnelles devient déjà très sensible dans les conceptions chimiques et augmente nécessairement dans les domaines supérieurs.

Nous avons dit ci-dessus que la *nomenclature* sera bornée davantage au domaine de la Chimie que l'*expérimentation* à celui de la Physique. Ce procédé ne convient pleinement qu'aux recherches inorganiques, surtout physiques. La complication des cas biologiques ne permet presque jamais d'instituer des expériences vraiment décisives. Cependant, la Biologie ne doit point renoncer tout à fait à un moyen d'exploration qui, sagement appliqué, peut quelquefois assister ses saines méditations. En perfectionnant radicalement la méthode inductive, la Biologie introduit un nouveau mode général d'expérimentation, dont la spontanéité augmente l'efficacité. La judicieuse observation des maladies institue, pour les êtres vivants, une série d'expériences indirectes destinées à éclairer les notions biologiques, non seulement dynamiques, mais aussi statiques. L'art spécial de l'induction ferait donc faire un pas capital à la principale partie de la philosophie naturelle, quand même il ne devrait acquérir que là ce mode indirect d'expérimentation.

Cependant, la Biologie perfectionne encore davantage l'ensemble de la méthode positive par l'essor caractéristique de la logique comparative et de la théorie des classements qui en deviennent inséparables. Elle construit ainsi un autre mode fondamental d'induction, qui diffère davantage de l'expérimentation que celle-ci de la simple observation. La logique comparative appartient nécessairement à l'étude de la vie, la seule étude qui manifeste une série suffisante de cas analogues, quoique distincts, première condition naturelle d'un tel art auquel la *cosmologie* ne peut fournir aucun fondement décisif.

Il y a trois degrés nécessaires de comparaison biologique : d'abord relatif aux différentes parties d'un même organisme, puis aux âges successifs de chacun d'eux, et enfin aux divers êtres vivants. Quelque grande que soit l'importance que les esprits philosophiques doivent justement attacher à ces deux premiers modes spontanés, il faut toutefois reconnaître que la comparaison biologique n'acquiert une pleine efficacité que moyennant son entière extension finale à l'ensemble des êtres vivants. C'est alors qu'elle se rattache irrévocablement à la théorie générale des classifications, dont l'essor fondamental appartient aussi à la Biologie.

Cette partie supérieure de la logique préliminaire consiste essentiellement dans la juste combinaison de deux principes successifs : la formation des groupes naturels et leur coordination hiérarchique, émanées, l'une et l'autre, d'un même attribut prépondérant, qui établit l'unité du système. La subordination des caractères en constitue le principal artifice ; son complément usuel résulte d'une convenable substitution finale des différences intérieures par les distinctions extérieures. A chacun de ces quatre titres généraux, les études cosmologiques comporteraient, sans doute, une utile application de cette grande théorie logique, qu'Auguste Comte a étendue jusqu'au domaine mathématique. Mais, quoique propres à vérifier les règles taxonomiques, et même à préparer leur appréciation didactique, de tels usages sont trop peu caractéristiques pour qu'ils puissent déterminer leur développement décisif. Celui-ci ne peut avoir lieu qu'en Biologie, où l'on trouve, pour cela, la plus forte élaboration préparatoire que comporte la logique inductive, dont le complément transcendantal doit ensuite résulter de la Sociologie.

Historiquement considérée, la méthode inductive se développe en effet dans la science sociale en devenant la seule propre à *relier* et à *régler* toutes les autres parties de la méthode positive. Les procédés inductifs se complètent, en Sociologie, en y prenant leur forme la plus transcendante. La méthode comparative acquiert dans cette science son mode le plus éminent, constitué par la *comparaison sociologique*, qui consiste à apprécier la marche des institutions humaines, en considérant le phénomène à travers l'évolution historique.

Au moyen de cette analyse historique, la Sociologie perfectionne non seulement la doctrine, mais aussi l'ensemble de la méthode positive, au commun profit de toute la philosophie naturelle. La plus grande complication des phénomènes et l'accroissement de difficulté à déduire se manifestent cependant dans leur plus haut degré, dans le domaine de la Morale, où la méthode positive devient nécessairement subjective, et la déduction y atteint sa plus grande complexité. La méthode positive, qui procède d'abord par décomposition ou analyse, y devient essentiellement synthétique, vu que l'appréciation de l'homme n'est rien de plus qu'une synthèse des matériaux émanés de l'analyse théorique faite antérieurement. L'on voit donc que chaque procédé logique ne peut vraiment surgir qu'en étudiant la science où sa difficulté et son importance concourent pour en déterminer la suffisante élaboration.

La prépondérance universelle du point de vue historique en *philosophie*, en *politique* et même en *poésie*, constitue le fondement essentiel de l'esprit positif et lui fournit en même temps son résultat général. Une telle autorité peut seule faire aujourd'hui dignement prévaloir la vraie unité théorique en surmontant la profonde aversion qu'inspire le régime encyclopédique. L'induction ayant ainsi complété la déduction, la science finale élabore directement leur combinaison normale, en construisant la *méthode subjective* essentiellement propre à la Morale, car, dans cette coordination, tout se rapporte à l'humanité. Ce terme synthétique de l'élaboration scientifique est aussi supérieur en rationalité qu'en utilité à ses divers préambules, puisque les phénomènes qui lui sont propres affectent nécessairement l'examen de tous les autres. Quoiqu'ils doivent être d'abord éloignés, la dernière spéculation ne devient pleinement réelle qu'en faisant cesser cette abstraction provisoire qu'il convient donc de prolonger le moins possible.

La méthode sociologique, qui a été nommée *filiation historique* par Auguste Comte, est spontanément préparée par les spéculations biologiques. En appliquant l'art comparatif à l'ensemble des êtres vivants, surtout animaux, la Biologie en prépare naturellement le plus vaste emploi dans les spéculations sociologiques. Cette méthode historique consiste surtout à partir de l'ensemble vers les détails. Les divers éléments sociaux étant nécessairement solidaires et inséparables dans leur développement, il est évident qu'aucune filiation partielle entièrement isolée ne saurait avoir lieu ; en sorte que toute explication de ce genre doit reposer sur une conception générale et simultanée de l'évolution sociale. C'est donc à son ensemble qu'on doit rapporter la comparaison historique des divers âges de la civilisation, afin de lui donner un vrai caractère scientifique. La méthode de comparaison sociologique doit être d'abord appliquée au Passé, en cherchant à déduire chaque situation historique de l'ensemble de ses antécédents graduels. Ce n'est qu'alors qu'on pourra raisonnablement prédire l'Avenir, après avoir jusqu'à un certain point expliqué le Passé, car tel est, au fond, le premier emploi des rapports observés entre des faits réalisés, dont la succession ultérieure fait découvrir la succession future. L'observation du Présent ne suffit point pour la *filiation historique*, celle-ci n'acquiert sa véritable valeur scientifique et ne peut devenir une source certaine de prévisions rationnelles que quand on compare le Présent au Passé, car sans cela on pourrait tenir une décroissance continue pour une tendance à l'extinction totale, ou réciproquement, en confondant des variations continues en plus ou en moins, avec des variations illimitées.

Il faut encore ajouter que cette méthode ne saurait être convenablement développée par l'histoire vulgaire, purement descriptive, mais seulement par l'histoire rationnelle et positive, qui dispose l'ensemble des événements humains en des séries coordonnées, où l'on voit avec évidence leur enchaînement graduel. L'usage rationnel de ces séries suppose une appréciation successive des divers états de l'humanité, en montrant l'accroissement continuel de chaque disposition, physique, intellectuelle, morale ou politique, combiné avec le décroissement indéfini de la disposition opposée. De cela doit résulter la prévision scientifique de l'ascendant final de l'une et de la disparition de l'autre, pourvu qu'une telle conclusion ne soit point en désaccord avec le système de lois générales manifestées par l'évolution humaine, dont la prépondérance ne doit pas être oubliée.

Ce n'est qu'ainsi que les mouvements de la Société et même ceux de l'esprit humain peuvent être prévus dans un certain degré pour chaque époque déterminée, et sous chaque aspect essentiel, comme une conséquence d'une préalable connaissance exacte du sens constant des modifications graduelles indiquées par une judicieuse analyse historique, en passant toujours des phénomènes plus composés aux plus simples [1].

A mesure que décroît la généralité des phénomènes et que croît, par conséquent, leur complication, la difficulté d'*induire*, et surtout celle de *déduire*, augmentent aussi, en sorte que dans le dernier terme de l'échelle encyclopédique, la déduction prend son caractère plus transcendant. Et il faut remarquer que la complexité de la méthode positive s'accorde avec celle de la doctrine lorsqu'on passe de l'étude du Monde à celle de l'Homme. Car, dans la première, la méthode employée procède des détails vers l'ensemble, tandis que dans la seconde elle va, au contraire, de l'ensemble aux détails. D'où l'on dit que la méthode objective est nécessairement *analytique*, et que la méthode subjective est forcément *synthétique*. La seule méthode objective a pu solidement établir le dogme fondamental des lois naturelles ; et si la méthode subjective a prévalu pendant notre enfance intellectuelle, c'est parce

1. Ainsi donc, aucune loi de succession sociale indiquée par la méthode historique ne devra jamais être admise qu'après qu'on l'aura rattachée, d'une manière directe ou indirecte, à la théorie positive de la nature humaine : toutes les inductions qui ne pourraient résister à une telle épreuve, devront être rejetées C'est dans cette harmonie continuelle entre les conclusions directes de l'analyse historique et les notions préalables de la théorie biologique de l'homme que devra surtout consister la principale force scientifique des démonstrations sociologiques.

qu'elle convenait à la conception des causes qui suppléait à la recherche des lois, alors impossible.

Notre constitution logique ne peut cependant être complète et durable que par la combinaison de ces deux méthodes. Il suffit, pour cela, que la méthode subjective, en renonçant à la vaine recherche des causes, tende directement, comme la méthode objective, à la découverte des lois, afin d'améliorer notre condition et notre nature. En un mot, il faut qu'elle devienne sociologique au lieu de rester théologique. Or, cette transformation finale, autrefois impossible, résulte spontanément de la récente extension des théories positives à l'évolution fondamentale de l'Humanité [1]. Ainsi régénérée, cette méthode peut mieux développer la considération de l'ensemble seule pleinement réelle. Sans son ascendant normal sur la méthode objective, celle-ci ne saurait assez éviter les aberrations théoriques qui lui sont propres, soit par divagation, soit par illusion. Notre véritable constitution logique résulte donc d'un concours définitif entre la méthode subjective et la méthode objective [2], respectivement consacrées à

1. Par exemple, l'appréciation historique démontre que l'alimentation de l'homme a constamment diminué avec le progrès social. On ne saurait cependant en conclure qu'elle doive être supprimée, puisque cette conclusion est en contradiction avec les lois biologiques de la nature humaine.

2. Dans les résultats de l'intelligence humaine, acquisitions ou produits, deux parts peuvent être faites : l'une qui provient de nos sensations et est tirée par conséquent du monde extérieur, c'est le domaine *objectif* ; l'autre qui appartient à l'intelligence, qui est créée directement par elle, en vertu de son exercice propre, c'est le domaine *subjectif*. En deux mots, on peut dire : l'*objectif*, c'est le Monde ; le *subjectif*, c'est l'Homme.

De là, deux manières de philosopher, deux manières de coordonner et de régler nos connaissances, soit par rapport au Monde, soit par rapport

diriger l'esprit d'ensemble et l'esprit de détail, également indispensables à nos constructions réelles. C'est le premier qui doit dorénavant instituer le second, qui, en compensa-

à l'Homme, et, par suite, deux méthodes : la méthode *objective* et la méthode *subjective*.

Coordonner par rapport au Monde ou suivant la méthode objective, c'est rechercher dans la multiplicité et la complexité des phénomènes extérieurs celui d'entre eux autour duquel doivent se grouper tous les autres. C'est par conséquent se soumettre à la condition préalable de connaître le monde extérieur jusque dans ses moindres détails, de ne rien omettre, de tenir compte du plus humble fait à l'égard du plus important, de ne se décider qu'après avoir tout vu, tout analysé, tout découvert.

Une telle coordination est impossible, car nous ne pouvons nous flatter de connaître jamais le monde extérieur, et alors même qu'elle serait possible, le moment où elle deviendrait réalisable serait encore si éloigné de nous que nous devrions aujourd'hui le regarder comme chimérique et satisfaire autrement notre besoin d'unité.

La seule coordination possible est celle qui prend pour point de départ l'Homme, ou pour mieux dire l'Humanité, qui fait converger autour de cette connaissance fondamentale toutes les autres connaissances, considérées comme accessoires et n'ayant d'utilité que celle qu'en tire l'Homme et la Société. Cette systématisation-là est subjective parce qu'elle dépend, non d'un phénomène nécessairement désigné par le monde extérieur, mais d'un phénomène choisi par nous-mêmes, dans notre liberté pour notre service.

L'étude de l'Humanité peut grouper autour d'elle tous les autres phénomènes, car sa connaissance et celle de l'Homme supposent, en effet, la connaissance du monde extérieur. L'amélioration physique et morale de l'Homme repose avant tout sur celle de la planète et du milieu qui lui fournissent les conditions d'existence et qu'il doit d'abord connaître s'il veut les améliorer. Loin de nous éloigner de l'étude du Monde en nous attachant à celle de l'Homme, le point de vue subjectif a au contraire pour effet de la stimuler en lui donnant une direction et un but.

Depuis l'antiquité jusqu'à nos jours, le développement de la science s'est accompli sans règle et sans direction. Mais il s'agit ici de ne point confondre l'état primitif, où tout est encore à observer et à découvrir, avec l'état final où la science est ébauchée dans toutes ses parties et constion, en perfectionnera nécessairement les matériaux dogmatiques. Leur concours fonde la logique vraiment positive, qui consacre, en les régénérant, deux voies opposées, qu'ont suivies la théologie et la science, pour préparer,

tituée dans plusieurs. Au début, on ne pouvait donc, l'homme n'aurait pu concevoir un plan quelconque de recherches, quoique l'esprit humain sans s'en rendre compte ait suivi un plan indépendant de sa volonté. L'esprit humain, comme toute autre chose, est gouverné par des lois naturelles ; ces lois l'ont guidé sans même qu'il en eût conscience ; elles l'ont porté à aborder d'abord les phénomènes les plus simples.

Toute l'antiquité, depuis Thalès et Pythagore jusqu'à Archimède et Hipparque, s'est consacrée aux recherches géométriques et astronomiques. Quand le grand mouvement social du moyen âge prit fin et que les préoccupations furent ramenées vers la science, on aborda des phénomènes plus compliqués : le XVIIe siècle fit de la Physique et le XVIIIe de la Chimie ; le XIXe, enfin, a fondé la Biologie, la Sociologie et la Morale. Chaque époque fit réellement ce qu'elle avait à faire.

L'esprit humain n'a donc jamais travaillé au hasard ; il a suivi la marche régulière de toute étude qui veut qu'on s'attache d'abord aux choses les plus simples avant d'aborder les plus composées. Il a obéi à la loi naturelle qui guide encore notre hiérarchie scientifique et qui n'a cessé de présider à l'enseignement.

Mais aujourd'hui, il n'y a aucune raison à nous livrer à toutes sortes de recherches. Si les recherches sont encore loin d'être closes dans quelques-unes, toutes du moins sont abordées, toutes sont explorées, et l'homme n'est plus attiré, comme autrefois, vers l'étude utile, nécessaire, par l'appât de l'inconnu.

La richesse intellectuelle est, après le capital moral, la première de toutes, et s'il y a dans l'évolution sociale une tendance manifestement croissante à régler la production et la répartition de nos capitaux, il n'y a aucune raison pour que le capital intellectuel échappe seul à la règle générale. Dans l'ordre intellectuel comme dans l'ordre moral, le besoin d'un gouvernement se fait sentir avec d'autant plus de force que la division du travail est plus accusée. Dans l'état d'infinie dispersion auquel est parvenue aujourd'hui la science, il n'est que temps d'intervenir, si l'on ne veut pas voir la richesse mentale se perdre dans des spéculations sans portée. Le savant n'est pas plus dégagé que tout autre homme de ses devoirs de citoyen, il mérite d'être blâmé toutes les fois qu'il con-

chacune à sa manière, notre état définitif. La longue antipathie entre l'*analyse* et la *synthèse* se transforme ainsi en un éternel concours, où chaque méthode supplée, d'après sa nature, les principales imperfections de l'autre. (Extr. d'Aug. Comte, *Politique positive*, I et IV.)

sacre les efforts de son intelligence à des études oiseuses, comme s'il était dispensé de travailler pour la société.

La méthode subjective est donc chargée de régler et de gouverner le travail intellectuel. Gouverner, c'est faire réagir l'ensemble sur les parties, en d'autres termes imprimer aux parties la direction que commande la vue de l'ensemble. Comme l'indique admirablement l'expression employée à désigner le chef militaire, celui qui gouverne, celui qui dirige doit être au point de vue le plus *général*, il doit dominer la situation.

Par rapport à la méthode subjective, le point de vue général et dominateur, c'est le point de vue sociologique, celui des conceptions sociales et morales. Vers elles et autour d'elles, nous devrons faire converger toutes les autres, ne les cultivant, ne les étudiant que pour mieux connaître, et par là mieux assurer son perfectionnement et son bien-être.

La culture de la science ne peut plus être livrée au caprice de chacun ; toutes les questions étudiées doivent être utiles et opportunes : utiles, c'est-à-dire avoir pour but une amélioration de l'état humain ; opportunes, c'est-à-dire être suffisamment préparées pour que leur élaboration aboutisse à autre chose qu'à de vains efforts.

Par exemple, il n'y a pas besoin de pousser plus loin les études mathématiques et astronomiques. Il importe même d'en éliminer ceux qui se rapportent à l'astronomie sidérale, vu que l'astronomie solaire satisfait pleinement nos besoins. Il y a cependant beaucoup à faire en Physique, en Chimie, et principalement dans les sciences supérieures : Biologie, Sociologie et Morale. Ceux qui aspirent à faire des découvertes trouveront donc dans ces dernières un digne emploi de leur activité théorique. (Extrait de la *Philosophie première* de Pierre Laffite.)

II

De ce que nous avons dit ci-dessus, on conclut que nos méditations, soit inductives, soit déductives, supposent toujours la contemplation des objets hors de nous. Le cerveau reçoit du Monde, par l'entremise de nos sens, les matériaux nécessaires à ses constructions. L'appareil contemplatif les élabore, en les transformant en *idées* ou *images intérieures* qui peuvent être concrètes ou abstraites, suivant qu'elles se rapportent aux êtres, ou aux existences quelconques qui les caractérisent, lorsqu'elles en sont considérées séparément. Ensuite, l'appareil méditatif combine ces images ou idées, en les transformant en *pensées* ou *notions*. Ceci nous montre que nos constructions mentales sont toujours subordonnées aux matériaux que nous offre le Monde. Il y a donc deux parties distinctes dans tout travail cérébral : l'une *objective*, fournie par les impressions que nous recevons du dehors, l'autre *subjective*, constituée par la transformation de ces impressions en idées et par la combinaison de ces idées.

Si l'on se rend compte de la complexité du Monde, de l'imperfection de nos sens et de la faiblesse de notre puissance mentale, on verra aussitôt que nos conceptions ne sauraient représenter le monde extérieur que fort imparfaitement. Elles seront d'autant plus *vraies* que cette conformité entre l'extérieur et l'intérieur est plus grande. En effet, lorsqu'il y a un équilibre pondéré entre le subjectivisme et l'objectivisme, le cerveau devient une sorte de fidèle *miroir* [1] du Monde, vu que ses combinaisons intérieures

1. Le mot *spéculation*, d'après son origine, reproduit cette pensée. Il

reflètent l'image de la réalité extérieure, et cela d'autant mieux que notre Espèce fait plus de progrès. C'est Leibnitz qui a vulgarisé le mot *image* pour caractériser la *sensation*, et le terme *réflexion*, ainsi que ses dérivés, pour définir la *pensée*. Comme on le voit, il ne s'agit point ici d'une métaphore, mais d'une vérité que le bon sens populaire a saisie et fixée dans le langage universel.

Nos conceptions résultent ainsi d'un juste équilibre entre l'*objectif* et le *subjectif*. Si c'est le subjectivisme ou l'objectivisme qui y domine, il y a l'état de *folie* ou d'*idiotisme*. La *raison* est donc un état intermédiaire entre ces deux extrêmes, c'est-à-dire, dans son état normal, un terme moyen nécessaire entre le *mysticisme* et l'*empirisme*. Et il faut en outre remarquer que le Monde est non seulement l'*aliment* et le *stimulant* de nos conceptions, mais aussi leur *régulateur*. C'est lui qui nous porte à distinguer les *vérités* des *fictions*, vu que celles-ci ne se caractérisent que parce qu'elles ne sont pas susceptibles d'objectivation. Les objets qui nous environnent sont tous de véritables stimulants pour la pensée et pour le cœur. L'un quelconque parmi eux peut devenir une source de désirs et de craintes, et par conséquent de combinaisons mentales. L'image éveille le sentiment, et celui-ci, à son tour, réagit sur l'intelligence qui évoque les *souvenirs*, en tire des conséquences et construit des plans. La *logique des sentiments*, suivant laquelle une conception se rattache plus ou moins artificiellement à l'image d'un objet aimé, est en partie fondée sur ce fait.

Le milieu où nous vivons est non seulement l'aliment et le stimulant, mais aussi le régulateur, ce qui revient à dire

provient, en effet, du mot latin *speculum* qui veut dire *miroir*. Et *spéculer* signifie *miroiter*, c'est-à-dire *réfléchir*.

qu'il domine nos sentiments et nos pensées. Si le monde extérieur ne fournissait que des aliments au cerveau, celui-ci s'épuiserait en chimères, et la vie d'un homme ne serait qu'un rêve. L'état passager qui sépare la veille du sommeil, et dans lequel le cerveau suit déjà une voie capricieuse, sans qu'il ait cependant rompu toute attache avec le monde extérieur, deviendrait en quelque sorte l'état normal, et des associations d'idées sans suite, sans objet, interminables, quelque chose de comparable aux constructions des moines hindous, remplaceraient parmi nous la science et l'art. C'est le monde qui détourne notre cerveau de pareils rêves et divagations, en lui montrant à tout instant qu'il est indispensable d'agir afin de satisfaire aux besoins de notre vie. En un mot, c'est lui qui règle toutes nos conceptions.

Dans sa dernière partie, le travail cérébral est constitué par l'*expression* qui résulte du besoin de communiquer à nos semblables les résultats de nos méditations. Nous avons, pour cela, les organes du *langage* qui, d'abord mimique et phonétique, s'est perfectionné à travers les siècles, devenant syllabique et donnant lieu à l'alphabétisme graphonique que nous possédons aujourd'hui. Le fonds de chaque langue recueille peu à peu ce qu'il y a de spontané et d'universel dans l'évolution universelle de notre espèce, pour satisfaire les communs besoins de conception et d'expression. Enfin, la raison moderne a été portée, malgré ses tendances trop abstraites, à combiner avec la spéculation, non seulement l'activité, mais aussi l'imagination et même le sentiment, afin de rendre nos conceptions suffisamment positives [1].

1. Pour de plus grands détails sur les fonctions intellectuelles, voir la première section de cet ouvrage.

Bornée à sa vraie destination, la Logique positive consiste toujours à construire l'hypothèse la plus simple compatible avec l'ensemble des renseignements obtenus. Seulement, à mesure que nos observations se développent, nous sommes forcés à compliquer nos théories pour obtenir une représentation suffisante. Une vicieuse persistance dans la simplicité primitive tendrait alors vers l'idiotie sous prétexte de stabilité ; et, au contraire, toute complication superflue, outre qu'elle suscite un travail stérile, porterait l'esprit vers la folie. En vertu de la nécessité d'une telle marche logique, notre intelligence s'est toujours essentiellement conformée à un tel principe, quoiqu'elle ne s'en soit pas rendu compte pendant longtemps. Une telle spontanéité est assez expliquée par la prépondérance continuelle de la vie active, qui porte constamment nos théories à combiner la réalité avec la simplicité.

L'*astronomie* nous offre les plus parfaits exemples d'*hypothèses* véritablement scientifiques, c'est-à-dire vérifiables. Une judicieuse appréciation du mouvement intellectuel fait même voir que son ensemble consiste à représenter chaque fois mieux le spectacle extérieur, en compliquant peu à peu les conceptions intérieures. Car il faut que nos hypothèses, toujours émanées de la subjectivité, se compliquent graduellement, afin de représenter assez des observations chaque fois plus complètes et plus précises à mesure que nos besoins développent notre action réfléchie. La destination pratique de l'ensemble des vraies théories portera même souvent à rejeter des faits inopportuns dont l'appréciation vicieuse, ou simplement prématurée, viendrait entraver nos constructions au nom d'une vaine exactitude, non exigée par la pratique. Pour faciliter cette représentation il faut recourir aux *moyens logiques*.

Tout nous porte à reconnaître que le plus puissant, le plus ancien et le plus spontané des moyens logiques est, incontestablement, l'affection. Nous sommes naturellement portés à supposer ce que nous désirons, c'est-à-dire à combiner les idées d'après les sentiments qui nous dominent[1]. Les constructions mentales des enfants, des femmes et des prolétaires ont lieu d'après ce premier moyen spontané, qualifié de fétichique pour avoir paru dans l'enfance de notre espèce. L'explication et la prévision des phénomènes ne pouvant être faites alors au moyen des *lois naturelles*, on a eu recours aux volontés d'accord avec notre propre nature. La volonté personnifiée dans les corps eux-mêmes, sous le fétichisme, passa ensuite, sous le polythéisme, à des entités extérieures dès lors imaginées pour présider à de tels phénomènes. Surgi du polythéisme, le deuxième moyen logique consiste dans l'emploi des *images* pour combiner les idées. Il est le plus propre à l'*induction*, car celle-ci consistant à *généraliser par comparaison*, elle devient évidemment plus aisée quand on a devant soi les images des objets comparés. C'est le moyen employé de préférence par les poètes.

Induire, c'est saisir ce qu'il y a de constant dans ce qui varie. L'induction peut être relative, soit simplement aux *propriétés*, soit aux *rapports abstraits*, ce qui constitue déjà un deuxième degré. Enfin, le troisième moyen logique, surgi sous le monothéisme, consiste à combiner les *idées* au moyen des *signes*, naturels ou artificiels, qui les représentent. Il est le plus propre à la *déduc-*

1. Wundt a qualifié le sentiment de *pionnier de la connaissance*. Ainsi donc, l'école matérialiste psycho-physiologique allemande est arrivée par des voies, au fond, très différentes, à un résultat qui confirme celui de la doctrine positive d'Auguste Comte.

tion [1], car, en exprimant les *idées* par des *signes*, elles deviennent une sorte d'objets extérieurs à nous, ce qui permet de les *systématiser*, en les *coordonnant*. Quoique le moins spontané, ce moyen est le plus facultatif de tous, et,

1. On ne devrait pas continuer à faire contraster la *déduction* et l'*intuition*, comme le faisait Descartes, alors qu'on n'avait encore aucune notion sur la physiologie cérébrale, et que l'on admettait des fonctions sans organes. Intuition est toute *conclusion spontanée*, *empirique*, *rapide*, qui résulte généralement d'une certaine expérience antérieure, quelque courte qu'elle puisse être, suivant la plus ou moins grande capacité de l'individu. On peut dire que dans le cas le plus commun, l'intuition est une *induction spontanée et rapide*, aux données souvent incomplètes, plutôt qu'une *déduction* ; ce dernier cas, quoiqu'il se présente bien moins souvent, ne doit point, pour cela, être mis de côté. C'est cette *spontanéité* et cette rapidité qui, parfois, la font tenir pour une *inspiration surnaturelle*, ou une *divination*, selon qu'on raisonne respectivement d'après des *croyances théologiques* ou des *doctrines métaphysiques*. C'est un raisonnement *inconscient*, mais ce n'en est pas moins un *raisonnement*. C'est surtout la prépondérance du sentiment, qui l'inspire, qui le rend si spontané et si rapide.

On appelle *enseignement intuitif* celui qui entre pour ainsi dire par les sens, empiriquement, concrètement, sans l'assistance de grands raisonnements, sans nécessiter des règles, soit par la *contemplation directe* des *êtres* ou des *existences*, soit par les *images* respectives ou leur représentation en relief, ou au moyen du dessin, par la photographie, ou par le cinématographe, etc.

Ainsi donc, de nos jours, prise dans un autre sens que celui de conclusion ou d'aperçu rapide, spontané et empirique, parfois incomplet, la conception d'*intuition* ne serait qu'un *résidu*, une survivance de celle de l'*innéité des idées* de la vieille métaphysique. La science n'a reconnu en nous que des *prédispositions* plus ou moins grandes, héritées de nos ancêtres et développées ensuite par le travail mental, c'est-à-dire pour concevoir et exprimer des idées et des pensées, ou contempler, observer ou méditer, pour concrétiser, synthétiser ou abstraire, analyser pour induire, comparer, généraliser, ou déduire, coordonner, systématiser, plus ou moins vite. Mais la science vraiment positive n'a point encore découvert ce prétendu don divinatoire ou d'inspiration spontanée ou de révélation, pour savoir comment se passe tel ou tel phénomène.

par conséquent, il est généralement employé par les philosophes et les savants.

Déduire, pris dans son sens le plus commun, qui n'est peut-être pas le plus général, consiste à faire voir qu'un phénomène est contenu dans un autre. Ainsi comprise, la *déduction* resterait étroitement bornée au domaine mathématique, le seul qui offre à ce mode de raisonner une suffisante précision. Mais la Mathématique elle-même présente d'autres formes de déduction, qui permettent d'appliquer ce procédé à bien d'autres sujets dans les sciences supérieures. Dans ce cas-là se trouve la *déduction par absurde* ou incompatibilité.

Il y a au fond de toute déduction un *raisonnement par absurde*, dans lequel on part du *principe de contradiction*, comme Leibnitz l'a aperçu parfaitement. Le raisonnement déductif peut, en effet, se réduire à démontrer qu'il y a *contradiction*, *incompatibilité* ou *inconvenance* entre deux propositions. Voilà une autre forme de déduction [1], infiniment plus générale que la première, dont l'emploi peut s'étendre à toutes les sciences supérieures et en particulier à la *Sociologie* et à la *Morale*.

On déduit en *Sociologie* et en *Morale* en montrant la convenance ou l'inconvenance, ou l'incompatibilité ou la compatibilité de certaines propositions entre elles. C'est un procédé aussi ancien que l'esprit humain. Constructeurs de religion, moralistes, législateurs, jurisconsultes, etc., l'ont employé dans tous les temps, et certains en ont

1. La Mathématique en fournit encore une autre, connue sous le nom d'*analyse géométrique*. Elle consiste à supposer le problème résolu, à en déduire une conséquence vérifiable, et à en tirer une autre, ou plus d'une, qui conduise à celle que l'on a en vue. Ce procédé semble susceptible d'être appliqué aux domaines supérieurs.

même abusé. Il est évident que la déduction ne saurait prétendre, sous ce nouvel aspect, à la précision rigoureuse qu'elle atteint dans l'autre. Ses résultats sont moins précis et se prêtent plus aux objections. Mais cela n'empêche pas qu'elle ne soit un procédé très scientifique et très précieux, si la proposition qui lui sert de point de départ et à laquelle on doit comparer toutes les autres, pour en juger de la convenance, se trouve préalablement établie avec une rigueur suffisante.

Malgré son ascendant doctoral, la *logique des signes* n'est cependant pas la plus précieuse pour découvrir la vérité, même abstraite, ni même à la propager. La supériorité qui lui est propre est essentiellement relative à la *déduction*, que les signes rendent plus aisée et plus rapide, quoiqu'ils prêtent à la confusion et au verbiage. Quant à l'*induction*, les *images* conviennent mieux, surtout quant aux sentiments qui les animent. Toutefois, les signes étant les seuls moyens assez facultatifs, ce privilège naturel conservera toujours une très grande importance pour cet usage rationnel. (Extr. *Politique positive*, vol. II.) La logique des signes s'est développée principalement sous le monothéisme catholique, et tellement que, dès la fin du moyen âge, elle porta l'empirisme métaphysique et ensuite l'orgueil scientifique à oublier la logique des images et à oublier celle des sentiments [1].

Une tendance opposée a porté le positivisme à réaliser la conciliation normale entre la *logique de l'esprit*, éclairée par les images et guidée surtout par les signes artificiels, et la *logique du cœur*, fondée sur la connexité

1. A propos de la définition de *signe* et d'*image*, voir p.   de cet ouvrage.

directe des émotions. Quoique cette dernière, essentiellement subjective, semble d'abord ne convenir qu'à la culture morale, il est aisé de reconnaître qu'elle peut s'adapter aussi à l'élaboration intellectuelle. De même, point n'est besoin que la *logique de l'esprit*, principalement objective, se borne à sa seule destination rationnelle. Elle comportera, dorénavant, une haute efficacité affective. Chacun de nous peut très bien l'appliquer au culte de ses souvenirs les plus intimes, qu'un signe, souvent insignifiant, suffit à évoquer.

Il faut reconnaître que la constitution finale de la Logique positive ne pouvait avoir lieu qu'après une longue évolution. Pour cela, il fallait la systématiser, en appliquant à la solution graduelle des plus importants problèmes la combinaison continuelle des différents modes rationnels consacrés par l'ensemble du passé humain. Pendant les trois âges de notre longue enfance, le fétichisme, le polythéisme et le monothéisme ont respectivement développé, pour l'élaboration spontanée de nos spéculations abstraites et générales, *la puissance des sentiments, l'efficacité des images et l'aptitude des signes*, naturels ou artificiels. Cette culture partielle a été cependant par trop exclusive et ne pouvait que spontanément préparer l'état normal de la raison humaine.

Nous avons déjà dit qu'avec le fétichisme s'est révélée l'action nécessaire du sentiment pour susciter et diriger les opérations de l'esprit. « Le polythéisme a profondément facilité l'ensemble de l'élaboration théorique, en fournissant à toutes les intelligences des *images* éminemment propres à fixer l'attention habituelle sur les phénomènes généraux qu'il personnifiait, sans considérer les corps particuliers. » (Aug. Comte, *Polit. pos.*, vol. III.) En outre, au moyen âge, l'unité divine portait naturellement tous les esprits à des méditations générales où l'on ne pouvait utiliser les images sans qu'il fût possible d'y suppléer par le sentiment, faute de netteté et de précision. Les signes devinrent alors le seul recours habituel de notre intelligence, qui s'est ainsi familiarisée avec son emploi prépondérant, aisément étendu à des sujets quelconques. La logique des signes, en complétant la constitution fondamentale de nos procédés rationnels, a naturellement usurpé la fonction de désigner l'ensemble de la Logique. A partir donc de cette époque, la Métaphysique a réduit la Logique à l'emploi des signes, comme étant plus propres à la déduction, quoiqu'ils fussent aussi convenables à l'induction, quoique dans une moindre échelle. (*Polit. pos.*, vol. I.)

Sans faire cette vaine séparation entre la *logique du sentiment*, propre aux femmes ou aux prolétaires, celle des *images*, employée par les poètes, et celle des signes, plus propre aux philosophes ou aux savants, le positivisme vient aujourd'hui instituer une irrévocable combinaison de tous les moyens réguliers dont dispose notre nature pour découvrir les lois extérieures. La religion de l'*Antiquité* avait porté à *induire* par les *images* ; celle du *moyen âge* poussait à *déduire* par les *signes*, et celle des *temps modernes* a enfin combiné *ces deux moyens avec le sentiment*. Comme on le voit, en Logique, autant qu'en Morale, notre véritable initiation est toujours résultée d'une longue élaboration populaire, en vertu de croyances universelles sans aucune impulsion doctorale. La Philosophie positive est enfin venue systématiser cette longue évolution, en définissant la Logique comme étant *la combinaison normale entre les images et les signes, pour élaborer les pensées sous l'impulsion du sentiment*. Celui-ci donne de la consistance à la pensée, les images lui fournissent de la clarté, et les signes la précision : *clarté*, *précision* et *consistance*, tels sont les caractères de la vraie Logique.

La logique du sentiment offre naturellement deux grandes imperfections, à savoir un exercice trop peu facultatif et des éléments de fort peu de précision. Nous ne saurions reproduire, aussi souvent que nous le désirons, les émotions les plus propres à seconder nos diverses pensées. En outre, nos conceptions étant nécessairement bien plus multipliées que nos sentiments, leur correspondance mutuelle ne saurait devenir suffisamment déterminée. Bien apprécié, ce double inconvénient trouve spontanément une première compensation, quand la logique des images se développe assez pour assister ordinairement celle des émotions.

En effet, la reproduction des images est bien plus facultative que celle des sentiments, et elle comporte, du reste, une multiplicité fort supérieure. Par conséquent, nous pouvons lier bien plus aisément chaque notion à une image qu'à une émotion, et ainsi seconder mieux la combinaison naturelle de nos pensées. Cela équivaut, au fond, à faire l'appareil contemplatif assister l'appareil méditatif. Mais celui-là étant plus énergique que celui-ci, il l'est toutefois moins que l'appareil affectif, en sorte que la logique des images, quoique plus libre et plus précise, a incontestablement moins de force que celle des sentiments. Mais les images sont loin de pouvoir se reproduire et de se multiplier proportionnellement à nos besoins, surtout intellectuels. D'où la nécessité de la logique des signes.

L'emploi des *signes*, de tous le plus rapide et le plus facultatif, est propre à l'*activité*, tandis que celui des *images* est inhérent à l'*intelligence*. La logique des *sentiments* ou affective, la logique par excellence, est plus propre au *sexe féminin*, et celle qui conduit à la *persuasion* ; celle des *images* est la logique *théorique*, esthétique et philosophique ; et celle des *signes* est surtout la logique *pratique* et *technique*. Des *deux dernières* dérive à son tour la *conviction*. D'où l'on voit que la *croyance normale* et inébranlable, c'est-à-dire la *foi démontrable*, suppose le *concours de la persuasion* et de la *conviction*, à savoir, l'intime et plein sentiment de la convenance morale, mentale et pratique des opinions que l'on embrasse [1], et ces croyances inébranlables forment ce qu'on appelle, pour chacun de nous, la conscience individuelle. Par conséquent, la vraie capacité logique suppose la combinaison du *génie constructeur féminin*, du génie *esthétique du poète* et de l'esprit *généralisateur du philosophe*, ainsi que la *concision du praticien* [2].

1. Gomes de Castro, *Logique positive*.

2. C'est le résultat du concours supérieur de ces facultés et aptitudes intellectuelles, qui constitue la *génialité* proprement dite. Ainsi compris, le *génie* est constitué par une harmonie et un équilibre supérieurs de ces capacités ; équilibre et harmonie qui ne sauraient toutefois être jamais complets. Ces capacités sont généralement liées à un altruisme fort développé. Cela n'exclut cependant pas un fort sentiment de la personnalité, d'ailleurs nécessaire pour lui donner l'impulsion habituelle indispensable, ainsi que la conscience de cette supériorité, car sans une réelle confiance en soi on ne fait jamais rien de bon.

Ces sentiments-là s'allient d'ailleurs fort bien à un réel sentiment de modestie. Et cela se comprend aisément, car si, d'un côté, le génie s'aperçoit mieux de la distance qui le sépare de la plupart des hommes, sa haute valeur mentale lui permet aussi de mieux juger les productions d'autrui à leur juste valeur. Aussi la capacité géniale est-elle à même de mieux se rendre un compte exact de tout ce qu'elle ignore, ainsi que quelque grande qu'ait été sa réelle contribution au capital matériel, intellectuel et moral de l'humanité, du peu que cela représente en comparaison de ce que les générations surtout représentées par

Bien appréciée, cette harmonie logique conduit à distinguer deux manières générales dans l'impulsion fondamentale, qui peut être égoïste ou altruiste. Rarement, l'initiative mentale peut émaner directement des impulsions sympathiques. A la faible stimulation de l'altruisme, il faut ha-

les génies y ont apporté d'essentiel. Le génie s'apercevra de même de l'appui de tout ordre que lui auraient donné directement ou indirectement ses contemporains, quand même ceux-ci lui auraient suscité de grands embarras. Un exemple fort caractéristique nous en est fourni par Auguste Comte.

Cependant il y a des cas où la capacité morale est fort au-dessous d'une réelle supériorité mentale. Mais c'est vraiment plus rare qu'on ne se l'imagine généralement, car l'altruisme assiste d'ordinaire beaucoup mieux l'intelligence que ne saurait jamais le faire l'égoïsme, qui est plutôt critique que constructeur. Ce qui donne souvent le change, c'est un certain *talent d'exposition*, soit de la parole, soit de la forme proprement dite. Cette confusion a surtout lieu dans l'appréciation des contemporains, dont les passions et les préjugés sont généralement flattés ou partagés par cette sorte d'individus, qu'ils s'en rendent un compte exact ou non.

Mais revenons au génie. A toutes les supériorités citées, il unit une grande aptitude pratique, ce qui les manifeste aisément ; et *la manifestation est le véritable flambeau des intelligences supérieures* (Clotilde de Vaux). Car le génie possède en lui une force morale qui le pousse irrésistiblement à extérioriser les créations de son cerveau. L'équilibre relatif des facultés qui caractérise les génies, leur souplesse mentale font qu'ils s'attachent surtout à la résolution des grands problèmes de leur époque, et c'est ce qui prête à leurs créations, qui apportent quelque chose de vraiment nouveau, le cachet de l'originalité, que d'autres cherchent à produire par la bizarrerie de leurs œuvres.

Quant à une certaine théorie qui prétend que le génie est en quelque sorte un dégénéré, elle a été inventée et surtout propagée par des individus auxquels le génie manquait et qui ne comprenaient pas le génie d'autrui ; et qui, pour être des dégénérés eux-mêmes, prétendaient par ce moyen en imposer avec leurs excentricités. Il est tout aussi absurde de dire que le génie est un dégénéré que de prétendre que, parce qu'une beauté est plus ou moins parfaite, elle porterait pour cela le signe de la dégénérescence. Ce qu'il y a de seul vrai dans cette théorie évidemment inspirée par l'envie et l'impuissance, c'est que, entre les

bituellement que l'égoïsme ajoute sa puissante spontanéité, afin de susciter les efforts intellectuels. Il faut toutefois reconnaître que c'est à l'altruisme qu'est due l'efficacité des efforts de l'intelligence avec ceux de l'activité. Nous sommes ainsi portés, sans méconnaître la participation nécessaire de l'égoïsme, à considérer l'impulsion affective et même l'attention continue[1] des opérations intellectuelles comme essentiellement réglées par les instincts sympathiques. Ceux-ci concourent tous spontanément, chacun selon sa nature : l'attachement en stimulant l'attention, la vénération en la disciplinant, et la bonté ou amour universel en la dirigeant vers sa destination normale. Elaborées par l'esprit sous l'impulsion du cœur avec l'assistance du caractère, toutes nos conceptions portent naturellement l'empreinte de ces trois influences, parmi lesquelles prédomine le sentiment, pour fournir à la fois la source et l'origine des pensées.

Au catholicisme, précurseur extrême du positivisme, nous devons l'établissement, sous les formes propres au moyen âge, du principe fondamental de la vraie logique, quand

deux cas extrêmes, la *folie* et l'*idiotie*, le génie est plus près de la première que de la seconde.

Quant à *l'homme de talent*, il se caractérise par une certaine facilité de création ; mais ses facultés mentales sont plus ou moins incomplètes. Fort souvent, sa supériorité ne tient qu'à un développement, soit spontané, soit acquis, partiel ou général, de l'appareil ganglionnaire des sens.

L'homme simplement intelligent se caractérise surtout par une plus ou moins grande facilité d'assimilation. « Ce qui manque aux intelligences ordinaires, c'est moins la justesse et la pénétration à dévoiler des rapprochements que l'aptitude à généraliser des relations abstraites et à établir entre elles une parfaite cohérence logique. » (Aug. Comte.)

1. *L'attention* indique un *désir soutenu*, c'est-à-dire l'exercice de l'intelligence impulsionnée par le sentiment (*désir*, dans son état actif) et maintenu par la *fermeté*.

elle proclama la subordination continuelle de la raison à la foi, qui équivaut vraiment à celle de l'esprit au cœur. La véritable harmonie logique consiste donc à faire toujours concourir la force des sentiments avec la netteté des images et la précision des signes pour inspirer les conceptions qui nous conviennent. Enfin, nous sommes portés à reconnaître que, bien appréciée quant à son but, la logique est à la fois la plus ancienne et la plus vicieuse des constructions philosophiques. Elle a voulu directement régler l'élément moyen de l'existence humaine (l'intelligence), en le séparant de sa source initiale (le sentiment) et de sa destination pratique (l'activité). Considérée comme *science*, au moyen âge, la Logique établit l'aphorisme fondamental qui subordonne l'ordre intellectuel à l'ordre physique, sans voir que la connaissance de l'un exigeait l'appréciation de l'autre, dont l'étude était alors bornée aux phénomènes les plus simples. Comme *art*, elle ne put alors instituer qu'un vain appareil de règles métaphysiques, qui ne comportaient d'autre efficacité que de compenser, par quelques habitudes de généralisation, la spécialité nécessaire de l'initiation de l'esprit positif.

En renonçant au domaine poétique, la Logique, dans son exclusive préoccupation de la vérité, se sentit aussitôt dépourvue d'initiative et se contenta de systématiser l'aptitude, plus nuisible qu'utile, de *prouver sans trouver*. L'avènement du positivisme pouvait seul instituer réellement la saine Logique. Alors seulement devint possible et opportune la solution décisive du problème que le moyen âge avait posé et provisoirement ébauché en s'efforçant de régler nos forces quelconques.

Considérée dans son ensemble, la difficulté consiste surtout à discipliner l'esprit, soit avec l'élément aujourd'hui le plus troublé de la nature humaine, soit afin d'assister le cœur. Suffisamment réduite à sa vraie destination, l'intelligence doit, en effet, aider le sentiment à diriger l'activité : cet office suffit à instituer le régime mental. Alors l'esprit, renonçant à la stérile indépendance rêvée par l'orgueil métaphysique, place sa principale grandeur en une digne soumission à l'ordre fondamental que nous devons supporter et modifier.

Guidée par le spectacle extérieur, l'intelligence adapte la marche de ses conceptions à celle des phénomènes, dont les états futurs ou passés peuvent aussi être jugés au moyen de nos opérations intérieures, en vertu de la constance des deux économies parallèles. Elle reconnaît que cette correspondance ne saurait jamais être absolue, et n'aspirant à l'instituer qu'autant que l'exigent nos vrais besoins. Devant seulement représenter le spectacle extérieur avec une approximation adaptée à nos besoins, l'esprit peut, après avoir assez rempli son office passif, prendre une attitude active, en s'élevant de la *philosophie* à la *poésie*, afin de développer le *culte*, où consiste surtout la *religion* [1]. On doit envisager ce deuxième domaine comme le complément normal du premier ; car, en passant au service direct du sentiment, l'intelligence ne cesse point de servir l'activité, finalement destinée à perfectionner notre constitution morale.

Bien appréciés, les progrès physiques, et même intellectuels, tirent de leur réaction affective leur principale valeur, individuelle et collective. A la fois poétique et philosophique, la saine logique devient ainsi aussi précieuse aux cœurs les plus sympathiques qu'aux esprits les plus synthétiques. Les répugnances à son égard ne furent inspirées

1. Sur la définition de religion, voir la fin de la *Première section*.

que par sa constitution métaphysique, qui consacrait l'individualisme absolu. Toujours sociale, la logique positive fait profondément sentir que l'essor de l'intelligence est nécessairement collectif. Idéalisant l'ordre universel à mesure qu'elle la représente, elle perfectionne la synthèse, en développant la sympathie, d'après une extension normale du type humain qui, en rapprochant toutes les existences dignes d'appréciation, les rend plus comparables et mieux combinables.

Le caractère relatif de la logique laisse voir que la combinaison entre le *fictif* et le *réel* ne saurait jamais susciter leur confusion, vu que les deux modes, quoique relatifs à la même destination, permettent, dans chaque cas, une suffisante distinction entre le subjectif et l'objectif. En résumé, la principale efficacité de la logique consiste à assister le deuxième, ainsi que celui-ci vient en aide au premier, afin de faciliter la combinaison des images avec les signes, de même que ces derniers assistent la connexité des sentiments. Toutefois, la liaison des signes aux pensées peut devenir directe, et doit même l'être souvent envers les notions abstraites. Alors notre monde intérieur se lie artificiellement au monde extérieur, quoique cette liaison immédiate ait bien moins de consistance que celle qui est établie par l'intervention involontaire des images et des sentiments.

Une telle systématisation permet de concevoir la véritable fonction logique du langage, en écartant toutes les exagérations métaphysiques qui ont rendu vicieux un tel examen. Il faut, pour cela, considérer notre perfection logique comme consistant surtout à combiner heureusement ces trois procédés généraux, afin que chaque mot éveille, autant que possible, une image, et chaque image un sentiment. Nous aurons ainsi appliqué l'ordre extérieur au perfectionnement de notre élaboration intérieure, en rattachant nos émotions, essentiellement subjectives, à des signes principalement objectifs, sous l'entremise des images, objectives dans leur source, mais subjectives d'après leur siège [1]. Voilà comment le langage nous offre encore une réaction esthétique capitale, qui consiste à assister la combinaison spontanée des images intérieures, qui constituent le véritable domaine de l'art. Car l'élaboration esthétique consiste, d'un côté, à bien combiner ces images intérieures après les avoir rendues assez belles, et, d'un autre côté, à les communiquer avec énergie au moyen d'un système équivalent d'images extérieures. Sous l'un quelconque de ces deux aspects essentiels l'opération peut être fortement assistée par le moyen des signes également susceptibles de se lier aux deux espèces d'images, puisqu'ils sont, comme elles, objectifs d'après leur source et subjectifs d'après leur siège.

Après un long exercice, la logique des signes peut cependant offrir l'inconvénient d'amener le facile triomphe des médiocrités, qui développent ordinairement l'habileté d'exécution. Une déplorable aptitude à exprimer ce qu'on ne sent ni ne croit proportionne aujourd'hui un éphémère ascendant à des talents aussi incapables d'une création esthétique quelconque que de toute conception scientifique. Nous voyons ainsi comment les prétendus logiciens ont des idées fausses et étroites sur le mécanisme intellectuel, lorsqu'ils concentrent toute leur attention sur le plus volontaire, mais le moins puissant des trois modes essentiels que comporte la combinaison mentale.

1. Extrait de la *Synthèse subjective* d'Aug. Comte.

III

Nous venons de voir que la Logique positive étend successivement à toutes les sciences l'usage des procédés d'abord propres à chacune d'elles. Tout grand artifice logique, une fois étudié dans la partie de sa philosophie naturelle qui lui offre le développement le plus spontané et le plus complet, peut ensuite être appliqué, avec les modifications nécessaires, au perfectionnement des sciences suivantes.

Dans chacune la méthode est complétée par l'emploi auxiliaire des procédés dont les autres sciences ont fait connaître la puissance et la portée. Par ces mutuels emprunts, la méthode positive donne à chacune son plus grand rendement.

Comment donc étudier la méthode indépendamment des doctrines, comme l'a prétendu la *méthodologie* dans le domaine de la *logique métaphysique* ? Celle-ci se décomposait en *logique pure*, ou *logique* proprement dite, et en *logique appliquée* ou *méthodologie*. La *logique pure* comprenait, non seulement la *logique élémentaire*, qui se proposait d'étudier les principes de la pensée, mais aussi la *logique formelle*, ayant pour objet l'appréciation de ses formes générales.

Dans la philosophie positive, il n'y a pas de place pour cette dernière ; et quant à la prétention d'établir les principes généraux du raisonnement, elle était évidemment prématurée. Ces principes, qui sont les lois générales de l'entendement, ne pouvaient être découverts qu'en appréciant les productions de l'esprit humain dans leur ensemble. Ce n'est qu'au siècle dernier que cette appréciation a été faite par Auguste Comte, grâce à ses profondes méditations et aux travaux de ses prédécesseurs.

Ayant ainsi réalisé le vœu confus de Bacon, il institua la philosophie première où sont systématisées, non seulement les lois statiques, mais aussi les lois dynamiques de l'entendement humain. Sous cet aspect, on peut encore dire que la *logique classique* est la seule partie de l'ancienne philosophie apparemment susceptible de présenter quelque utilité (Auguste Comte, *Philosophie positive*, vol. III), car elle faisait sentir la nécessité d'établir les principes qui régissent notre entendement, quoique ces lois n'eussent alors pu être instituées, car la *science sociale* n'avait pas encore été constituée. La *logique formelle*, telle que les métaphysiciens l'ont constituée, a surtout développé la faculté dialectique, c'est-à-dire une aptitude, plutôt nuisible qu'utile, à *prouver sans trouver*, comme le disait Auguste Comte. Voilà pourquoi les opérations rationnelles des *scholastiques* se réduisaient presque toujours à de simples *inférences*, implicitement considérées comme des conclusions par *déduction*, sans apprécier dûment les *inductions*, bien plus propres à la découverte des vérités [1]. Ils identifiaient ordinairement la logique déductive avec la théorie du syllogisme ; mais *la déduction syllogistique*, en restant réduite à trois propositions, ne suffit même pas pour les démonstrations mathématiques [2]. Descartes ne s'exprimait pas plus

1. Mieux orienté que les scholastiques, Stuart Mill étendit la signification d'*inférences* aux conclusions par *induction*.

2. La déduction ne se réduit pas dans tous les cas aux formes du syllogisme prescrites par Aristote : cela n'a lieu que pour une espèce de déduction qui se fonde sur les relations de l'inclusion et de l'exclusion des termes. (Edmond Goblot, *Vocabulaire philosophique*.)

favorablement au sujet du syllogisme qui *sert plutôt à expliquer à autrui ce que l'on sait qu'à découvrir ce qu'on ignore.*

La construction de la Logique présente une difficile conciliation. D'un côté, on ne saurait contester l'ancien précepte qui plaçait son étude avant les sciences, comme on le voyait au moyen âge, où le *trivium* (grammaire, rhétorique et logique) devait normalement précéder le *quadrivium* (arithmétique, géométrie, astronomie et musique).

Quoique cette condition de rationalité devînt illusoire, et même perturbatrice, puisqu'elle s'appliquait à la *logique métaphysique*, cela n'altère point la justesse fondamentale du précepte d'après lequel notre intelligence procède toujours du général vers le particulier dans un classement quelconque. Et cette généralité décroissante est dans ce cas-là subjective, vu que l'appréciation du monde suppose l'existence de lois logiques. Si notre intelligence ne suivait pas spontanément aucune règle, elle ne saurait apprécier l'harmonie extérieure, c'est-à-dire les lois physiques. La *Philosophie positive* proportionne à ce précepte toute sa valeur et son autorité, en initiant l'éducation dogmatique par l'étude de la Philosophie Première, qui forme ainsi la base indispensable de la Logique positive.

D'un autre côté, nous avons déjà vu que l'étude de la méthode est inséparable de celle de la doctrine. Or, il n'est possible de concilier ces deux conditions qui semblent contradictoires, qu'en érigeant la Mathématique en *logique universelle*, toujours *indispensable*, mais *insuffisante*. Quoique consacrée à la science, elle sert, à la fois, comme logique, à discipliner notre intelligence. En effet, toute l'utilité que l'on puisse attribuer à l'étude de la Logique proprement dite se trouve plus développée, plus variée, plus complète et plus lumineuse dans les études mathématiques. C'est le plus puissant moyen d'éducation positive que l'on puisse offrir à nos facultés élémentaires de combinaison et de coordination.

Il est clair que toute l'utilité que l'on puisse attribuer à l'étude préalable de la Logique proprement dite, pour diriger et affermir la marche générale de notre intelligence, on peut la trouver dans la Mathématique, avec l'immense avantage que présente une étude aussi bien déterminée, nettement circonscrite et susceptible de la plus parfaite précision.

En résumé, la Logique traditionnelle doit disparaître. « Dans sa partie théorique, elle est arriérée, comme la philosophie métaphysique d'où elle procède. Elle se compose de préceptes puérils, d'une inutilité évidente, ou de vagues spéculations ontologiques, aussi vaines qu'inapplicables. Dans sa partie appliquée, si nous la séparons de la pratique des sciences, elle devient stérile. » Car on ne saurait enseigner aucun art abstraitement, et, à plus forte raison, celle de bien raisonner, ni d'observer, de former des hypothèses, etc. Il n'a jamais suffi de posséder les règles de l'art poétique pour écrire de bonnes œuvres. Tout ce que l'on apprend d'un art est fourni par la pratique ; rien ne saurait suppléer le temps, les dispositions naturelles, ni l'expérience.

L'étude d'une seule science positive, même sans aucune intention philosophique, a bien plus de valeur que tous les aphorismes sur l'observation, etc., de la Logique classique. Les *éclectiques* ont été certainement naïfs quand ils prétendirent faire de leur *psychologie* une science, en pensant connaître et pratiquer la méthode positive pour avoir lu le *Novum Organum* de Bacon et le *Discours sur la Méthode* de Descartes. Mais ces philosophes et les autres grands coordinateurs des sciences n'ont jamais cessé d'insister sur l'inanité des considérations abstraites relatives aux méthodes. Ils n'ont jamais séparé les règles qu'ils formulaient de leur application aux recherches positives. Auguste Comte, leur héritier et successeur à tous, n'a jamais tenu un autre langage. Il y a cependant chez lui une logique positive où l'on peut distinguer une partie théorique et une autre pratique. La partie théorique s'occupe des lois logiques qui gouvernent le monde intellectuel. Elles sont communes non seulement à tous les temps et à tous les lieux, mais aussi à tous les sujets sans nulle distinction entre les *réels* et les *fictifs*, et qu'on observe, au fond, dans les rêves eux-mêmes. La partie pratique est essentiellement donnée par l'étude de la *Mathématique*, une fois qu'on y introduit tous les artifices que la méthode positive manifeste dans les domaines supérieurs.

Nous avons reconnu, en effet, que les lois générales du raisonnement se manifestent surtout en Mathématique, c'est-à-dire dans l'appréciation abstraite de l'existence universelle réduite à ses plus simples attributs : *nombre*, *étendue* et *mouvement*. Elle seule offre assez de simplicité pour une telle manifestation. L'appréciation scientifique y concourt avec l'appréciation logique, car, malgré l'uniformité apparente de la méthode positive, les études les plus simples peuvent seules développer convenablement la puissance déductive. En outre, des observations importantes peuvent y être faites à propos des cas simples. Toutefois, on doit craindre que cette suprême simplification des spéculations positives ne permette point d'y trouver des types décisifs de tous les procédés logiques, dont beaucoup nous semblent exclusivement réservés aux études supérieures.

En effet, il semble que le domaine mathématique est suffisant pour la *déduction* et la *coordination*, qui s'y développent spontanément, avec une perfection jugée ailleurs impossible. Il pourrait paraître que l'*induction* et la *généralisation* ne sauraient être assez appréciées que dans les domaines supérieurs qu'ont fait successivement surgir leurs divers modes. Mais ceux qui sont chargés de transmettre aux autres les résultats généraux du développement intellectuel ne sont pas astreints à reproduire aveuglément la marche suivie pendant la phase préparatoire. Ils pourront établir une différence croissante entre l'exposition dogmatique et l'élaboration historique, à mesure que la pensée devient graduellement plus synthétique.

Or, quoiqu'on doive toujours respecter la concordance spontanée entre l'éducation individuelle et l'évolution collective, l'uniformité nécessaire de la méthode positive permet d'introduire ses principaux artifices dans des sciences plus simples que celles qui les firent surgir. Ainsi donc, l'on peut, en *géométrie*, enseigner la partie de la *logique inductive* qui semble appartenir à la *biologie*, c'est-à-dire la *méthode comparative* et la *théorie taxonomique*. Ses deux modes essentiels, c'est-à-dire la formation de groupes naturels et même l'institution des séries hiérarchiques, conviennent pleinement à la classification normale des surfaces, d'après leur mode de génération.

L'aptitude du domaine mathématique est aussi reconnue envers les modes moins éminents de la *logique inductive*, l'*observation* et même l'*expérimentation*, qui s'y développent beaucoup malgré la tendance des géomètres à croire leur science purement déductive. En outre, les plus sublimes procédés, la *filiation historique* [1] et la *méthode sub-*

1. Cette méthode nous montre que l'histoire de la Mathématique est inséparable de l'histoire générale de l'Humanité. La filiation historique permet seule de résoudre des questions comme celles-ci : Pourquoi les Grecs, qui ont connu la numération décimale et qui possédaient des organes tels qu'Archimède et Apollonius, ne parvinrent-ils pas à une écriture numérique comparable à celle que les Hindous avaient découverte

jective peuvent être, en vertu de leur évidente universalité, dignement transportées dans la science mathématique, où leur application devient décisive. Telle est, en effet, la plénitude logique du domaine mathématique, qui peut embrasser, outre les procédés spéciaux d'induction ou de déduction, la *méthode constructive* ou *subjective*, le plus spontané, le plus ancien et le plus puissant des moyens généraux de contempler et de méditer.

La *Mathématique*, en réagissant sur l'ensemble de la *Philosophie seconde*, peut ébaucher l'appréciation numérique de l'existence humaine, ainsi que la construction de la méthode transcendante, quoique les deux appartiennent au domaine de la *Morale*. En effet, examinée sous le point de vue le plus systématique, la *logique infinitésimale* [1] devient, dans toute son étendue, une simple branche de la *méthode subjective* directement fondée sur l'ensemble des rapports encyclopédiques. A cette méthode suprême, seule pleinement rationnelle, sont liées les ressources qui résultent partout de l'harmonie normale de l'état dynamique avec l'état statique, et celles plus puissantes, proportionnées par la comparaison des divers domaines théoriques. Sous cet aspect, la logique infinitésimale, consistant à subordonner

et qui prévaut encore aujourd'hui? Pourquoi Hipparque, qui possédait toutes les connaissances qu'eut ensuite Képler, ne fit-il pas les découvertes astronomiques de ce dernier?

1. Il faut avoir en vue l'universalité de la *méthode infinitésimale* que les géomètres envisageaient comme exclusivement propre au domaine mathématique. Résultant de l'observation des institutions sociales et ayant passé à la *physique*, dans la *théorie corpusculaire*, elle convient pleinement aux spéculations sociologiques où se trouve sa meilleure destination et son principal développement, parce que, dans le domaine de la Morale, cesse l'anomalie philosophique entre la généralité subjective de la *différenciation* et l'objectivité spéciale de l'*intégration*.

les cas les plus complexes aux plus simples, dans un même ordre de spéculations quelconques, constitue le moindre degré de l'artifice fondamental, dont les deux modes principaux, la *logique comparative* et la *filiation historique*, appartiennent à la science sociale.

Enfin, après avoir développé dans le *calcul* l'aptitude logique des *signes*, et simultanément manifesté l'emploi des *images* qui devint prépondérant dans la *géométrie ancienne*, la science fondamentale combine ces deux ressources dans la *géométrie moderne*. Quoique le domaine mathématique soit le seul où cette fusion se trouve réalisée, cela ne suffirait point pour caractériser le véritable ensemble de la logique positive. Il faut encore que l'influence des *sentiments* vienne compléter le concours des images avec les signes. Tel a été l'objet de la régénération théorique réalisée par Auguste Comte, lequel l'a surtout fondée sur l'efficacité mentale de l'affection. Car, étant liées à leur vraie source, les opérations de l'intelligence sont toujours inspirées, dirigées et soutenues par les sentiments, soit égoïstes, soit altruistes.

Cette combinaison entre les *signes*, les *images* et les *sentiments* ne pourra être décisive qu'en se développant, dès le début des études théoriques, dans le domaine plus simple et plus éloigné de l'homme. Autrement, on ne saurait élever la raison théorique au niveau de la raison pratique, qui sut toujours spontanément utiliser cette alliance dans les spéculations concrètes. Seulement alors, l'abstraction, cessant d'être dangereuse, pourra librement développer son privilège naturel de permettre de *généraliser* et de *coordonner*, sans compromettre l'alliance normale entre la *synthèse* et la *sympathie*. Les théoriciens continuent généralement à maintenir dans les études mathématiques la sécheresse que leur attribue le public. Mais cela n'empêche point que les âmes saines n'y trouvent de profondes et salutaires émotions en éprouvant, dès le début des études théoriques, l'influence affective de l'ordre démontrable. Une judicieuse soumission aux lois fondamentales est, en effet, le seul préservatif contre le vague et l'instabilité de nos desseins quelconques, en nous permettant d'instituer, d'après des règles secondaires, une sage intervention.

L'efficacité de ces irrésistibles convictions pour ennoblir et purifier nos inclinations devient incontestable à celui qui éprouve assez la nécessité de nous subordonner aux lois naturelles. Entre ces trois sortes de lois, physiques, intellectuelles et morales, les deuxièmes conviennent tellement au domaine mathématique, qu'on le considère généralement comme ne pouvant point en comporter d'autres. Mais cette irrationnelle exagération est dissipée quand on voit, d'un côté, surgir les lois physiques, surtout en *mécanique*, ou en *géométrie*, et, d'un autre côté, les lois intellectuelles n'être dévoilées que par les spéculations sociologiques. En corrigeant ce préjugé théorique, on est cependant impressionné par l'aptitude spontanée du domaine mathématique à vérifier et caractériser l'ordre mental. On sent, dès lors, qu'il peut aussi manifester et même développer les lois morales, en vertu de leur connexité naturelle avec les lois intellectuelles.

Le Positivisme, en rectifiant l'enseignement classique, fait précéder l'éducation mathématique par l'étude de la *Philosophie première*, qui comprend, comme nous l'avons dit, les préceptes fondamentaux de la saine Logique. Nous les avons déjà appréciés au commencement de cet ouvrage ; nous nous bornerons donc à énoncer les sujets suivants, directement relatifs à l'intelligence :

1° Former l'hypothèse la plus simple, la plus sympathique et la plus esthétique compatible avec l'ensemble des renseignements obtenus ;

2° Concevoir comme immuables les lois quelconques qui régissent les êtres suivant les événements, quoique l'ordre abstrait permette seul de les apprécier ;

3° Concevoir les modifications quelconques de l'ordre universel comme étant bornées à l'intensité des phénomènes dont l'arrangement demeure inaltérable ;

4° Subordonner les constructions subjectives aux matériaux objectifs ;

5° Les images intérieures sont toujours moins vives et moins nettes que les impressions extérieures ;

6° L'image normale devient prépondérante sur celles que l'agitation cérébrale fait simultanément surgir ;

7° Toutes nos conceptions passent par trois états, fictif, abstrait et positif, mais avec une vitesse proportionnelle à la généralité autant objective que subjective des phénomènes correspondants.

Cette dernière loi est dynamique comme celles qui se rapportent à l'évolution du sentiment et de l'activité, et les trois qui la précèdent sont statiques [1]. L'étude des lois

1. La première des lois statiques de l'entendement remonte à Aristote, qui s'est lui-même peut être inspiré d'Hippocrate. Son aperçu fondamental sur la source de nos connaissances s'est maintenu jusqu'à nos jours contre les attaques du spiritualisme. *Il n'y a rien dans l'intelligence qui ne vienne de la sensation*, a-t-il dit. Leibnitz y a ajouté : *excepté l'intelligence elle-même*. Cet aperçu nous fait voir qu'il n'y a en dehors de nous que des *faits* que nous percevons par nos sens. Mais si nous ne voulons pas, comme les idiots, nous borner à contempler inutilement ces faits, nous devons les lier entre eux de manière à construire des *théories* et à établir des *lois* qui permettent de les prévoir. Ces lois ou faits généralisés, qui nous dirigent dans la pratique, sont découvertes

dynamiques doit naturellement succéder à celle des lois statiques, car il faut avoir observé les conditions fondamentales de chaque existence, afin de pouvoir, ensuite, apprécier leur développement.

A la fois subjectives et objectives, les lois intellectuelles sont un lien nécessaire entre l'Homme et le Monde dont

et en partie construites par notre cerveau, réagissant sur le monde extérieur.

Ce concours nécessaire entre le cerveau et le monde, pour la formation d'une notion quelconque, a été bien établi par Kant, dans sa distinction entre le *subjectif* et l'*objectif*. Complétant Aristote et Leibnitz par Kant, et systématisant les vues de Locke, de Hume et de Diderot, Aug. Comte a enfin établi la première loi statique de l'entendement : *Nos constructions subjectives sont toujours subordonnées aux matériaux objectifs.*

Mais cette loi serait insuffisante pour caractériser la raison puisqu'elle convient également à la folie. Pour que le *dedans* puisse se subordonner au *dehors*, il ne suffit pas que le fond de nos *pensées* vienne des *sensations*, il faut que celles-ci soient prépondérantes sur les *images intérieures* ou *souvenirs*. D'où la nécessité de la loi suivante : *Les images intérieures sont toujours moins nettes et moins vives que les impressions extérieures d'où elles émanent.*

C'est seulement ainsi qu'il peut établir une véritable *subordination* du cerveau envers un milieu vraiment prépondérant. Sans une telle condition, le commerce mental de l'homme avec le monde ne comporterait aucune règle fixe. Car nos impulsions intérieures viennent toujours troubler les impressions extérieures au point d'empêcher souvent nos moindres appréciations. (Aug. Comte, *Philosophie positive*, t. III, p. 19.)

Cette deuxième loi ne complète pas encore l'état normal de l'entendement. Car un même objet peut susciter, d'après la diversité des circonstances, plusieurs images, différentes. Or, on conçoit aisément que si ces images, quoique toutes inférieures à l'impression correspondante, étaient pourtant égales entre elles, il en résulterait pour l'esprit une confusion insurmontable. C'est ce qui a lieu dans les prodromes de la folie.

Ceci nous conduit à concevoir la nécessité d'une troisième loi intellectuelle dont nous connaissons déjà la formule : *L'image normale est plus vive que celles que l'agitation cérébrale fait simultanément surgir.*

l'appréciation resterait isolée sans elles. En effet, les *lois physiques* nous sont révélées au moyen des *lois logiques*, et celles-ci présupposent évidemment les *lois morales*. Les premières, propres au sexe actif, fournissent la destination de toutes nos pensées, et les dernières, propres au sexe affectif, sont la source de ces pensées qui sont ainsi subordonnées à ces deux termes dont ils opèrent la liaison.

Ce n'est qu'ainsi que le dedans cesse de pouvoir troubler le dehors, et subit au contraire sa prépondérance nécessaire. *L'ordre extérieur* devient ainsi, par rapport au cerveau, un aliment, un stimulant et un régulateur, comme envers toutes les autres classes de phénomènes biologiques.

Afin de vérifier et de compléter l'étude de ces lois, il importe d'observer que lorsque l'état pathologique résultant d'une exagération d'activité propre aux cellules nerveuses du cerveau survient, c'est-à-dire un *excès de subjectivité*, celui-ci amène comme conséquence deux phénomènes qui se rapportent, le premier aux *idées* ou à la contemplation, le second aux *pensées* ou à la méditation. Ces deux phénomènes sont : 1° *la prépondérance des images subjectives* ; 2° *la complication des hypothèses.*

Remarquons que le mot « image » a ici toute la généralité abstraite qu'il comporte, et qu'il faudra donc considérer autant d'espèces d'images que de sens distincts, c'est-à-dire tactiles (plus généraux, de poids, calorifères), olfactifs, gustatifs, auditifs, optiques et électriques.

Dans l'état pathologique, comme à l'état normal, le cerveau humain tire du dehors, par les sens, tous les matériaux de ses conceptions, en sorte que la première loi statique est respectée et les images les plus fantastiques ne sont que des combinaisons anormales de souvenirs. Mais il n'en est pas de même pour la deuxième loi statique. Si l'extérieur en fournit toujours l'aliment et le stimulant, il cesse d'être le régulateur. Il n'y a plus harmonie entre les deux éléments, subjectif et objectif, de nos conceptions, mais conflit entre les impressions extérieures et l'action intérieure du cerveau. Ce conflit résulte de ce que les *souvenirs* deviennent plus nets ou du moins plus vifs que les sensations. Dans le second cas, nous avons déjà dit que ce phénomène constitue l'*hallucination*, et, dans le premier, c'est ce qu'on nomme l'*incohérence*.

On comprend que lorsque les images intérieures deviennent aussi intenses que les images extérieures, notre état mental ne comporte aucune consistance et notre existence pratique devient indisciplinable. Car l'appréciation du dehors se trouve alors radicalement troublée par

Les deux études extrêmes ont été empiriquement cultivées depuis les temps les plus reculés pour nos besoins correspondants, mais avec un succès fort divers. Les *lois physiques* étant, au fond, indépendantes des lois morales, ont permis que les hommes pussent y fonder isolément des convictions stables, quoique incohérentes. Les *lois morales*,

cette énergique concurrence du dedans, et, de plus, la perturbation provient, à la fois, de beaucoup d'images indépendantes dont l'égalité de force empêche toute harmonie mutuelle.

Afin de sentir combien le fonctionnement de notre intelligence dépend de sa subordination envers le monde extérieur, même quand nous ne pensons pas aux objets que nous avons devant les yeux, il suffit d'observer que pendant le sommeil les rêves atteignent un véritable état d'incohérence qui ne se dissipe qu'après le réveil. L'expérience inverse est d'ailleurs fort concluante. Lorsque nos sens sont attentifs à toutes les impressions venues du dehors et que le milieu est lui-même troublé, la méditation devient impossible. Alors, le travail intellectuel, malgré les efforts les plus vigoureux, ne peut consister qu'en des contemplations vagues et sans aucun rapport entre elles, comme cela arrive, par exemple, lorsque nous essayons de méditer dans une enceinte où les uns causent et où d'autres discutent vivement.

Si toutes les images intérieures ont la même *intensité* et si celle-ci est inférieure à celle des impressions correspondantes, on a le prodrome de la folie, mais non pas la folie confirmée. Malgré les perturbations qui en résultent, il reste encore à la méditation un point de repère pour apprécier le caractère subjectif des images : il y a hallucination, mais la raison peut être conservée. Mais, quand l'image devient définitivement aussi vive que l'impression, la situation est plus grave, quoique la folie puisse être encore évitée si ce n'est qu'un seul des sens qui est affecté, et si les renseignements fournis par les autres permettent d'en rectifier l'erreur. Dans le cas contraire, la *folie* vient s'ajouter à l'*hallucination*.

Le degré d'intensité n'est cependant pas le seul élément dont il faille tenir compte dans la production des images, il faut encore considérer leur *fréquence* et leur *multiplicité*. On comprend, en effet, que la succession rapide et continue d'un grand nombre d'images empêcherait toute systématisation. Le malade assailli par des tourbillons d'idées sera en proie à l'incohérence la plus complète. Mais la tempête passée, le calme et le bon sens reviendront presque en même temps. Il sera incapable de se rendre

au contraire, dépendant nécessairement des lois physiques, n'ont point permis que les femmes construisissent dans ce domaine aucune doctrine inébranlable, et leurs efforts n'ont comporté qu'une précieuse réaction affective.

Mais comme le terme nécessaire de nos méditations réelles réside dans l'ordre moral, l'unité logique et scientifique ne

le moindre compte de ce qui s'est passé, mais il n'aura point d'idées fixes ni de conceptions délirantes.

C'est ainsi que nous voyons se dissiper nombre de délires généraux sans qu'ils laissent de trace; ils sont donc, dans ce cas-là, une espèce de *manie* passagère. Au contraire, dans le cas où les hallucinations seraient beaucoup trop fréquentes pour amener l'incohérence, il se forme une idée délirante en rapport avec la nature des images persistantes : c'est surtout le cas de la *monomanie*.

Charles Dickens, dans son célèbre ouvrage *David Copperfield*, cite l'exemple caractéristique d'un copiste monomaniaque qui prétendait écrire un mémoire sur le roi Charles Ier, et ainsi, dans toutes ses conversations et dans tous ses écrits, il faisait entrer quelque chose du sujet de son Mémoire. Toutefois, on obtint de lui qu'il remplît ses fonctions, en plaçant deux tables dans le lieu où il devait faire ses copies, et sur l'une, la tâche qui lui était destinée, tandis que dans l'autre du papier blanc, pour qu'il écrivît son mémoire, en le persuadant qu'il devait aller d'une table à l'autre toutes les fois qu'il penserait au roi Charles Ier, et de continuer ensuite sa copie.

C'est un tel mode de formation d'idées nouvelles qui fournit les matériaux pour la transformation des hypothèses. En résumé, la prédominance des images subjectives produisant l'*incohérence*, tel est le phénomène par lequel la contemplation, échappant à la domination du monde extérieur, amène la folie. Mais la distinction entre les différents organes intellectuels est si complète, que le trouble peut en rester là indéfiniment. Les organes de la méditation qui ont formé, d'après les renseignements antérieurs à la maladie, des jugements et des opinions, peuvent, avec leur aide, rectifier les données de la région contemplative et déclarer qu'il y a *erreur*, *contradiction* ou *impossibilité*. Les cas existent où un grand nombre d'hallucinés, de monomaniaques, de maniaques même, savent qu'ils sont malades et apprécient leur état, en dehors des moments passagers de trouble trop violent.

Enfin, quand les fonctions de la méditation elle-même sont atteintes

pouvait être établie que par une suffisante liaison de ces deux domaines extrêmes. Or, ils ne sauraient être réunis que par le domaine intermédiaire, qui se rattache naturellement à chacun d'eux. Dans ces conditions-là, la construction d'une véritable unité théorique devint enfin dépendante d'une suffisante élaboration des lois propres de l'entendement. Ainsi donc, la découverte de la loi des phénomènes les plus éminents de notre intelligence, enfin dévoilés par l'évolution sociale, en complétant notre longue initiation scientifique, est venue terminer le régime préliminaire de la raison humaine. Ces lois intéressent directement les classes contemplatives, étant surtout propres au *sacerdoce*, intermédiaire normal entre le *sexe actif* et le *sexe affectif*.

L'ensemble des considérations précédentes nous porte donc à reconnaître que l'étude de la *Mathématique* doit être précédée par la *Philosophie première*, afin de constituer

par l'excès de subjectivité, le trouble est beaucoup trop grave pour qu'il puisse influer sur la formation des hypothèses et sur leur transformation en quête de la vérité. Dans ce cas, la loi fondamentale de Philosophie première est violée, puisque le fou complique les hypothèses au lieu de les simplifier. Nos jugements sur les hommes et sur les choses ne sont, en réalité, que des hypothèses plus ou moins rigoureuses, où le cerveau fournit les liens qui réunissent les différentes observations, incohérentes sans cela. Mais il est évident que toute complication, outre qu'elle suscite un travail stérile, deviendrait une véritable aberration et un commencement de folie. De l'ensemble des quatre lois citées, résulte la stabilité des opinions, qui est l'un des caractères de la *raison*. Les changements qu'elles subissent ne sauraient être que des modifications lentes qui résultent d'observations plus complètes ou de transformations que l'âge apporte à nos sentiments. Mais tout resterait arbitraire si ces variations normales n'étaient pas soumises à une loi. Cette loi existe, et elle a été découverte par Aug. Comte, qui l'a nommée *loi des trois états*, qui est la première des lois dynamiques de l'entendement. (Extr. de la thèse de Médecine, *Des symptômes intellectuels de la folie*, par le Dr Eugène Sémérie, publiée à Paris, 1875.)

ensuite un type fondamental de *logique positive*. En qualifiant de Logique le terme initial de l'échelle encyclopédique, on a l'avantage évident d'éloigner, quant à la doctrine, la vaine prétention que nous rappelle l'ancien nom de *mathématique*, comme si celle-ci constituait encore de nos jours la seule science. Du reste, la dénomination de *logique*, adoptée par Auguste Comte, nous est venue du moyen âge et fut employée dans les temps modernes par Hobbes, *le plus profond des penseurs britanniques*. La réaction inverse de cette substitution purifie l'étude systématique de la méthode, en la rendant inséparable d'une doctrine qui, en vertu de sa simplicité, en peut manifester toutes les parties essentielles. Celles-ci ne peuvent surgir que moyennant des exercices décisifs, qui là seulement offrent une extrême simplicité scientifique, condition indispensable aux appréciations logiques. Il suffit pour cela qu'une sagesse systématique rattache artificiellement à cette étude une manifestation suffisante des parties supérieures de la méthode positive, qui ne furent d'abord caractérisées qu'au moyen d'études moins générales et plus complexes.

Subordonnée à la Morale, la *Mathématique* ou *Logique* doit être systématiquement réduite aux spéculations qu'exige la préparation de la science finale, en laissant à celle-ci l'élaboration décisive de toutes les autres conceptions, autant celles relatives à la doctrine qu'à celles de la méthode. A cette destination plus vaste, la science fondamentale doit encore ajouter sa liaison particulière à la science préparatoire, dont les notions propres doivent d'abord reposer sur l'ensemble des lois mathématiques. Il faut encore reconnaître que la destination, essentiellement logique, de la science fondamentale est plus apte que son application physique à consacrer les principales recherches qui durent surgir empiriquement de sa culture isolée.

Beaucoup parmi elles, réellement inutiles à la Physique, n'y sont consacrées qu'en vertu de leur efficacité logique. On doit donc concevoir la destination normale de l'éducation mathématique, comme devant fournir une base complète à a systématisation positive, tant pour la doctrine que pour a méthode.

II

Considérations[1] plus spéciales relatives à la méthode de chaque science.

C'est par la *Mathématique* que la Philosophie positive a commencé à se former : c'est d'elle que nous vient la *méthode*. Il était donc naturellement inévitable que, lorsque la même manière de procéder a dû s'étendre à chacune des autres sciences fondamentales, on s'efforçât d'y introduire l'esprit mathématique à un plus haut degré que ne le comportaient les phénomènes correspondants. Ceci a donné lieu ensuite à des travaux d'épuration plus ou moins étendus, comme ceux de Berthollet sur la Chimie, pour se dégager de cette influence exagérée.

Mais chaque science, en se développant, a fait subir à la méthode positive générale des modifications déterminées par les phénomènes qui lui sont propres, d'où résulte son génie spécial. C'est seulement alors qu'elle a pris son véritable caractère définitif, qui ne doit jamais être confondu avec celui d'aucune autre science fondamentale. La méthode propre à la Mathématique est la *déduction*, dont nous nous sommes déjà suffisamment occupé pour que nous soyons dispensé d'en donner de plus grands développements.

1. Extraits de la *Philosophie positive*, de la *Politique positive*, du *Catéchisme positif* et *Du Cerveau et de l'Innervation* du Dr G. Audiffrent.

Mais auparavant, faisons quelques remarques sur l'*esprit positif*. Les faits une fois dûment observés, les principes trouvés, vérifiés, contrôlés, les lois induites et formulées définitivement, l'esprit positif, sans méconnaître la prépondérance de la réalité directement constatée, tend à agrandir le domaine du *rationnel* aux dépens de l'*expérimental*, en substituant la *prévision* des phénomènes à leur *exploration immédiate*. La *prévision rationnelle* devient ainsi le caractère essentiel de la connaissance scientifique. Celle dont il s'agit ici consiste uniquement dans la possibilité de *savoir avec certitude sans observer*. Ayant pour but la *prévoyance*, toute science tend à substituer la déduction à l'expérience, *la connaissance rationnelle à l'empirique*.

Suite nécessaire des relations constantes découvertes entre les phénomènes, cette prévision permettra de ne jamais confondre la *science réelle* avec la vaine *érudition*, qui accumule des faits sans les déduire les uns des autres. La science se compose de principes et non de faits. Plus la déduction remplace l'expérience, mieux se réalise l'extension et la liaison de nos connaissances. Plus aussi, par conséquent, la science se rapproche de cette unité, qui est impérieusement réclamée par notre entendement, et qui est pour nous le critérium de la vérité. L'esprit qui s'applique à la contemplation du monde a besoin, avant tout, de le trouver intelligible. La science réelle le satisfait, non pas en imaginant des *volontés* ou des *causes*, comme le faisaient la théologie et la métaphysique, mais en découvrant l'*ordre des relations constantes entre les phénomènes*. Quand cet *ordre* est *harmonieux*, quand les diverses classes de phénomènes sont conçues comme *homogènes*, et comme régies par des *lois*, l'unité de notre entendement est consolidée. Peu importe que les divers ordres de phénomènes nous soient donnés comme irréductibles les uns aux autres; car, quoique le progrès scientifique consiste aussi à diminuer le nombre des lois distinctes et indépendantes, en étendant autant que possible les liaisons, une réduction de toutes les lois à une seule dont toutes les autres dériveraient n'est ni possible, ni nécessaire, comme nous l'avons déjà observé plus haut. L'*homogénéité de doctrine* et l'*unité de méthode* garantie par la satisfaction suffisante des besoins humains, c'est-à-dire l'*unité subjective* remplace suffisamment l'*unité objective* inaccessible à l'exiguïté des moyens d'investigation dont l'homme dispose.

L'objet le plus élevé de la science, sous le rapport logique, est de déterminer le point de vue d'où tous les phénomènes apparaissent intelligibles, et ce *point de vue est un*, comme l'*entendement humain* lui-même *est un.*

Ayant terminé ces considérations générales, nous pouvons aborder la méthode propre à chacune des sciences qui suivent. Nous constaterons donc que notre *art d'observer* se compose, en général, de trois procédés différents.

1° *L'observation* proprement dite, c'est-à-dire l'examen direct du phénomène tel qu'il se présente naturellement ;

2° *L'expérience*, c'est-à-dire la contemplation du phénomène plus ou moins modifié par des circonstances artificielles que nous instituerons expressément en vue d'une plus parfaite exploration ;

3° *La comparaison*, c'est-à-dire la considération graduelle d'une suite de cas analogues, dans lesquels le phénomène se simplifie de plus en plus. Il faut rappeler que ces trois procédés ne sont que des modes divers de la grande *méthode inductive*.

La science des corps organisés, qui étudie les phénomènes du plus difficile accès, est aussi la seule qui permette véritablement la réunion de ces trois moyens. L'*Astronomie*, au contraire, est nécessairement bornée au *premier*. *L'expérience* y est évidemment impossible ; et quant à la *comparaison*, elle n'y existerait que si nous pouvions observer directement plusieurs systèmes solaires, ce qui ne saurait avoir lieu. Reste donc la *simple observation*, et réduite même à la moindre extension possible, puisqu'elle ne peut concerner qu'un seul de nos sens.

Mesurer des angles et compter des temps écoulés : tels sont les seuls moyens d'après lesquels notre intelligence puisse procéder à la découverte des lois qui régissent les phénomènes célestes. Mais ces moyens n'en sont pas moins parfaitement adaptés à la nature des véritables recherches astronomiques ; car il ne faut pas autre chose pour observer des phénomènes géométriques sous des phénomènes mécaniques, des grandeurs ou des mouvements. On doit seulement en conclure que, entre toutes les branches de la philosophie naturelle, l'*Astronomie* est celle où l'observation directe, quelque indispensable qu'elle soit, est par elle-même la moins significative. C'est aussi celle où la part du raisonnement est incomparablement la plus grande, ce qui constitue le premier fondement de sa dignité intellectuelle. Rien de vraiment intéressant ne s'y décide jamais par la simple inspection, contrairement à ce qui se passe en *Physique*, en *Chimie*, en *Biologie*, etc.

Nous pouvons dire, sans exagération, que les phénomènes, quelque réels qu'ils soient, y sont, pour la plupart, essentiellement construits par notre intelligence ; car on ne saurait voir immédiatement la figure de la Terre, ni la courbe décrite par une planète, ni même le mouvement journalier du Ciel. Notre esprit seul peut former ces diverses notions, en combinant, par des raisonnements, souvent très prolongés et fort complexes, des sensations isolées que, sans cela, leur incohérence rendrait presque entièrement insignifiantes.

Le passage de l'Astronomie à la Physique proprement dite s'opère presque insensiblement au moyen de la mécanique planétaire qui étudie la nature inerte d'une manière plus approfondie.

Mais l'*observation* proprement dite qui, en Astronomie, était forcément bornée à l'usage d'un seul sens, commence à recevoir ici toute son extension possible. La multiplicité des points de vue relatifs aux propriétés physiques tient essentiellement, en effet, à la même condition caractéristique qui nous permet d'y employer simultanément tous nos sens.

Néanmoins cette science, réduite à la seule ressource de l'observation sûre, serait, sans aucun doute, extrêmement imparfaite, quelque varié qu'y puisse être son usage. Mais ici s'introduit spontanément, dans la philosophie naturelle, l'emploi du second procédé général d'exploration, l'*expérience*, dont l'application convenablement dirigée constitue la principale force des physiciens sur toutes les questions un peu compliquées. Cet heureux artifice fondamental consiste toujours à *observer en dehors des circonstances naturelles*, en plaçant les corps dans des circonstances artificielles, expressément instituées, qu'on se propose d'analyser sous un point de vue déterminé.

On conçoit aisément combien un tel art est éminemment adapté aux recherches physiques qui, destinées, par leur nature, à étudier dans les corps leurs propriétés générales et permanentes, susceptibles seulement de divers degrés d'intensité, peuvent admettre, pour ainsi dire, sans limites, l'ensemble quelconque de circonstances qu'on juge convenable d'introduire. C'est réellement en *Physique* que se trouve *le triomphe de l'expérimentation*, parce que notre faculté de modifier les corps afin de mieux observer leurs phénomènes n'y est assujettie à presque aucune restriction ou que, du moins, elle se développe beaucoup plus librement que dans toute autre partie de la philosophie naturelle.

Pour compléter le jugement définitif sur la philosophie de la Physique, envisagée dans son ensemble, il nous reste à considérer un rapport fort important. Il s'agit du véritable esprit général qui doit présider à la construction rationnelle et à l'usage scientifique des *hypothèses*, conçues comme un puissant et indispensable auxiliaire dans notre étude de la nature. La fonction fondamentale et difficile à analyser que remplissent, en Physique, les hypothèses, nous oblige naturellement à placer ici ce problème général de philosophie positive. Nous n'avions pas besoin de nous en occuper expressément en Astronomie, quoique aucune autre science ne fasse un usage à la fois aussi complet et aussi rationnel de ce moyen nécessaire. En vertu de l'extrême simplicité des phénomènes, c'est, pour ainsi dire, spontanément que toutes les conditions essentielles à son application bien entendue y ont été presque toujours observées, sans avoir besoin d'aucune règle philosophique spécialement affectée à cette destination. L'analyse convenablement approfondie de *l'art des hypothèses*, considérée dans la science dont la suprématie spéculative est aujourd'hui unanimement reconnue, peut seule établir solidement les règles générales propres à diriger l'emploi de ce précieux artifice en Physique, et, à plus forte raison, dans tout le reste de la philosophie naturelle.

Théorie générale des hypothèses. — Il ne peut exister que deux moyens généraux propres à nous dévoiler, d'une manière directe, entièrement rationnelle, la loi réelle d'un phénomène quelconque, en sa relation exacte et évidente à quelque loi plus étendue, préalablement établie, en un mot, *l'induction* ou *la déduction*.

Or l'une et l'autre voie seraient certainement insuffisantes, même à l'égard des plus simples phénomènes, aux yeux de quiconque a bien compris les difficultés essentielles de l'étude approfondie de la nature, si l'on ne commençait souvent par *anticiper* sur les résultats en faisant une *supposition provisoire*, d'abord essentiellement *conjecturale*, quant à quelques-unes des conditions mêmes qui constituent l'objet de la recherche. De là l'introduction strictement indispensable des *hypothèses* ou de *l'imagination* en philosophie naturelle.

Sans cet heureux détour, dont les méthodes d'approximation des géomètres ont primitivement suggéré l'idée générale, la *découverte* effective des lois naturelles serait évidemment impossible, pour peu que le cas présentât de complication, et toujours le progrès réel serait au moins extrêmement ralenti. Mais l'emploi de ce puissant artifice doit être constamment assujetti à une condition fondamentale, à défaut de laquelle il tendrait nécessairement au contraire à entraver le développement de nos vraies connaissances. Cette condition, jusqu'ici vaguement analysée, consiste à ne jamais *imaginer* que des *hypothèses* susceptibles par leur nature d'une vérification positive, plus ou moins éloignée, mais toujours clairement inévitable, et dont le degré de précision soit exactement en harmonie avec celui que comporte l'étude des phénomènes correspondants. En d'autres termes, les *hypothèses vraiment philosophiques* doivent constamment présenter le caractère de *simples anticipations sur* ce que *l'expérience* et *le raisonnement* auraient pu dévoiler immédiatement, si les circonstances du problème eussent été plus favorables.

Pourvu que cette seule règle nécessaire soit toujours scrupuleusement observée, les hypothèses peuvent évidemment être introduites sans aucun danger, toutes les fois qu'on en éprouve le *besoin* ou même simplement le *désir raisonné*. Car on se borne ainsi à substituer une *exploration indirecte* à l'*exploration directe*, quand celle-ci serait ou impossible ou trop difficile. Mais, si l'une et l'autre n'avaient point, au contraire, le même sujet général ; si l'on prétendait atteindre par l'*hypothèse* ou *invention* ce qui, en soi-même, est radicalement inaccessible à l'*observation* et au *raisonnement*, la condition fondamentale serait méconnue, et l'*hypothèse*, sortant aussitôt du vrai domaine scientifique, deviendrait nécessairement *nuisible*.

Or tous les bons esprits reconnaissent aujourd'hui que nos études réelles sont strictement circonscrites à l'analyse des phénomènes pour découvrir leurs *lois* effectives, c'est-à-dire leurs relations constantes de succession ou de similitude, et ne peuvent nullement concerner leur nature intime, ni leur *cause*, ou première ou finale, ni leur mode essentiel de production. Comment des suppositions arbitraires auraient-elles réellement de portée ? Ainsi toute hypothèse qui franchit les limites de cette sphère positive ne peut aboutir qu'à engendrer des discussions interminables, en prétendant prononcer sur des questions insolubles pour notre intelligence.

A l'époque actuelle, aucun physicien ne contestera directement la règle précédente. Mais il faut que ce principe soit encore très imparfaitement compris, puisqu'il est, en réalité, continuellement violé dans l'application et sous les rapports fondamentaux, de manière à altérer radicalement le vrai caractère de la Physique. En thèse générale, le domaine de la conjecture est bien conçu comme destiné combler provisoirement les intervalles que laisse inévitablement çà et là le domaine de la réalité. Mais, dans la pratique, les deux domaines paraîtront, au contraire, entièrement séparés, *le réel* étant même encore, presque toujours, plus ou moins subordonné à *l'imaginaire*.

Aussi faut-il soigneusement distinguer les diverses hypothèses employées aujourd'hui par les physiciens en deux classes. Les unes, jusqu'ici peu multipliées, sont simplement relatives aux *lois des phénomènes* ; les autres, dont le rôle actuel est beaucoup plus étendu, concernent la *détermination des agents généraux* auxquels on rapporte les différents genres d'effets naturels. Or les premières sont seules *admissibles* ; les secondes, essentiellement *chimériques*, ont un caractère *antiscientifique*, et ne peuvent désormais qu'entraver radicalement le progrès réel de la Physique, bien loin de le favoriser.

En Astronomie, le premier ordre d'hypothèses est exclusivement usité, depuis que la science céleste est complètement parvenue à l'état positif, sous les deux aspects généraux, géométrique et mécanique, qu'elle nous présente. Tel fait est encore peu connu, ou telle loi est ignorée : on forme alors à cet égard une hypothèse, le plus possible en harmonie avec l'ensemble des données déjà acquises ; et la science, pouvant ainsi se développer librement, finit toujours par conduire à de nouvelles conséquences observables, susceptibles de confirmer ou d'infirmer, sans aucune équivoque, la supposition primitive. On en peut remarquer de fréquents et heureux exemples relatifs à la découverte des principales vérités astronomiques. Mais, depuis l'établissement de la loi fondamentale de la gravitation, les géomètres et les astronomes ont définitivement renoncé à créer des *fluides chimériques* pour *expliquer le mode général de production des mouvements célestes*.

Pourquoi, dans une étude où l'erreur est bien plus difficile à éviter, et qui exigerait, par sa nature, beaucoup plus de précautions, les physiciens n'imiteraient-ils point cette admirable circonspection ? Pourquoi, comme les astronomes, ne borneraient-ils pas les *hypothèses* à porter uniquement sur les *circonstances* encore inconnues des phénomènes ou sur leurs *lois* ignorées, et jamais sur leur *mode de production*, nécessairement inaccessible à notre intelligence ? Quelle peut être l'utilité scientifique de ces conceptions fantastiques, qui jouent encore un si grand rôle sur les *fluides* et les *éthers imaginaires* auxquels on rapporte les phénomènes de la chaleur, de la lumière, de l'électricité et du magnétisme ? Ce mélange intime de *réalité* et de *chimères* ne doit-il pas, de toute nécessité, fausser profondément les notions essentielles de la Physique, engendrer des débats sans issue, et inspirer à beaucoup de bons esprits une répugnance naturelle, quoique funeste, pour une étude qui offre un tel caractère d'arbitraire ?

La seule définition habituelle de ces *agents inintelligibles* devrait suffire pour les exclure immédiatement de toute science réelle. Par son énoncé même, il est évident que la question n'est point jugeable, l'existence de ces *prétendus fluides* n'étant pas plus susceptible de négation que d'affirmation, puisque, d'après la constitution qui leur est soigneusement attribuée, ils échappent nécessairement à tout contrôle positif. Quelle argumentation sérieuse pourrait-on instituer pour ou contre des corps ou des milieux dont le caractère fondamental est de n'en avoir aucun ? Ils sont expressément *imaginés* comme invisibles, impondérables même, et d'ailleurs inséparables des substances qu'ils animent. Notre raison ne saurait donc avoir sur eux la moindre prise.

Sans la toute-puissance de l'habitude, ceux qui croient fermement aujourd'hui à l'existence du *calorique*, de l'*éther lumineux* ou des *fluides électriques*, oseraient-ils prendre en pitié les *esprits élémentaires* de Paracelse, dont la notion n'est pas certainement plus étrange ? N'est-ce point même par une véritable inconséquence qu'ils refusent d'admettre les *anges* et les *génies* ?

Un symptôme remarquable, à cet égard, de notre époque est la singulière facilité avec laquelle ces diverses hypothèses se renversent mutuellement, au grand scandale des esprits superficiels, qui qualifient dès lors la science d'*arbitraire* (ou faite de *doutes* et de *destructions*, ou qui en proclament la *faillite*), parce que, à leurs yeux, elle consiste surtout en ces vaines discussions. Dans les différentes controverses de ce genre, qui ont eu lieu successivement depuis un siècle, chaque secte a trouvé aisément de puissants motifs contre l'opinion de son antagoniste : la difficulté a toujours été d'en produire de décisifs pour sa propre hypothèse.

A la vérité, les physiciens se défendent vivement aujourd'hui d'attacher aucune réalité intrinsèque à ces hypothèses, qu'ils préconisent seulement comme des moyens indispensables pour faciliter la conception et la combinaison des phénomènes. Mais n'est-ce point là l'illusion d'une positivité incomplète, qui sent la profonde inanité de tels systèmes, et pourtant n'ose point encore s'en passer ?

L'Astronomie se passe entièrement d'un tel secours, et cependant on y conçoit très nettement tous les phénomènes et on les y combine d'une manière admirable. La véritable raison en est, au fond, qu'étant à la fois plus simple et plus ancienne que la Physique, l'Astronomie a dû atteindre avant elle à l'entier développement de son vrai caractère scientifique.

En examinant directement la *prétendue destination scientifique de ces hypothèses*, il serait difficile de comprendre, par exemple, comment la dilatation des corps par la chaleur serait aucunement *expliquée*, c'est-à-dire *éclaircie*, par cette seule idée qu'un *fluide imaginaire* interposé dans les espaces moléculaires tend constamment à les augmenter, puisqu'il resterait à concevoir d'où vient à ce fluide cette élasticité spontanée, qui, certes, est encore moins intelligible que le fait primitif. De même on ne conçoit pas mieux la propriété lumineuse des corps, après l'avoir attribuée à leur faculté incompréhensible de lancer un *fluide fictif* ou de faire *vibrer un éther imaginaire* ; pareillement à l'égard des phénomènes électriques ou magnétiques.

Toutes ces explications ne sont, au fond, guère plus scientifiques que l'explication métaphysique des phénomènes humains, par l'*action mystérieuse de l'âme sur le corps*. Dans l'un et l'autre cas, loin d'aplanir réellement aucune difficulté, on en fait naître artificiellement un grand nombre de nouvelles. Une tentative quelconque, même purement fictive, pour concevoir le mode de production des phénomènes, est nécessairement illusoire et directement opposée au véritable esprit scientifique.

La faculté de se représenter les phénomènes eux-mêmes ne saurait résulter que de leur *observation* attentive ; et, quant à la facilité de les combiner, elle ne peut être fondée que sur la connaissance familière de leurs *relations positives*. Ces hypothèses ne pourraient aujourd'hui y contribuer réellement tout au plus que comme de simples moyens mnémoniques, qui ont même, sous ce rapport, le grave inconvénient de détourner notre attention du véritable objet de nos recherches. Les motifs ordinairement allégués en faveur de ces artifices antiscientifiques sont donc évidemment dépourvus de toute réalité. Il ne reste d'autre considération valable que celle relative à l'empire d'une habitude quelconque profondément contractée.

La filiation métaphysique de cette fausse manière de procéder doit d'abord être facilement présumée par tout esprit impartial qui considérera les *fluides* comme ayant pris la place des *entités* dont la transformation a simplement consisté ainsi à *se matérialiser*. Qu'est-ce, au fond, de quelque façon qu'on l'interprète, que la *chaleur* conçue comme existant *à part du corps chaud*? la *lumière* indépendante du *corps lumineux*? l'*électricité* séparée du *corps électrique*? Ne sont-ce pas évidemment de pures *entités*, tout aussi bien telles que *la pensée envisagée comme un être indépendant du corps pensant*, ou *la digestion isolée du corps digérant*? La seule différence qui les distingue des anciennes entités scholastiques, c'est d'avoir substitué à des êtres essentiellement abstraits des fluides imaginaires, dont la corporéité est fort équivoque, puisqu'on leur ôte expressément, par leur définition fondamentale, toutes les qualités susceptibles de caractériser une matière quelconque. Ainsi nous n'avons pas même réellement la ressource de les envisager comme la limite idéale d'un gaz de plus en plus raréfié.

Quelle filiation d'idées pourrait être admise si celle-là est méconnue? Le caractère fondamental des conceptions métaphysiques est d'envisager des *phénomènes* indépendamment des corps qui nous les manifestent, et d'attribuer aux *propriétés* de chaque substance une existence distincte de la sienne. Qu'importe ensuite que, de ces *abstractions personnifiées*, on fasse des *âmes* ou des *fluides*? L'origine est toujours la même, et se rattache constamment à cette enquête de la nature intime des choses, qui caractérise, en tout genre, l'enfance de l'esprit humain, et qui inspira primitivement la conception des *dieux*, devenus ensuite des *âmes*, et finalement transformés en *fluides imaginaires*.

Cette considération rationnelle et directe se trouve exactement en harmonie avec l'analyse historique. A l'origine de toute science positive, notre intelligence a toujours passé par cette phase de développement nécessaire, quoique transitoire. Un tel état constitue un intermédiaire inévitable, et même indispensable, entre l'état franchement métaphysique et l'état purement positif, que la Mathématique et ensuite l'Astronomie ont seules atteint jusqu'ici d'une manière complète et définitive. L'esprit métaphysique et l'esprit positif sont trop radicalement opposés pour que notre faible raison puisse passer brusquement de l'un à l'autre.

Il fallait bien que la science naissante satisfît d'abord à cette exigence profondément habituelle, et donnât le change à notre esprit, en lui imposant, à la place des *entités scolastiques*, de *nouvelles entités plus saisissables*, destinées au même but, et susceptibles, par conséquent, d'être préférées, en même temps que leur nature devait graduellement conduire à la considération de plus en plus exclusive des *phénomènes* et de *leurs lois*. Telle a donc été l'importante destination temporaire de ce système général d'hypothèses : permettre à l'intelligence humaine le passage des habitudes métaphysiques aux habitudes positives.

L'Astronomie n'a pas réellement plus échappé que la Physique, ou que toute autre branche de la philosophie naturelle, à cette obligation fondamentale : seulement, à son égard, cette phase nécessaire de développement est depuis longtemps pleinement accomplie ; en sorte que personne n'y fait plus attention, l'histoire des sciences étant aujourd'hui fort négligée, d'ordinaire, par les savants, si ce n'est tout au plus comme l'objet d'une curiosité superficielle et stérile.

En étudiant la marche de l'esprit humain au XVIIe siècle, on reconnaît aussitôt combien, à cette époque, les géomètres et les astronomes étaient généralement préoccupés d'hypothèses parfaitement analogues à celles que nous jugeons ici. Tel est le caractère de la vaste conception de Descartes sur l'explication des mouvements célestes par l'influence d'un système de *tourbillons imaginaires*. L'histoire rationnelle de cette grande *hypothèse* est ce qu'on peut trouver de plus propre à éclaircir l'ensemble de la question actuelle : car, ici, l'analyse peut porter nettement sur une opération philosophique complètement achevée. Nous y suivons aisément aujourd'hui l'enchaînement des *trois phases* essentielles, la *création de l'hypothèse*, son *usage temporaire* indispensable, et enfin son *rejet définitif* quand elle a rempli sa destination réelle.

Ces fameux tourbillons, tant décriés maintenant par des physiciens qui croient fermement au *calorique*, à l'*éther*, et aux *fluides électriques*, ont été, à l'origine, un puissant moyen de développement pour la saine philosophie. Ils y ont introduit l'idée fondamentale d'*un mécanisme quelconque*, là où le grand Képler lui-même n'avait osé concevoir que *l'action* incompréhensible *des âmes et des génies*.

Une antique philosophie qui prétend tout expliquer, en pénétrant à l'aide de ses entités jusqu'à la *nature intime des corps* et aux *causes premières des phénomènes*, ne pouvait être définitivement renversée que par une Physique audacieuse, remplissant le même office plus complètement encore et avec des moyens beaucoup plus intelligibles, quoique tout aussi chimériques. Quiconque a suivi la longue et mémorable controverse engendrée par le cartésianisme a dû remarquer combien les meilleurs esprits de cette époque identifiaient le sort de la saine manière de philosopher avec celui d'une telle doctrine : et c'était sans doute à très juste titre, tant qu'il ne s'est agi que de lutter avec la philosophie métaphysique. Mais, plus tard, quand la discussion fut portée sur le terrain de la vraie mécanique céleste, fondée par la théorie de la gravitation newtonienne, l'influence, primitivement *progressive*, du système des tourbillons devint incontestablement *rétrograde*. Et cela en vertu de la triste fatalité qui pousse les doctrines, aussi bien que les institutions et les pouvoirs, à prolonger leur activité au delà de la fonction plus ou moins temporaire que la marche de l'esprit humain leur avait assignée, et dont nous rend compte *la loi universelle de la persistance*. Et, néanmoins, les derniers cartésiens soutenaient vainement, par des arguments, d'ailleurs tout aussi plausibles que ceux de nos physiciens actuels, qu'il était impossible de philosopher sans le secours d'un tel genre d'hypothèses.

Comment leur a-t-on définitivement répondu ? En philosophant d'une autre manière. Le rôle transitoire de l'invention de Descartes a cessé *spontanément* aussitôt que le sentiment du véritable objet des études scientifiques est devenu suffisamment prépondérant chez les géomètres et les astronomes, par suite de l'impulsion définitive due à la découverte fondamentale de Newton.

Les tourbillons dureraient encore, ou ils auraient simplement été remplacés par quelque doctrine analogue, si l'on n'avait point enfin senti complètement, à l'égard de la science céleste, ce qu'il faudra bien aussi arriver à comprendre successivement de la même manière envers tous les autres. Ne pouvant nullement connaître les *agents primitifs* ou les *modes de production des phénomènes*, toute science réelle doit concerner seulement les *lois effectives des phénomènes observés*. Ainsi toute hypothèse auxiliaire qui aurait une autre destination serait, par cela même, radicalement contraire au véritable esprit scientifique.

L'utilité du cartésianisme a été de conduire graduellement notre intelligence à une telle disposition habituelle. C'est en ce sens que l'empire de cette hypothèse a puissamment contribué, quoique pour peu de temps, à l'éducation générale de la raison humaine. Pourquoi en serait-il autrement des hypothèses analogues employées aujourd'hui par les physiciens?

Ce n'est pas seulement en Astronomie que nous pouvons observer pleinement la transition ci-dessus considérée. Elle est maintenant tout aussi accomplie dans les branches de la Physique les plus avancées, et surtout dans l'étude de la pesanteur. Il n'a peut-être pas existé un seul savant de quelque valeur pendant le XVIIe siècle, même longtemps après Galilée, qui n'ait construit ou adopté un système sur les causes de la chute des corps. Qui s'occupe aujourd'hui de ces hypothèses, sans lesquelles, à cette époque, l'étude de la pesanteur semblait cependant impossible? Si cet usage a cessé en *barologie*, pourquoi se prolongerait-il indéfiniment pour les autres parties de la Physique? L'*acoustique* en est également affranchie à peu près depuis la même époque. L'influence philosophique des travaux du grand Fourier sur la théorie de la *chaleur* a produit une heureuse impulsion qui tend aujourd'hui à débarrasser pour jamais la *thermologie* de tous les *fluides* ou *éthers imaginaires*. Restent donc seulement l'étude de la *lumière* et celle de l'*électricité*: Or il serait certainement impossible de trouver, à leur égard, aucun motif réel qui dût les faire excepter de la règle générale. Pour tous ceux qui pensent que le développement historique de l'esprit humain est assujetti à des lois naturelles, déterminées et uniformes, cette grande question philosophique sera désormais, d'après la discussion précédente, irrévocablement résolue. Par conséquent, on admettra, en Physique, comme principe fondamental de la vraie théorie relative à l'institution des hypothèses, que : *Toute hypothèse scientifique, afin d'être réellement jugeable, doit exclusivement porter sur les lois des phénomènes et jamais sur leurs modes de production.*

On ne saurait trop recommander, en général, quant à toutes les hautes difficultés analogues que peut présenter la philosophie des sciences, l'usage de *la méthode historique comparative*, qui vient d'être appliquée. A une telle marche on sera redevable, non seulement d'une analyse satisfaisante de la question précédente, mais d'une solution claire de tous les problèmes philosophiques. Cette méthode universelle, que plusieurs philosophes positifs, et entre autres le grand Lagrange, ont si bien sentie en quelques cas particuliers, n'a jamais été conçue d'une manière rationnelle et générale.

Si l'on remarque que la *Physique* et la *Chimie* sont essentiellement soumises aux mêmes influences générales qui n'y diffèrent, au fond, que par les modifications plus ou moins intenses qu'éprouve la constitution matérielle, quoique cette seule diversité ne laisse jamais d'équivoque sur la vraie nature de chaque cas, la transition se fait insensiblement d'une science à l'autre. Avec une pleine intensité, les états de chaleur, d'électricité, de lumière même, modifient assez la constitution matérielle pour changer l'intime composition des substances. L'événement appartient alors à la *Chimie*, c'est-à-dire à *l'étude des lois générales de la combinaison et de la décomposition.*

En *Chimie*, le domaine de l'expérimentation est ordinairement encore plus complet que dans la Physique, puisqu'on n'y considère jusqu'ici que des faits résultant de circonstances artificielles, établies par notre intervention. Mais la *non-spontanéité des circonstances* ne constitue pas le caractère philosophique de l'*expérimentation qui consiste surtout dans le choix le plus libre possible du cas propre à dévoiler le mieux la marche du phénomène*, que ce cas soit d'ailleurs *ou naturel ou factice.*

Or ce choix est, en réalité, bien plus facultatif en *Physique* qu'à l'égard des phénomènes chimiques.

La plupart, ne pouvant s'obtenir que par le concours indispensable d'un plus grand nombre d'influences diverses, ne permettent pas de varier autant les circonstances de leur production, ni surtout d'isoler aussi complètement les différentes conditions déterminantes. Ainsi, en résumé, non seulement la création de l'art général de l'*expérimentation* est due au développement de la *Physique*; mais c'est surtout à cette science qu'un tel procédé est, en effet, destiné, quelques précieuses ressources qu'il offre aux branches plus compliquées de la philosophie naturelle.

« *La Chimie crée son objet.* Cette faculté créatrice, semblable à celle de l'art lui-même, la distingue essentiellement des sciences naturelles et historiques. Les dernières ont un objet donné d'avance et indépendant de la volonté et de l'action du savant : les relations générales qu'elles peuvent entrevoir ou établir reposent sur des *inductions* plus ou moins vraisemblables, parfois même sur de *simples conjectures* dont il est impossible de poursuivre la vérification au delà du domaine extérieur des phénomènes observés ; au contraire, *les sciences expérimentales* ont le pouvoir de réaliser leurs conjectures. » (Berthelot, *La Synthèse chimique.*)

« L'*expérimentation* est le principal procédé employé pour observer les phénomènes chimiques ; ce procédé reçoit quelques perfectionnements de cette application. Un autre moyen logique plus faible, mais important, est introduit en Chimie : *l'art des nomenclatures.*

« La nécessité de donner un nom à des corps nouveaux ou nouvellement connus conduisit les chimistes à employer des termes régulièrement formés, et cela n'est point négligeable ; cette langue spéciale favorise le rapprochement des faits et leur coordination.

« *Le langage facilite le travail cérébral,* on le voit en *mathématique*, depuis la création de l'algèbre ; nous le voyons en *chimie* depuis l'institution de la nomenclature, et nous pourrons, sans aucun doute, étendre aux autres sciences l'emploi d'un langage spécial ; c'est ce qu'on a d'ailleurs tenté en *biologie* sans obtenir des résultats aussi satisfaisants qu'en *chimie.*

« Le terme chimique d'un corps nous renseigne sur ses propriétés générales et sur sa composition ; *acide sulfurique* signifie que le corps ainsi nommé est un composé d'oxygène et de soufre ; que l'oxygène y est dans la plus forte proportion possible ; que le corps a des propriétés communes avec tous ceux qui sont désignés par le mot *acide*. La *nomenclature chimique* peut servir d'exemple aux *constructions ultérieures.* » (Extr.)

Si la *Physique* est plus importante logiquement, la *Chimie* l'est scientifiquement, quand on compare leur poids encyclopédique, après avoir reconnu l'indispensable nécessité, théorique et pratique, de chacune d'elles. En effet, la *Chimie* l'emporte quant à l'influence encyclopédique des notions qu'elle procure. Son extrême imperfection théorique, qui ne peut cesser que sous la discipline positive, ne l'a point empêchée d'exercer une lumineuse réaction sur l'ensemble de la raison occidentale. Cette précieuse efficacité résulte surtout de l'analyse générale de notre milieu terrestre, gazeux, liquide et solide, complétée par celle, non moins indispensable, des substances végétales et animales. On peut ainsi concevoir enfin l'économie fondamentale de la nature, jusqu'alors inintelligible, faute d'avoir constaté, chez tous les êtres réels, tant vivants qu'inertes, des éléments matériels essentiellement identiques. On conçoit donc comment la *Chimie* institue seule une transition normale entre la *Cosmologie* et la *Biologie*, suivant notre juste vœu de continuité totale.

L'*analyse chimique* a rempli à l'égard des phénomènes vitaux sa fonction essentielle (en démontrant qu'il ne peut exister de matière organique entièrement hétérogène à la matière inorganique). C'est par la voie, plus difficile, mais plus lumineuse, de la *synthèse*, que la Chimie doit compléter ce vaste ensemble de démonstrations.

L'objet final de la *Chimie* doit être : étant données les propriétés des corps simples, trouver celles de tous les corps composés qu'ils doivent former.

En complétant cette appréciation subjective ou logique par une équivalente appréciation objective ou scientifique, la succession générale de ces trois études abstraites — *Astronomie, Physique* et *Chimie* — commence à nous manifester une *véritable échelle concrète*, sinon *des êtres*, au moins *des existences*. On n'observe, en *Astronomie*, que la simple *existence mathématique*, qui, jusqu'alors idéale, s'y réalise envers des corps que nous ne pouvons explorer sous aucun autre aspect, et qui dès lors en deviennent le meilleur type.

Mais, en *Physique*, on s'élève à des phénomènes moins grossiers et plus intimes, qui tendent davantage vers le cas humain. Enfin la *Chimie* nous offre la plus noble et la plus profonde des existences matérielles, toujours subordonnée aux précédentes, suivant notre loi universelle. Quoique la grande notion objective résultée d'une telle progression ne doive se développer assez qu'en *Biologie*, il importe d'en remarquer l'ébauche cosmologique, pour faire convenablement saisir le vrai principe du classement des êtres quelconques.

En effet, malgré l'abîme infranchissable qui semble séparer le domaine de la vie de celui de la mort, la *Biologie* se relie à la *Chimie* par l'étude des végétaux qui transforment directement les matériaux inorganiques en substances organiques.

Mais avant de passer directement à la méthode propre à la *Biologie*, remarquons que, si la Physique subit la fâcheuse influence des hypothèses, nous pouvons dire que la chimie en est bien moins à l'abri, par suite de son développement plus difficile et plus tardif. La doctrine des *affinités* est d'une nature encore plus ontologique que celles des *fluides* et des *éthers imaginaires*. Si le *fluide électrique* et l'*éther lumineux* ne sont autre chose que des entités matérialisées, les *affinités* ne sont, au fond, que de pures *entités* aussi vagues et indéterminées que celles de la philosophie scholastique du Moyen Age. Les *prétendues solutions* qu'on en déduit ont le caractère habituel des explications métaphysiques, n'étant que la *simple reproduction, en termes abstraits, de l'énoncé du phénomène*. Le développement des observations chimiques qui, sans doute, finira par discréditer à jamais une aussi vaine philosophie, n'a fait, jusqu'à présent, que la modifier de manière à dévoiler sa nullité radicale. Quand les affinités étaient regardées comme absolues et invariables, elles avaient, du moins, une apparence plus imposante ; mais depuis que les faits ont forcé de les concevoir comme variant d'après une foule de circonstances diverses, leur usage a manifesté de plus en plus leur inanité.

Les étranges fluides des physiciens paraissent rationnels et satisfaisants quand on les compare à de telles conceptions. Ces considérations sont très propres à faire sentir l'importance, pour les chimistes, d'avoir une connaissance suffisamment approfondie des philosophies, mathématique, astronomique et même physique, où ces recherches ont été écartées ; ce qui amènerait promptement leur rejet des parties plus compliquées de la philosophie. C'est seulement en reconnaissant l'amélioration que cette épuration a réalisée dans les sciences antérieures que les chimistes pourront l'accomplir dans la leur ; et il ne saurait y avoir de positivité complète en Chimie, si la métaphysique régnait en Astronomie et en Physique. Par là se trouve justifiée la place assignée à la Chimie parmi les sciences.

L'individu doit suivre la même marche qu'a suivie l'espèce dans son passage à l'état positif. Il faut reconnaître que la vraie science consiste, en tout genre, dans les relations exactes, établies entre les faits observés, afin de déduire du moindre nombre possible de phénomènes fondamentaux la suite la plus étendue de phénomènes secondaires, en renonçant à toute vaine enquête sur des *causes* et des *essences*. Tel est l'esprit qu'on doit rendre prépondérant en chimie, et devant lequel se dissipera pour toujours la doctrine métaphysique des *affinités* [1].

1. *Opuscules de Philosophie sociale* d'Aug. Comte, Plan des travaux, p. 174.

Nous avons préféré transcrire ce passage à tout autre postérieur parce

La marche que suit l'esprit humain dans la recherche des lois qui régissent les phénomènes naturels présente une importante différence, suivant qu'il étudie la *science des corps bruts* ou *celle des corps organisés*.

Dans la *première*, l'homme se trouvant former une partie imperceptible d'une suite immense de phénomènes, dont il ne peut espérer, sans une folle présomption, d'apercevoir jamais l'ensemble, il est obligé, aussitôt qu'il commence à les étudier dans un esprit positif, de considérer d'abord les faits les plus *simples*, pour s'élever ensuite graduellement à la systématisation de l'ensemble. Au contraire, dans l'étude des *corps organisés*, l'homme étant lui-même le type le plus complet de l'ensemble des phénomènes, ses découvertes positives commencent nécessairement par l'ensemble, nécessairement *composé*, qui lui prête ensuite une lumière indispensable pour éclaircir l'étude d'un genre de détails dont, par leur nature, la connaissance précise lui est à jamais interdite. En un mot, *dans les deux cas*, l'esprit humain procède *du connu à l'inconnu* et en *subordonnant* partout *les phénomènes les plus nobles aux plus grossiers* ;

que, non seulement « il est décisif, mais encore parce qu'il démontre, avec la plus grande évidence, qu'Aug. Comte, presque immédiatement après la découverte de sa loi des *trois états* (qui a été faite en 1822 et lors de sa deuxième édition en 1824), avait déjà nettement aperçu la nécessité de l'emploi de la méthode subjective dans l'étude des phénomènes organiques. On voit donc l'irrationalité de l'accusation formulée par Littré dans son travail de démolition, *Auguste Comte et la Philosophie positive*, pages 513-523, que celui-ci aurait changé de méthode en écrivant son *Système de politique Positive* ». Note de Dinarte Ribeiro, dans sa traduction portugaise des *Opuscules de Philosophie sociale*. — Dans la transcription du texte d'Auguste Comte, nous n'avons fait d'autre altération que de remplacer certains mots, certaines expressions, par celles que leur auteur employait plus tard de préférence à celles employées dans les *Opuscules*. (H. C.)

mais, *dans le premier*, il s'élève d'abord *du simple au composé*, parce que la connaissance des *détails* est plus immédiate pour lui que celle des *masses*, tandis que, *dans le second*, il commence par descendre *du composé au simple*, parce qu'il *connaît plus directement l'ensemble que les parties*.

Après avoir considéré cette loi du point de vue le plus élevé de la philosophie positive, on peut la vérifier facilement en observant la marche qu'a suivie jusqu'à ce jour le développement des sciences naturelles, depuis le moment où chacune a cessé définitivement d'avoir le caractère théologique et métaphysique.

En effet, dans l'étude des corps bruts, en l'examinant d'abord quant à ses divisions principales, on voit l'Astronomie, la Physique et la Chimie commencer par être absolument isolées les unes des autres, et se rapprocher ensuite sous des rapports de plus en plus multipliés, tellement qu'enfin on peut aujourd'hui apercevoir en elles une tendance manifeste à ne former qu'un seul corps de doctrine. De même, en considérant à part chacune d'elles, on la voit naître de faits d'abord incohérents, et arriver par degrés aux généralités actuellement connues.

Si l'on examine maintenant la partie de ce principe qui se rapporte à l'étude des corps vivants, la confirmation en est aussi sensible. En premier lieu, l'*enchaînement général des fonctions* dont se compose une organisation est certainement mieux connue aujourd'hui que l'*action partielle de chaque organe*. En second lieu, les principales branches dont se composent aujourd'hui les études organiques ont été d'abord confondues, et ce n'est qu'en vertu des progrès de la Biologie positive qu'on est parvenu à analyser avec précision les différents points de vue généraux sous lesquels un corps vivant peut être envisagé, de manière à fonder sur ces distinctions une division rationnelle de la science.

On peut donc regarder comme établi, par l'observation et le raisonnement, que l'esprit humain procède principalement du simple au composé dans les sciences inorganiques, et, au contraire, de l'ensemble aux parties dans les sciences organiques.

Si la seconde partie de cette loi a été méconnue jusqu'à présent, si l'on a cru que, dans un ordre quelconque de recherches, l'esprit humain procédait toujours nécessairement du simple au composé, cette erreur s'explique d'une manière très naturelle, en considérant que la science des corps bruts ayant dû se développer la première, c'est sur l'observation de la marche qui lui est propre qu'ont dû être primitivement fondés les préceptes de la philosophie positive. Mais la prolongation d'une telle erreur cesserait d'être excusable aujourd'hui que l'observation philosophique peut porter sur les deux ordres de sciences naturelles.

Les biologistes n'ont pas attendu, pour se former une idée de l'ensemble de l'organisation, que toutes les fonctions spéciales fussent connues. Il doit en être de même dans la science sociale. En l'appliquant à la Sociologie, qui n'est en quelque sorte qu'une branche ou plutôt un prolongement de la Biologie (en plus le développement social), le principe qui vient d'être établi, il démontre évidemment la nécessité de commencer, dans l'étude du développement de l'espèce humaine, par la coordination de l'ensemble, pour descendre ensuite à un enchaînement de plus en plus précis. Si, d'un côté, les phénomènes biologiques sont incomparablement plus compliqués que les précédents, d'une autre part, et comme suite naturelle de cette complication supérieure, leur étude systématique comporte nécessairement l'ensemble le plus étendu de moyens intellectuels, dont plusieurs essentiellement nouveaux. En outre, il développe dans l'esprit humain des facultés pour ainsi dire inactives jusqu'alors, ou que, du moins, les autres sciences fondamentales ne pouvaient offrir qu'à l'état rudimentaire, malgré l'invariable unité de la méthode positive.

Parmi les trois modes principaux de l'*art d'observer*, le premier et le plus fondamental de tous, l'*observation proprement dite*, acquiert évidemment en *Biologie* une extension supérieure.

Sous cet aspect, comparativement à la Chimie elle-même, elle présente un accroissement très important et non moins nécessaire. Il consiste d'abord dans l'usage des appareils artificiels destinés à perfectionner les sensations naturelles, surtout en ce qui concerne la vision.

En second lieu, les ressources fondamentales de l'observation biologique sont supérieures à celles de l'observation chimique, sous un autre aspect encore plus capital et plus nécessairement inhérent à la nature propre des phénomènes. Car, d'après la vraie position relative des deux sciences, le biologiste peut évidemment disposer de l'ensemble des procédés chimiques, comme d'une sorte de faculté nouvelle, pour perfectionner l'exploration préliminaire du sujet de ses recherches. Un tel moyen serait, par sa nature, radicalement interdit au chimiste, pour lequel son usage constituerait directement un cercle vicieux fondamental, puisqu'on supposerait ainsi réellement accomplie l'étude même qu'on entreprend.

Considérons maintenant le second mode fondamental d'investigation biologique, c'est-à-dire l'*expérimentation* proprement dite : une expérimentation quelconque est toujours destinée à découvrir suivant quelles lois chacune des influences déterminantes ou modificatrices d'un phénomène participe à son accomplissement ; et elle consiste, en général, à introduire, dans chaque condition proposée, un changement bien défini, afin d'apprécier directement la variation correspondante du phénomène lui-même. L'entière rationalité d'un tel artifice et son succès irrécusable reposent évidemment sur ces deux suppositions fondamentales :

1° Que le changement introduit soit pleinement compatible avec l'existence du phénomène étudié, sans quoi la réponse serait purement négative ;

2° Que les deux cas comparés ne diffèrent exactement que sous un seul point de vue, car autrement l'interprétation, quoique directe, serait essentiellement équivoque.

Or la nature des phénomènes biologiques doit rendre presque impossible une suffisante réalisation de ces deux conditions préliminaires, et surtout de la seconde.

Considérons maintenant le second mode fondamental d'investigation biologique, c'est-à-dire l'expérimentation proprement dite.

Les phénomènes vitaux dépendent, par leur nature, de deux ordres bien distincts de conditions fondamentales, les unes relatives à l'organisme lui-même, les autres au système ambiant. De là résultent nécessairement deux modes nettement différents d'appliquer à ces phénomènes la méthode expérimentale, en introduisant tantôt dans l'organisme, tantôt dans le milieu, des perturbations déterminées.

Or la vie est bien moins compatible avec l'altération des organes qu'avec celle du système ambiant ; et, de plus, le *consensus* des différents organes entre eux est tout autrement intime que leur harmonie avec le milieu.

La seconde classe essentielle d'expériences physiologiques, où, sans affecter directement les organes, on modifie seulement, sous un point de vue déterminé, le système de circonstances extérieures, constitue, en général, le mode d'expérimentation le mieux approprié à la nature des phénomènes vitaux, quoiqu'il ait été jusqu'à présent à peine employé, si ce n'est, par exemple, dans quelques recherches fort incomplètes sur l'action des atmosphères artificielles sur l'influence comparative de différentes sortes d'alimentation, etc. Alors, en effet, on est beaucoup plus maître de circonscrire avec une exactitude scientifique la perturbation factice dont il s'agit d'apprécier l'influence physiologique, et qui porte sur un système susceptible d'une bien plus complète connaissance. En même temps, son action sur l'organisme, quoique asssez prononcée pour rester appréciable, peut être ménagée de telle manière que le trouble général de l'économie vienne beaucoup moins altérer l'observation spéciale de l'effet principal.

Il faut ajouter enfin que toute expérimentation de ce genre comporte bien davantage une suspension volontaire, qui permet de rétablir l'état normal, à la seule condition, bien plus facile à remplir, de n'avoir accompli dans l'organisme aucune modification profonde et durable. Or cette dernière propriété, qui ne saurait guère appartenir au premier mode d'expérimentation, est éminemment favorable à la rationalité des inductions en rendant le parallèle plus direct et plus parfait. Car lorsque l'organisme a été directement modifié, et surtout dans les expériences de vivisection, la comparaison entre le cas artificiel et le cas naturel, outre les causes essentielles d'incertitude propres à une telle méthode, est ordinairement exposée, par suite même de la violence du procédé, à cette nouvelle chance d'erreur que l'état normal se juge sur un individu et sa perturbation sur un autre, souvent pris au hasard. Le parallèle peut, sans doute, être beaucoup plus juste dans le second mode d'expérimentation qui permet d'apprécier les deux états sur le même individu.

Il faudrait, sans doute, être bien égaré par de bien puissantes préoccupations pour ne pas sentir vivement le profond mérite et la haute importance scientifique des expériences si simples d'Harvey sur la circulation, de la lumineuse série d'essais de Haller sur l'irritabilité, d'une partie des expériences remarquables de Spallanzani sur la digestion et sur la génération, du bel ensemble de recherches expérimentales de Bichat sur la triple harmonie entre le cœur, le cerveau et le poumon dans les animaux supérieurs, des belles expériences de Legallois sur la chaleur animale, etc., et de plusieurs autres tentatives analogues, qui, vu l'immense difficulté du sujet, peuvent rivaliser, pour ainsi dire, avec ce que la Physique proprement dite nous présente de plus parfait.

Dans l'étude des corps vivants, la nature des phénomènes oppose directement des obstacles presque insurmontables à toute large et féconde application du procédé de l'expérimentation, ou du moins c'est par des moyens d'un autre ordre que doit être surtout poursuivi le perfectionnement essentiel de la science biologique.

Ces phénomènes exigent nécessairement le concours indispensable d'un grand nombre d'influences distinctes tant extérieures qu'intérieures, qui, malgré leur diversité, sont étroitement liées entre elles, et dont l'harmonie ne saurait persister au degré convenable qu'entre certaines limites de variations plus ou moins étendues. Rien n'est donc plus facile sans doute que de troubler, de suspendre, ou même de faire entièrement cesser l'accomplissement de tels phénomènes ; mais, au contraire, nous devons éprouver les plus grandes difficultés à y introduire une perturbation exactement déterminée, soit quant au genre, soit, à plus forte raison, quant au degré. Trop prononcée, elle empêcherait le phénomène ; trop faible, elle ne caractériserait point assez le cas artificiel. D'un autre côté, lors même qu'elle a pu être primitivement restreinte à la modification directe d'un seul phénomène, elle affecte nécessairement presque aussitôt la plupart des autres en vertu de leur *consensus* universel.

Autant la nature des phénomènes biologiques se refuse à l'expérimentation purement artificielle, autant elle comporte éminemment l'usage le plus étendu et le plus heureux de cette sorte d'expérimentation spontanée qui résulte inévitablement d'une judicieuse comparaison entre les divers états anormaux de l'organisme et son état normal. C'est ce qu'on peut aisément établir.

La propriété essentielle de toute expérience directe, c'est, sans doute, d'altérer l'état naturel de l'organisme, de façon à présenter, sous un aspect plus évident, l'influence propre à chacune des conditions de ses différents phénomènes. Or le même but est nécessairement atteint, d'une manière beaucoup plus satisfaisante, et d'ailleurs moins étendue, par l'observation des maladies considérées sous un simple point de vue scientifique.

Un tel mode d'expérimentation, quoique indirect, est, en général, mieux adapté qu'aucune autre à la vraie nature des phénomènes biologiques. Au fond, une expérience proprement dite est-elle réellement autre chose qu'une maladie plus ou moins violente, brusquement produite par une intervention artificielle ?

Cette exploration pathologique doit être assujettie, comme tout autre mode d'expérimentation, à la distinction générale ci-dessus établie. En effet, les perturbations naturelles, aussi bien que les altérations artificielles, peuvent provenir d'une double origine, ou des dérangements spontanés qu'éprouve l'organisme par l'action mutuelle de ses diverses parties, ou des troubles primitifs dans le système extérieur de ses conditions d'existence. Or, ici, comme précédemment, il faut reconnaître, en général, et d'après les mêmes motifs essentiels, que les maladies produites par l'altération du milieu conviennent nécessairement davantage à l'analyse biologique que celles directement relatives à la perturbation de l'organisme. Les causes en doivent être, d'ordinaire, mieux circonscrites et plus connues, la marche plus claire, et l'heureuse terminaison plus facile.

L'analyse pathologique doit y ajouter, comme un appendice naturel, l'examen des organisations exceptionnelles ou des cas de monstruosité. La science, d'après d'heureuses analyses particulières, tend de plus en plus à les ramener directement, en général, aux lois fondamentales de l'organisme régulier. Leur étude a commencé à devenir un important complément de l'ensemble des procédés relatifs à l'exploration biologique, dont elle constitue une sorte de prolongement universel, en considérant de telles exceptions comme de vraies maladies, dont l'origine est seulement plus ancienne et moins connue, et la nature ordinairement plus incurable, double caractère qui doit, toutefois, leur faire attribuer, en principe, une moindre valeur scientifique. A cela près, le moyen tératologique est d'ailleurs applicable, comme le moyen histologique, soit à l'ensemble de la hiérarchie biologique, soit à tous les divers aspects essentiels de chaque organisme, animal ou végétal ; et ce n'est qu'en l'employant ainsi dans toute son extension philosophique qu'on pourra réaliser, de même qu'envers tout autre procédé, des applications d'une véritable importance spéculative.

Quel que soit le mode d'expérimentation direct ou indirect, artificiel ou naturel, que l'on se propose de suivre dans une étude biologique quelconque, on devra évidemment remplir, en général, ces deux conditions constamment indispensables, à défaut desquelles tant de recherches compliquées ont laborieusement avorté jusqu'ici :

1° Avoir en vue un but nettement déterminé, c'est-à-dire tendre à éclaircir tel phénomène organique, sous tel aspect spécial ;

2° Connaître le plus complètement possible, d'après l'observation proprement dite, le véritable état normal de l'organisme correspondant et les vraies limites de variation dont il est susceptible.

Sans la première condition, le caractère du travail serait, de toute nécessité, vague et incertain ; sans la seconde, l'institution des expériences ne serait dirigée par aucune considération rationnelle et leur interprétation finale n'aurait aucune base solide.

C'est seulement dans l'étude soit statique, soit dynamique, des corps vivants que l'art comparatif proprement dit peut prendre tout le développement philosophique qui le caractérise, de manière à ne pouvoir être convenablement transporté à aucun sujet qu'après avoir été exclusivement emprunté à cette source primitive.

Les conditions fondamentales sur lesquelles doit nécessairement reposer, en général, l'application rationnelle d'un tel mode d'exploration consistent, évidemment, par la nature même du procédé, dans cet indispensable concours de l'unité essentielle du sujet principal avec la grande diversité de ses modifications effectives.

Sans la première condition, la composition n'aurait aucune base solide ; sans la seconde, elle manquerait d'étendue et de fécondité ; par leur réunion, elle devient à la fois possible et convenable. Or, d'après la définition même de la vie, ces deux caractères sont, de toute nécessité, éminemment réalisés dans l'étude des phénomènes biologiques, sous quelque point de vue qu'on les envisage.

L'exacte harmonie entre le moyen et le but est ici tellement spontanée et si nettement prononcée que son entière appréciation philosophique peut être aisément effectuée sans donner lieu à ces discussions spéciales qui ont été indispensables ci-dessus pour caractériser avec justesse la vraie fonction rationnelle, bien plus équivoque et plus litigieuse, de la méthode expérimentale en Biologie.

Tout le système de la science biologique dérive d'une seule grande conception philosophique : la correspondance générale et nécessaire, diversement reproduite et incessamment développée entre les idées d'*organisation* et les idées de *vie*. L'unité fondamentale du sujet ne saurait donc être, en aucun cas, plus parfaite. Quant à la variété presque indéfinie de ses modifications, soit statiques, soit dynamiques, elle n'a pas besoin, sans doute, d'être formellement constatée.

Maintenant, distinguons les divers aspects généraux sous lesquels doit être poursuivie *la comparaison biologique*, que nous continuerons toujours à envisager à la fois comme statique et comme dynamique. On peut les rapporter à cinq chefs principaux, ici classés, autant que possible, dans l'ordre de leur enchaînement rationnel et de leur valeur scientifique croissante :

1° Comparaison entre les diverses parties de chaque organisme déterminé ;

2° Comparaison entre les sexes ;

3° Comparaison entre les diverses phases que présente l'ensemble du développement ;

4° Comparaison entre les différentes races ou variétés de chaque espèce ;

5° Enfin, et au plus haut degré, comparaison entre tous les organismes de la hiérarchie biologique.

Ces cinq modes se réduisent aux trois que nous avons déjà énumérés dans une autre partie de cet ouvrage.

Il est d'ailleurs sous-entendu que dans l'un quelconque de ces parallèles, l'organisme sera constamment considéré à l'état normal, ainsi qu'on l'a toujours fait jusqu'ici, comme il était indispensable de le faire d'abord. Quand les lois essentielles relatives à cet état auront été convenablement établies, l'esprit humain pourra passer rationnellement à la pathologie comparée, soit statique, soit dynamique. Mais c'est en Morale théorique que la théorie de la maladie proprement dite devra être exposée.

Quel que soit le mode général suivant lequel on se propose d'appliquer la méthode comparative à une recherche biologique quelconque, son esprit essentiel consiste toujours à concevoir tous les cas envisagés comme devant être radicalement analogues sous le point de vue que l'on considère. En outre, on doit représenter, en conséquence, leurs différences effectives comme de simples modifications, déterminées, dans un type fondamental et abstrait, par l'ensemble des caractères propres à l'organisme ou à l'être correspondant. Ainsi les différences secondaires seraient sans cesse rattachées aux principales d'après des lois constamment uniformes dont le système doit constituer la vraie philosophie biologique, soit statique, soit dynamique, destinée à fournir ainsi l'explication rationnelle et homogène de chaque cas déterminé.

Relativement à la méthode biologique, l'étude de l'Astronomie a une grande importance qui consiste, comme dans les autres cas, en ce qu'elle offre le plus parfait modèle de la manière de philosopher sur des phénomènes quelconques. La nécessité de ce type devient plus grande à mesure que la complication croissante des phénomènes tend davantage à faire dégénérer les études scientifiques en d'oiseuses et vagues recherches. C'est pourquoi les biologistes, vu la difficulté supérieure de leur science, devront s'attacher à aller puiser les véritables éléments de la méthode positive à la source même, c'est-à-dire dans la contemplation de ces conceptions simples et incontestables qui constituent la science mathématique et astronomique, et à se mettre en garde contre les *notions sans fondements d'un principe vital, de forces vitales, et autres entités analogues*. Jusqu'à présent, la biologie n'a gagné en positivité qu'en perdant du côté de la dignité, qui a toujours été liée à une *origine imaginaire de la vie, de la sensibilité*, etc. Mais quand les biologistes auront appris, par l'étude de la gravitation et des autres lois primordiales, à se borner à la vraie science, leur sujet prendra l'essor dont il est susceptible, c'est-à-dire ce caractère de prévision rationnelle des événements qui est le but de la science véritable; but qu'on doit se proposer en Biologie, et qui est parfaitement atteint en Astronomie.

Là aussi les biologistes doivent apprendre en quoi consiste la saine institution des *hypothèses* vraiment scientifiques. Ils n'ont pas encore fait un usage étendu de ce puissant moyen, quoique leur science, à raison de sa complication, en réclame l'emploi régulier. Il s'agit toujours, en

Biologie, de déterminer l'organe d'après la fonction ou la fonction d'après l'organe. Or il est permis de former l'*hypothèse* la plus plausible sur la fonction inconnue d'un organe donné, ou sur l'organe caché d'une fonction évidente. Si la *supposition* est en harmonie avec l'ensemble des connaissances acquises, et si elle est susceptible d'une vérification positive, elle peut contribuer au progrès réel de la science, et on en aura usé de la manière la plus légitime, à l'imitation des astronomes. Un exemple d'une *hypothèse judicieuse* en Biologie est celui de Broussais, quand il donna pour siège des prétendues fièvres essentielles la membrane muqueuse du canal digestif. Qu'il se soit ou non trompé, là n'est pas la question. Son hypothèse était accessible à une exploration irrécusable ; elle devait, confirmée ou infirmée, donner une grande impulsion à l'étude positive de la pathologie. Elle restera, dans l'histoire de l'esprit humain, comme le premier exemple de l'introduction spontanée, dans l'étude des corps vivants, de *l'art des hypothèses rationnelles* ; et cet art est emprunté à l'Astronomie.

Cependant que voit-on ? Par suite de sa complication et de sa date récente, les mêmes intelligences qui sentent, en tous les autres départements inférieurs, l'inanité des spéculations sur les causes premières et le mode de production des phénomènes, n'hésitent pas à aborder ces vaines recherches dans l'étude des corps vivants. Depuis près de deux siècles tous les bons esprits ont renoncé à pénétrer *les mystères de la pesanteur*, pour ne plus considérer que *ses lois*. Cependant ils reprochent à la Biologie de ne rien nous apprendre sur *la nature de la vie*, etc. Il est aisé de voir combien cette tendance métaphysique doit inspirer une idée exagérée de son imperfection réelle. Si, par une impérieuse nécessité, la Biologie est plus arriérée que les autres sciences fondamentales, elle possède néanmoins des notions infiniment précieuses, et son caractère scientifique est beaucoup moins inférieur qu'on ne le suppose communément.

L'étude de la Mathématique n'est pas moins nécessaire que la Physique et l'Astronomie pour la formation de bonnes habitudes intellectuelles en Biologie. Elle développe l'aptitude à former et à poursuivre des abstractions positives, sans lesquelles la méthode comparative ne saurait être employée ni en *anatomie* ni en *physiologie*. Si la notion abstraite qui fait l'objet de la comparaison n'est pas d'abord nettement construite, ensuite nettement maintenue dans son intégrité, l'analyse avorte inévitablement. Or une telle opération rentre tellement dans l'esprit des combinaisons mathématiques qu'on ne saurait mieux s'y préparer qu'en l'appliquant à des combinaisons plus simples. Quant à ceux qui n'auraient pas réussi dans cette épreuve préliminaire, ils devraient se reconnaître, par le seul fait de leur insuccès, impropres à de plus hautes recherches, et se borner à l'utile travail secondaire de recueillir des matériaux à l'usage des intelligences d'un ordre plus élevé. De cette façon, l'éducation mathématique rendrait à la Biologie le double service d'éprouver et de classer les esprits, et en même temps de les préparer et de les diriger. L'élimination de ceux qui encombrent la science par des travaux sans but et sans caractère n'est pas moins désirable que l'instruction plus parfaite de ceux qui peuvent en mieux remplir les conditions.

Il n'y a aucun motif pour ne pas introduire en Biologie *l'usage des fictions scientifiques* si communément employées par les géomètres, quoique leur emploi doive y être ménagé avec plus de circonspection et de réserve. Dans les études mathématiques, on a trouvé de grands avantages à *imaginer* une suite de *cas hypothétiques*, dont la considération, quoique artificielle, peut faciliter, soit l'éclaircissement du sujet naturel, soit son élaboration fondamentale. Cet *art* est habituellement confondu avec celui des *hypothèses*, mais il en diffère entièrement. Dans *ce dernier*, la *fiction* ne porte que sur *la seule solution du problème*, tandis que dans *le premier*, *le problème lui-même* est *radicalement idéal*. Son emploi ne saurait jamais être comparable à ce qu'il est en Mathématique. Mais le *caractère abstrait* des hautes conceptions de la *biologie comparative* les rend susceptibles d'un semblable perfectionnement, qui consisterait à intercaler, entre les organismes connus, certains *organismes purement fictifs*, *imaginés* de manière à faciliter leur comparaison en rendant la série biologique plus homogène et plus continue, et dont plusieurs admettraient peut-être une réalisation ultérieure plus ou moins exacte parmi des organismes inexplorés jusqu'ici.

Il serait possible, dans l'état présent de nos connaissances des corps vivants, de concevoir un nouvel organisme propre à satisfaire à telles conditions données d'existence. Ce rapprochement des cas réels avec quelques autres *heureusement imaginés*, à la manière des géomètres, pourrait être plus tard utilement employé à compléter les lois générales de l'*anatomie* et de la *physiologie comparées*, et il pourrait même servir à *devancer* quelquefois l'*exploration directe*. Dès à présent, l'usage rationnel d'un tel artifice pourrait grandement simplifier et éclaircir le système ordinaire du haut enseignement biologique. Mais c'est ordinairement aux esprits les plus élevés qu'il appartient d'introduire un procédé aussi délicat. Si tôt ou tard il est adopté, il constituera une nouvelle relation entre la Biologie et la Mathématique.

Dans toute science réelle, les conceptions relatives à la méthode proprement dite sont, par leur nature, essentiellement inséparables de celles qui se rapportent directement à la doctrine elle-même, comme nous l'avons déjà établi antérieurement. Isolément d'aucune application effective, les plus justes notions sur la méthode se réduisent toujours nécessairement à quelques généralités incontestables, mais très vagues, profondément insuffisantes pour diriger avec un vrai succès les diverses recherches de notre intelligence, parce qu'elles ne caractérisent point les modifications fondamentales que ces préceptes trop uniformes doivent éprouver à l'égard de chaque sujet considéré.

Plus les phénomènes deviennent complexes et spéciaux, moins il est possible de séparer utilement la méthode de la doctrine, puisque ces modifications acquièrent alors une intensité plus prononcée et une plus grande importance. Si donc nous avons dû jusqu'ici, à l'égard même des phénomènes les moins compliqués, soigneusement écarter cette vaine et stérile séparation préliminaire, nous ne saurions, sans doute, procéder autrement quand la complication supérieure du sujet nous en fait évidemment une loi encore plus expresse.

C'est surtout dans l'étude des phénomènes sociaux que la vraie notion fondamentale de la méthode ne peut effectivement résulter que d'une première conception rationnelle de l'ensemble de la science, en sorte que les mêmes principes paraissent s'y rapporter alternativement ou à la méthode ou à la doctrine, suivant l'aspect où on les y considère. Une telle obligation philosophique doit éminemment augmenter les difficultés capitales que présente spontanément la première ébauche d'une science quelconque, et spécialement de celle-ci. Toutefois, la suite de ce sujet rendra incontestable la possibilité de satisfaire pleinement, de la manière la plus naturelle, à cette double condition intellectuelle, comme on a pu le pressentir jusqu'ici en reconnaissant, par un usage déjà très varié, que la théorie fondamentale sur la marche générale et nécessaire de l'esprit humain manifeste successivement, avec une égale aptitude, le caractère scientifique et le caractère logique, selon les divers besoins des applications.

Par ces motifs, il est donc sensible que, en Sociologie comme ailleurs, et même plus qu'ailleurs, la méthode positive ne saurait être essentiellement appréciée que d'après la considération rationnelle de ses principaux emplois, à mesure de leur accomplissement graduel : en sorte qu'il ne peut être ici question d'un vrai chapitre logique préliminaire de la méthode en science sociale. Néanmoins, il est, d'une autre part, évidemment indispensable, avant de procéder à l'examen direct de la science sociologique, de caractériser d'abord soigneusement son véritable esprit général et l'ensemble des ressources fondamentales qui lui sont propres, ainsi que nous l'avons toujours fait à l'égard des sciences antérieures. L'extrême complication d'une telle science doit y rendre encore plus étroite cette obligation nécessaire. Quoique de pareilles considérations soient, sans doute, par leur nature, immédiatement relatives à la science elle-même, envisagée quant à ses conceptions les plus essentielles, on peut cependant les rapporter plus spécialement à la simple méthode, puisqu'elles sont surtout destinées à diriger ultérieurement notre intelligence dans l'étude effective de ce sujet difficile, ce qui justifie suffisamment le sujet propre au chapitre actuel.

Avant d'étudier spécialement chacune des parties d'une science nouvelle, il faut d'abord comprendre son esprit général, c'est-à-dire posséder quelques notions de la doctrine avant d'examiner la méthode, et celle-ci ne peut être examinée que par son application.

Quand on envisage d'un regard philosophique l'état présent de la science sociale en dehors du positivisme, on ne peut s'empêcher de reconnaître qu'elle reproduit sous nos yeux l'analogue de ce que furent l'*astrologie* pour l'Astronomie, l'*alchimie* pour la Chimie, et la *recherche de la panacée universelle* pour le système des études médicales.

Quant aux caractères des doctrines sociales de la *théologie* et de la *métaphysique*, ils sont les mêmes, celle-ci ne constituant qu'une modification de la première. Ils consistent, quant à la *méthode*, dans la *prépondérance de l'imagination sur l'observation*. Relativement à la doctrine, dans la recherche exclusive des notions absolues, d'où résulte la tendance inévitable à exercer une action arbitraire et indéfinie sur les phénomènes qui ne sont point regardés comme assujettis à d'invariables lois naturelles. En un mot, l'*esprit* général de toutes les spéculations à l'état théologico-métaphysique est nécessairement à la fois *idéal* dans la marche, *absolu* dans la conception et *arbitraire* dans l'application. Or tels sont encore aujourd'hui les caractères dominants de l'ensemble des spéculations sociales, sous quelque aspect qu'on les envisage. En renversant ces trois aspects, nous obtiendrons précisément la disposition intellectuelle qui doit présider à l'étude de la Sociologie positive et qui dirigera l'ensemble de son développement continu.

L'*esprit scientifique* se caractérise profondément par la *subordination permanente de l'imagination* [1] *à l'observa-*

1. Voir la note sur l'imagination, à la fin du volume.

tion ; et quoique la philosophie positive offre le champ le plus vaste et le plus fertile à l'imagination humaine, elle la restreint à découvrir et à perfectionner la coordination des faits observés ou les moyens d'effectuer de nouvelles explorations. C'est cette habitude d'assujettir les conceptions scientifiques aux faits dont la liaison a été découverte, qu'il est surtout nécessaire d'introduire dans les recherches sociales.

En vertu de leur complication supérieure due à leur dépendance des phénomènes inférieurs et de leur connexion plus intime avec les passions humaines, les spéculations politiques devaient être retenues plus longtemps que les autres dans cette déplorable situation philosophique où elles sont encore plongées, tandis que les sciences les plus simples et moins stimulantes s'en sont successivement dégagées. Il ne faudrait donc pas croire que l'incertitude et le vague des observations soient propres aux seuls sujets sociaux. La même imperfection a régné jadis en tous les autres sujets de spéculations humaines ; seulement, elle est ici plus intime et plus prolongée.

Si nous envisageons l'esprit positif quant au caractère essentiel des conceptions scientifiques, au lieu de le considérer relativement au mode de procéder, nous reconnaîtrons que cette philosophie se distingue des antérieures par sa tendance à rendre *relatives* les notions qui étaient d'abord *absolues*. Ce *passage* inévitable *de l'absolu au relatif* est un des résultats philosophiques les plus importants de chacune des révolutions intellectuelles qui ont successivement conduit les divers ordres de nos spéculations *de l'état théologique ou métaphysique à l'état scientifique*. Toute *enquête sur la nature intime des êtres* et *leurs causes premières* et *finales* doit toujours être *absolue*, tandis que toute *recherche des lois des phénomènes* est nécessairement *relative*, puisqu'elle suppose un progrès continu de la *spéculation* subordonné au perfectionnement graduel de l'*observation*, sans que l'exacte réalité puisse jamais être pleinement dévoilée ; en sorte que le caractère relatif des conceptions scientifiques est inséparable de la vraie notion des lois naturelles, de même que la chimérique tendance aux connaissances absolues accompagne l'emploi quelconque des fictions théologiques ou des entités métaphysiques.

La Sociologie positive dissipera en même temps des craintes empiriques, quoique naturelles, en rappelant que toutes les expériences antérieures, dans les autres branches de la philosophie naturelle, ne sont pas devenues arbitraires, en devenant relatives. Bien au contraire, elles ont acquis par là une nouvelle consistance et une nouvelle stabilité, chacune d'elles ayant été engagée dans un système de relations qui s'étend et se fortifie sans cesse, et qui tend de plus en plus à prévenir toute grave aberration.

On ne doit pas craindre, par conséquent, de tomber dans un dangereux scepticisme en détruisant cet esprit absolu, pourvu que ce ne soit que le résultat spontané du passage nécessaire de cette science finale à l'état positif. Ici, comme ailleurs, la philosophie positive ne saurait démentir sa propriété universelle de ne jamais supprimer aucun moyen de coordination intellectuelle sans lui en substituer un autre plus efficace et plus étendu. Il est, en outre, évident que cette transition de l'absolu au relatif offre le seul moyen réel de parvenir à des conceptions susceptibles de déterminer graduellement un assentiment unanime et durable.

Considérons maintenant l'esprit actuel de la Politique relativement à son application générale, et non plus quant à la science elle-même. Sous ce nouvel aspect, nous voyons que cet esprit est caractérisé par sa tendance à exercer sur les phénomènes correspondants une action illimitée, tendance qui s'est fait sentir dans tous les autres ordres de conceptions humaines. Les hommes d'État et les publicistes croient encore que les phénomènes sociaux peuvent être modifiés à volonté. D'après eux, la race humaine n'aurait aucune impulsion spontanée, et serait toujours prête à subir l'influence quelconque du législateur temporel ou spirituel, pourvu qu'il soit investi d'une autorité suffisante. Sous ce rapport, comme sous tout autre, la philosophie théologique se montre plus conséquente que la métaphysique, en ce qu'elle explique la monstrueuse disproportion entre des causes légères et des effets considérables, en réduisant le législateur à n'être que le simple organe d'une puissance surnaturelle et absolue.

Nous voyons l'école métaphysique recourir au même artifice, mais d'une manière beaucoup plus vague, en substituant à la *Providence* ses *entités inintelligibles* et surtout sa grande entité générale, la *Nature*, laquelle renferme toutes les autres, et qui n'est évidemment qu'une dégénération abstraite du principe théologique. On conçoit donc aisément la répugnance que doit inspirer la vraie science sociale, puisqu'elle impose des limites aux tentatives d'action politique, en dissipant sans retour la prétention de gouverner à notre gré cette classe de phénomènes. Nous avons vu quels sont les résultats désordonnés de telles tentatives, et nous reconnaîtrons qu'il n'y a d'ordre et d'accord possibles qu'en assujettissant la modification des phénomènes sociaux, de la même manière que les autres, à la connaissance des invariables lois naturelles dont l'ensemble déterminera, pour chaque époque, les limites et le caractère de l'action politique. En d'autres termes, il faut introduire dans l'étude des phénomènes sociaux le même esprit positif qui a régénéré toutes les autres branches de spéculations. Un tel procédé constitue la vraie base scientifique de la dignité humaine, puisque les principales tendances de l'humanité acquièrent ainsi un important caractère d'autorité qui doit être toujours respecté par toute législation rationnelle.

Une dernière considération préliminaire nous reste à examiner : c'est celle de la *prévision scientifique des phénomènes,* déjà représentés dans les sciences antérieures comme constituant le *témoignage le plus irrésistible de toute positivité.* Nous devons concevoir les phénomènes sociaux comme aussi susceptibles de prévision que tous les autres, entre des limites de précision compatibles avec leur complication supérieure.

En rappelant les trois caractères essentiels que nous venons d'examiner, la prévision des phénomènes sociaux suppose premièrement que nous avons abandonné *la région des idéalités métaphysiques*, pour nous établir sur *le terrain des réalités observées* et observables par une subordination systématique de l'imagination à l'observation. Secondement, il faut que nos conceptions cessent d'être absolues pour devenir relatives à l'état variable de la civilisation, afin que nos théories, suivant le cours naturel des faits, permettent de les prévoir. Troisièmement, il faut que l'action politique permanente soit limitée d'après des lois déterminées, car, si les événements sociaux étaient toujours exposés à des perturbations par l'intervention accidentelle du législateur, soit divin, soit humain, aucune prévision scientifique ne serait possible. Ainsi nous pouvons concentrer la condition de l'esprit de la Sociologie positive sur ce grand attribut de la prévision scientifique.

Il s'agit maintenant d'établir le sujet précis et le caractère propre de ces lois. La distinction scientifique entre l'*état statique* et l'*état dynamique* doit s'étendre à la Sociologie. Il faudra donc séparer l'étude des conditions d'existence sociale de celle des lois du mouvement de la société, de même que nous avons distingué le point de vue *anatomique*, relatif aux idées d'*organisation*, du point de vue *physiologique*, relatif aux idées de *vie*. Cependant ce ne sont pas deux sciences, mais deux aspects d'une même théorie. Elle correspond à la double notion de l'*ordre* et du *progrès* : car l'ordre consiste, au sens positif, dans cette *harmonie* entre les diverses conditions d'existence, et le progrès dans le *développement* social.

L'étude *statique* de la Sociologie consiste dans la recherche des lois de l'action et de la réaction des différentes parties du système social, en faisant abstraction du mouvement fondamental qui les modifie graduellement. Sous ce point de vue, la prévision sociologique, fondée sur l'exacte connaissance générale de ces relations, sera destinée à conclure les unes des autres les diverses indications relatives à chaque mode d'existence, en conformité avec l'observation directe, d'une manière analogue à celle qui se passe journellement en anatomie. Cette vue condamne les habitudes philosophiques actuelles d'envisager les éléments sociaux séparément, comme s'ils avaient une existence indépendante, et elle nous conduit à les regarder comme solidaires.

Non seulement cette méthode nous met en possession de la base indispensable à l'étude du mouvement social, mais, en outre, elle peut suppléer à l'observation directe, puisque beaucoup d'éléments sociaux, qui ne comportent pas d'observation immédiate, peuvent être appréciés d'après leurs relations scientifiques avec d'autres déjà connus. Il est évident que les différentes sciences sont entre elles dans une telle connexité que l'état bien connu de l'une permet de prévoir l'état général de chacune des autres. Le cas est le même si, au lieu d'envisager l'ensemble des phénomènes sociaux au sein d'une nation unique, on l'examine simultanément chez diverses nations contemporaines dont l'influence réciproque ne saurait être contestée.

Le seul cas où cette solidarité fondamentale est encore méconnue ou négligée est malheureusement le plus important de tous, puisqu'il concerne l'organisation sociale proprement dite. Un tel vice appartient presque également aux écoles politiques les plus opposées, qui s'accordent à disserter arbitrairement sur le régime politique sans penser à l'état corrélatif de civilisation, et qui aboutissent, le plus souvent, à faire coïncider leur type politique immuable avec l'état d'enfance du développement humain. Si nous voulions remonter à l'origine philosophique d'une telle aberration, nous la trouverions, sans doute, dans le fameux dogme théologique de la chute de l'homme.

Nous avons déjà vu comment, en passant de l'état théologique à l'état métaphysique, ce dogme s'est transformé en la célèbre hypothèse d'un *chimérique état de nature* supérieur à l'état social, dont le développement de la civilisation nous éloigne de plus en plus. Mais *le véritable état de nature est l'état social,* assujetti au développement des institutions politiques, c'est-à-dire au progrès ou à une complication croissante des relations humaines et une meilleure adaptation des organes sociaux au milieu correspondant.

Tous les publicistes éclairés reconnaissent une certaine solidarité entre les institutions politiques, et c'est le premier pas direct vers la conception rationnelle du système total de la civilisation. En outre, nous voyons maintenant les penseurs les plus avancés admettre une constante solidarité entre le pouvoir politique et le pouvoir civil, ce qui signifie en langage positif que les forces sociales prépondérantes finissent toujours par s'emparer de la direction de la société. Depuis Aristote, et même avant lui, la plupart des philosophes ont constamment reproduit le célèbre aphorisme de *la subordination nécessaire des lois aux mœurs*, sans que ce germe de la saine philosophie politique les ait empêchés d'envisager les institutions comme indépendantes de l'état coexistant de la civilisation, quoiqu'il puisse paraître étrange qu'une pareille contradiction ait duré vingt siècles. Suivant le cours naturel des choses humaines, quand les principes intellectuels et les opinions philosophiques, aussi bien que les mœurs sociales et les institutions politiques, ont une fois pris possession des esprits, ils subsistent encore, malgré leur impuissance constatée et leurs inconvénients reconnus, en donnant lieu à des inconséquences de plus en plus graves (ce que constate la loi universelle de la persistance), et même quelque temps après que le développement produise de nouveaux principes d'une généralité équivalente et d'une rationalité supérieure.

Le principe scientifique de corrélation entre l'état politique et l'état social se réduit à ceci : qu'il existe toujours une harmonie spontanée entre l'ensemble et les parties du système social dont les éléments finissent nécessairement, tôt ou tard, par être combinés conformément à leur propre nature. Il est clair que, non seulement les institutions politiques et les mœurs sociales d'une part, et les mœurs et leurs idées de l'autre, doivent être sans cesse solidaires. En outre, tout cet ensemble se rattache constamment par sa nature à l'état correspondant de développement intégral de l'humanité considéré dans ses modes d'activité, intellectuel, moral et physique. Et l'objet d'un système politique quelconque, soit temporel, soit spirituel, est d'en régler l'essor naturel, afin de le mieux diriger vers son but préalablement déterminé. Même aux époques révolutionnaires, quand cette harmonie paraît le plus loin d'être convenablement réalisée, elle subsiste encore, car sans elle il y aurait dissolution de l'organisme social. Pendant ces périodes exceptionnelles, le régime politique est encore, à la longue, conforme à l'état correspondant de la civilisation, puisque les perturbations qui se manifestent dans l'un proviennent de dérangements équivalents dans l'autre. C'est l'autorité qui dérive du concours, et non le concours de l'autorité, sauf la réaction inévitable, en sorte qu'aucun grand pouvoir ne saurait résulter que de dispositions fortement prépondérantes au sein de la société où il s'établit ; et quand rien n'y prédomine hautement, l'autorité est languissante, la correspondance étant d'ailleurs d'autant plus irrésistible que la société est plus étendue.

D'un autre côté, on ne saurait nier l'influence que, par une réaction nécessaire, l'ensemble du régime politique exerce sur le système général de la civilisation, et qui caractérise si souvent l'action, heureuse ou funeste, des institutions, des mesures ou des événements politiques, même sur la marche des sciences et des arts, à tous les âges de la société, et surtout dans son enfance. Inutile d'y insister, car l'erreur commune consiste, au contraire, à l'exagérer au point d'en placer la réaction au-dessus de l'action principale. Vu leur corrélation scientifique, l'une et l'autre concourent à créer cette harmonie fondamentale de l'organisme social qui est le principe philosophique de la Sociologie statique.

Si, d'un côté, la conception de la relation entre la civilisation et le gouvernement représente toute idée de *bien* ou de *mal politique* comme nécessairement *relative* et *variable* (ce qui est tout autre chose que de la concevoir comme *arbitraire*), d'un autre côté, elle fournit la base rationnelle d'une théorie positive de l'ordre spontané des sociétés humaines, déjà entrevu sous quelques rapports subalternes par cette partie de la politique métaphysique qu'on nomme l'économie politique. Car la valeur d'un système politique quelconque ne pouvant consister que dans son harmonie avec l'état social correspondant, il s'ensuit que dans le cours naturel des événements, et sans aucune intervention, une telle harmonie doit s'établir nécessairement. Cette notion élémentaire d'un *consensus* fondamental propre à l'organisme social a une extrême importance philosophique comme idée-mère de la *statique sociale*, qui, par sa nature, doit constituer la base rationnelle de toute la nouvelle philosophie.

Il importe donc de caractériser maintenant l'esprit de la *statique sociale*. Tout ordre artificiel et volontaire n'étant simplement qu'un prolongement de l'ordre naturel et involontaire vers lequel tendent les diverses sociétés humaines, toute institution politique rationnelle doit reposer sur une exacte analyse préparatoire des tendances spontanées correspondantes qui peuvent seules fournir une base suffisamment solide. En un mot, il s'agit essentiellement de contempler l'ordre afin de le perfectionner, et non de le créer, ce qui serait impossible. Sous le point de vue scientifique, l'idée-mère de l'universelle solidarité sociale devient la conséquence et le complément d'une notion fondamentale établie en Biologie, comme éminemment propre à l'étude des corps vivants. Non pas qu'une telle notion soit particulière à une telle étude ; elle est, au contraire, commune à tous les phénomènes, mais avec d'immenses différences d'intensité et de variété, et, par suite, d'importance philosophique.

On peut dire, en effet, que partout où il y a un système quelconque, il doit exister une certaine solidarité. Les phénomènes purement mécaniques de l'Astronomie nous en offrent la première ébauche, car les perturbations d'une planète peuvent affecter sensiblement une autre planète par voie de gravitation modifiée. Mais la corrélation devient d'autant plus étroite et plus prononcée qu'elle s'applique à des phénomènes plus complexes et moins généraux. C'est donc surtout aux systèmes organiques que conviendra toujours essentiellement la notion scientifique de solidarité.

Cette notion, qui jusque-là n'était qu'accessoire, constitue ensuite la base de l'ensemble des conceptions positives, et elle devient de plus en plus prononcée à mesure qu'il s'agit d'organismes plus composés et de phénomènes plus complexes. Ainsi, par exemple, le *consensus animal* est bien plus complet que le *consensus végétal*; de même, il se développe de l'*animal* jusqu'à l'*homme*, où l'appareil nerveux devient le siège principal de la solidarité biologique. Une telle notion doit, par suite, acquérir dans le *domaine social* une prépondérance encore supérieure à celle de la Biologie.

Mais il importe de remarquer que la solidarité reconnue entre tous les divers aspects sociaux nous prescrit en Sociologie l'emploi d'une méthode différente de celle qui convient aux études inorganiques. Les métaphysiciens proclament comme un aphorisme que nous devons constamment *procéder du simple au composé*; mais il est plus rationnel de suivre cette méthode *ou l'inverse*, selon que l'une ou l'autre est mieux appropriée au sujet à traiter. La règle générale consisterait plutôt à *aller toujours du connu à l'inconnu*, quoiqu'il y eût un temps où les deux règles n'en formaient qu'une.

Le vrai principe philosophique propre aux lois de *statique sociale* consiste dans la notion générale de cet inévitable *consensus* universel qui caractérise les phénomènes quelconques des corps vivants et que la vie sociale manifeste nécessaire au plus haut degré. Ainsi conçue, cette sorte d'*anatomie sociale* doit avoir pour objet permanent l'étude positive, à la fois expérimentale et rationnelle, des actions et réactions mutuelles qu'exercent continuellement, les unes sur les autres, toutes les diverses parties quelconques du système social. Mais ce, en faisant scientifiquement, autant que possible, abstraction provisoire du mouvement fondamental qui les modifie toujours graduellement.

Sous ce premier point de vue, les prévisions sociologiques, fondées sur l'exacte connaissance générale de ces relations nécessaires, seront proprement destinées à conclure les unes des autres, en conformité ultérieure avec l'observation directe, les diverses indications statiques relatives à chaque mode d'existence sociale, d'une manière essentiellément analogue à ce qui se passe habituellement aujourd'hui en anatomie individuelle.

Cette conception élémentaire du *consensus social* a pour destination essentielle de déterminer immédiatement, avec une autorité et une spontanéité remarquables, l'un des principaux caractères de la méthode sociologique, celui de tous, peut-être, suivant lequel elle modifie le plus intimement, d'après la nature des phénomènes correspondants, l'ensemble de la méthode positive. Les phénomènes sociaux étant profondément connexes, leur étude réelle ne saurait donc être jamais rationnellement séparée. Il en résulte l'obligation permanente, aussi irrécusable que directe, de considérer toujours simultanément les divers aspects sociaux, soit en *statique sociale*, soit, par suite, en *dynamique*. La corrélation fondamentale des phénomènes sociaux servira donc de principal guide habituel dans leur exploration directe.

En tout cas, abstraction faite ici du mode propre d'observation immédiate, il est incontestable que, d'après cette solidarité nécessaire, qui caractérise un tel sujet, aucun phénomène social, préalablement exploré par un moyen quelconque, ne saurait être introduit dans la science tant qu'il reste conçu d'une manière isolée : et cela, non seulement sous le point de vue statique, où l'harmonie sociale est directement considérée, mais aussi dans l'étude même du mouvement social, où le *consensus*, pour être moins immédiat, n'est pas, en réalité, moins prépondérant. Toute étude isolée des divers éléments sociaux est donc, par la nature de la science, profondément irrationnelle, et doit demeurer continuellement stérile, à l'exemple de l'économie politique, fût-elle même mieux cultivée.

Cela posé, le véritable esprit général de la *Sociologie dynamique* consiste à concevoir chacun des états sociaux consécutifs comme le résultat nécessaire du précédent et le moteur indispensable du suivant, selon le lumineux axiome du grand Leibnitz : *Le présent est plein du passé et gros de l'avenir*, et d'après l'aphorisme de Pascal : « La suite entière des générations humaines pendant le cours des siècles peut être considérée comme un seul homme qui vit toujours et apprend sans cesse. »

Ces principes sont encore éclairés par l'indispensable abstraction scientifique, suivant l'heureux artifice de Condorcet, — l'hypothèse d'un peuple unique auquel seraient indéalement rapportées toutes les modifications sociales consécutives effectivement observées chez des populations distinctes.

Cette *fiction rationnelle* s'éloigne beaucoup moins de la réalité qu'on n'a coutume de le supposer ; car sous le point de vue politique les vrais successeurs de tels ou tels peuples sont certainement ceux qui, utilisant et poursuivant leurs efforts primitifs, ont prolongé leurs progrès sociaux, quels que soient le sol qu'ils habitent, et même la race d'où ils proviennent. En un mot, c'est surtout la continuité politique qui doit régler la succession sociale, quoique la communauté de patrie doive d'ailleurs influer extrêmement, dans les cas ordinaires, sur cette continuité.

En sorte que tout cela confirme et développe le principe que *le progrès n'est que le développement de l'ordre correspondant.* Ces principes sont complétés par la célèbre *loi* d'Aug. Comte sur *les trois états mentaux* et les états corrélatifs de l'activité et du sentiment, qui toutes se résument dans cet aphorisme : *L'homme devient de plus en plus religieux*. Ce qui a été dit là-dessus nous dispense d'y revenir. Enfin, ce que nous devons avoir toujours présent à l'esprit, c'est qu'on ne saurait jamais apprécier les phénomènes sociaux et historiques sans un réel sentiment de vénération envers le Passé.

Puisque la Sociologie prend place dans la hiérarchie des sciences après la Mathématique, l'Astronomie, la Physique, la Chimie et la Biologie, et que, par suite, elle leur est subordonnée, ses *moyens d'investigation* sont de deux sortes : ceux qui lui sont *propres* et qu'on peut appeler *directs*, et ceux qui résultent *des relations de la Sociologie avec les sciences antérieures* ; ceux-ci, quoique *indirects*, sont aussi indispensables que les premiers. Nous apprécierons ici les ressources directes.

Tout comme en *Biologie*, l'exploration scientifique emploie concurremment *trois modes fondamentaux de l'art gé-*

néral d'observer : l'*observation pure*, l'*expérience*, et la *comparaison*, plus spécialement adaptée à toute étude quelconque sur les corps vivants. Il s'agit donc d'apprécier sommairement ici la portée relative et le caractère propre de ces *trois procédés* successifs, en ce qui concerne la nature et la destination de cette science.

Quant à la *simple observation*, on se forme des notions très imparfaites et même vicieuses de ce qu'elle peut et doit être en Sociologie. Un motif de doute lui est assigné dans l'incertitude des témoignages humains ; mais toutes les sciences, jusqu'aux plus simples, exigent des *preuves testimoniales*, c'est-à-dire que, dans l'élaboration des théories les plus positives, nous sommes obligés d'admettre des observations qui ne peuvent être faites directement, ni même répétées par ceux qui s'en servent, et dont la réalité ne repose que sur le témoignage des explorateurs primitifs, ce qui n'empêche pas d'employer ces preuves avec des observations immédiates.

Ce paradoxe, qui ne s'applique aujourd'hui qu'aux seuls phénomènes sociaux, faisait partie intégrante de l'arsenal philosophique construit par la métaphysique révolutionnaire, pour la démolition intellectuelle de l'ancien système politique ; et pour ne pas admettre l'authenticité essentielle des récits bibliques, dont la négation méthodique fut le premier motif de ces aberrations logiques.

Tel est, d'ordinaire, le grave inconvénient actuel de toute disposition antithéologique qui ne repose point sur un suffisant développement préalable de l'esprit positif.

A ce grand obstacle à l'emploi de l'observation, il faut joindre l'influence nuisible de l'*empirisme*, que s'efforcent d'imposer aux observations sociales ceux qui, au nom de l'impartialité, voudraient interdire l'usage d'une théorie quelconque. En quelque ordre de phénomènes que ce puisse être, même envers les plus simples, aucune véritable *observation* n'est possible qu'autant qu'elle est primitivement dirigée par une *théorie* ou *hypothèse* quelconque, besoin logique qui a déterminé, dans l'enfance de la raison humaine, le premier essor de la philosophie théologique. Loin de dispenser aucunement de cette obligation fondamentale, le positivisme ne fait, au contraire, que la développer et la satisfaire de plus en plus à mesure qu'elle multiplie et perfectionne les relations des phénomènes. Il est désormais évident, du point de vue vraiment scientifique, que toute observation isolée entièrement empirique est essentiellement oiseuse, et même radicalement incertaine. La science ne saurait employer que celles qui se rattachent, au moins *hypothétiquement*, à une loi quelconque ; c'est une telle *liaison* qui constitue la principale différence caractéristique entre les observations des savants et celles du vulgaire, qui cependant embrassent essentiellement les mêmes faits avec la seule distinction des points de vue. Les observations autrement conduites ne peuvent servir, tout au plus, qu'à titre de matériaux provisoires, exigeant même le plus souvent, une indispensable revision ultérieure.

Une telle prescription logique doit, par sa nature, devenir d'autant plus irrésistible, qu'il s'agit de phéomènes plus compliqués, où, sans la lumineuse indication d'une *théorie préalable*, d'ailleurs plus efficace qu'elle est plus réelle, l'observateur ne saurait même, le plus souvent, ce qu'il doit regarder dans le fait qui s'accomplit sous ses yeux ; et c'est par la liaison des faits précédents qu'on apprend à connaître les faits suivants.

On n'élève aucun doute à cet égard, quant aux recherches astronomiques, physiques et chimiques, et aux diverses études biologiques, où, en vertu de l'extrême complication des phénomènes, les bonnes observations sont encore très rares, précisément à cause de la plus grande imperfection des théories positives.

Vu l'excessive complication des phénomènes sociaux, leur observation statique ne saurait devenir vraiment efficace qu'en se dirigeant désormais d'après une connaissance, au moins ébauchée, des lois essentielles de la solidarité sociale. Il en est encore plus évidemment de même envers les faits dynamiques, qui n'auraient aucun sens fixe si, d'abord, ils n'étaient rattachés, fût-ce par une *simple hypothèse provisoire*, aux lois fondamentales du développement social. Ainsi l'esprit d'ensemble n'est donc pas seulement indispensable, en Sociologie, pour concevoir et poser convenablement les questions scientifiques, de manière à permettre le progrès effectif de la science. On voit maintenant qu'il doit aussi diriger essentiellement même l'exploration directe, afin qu'elle puisse acquérir et conserver un caractère vraiment rationnel, et réaliser les espérances légitimes qu'on s'en forme d'abord. C'est uniquement par là que tant de précieuses veilles, si souvent perdues à l'élaboration pénible d'une *érudition* consciencieuse mais stérile, pourront être enfin utilisées, pour le développement social, et à l'honneur croissant des estimables esprits qui s'y livrent, lorsque les érudits, guidés par les théories positives de la Sociologie, sauront finalement ce qu'ils doivent regarder au milieu des faits qu'ils recueillent, et à quel usage rationnel ils doivent destiner leurs travaux d'érudition.

En transportant habituellement notre intelligence du domaine de l'*idéalité* dans celui de la *réalité*, les théories positives doivent évidemment, par leur nature, exposer infiniment moins que toutes les autres à voir dans les faits ce qui n'y est point. Caractérisé par une *subordination continue et systématique de l'imagination à l'observation*, leur usage exclusif dispose directement l'observateur à se prémunir sans cesse contre un tel entraînement.

On voit donc que, par la nature même de la science sociale, l'observation proprement dite y a nécessairement besoin, d'une manière plus profonde encore et plus spéciale qu'en aucun autre cas, d'une intime subordination continue à l'ensemble des spéculations positives sur les lois réelles de la solidarité ou de la succession de phénomènes aussi éminemment compliqués. Aucun fait social ne saurait avoir de signification vraiment scientifique sans être immédiatement rapproché de quelque autre fait social ; purement isolé, il reste inévitablement à l'état stérile de simple anecdote, susceptible tout au plus de satisfaire une vaine curiosité, mais incapable d'aucun usage rationnel. Une telle subordination doit sans doute augmenter directement la difficulté fondamentale, déjà si prononcée, qui caractérise les observations sociales, et doit ainsi concourir aujourd'hui à rendre, en ce genre, les bons observateurs si rares. Mais cette condition intellectuelle est si évidemment imposée par la nature du sujet, qu'on n'y saurait voir qu'une confirmation nouvelle de la nécessité de ne confier désormais la culture habituelle des théories sociales qu'aux esprits les mieux organisés, convenablement préparés par l'éducation la plus rationnelle. Ce précepte logique n'est, à vrai dire, que la suite naturelle et l'indispensable complément de l'obligation fondamentale de rendre l'esprit d'ensemble essentiellement prépondérant dans les études sociologiques, en y procédant surtout du système aux éléments.

Ainsi explorés d'après des vues rationnelles de solidarité et de continuité, les phénomènes sociaux comportent des moyens d'observation bien plus variés et plus étendus que tous les autres phénomènes moins compliqués. C'est ainsi que non seulement l'inspection immédiate ou la description directe des événements quelconques, mais encore la considération des coutumes les plus insignifiantes en apparence, l'appréciation des diverses sortes de monuments, l'analyse et la comparaison des langues, etc., et une foule d'autres voies plus ou moins importantes, peuvent offrir à la Sociologie d'utiles moyens continus d'exploration positive : en un mot, tout esprit rationnel, préparé par une éducation convenable, pourra parvenir, après un suffisant excercice, à convertir instantanément en précieuses indications sociologiques les impressions spontanées qu'il reçoit de tous les événements que la vie sociale peut lui offrir, d'après les points de contact plus ou moins directs qu'il y saura toujours apercevoir avec les plus hautes notions de la science, en vertu de l'universelle connexité des divers aspects sociaux. Si donc cette connexité caractéristique constitue d'abord la principale source des difficultés propres aux observations sociales, on voit finalement aussi que, par une sorte de compensation incomplète, elle tend nécessairement à y étendre et y varier, au plus haut degré, les procédés essentiels d'exploration scientifique.

Le second mode fondamental de l'art d'observer, ou l'*expérimentation* proprement dite, semble devoir être entièrement interdit à la science nouvelle. Mais il suffit d'y distinguer convenablement, d'après la nature des phénomènes, entre l'expérimentation *directe* et l'expérimentation *indirecte*, comme nous l'avons déjà fait en *Biologie*. Or les mêmes considérations philosophiques sont à plus forte raison essentiellement applicables aux études sociologiques. Ici, cette analyse pathologique consiste essentiellement dans l'examen des cas malheureusement trop fréquents où les lois fondamentales, soit de l'harmonie, soit de la filiation, éprouvent, dans l'état social, des perturbations plus ou moins prononcées, par des causes accidentelles ou passagères, d'ailleurs spéciales ou générales, comme on le voit surtout aux diverses époques révolutionnaires, et principalement aujourd'hui. Ces perturbations quelconques constituent, pour l'organisme social, l'analogue exact des maladies proprement dites de l'organisme individuel : et cette assimilation philosophique sera d'autant mieux appréciée qu'on la soumettra à une discussion plus approfondie. Dans l'un et l'autre cas, c'est faire un noble usage de la raison humaine que de l'appliquer à mieux dévoiler les lois réelles de notre nature, soit individuelle, soit sociale, par l'analyse scientifique des désordres plus ou moins graves dont son développement est nécessairement accompagné.

On pense, il est vrai, que les cas de perturbation sociale sont impropres à dévoiler les lois fondamentales de l'organisme politique que l'on regarde alors comme détruites ou au moins suspendues ; c'est là même erreur qu'envers l'organisme individuel ; et elle est ici bien plus excusable, puisque l'état normal lui-même n'est point encore suffisamment conçu comme soumis à de véritables lois. Mais, au fond, le principe essentiel, établi surtout par les travaux de l'illustre Broussais, est par sa nature aussi bien applicable à l'organisme social qu'à l'organisme individuel. En tous deux, les cas pathologiques ne sauraient constituer aucune violation réelle des lois fondamentales de l'organisme normal, dont les phénomènes essentiels sont alors modifiés seulement dans leurs divers degrés, sans pouvoir jamais l'être dans leur nature ni dans leurs relations. Les perturbations sociales surtout sont nécessairement du même ordre que celles déterminées dans l'ensemble des lois sociologiques par différentes causes secondaires dont l'influence générale est circonscrite dans d'inévitables limites. Il n'y a de distinction réelle à établir, sous ce rapport, que la discontinuité des unes à la continuité des autres, ce qui ne saurait certainement altérer le principe.

Puis donc que les lois fondamentales subsistent toujours essentiellement en un état quelconque de l'organisme social, il y a lieu de conclure rationnellement, avec les précautions convenables, de l'analyse scientifique des perturbations à la théorie positive de l'existence normale. Tel est le fondement philosophique de l'utilité essentielle propre à cette sorte d'expérimentation indirecte et involontaire pour dévoiler l'économie réelle du corps social d'une manière plus prononcée que ne peut le faire la simple observation, dont elle constitue ainsi, comme en tout autre sujet, l'indispensable complément général.

Par sa nature, ce procédé est applicable à tous les ordres de recherches sociologiques, qu'il s'agisse de l'existence ou du mouvement, envisagés l'un ou l'autre sous un aspect quelconque, physique, intellectuel, moral ou politique, et à tous les degrés possibles de l'évolution sociale, où les perturbations n'ont malheureusement jamais manqué.

Considérant enfin la *méthode comparative* proprement dite, nous devons maintenant nous borner à signaler suffisamment les seules différences capitales par lesquelles se distingue nécessairement l'application de cet art à l'ensemble des recherches sociologiques.

Une aveugle imitation du procédé biologique entraînerait d'abord à méconnaître irrationnellement les vraies analogies logiques entre les deux sciences, puisque la comparaison des diverses parties de la hiérarchie animale que nous avons vue en *Biologie*, le principal caractère du procédé comparatif, ne saurait, au contraire, avoir, en *Sociologie*, qu'une importance secondaire. Mais c'est qu'au fond, ce n'est point là, pour celle-ci, le véritable équivalent scientifique de la conception fondamentale de la série organique. Toutefois la prépondérance trop prolongée de la philosophie théologico-métaphysique dans un tel ordre d'idées inspire aujourd'hui un dédain fort irrationnel contre tout rapprochement scientifique de la société humaine avec aucune autre société animale. Mais, sous l'impulsion de l'esprit positif, on ne tardera point à y reconnaître l'utilité permanente, et, en plusieurs cas, la nécessité d'y introduire, à un certain degré, la comparaison sociologique de l'homme aux autres animaux, et surtout aux mammifères les plus élevés, du moins après que les sociétés animales, encore si mal connues, auront été enfin mieux observées et mieux appréciées.

Le principal défaut d'un tel ordre de comparaisons sociologiques sera, sans doute, d'être borné, par sa nature, aux seules considérations statiques, sans pouvoir atteindre jusqu'aux considérations dynamiques. Cette restriction résulte de ce que l'état social des animaux, sans être aussi absolument fixe qu'on l'imagine, n'éprouve essentiellement, depuis que la prépondérance humaine s'est pleinement développée, que d'imperceptibles variations, nullement comparables à la progression continue de l'Humanité, envisagée même dans son essor primitif le moins prononcé.

Mais, réduite à la statique sociale, l'utilité scientifique d'une telle comparaison est vraiment incontestable, pour y caractériser les lois les plus élémentaires de la solidarité fondamentale, en manifestant directement avec une évidence irrésistible leur vérification spontanée dans l'état de société le plus imparfait, de manière à pouvoir même parfois inspirer d'utiles inductions sur la société humaine. Rien n'est plus propre surtout à faire ressortir combien sont pleinement naturelles les principales relations sociales, que tant d'esprits sophistiques croient encore pouvoir aujourd'hui transformer au gré de leurs vaines prétentions. Ils cesseraient sans doute de regarder comme factices et arbitraires les liens fondamentaux de la famille humaine, en les retrouvant, avec le même caractère essentiel, chez les animaux, et d'une manière d'autant plus prononcée que l'organisme y devient plus élevé, plus rapproché de l'organisme humain.

En un mot, pour tout ce qui concerne les premiers germes des relations sociales, les premières institutions qui ont fondé spontanément l'unité de la famille ou de la tribu, dans cette partie élémentaire de la *Sociologie* qui se confond presque avec la biologie intellectuelle et morale, ou du moins avec ce qu'on nomme l'histoire naturelle de l'homme, dont elle semble constituer un simple prolongement général, il y aura, non seulement un grand avantage scientifique, mais une vraie nécessité philosophique, à employer convenablement la comparaison rationnelle de la société humaine aux autres sociétés animales. C'est ce que quelques philosophes ont déjà soupçonné, et surtout Fergusson, qui en a le mieux pressenti l'importance.

Afin que les principales formes distinctes propres, en *Sociologie*, au procédé comparatif soient ici toujours considérées dans l'ordre successif de leur importance croissante, il faut maintenant y signaler le mode capital qui consiste en un rapprochement rationnel des divers états coexistants de la société humaine, dès lors susceptibles d'être simultanément explorés, afin de faire ressortir d'une manière plus directe et plus sensible leurs attributs prépondérants. Bien que la progression fondamentale de l'humanité soit nécessairement unique, en ce qui concerne le développement total, il est néanmoins incontestable que, par un concours de causes sociales fort mal analysé jusqu'ici dans la plupart des cas, des populations très considérables, et surtout très variées, n'ont encore atteint qu'à des degrés inégalement inférieurs de ce développement général. En sorte que, par suite de cette inégalité, les divers états antérieurs des nations les plus civilisées se retrouvent aujourd'hui essentiellement, malgré d'inévitables différences secondaires, chez les peuples contemporains répartis en divers lieux du globe[1].

Comme l'observation proprement dite, dont il constitue la modification la plus spontanée, ce mode comparatif présente d'abord l'avantage évident d'être pareillement applicable aux deux ordres essentiels de spéculations sociologiques, les unes statiques, les autres dynamiques, de manière à vérifier également les lois de l'existence et celles du mouvement, ou même à fournir quelquefois, à leur égard, de précieuses inductions directes.

En second lieu, il s'étend essentiellement aujourd'hui, en réalité, à tous les degrés possibles de l'évolution sociale, dont tous les traits caractéristiques peuvent ainsi être essentiellement soumis à notre immédiate observation. Depuis les mal-

1. Sans sortir d'une même nation, on pourrait, jusqu'à un certain point, comparer, par un rapprochement encore plus intime, les principales phases de la civilisation humaine, en y considérant l'état social des différentes classes, très inégalement contemporaines. La capitale du monde civilisé renferme aujourd'hui dans son sein des représentants plus ou moins fidèles de presque tous les degrés antérieurs de l'évolution sociale, surtout sous le rapport intellectuel.

heureux habitants de la Terre de Feu jusqu'aux peuples les plus avancés de l'Europe occidentale, on ne saurait imaginer aucune nuance sociale qui ne se trouve actuellement réalisée en certains points du globe, et même presque toujours en plusieurs localités nettement séparées. Ainsi certaines phases intéressantes, quoique secondaires, du développement social, dont l'histoire de notre civilisation ne laisse aucuns vestiges appréciables, ne peuvent être connues que par cette indispensable exploration comparative.

L'usage général de ce procédé sociologique est fort rationnel, puisqu'il repose directement sur le principe de l'identité nécessaire et constante du développement fondamental de l'humanité, d'après l'irrésistible prépondérance du type commun de la nature humaine, au milieu des diversités quelconques de climat et même de race, les différences réelles ne pouvant affecter que la vitesse effective de chaque évolution sociale.

Son premier défaut, à la fois le plus grave et le plus inévitable, consiste en ce que, par sa nature, il n'a aucun égard à la succession nécessaire des divers états sociaux, qu'il tend directement, au contraire, à présenter comme coexistants. Un usage trop exclusif, ou trop prépondérant, de ce mode d'exploration pourrait conduire souvent à méconnaître, d'une manière plus ou moins vicieuse, l'ordre fondamental suivant lequel ces différents degrés de l'évolution humaine ont dû résulter les uns des autres ; surtout si cet ordre n'était pas déjà essentiellement établi par une meilleure voie scientifique.

En second lieu, l'incohérence spontanée propre à ce genre d'observations sociologiques comparatives ne permet guère, quand elles sont isolément employées, d'apercevoir exactement la filiation réelle des divers systèmes de société. Il faut encore signaler l'inconvénient de ce mode comparatif, de tendre à faire mal apprécier les divers cas ainsi observés, en y prenant de simples modifications secondaires pour des phases principales du développement social. C'est surtout par là qu'on a été conduit à se former les notions les plus vicieuses sur l'influence politique du climat, en attribuant à son action des différences sociales qui devaient être surtout rapportées à l'inégalité d'évolution.

La même tendance vicieuse se manifeste aussi en ce qui concerne les différentes races humaines. Car ces comparaisons sociologiques simultanées doivent souvent avoir lieu, entre des populations appartenant à des variétés distinctes de l'espèce humaine, attendu que cette modification physiologique paraît avoir été en beaucoup d'occasions une des causes essentielles, si ce n'est la principale, de l'inégale vitesse d'une évolution toujours nécessairement commune. On est donc ainsi exposé à confondre l'influence de la race et celle de l'âge social, soit qu'on exagère ou qu'on méconnaisse l'une ou l'autre.

Il faut d'ailleurs ajouter que le climat vient aussi introduire habituellement une troisième source d'interprétation des phénomènes comparatifs, qui, alternativement conforme et contraire à chacune des deux autres, tend à augmenter les chances inévitables d'illusion sociologique, et à rendre presque inextricable l'analyse comparative dont on avait attendu d'irrécusables lumières.

On voit ainsi de plus en plus combien sont absurdes et dangereuses, soit pour la théorie et la pratique, quant à la science ou à la méthode, les vaines déclamations sophistiques des partisans de l'empirisme systématique, ou des aveugles détracteurs absolus de toute spéculation sociale ;

puisque c'est précisément à mesure qu'elles s'élèvent et se généralisent que les principales notions de philosophie politique deviennent à la fois plus réelles et plus efficaces, l'illusion et la stérilité étant surtout réservées aux conceptions trop étroites et trop spéciales, soit scientifiques, soit logiques.

Mais, en poursuivant le cours régulier de notre sujet, il résulte évidemment de la conclusion précédente que cette première ébauche indispensable de la sociologie générale, qui doit nécessairement diriger l'application habituelle des divers modes d'exploration ci-dessus appréciés, repose directement elle-même sur l'usage primitif d'une nouvelle méthode d'observation, dont le caractère plus rationnel, mieux adapté à la nature des phénomènes, soit spontanément exempt des graves dangers que les autres présentent à différents titres. Or c'est ce qui existe, en effet, et nous sommes ainsi finalement conduits, par une marche graduelle, à l'appréciation directe de cette dernière partie du procédé comparatif employé en *sociologie* sous le nom de *méthode historique*, proprement dite. C'est là que réside essentiellement, par la nature même d'une telle science, la seule base fondamentale sur laquelle puisse réellement reposer le système de la logique positive.

La comparaison historique des divers états consécutifs de l'Humanité ne constitue pas seulement le principal artifice scientifique de la nouvelle philosophie politique. Son développement rationnel formera directement aussi le fond même de la science, en ce qu'elle pourra offrir de plus caractéristique à tous égards. C'est surtout ainsi que la science sociologique doit d'abord se distinguer profondément de la *biologie* proprement dite. En effet, le principe positif de cette indispensable séparation physique résulte de cette influence nécessaire des diverses générations humaines sur les générations suivantes, qui, graduellement accumulée d'une manière continue, finit bientôt par constituer la considération prépondérante de l'étude directe du développement social.

Tant que cette prépondérance n'est point immédiatement reconnue, cette étude positive de l'Humanité doit rationnellement paraître un simple prolongement spontané de l'histoire naturelle de l'homme. Mais ce caractère scientifique, fort convenable en se bornant aux premières générations, s'efface nécessairement de plus en plus à mesure que l'évolution sociale commence à se manifester davantage et doit se transformer finalement, quand une fois le mouvement humain est bien établi, en un caractère tout nouveau, directement propre à la science sociologique, où les considérations historiques doivent immédiatement prévaloir.

Quoique cette analyse historique ne semble destinée, par sa nature, qu'à la seule sociologie dynamique, il est néanmoins incontestable qu'elle s'étend nécessairement au système entier de la science en vertu de la parfaite solidarité des parties. Outre que la dynamique sociale constitue finalement le principal objet de cette science, la statique en est rationnellement inséparable, malgré l'utilité réelle d'une telle distinction spéculative, puisque les lois de l'existence se manifestent surtout pendant le mouvement.

Ce n'est pas seulement sous le point de vue scientifique proprement dit que l'usage prépondérant de la méthode historique doit donner à la *sociologie* son principal caractère philosophique ; c'est encore, et peut-être même d'une manière plus prononcée, sous l'aspect logique. En effet, par la création spontanée de cette nouvelle branche essentielle du procédé comparatif fondamental, la sociologie aura ainsi perfectionné à son tour, suivant un mode qui lui était exclusivement réservé, l'ensemble de la méthode positive, au profit commun de toute la philosophie.

Dès à présent, nous pouvons signaler le *procédé historique* comme offrant la vérification la plus naturelle et l'application la plus étendue de cet attribut caractéristique propre à la science organique, et qui consiste à procéder surtout de l'ensemble aux détails, qui se manifeste, au plus haut degré, et de la manière la plus directe, dans tout travail réellement historique qui, sans cela, dégénérerait inévitablement en une simple compilation de matériaux provisoires. Puisque c'est surtout dans leur développement que les divers éléments sociaux sont nécessairement solidaires et inséparables, il s'ensuit qu'aucune filiation partielle entièrement isolée ne saurait avoir de réalité, et que toute explication de ce genre, avant de pouvoir devenir à aucun égard spéciale, doit d'abord reposer sur une conception générale et simultanée de l'évolution fondamentale.

Que peut signifier, par exemple, l'histoire exclusive, et surtout partielle d'une seule science ou d'un seul art, sans être préalablement rattachée à une étude de l'ensemble du progrès humain ? Il en est de même à tout autre titre, et principalement pour ce qu'on nomme si abusivement l'histoire politique proprement dite, comme si une véritable histoire quelconque n'était pas plus ou moins politique.

L'irrationnel esprit de spécialité exclusive qui prend, de nos jours, un si déplorable ascendant passager, aurait pour résultat final de réduire l'histoire à une vaine accumulation de monographies incohérentes, où toute idée de la filiation réelle, et nécessairement simultanée, des divers événements humains se perdrait inévitablement au milieu du stérile encombrement de ces confuses descriptions.

C'est donc essentiellement sur l'ensemble de l'évolution

sociale que devront d'abord porter ces comparaisons historiques des divers âges de la civilisation, afin d'avoir un vrai caractère scientifique, conforme à la nature et à la destination de la science. C'est uniquement ainsi qu'on pourra parvenir à des conceptions susceptibles de diriger heureusement l'étude ultérieure des divers sujets spéciaux ; au lieu de la marche vicieuse qu'inspire aujourd'hui l'aveugle imitation absolue d'un mode exclusivement propre à la philosophie inorganique, et qui ne saurait convenir à la philosophie organique surtout envers les phénomènes sociaux.

Enfin on doit noter ici, sous le point de vue pratique, que la prépondérance générale du procédé historique proprement dit dans les études sociales a aussi l'heureuse propriété de développer spontanément le sentiment social, en mettant dans une pleine évidence aussi directe que continue cet entraînement nécessaire des divers événements humains qui nous inspire aujourd'hui, même pour les plus lointains, un intérêt immédiat, en nous rappelant l'influence réelle qu'ils ont exercée sur l'avènement graduel de notre propre civilisation.

Elle complétera aussi la notion de la solidarité habituelle entre les individus et les peuples contemporains, en indiquant, par une conception encore plus noble et plus parfaite de l'unité humaine, les diverses générations successives de l'Humanité comme concourant aussi à un même but final, dont la réalisation graduelle exigeait, de la part de chacune d'elles, une participation déterminée.

Examinons maintenant, d'une manière directe et sommaire, la véritable marche fondamentale d'un procédé comparatif, aussi heureusement doué de propriétés capitales. L'esprit essentiel de ce procédé historique proprement dit consiste dans l'usage rationnel des *séries sociales*, c'est-à-dire dans une appréciation successive des divers états de l'Humanité qui montre, d'après l'ensemble des faits historiques, l'accroissement continu de chaque disposition quelconque, physique, intellectuelle, morale ou politique, combiné avec le décroissement indéfini de la disposition opposée, d'où devra résulter la prévision scientifique de l'ascendant final de l'une et de la chute définitive de l'autre, pourvu qu'une telle conclusion soit d'ailleurs pleinement conforme au système des lois générales du développement humain, dont l'indispensable prépondérance sociologique ne doit jamais être méconnue.

Rigoureusement isolée, l'observation du présent deviendrait une cause très puissante d'illusions politiques, en exposant à confondre sans cesse les faits principaux avec les faits secondaires. Cela nous exposerait à mettre de bruyantes manifestations éphémères au-dessus des tendances fondamentales, ordinairement peu éclatantes, et surtout à regarder comme ascendants des pouvoirs, des institutions ou des doctrines, qui sont, au contraire, en déclin.

Il est évident, par la nature du sujet, que la comparaison approfondie du présent au passé constitue le principal moyen d'exploration propre à prévenir ou à corriger ces inconvénients capitaux. Or cette comparaison ne peut être pleinement lumineuse et décisive qu'autant qu'elle embrasse essentiellement l'ensemble du passé, graduellement apprécié; elle expose à des erreurs d'autant plus graves qu'on l'arrête à une époque plus rapprochée. Aujourd'hui surtout, où le mélange des divers éléments sociaux, les uns prêts à triompher, les autres sur le point de s'éteindre, doit d'abord paraître si profondément confus, on peut dire spécialement que la plupart des fausses appréciations politiques tiennent principalement à ce que les spéculations habituelles n'embrassent point un passé assez étendu.

Puisque le phénomène social, conçu en totalité, n'est, au fond, qu'un simple développement de l'humanité, sans aucune création réelle de facultés quelconques, toutes les dispositions effectives que l'observation sociologique pourra successivement dévoiler devront donc se retrouver, au moins en germe, dans ce type primordial que la *biologie* a construit d'avance pour la *sociologie*, afin de circonscrire ses aberrations spontanées. Cette similitude logique, en témoignant que la succession nécessaire des divers états sociaux correspond exactement, sous le point de vue scientifique, à la coordination graduelle des divers organismes, eu égard à la différence des deux sciences, la série sociale, convenablement établie, ne saurait être, certes, ni moins réelle ni moins utile que la série animale.

L'application effective de ce nouveau moyen assez développée pour que ses propriétés caractéristiques soient assez prononcées, on y reconnaîtra une modification assez tranchée de l'exploration positive fondamentale pour la classer finalement, à la suite de l'*observation pure*, de l'*expérimentation* et de la *comparaison proprement dite*, comme un *dernier mode de l'art d'observer*, destiné, sous le nom spécial de *procédé historique*, à l'analyse des phénomènes les plus compliqués, et prenant sa source philosophique dans le mode immédiatement précédent par la comparaison biologique des âges.

En terminant cette préalable appréciation générale du procédé historique proprement dit comme constituant le meilleur mode d'exploration sociologique, on doit ne pas négliger de faire remarquer que la nouvelle philosophie politique, consacrant, d'après un libre examen rationnel, les anciennes indications de la raison publique, restitue enfin à l'histoire l'entière plénitude de ses aptitudes scientifiques pour servir de première base indispensable à l'ensemble des sages spéculations sociales, malgré les sophismes, trop accrédités encore, d'une vaine métaphysique qui tend à écarter, en politique, toute large considération du passé.

Une science n'est définitivement constituée que lorsque *les divers genres d'induction* qui forment son domaine se trouvent *subordonnés aux constructions des domaines moins complexes.*

L'abstraction positive, qui autorise la suppression des attributs supérieurs, ne permet jamais de négliger les inférieurs. L'ordre de la *simplicité* est donc celui de la *généralité.*

La *biologie* étudie la vie, considérée dans tous les êtres vivants, végétaux et animaux, mais sans la rattacher à aucune dépendance sociale ; l'être vivant y est apprécié en dehors de tout mouvement collectif. La *morale*, dont la science de l'homme est le principal objet, ne saurait faire abstraction de ce mouvement, puisque nos moindres actes, nos moindres résolutions même, se trouvent subordonnés à une existence extérieure qui nous domine de plus en plus. Non seulement la science de l'homme ne peut être considérée comme une annexe de celle de la vie, mais il faut la concevoir, au contraire, comme une science distincte dont l'institution exige la connaissance des lois qui président à l'évolution collective. L'étude de nos hautes facultés morales et mentales serait, en effet, directement entravée, si l'on s'obstinait à les apprécier, suivant l'usage des métaphysiciens, sans tenir compte de l'influence que le développement humain exerce sur chaque existence individuelle, celle-ci étant trop limitée pour révéler les conditions fondamentales de l'unité cérébrale. Par la même raison, on comprendra, qu'après la fondation capitale de la *sociologie*, par la découverte des lois de l'évolution sociale, il devait être réservé, sans rien de fortuit, au vaste génie qui s'élevait ainsi au-dessus de tous ses contemporains, de tirer de ces lois celles de l'unité personnelle et d'en faire surgir, par suite, la théorie de nos facultés supérieures.

Toute synthèse doit être subjective, au dernier terme de la raison humaine comme à son début. Si l'homme a pu fournir primitivement le type de toutes les constructions, c'est en le considérant désormais comme le but de toutes nos recherches, qu'on peut faire converger des notions trop dissemblables pour leur trouver d'autres liaisons que celles que réclament nos convenances logiques et sociales. Elle est seule apte à nous conduire encore dans les études où la complication des phénomènes et l'indivisibilité des parties nous interdisent l'emploi des procédés d'observation ou d'expérimentation, usités dans le domaine inorganique.

Ce n'est pas sans raison qu'on a dit que *l'esprit scientifique* est essentiellement *inductif*. En effet, toute *induction* est le résultat d'une *comparaison* entre des faits bien établis ; tandis que la *déduction*, qui n'aspire qu'à tirer des *conséquences* de principes acceptés, convient autant à la théologie et à la métaphysique qu'à la science elle-même.

A ce sujet, nous ferons remarquer qu'*une construction n'est qu'un plus haut degré de déduction* ; à la *dépendance* des parties, s'ajoute alors leur mutuelle *solidarité*, de façon à constituer *un tout*, une véritable *coordination*.

Les *deux procédés inductifs* (*comparaison* et *filiation*) qui émanent respectivement de la *biologie* et de la *sociologie* doivent être considérés surtout comme destinés à seconder l'essor de la *méthode subjective*, tandis que les trois autres (*observation pure, expérimentation* et *analyse*) sont spécialement affectés à la *méthode objective*.

L'unité du *procédé comparatif* exige que la subordination des caractères soit étendue aux organismes végétaux et à l'homme lui-même dont l'étude fournit un attribut assez élevé pour établir partout la subordination des caractères.

Essentiellement destinée à favoriser *l'induction, l'institution d'une échelle des êtres vivants* ne saurait jamais être la représentation rigoureuse de la réalité extérieure. Il ne faut y voir qu'une *construction subjective*, un *moyen* purement *artificiel*, établi d'après une *base* suffisamment *réelle* que l'esprit humain emploie dans l'exploration des organismes vivants.

Quoique instituée en *biologie*, c'est surtout en *sociologie* et en *morale* que le *procédé comparatif* reçoit une digne application en aidant à la formation des CLASSEMENTS, objet continu de l'art gouvernemental.

En effet, dans l'étude des organismes vivants, la solidarité des parties autorise de nouveau l'usage de la DÉDUCTION qui fut à peu près suspendue dans l'élaboration de la *physique* et de la *chimie*. Elle peut même y recevoir une haute destination ; car, lorsque les sièges des phénomènes principaux sont suffisamment connus, par un emploi judicieux des divers *procédés* propres à la *méthode objective*, et que les *inductions* essentielles ont établi tous les *principes fondamentaux*, la *déduction*, allant alors des phénomènes les plus complexes aux moins complexes, de l'ensemble aux parties, devient nécessaire pour fixer leurs liaisons mutuelles et leur commune dépendance envers le tout. En procédant de la sorte, on arrive progressivement à substituer aux types naturels qu'on ne peut jamais espérer de connaître rigoureusement des *constructions* assez rapprochées de la réalité pour convenir à nos divers besoins. *Lorsque, confrontées avec les principaux êtres, ces constructions expliquent assez les particularités de leur existence, il faut les tenir pour admissibles.*

Tel est *l'esprit de la méthode constructive.* Elle ne pouvait être convenablement appréciée que dans le domaine organique, quoiqu'elle ait pu être ébauchée dans la science du nombre. Nous voyons qu'elle est *identique*, au fond, *avec la méthode subjective.* Bien qu'elle ne reçoive son entière application que dans la *science de l'homme*, il faut cependant considérer *la biologie* comme lui fournissant un plein essor, et c'est précisément là qu'on doit l'apprécier tout d'abord.

Déductive dans la science de l'Espace ou Mathématique ou plutôt Logique, *inductive* dans celle du Monde ou Physique, la méthode universelle devient *constructive* ou *subjective* dans celle de l'Humanité ou Morale, où les notions d'ensemble, seules vraiment importantes à connaître, dominent l'étude des parties.

Voyons, maintenant, quelle application on peut faire à la science finale, c'est-à-dire à la *morale*, des *principaux procédés de la méthode inductive*, élaborés précédemment.

Le *procédé de filiation* peut être directement appliqué à la *morale* ; car, vu la solidarité des phénomènes nouveaux et la continuité qu'ils présentent dans leur succession, il est permis de les considérer de telle sorte que chaque disposition de l'âme soit conçue comme ayant été provoquée par certains états antérieurs et comme devant provoquer des états ultérieurs. D'un autre côté, comme toutes les phases de l'*existence collective* se reproduisent dans toute existence *individuelle*, dans un *ordre* toujours *constant*, quoique avec des *différences d'intensité*, on peut encore regarder les divers âges de la vie comme devant reproduire tous les phénomènes de l'évolution sociale. Dès lors, le *procédé de filiation* peut leur être également appliqué et aider puissamment *l'institution des hypothèses propres à la science de l'homme*.

Le procédé comparatif proprement dit comporte en *morale* une application analogue. Quoiqu'il ne soit directement applicable qu'en *biologie*, la *science finale* peut en tirer encore de grands avantages, par l'institution d'une *série de cas analogues*. De même que toutes les institutions contemporaines rappellent les nombreuses phases de l'évolution humaine, de manière à permettre en *sociologie* l'emploi du *procédé comparatif*, de même tous les *types individuels propres à ces divers états de civilisation*, et même *tous ceux qui composent une société*, peuvent être disposés de manière à former une *série continue* dont tous les *termes* deviendront susceptibles de *comparaison*, et pourront servir à montrer, comme en *biologie*, leurs *dissemblances* et leurs *rapports*. Cette série sera instituée de façon à comprendre *tous les types appartenant à une civilisation quelconque* ; elle sera *étendue aussi aux animaux supérieurs* dont l'étude fournira de précieuses confirmations aux résultats établis d'après la seule contemplation de l'homme.

Bien que le *procédé expérimental* soit spécialement réservé à l'exploration du *domaine inorganique*, il comporte cependant des applications assez étendues dans le *domaine organique*, surtout *biologique*, et peut encore être affecté à la *sociologie* et à la *science de l'homme individuel*.

En morale, c'est surtout en ce qui concerne les phénomènes cérébraux que l'extension du *procédé expérimental spontané* (étude des *perturbations* quelconques, cas anormaux, tératologiques ou pathologiques) peut être utilisée. Il n'est personne qui ne sache quel parti on peut tirer de l'étude de l'*aliénation* pour nous guider dans l'exploration de nos hautes facultés morales et mentales.

Mais son emploi doit être réglé et mieux dirigé. C'est comme moyen de confirmation qu'il faut désormais considérer le *procédé expérimental* dans les sciences supérieures, au lieu d'en faire un procédé de recherche. Lorsque les divers *procédés d'exploration* que nous venons d'exposer, et surtout les deux de *comparaison* et de *filiation*, ont préparé les *inductions* propres à chaque cas et que la *méthode constructive* ou *subjective* a ensuite élevé sur elle ses *hypothèses*, alors le *procédé expérimental* peut être appelé à les vérifier ; mais ce n'est jamais qu'à titre de confirmation qu'il sera en pareil cas invoqué. Il faut donc en restreindre l'usage, au lieu de penser à l'étendre. Qu'on étudie les travaux des grands physiologistes qui ont eu recours à ce procédé, et l'on verra qu'ils n'ont jamais procédé autrement. La morale publique autant que la saine logique exige qu'il en soit ainsi.

Les expériences sur les animaux, lorsqu'elles seront reconnues nécessaires, ne devront être faites que par des praticiens exercés, et devant un petit nombre de juges compétents, dont l'autorité ne pourra jamais être contestée. Leur témoignage dispensera de toute épreuve publique. Jamais les vivisections ne devront être faites dans les cours privés ou publics, où l'on ne devra pas oublier que la culture des sentiments est la meilleure garantie des succès intellectuels. Il est dans nos codes des lois qui défendent de maltraiter les animaux, et que tout magistrat ou officier civil est tenu de faire respecter à la réquisition du moindre citoyen.

Si l'on déduit peu en *physique* et bien moins encore en *chimie*, c'est-à-dire presque pas du tout, ce n'est pas seulement à cause de la complexité très grande des phénomènes ;

c'est encore parce que l'absence de solidarité entre les diverses parties des *touts inorganiques* ne permet guère d'établir entre ces parties et ces touts des liaisons assez intimes. Dans les *êtres organiques* au contraire, quoique les phénomènes soient encore plus complexes qu'en *physique* et en *chimie*, la dépendance des parties à l'égard les unes des autres, et principalement envers l'existence générale, est si intime, qu'on arrive ordinairement à la saisir *déductivement* lorsque les *observations essentielles* sont rigoureusement établies.

Comme exemple de ce que nous venons d'avancer, nous rappellerons les *deux modes* à l'aide desquels Aug. Comte établit sa *loi des trois états. Trouvée inductivement d'abord d'après le spectacle historique*, elle put être *confirmée plus tard déductivement*, lorsqu'il la présenta comme une conséquence naturelle de notre manière de procéder quand nous nous élevons du connu à l'inconnu. Le type humain était seul appréciable au début de notre raison; aussi fut-il substitué à tous les types naturels encore inconnus. D'ailleurs, il y a une chose qu'on ne doit jamais oublier : c'est que les *déductions* qu'on se permet *dans les spéculations sociales et morales* n'ont jamais la précision de celles du domaine mathématique.

Tel est l'esprit de la méthode que nous allons appliquer ici et qui consiste, au fond, à procéder toujours *de la connaissance des fonctions*, générales et spéciales, *à celle des organes*.

Il eût été impossible de procéder autrement, vu l'excessive complexité du sujet, et que c'est en vain qu'on s'efforcerait de vouloir transporter dans la plus élevée des sciences organiques des habitudes et des procédés qui ne conviennent qu'aux sciences inférieures.

L'observation des facultés cérébrales n'a été jusqu'ici

impuissante à rien constituer de définitif, que faute d'une appréciation assez étendue des conditions de notre double existence, intellectuelle et morale.

La marche des fonctions supérieures étant la même chez l'individu que dans l'espèce, c'est dans cette dernière qu'il faut l'étudier de préférence, parce qu'elle s'y présente avec des développements qu'on ne saurait trouver dans une évolution individuelle.

La saine observation d'une existence personnelle ne peut que confirmer et vérifier les lois dévoilées par l'évolution sociale. Mais cette confirmation ne devient complète que lorsqu'on peut encore ajouter à l'observation de l'homme celle des animaux chez lesquels les dispositions innées sont toujours isolées des modifications acquises dans la vie sociale et politique. Rien de semblable ne peut exister dans notre espèce, où toutes les résolutions sont subordonnées aux convenances collectives.

L'étude du cerveau devra donc être *toujours dominée par l'inspiration sociologique et contrôlée par les vérifications zoologiques*. Tel est le motif qui ajourna la découverte définitive des fonctions cérébrales jusqu'à la fondation de la *sociologie* par Aug. Comte. Gall a multiplié au delà de tous les besoins ses organes élémentaires, parce qu'il n'a pu conformer sa construction à cette recommandation essentielle. En conséquence, si l'étude des fonctions du cerveau, instituée d'après l'observation de l'homme, ne pouvait être confirmée par celle des animaux, si des fonctions considérées comme élémentaires chez l'homme ne se retrouvaient pas chez les animaux supérieurs, il faudrait conclure qu'on a traité comme irréductibles des fonctions qui ne le sont pas.

On lira toujours avec un profond intérêt les observations

de Georges Leroy et des naturalistes qui ont étudié les mœurs des animaux. On verra combien elles furent utiles pour établir l'irréductibilité de nos instincts, surtout égoïstes, et pour vérifier les résultats fournis par l'analyse des grandes phases de l'évolution humaine.

Il faut, en outre, pour conserver à la méthode propre aux sciences de la vie tous les avantages dont elle est susceptible, ne jamais considérer le cerveau isolément de l'organisme. En négligeant les relations qui existent entre le corps et ce viscère, on ne peut apprécier les modifications qui peuvent être apportées dans nos plus hautes facultés, sous l'influence des réactions corporelles ; de là, bien des causes d'erreur. C'est un reproche que Gall et ses successeurs ont souvent mérité.

La nouvelle théorie cérébrale sera donc *essentiellement synthétique*, devant toujours avoir en vue l'ensemble de l'organisme. Jamais le cerveau ne sera considéré isolément du corps, qui influe toujours, quoique secondairement, sur ses opérations. Cette influence qu'on peut négliger dans l'étude de l'évolution collective, ne saurait l'être en *morale*, c'est-à-dire dans la science de l'homme, puisqu'elle peut provoquer accidentellement, dans l'organisme le plus élevé et le plus complexe, de très graves perturbations. La *notion de l'unité* serait sans cela souvent altérée, et l'étude de nos fonctions supérieures en serait naturellement affectée.

On n'exagérera pas non plus les *ressources de la méthode subjective*. Elle ne saurait jamais avoir en vue que la détermination du *nombre* et du *siège des organes cérébraux*. C'est là, dit Aug. Comte, sa limite naturelle et infranchissable. Ni le volume, ni la forme, ni la grandeur de ces organes ne pourraient être appréciés par un tel procédé. Toutes ces questions doivent être réservées à la *méthode objective*. Mais il est bon de remarquer que malgré tout l'intérêt que suscitent ces notions complémentaires, elles ne sont nullement indispensables à l'institution de la vraie doctrine cérébrale. Les *notions statiques* seront toujours *subordonnées aux conceptions dynamiques*, qui ne peuvent obtenir d'elles qu'une simple consécration, dont il sera même possible de se passer dans bien des cas, marche qui a déjà été érigée, ci-dessus, en biologie, en type général de la saine méthode.

Ainsi donc avec Cabanis, nous reconnaissons que le moral dépend du physique, et réciproquement.

Avec Gall, nous reconnaissons que le cerveau est un appareil, c'est-à-dire un ensemble d'organes et non pas un seul organe ; qu'il est le siège des fonctions supérieures, et sa distinction essentielle en morales et intellectuelles ; la subordination de l'intelligence au sentiment ; que le cerveau varie de forme en se développant à travers la série animale, et qu'il croît d'arrière en avant et des bords au milieu ; que la situation respective des organes doit être conforme aux vraies relations des fonctions correspondantes ; que l'homme et les animaux sont doués aussi bien d'instincts personnels que d'instincts sociaux ou bienveillants, chacun étant pourvu d'un siège distinct ; que la nature de l'homme est donc essentiellement identique à celle des animaux dont elle ne diffère qu'en complexité et en intensité ; que les facultés classiques, — mémoire, raison, imagination, jugement, volonté, etc., — sont des fonctions composées et non pas simples.

Nous voyons quelle profonde révolution devait naturellement susciter dans nos conceptions et nos croyances la seule admission des penchants bienveillants chez nous, en permettant de concevoir la réorganisation sociale, c'est-à-dire une morale théorique et pratique indépendante de toute théologie et de tout arbitraire métaphysique.

En outre, la seule admission des sentiments bienveillants chez les animaux supérieurs nous fait concevoir comme pouvant se réaliser chez eux un mode d'unité semblable à celui qui nous est propre. On comprend dès lors toute la résistance que rencontra, de la part des sacerdoces théologiques, l'établissement d'une notion aussi importante. En la considérant comme non moins décisive que la découverte du double mouvement de la Terre, Aug. Comte n'a donc rien dit d'exagéré.

C'est à l'égard des fonctions intellectuelles que l'élaboration de Gall a été le plus vicieuse. Là il se trouva privé des indications animales ; et la sagesse populaire ne lui fournit plus que des lumières trop confuses, susceptibles seulement d'être utilisées par une théorie qu'il ne pouvait avoir. Néanmoins il y brisa le joug nébuleux de la métaphysique. On devra se souvenir de notre insistance, même envers les notions cosmologiques, sur le besoin rationnel de rattacher toujours les grandes conceptions théoriques aux inspirations unanimes de la sagesse pratique, dont la science ne constitue jamais qu'un prolongement systématique. Cette maxime universelle doit surtout convenir aux études morales, à l'égard desquelles la raison commune est mieux exercée, tandis que l'esprit dogmatique s'y trouve moins préparé jusqu'ici. Aucun penseur ne sentit autant que Gall la valeur d'une telle assistance scientifique : néanmoins, il n'y recourut pas assez. En la consultant davantage, il aurait évité sa vicieuse opposition des penchants aux sentiments.

Chacune des fonctions affectives constitue un vrai *penchant* quand elle devient *active* et un simple *sentiment* tant qu'elle reste *passive*. Il n'y a donc là de réel que la distinction nécessaire entre les deux modes alternatifs de toute force positive principalement vitale et surtout animale. Ces deux états alternent aussi dans les fonctions mentales, mais sans y susciter des noms caractéristiques, qui conviennent seulement envers les fonctions morales, d'après leur énergie supérieure, d'où résultent entre eux des différences plus sensibles. Une telle distinction rendait impossible le vrai classement cérébral.

Or, *la sagesse vulgaire* a, depuis longtemps, prononcé à cet égard par *son interprète naturel, le langage*, dont l'évolution émane essentiellement du peuple. La distinction proposée s'y trouve nettement indiquée sous deux formes équivalentes, chacune fort usitée, surtout en français : le double sens moral du mot *cœur*, et la principale acception du mot *caractère*. En effet, le premier nous désigne, moralement, tantôt l'*affection* qui dispose à agir, et tantôt la *force* qui dirige l'action réelle ; le motif métaphorique convient également aux deux cas, suivant que l'on considère l'*intention* ou l'*exécution*. Cette distinction se manifeste surtout dans la comparaison morale des deux sexes, où le mot *cœur* désigne alternativement *tendresse* et *énergie*. D'une autre part, l'acception morale qui convient le mieux au mot *caractère*, celle qu'il offre quand il se trouve isolé, se rapporte certainement à l'ensemble des qualités pratiques, d'où dépend immédiatement tout résultat effectif, même chez les penseurs. Par une telle métaphore, la raison publique proclame dignement que chaque individualité se trouve finalement constituée par les conditions d'activité, sans lesquelles tous les autres attributs, intellectuels et même moraux, deviendraient inutiles à l'homme ou à l'animal.

On ne saurait donc méconnaître l'intime réalité de la division spontanée systématiquement introduite dans la physiologie cérébrale. Elle y désignera toujours la distinction indispensable entre les *tendances* qui déterminent les *motifs d'action*, et les *aptitudes à exécuter les desseins arrêtés*. Les premières, plus spontanées, n'admettent la *consultation spéculative* qu'afin d'apprécier la convenance des *désirs* ; les autres ont toujours besoin de connaître le *but extérieur*, pour accomplir l'*acte voulu*. Celles-ci sont donc plus liées aux fonctions intellectuelles. Ainsi, leur siège cérébral doit être essentiellement moyen, et même plus rapproché de la région frontale que du cervelet.

Ainsi donc, composée d'abord de *cœur* et d'*esprit*, l'âme humaine et animale, ou l'ensemble des fonctions cérébrales, nous offre maintenant la succession normale du *cœur* proprement dit, de l'*esprit*, et du *caractère*, d'après la division naturelle des fonctions morales en *moteurs affectifs* et *aptitudes actives*. Dans cette décomposition nouvelle, le nom principal reste aux attributs les plus essentiels, suivant les règles ordinaires du langage. La *conception théorique* demeure *binaire*, tant qu'on n'y considère que l'économie totale qui constitue alors une *combinaison* irréductible. Mais elle devient *ternaire*, quand on veut s'y représenter la *marche* générale d'un tel ensemble, comme l'exige toute *progression logique*. Sous ce dernier mode, qui est le plus usuel, la théorie statique consiste à répartir le cerveau entre les trois groupes de fonctions intérieures, en assignant sa principale masse, surtout postérieure, au sentiment, son extrémité antérieure à l'intelligence, et sa partie moyenne à l'activité.

En *Morale pratique*, où commence à avoir lieu la transition de la *science* à l'*art*, c'est la *méthode constructive* qui a un rôle décisif. Ce qui la caractérise encore, c'est une *finalité* à atteindre, purement mentale ou pratique, vers laquelle on fait concourir des notions et des vues de toute sorte. L'*induc-*

tion, comme l'*observation concrète et abstraite*, y interviennent pour fournir des documents, des images, des principes, et la *déduction* y concourt sous une forme spéciale, résultant d'une application du principe de contradiction. Ainsi, par exemple, si l'on veut établir le type de l'état industriel et les institutions qui lui conviennent, on éliminera, par principe de contradiction, les institutions ou les habitudes qui développent l'esprit militaire. D'après cela, la *méthode constructive* est *un concours de toutes nos habitudes et nos méthodes mentales, pour réaliser une construction dont la destination est habituellement subjective*. D'après cela, il est évident que c'est en Morale pratique qu'intervient surtout la méthode constructive, puisque, quand on construit une règle, par exemple, il s'agit d'établir, par les procédés propres à l'entendement humain, les conditions indispensables pour atteindre une certaine destination. Si l'on passe des *conceptions théoriques* de la Morale pratique à l'*application* proprement dite, on trouve de même l'*emploi de la méthode constructive*. Ainsi, la mère qui a fait un plan pour l'éducation de son fils fait concourir l'ensemble de toutes ses connaissances pour instituer la préparation qui rendra ce fils apte à atteindre un but déterminé.

Mais c'est surtout *au point de vue mental*, dans la *construction des types* proprement dits, qu'intervient *la méthode subjective constructive*. Il est évident que, pour que *ce type soit une construction* véritablement sérieuse, c'est-à-dire susceptible de diriger la vie humaine, il faut que l'on utilise la connaissance de la nature humaine et de la société, pour voir quelles sont les aptitudes, les connaissances, etc., indispensables à la réalisation d'une fonction dans des conditions déterminées.

Cette *construction des types* constitue une des opérations

les plus nécessaires et les plus difficiles de la Morale positive, car c'est grâce à elle que pourra s'effectuer la *réaction de la théorie sur la pratique*, par l'examen approfondi des divers cas *possibles*. (Extr. P. Laffitte.)

La *construction* dont il s'agit, nous ne pouvons la suivre en détail, car cela nous entraînerait à des développements incompatibles avec la *nature purement logique* de ce chapitre ; cependant le tableau annexé à la fin de l'ouvrage nous montre, pour peu qu'on y veuille faire attention, tous les instincts affectifs placés, à l'égard les uns des autres, dans *l'ordre de l'accroissement de dignité et de décroissement d'énergie, de généralité décroissante, d'arrière en avant et des côtés au milieu.* Cette grande loi se manifeste dès la distinction des facultés cérébrales en morales et mentales, puisque les unes sont localisées dans la partie postérieure de l'encéphale et les autres dans la partie antérieure. Elle se vérifie plus spécialement dans l'étude des fonctions morales. Cette *règle inductive* peut même recevoir une application directe, car elle nous fournit une assistance notable, dans la localisation des fonctions, lorsqu'il peut s'élever quelque doute.

Nous dirons donc sous forme de conclusion aux considérations précédentes :

Si nos théories, constamment confrontées avec les faits, les expliquent dans leurs moindres particularités ; si elles nous donnent les moyens de suivre toutes les opérations de l'âme, d'en prévoir la marche et l'issue, on nous autorisera sans doute à les tenir pour rigoureuses, quels que soient les procédés que nous aurons employés.

La méthode qui conduit à de semblables résultats ne sera-t-elle pas dès lors suffisamment consacrée par de telles épreuves ? L'opposition qu'elle soulève encore en ce moment parmi les savants spéciaux, nous rappelle que la *méthode infinitésimale* elle-même, avant de recevoir la consécration d'une longue pratique, fut contestée dans son application. Elle ne prévalut et ne renversa que tardivement les obstacles que la médiocrité scientifique opposa à son glorieux auteur. (Extr. Dr Audiffrent, *Du Cerveau et de l'Innervation*.)

III

Considérations spéciales sur la valeur éducatrice et émancipatrice des sciences.

L'éducation encyclopédique peut seule conduire rapidement la raison individuelle à son état positif. En effet, il est certain que toute science réelle est en opposition radicale et nécessaire avec toute théologie.

On peut dire que l'émancipation de la raison humaine commence à se faire sentir dès les débuts de la *science mathématique*. Mais c'est surtout avec les connaissances géométriques que l'incompatibilité avec les caprices des prétendues puissances surnaturelles se manifeste d'une manière décisive. Le premier coup vraiment décisif sur tout arbitraire soit divin, soit humain, paraît avoir été sorti le jour où Thalès a découvert qu'au milieu de l'infinie variété des constructions possibles des triangles, il y avait toujours quelque chose de constant : *la somme des angles des triangles quelconques*. En effet, les dieux ou les hommes auraient beau vouloir le contraire, rien ne saurait modifier ce principe. La toute-puissance divine aurait échoué devant cette simple totalité.

Ce caractère est cependant plus prononcé en *Astronomie* que partout ailleurs, précisément parce qu'elle est, pour ainsi dire, plus *science* qu'aucune autre, la Mathématique exceptée. Pas n'est besoin de signaler expressément ici, comme trop évident par lui-même et trop communément apprécié aujourd'hui, l'effet des connaissances astronomiques pour dissiper entièrement les préjugés absurdes et les terreurs superstitieuses, tenant à l'ignorance des lois célestes, au sujet de quelques phénomènes remarquables, tels que les éclipses, les comètes, etc. Ces dispositions naturelles ont cessé, ou cessent de jour en jour, dans les esprits les plus vulgaires, même indépendamment de la diffusion des vraies notions astronomiques, par l'éclatante coïncidence de ces événements avec les prédictions scientifiques. Cependant, pour les esprits étrangers à l'étude des corps célestes, quoique souvent très éclairés d'ailleurs sur d'autres parties de la philosophie naturelle, l'Astronomie a encore la réputation d'être une science éminemment théologique, comme si le fameux verset : *Cœli enarrant gloriam Dei*, « Les cieux racontent la gloire de Dieu », avait conservé toute sa valeur. De nos jours, on pourrait plutôt dire que *Le Ciel raconte la gloire de l'Humanité* par ses organes, les créateurs de la science astronomique, c'est à dire les Hipparque, les Kepler, les Galilée, les Newton, etc. La vérité est qu'aucune n'a porté de plus terribles coups à la *doctrine des causes finales*, généralement regardée par les modernes comme la base indispensable de tous les systèmes théologiques, quoiqu'elle n'en ait été, en réalité, qu'une conséquence. La seule connaissance du mouvement de la terre a dû détruire le premier fondement réel de cette doctrine, l'idée de l'*univers* subordonné à la *terre* et par suite à l'*homme*.

Les meilleurs esprits eux-mêmes ne mesurent pas d'ordinaire à sa juste valeur l'action, vraiment puissante, exercée par la vraie théorie astronomique, trouvée par Copernic, prouvée et établie par Galilée, et le changement que celle-ci opéra dans toutes les têtes relativement à la destruction radicale du système théologique. Cette influence est telle, que seule elle eût suffi à déterminer l'anéantissement de ce système. Nous nous contenterons de l'indiquer par la considération suivante, que chacun peut amplement développer.

Tout le système théologique est fondé sur la supposition que la terre a été faite pour l'homme, et l'univers entier pour la terre. Oter cette supposition, et toutes les doctrines surnaturelles s'écrouleront. Or, Galilée nous ayant démontré que notre planète est une des plus petites, qu'elle ne se distingue en rien des autres, qu'elle tourne dans la foule autour du Soleil, l'hypothèse que la nature tout entière est faite pour l'homme choque si ouvertement le bon sens, elle est tellement en opposition avec les faits, qu'elle ne peut éviter de paraître absurde et d'être bientôt renversée, en entraînant avec elle les croyances dont elle est la base. En un mot, les doctrines théologiques sont absolument incompatibles avec la conviction pleine et entière de la théorie astronomique moderne, même dans les têtes où cette conviction ne repose pas sur la connaissance des démonstrations qui l'établissent. Si l'on pèse suffisamment cette réflexion, on conviendra que l'*inquisition* exerçait avec un bon fondement son métier de gendarmerie du pouvoir spirituel, en tâchant d'étouffer à sa naissance la théorie de Galilée.

D'ailleurs, l'exacte exploration de notre système solaire ne pouvait manquer de faire essentiellement disparaître cette admiration aveugle et illimitée qu'inspirait l'ordre général de la nature, en montrant, de la manière la plus sensible, et sous un très grand nombre de rapports divers, que les éléments de ce système n'étaient point disposés de la manière la plus avantageuse, et que la science permettait de concevoir aisément un meilleur arrangement. Déjà en plein moyen âge Alphonse X, de Castille, surnommé *le Sage*, disait : *Si Dieu m'avait consulté lors de la création du monde, j'aurais pu lui donner de bons avis.* C'est ce que fit Milton dans son beau poème : *le Paradis Perdu*, en imaginant qu'après le péché originel du premier homme, l'axe de la terre avait été incliné par un ange comme châtiment de l'espèce humaine.

On devait d'ailleurs *a priori* s'attendre, en général, à un tel résultat, par cette seule réflexion que, puisque nous existons, il faut bien, de toute nécessité, que le système dont nous faisons partie soit disposé de façon à permettre cette existence, qui serait incompatible avec une absence totale de stabilité dans les éléments principaux de notre Monde.

La *prétendue cause finale* se réduirait donc à cette remarque puérile : il n'y a d'autres astres habités que ceux qui sont habitables. On rentre ainsi dans le *principe des conditions d'existence* qui est la *vraie transformation positive de la doctrine des causes finales*, et dont la portée et la fécondité sont bien supérieures. Tels sont, en aperçu, les services immenses et fondamentaux rendus par le développement que la Mathématique a permis aux théories astronomiques pour l'émancipation de la raison humaine.

A partir de la *Physique*, les phénomènes naturels commencent à être réellement *modifiables par l'intervention humaine*, ce qui ne pouvait avoir lieu en Astronomie, et c'est ce que nous verrons désormais se manifester de plus en plus dans tout le reste de notre série encyclopédique. L'impossibilité où nous sommes d'intervenir, en aucune manière, dans leur accomplissement, eût rendu éminemment difficile leur affranchissement radical de toute suprématie théologique et métaphysique. Mais cette parfaite prévoyance a dû être pour cela bien autrement efficace que la petite action effective de l'homme sur tous les autres phénomènes naturels. Quant à ceux-ci, au contraire, cette action, quelque restreinte qu'elle soit, acquiert, par compensation, une haute importance philosophique à cause du peu de perfection que nous pouvons apporter dans leur prévision rationnelle.

Le caractère fondamental de toute philosophie théologique, ainsi que nous l'avons remarqué ailleurs, est de concevoir tous les phénomènes comme assujettis à des volontés surnaturelles, et, par suite, comme éminemment et irrégulièrement variables. Or, pour le public, qui ne saurait entrer réellement dans aucune discussion spéculative approfondie sur la meilleure manière de philosopher, un tel genre d'explications ne peut être finalement renversé que par deux moyens généraux, dont le succès populaire est infaillible à la longue : la *prévoyance exacte* et *rationnelle* des phénomènes, qui fait immédiatement disparaître toute idée d'une volonté directrice ; ou la *possibilité de les modifier suivant nos convenances*, qui conduit au même résultat sous un autre point de vue, en présentant alors cette puissance comme subordonnée à la nôtre.

Le premier procédé est le plus philosophique ; c'est même celui qui peut le mieux entraîner la conviction du vulgaire, quand il est complètement applicable, ce qui n'a guère lieu, jusqu'ici, à un haut degré, qu'à l'égard des phénomènes célestes ; mais le second, lorsque sa réalité est bien évidente, détermine non moins nécessairement l'assentiment universel.

C'est ainsi, par exemple, que Franklin a irrévocablement détruit, dans les intelligences même les moins cultivées, la théorie théologique du tonnerre, en prouvant l'action directrice que l'homme peut exercer, entre certaines limites, sur ce météore, tandis que ces ingénieuses expériences pour établir l'identité d'un tel phénomène avec la décharge électrique ordinaire, quoique ayant une valeur scientifique bien supérieure, ne pouvaient être décisives qu'aux yeux des physiciens. La découverte d'une telle faculté de diriger la foudre a donc exercé réellement la même influence sur le renversement des préjugés théologiques que, dans un autre cas, la prévision exacte des retours des comètes.

Franklin a donc bien mérité de la postérité reconnaissante l'épitaphe que Turgot a composée pour lui : *Cælo eripuit fulmen, sceptrumque tyrannis* [1]. Au ciel il a dérobé la foudre, et le sceptre aux tyrans. Aujourd'hui, ce sont les églises, c'est-à-dire les maisons consacrées à Dieu, les bâtiments qui ne dispensent pas la protection du paratonnerre. En effet, celui-ci surmonte la croix elle-même. C'est donc la providence humaine remplaçant dans un cas fort caractéristique la providence divine [2].

Quelque imparfait que soit jusqu'ici le système des *connaissances chimiques*, son développement n'en a pas moins contribué à l'émancipation générale et définitive de la raison humaine. Le caractère fondamental d'opposition à toute philosophie théologique quelconque, nécessairement inhérent à toute science réelle, même dans sa première enfance, se manifeste aussi d'après les deux propriétés générales citées ci-dessus, et corrélatives de toute philosophie positive :

1. La dernière partie de cette épitaphe lui a été décernée, comme on sait, à cause de la part décisive qu'il a prise dans la guerre de l'indépendance des Etats-Unis contre l'Angleterre, en 1776.

2. Quant à la métaphysique, l'exclamation favorite de Newton était : *O physique, garde-toi de la métaphysique !*

1° prévision des phénomènes; 2° modification volontaire de notre part exercée sur eux.

A ce sujet, il faut rappeler un théorème philosophique très important, déjà indiqué, et qui est éminemment applicable à la science chimique. Il consiste en ce que, *plus la faculté de prévoir diminue, par la complication croissante des phénomènes, plus la faculté de modifier augmente, par la variété des moyens d'action qui résulte de cette complication même*; de telle sorte que cette influence antithéologique propre à chaque branche fondamentale de la philosophie naturelle est toujours à peu près infaillible, soit par une voie, soit par l'autre.

Mais, en outre, il est convenable d'indiquer ici une autre voie, encore plus spéciale, et non moins efficace peut-être, par laquelle la Chimie est destinée à contribuer à l'affranchissement irrévocable du génie humain de toute tutelle théologique ou métaphysique. Il consiste à rectifier, d'une manière irrécusable, sous plusieurs rapports fondamentaux, le système des notions primitives sur l'économie générale de la nature terrestre.

Depuis l'école d'Aristote, les philosophes ont dû toujours penser que les mêmes substances élémentaires se reproduisent essentiellement dans l'ensemble de toutes les grandes opérations naturelles, malgré leur indépendance apparente. Cependant, l'entière impossibilité de réaliser ce vague aperçu métaphysique devait nécessairement maintenir l'empire universel du *dogme théologique de destructions* et *créations absolues*, jusqu'à la grande époque de cet admirable développement du génie chimique, qui forme le principal caractère scientifique du XVIIIe siècle.

En effet, tant qu'on ne pouvait avoir aucun égard ni aux matériaux ni aux produits gazeux, un grand nombre de phénomènes remarquables devaient inévitablement inspirer l'idée d'anéantissement ou de production réelle de matière dans le système général de la nature. Il a fallu, avant tout, la décomposition de l'air et de l'eau, et ensuite l'analyse élémentaire des substances végétales et animales, et peut-être même, le complément un peu tardif d'un tel ensemble, par l'analyse des alcalis proprement dits et des terres, pour établir, d'une manière entièrement irrécusable, le principe fondamental de la perpétuité nécessairement indéfinie de toute matière, et pour tendre à remplacer irrévocablement dans l'universalité des esprits, *les idées théologiques* de *destruction* et de *création*, par *les notions positives* de *décomposition* et de *recomposition*.

Mais c'est surtout de la *Biologie* qu'on doit attendre une influence plus efficace. Un tel témoignage général résulte inévitablement, en effet, de l'exacte analyse des diverses conditions, soit organiques, soit extérieures, indispensables à chacun des actes de l'existence des corps vivants, analyse qui constitue immédiatement l'objet perpétuel de toutes les études anatomiques ou physiologiques. Allant plus loin que la Chimie, la constitution de la Biologie suppose la reconnaissance de l'homogénéité d'organisation fondamentale chez l'homme, chez les animaux et jusque chez les végétaux. A quoi se réduit donc la prétention de l'homme d'être le seul animal rationnel et le roi de la création ?

Attaquant à son tour, et à sa manière, le dogme élémentaire des *causes finales*, elle l'a graduellement transformé dans le principe fondamental des *conditions d'existence*, dont le développement et la systématisation appartiennent, sans aucun doute, à la Biologie, quoique, en lui-même, il soit d'ailleurs appréciable à tous les ordres quelconques de phénomènes naturels.

Le véritable esprit général de la science biologique doit certainement nous conduire à penser que, par cela même que tel organe fait partie de tel être vivant, il concourt nécessairement, d'une manière déterminée, quoique peut-être inconnue, à l'ensemble des actes qui composent son existence : ce qui revient simplement à concevoir *qu'il n'y a pas plus d'organe sans fonction que de fonction sans organe.*

Puisque le développement précis de la corrélation nécessaire entre les idées d'organisation et les idées de vie constitue le but caractéristique de toutes nos études biologiques, une telle disposition intellectuelle est donc éminemment philosophique et d'un usage indispensable. Mais il faut convenir que cette tendance systématique à regarder tout organe quelconque comme exerçant nécessairement une certaine action, dégénère encore très fréquemment en une aveugle admiration antiscientifique du mode effectif d'accomplissement des divers phénomènes vitaux.

Une semblable disposition, émanation évidente de l'ancienne suprématie théologique, est en opposition directe avec toute saine interprétation du principe des conditions d'existence, d'après lequel, quand nous avons observé une fonction quelconque, nous ne saurions être surpris que l'analyse anatomique vienne réellement dévoiler, dans l'organisme, un mode statique propre à permettre l'accomplissement de cette fonction. Cette admiration irrationnelle et stérile, en nous persuadant que tous les actes organiques s'opèrent aussi parfaitement que nous puissions l'imaginer, tend immédiatement à comprimer l'essor général de nos spéculations biologiques ; elle conduit souvent à s'émerveiller sur des complications évidemment nuisibles ou inutiles.

Du reste, l'incompatibilité entre les données biologiques

et la théologie s'était déjà manifestée lorsque ces connaissances étaient encore assez embryonnaires de manière à avoir alors déjà fait surgir cet aphorisme : *Tres medici, quatuor athei*.

Quant à la *Sociologie*, on peut, sous un certain point de vue, l'envisager comme étant une science émancipatrice par excellence, en tant qu'elle détruit, aussi complètement que possible, toute notion quelconque d'*absolu*. C'est ainsi que, en introduisant l'idée d'*évolution historique*, déjà préparée en *Biologie* par celle de *développement organique*, elle institue, mieux que n'importe quelle autre science, le *relativisme* de toutes nos conceptions. En les situant dans le moment historique, elle montre comme ces conceptions ont surgi, et comment, au bout d'un certain temps, elles se sont transformées en d'autres plus d'accord avec un nombre plus grand de renseignements obtenus dans le cours des siècles.

Dans sa partie *dynamique*, la *science sociale* montre comment ces conceptions avaient dû varier suivant les âges, ainsi que le mode de leur variation. Elle démontre ainsi le changement nécessaire de nos différentes manières d'envisager le monde, la société et l'homme. Elle constate les transformations de notre manière de sentir, de penser et d'agir, par rapport à la propriété, au langage, à la famille, au gouvernement, à la Patrie, et à l'égard des autres peuples, d'après les trois méthodes de philosopher, en indiquant l'ordre de ce passage qui institue la hiérarchie théorique des connaissances humaines, mathématiques ou logiques, astronomiques, physiques, chimiques, biologiques, sociologiques et morales.

Et cette transformation a lieu, non seulement par rapport aux conceptions correspondantes à ces institutions, mais quant à leur propre organisation. La Religion elle-même est sujette à une telle transformation, qui s'opère, comme toutes les autres, non pas d'une manière arbitraire, mais selon un ordre de développement fatal, quoique sujet à certaines perturbations inhérentes aux défauts de notre organisation et de nos connaissances.

La constitution de la Sociologie implique la reconnaissance de lois naturelles dans l'évolution sociale ; ici comme ailleurs, rien d'arbitraire. A quoi se réduisent donc les notions *théologiques* sur *la nature* et *le droit divin des rois* ainsi que leurs substituts *métaphysiques*, la *souveraineté populaire*, les *imprescriptibles droits* et l'*arbitraire volonté du peuple* ?

Or, tant que nous ne remplacerons pas définitivement ces conceptions-là, nous serons en proie à la maladie révolutionnaire. Et l'inévitable résultat général d'une semblable épidémie chronique a dû être, par une évidente nécessité, la démolition graduelle, maintenant presque totale, de la morale publique, qui, peu appuyée, chez la plupart des hommes, sur le sentiment direct, a besoin, par-dessus tout, que les habitudes en soient constamment dirigées par l'uniforme assentiment des volontés individuelles à des règles invariables et connues, propres à fixer en chaque grave occasion la vraie notion du bien public.

Telle est la nature éminemment complexe des questions morales que, même sans aucune intention sophistique, le pour et le contre peuvent y être soutenus, sur presque tous les points, d'une manière extrêmement plausible, car il n'y a pas d'institution quelconque, pour si indispensable qu'elle puisse être au fond, qui ne présente, en réalité, de graves et nombreux inconvénients, les uns partiels, les autres passagers. Et, en sens inverse, l'utopie la plus extravagante offre toujours, comme on sait, quelques avantages incontestables.

Or, la plupart des intelligences sont, sans doute, trop exclusivement préoccupées, soit en vertu de leur trop faible portée, soit, encore plus fréquemment peut-être, par une passion absorbante, pour être vraiment capables d'embrasser simultanément les divers aspects essentiels du sujet. Comment pourraient-elles donc s'abstenir de condamner successivement presque toutes les grandes maximes de morale publique, dont les défauts sont, d'ordinaire, très saillants, tandis que leurs motifs principaux, quoique réellement beaucoup plus décisifs, sont quelquefois profondément cachés, jusqu'à ce qu'une exacte analyse, souvent fort délicate, les ait mis en pleine lumière ?

Il ne faut pas croire, en outre, que de telles extravagances soient aujourd'hui essentiellement réservées à quelques esprits excentriques ou mal organisés, comme les époques les plus régulières en ont fréquemment présenté. Ce qui caractérise le plus nettement l'absence totale de principes généraux vraiment propres à diriger convenablement les pensées politiques de notre époque, c'est la déplorable universalité de cette tendance anarchique, la funeste disposition des intelligences, même les plus normales, à se laisser entraîner, souvent par l'unique impulsion d'une vanité très blâmable, à l'apologie des plus pernicieux paradoxes.

Cela est surtout sensible envers les sujets les plus difficiles et qui exigent aussi le plus d'unité. Jusqu'à sa réalisation suffisamment accomplie, les idées effectives de bien public, dégénérées en une vague philanthropie, resteront toujours livrées, comme on le voit aujourd'hui, à la plus pernicieuse fluctuation, qui tend directement à leur ôter toute force véritable contre les énergiques impulsions d'un égoïsme vivement stimulé.

Dans le triste cours journalier de nos luttes politiques, les hommes les plus judicieux et les plus honnêtes sont naturellement conduits à se taxer les uns les autres de folie ou de dépravation d'après la vaine opposition de leurs principes sociaux. D'une autre part, en chaque grave occurrence, les maximes politiques les plus contraires se trouvent habituellement soutenues par des parties qui doivent sembler également recommandables. Comment l'influence continue de ce double spectacle, essentiellement incompatible avec aucune conviction profonde et inébranlable, pourrait-elle, à la longue, laisser subsister, soit chez ceux qui y participent, soit même chez ceux qui l'admirent, une vraie moralité politique et une suffisante cohérence mentale ?

Voilà surtout ce qui doit rendre tout véritable ordre moral nécessairement incompatible avec la vagabonde liberté des esprits actuels, si elle pouvait indéfiniment persister, puisque la plupart des règles sociales destinées à devenir usuelles ne sauraient être, sans perdre toute efficacité, abandonnées à l'aveugle et arbitraire décision d'un public incompétent. L'indispensable convergence des intelligences suppose donc, préalablement, la renonciation volontaire et motivée du plus grand nombre d'entre elles, à leur prétendu droit souverain d'examen.

On est tombé, en politique, d'un excès dans un autre. En combattant la prétention ridicule du savoir politique exclusif des gouvernants, on a engendré, dans les gouvernés le préjugé, non moins ridicule, que tout homme est apte à se former, par le seul instinct, une opinion juste sur le système politique, et chacun a prétendu devoir s'ériger en législateur.

Il est singulier, comme l'a fait observer Condorcet, que les hommes jugent impertinent de prétendre savoir la physique ou l'astronomie, etc., sans avoir étudié ces sciences, et qu'ils croient en même temps que tout le monde doit savoir la science politique, et avoir une opinion fixe et tranchante, sur les principes les plus abstraits, sans qu'il soit nécessaire d'avoir pris la peine d'y réfléchir et d'en avoir fait un objet spécial d'étude.

Cela tient à ce que l'on n'a pas reconnu que la politique est un art abstrait basé sur la science sociale, ou Sociologie, qui a ses lois naturelles propres tout aussi fatales, mais plus complexes que celles de l'Astronomie, de la Physique, de la Chimie, de la Biologie, d'après la loi naturelle et universelle de la complication croissante des phénomènes, à mesure qu'on s'élève dans l'échelle des connaissances et de l'activité humaines.

En vertu de leur complication supérieure, et par suite aussi de leur plus intime contact avec l'ensemble des passions humaines, les questions sociales devraient, par leur nature, encore plus scrupuleusement que toutes les autres, rester concentrées chez un petit nombre d'intelligences d'élite, que la plus forte éducation préliminaire, convenablement suivie d'études directes, aurait graduellement préparées à en poursuivre avec succès la difficile élaboration. Tel doit être, avec une pleine évidence, le véritable état normal de l'esprit humain, pour lequel toute autre situation constitue réellement, pendant les époques révolutionnaires, une sorte de cas pathologique plus ou moins caractérisé.

Quels doivent donc être les ravages de cette maladie sociale, en un temps où tous les individus, quelque inférieures que soient leur intelligence et leur nature morale, et malgré l'absence souvent totale de préparation convenable, sont indistinctement provoqués, par les plus énergiques stimulations, à trancher journellement, avec la plus déplorable légèreté, sans aucun guide et sans le moindre frein, les questions politiques les plus fondamentales !

Au lieu d'être surpris de l'effroyable divergence graduellement produite par l'universelle propagation, depuis plus d'un siècle, de cette anarchique tendance, ne faudrait-il pas admirer bien plutôt que, grâce au bon sens naturel et à la modération intellectuelle de l'homme, le désordre ne soit point jusqu'ici plus complet, et qu'il subsiste encore, çà et là, quelques points vagues de ralliement, sous la décomposition, toujours croissante néanmoins, des maximes sociales ! Le mal est déjà parvenu à ce point que toutes les opinions politiques, quoique uniformément puisées dans ce fonds général, prennent aujourd'hui un caractère essentiellement individuel par les innombrables nuances que comporte le mélange varié des divers ordres de principes vicieux.

Excepté dans les cas d'entraînement, où les divergences radicales peuvent être momentanément dissimulées, pendant la poursuite commune d'un moyen passager, dont chacun des prétendus coalisés conserve d'ailleurs d'ordinaire le secret espoir d'exploiter seul la réalisation, il devient maintenant de plus en plus impossible de faire vraiment adhérer même un très petit nombre d'esprits à une profession de foi politique un peu explicite, où le vague et l'ambiguïté d'un langage artificiel ne cherchent point à produire l'apparence illusoire d'un concours qui ne saurait exister.

Or, il importe de noter ici l'égale participation inévitable des trois doctrines principales à la production de ce désordre intellectuel. En effet, cette universelle divagation des esprits actuels n'est certes pas moins prononcée dans le camp purement stationnaire et jusque dans le camp rétrograde, que dans le camp révolutionnaire proprement dit [1].

On ne vit que sur d'anciennes traditions et sur des habitudes, dont le Positivisme n'a pu encore faire pénétrer la nouvelle formulation. Ce qui est formulé actuellement hors de l'ancien système est anarchique. « L'état actuel est un état de demi-convictions et de demi-volontés. M. Guizot a très bien saisi cette face de notre situation sociale, qu'il a caractérisée avec une justesse vraiment remarquable, en disant : « De nos jours, l'homme *veut faiblement*, mais il « *désire immensément*. »

Mais la propagation et l'acceptation de la Sociologie, c'est-à-dire la reconnaissance des lois naturelles dans ce domaine, doit remédier à ces maux.

Considérée surtout quant à l'*ordre*, la science qui s'occupe de trouver et de démontrer l'existence des lois naturelles dans la constitution et le développement de l'organisme social n'aura, sans doute, jamais besoin d'aucune apologie directe, pour quiconque aura suffisamment apprécié la tendance nécessaire de la philosophie positive, à quelque catégorie d'idées qu'elle s'applique. La science réelle, envisagée du point de vue le plus élevé, n'a en effet d'autre but général que d'établir et de fortifier sans cesse l'ordre intellectuel, qui est la première base indispensable de tout ordre véritable, et ce, afin d'éclairer nos sentiments et notre action.

Quoique ce ne soit pas ici le lieu convenable de traiter directement cette question fondamentale, il suffit de faire

1. Extr. Aug. Comte, *Philosophie positive*.

remarquer combien le désordre répugne profondément à l'esprit scientifique qui lui est certainement beaucoup plus antipathique, par sa nature, que l'esprit théologique lui-même, et, à plus forte raison, que l'esprit métaphysique, qui est essentiellement révolutionnaire. C'est ce que savent tous ceux qui ont un peu approfondi ces trois philosophies.

A l'égard des idées politiques, l'expérience a désormais suffisamment prouvé que la méthode positive peut seule aujourd'hui discipliner réellement des intelligences devenues de plus en plus rebelles à l'autorité des hypothèses métaphysiques, aussi bien qu'à l'emploi des fictions théologiques. Le sentiment fondamental des lois naturelles invariables, fondement primitif de toute idée d'ordre, relativement à des phénomènes quelconques, pourrait-il n'avoir plus la même efficacité philosophique, aussitôt que, complètement généralisé, il s'applique aussi aux phénomènes sociaux, désormais ramenés à de pareilles lois?

En considérant, sous le même aspect de l'*ordre*, une influence éducative moins prononcée, mais plus permanente, de l'existence des lois naturelles dans le domaine social, on peut reconnaître que, même à l'égard des maux politiques incurables, elle tend puissamment, par sa nature, à consolider l'ordre public, par *le développement rationnel d'une sage résignation*.

La politique métaphysique qui regarde l'action politique comme nécessairement indéfinie, ne saurait comporter une semblable disposition, dont l'influence habituelle, quoique constituant une vertu purement négative, offre un secours si indispensable, à tous égards, contre la douloureuse destinée de l'homme.

Quant à la *résignation théologique et surtout chrétienne*.

elle n'est, à vrai dire, malgré tant d'emphatiques éloges, qu'*une prudente temporisation*, qui fait supporter les malheurs présents en vue d'une ineffable félicité ultérieure. Il ne peut, évidemment, exister de *vraie résignation*, c'est-à-dire de *disposition* permanente à supporter avec constance, et sans *aucun* espoir de compensation quelconque, des maux inévitables, que par suite d'un profond sentiment des lois invariables qui régissent les divers genres de phénomènes naturels. *La résignation* est une fonction composée du cerveau qui résulte de l'intime liaison entre le sentiment de la vénération, base de la subordination volontaire, et une vue de l'esprit, qui nous fait croire à une fatalité extérieure.

C'est donc exclusivement à la philosophie positive que se rapporte une telle disposition, à quelque sujet qu'elle s'applique, et, par conséquent, à l'égard aussi des maux politiques. S'il en est que la science réelle ne saurait convenablement atteindre, et il n'est pas croyable qu'on puisse en douter, elle y pourra, au moins, comme envers les fatalités moins pénibles de la vie individuelle, mettre toujours en pleine évidence leur incurabilité nécessaire, de manière à calculer habituellement les douleurs qu'ils produisent par l'assidue conviction des lois naturelles qui les rendent insurmontables.

A raison de sa complication supérieure, le monde politique doit être encore plus mal réglé que le monde astronomique, physique, chimique ou biologique. D'où vient donc que les imperfections radicales de la condition humaine, contre lesquelles nous sommes toujours prêts à nous insurger avec indignation sous le premier rapport, nous trouvent au contraire essentiellement calmes et résignés sous tous les autres, quoiqu'elles n'y soient pas moins prononcées ni moins choquantes? On ne saurait douter, semble-t-il, que cet étrange contraste ne tienne surtout à ce que la philosophie positive n'a pu jusqu'ici développer notre sentiment fondamental des lois naturelles qu'envers les plus simples phénomènes, dont l'étude plus facile a dû se perfectionner d'abord. Quand la même condition intellectuelle aura été enfin remplie aussi relativement aux phénomènes sociaux, elle y produira nécessairement des conséquences analogues, en faisant pénétrer dans la raison publique les germes salutaires d'une *judicieuse résignation, générale* ou *spéciale, provisoire* ou *indéfinie*.

Ce serait bien mal connaître les lois essentielles de la nature humaine que de nier systématiquement l'efficacité d'une telle conviction habituelle, pour concourir, à un haut degré, à la *pacification fondamentale*, en calmant la *vaine inquiétude* qu'inspire trop souvent *le chimérique redressement de maux politiques vraiment inévitables*.

Aucun esprit juste ne redoutera d'ailleurs qu'une stupide apathie puisse jamais résulter de cette *résignation rationnelle*, qui n'a point *le caractère passif de la résignation théologique*, car *la philosophie positive n'impose de soumission habituelle qu'à la nécessité pleinement démontrée et prescrit, au contraire, le noble exercice direct de l'activité humaine aussitôt que l'analyse du sujet permet d'espérer une véritable efficacité quelconque*.

Relativement au *progrès*, l'aptitude, beaucoup moins contestée, de la philosophie positive n'exige point des explications très étendues. Car, à quelque sujet qu'il s'applique, l'esprit positif se montre toujours, par sa nature, directement progressif. En effet, il est sans cesse occupé à accroître la masse de nos connaissances et à en perfectionner la liaison. Aussi les exemples usuels d'incontestable précision sont-ils surtout empruntés aujourd'hui aux diverses sciences positives.

Sous le point de vue social, l'idée rationnelle de progrès, telle qu'on commence à la concevoir, c'est-à-dire de développement continu de l'ordre correspondant (et non comme un simple changement arbitraire), avec tendance inévitable vers un but déterminé, doit être certainement attribuée à l'influence inaperçue de la philosophie positive, seule capable de dégager cette grande notion de l'état vague et même flottant, presque synonyme de changement arbitraire, où elle se trouve encore, en assignant nettement le but nécessaire de la progression et de sa véritable marche générale.

Le premier essor du sentiment de *progrès social* est certainement dû en partie au catholicisme, par l'organe de saint Paul, en vertu de sa solennelle proclamation d'une supériorité fondamentale de la nouvelle loi sur l'ancienne. Il est néanmoins évident que la politique théologique, procédant d'après un type immuable, dont un passé lointain offre seul la réalisation suffisante, doit être aujourd'hui regardée comme radicalement incompatible avec toute idée véritable de progrès continu, et manifeste, au contraire, un caractère profondément rétrograde.

La politique métaphysique, dogmatiquement envisagée, présenterait, à un degré presque aussi prononcé, d'après les mêmes motifs essentiels, une incompatibilité analogue. Mais la liaison beaucoup moindre de ses doctrines la rend bien plus accessible à l'esprit général de notre temps. On peut remarquer, en effet, que les notions de progrès n'ont vraiment commencé à préoccuper vivement la raison publique que depuis que la métaphysique révolutionnaire a perdu son premier ascendant. C'est donc essentiellement à la polilique positive qu'est désormais réservé le développement général de l'instinct progressif, comme celui de l'instinct organique.

La seule idée de progrès qui soit réellement propre à la politique révolutionnaire consiste dans *la pleine extension continue de la liberté*, c'est-à-dire, en termes plus positifs, dans *l'essor graduel des facultés humaines* ; ce qui constitue surtout une *notion négative*, en rappelant essentiellement une suppression croissante des diverses résistances. Or, même en ce sens restreint, la supériorité nécessaire de la politique positive, basée sur l'étude de la Sociologie, ne saurait être contestée. Car *la vraie liberté* ne peut consister qu'en *une soumission rationnelle à la seule prépondérance, convenablement constatée, des lois fondamentales de la nature, à l'abri de tout arbitraire commandement personnel.*

La politique métaphysique a vainement tenté de consacrer ainsi son empire, en décorant de ce nom de *lois* les décisions quelconques, si souvent irrationnelles et désordonnées, des assemblées souveraines, quelle que soit leur composition ; décisions d'ailleurs conçues par une fiction fondamentale qui ne peut changer leur nature, comme une fidèle manifestation de volontés populaires. Mais tout ce culte métaphysique des entités constitutionnelles ne saurait aujourd'hui vraiment dissimuler la tendance profondément arbitraire qui caractérise nécessairement toute philosophie non positive.

Tant que les phénomènes politiques ne seront point, à l'exemple de tous les autres, rattachés à d'invariables lois naturelles, et qu'ils continueront à être essentiellement rapportés à des volontés quelconques, soit divines, soit même humaines, l'arbitraire ne saurait être vraiment exclu des divers règlements sociaux. Par conséquent, malgré tous les artifices constitutionnels, *la liberté* restera forcément illusoire et précaire, à quelque volonté qu'on prétende d'ailleurs appliquer notre obéissance journalière.

La *liberté absolue*, dont la métaphysique révolutionnaire a doté aujourd'hui notre intelligence, ne lui sert finalement en réalité, qu'à courir sans cesse d'une aberration à une autre, sous l'audacieux ascendant momentanément irrésistible des esprits les moins compétents !

La Sociologie pourra seule, en établissant de vrais principes sociaux, empêcher enfin ce déplorable entraînement, et *substituer, de plus en plus, l'empire des convictions réelles à celui des volontés arbitraires* ; de telle sorte que, à cet égard comme à tant d'autres, *le besoin du progrès et celui de l'ordre* seront spontanément confondus dans une commune satisfaction.

Des objections métaphysiques se sont souvent élevées contre cette extension décisive du dogme positif. Tout assujettissement du monde moral et social à des lois invariables, comparables à celle de la vitalité et de la matérialité, est fréquemment représenté, par certains raisonneurs, comme incompatible avec la liberté de l'homme.

Mais, loin d'être aucunement incompatible avec l'ordre réel, *la vraie liberté consiste partout à suivre sans obstacles les lois propres au cas correspondant.* Ainsi donc, prenant un exemple *dans le monde physique*, quand un corps tombe, sa liberté se manifeste en cheminant, selon sa nature, vers le centre de la terre, avec une vitesse proportionnelle au temps, à moins que l'interposition d'un fluide ne modifie sa spontanéité. De même, *dans l'ordre vital*, chaque *fonction végétative ou animale* est déclarée *libre, si elle s'accomplit conformément aux lois correspondantes sans aucun empêchement extérieur ou intérieur*. Notre *existence intellectuelle et morale* comporte une équivalente appréciation, qui, directement incontestable envers *l'activité*, devient dès lors nécessaire pour *son moteur affectif et son guide rationnel.*

Si *la liberté humaine* consistait à ne suivre aucune loi, elle serait encore plus immorale qu'absurde, comme rendant impossible un régime quelconque, individuel ou collectif. *Notre intelligence manifeste sa meilleure liberté quand elle devient, suivant sa destination normale, un miroir fidèle de l'ordre extérieur, malgré les impulsions physiques ou morales qui tendraient à la troubler.* Aucun esprit ne peut refuser son assentiment aux démonstrations qu'il a comprises. Mais, en outre, chacun est incapable de rejeter les opinions assez accréditées autour de lui, même quand il ignore leurs vrais fondements, à moins qu'il ne soit préoccupé d'une croyance contraire. On peut défier, par exemple, les plus orgueilleux métaphysiciens de nier le mouvement de la terre, ou des doctrines encore plus modernes, quoiqu'ils n'en connaissent aucunement les preuves scientifiques. Il en est de même *dans l'ordre moral*, qui deviendrait contradictoire si chaque âme pouvait, à son gré, haïr quand il faut aimer, ou réciproquement. *La volonté* comporte une liberté semblable à celle de l'intelligence, lorsque nos bons penchants acquièrent assez d'ascendant pour rendre l'impulsion affective conforme à sa vraie destination, en surmontant les moteurs contraires.

Ainsi *la liberté véritable se trouve partout inhérente et subordonnée à l'ordre, tant humain qu'extérieur.* Mais à mesure que les phénomènes se compliquent, ils deviennent plus susceptibles de perturbation, et l'état normal y suppose plus d'efforts, que d'ailleurs y permet une plus grande aptitude aux modifications systématiques. *Notre meilleure liberté consiste donc à faire, autant que possible, prévaloir les bons penchants sur les mauvais ;* et c'est *aussi là* que *notre empire a le plus d'étendue, pourvu que notre intervention s'y conforme toujours aux lois fondamentales de l'ordre universel.*

La doctrine métaphysique sur la prétendue liberté morale doit être *historiquement regardée* comme un résultat passager de l'anarchie moderne. Car elle est directement destinée à consacrer l'individualisme absolu, vers lequel tendit de plus en plus la révolte occidentale qui dut succéder au moyen âge. Mais cette protestation sophistique contre toute vraie discipline privée ou publique ne saurait entraver le positivisme, quoique le catholicisme n'ait pu la surmonter. On ne parviendra jamais à représenter comme hostile à la liberté et à la dignité de l'homme le dogme qui consolide et développe le mieux l'activité, l'intelligence et le sentiment.

Quant à la *Morale*, ce terme synthétique de l'élaboration scientifique, elle est supérieure à ses divers préambules en *rationalité* autant qu'en *utilité*, puisque ses phénomènes propres exigent nécessairement l'examen de tous les autres. La science morale est plus synthétique que toute autre, et sa connexité directe avec la pratique consolide cet attribut naturel. C'est là seulement que tous les aspects abstraits se réunissent spontanément, afin de construire le guide général de la raison concrète. La Morale a cet heureux privilège caractéristique : quoique difficile à concevoir, à cultiver, à en découvrir les lois et à instituer les règles, il devient ensuite facile de s'en approprier les résultats et de s'en assimiler les principes essentiels, et sa culture empirique est très familière au sexe féminin. En outre, elle est la seule science dont le nom coïncide avec celui de l'art correspondant, en sorte qu'elle manifeste tout de suite sa destination pratique finale.

L'opposition spontanée de ce genre de recherches à toute

conception théologique ou métaphysique doit être aujourd'hui particulièrement remarquée à l'égard des théories relatives aux phénomènes affectifs, intellectuels et relatifs à l'activité, dont la théorie a été si récemment établie[1], et qui sont les seuls, avec les phénomènes sociaux, au sujet desquels la lutte demeure engagée, pour le vulgaire des esprits, entre la philosophie positive et l'ancienne philosophie.

Ces phénomènes sont, en effet, en vertu de leur complication supérieure, ceux dont l'accomplissement régulier exige nécessairement le concours le plus déterminé de l'ensemble le plus étendu de conditions diverses, tant extérieures qu'intérieures. Ainsi donc leur étude positive peut faire plus aisément ressortir, avec une évidence irrésistible, pour les intelligences les moins cultivées, la profonde inanité nécessaire des prétendues explications abstraites émanées de la philosophie théologique et métaphysique ; c'est ce qui rend facilement raison de l'aversion plus prononcée que cette étude a le privilège d'inspirer spontanément aujourd'hui aux différentes sectes de théologiens ou de métaphysiciens.

La théorie du cerveau et la démonstration que celui-ci est un appareil, c'est-à-dire un ensemble d'organes et non pas un organe simple, l'analyse de ses fonctions, et la découverte des fonctions élémentaires, ainsi que la notion d'un siège pour chacune de ces fonctions, nous éclaire sur

1. La découverte de l'innéité des instincts altruistes par Gall n'est comparable en importance par les conséquences qu'elle entraîne qu'à celles de Galilée sur le mouvement de la terre. En effet, non seulement elle rend compte du phénomène que le catholicisme a essayé d'expliquer entre la nature et la grâce, mais elle a ainsi rendu possible de concevoir et de fonder une morale scientifique, entièrement basée sur des données purement humaines.

bien des phénomènes. Ces explications font reculer la théologie et la métaphysique des derniers domaines où elles se cantonnaient, prétendant y être invincibles, convaincues que ces domaines resteraient à tout jamais interdits aux procédés de l'observation scientifique.

Les rapports du physique et du moral de l'homme, la théorie de la maladie, de la folie, la nature des rêves, la théorie des sentiments, de l'intelligence et des aptitudes pratiques sont autant de questions résolues et enlevées à la théologie et à la métaphysique.

Nous en dirons autant des questions des hallucinations, des visions, des révélations. Les facultés classiques de la raison, du jugement, de la mémoire, de l'imagination ; les désirs et la volonté, la théorie du *moi*, la différence entre l'instinct et l'intelligence, en un mot, de l'âme, etc., et tant d'autres problèmes jusqu'alors éternellement insolubles reçoivent leur solution de la science positive. Enfin c'est le problème de l'harmonie et de l'équilibre cérébral ou de l'unité qui, par sa résolution, rend possible d'établir les diverses conditions intérieures et extérieures du *bonheur humain*, d'un bonheur *tout terrestre*. Telles sont donc les conséquences formidables que la fondation de la Sociologie et de la Morale positives ont rendues possibles.

« Partant de ces principes, *Dieu* et *l'âme*, d'après les conceptions théologiques et métaphysiques, ne sont et ne peuvent être pour la science que des *hypothèses inutiles*. Le point de vue de la science à cet égard se résume dans la réponse célèbre de l'astronome Laplace au premier Bonaparte qui lui demandait ce qu'il avait fait de Dieu dans son système : « Sire, lui dit-il, je n'ai pas eu besoin de cette « hypothèse. »

« Ce n'est plus seulement sur des points spéciaux, sur

telle ou telle question particulière, que l'infaillibilité théologique est mise en défaut, qu'elle est mise en flagrant délit d'empirisme, d'ignorance des notions élémentaires de la réalité. La science, en effet, s'est constituée tout entière en dehors de cette hypothèse, et de tout élément surnaturel et des entités métaphysiques. »

La notion de *cause* étant pratiquement écartée comme inutile, elle tombera par désuétude, sans qu'on ait besoin d'aucune démonstration rationnelle, et les problèmes de l'*univers* disparaîtront peu à peu et feront place à la préoccupation des devoirs terrestres et à des aspirations pour le bien public. L'Humanité se suffit à elle-même. *Diis extinctis, Deoque, successit Humanitas.*

Si l'ensemble des considérations précédentes prouve clairement que les théories théologiques et métaphysiques ont été pour l'esprit humain un préliminaire indispensable, elles montrent aussi avec la même évidence que ces doctrines ne pouvaient avoir non plus nulle autre destination naturelle, puisque son développement n'a été qu'une tendance continuelle et progressive vers les théories positives. Parce qu'elles ont été propres à diriger l'enfance de la raison humaine, elles sont naturellement impuissantes à lui servir de guides aussitôt qu'elle atteint sa maturité. La vigueur et l'influence d'une méthode se mesurent par le nom et l'importance de ses applications : celles qui ne produisent plus rien cessent bientôt absolument d'être employées. Il est évident, par ce fait seul, que c'est à la méthode positive qu'appartiendra désormais la direction exclusive de la pensée humaine. A la fin du XVIe siècle, Bacon comparait déjà les idées théologiques à des vierges consacrées au Seigneur qui sont devenues stériles. De nos jours, il eût certainement étendu sa comparaison aux idées métaphysiques dont la stérilité n'est pas moins manifeste.

Les théologiens eux-mêmes sont entraînés par le courant du grand fleuve qu'est la science. Les hommes qui s'efforcent le plus de rétablir la théologie dans son ancien empire, cédant à leur insu au génie du siècle, tiennent à honneur d'employer surtout à l'établissement de leurs opinions l'autorité des considérations positives. Citons parmi une foule d'autres un fait bien décisif. Si, par exemple, le livre *Du Pape*, comme on n'en saurait douter, montre une grande valeur philosophique, il la doit essentiellement à ce que, par une contradiction fondamentale, de Maistre, son auteur, s'est attaché, autant qu'il a pu, à n'employer dans ses raisonnements que la méthode positive, et n'a fait qu'un usage secondaire des considérations puisées dans la philosophie théologique ou métaphysique.

En rapportant tout à l'*Humanité*, l'unité devient à la fois plus complète et plus stable qu'en s'efforçant de le rapporter à *Dieu*, ou à la *Nature*, cette vague entité métaphysique.

La *prévision*, qui est la caractéristique de la science, a été atteinte depuis les phénomènes mathématiques jusqu'aux phénomènes biologiques, sociologiques et moraux. L'unité, cette exigence de notre entendement, est aussi atteinte. Elle a été obtenue par l'homogénéité de doctrine, par l'unité de méthode et par la précision du but. C'est-à-dire elle a été rendue possible par une systématisation et une coordination au point de vue humain, de son application finale aux besoins pratiques, logiques et moraux de l'homme au point de vue subjectif, mais en se subordonnant aux matériaux objectifs.

Envisagé du seul point de vue logique, ce problème fondamental de notre réorganisation sociale est nécessairement réductible à cette unique condition essentielle : construire une doctrine assez rationnellement conçue pour que, dans l'ensemble de son développement actif, elle puisse toujours être pleinement conséquente à ses propres principes. C'est surtout en cela que la profonde insuffisance des diverses doctrines est le plus nettement caractérisée.

On peut, en effet, poser en principe que la doctrine qui, relativement aux diverses questions fondamentales, aurait fourni des solutions exactement concordantes, sans que la progression des applications réelles l'amenât jamais à se démentir, devait, par cette seule épreuve, être reconnue suffisamment apte à réorganiser la société, puisque cette réorganisation intellectuelle doit principalement consister à rétablir enfin dans le système profondément troublé de nos diverses idées sociales une harmonie réelle et durable.

Quand une telle régénération ne serait même d'abord exactement accomplie que dans une seule intelligence (et il faut bien qu'au début, elle commence nécessairement ainsi), sa généralisation plus ou moins prochaine n'en resterait pas moins assurée, car le nombre des esprits ne saurait nullement augmenter la difficulté essentielle de la convergence intellectuelle, et ne peut influer que sur le temps nécessaire à sa réalisation. Une fois liée aux phénomènes sociaux et moraux, la philosophie positive lie nécessairement les divers ordres des conceptions humaines beaucoup plus complètement qu'ils n'ont jamais pu l'être par aucune autre voie. Elle seule permet la vraie cohérence logique, la meilleure preuve de la réalité.

L'émancipation de l'esprit humain à travers la *philosophie naturelle* a permis de concevoir enfin la vraie destination de la *philosophie morale*, où l'Amour est la plus grande des réalités. Désormais, en passant de la théorie à la pratique, c'est-à-dire de la science suprême (Morale théorique) à l'art correspondant (Morale pratique), nous sommes conduits à conclure que le mérite de chacun de nous ne saurait être évalué que d'après le plus grand degré d'*attachement*, de *vénération* et de *bonté*, ou, en d'autres mots, par la plus ou moins grande *capacité d'aimer*.

IV

Note sur l'Imagination et la Raison.

On appelle *imagination* l'activité des facultés qui a lieu sans la participation directe et immédiate du monde extérieur. Elle est la puissance créatrice des facultés intellectuelles du cerveau. Toutes les fois que les organes ou facultés intellectuelles du cerveau *créent* par l'énergie propre qui leur est inhérente, *sans le concours direct et immédiat de la contemplation extérieure*, les objets relatifs à leur fonction ; toutes les fois que les organes *découvrent*, en vertu de leur propre activité, les lois des objets mis en rapport avec eux dans le monde extérieur, il y a *imagination*, *création*, *invention*, et, suivant le degré, *génie*.

« L'*imagination* est cette grande opération de l'esprit qui, faisant concourir toutes nos fonctions mentales sous l'impulsion d'un sentiment prépondérant, d'ailleurs simple ou composé, opère la construction mentale des phénomènes considérés d'abord isolément, puis résumés en une image synthétique.

« Nous nous rendons parfaitement compte de ce qu'est une *image concrète* : c'est l'impression plus ou moins affaiblie, mais totale, de l'objet extérieur ; c'est la représentation plus ou moins exacte que laissent dans notre mémoire les objets qui les ont produites. Notre cerveau, en vertu de son organisation propre, a le pouvoir de décomposer les images *complètes*, de considérer séparément les différentes parties, les différentes propriétés ou qualités qui les constituent. Ce pouvoir réside dans l'organe qu'Aug. Comte a appelé la *contemplation abstraite*, qui a ses images propres, les *images abstraites* ou *incomplètes*, par opposition aux *images concrètes*, ou *complètes* de la *contemplation concrète*. L'*image concrète* se rapporte aux *êtres*; l'image *abstraite* est indépendante de tel ou tel être. Un objet quelconque porte en lui-même des *propriétés particulières* de forme, de couleur, de chaleur, d'odeur, de poids, d'électricité, etc. ; et l'*image concrète* nous représente cet objet avec toutes ces propriétés. C'est bien cet objet-là et non un autre que le souvenir réveille. L'*image abstraite* porte, au contraire, sur telle ou telle de ses propriétés, mais il est évident qu'ainsi détachée de l objet qui lui a donné naissance, l'image prend un caractère général qui lui permet de s'accommoder à tous les objets, et, quand on réveille une image de cette nature, on ne saurait la rapporter à aucun objet extérieur déterminé, bien qu'elle ait sa source dans les objets extérieurs.

« Mais que peut bien être une image abstraite ? Comment nous représenter la forme *en soi* ? le poids *en soi*, la couleur, l'odeur *en soi* ? Il serait bien téméraire de vouloir fixer ici la forme exacte que prennent dans chaque entendement les images abstraites. Ce qui est certain, c'est qu'elles ne sont des images qu'autant qu'elles sont représentées par des signes, la plupart du temps artificiels, souvent arbitraires.

« C'est sur les images abstraites que s'exerce principalement notre esprit quand il *construit*, c'est-à-dire quand il *modifie*, *transforme* et *combine*. Il peut modifier une image concrète, c'est-à-dire une image déterminée, en *accroissant* ou en *diminuant l'intensité* de ses différents caractères ou de tel d'entre eux.

« Il peut également combiner ou *associer* entre elles des images concrètes pour en faire de nouveaux touts ; mais cette double opération est peu de chose comparativement à ce qu'on peut obtenir de la *modification* ou de la *combinaison des images abstraites*.

« Là, le champ des transformations est véritablement infini. On le comprend sans peine si l'on songe que les propriétés que nous pouvons, par abstraction, détacher des êtres réels sont innombrables, et, en second lieu, que chacune de ces propriétés peut revêtir tous les degrés possibles d'intensité. On ne voit pas, en vérité, quelles limites assigner au pouvoir de combinaison propre à notre esprit. Les *inventions* les plus extraordinaires, les plus bizarres, les plus saugrenues de l'intelligence humaine deviennent dès lors aisément explicables, sans qu'il soit utile de faire appel à l'*innéité des idées* ou à la *révélation divine*. La *création* d'un monstre ou d'un ange nous semble du même ordre que celle d'un personnage quelconque d'un drame ou d'un roman. La création de Dieu lui-même ne nous paraît pas inexplicable. Ce qui aurait dû ramener la métaphysique et la théologie à des idées justes sur la valeur de leurs propres inventions, c'est cette remarque vulgaire qu'elles n'ont jamais su donner à leurs êtres les plus grandioses, les plus majestueux, les plus vénérés, que les qualités physiques ou morales qui sont chez l'homme, chez l'animal, chez le végétal ou chez le minéral.

« L'imagination est donc un résultat complexe de l'intelligence auquel participent d'une manière décisive, non seulement le sentiment qui lui fournit le mobile, l'impulsion et l'empreinte, mais aussi les aptitudes pratiques qui lui donnent plus ou moins d'énergie, de circonspection, de persévérance.

« La *combinaison des images* est donc *une hypothèse* qui met en jeu toutes nos fonctions cérébrales. Le sentiment intervient d'abord, quelque peu de cas que la métaphysique en fasse. Et il intervient de deux façons. D'une part, les émotions sont tellement liées aux images, que l'on ne peut réveiller des images sans réveiller en même temps des émotions, qui, réagissant, suscitent de nouvelles images. D'autre part, il intervient pour provoquer, aider, soutenir, soit la formation, soit la modification et la combinaison des images.

« A moins que nous ne demandions à notre esprit quelque effort particulier et soutenu et, dans ce cas encore, on retrouve toujours à l'origine le sentiment impulseur, le spectacle qu'offre spontanément notre intelligence est celui d'une succession plus ou moins incohérente d'images qui naissent et meurent sous l'influence des passions qui se livrent bataille dans notre cerveau. Le *rêve* nous est un exemple de ce que peut donner par elle même la spontanéité cérébrale ; et notre vie intellectuelle et morale serait un rêve perpétuel si le monde extérieur avec sa régularité propre et ses exigences terribles n'intervenait comme régulateur.

« Dans l'*élaboration des images*, il y a une *réaction de l'appareil méditatif sur l'appareil contemplatif*, celui-là mettant celui-ci en action pour préparer et faire surgir ces images avec les caractères prépondérants qui permettent leur combinaison par l'induction et la déduction.

« Toutes les fonctions intellectuelles entrent donc en activité dans l'*élaboration des images*. C'est d'abord la *contemplation concrète* et *abstraite, double réservoir* de nos images, *siège* de leur formation première et de leur reproduction consécutive ; c'est ensuite la *méditation*, tant *inductive* que *déductive*, jugeant de la convenance ou disconvenance de ces rapprochements, et déterminant l'association et la combinaison des éléments *fournis par l'observation* et *rapprochés par l'induction*. Le *langage* enfin a un rôle indéniable dans ce travail d'imagination. Il lui faut des *signes* et des *images*, et, pour les obtenir, il sollicite sans cesse les autres organes intellectuels Ce n'est pour eux ni un allié ni un serviteur, c'est un *stimulant*. L'assimilation des mots aux images est un pas capital dans le travail cérébral. L'on voit dès lors l'importance de l'organe du langage dans le travail de la méditation, puisque c'est lui qui met en jeu les diverses images en évoquant les mots.

« Et tout cela explique, pour le dire en passant, tous ces phénomènes que les psychologues ne sont jamais parvenus à éclaircir. Ce n'est pas, en effet, avec l'*hypothèse d'une faculté unique*, l'*imagination*, que l'on peut rendre compte de cette *multiplicité d'aptitudes particulières* que l'on rencontre parmi les hommes, et qui toutes, cependant, reposent, plus ou moins, sur la *disposition à imaginer*. Si l'imagination était une faculté simple, et non *une résultante de facultés*, il est évident que les seules différences qui devraient exister entre les hommes seraient des différences de degré. On aurait plus ou moins d'imagination, mais celle-ci présenterait toujours le même caractère, au degré près. Or c'est ce qui ne s'observe pas dans la réalité des choses. Il y a non seulement *différence dans le degré*, mais il y a encore *différence dans le caractère de l'imagination*. Il y a des imaginations *poétiques*, des imaginations *scientifiques*, etc., etc. ; seule, la théorie positive donne la clef de ces diversités si nombreuses, et parfois si extraordinaires. Il tombe sous le sens que, si l'imagination est une résultante de facultés qui toutes peuvent intervenir avec une énergie différente, leur production aura les effets les plus variés.

« Toutes les *aptitudes esthétiques* s'expliquent, chez les individus qui les possèdent, par un développement supérieur de la *contemplation concrète*, auquel vient se joindre un essor particulier de tel ou tel *organe ganglionnaire*. Chez les *musiciens*, ce sera le *ganglion auditif* ; chez le *peintre*, le *ganglion visuel*, etc. Lorsque à cette double supériorité se réuniront, en outre, les hautes facultés intellectuelles, on obtiendra le *talent musical* ou *pictural*.

« Les aptitudes *scientifiques* ou *philosophiques* s'expliquent, de leur côté, par la *combinaison* d'une *contemplation abstraite* spécialement active avec des *facultés méditatives* exceptionnelles. Et encore tout cela ne rend compte que de l'*aptitude*. Celle-ci pourra rester latente si toutes les autres parties du cerveau n'interviennent, si le sentiment ne donne l'impulsion première, et si le caractère n'est là pour triompher des résistances et des difficultés que toute réalisation rencontre.

« Mais ce qui caractérise l'*imagination des vrais génies*, c'est leur *souplesse mentale*, c'est-à-dire l'*universalité* de leur capacité *intellectuelle* et *pratique*, la généralité de leurs vues, la plasticité de leurs conceptions ainsi que la pénétration, la justesse, la profondeur et l'étendue de leurs observations : tout cela bien combiné, bien équilibré, formant un tout plus ou moins harmonique et synthétique. Et c'est là ce qui explique pourquoi ils s'attachent aux grands et difficiles problèmes, aux problèmes essentiels de leur époque, suivant la pente naturelle de tous les grands esprits vers les compositions les plus nécessaires à leur siècle »

Intrinsèquement aptes, par la nature de leur cerveau, à toutes les besognes, ils assimilent facilement les conceptions nécessaires, et, leur nature physique aidant, la technique du métier, et alors, avec une aisance surprenante, ils sont bientôt en état de mettre au monde des créations originales. Et, qu'il s'agisse d'un poème, d'un tableau, d'un groupe de sculpture ou d'un monument architectural, d'un problème social, de la construction d'une religion, on ne saura jamais ce qu'on doit le plus admirer, si c'est la profondeur, la pénétration de leurs observations, la justesse de leurs appréciations, la rigueur de leurs prévisions, ou l'étendue de leurs connaissances concrètes ou abstraites, parfois obtenues avec un si petit nombre de renseignements directs, ou si c'est leur grande expérience pratique, parfois à un âge où la plupart ne savent pas encore se tirer d'affaire dans des circonstances assez insignifiantes. On ne saurait donc pas dire ce qui est le plus étonnant chez eux : de la généralité de leurs aperçus inductifs ou de la vigueur de leurs conclusions déductives, leur puissance de coordination, de systématisation, ou si c'est encore leur manière d'exprimer et d'exécuter ce que leur imagination conçoit si bien, ou encore si c'est la promptitude de leurs solutions, de leurs décisions.

Généralement aussi on y remarque la présence des trois qualités pratiques : la prudence, mais surtout le courage et la fermeté. En effet, la persévérance est la condition de réussite de tous les grands travaux ; elle est la condition de l'attention, et finalement de la force de tête sans laquelle aucun grand travail ne peut être réalisé.

Au fond, il n'existe aucune incompatibilité organique entre le génie esthétique et le génie scientifique, qui ne se distinguent réellement que par la diversité de leurs combinaisons, concrètes et idéales chez l'un, abstraites et réelles chez l'autre. Tous deux emploient le régime analytique pour leurs élaborations préliminaires, et poursuivent également une synthèse définitive. Les vaines théories qui les supposent inconciliables n'offrent que la vicieuse consécration d'un état passager, suivant la tendance absolue de toute doctrine métaphysique. S'ils paraissent, en effet, n'avoir jamais les mêmes organes, c'est seulement parce que leurs offices caractéristiques ne sauraient être simultanés. Toute situation sociale qui nécessite de grands efforts philosophiques se trouve nécessairement impropre au véritable essor poétique, puisqu'elle exige une nouvelle élaboration dans les opinions fondamentales, dont la fixité est, au contraire, indispensable à l'art. C'est pourquoi l'ensemble du passé montre les révolutions de la poésie succédant à celles de la philosophie, sans jamais coexister avec elles. En étudiant les types intellectuels qui n'ont pu trouver un milieu convenable, on reconnaît aisément que les mêmes esprits auraient cultivé avec un égal succès la philosophie ou la poésie selon l'époque de leur apparition.

Quoique le génie philosophique et le génie poétique ne puissent jamais trouver simultanément une haute destination, la nature intellectuelle des deux est identique en tout. Aristote aurait été un grand poète et Dante un éminent philosophe si la situation historique avait été moins scientifique pour l'un et moins esthétique pour l'autre. Toutes ces distinctions scholastiques ont été imaginées et soutenues par des pédants qui, ne possédant aucune espèce de génie, ne savaient même pas apprécier le génie d'autrui. *La supériorité mentale est toujours semblable entre les différentes carrières humaines :* le choix de chacun est déterminé par sa situation surtout historique, car l'espèce humaine domine toujours l'individu. A cet égard, la seule différence essentielle qui existe réellement est celle qui résulte de la continuité naturelle du service philosophique, en opposition à l'intermittence nécessaire du service poétique.

« Diderot eût été, sans doute, un grand poète, en un temps plus esthétique, comme Gœthe un éminent philosophe sous une autre impulsion publique. Tous les savants qui ont plus induit que déduit offrent des signes évidents d'aptitude poétique. Que l'invention soit abstraite ou concrète, qu'elle s'applique à saisir la réalité ou à l'idéaliser, c'est toujours, au fond, la même fonction cérébrale, avec des destinations différentes, dont les principaux cas ne peuvent jamais coexister. L'admirable génie synthétique du grand Buffon doit être apprécié historiquement comme une annonce spontanée de cette fusion finale entre l'esprit scientifique et l'esprit esthétique. Bossuet aurait déjà offert un exemple encore plus décisif d'égale aptitude à la plus haute philosophie et à la plus sublime poésie, si l'ensemble de la situation lui eût imprimé une impulsion mieux caractérisée en l'un ou l'autre sens. » (Aug. Comte.)

On pourrait encore citer le cas décisif de Léonard de Vinci, qui offre un type où l'on voit la possibilité de concevoir l'union de la capacité esthétique, philosophique, scientifique et pratique. En effet, il cultivait la poésie et la musique ainsi que tous les différents arts plastiques, comme tous les artistes italiens du XVIe siècle ; mais, en outre, il était un grand savant, et un éminent ingénieur, et s'entendait à l'art militaire. Ses pensées nous font voir en lui sa haute valeur philosophique intrinsèque. Et dans des temps plus proches, nous pourrions citer Richard Wagner, qui réunissait en lui, outre un génie esthétique universel, une haute valeur philosophique

Il importe cependant de distinguer entre les vrais créateurs et les cultivateurs exclusifs du style, c'est-à-dire les stylistes ou simples exécuteurs, plutôt préoccupés de la beauté de la forme que du fonds. Chez eux, ce qui prédomine incontestablement, c'est *l'organe du langage*, c'est-à-dire l'organe *des signes chroniques* ou *visuels* ; et l'imagination s'y réduit, en dernière analyse, à des combinaisons secondaires. Et cependant il n'est pas rare qu'il leur arrive d'usurper une prééminence, illégitime en vertu d'une perfection technique, si souvent acquise par un long exercice machinal, qui leur donne une certaine facilité à mieux formuler les conceptions d'autrui. Cela leur confère une déplorable aptitude à exprimer ce qu'ils ne sentent ni ne croient, et non rarement ce qu'ils ne comprennent vraiment pas.

« Incapables de toute *création esthétique* et de toute *conception scientifique* », véritables jongleurs, « simples organes des productions d'autrui », ils se font fréquemment « appliquer avec une vanité puérile le même titre habituel qu'aux vrais créateurs esthétiques ou scientifiques. »

« Si on considère le travail de la méditation quant à ses résultats, on pourra dire qu'ils sont scientifiques, esthétiques ou pratiques. »

Nous allons appliquer ces vues générales sur le travail cérébral à quelques cas particuliers, afin de les rendre plus précises.

Les résultats du travail théorique peuvent être *pratiques*, ce qui conduit à *un projet* ; *esthétiques*, ce qui donne un *poème* en prose ou en vers ; ou bien ils peuvent appartenir à la *science concrète*, ce qui conduit à une *histoire*, et enfin *scientifiques proprement dits*, ou appartenant à la *science abstraite*, ce qui donne lieu à une *théorie*. Dans ces cas, si divers par leur destination, la marche du travail cérébral reste essentiellement la même, comme nous allons le voir.

Dans la *pratique*, le travail cérébral aboutit finalement à la construction d'un *projet*, plus ou moins compliqué, dont il faut ensuite opérer la réalisation. Supposons, par exemple, qu'il s'agisse d'établir le projet d'une exploitation agricole. Le premier degré du travail cérébral consistera à faire surgir, d'après des *sensations* préalables, bien entendu, ou des *renseignements* qui en sont résultés, une série d'*images* plus ou moins nombreuses se rapportant au terrain, à toutes ses particularités de forme et de substance ; puis les images relatives au personnel actuel et possible ; ensuite les images qui s'appliquent aux rapports du pays avec les autres ; par suite à la nature des débouchés et à l'écoulement des produits ; enfin, viennent des images relatives aux ressources indispensables et à celles dont on peut effectivement disposer, soit directement, soit indirectement.

Quand ces images ont été suffisamment élaborées dans leur base principale plus ou moins isolément, l'*agitation cérébrale* due à l'*appareil méditatif* les soumet à une élaboration particulière, pour les combiner de manière à tenir compte de tous ces éléments ; et de tout ce travail résulte la *place* de l'exploitation. Dans l'élaboration du projet, le cerveau met en jeu les lois de la philosophie première ; il fait diverses *hypothèses* sur la liaison qui existe entre les renseignements fournis par ces diverses images. Ainsi, par exemple, il suppute ce que la nature du personnel pourra faire produire au terrain qu'il faut exploiter ; et il y aurait grave erreur à ne pas procéder ainsi, puisqu'un personnel médiocre peut compromettre l'excellence productive de la terre. Il faut donc mettre ainsi en rapport, par des *hypothèses* et des *combinaisons inductives* et *déductives*, les divers renseignements.

Mais la construction d'un tel projet suppose encore la seconde loi de philosophie première, à savoir : *le principe des lois naturelles*, sans lequel il n'y aurait pas prévision, faute de fixité ; et aussi la troisième loi qui établit l'*oscillation* de chaque système autour d'une position moyenne.

Enfin la mise à exécution du projet donne une véritable vérification de la théorie construite par le praticien et, sous l'impulsion toujours présente de ses intérêts, il le *modifie* graduellement pour l'*adapter à la réalité effective des choses.*

Cette analyse du travail cérébral du praticien était le cas le plus difficile ; il fallait donc y insister davantage pour montrer la véritable identité de l'esprit humain dans toutes ses manifestations. Descartes avait pressenti implicitement cette conception précise, lorsqu'il disait que la science n'était que le prolongement du bon sens universel, et qu'il avait lui-même perfectionné son aptitude logique en considérant le raisonnement des gens sur leurs propres affaires.

Le *travail esthétique* est, au fond, de même nature que le *travail théorique du praticien*. Mais il gagne en précision ce qu'il y a de moins en complication pratique. Quand un *poète* peut arriver à construire l'histoire d'un individu, dans des conditions déterminées, il est évident qu'il doit d'abord avoir une série d'images ou de renseignements sur les conditions de la nature humaine qu'il va mettre en jeu, et l'influence des conditions cosmologiques et sociologiques sur le développement d'une telle nature ; puis il combine ces diverses images et il les élabore d'une manière particulière pour opérer la combinaison de manière à produire l'histoire de l'évolution d'un être humain. Mais il y a *deux différences* à signaler *entre le travail du poète et celui du praticien*. Dans le cas de *celui-ci*, il a immédiatement, par la nature même des choses, une vue synthétique de l'ensemble de son projet ; ainsi, par exemple, la conception du terrain à exploiter, qui lui donne l'image autour de laquelle se coordonneront tous les autres renseignements. *Le poète*, au contraire, est obligé de construire cette vue synthétique ; de là souvent confusion et divagation. En second lieu, le poète n'a pas, comme le praticien, la possibilité de la vérification de ses conceptions ; de là aussi tant d'avortements dans les productions esthétiques et leur infériorité sous ce rapport relativement aux projets pratiques. Il est vrai que les poètes qui réussissent construisent des tableaux idéaux de la nature humaine, qui servent indéfiniment à charmer et à perfectionner le genre humain.

Dans les sciences concrètes, il s'agit de faire l'histoire d'un être ou de plusieurs êtres. Prenons, par exemple, Buffon faisant l'histoire de la terre, celle du cheval ou du bœuf. La marche du travail cérébral est la même que celle de la construction d'un projet ou d'un poème ; il y a néanmoins certaines différences qu'il faut signaler. La construction est plus abstraite que dans un projet, et plus objective ou plus vérifiable que dans un poème. Mais, dans ce cas comme dans les deux autres, il faut combiner des images distinctes, qu'on soumet à une élaboration particulière, pour opérer la combinaison.

« Quant à *la science abstraite* proprement dite, la théorie consiste toujours à trouver la loi qui lie la variation d'un phénomène par rapport à un autre, en supposant constantes et fixes toutes les autres circonstances modificatrices. Dans ce cas-ci, le cerveau du *savant* cherche la combinaison entre des images essentiellement abstraites ; il y arrive, en rendant constantes toutes les circonstances concrètes qui agissent sur le phénomène. Ainsi, par exemple, dans la recherche de la loi de Mariotte, l'observation, et par suite l'image du volume, comme celle de la pression, doivent être dégagées de toutes les circonstances propres à la température. Puis le savant fait l'hypothèse d'une loi de variation entre les deux phénomènes, et il vérifie de nouveau la réalité de cette hypothèse jusqu'à ce qu'il arrive à représenter suffisamment la réalité extérieure. »

Mais il faut ne pas confondre la *nature du travail* avec *le succès* :

« Ceux qui font plus de cas des *qualités intrinsèques* que des résultats effectifs, reconnaissent aisément que les *triomphes pratiques*, *industriels* comme *militaires* dépendent surtout du caractère et non de l'esprit ni du cœur. Ils exigent principalement la combinaison d'un certain degré d'énergie avec beaucoup de prudence et une suffisante persévérance. Quand ces conditions sont remplies, la médiocrité intellectuelle et l'imperfection morale n'empêchent nullement d'utiliser ainsi les circonstances favorables, habituellement indispensables à de tels succès. On peut même assurer, sans aucune exagération, que la mesquinerie des pensées et des sentiments contribue souvent à susciter les dispositions convenables. Lorsqu'il faut un grand essor des trois qualités actives, il est plutôt déterminé par les impulsions personnelles d'avidité, d'ambition ou de gloire que par les instincts supérieurs. Ainsi, quelque respect que mérite toute élévation légitime, la philosophie scientifique, encore plus clairvoyante que ne peut l'être la Religion théologique, n'en saurait conclure ni pour les grands ni pour les riches une supériorité que n'indique nullement la vraie théorie de la nature humaine. » (Aug. Comte.)

Mais il ne faut pas, pour cela, confondre les vraies *inventions*, militaires ou industrielles, inspirations vraiment géniales de la capacité intellectuelle d'un Alexandre, d'un Annibal, d'un César, d'un Charlemagne, d'un Gutenberg, d'un Watt, d'un Montgolfier, d'un Richelieu, d'un Frédéric II, d'un Edison, avec les triomphes pratiques, militaires ou industriels qui ont souvent lieu.

Pour nous faire une idée un peu moins incomplète du travail cérébral, il serait convenable de remarquer la différence qu'il y a entre les organes et les fonctions du cerveau masculin et féminin.

Si nous comparons maintenant les deux sexes, nous reconnaîtrons tout de suite la distinction principale entre l'appareil contemplatif et l'appareil méditatif, et nous verrons que la première fonction est plus développée chez la femme, et la seconde chez l'homme. Pareillement, en comparant celui des organes méditatifs, nous remarquerons que le sexe féminin est plus apte à rapprocher les faits et le sexe masculin à les coordonner. L'intelligence de la femme a plus de justesse, de pénétration et de finesse; elle est plus spontanée mais plus empirique ; celle de l'homme a plus d'extension, de profondeur et de largeur. Chez l'homme dominent les qualités actives et l'aptitude spéculative qui en est inséparable. La femme est, au contraire, vouée à la vie affective. L'une est supérieure en tendresse, l'autre dans tous les genres de force.

L'intelligence féminine est plus synthétique ; elle s'applique de préférence aux êtres, à l'ensemble de la réalité concrète dont elle connaît avec précision les menus détails. Son intelligence est plus inductive que déductive ; elle procède plutôt par comparaison. L'intelligence masculine est plutôt déductive et coordinatrice; elle est plus systématique et plus abstraite, plus analytique.

Quand la femme analyse, elle se plaît surtout à l'analyse des êtres, surtout humains, à celle de leurs sentiments. L'analyse masculine est plutôt relative aux phénomènes et a trait surtout au monde inorganique. La nature féminine est plus émotive, plus altruiste ; celle de l'homme plus avide, plus égoïste, plus froide.

L'intelligence masculine s'adapte mieux aux lois des études plus grossières qui régissent le monde inorganique, afin de le modifier à son profit ; celle de la femme est plus propre à la connaissance des principales spéculations qui gouvernent les plus nobles phénomènes, ceux relatifs à la nature humaine qu'elle tâche de bien saisir afin d'exercer son influence sur eux. Aussi son domaine propre est-il celui de la morale surtout pratique et du domaine privé. Les sentiments, les conceptions et l'activité domestique leur plaisent mieux que ceux relatifs à la vie publique et politique proprement dite, plus spécialement appréciés des hommes, en vertu de la généralité et de l'abstraction de leurs conceptions. Ainsi donc les femmes s'occuperont surtout de connaître la nature morale de ceux qui sont autour d'elles, c'est-à-dire de ceux qui leur tiennent de plus près, leurs parents, leurs frères, leur époux, leurs enfants, leurs amitiés et leurs connaissances, afin de les modifier ou de s'adapter à leur nature.

Dans ces sortes de spéculations, l'homme s'exercera plutôt à connaître la nature humaine en général, ou la différence de nature entre les sexes, et ainsi de suite. Les inductions fort générales et les déductions fort prolongées, en un mot tous les efforts abstraits si appréciés des hommes, conviennent peu aux femmes.

Quant à la part que le sentiment exerce, en général, sur tout travail spéculatif, indépendamment des sexes, il suffira de rappeler que l'imagination d'un égoïste sera plus étroite et différente de celle d'un cœur altruiste, rayonnant, ouvert et expansif. Celle d'un intéressé différera de celle d'un ambitieux. L'imagination d'un glouton et celle d'un homme sobre seront différentes. Le caractère spécial que manifestera l'imagination d'un sensuel, d'un démolisseur, d'un envieux, d'un constructeur, d'un usurier, d'un prodigue, d'un autoritaire, d'un vaniteux, d'un homme confiant, d'un défiant, d'un affectueux, d'un respectueux, d'un individu dévoué, différeront du tout au tout.

Il y a, en outre, deux instincts directement liés à tout exercice intellectuel, *l'instinct destructeur* et *l'instinct constructeur*, respectivement unis à l'*analyse* et à la *synthèse* et, par conséquent, étroitement attachés à *tout travail* cérébral.

« Cette théorie ne serait point complète si nous ne disions quelques mots des *relations* qui existent *entre l'imagination*, nous prenons le mot dans son sens positif, *et le reste de l'organisme*. S'il existe un lien étroit entre toutes les parties du cerveau, il existe des *liens* non moins étroits *entre le cerveau et le corps*. Il résulte de là que l'*imagination fonction, complexe du cerveau*, est nécessairement influencée par les modifications qui atteignent le reste de l'organisme. Quiconque s'est observé sait très bien que l'état de l'estomac, de l'intestin ou du cœur agit directement sur la formation des images. On sait que l'alcool, le vin, le café, pris à doses modérées, surexcitent la production des images et donnent de l'éloquence aux moins bien doués. La maladie, les tourments physiques, en influençant nos dispositions morales, réagissent par elles indirectement sur notre appareil contemplatif où s'éveillent alors les images tristes et les pensées désolantes. Il suffira de rappeler les idées sombres d'un dyspeptique. Les images après un repas, surtout s'il est abondant, ne sont pas tout à fait les mêmes qu'alors qu'on est à jeun.

« La *réciproque* n'est pas moins certaine. Le corps influe sur la production des images, mais celle-ci influe à son tour sur le corps. C'est là un point plus méconnu ; mais, outre qu'une observation directe, à laquelle chacun a pu se livrer, met le fait hors de doute, il est de ceux dont l'existence peut être établie *a priori*. A l'exception de quelques images abstraites, en elles-mêmes indifférentes, toutes nos images, nous l'avons dit, sont liées à des émotions, en sorte que nous ne pouvons pas réveiller une image dans la partie antérieure de notre cerveau sans qu'aussitôt nous n'éveillions une émotion dans sa partie postérieure. Mais celle-ci, nous le savons, est en relation directe avec le reste de l'organisme par l'intermédiaire des *nerfs nutritifs*, et, ce qui serait dès lors inadmissible, ce n'est pas *que l'imagination fasse sentir son action sur les viscères*, c'est qu'elle ne la fasse pas sentir [1]. »

A propos de l'*imagination*, le *Vocabulaire philosophique* d'Ed. Goblot distingue entre l'imagination représentative et l'imagination créatrice : « L'*imagination représentative* est la faculté d'avoir des images, c'est-à-dire de représenter des objets qui ne sont pas actuellement perçus, d'avoir dans l'esprit une nouvelle présence, une perception renouvelée d'un objet absent. » En ce sens, il n'y a dans ce phénomène pas autre chose que *reviviscence, association*. Il s'agit donc alors du *souvenir*. Le principal rôle doit être ici attribué à la contemplation concrète, si l'image est complète, c'est-à-dire relative à plusieurs sens ; et aux ganglions sensitifs, si l'image est simple, ou relative à un seul sens. On pourrait définir le *souvenir* comme étant le *renouvellement d'une image*, ainsi que *d'une émotion*, vu la connexité qui lie les signes aux images et les images aux sentiments.

« *L'imagination créatrice*, dit-il, est la faculté d'*innover*, ou faculté de *combinaison*. Ou bien l'innovation se fait *automatiquement* et sans choix (imagination de Baillarger et de Paul Janet) ; elle se confond avec la faculté d'*association*. Ou bien l'*innovation* se fait *avec discernement* (imagination *artistique*, *littéraire*, *scientifique*, *invention*) ; le phénomène est alors si complexe que l'intelligence tout entière y est intéressée. (Ed. Goblot, *idem*). Ici la contemplation abstraite joue un rôle plus important que la contemplation concrète. La méditation déductive y exerce aussi un rôle plus actif que dans le travail du *souvenir*.

Dans le *souvenir*, l'intelligence n'est pas si fortement excitée, et c'est surtout la contemplation concrète qui entre en jeu avec l'assistance des sentiments qui stimulent les ganglions sensitifs, qui lui fournissent les matériaux emmagasinés. Dans l'imagination, le principal rôle échoit à la contemplation abstraite et à la déduction.

L'*imagination* suppose toujours l'*invention*, une *création*, c'est-à-dire une véritable *construction*. *Une création n'est qu'un plus haut degré de*

1. Extrait de Pierre Laffitte, *Philosophie première*.

déduction ; à la *dépendance* des parties s'ajoute leur mutuelle *solidarité*, de façon à constituer un *tout*, une véritable *coordination*.

Toute construction doit être préparée par l'induction qui pose les principes dont la déduction vient ensuite montrer les *conséquences*, conformément à la règle : *Induire pour déduire, afin de construire*. Lorsque la construction est complète, elle aboutit toujours à une image finale. Or, comme on n'induit que d'après des images objectives ou subjectives, il faut reconnaître en conséquence que tout travail spéculatif procède d'une image objective.

Dans l'induction, ce sont surtout les images obtenues, soit par l'observation directe, surtout concrète, objective, soit par voie du souvenir. C'est là l'image initiale. L'image finale est surtout fournie par la contemplation abstraite au service de la déduction. C'est une véritable construction mentale ou plutôt cérébrale.

Toute conception qui a en vue un résultat pratique doit être essentiellement concrète. Celles que suscitent nos besoins d'idéalisation doivent aboutir à une image finale sans laquelle elles seraient inefficaces. Bien qu'elles exigent souvent de grands efforts d'abstraction, l'abstrait n'y est pas moins subordonné au concret. Nos conceptions théoriques ou philosophiques, quoique de nature abstraite, ne peuvent non plus échapper à l'obligation d'aboutir à une image. Lorsqu'elles ne remplissent pas cette condition, il faut les considérer comme insuffisantes. Nous voyons donc que, de toutes façons, on doit avoir toujours en vue dans le travail de l'abstraction une construction ; en d'autres termes, l'abstrait doit y être toujours subordonné au concret. Cette règle logique est nécessaire pour donner à nos conceptions la consistance et la précision qu'elles doivent avoir pour échapper au vague. En l'enfreignant, on s'exposerait à revenir aux plus stériles divagations de la métaphysique.

Dans le travail d'imagination, il y a une prépondérance manifeste de la *synthèse* sur l'*analyse* du travail, de *création individuelle* sur les impressions reçues, c'est-à-dire du *subjectif* sur l'*objectif*. Une imagination exaltée tend à nous rapprocher de la *folie*, et celle qui le serait trop peu ou qui serait déprimée, de l'état d'*idiotie*.

La supériorité de la *Poésie* sur la *Science* résulte exactement de la prépondérance de la *méthode synthétique* sur la *méthode analytique* dans ce travail d'imagination, ce qui la porte à s'imposer avec plus de facilité au sentiment, et à être plus aisément saisie dans son ensemble par la masse populaire. Cette prédominance du sentiment dans l'imagination explique le motif pour lequel les productions de l'Art reflètent plus fidèlement l'état social de chaque époque. Il suffit, pour cela, de rappeler les majestueuses et imposantes et expressives cathédrales du Moyen Age qui évoqueront toujours l'influence sociale qu'a exercée la civilisation catholico-féodale dans cette phase de l'évolution humaine.

Faut-il ajouter que le *caractère* a sa part dans la formation des images, en vertu de *sa destination générale* qui est de *provoquer*, de *retenir* ou de *soutenir* l'*exercice* de tous nos organes cérébraux et quelconques? Il agit aussi bien sur les organes du *sentiment* que sur ceux de l'*intelligence*, et entre ceux-ci son action s'exerce également sur l'appareil de la *contemplation*, sur celui de la *méditation* et sur celui de l'*expression*.

Pour se rendre compte du rôle exercé par le courage, la prudence et la fermeté, il suffit de se rappeler qu'il y a des imaginations courageuses, il y en a de téméraires, de fantastiques, de bizarres, des imaginations posées et même de timides ; il y en a de fermes, de capricieuses, d'incohérentes, de vagabondes, de versatiles. Il y a enfin le phénomène aujourd'hui si connu sous le nom de *snobisme*.

Mais l'*esprit de routine* ne peut point donner lieu au phénomène connu sous le nom d'imagination proprement dite. Quant au phénomène appelé *snobisme*, résultat d'une absence de toute conviction solide, de toute opinion propre, il est la manifestation consciente ou inconsciente de la vanité, qui prétend masquer sa propre incapacité (qu'on s'en rende compte ou non), ou d'un manque d'initiative ou courage moral et mental, combiné avec la versatilité ou défaut de fermeté (qui a souvent sa source dans un manque de personnalité), en sorte qu'on accepte soit par suggestion, soit par système, l'opinion du moment ou du milieu où l'on se trouve.

Si nous appelons *imagination* le travail cérébral qui consiste à reproduire, à modifier, à associer et à combiner les images, nous voyons qu'il est le *résultat*, non pas d'une faculté unique, comme le veulent encore certains métaphysiciens, mais bien de *toutes les facultés intellectuelles, morales et autres qui ont pour siège le cerveau*. En un mot, on pourrait dire que l'imagination est le travail cérébral de la formation des images. *Avoir de l'imagination*, c'est avoir la facilité à *créer* et à *éveiller des images*. L'imagination porte toujours l'empreinte du sentiment prépondérant dans l'individu.

En résumé, le *souvenir* d'une chose réclame tout le travail spéculatif d'où résulte une *découverte* quelconque. Il n'y a de différence entre le souvenir et la découverte qu'en ce que le premier se reproduit d'après une opération mentale et des opérations sensitives antérieures qui la rendent très facile et parfois très rapide. Les *mémoires spéciales* se rattachent à des *dispositions particulières des ganglions sensitifs*, sièges de la sensation, ou de certaines *habitudes contractées*. Nous en dirons autant de l'*imagination*, qui implique une *construction mentale* où l'ensemble des organes spéculatifs entrent vivement en jeu sous la stimulation qui émane d'une impulsion tout affective (Dr Audiffrent). Lorsque la réaction de l'appareil méditatif a commencé, il en résulte une action générale de tout le cerveau. *L'élément émotionnel de toute image* met *le cœur en action*, et, quoiqu'elle se produise probablement d'abord sur un seul des dix éléments du cœur, *la solidarité* des diverses parties de celui-ci fait que toutes les parties entrent plus ou moins en action. Le cœur à son tour agit sur l'*appareil ganglionnaire*. Et le *caractère*, c'est-à-dire les organes cérébraux des aptitudes pratiques, sous ces diverses excitations, se met de la partie : le courage en poussant, la prudence en retenant, et la fermeté en soutenant nos efforts intellectuels, c'est-à-dire nos pensées et nos idées ou images.

Du reste, cette action du cerveau met bientôt en jeu l'appareil circulatoire, essentiellement artériel, qui, à son tour, augmente l'activité cérébrale ; on a alors souvent la tête en feu (Pierre Laffitte).

En conclusion : le mot *imagination* est plus fréquemment employé comme synonyme d'*idéalisation*, de création d'un caractère plutôt *subjectif* qu'objectif, surtout dans l'emploi qu'on en fait en poésie et *dans les divers arts* plastiques ; *découverte*, quand il s'agit de la *science* ; et *invention*, dans son application à l'*industrie*. Mais cette distinction dans l'emploi de ces mots n'a rien d'absolu, du reste.

Il n'y a pas non plus de différence essentielle entre *inventer* et *apprendre*. Celui qui *invente* doit *trouver* lui-même. Le mot *troubadour* et *trouvère* ont la même origine étymologique que le verbe *trouver*, le vrai poète étant celui qui trouve lui-même, qui invente ses fantaisies. Le mot *trouvère* s'opposait à celui de *jongleur* qui ne faisait que répéter et réciter ce qu'il avait *appris* des autres.

Celui qui *apprend* trouve les matériaux déjà tout prêts, tout préparés par un autre qui les a rassemblés pour qu'on en saisisse plus aisément les rapports ou les lois de similitude ou de succession, c'est-à-dire statiques ou dynamiques, d'existence ou de mouvement, de développement.

Apprendre, c'est saisir une certaine doctrine dans des conditions artificiellement instituées par le précepteur. Notre cerveau passe par le même exercice, par la même activité mentale que celui de l'instituteur qui nous transmet les connaissances, ou que le génie qui a *découvert* le principe que nous devons assimiler, mais l'élève dans des conditions tout autrement faciles (sauf sa moindre capacité d'assimilation), car il trouve déjà réunis les objets, les éléments qui auparavant se trouvaient épars, et que l'inventeur a su rassembler, en vertu de la supériorité de son intelligence. *Inventer*, c'est saisir certaine proposition, certaine vérité, en se servant uniquement des conditions que l'Humanité a spontanément instituées et rassemblées, et telles que nous présente l'ordre extérieur. Tout le monde est, jusqu'à un certain point, inventeur à ses heures à moins d'être idiot ou dépourvu de toute initiative mentale et affective, pour peu qu'un problème inattendu se présente dans la vie ordinaire. Cela revient à dire que tout le monde a un certain degré d'imagination.

Ce qui distingue surtout l'*imagination* du travail intellectuel ordinaire, c'est-à-dire de la *raison*, ou plutôt du *raisonnement*, c'est la part plus décisive et plus marquée de l'*élément émotionnel* et le rôle prépondérant de la *création* et de son *caractère plus synthétique*, plus *subjectif*, plus *individuel*, plus *original* dans l'imagination. Aussi la timidité et l'esprit de routine sont-ils contradictoires avec l'essor d'une véritable imagination. Il y a plus de *réalité objective* dans *la raison*, et plus de *subjectivité* et d'*idéalité* dans l'*imagination* proprement dite. La question se réduit, au fond, à une simple *question de degré*. *L'imagination crée, anticipe* sur les faits ; la *raison reflète* les phénomènes, les *reproduit*, les *vérifie*, les *explique*. La *raison* plus *analytique apprécie* et *contrôle* les *résultats de l'imagination*. Celle-ci a un rôle capital dans la *conception des hypothèses*, dans la *création des types*, dans la *construction des utopies*. En tant que plus *émotionnelle* et plus *synthétique*, elle est aussi plus *esthétique* et plus *spontanée* que la *raison*. Celle-ci, plus *systématique*, doit *régler* ; l *imagination* doit *stimuler* la raison et *idéaliser* les résultats de son activité. L'*imagination stimule* la raison en *idéalisant la réalité*, et à son tour la *raison stimule* l'imagination *en la réglant*, en lui donnant des *bases objectives*, en *réfléchissant la réalité*. *La raison* est *plus terre à terre* ; elle peut pousser à l'*empirisme*, tandis que l'on pourrait souvent accuser l'*imagination* de planer dans les nuages et de se perdre dans le *mysticisme*. Être doué d'une *grande imagination*, c'est avoir *un cerveau créateur, producteur, constructeur*.

Le *raisonnement* emploie plus fréquemment les *signes* que ne le fait l'*imagination*, qui emploie de préférence les *images*. Une suite de *jugements* constituent le raisonnement. Celui-ci est le résultat d'une série de comparaisons, c'est-à-dire des rapports entre des idées analogues ou disparates. Et réciproquement, toute conclusion finale d'un raisonnement donne lieu à un jugement. « Le plus insignifiant des jugements exige un concours habituel des cinq fonctions intellectuelles, afin d'instituer entre l'intérieur et l'extérieur cette coïncidence durable et unanime qui caractérise la vérité. » On voit donc qu'il ne saurait non plus exister un organe spécial de la *raison* ni du *jugement*. Toute faculté fondamentale du cerveau accompagnée d'une notion claire de son existence, de réflexion, est intellect ou fonction intellectuelle. Chaque intelligence individuelle a ses organes propres, mais la *raison* suppose une action concertée, non seulement des facultés intellectuelles, mais du sentiment et des aptitudes pratiques. La raison est le complément, le résultat de l'action simultanée de toutes les facultés intellectuelles, qui lient chaque notion que nous obtenons à celles qui ont été antérieurement acquises.

On appelle *raison* l'aptitude qu'ont les animaux de saisir les rapports où ils se trouvent avec les différents êtres qui les entourent, et, par conséquent, les relations où ces différents êtres se trouvent entre eux. C'est en vertu de cette aptitude intellectuelle que nous pouvons, jusqu'à un certain point, sentir la liaison des choses qui existent hors de nous.

Mais, comme nous avons déjà vu ailleurs, nous pouvons saisir cette liaison de deux manières : nous pouvons saisir les rapports qui existent directement entre les êtres, et, dans ce cas-là, nous avons ce qu'on nomme *raison pratique*, raison *concrète*, et c'est justement en cela que consistent les premiers aperçus, car nos rapports directs sont avec des êtres; ou bien nous saisissons les relations entre les attributs communs aux divers êtres, et c'est ce qui constitue la *raison abstraite*. Dans la partie supérieure de l'échelle animale, du moins à partir des oiseaux, on trouve déjà cette double aptitude, mais non pas avec tout le développement qu'elle a eu chez notre espèce.

Il importe de remarquer que les deux aptitudes, soit de saisir les relations abstraites, c'est-à-dire les rapports entre les êtres et les rapports entre les phénomènes, dont les êtres sont le siège, coexistent ; mais elles ne se développent chez l'animal que successivement. L'animal, de même que l'espèce humaine, débute par le développement de la raison concrète, et l'essor de la raison abstraite ne vient que longtemps après. Mais bientôt les deux se combinent, l'*harmonie mentale* ou équilibre cérébral résultant justement de cette combinaison. Comme toutes les autres fonctions, elle dépend de l'ensemble de l'organisme, et, par conséquent, aussi du milieu où se trouve l organisme. Un homme vraiment malade ne raisonne pas si aisément, ni avec les mêmes dispositions qu'un homme sain. Un individu qui aurait la tête en bas ne saurait non plus raisonner longtemps. Un milieu physique ou social troublé exerce aussi une mauvaise influence sur la stabilité de notre raison. Mais les influences de l'organisme sur l'intelligence sont bien plus considérables que les influences de l'intelligence sur l'ensemble de l'organisme, surtout chez la majorité. Les réactions du moral sur le physique seront d'autant plus grandes que les natures seront plus délicates et moralement plus élevées.

De tout cela, il s'ensuit que notre *raison* ou nos opinions dépendent de la capacité intrinsèque de notre intelligence, de la capacité intrinsèque de l'ensemble de nos penchants, tous cérébraux, soit des organes du sentiment, soit de ceux du caractère, soit de l'ensemble de notre état négatif, soit enfin du milieu social et cosmique où nous nous trouvons.

Il y a beaucoup d'hommes intelligents ; il y en a peu de raisonnables. La nature produit *l'homme intelligent* ; une organisation heureuse, cultivée par l'expérience et la réflexion, forme *l'homme raisonnable*.

Par conséquent, *subordonner l'imagination à la raison*, c'est subordonner *le subjectif à l'objectif*, et, en quelque sorte, la *raison individuelle à la raison collective, ou la raison à la foi.*

CLASSIFICATION POSITIVE

DES DIX-HUIT FONCTIONS INTÉRIEURES DU CERVEAU
OU TABLEAU SYSTÉMATIQUE DE L'AME

PAR AUGUSTE COMTE

HUMANITÉ

VIVRE POUR AU

(AIMER, PENSER, AGIR)

AGIR PAR AFFECTION, ET PENSER POUR AGIR

Principe

10 MOTEURS AFFECTIFS (Penchants, dans l'état actif ; et sentiments, dans l'état passif.)

7 PERSONNELS

- INTÉRÊT.....
  - Instincts de la conservation..........
    - de l'individu, ou *instinct nutritif*.......... (1).
    - de l'espèce.... *instinct sexuel*.......... (2).
    - de l'espèce.... *instinct maternel*.......... (3).
  - Instincts du perfectionnement..........
    - par destruction, ou *instinct militaire*.......... (4).
    - par construction, ou *instinct industriel*.......... (5).
- AMBITION....
  - Temporelle, ou Orgueil, besoin de domination..........(6)..........
  - Spirituelle, ou Vanité, besoin d'approbation..........(7)..........

Égoïsme

3 SOCIAUX (Spéciaux / Général)

- ATTACHEMENT..........(8)..........
- VÉNÉRATION..........(9)..........
- BONTÉ, ou *amour universel* (sympathie), *humanité*..........(10)..........

Altruisme

croissement de dignité, d'arrière en avant, de bas en haut, et des bords au milieu.

Moyen

5 FONCTIONS INTELLECTUELLES

- CONCEPTION..
  - Passive, ou Contemplation, d'où matériaux objectifs.
    - Concrète, ou relative aux êtres, essentiellement *synthétique* (11)..........
    - Abstraite, ou relative aux événements, essentiellement *analytique* (12)..........
  - Active, ou Méditation, d'où constructions subjectives.
    - Inductive, ou par comparaison, d'où *Généralisation*..........(13)..........
    - Déductive, ou par coordination, d'où *Systématisation*..........(14)..........
- EXPRESSION.. Mimique, orale, écrite, d'où *Communication*..........(15)..........

Résultat

3 QUALITÉS PRATIQUES

- ACTIVITÉ ....
  - Courage..........(16).
  - Prudence..........(17).
- FERMETÉ, d'où *Persévérance*..........(18)..........

RÉSUMÉ DE LA THÉORIE CÉRÉBRALE

L'ensemble de ces dix-huit organes cérébraux constitue l'appareil nerveux central, qui, d'une part, stimule la vie de nutrition, et d'une autre part, c
la vie de relation en liant ses deux sortes de fonctions extérieures. Sa région spéculative communique directement avec les nerfs sensitifs, et s
active avec les nerfs moteurs. Mais sa région affective n'a de connexités nerveuses qu'avec les viscères végétatifs, sans aucune correspondance i
avec le monde extérieur, qui ne s'y lie qu'à l'aide des deux autres régions. Ce centre essentiel de toute l'existence humaine fonctionne continu
d'après le repos alternatif des deux moitiés symétriques de chacun de ses organes. Envers le reste du cerveau, l'intermittence périodique
complète que celle des sens et des muscles. Ainsi, l'harmonie vitale dépend de la principale région cérébrale, sous l'impulsion de laquelle les de
dirigent les relations, passives et actives, de l'animal avec le milieu.

Édition de l'*Apostolat positiviste* de Paris.

TABLE DES MATIÈRES

CONCLUSION

APPENDICE

Poitiers. — Société française d'Imprimerie.

www.ingramcontent.com/pod-product-compliance
Lightning Source LLC
LaVergne TN
LVHW020959300926
849160LV00007B/196